中国农业思想史

本书由上海文化发展基金会图书出版专项基金资助出版

中华文明史研究大系·思想史卷

中国农业思想史

钟祥财 著

上海交通大学出版社
SHANGHAI JIAO TONG UNIVERSITY PRESS

内容提要

　　本书是一部总结我国农业思想发展历程的学术专著。全书分为上、中、下三编。上编和中编是对古代、近代农业思想的全面梳理和总结,对各朝代重要人物农业思想进行系统阐述,着重介绍了他们的农业思想、农业主张及对农业发展所产生的影响和作用。下编则着眼于中国现当代农业思想,通过对五四以来直至改革开放后近百年中国农业思想的梳理,使读者对中国农业思想的演变和得失有一个全面了解。论述从古到今,脉络清晰,内容翔实,颇具特色。

图书在版编目(CIP)数据

中国农业思想史 / 钟祥财著.—上海:上海交通
大学出版社,2017
ISBN 978 - 7 - 313 - 16867 - 2

Ⅰ.①中…　Ⅱ.①钟…　Ⅲ.①农业史—思想史—中国
Ⅳ.①S092

中国版本图书馆 CIP 数据核字(2017)第 069776 号

中国农业思想史

著　　者:钟祥财

出版发行:上海交通大学出版社　　　　　　地　　址:上海市番禺路 951 号
邮政编码:200030　　　　　　　　　　　　电　　话:021 - 64071208
出 版 人:郑益慧
印　　制:上海景条印刷有限公司　　　　　经　　销:全国新华书店
开　　本:787 mm×960 mm　1/16　　　　印　　张:33.5
字　　数:589 千字
版　　次:2017 年 5 月第 1 版　　　　　　印　　次:2017 年 5 月第 1 次印刷
书　　号:ISBN 978 - 7 - 313 - 16867 - 2/ S
定　　价:150.00 元

前　言

一

农业是国民经济的基础产业。

中国是一个历史悠久的农业大国。摆在人们面前的历史事实耐人寻味：中国向来号称农业文明发达，可是在鸦片战争爆发以前，农业经济一直处于自给自足的自然经济状态；中国历代统治者没有人不标榜重农，可农业仍然是弱势产业，从事农业生产的劳动者总是社会上最贫困的群体。在世界史上，导致政权更替的原因很多，如种族冲突、宗教矛盾、市民运动、军事政变等，唯独在中国，农民起义每每成为政局动乱和改朝换代的导火线。

对于中国封建社会长期延续的根源，国内外学者可以说是见仁见智，莫衷一是。但有一点是人们所公认的，即探讨中国经济史问题，离不开农业。研究中国历史上农业的发展和不发展，是经济史学科的任务，但农业是人类有意识的经济活动，从事农业经济活动的主体是有思想动机和行为能力的人。思想是行动的原因，不是结果。因此，研究农业史，离不开对农业思想史的探讨。在中国经济思想的发展史上，农业是一个历久弥新的议题，原因也在这里。

当然，研究历史是为了走向未来。"历史是向后看的，虽然经济学的主题——人的决策——是向前看的。因历史学专注于过去，它们对错误和进步一样关心"，所以，"为了学到教训或获得洞察力而研究过去"，"可能是收益巨大的"，"我们忽略历史便是以冒着不理解我们自己的风险为代价的"（[美]小罗伯特·B·埃克伦德、罗伯特·F·赫伯特：《经济理论和方法史》（第4版），杨玉生、张凤林等译，张玉凤校，第2页，中国人民大学出版社2001年版）。撰写和研究《中国农业思想史》，根本目的是为了促进中国农业的可持续发展。

1

二

中国农业思想史涵盖的年代久远,资料可谓汗牛充栋。如果不仅仅是发思古之幽情,那么回顾中国农业思想的历史演变还应当关注两个重点:其一,前人留下了怎样的探索轨迹和智慧成果,值得我们总结汲取和发扬光大;其二,对中国农业未来发展而言还有哪些亟待破解的难题,需要我们通过对历史的"反刍"寻求答案,汲取教训。例如,在中国古代,早在先秦时期,以农为本的思想就已形成,各派学者都对此有所贡献,"墨子提出以生财为本,实际上就是要以生产粮食为本";"李悝指出农业是人类的衣食之源,又是积累和国家财政收入的源泉";商鞅"指出农业是积累和国家财政收入的源泉,又为战争提供物质基础";"孟子强调要不违农时";"《管子》对李悝、商鞅所提的重农理由有更深刻的分析";"荀子提出开源节流论,所谓开源就是开农业生产之源";"韩非提出一个以发展农业生产为中心的财富增值论";"《吕氏春秋》有《上农》篇,'上农'就是重农"(叶世昌:《古代中国经济思想史》,第419—420页,复旦大学出版社2003年版)。在农业的土地分配、税收制度、生产管理、环境保护、技术推广、灾荒救济等方面,中国古代的相关文献非常丰富,弥足珍贵。

有些历史学家对中国古代的经济总量曾在世界上名列前茅津津乐道,但同样需要正视的是中国古代农业生产和农民生活的另一个侧面,这就是农民的负担日益加重,农业的效益增长乏力,而且历代的财政经济改制不仅效率递减,甚至加重了对农民的搜刮。前者如有的研究者所说:"我国封建社会农民赋役负担的规律是:每一个封建王朝的农民负担基本上都是直线上升的。农民负担的最低点总是在每一个封建王朝的前期,特别是开国时期;而其高峰点总是出现在它的后期。从我国封建社会历史的总过程来看,农民负担则是曲线上升的。这条农民负担曲线愈爬愈高,反映了农民的赋役负担一代比一代加重,农民负担总额像滚雪球一样愈滚愈大。农民负担达到高峰点的时候,接踵而至的便是大规模的农民起义。"(江东平:《序》,中华人民共和国财政部《中国农民负担史》编辑委员会编著:《中国农民负担史》(第1卷),中国财政经济出版社1991年版)后者也即历史学家所关注的"黄宗羲定律"。

怎样理解这种历史现象?不妨借鉴现代经济学的理论拓展思路。在制度层面,由于农民也是具备理性的,所以农业的劳动生产力能否得到有效的提高,归根到底取决于农业经济制度能不能提供产权保护和创新激励。根据新经济史学的研究,可以认为:"国家规定着所有权结构。国家最终对所有权结构的效率负责,而所有权结构的效率则导致经济增长、停滞或经济衰退。"([美]道格拉斯·C·诺思:《经济史上的结构和变革》,厉以平译,第18页,商务印书馆1992年版)"有效率的组织需要在制度上作出安排和确立所有权以便造成一种刺激,将个人的经济努力变成私人收益率接近社会收益率的活动",在这里,"私人收益率是经济单位从事一种活动所得的净收入款。社会收益率是社会从这一活动所得的总净收益(正的或负的)。它等于私人收益率加这一活动使社会其他每个人的净收益"([美]道格拉斯·诺思、罗伯特·托马斯:《西方世界的兴起》,厉以平、蔡磊译,第5页,华夏出版社1999年版)。在诺思等人看来,历史上的产权制度并不总是有效率的,而这种无效率的制度安排显然与国家的作用有关:"政府承担对所有权的保护和实施,因为它为此付出的成本低于私人自愿团体所付的成本。不过,政府的财政要求可能导致对某些不是促进增长的所有权的保护;因此我们不能担保一定会出现生产性的制度安排。"([美]道格拉斯·诺思、罗伯特·托马斯:《西方世界的兴起》,第13页)"不仅演变中的政治制度可能产生不会诱致经济增长的产权,而且由此形成的组织可能也没有动力建立更有生产力的经济现象。"([美]道格拉斯·诺思、罗伯特·托马斯:《西方世界的兴起》,第306页)

　　进一步追问:中国古代农业缺乏必要的产权制度的保障,内在原因又是什么? 我认为是那个时代思想家和决策者的思维方式。以土地兼并问题为例,在汉初统治者实行"无为而治"、与民休息的经济政策,相继呈现文景之治以后,土地作为农业经济最重要的生产要素和古代社会最主要的财富形态,价值不断提升,流动逐步加快,配置方法日益多样,对社会各阶层生活状况的影响显著加强,特别是在商业资本大量进入土地市场以后,原先的农业生产格局不得不发生改变,出现土地使用权的转移,农业生产人口的过剩,以及社会上贫富差别的扩大。从经济社会发展的一般规律来看,贾谊、晁错等人所描写的西汉社会似乎正处于传统农业经济在城市商业的冲击下面临转型的前夜。因为在抽象的经济学意义上,商业资本流入农村将带来土地集中,而土地集中会使农业经营由粗放型走向集约型成为可能,农业技术的革新、农业产品商品化率的提高,都将受益于这一转型。但是,这一假设在中国古代思想家头脑中是不可想象的。在他们的判断中,让商人在市场上牟利,再去兼并土地,世家豪强或者重租盘剥佃农,或者让无地贫民流离失所,这是社会秩序的破坏,是价值观念的颠覆,是国家职能的丧失。于是,抑兼并的思想和对策就出现了,通过政府干预打击民间资本,控制重要商品流通的官营体制形成了,而这些举措都是在重视农业、防止贫富悬殊的名义下实施的。

以这样的静态均衡思维方式看待农业,一方面使农业和商业互相促进的良性关系不易被发现,另一方面也导致政府干预的低效、腐败等弊端得以蔓延,对农业生产具有激励作用的产权制度无法形成。在中国古代,农业对国家承担的责任包括经济、政治、军事、文化等各方面,作为一个产业部门,这样的多元负荷无疑是超重的。在实际运作过程中,经济政策的效用具有两个特点。其一,政策的失误或偏差呈扩散形增大,中心点的微小偏离都会在最终边缘表现为巨大间距,这种钟摆效应在中央集权的国家尤为显著。不用说,任何政策的偏移都是朝向权势集团利益的。因此,传统重农政策的非经济因素将在政策的贯彻环节中日益明显地表现出来,原先政策中不利于农业经济发展的因素也会得以衍生。其二,追求政策效益的最大化是政治决策者的内在动机,当一种经济政策具有多种政策目标时,决策者会根据这些目标的重要程度选择其中价值最大的目标,也就是说,现实中经济政策能同时实现多种目标的可能性不大。既然封建经济政策的首要目标是政治上的集权统治,农业本身的经济增长也就不可能成为决策者真正感兴趣的问题。相反,一旦重农政策的各种目标之间发生矛盾,处于次要地位的经济增长目标必然受到主要目标的排挤或扭曲,而扭曲发展到极限,重农政策就走到了它的对立面——口惠而实不至。

唐庆增指出:"中国上古经济思想在西洋各国确曾产生过相当之影响,尤以对于法国之重农派为最显著,但此项影响,虽最深切,并不普遍,盖仅限于一时期、一派别而已。然其对于西洋经济思想史方面之影响,远较罗马学说基督教思想《圣经》等为重要。"(《中国经济思想史》(上卷),第366页,商务印书馆1936年版)他所说影响于外国的经济思想包括自然法、足民、重农、租税等。对此,王亚南有不同看法,他把法国重农思想导源于中国的说法视为"牵强附会"(《中国经济原论》,第298页,广东经济出版社1998年版)。我认为两者的联系是可能存在的,但由此引申出的需要分析的问题意义更大。在西方经济思想史上,重农学派是作为重商主义的批判者而出现的。重农学派"笃信自然法则和农业的首要地位","它断言一切社会事物都由必然的规律联结在一起,政府和个人一旦理解了这些规律就将遵循它们","其隐含的哲学是中世纪的自然法则,但重农学派也追随洛克,强调的个人权利以及基于这些权利的私人财产的正当性"〔美〕小罗伯特·B·埃克伦德、罗伯特·F·赫伯特:《经济理论和方法史》(第4版),第66—67页)。这些理论特点决定了重农学派明确地反对重商主义的国家干预主张,也使它成为亚当·斯密经济理论的重要基础。就内在特性而言,由于中国先秦时期的农本思想尚处在一个较为宽松的文化氛围,法国的重农学派汲取其中的养料是合乎逻辑的。区别在于:中国农本思想中的"前科学"因素幸运地被西方学者作为批判国家干预的武器,在本土,它却被国家干预的政策思想淹没了。在西方,重农学派的进步性之一是否定了重商主义的政府管制思想;而中国古代的情况正好相反,先秦时期自由经济的思想萌芽窒息于西汉时期的轻重学说及其官营工商业政策。这种截然相反的经济思潮的更替,很大程度上可以解释中国古代农业经济的增长乏力。

三

进入近代以后,中国农业思想出现了若干明显的变化:其一,传统的以农为本的观念受到冲击,人们对农业在国民经济中的地位的认识不断深化,与此相关,围绕如何发展农业经济等问题(如减租、讲求农学、兴办农场)的讨论成为热点;其二,封建社会的阶级矛盾持续激化,太平天国起义军颁布了《天朝田亩制度》,反映了千百年来农业劳动者对基本生产资料的分配诉求。五四运动标志着中国社会进入现代阶段,在西方工业化国家经济周期现象剧烈和社会革命理论传播的双重影响下,为了同时解决中国对外遭受侵夺、国内经济落后的问题,孙中山提出了包括"平均地权"和"耕者有其田"主张在内的民生主义,中国共产党成立后,以马克思主义为指导的土地革命理论也付诸实施,从而使变革生产关系的宣传和探讨在中国近代农业思想中占据重要的地位,如陈翰笙、王亚南等人的研究;其三,中国近代农业思想涉及制度变革和技术进步两大主题,自由开放的学术环境和动态多元的思维方式,使得这一时期的相关讨论具有现代理论的特点,如关于"以农立国"的争论、地政学派的主张以及留学海外的费孝通、张培刚等人的论著等。

1949 年,中华人民共和国成立,中国农业思想的发展开始了当代进程。新民主主义革命的胜利,为中国农业步入社会主义经济建设的阶段奠定了政治上的基础,毛泽东等中国共产党第一代领导核心在如何推进农业发展等问题上进行了理论思考和实践探索,其间既有成功的经验,也有骄傲自满、急于求成导致的失误。"十年动乱"结束以后,党的十一届三中全会开启了改革开放的伟大征程,以联产承包制为起点的农村改革在当代中国经济的历史性发展中扮演了一个不可或缺的重要角色。也因此,这一阶段的理论探索和观念碰撞构成了中国农业思想史上最为活跃、最有深度、收获颇丰的"黄金岁月"。

但是,从推进中国农业的可持续发展的要求看,或者从根本解决"三农"问题的角度看,人们的认识还存在分歧,思维方式还有待拓展。毋庸讳言,从孙中山的"耕者有其田"到中国共产党人在新民主主义革命时期开展的土地革命,从地政学派的政策主张到张培刚的农业国工业化理论,从新中国成立后的农业集体化到人民公社运动,乃至从改革开放以来的一些农业政策到 21 世纪的新农村建设,都带有不同程度的政府主导或政府推进的特点,或者说,都具有集体行动的属性。经济学研究证明,政府主导的集体行动在体制转型中既是必要的,也是有效的,但对经济的可持续发展而言,更为必要的是基于有效激励的个人行动的参与,这就需要从理性的角度对中国的农民有真实的了解。

发展经济学家西奥多·舒尔茨指出:"世界上大多数人是穷困的,因此,如果我们懂得了穷人的经济学,我们就会懂得许多真正的经济学问题。而世界上的大多数穷人以农业来维持生计,所以,如果我们懂得了农业经济学,我们就能懂得许多穷人的经济学问题。""富裕的人们发现,很难理解穷人的行为,经济学家们也不例外,因为他们也发现,很难理解决定着穷人做出选择的偏好因素和稀缺强制因素……但是,许多经济学家都不知道,穷人们和富人们一样,他们同样关心着改善自己的命运和他们孩子们的命运。"([美]西奥多·舒尔茨:《穷人的经济学》,《诺贝尔奖获奖者演说文集·经济学奖》上,罗汉主译、校,第 406 页,上海人民出版社1999 年版)他认为由于古典经济学创立时期西欧的分工情况和富裕程度同今天的低收入国家很相似,所以对农业完全可以采用规范的经济学加以研究。

黄宗智在对中国近代农业经济的研究中引进了经济理性的前提假设,并解释了"内卷化生产"的原因。他在《华北地区的小农经济和社会变迁》(中华书局1985 年版)和《长江三角洲小农家庭与乡村发展》(中华书局 1992 年版)等著作中分析说:由于劳动力在农业之外基本上没有其他的盈利机会,市场上劳动力的机会成本很低,甚至接近于零。所以,在农业生产过程中,劳动力的投入会一直到劳动力的边际产出接近于零时才能实现均衡。这种情况下的劳动力投入,是明显地增加了。劳动力过密,维系了农产品的低成本和商品率。"内卷化生产"恰好是农民理性选择的结果。

张五常的《佃农理论》被誉为新制度经济学的重要文献。在这篇博士论文中,张五常写道:"传统的观点是,分成租佃制会导致资源配置无效率。本书将证明,无论是从理论上来说,还是从经验上来说,这种无效率的观点都是一种错觉。在私人产权的条件下,无论是地主自己耕种土地,雇用农民耕种土地,还是按一个固定的地租把土地出租给他人耕种,或地主与佃农分享实际的产出,这些方式所暗含的资源配置都是相同的。换句话说,只要合约安排本身是私人产权的不同表现形式,不同的合约安排并不意味着资源使用的不同效率……但是,如果私人产权被弱化(attenuate)或否定产权的私有性,或者如果政府否决市场的资源配置过程,那么资源配置的效率便会不同。"(《佃农理论——应用于亚洲的农业和台湾的土地改革》,易宪容译,第2—3页,商务印书馆2000年版)在私有产权制度化程度不高的情况下,这一结论隐含的意思是,只要合约是稳定的,每一个签约人都会有合理的预期,那么这一合约所能产生的资源配置效益都将是最优的。要提高效率,应该优化产权的制度安排,在不具备基本性制度变革的情况下,保持一种已被证明是有效的农业生产制度十分重要。

由此可以得到这样两点启示:其一,在农业问题上,必须改变用政治需求代替经济学思考的习惯定式,真正把农民作为"经济人",把农业作为一种产业来对待,努力创造市场经济的制度环境,让农民自由选择生产的规模和形式,让农业按照自身的运行规律得到发展。其二,政府对农业的支持,主要不在于提供多少扶贫资金,制定多少减免优惠条款,而是还给农民一个平等的国民待遇,消除重压在农民身上的各种不合理负担,改善农村的社会治理环境。对此,杜润生的看法非常深刻。因为,在一个渐进的市场经济中,中国农民的经济理性定会得到培育,他们的富裕和自由程度将取决于自身的选择能力提高和市场条件优化。这一过程是缓慢的,但比起那些人为的、已被历史反复证明是低效的主观设计来,它可能是真正"经济"的。

党的十八大以来,中国的农业经济、农村建设和农民生活有了新的发展和改善,这得益于农业决策思想的更趋科学化和现代化。例如,在解决由于历史、自然、体制等多方面原因造成的一部分地区、一部分农民还处在比较贫困状态的问题上,提出了精确扶贫的新思路;在推进农村土地制度改革问题上,制定了"三权分离"的新政策,即在保持农村土地集体所有权的基础上,稳定农户承包权、放活土地经营权,允许承包土地的经营权向金融机构抵押融资;等等。这些符合中国国情,同时又具有创新价值的改革思想正在续写着中国农业思想史的崭新篇章。

历史学是描述形态演变的,经济学是揭示均衡关系的,经济思想史则是从观念的角度浓缩历史学和经济学研究的内在逻辑和脉络。中国农业思想史源远流长,精彩纷呈,有待读者去窥见奥秘,获取有利于社会主义市场经济发展的思想启迪。

目　　录

上编　中国古代农业思想

中编　中国近代农业思想

下编　中国现、当代农业思想

上编
中国古代农业思想

第一章 先秦时期的农业思想

第一节 春秋以前的农业观点

中国是世界上农业历史最为悠久的国家之一。10 000 年前,我们的祖先就已开始从事农业生产。在仰韶文化时期,人们除了使用磨光的石器外,还用骨、木、蚌、陶器等制作生产工具。近年考古发掘证明,距今约 6 000 年以前,在苏州吴县草鞋山一带人们已进行稻田的人工开垦和耕种,这也可能是东南亚地区最古老的稻田。随着原始农业的发展,农产品除了满足人们起码的生活需求外,有了剩余,这为私有制的产生提供了物质基础。

公元前 2000 多年,中国历史上第一个奴隶制国家夏王朝建立。夏代统治者十分重视农业,史称"禹稷躬稼而有天下"(《论语·宪问》),禹"尽力乎沟洫"(《论语·泰伯》),这也说明当时农业在社会经济中所占有的重要地位以及农业生产力状况。适应农业生产的需要,夏人还制定出供生产者使用的农历。到公元前 16世纪,"殷革夏命"(《尚书·多士》),殷商灭夏而代之。商代农业在生产方式上仍保留着大规模的简单协作,但由于农业税收是国家的主要财源,统治者十分关心农业生产,商王不仅经常祈求好年成,还亲自察看农情,派员督促指挥农业生产。当时农作物品种增多,有禾、黍、稷、麦、秜(稻)等。公元前 11 世纪末,周又推翻了商王朝的统治,开始了中国奴隶社会的鼎盛时期西周王朝。周代统治者对农业颇为重视,如史书上记载"文王卑服,即康功田功",还说他"自朝至于日中昃,不遑暇食","不敢盘于游田"(《尚书·无逸》)。西周实行分封制,周天子是全国土地和民众的最高所有者,所谓"溥天之下,莫非王土;率土之滨,莫非王臣"(《诗经·北山》)。诸侯从天子那里获得某一地区的土地连同这土地上的人民,同时承担镇守疆土,捍卫王室,缴纳贡物等义务。诸侯有权把封内的土地和人民封赐给卿大夫,卿大夫则有权分封土地和人民给家臣,受封者同样需要承担相应的义务。为了表示对农业的重视,周天子在每年春耕时要率领众臣举行亲耕籍田的典礼。当时的农具大部分用石、骨、蚌等制成,耕田则以人力进行。为了恢复地力,周人发明并采用了抛荒的办法。在农田管理方面,周人已认识到除草培苗的重要性,并应用人工进行水利灌溉。农作物的品种继续增多,区分更细,作为衣料来源的桑、麻种植很普遍。史料中有"十千维耦"(《诗经·噫嘻》)、"千耦其耘"(《诗经·载芟》)等记载,在一定程度上反映了周代农业的发展规模。

大多数学者认为,井田制是在中国古代奴隶制社会中曾经实行过的一种土地制度。关于井田制的史料依据和具体形式,甲骨文字形和《孟子》《周礼》等典籍有较多的记载。一般认为井田制的划分是这样的:每长一里、宽一里的土地为一井,计九百亩,八家农户居住其间。中央一百亩为公田,八家合种,划出其中部分土地作为公用菜地、水井和宅地。四周八百亩,每家耕种一百亩,为私田。井田制规定农户必须先合力耕种公田,然后才能在私田上劳作,而且井内各家要共同生活,互相扶助。井田制是奴隶制社会中进行分封、赏赐和计算俸禄的依据,国家所摊派的赋和徭役也按此制调拨。井田制在奴隶社会的农业发展中无疑起过积极的作用,而它的破坏和崩溃也宣告了封建生产关系的产生和形成。

与奴隶制社会农业经济发展水平相适应,中国古代的农业思想在这一时期出现了萌芽。奴隶主阶级虽然依据天命观实行对国家的统治,但他们中的有些人对劳动在农业生产中的作用已有一定的认识。商王盘庚迁殷(今河南安阳小屯村)前曾召集奴隶训话,其中提到:"若农服(事)田力穑,乃亦有秋(收成)……惰农自安,不昏(强)作劳,不服田亩,越其冈(无)有黍稷。"(《尚书·盘庚上》)这是中国历史上最早的关于农业生产投入产出的见解,它既是对广大农民的一种劳作要求,也是当时农业生产力状况的意识反映。

农业生产的好坏不仅影响到社会经济的繁荣与萧条,而且直接关系到奴隶制国家的盛衰存亡,因此,比较贤明的统治者能以前代亡国为教训,对农业生产给予突出的重视。西周的统治者姬旦(周公)在总结商代覆灭的教训时,把商末几代君王"不知稼穑之艰难,不闻小人之劳"列为重要原因。为此,他一方面对周文王关注农业表示赞赏,另一方面又对奴隶主贵族提出了要"先知稼穑之艰难"(《尚书·无逸》)的要求。周公的上述告诫表明,重视农业不仅是为了发展社会经济,而且是维持国家政权的必要前提,这种对农业重要性的认识反映了中国古代农业社会的思想特点。

如果说周公的见解带有较浓的政治色彩,那么西周时期有关农业经济的思想意识也初露端倪。西周末年时周宣王废除籍礼,卿士虢文公表示反对,并发表了一番议论,他指出:"夫民之大事在农,上帝之粢盛于是乎出,民之蕃庶于是乎生,事之供给于是乎在,和协辑睦于是乎兴,财用蕃殖于是乎始,敦庞纯固于是乎成。"(《国语·周语上》)这段话包括的范围较广,从人口的繁衍、社会的和谐、财用的来源、风俗的净化等方面强调了农业的重要意义。它在中国农业思想史上的价值应得到肯定,代表了西周奴隶主阶级对通过农业获取财富的最高认识水平。

农业的发展是统治者实施相应政策的结果,同时它也是衡量统治者是否当政有道的标准,这种思想观念在奴隶制社会也有明显的表露。箕子在周武王来访时曾这样告诉他:"天子作民父母,以为天下王……惟辟(避)作福,惟辟作威,惟辟玉食……岁月日时无易,百谷用成,乂用明,俊民用章(遵守法则),家用平康。日月岁时既易,百谷用不成,乂用昏不明,俊民用微,家用不宁。"(《尚书·洪范》)在这里,箕子把农产丰登同自然条件直接联系起来,而君王贤昏、法纪严弛、政局安危等情况又与此有着连锁关系,可见农业是国家治乱的象征。这种看法是古代农业较多依赖自然条件的必然产物,也是奴隶制社会敬天重农思想的集中体现。

第二节　管仲的农业思想

从公元前 770 年到公元前 476 年,是中国历史上的春秋时期。这一时期,周王只是名义上的天子,各地诸侯相继争霸,政权易手,社会动荡不安。而这种剧变又与当时农业发展及其生产关系的演进有着内在的关系。春秋时期,由于中原地区广泛种植冬小麦,一年两熟(冬小麦加上西周时已开始种的春小麦)使农业单位面积产量有很大的增加。水利灌溉有了专门的设施,如楚国利用天然湖泊修成的芍陂(在今安徽寿县南),即是一个方圆百里的大型蓄水库。在生产关系方面,奴隶制越来越成为生产力发展的桎梏,奴隶为奴隶主无偿耕种公田的兴趣骤减,以至出现"无田甫田,维莠骄骄"(《诗经·甫田》)的公田荒芜现象。有的奴隶主贵族则大量征发劳力从事非农业活动,导致"田在草间,功成而不收"(《国语·周语中》)。残酷的阶级压迫引起奴隶、平民的起义和反抗,这也加速了奴隶制生产关系的瓦解。与此同时,归开垦者所有的私田大量出现,它可以交换和买卖,而且没有缴赋负担,只需交纳地租,因而成为农民乐于接受的生产形式。私田的开垦和效益的提高,促进了当时农业经济的发展,也迫使统治者在法律上给予一定的承认。齐桓公时,实行"相地而衰征"(《国语·齐语》),把农田分成等级以征赋,对井田制下的征赋方法作改革。公元前 645 年,晋国败于秦国,为了恢复实力,晋国实行"作爰田"(《左传·僖公十五年》)等政策,对国人和平民开垦的私田作了承认。公元前 594 年,鲁国实行"初税亩"(《左传·宣公十五年》),开始对私田按亩征税。这些政策的初衷是为了确保和增加国家政权收入,但在客观上却是对土地私有权的承认,而新的封建生产关系就是在这种基础上得以确立起来。

春秋时期的农业思想仍然处于比较直观和简单的水平。由于腐朽没落的奴隶主贵族频繁发动战争或调征民力,使农业生产受到严重破坏,激起当时民众的强烈不满。在反映民情的古代诗歌典籍中,既有对奴隶主无偿占有农奴劳动成果的义愤,也有对他们破坏农业生产行径的谴责,前者如《诗经·伐檀》中所质问:"不稼不穑,胡取禾三百廛兮? 不狩不猎,胡瞻尔庭有县(悬)貆兮?""不稼不穑,胡取禾三百亿兮? 不狩不猎,胡瞻尔庭有县特兮?""不稼不穑,胡取禾三百囷兮? 不狩不猎,胡瞻尔庭有县鹑兮?"后者如《诗经·鸨羽》中所说:"王事靡盬,不能艺稷黍,父母何怙? 悠悠苍天,曷其有所!""王事靡盬,不能艺黍稷,父母何食? 悠悠苍天,曷其有极!""王事靡盬,不能艺稻粱,父母何尝? 悠悠苍天,曷其有常!"广大农民希望有一个安定从事农业生产的环境,为此喊出了"硕鼠硕鼠,无食我黍!""硕鼠硕鼠,无食我麦!""硕鼠硕鼠,无食我苗!"(《诗经·硕鼠》)的呼声,这显然是对旧的奴隶制剥削的声讨和否定。

春秋前、中期的著名经济思想家是齐国的管仲。管仲(? —前645),又称管敬仲,名夷吾,颍上(今安徽颍上)人。他早年经过商,后被齐桓公任为卿,凡四十年。在管仲的辅佐下,齐桓公成为春秋的第一个霸主。齐国的强盛,得益于管仲所制定和实施的一系列政治经济政策,其中经济方面的主张很多涉及农业问题。

管仲首先将民划分为士、农、工、商,并主张将这四种人口固定地集居起来,即"处士……就闲燕,处工就官府,处商就市井,处农就田野"。这种主张并没有明显的重农倾向,但他关于人口区域的确定则体现了当时农业在国民经济中的比重。管仲的方案是"叁其国而伍其鄙"(《国语·齐语》)。"叁其国"是把城市地区(包括近郊)分为士、工、商三部分共二十一乡,其中士乡十五,工、商之乡各三。"伍其鄙"是把乡村地区划分为五属,全部安置农业人口。根据这种编制来看,齐国当时的农业人口占了全国人口的90%以上,定四民之居,显然有利于稳定农业劳动力,而这是发展农业生产的首要条件。由此可见,管仲的人口管理措施是以确保和促进农业经济为主要目标的。

为了提高各类职业人员的素质技能,管仲对四民的专业培训提出了具体的要求。其中关于农人的要求是:"察其四时,权节其用,耒、耜、耞、芟。及寒,击菓除田,以待时耕。及耕,深耕而疾耰之,以待时雨。时雨既至,挟其枪、刈、耨、镈,以旦暮从事于田野。脱衣就功,首戴茅蒲,身衣袯襫,沾体涂足,暴其发肤,尽其四支之敏,以从事于田野。"这段见解在一定程度上反映了当时农业生产的发展水平:农具的品种已经较多,田间管理的程序更趋细密,农民的劳动强度仍然十分繁重。从维持农业再生产的目的出发,管仲还提出了职业世袭化的主张,通过专业集居,使农民子弟"少而习焉,其心安焉,不见异物而迁焉。是故其父兄之教,不肃而成;其子弟之学,不劳而能。夫是,故农之子恒为农,野处而不暱"(《国语·齐语》)。这种政策措施对农业技能的延续和发展是有利的,但让农民世代聚集在乡村,显然是一种古代农业社会的保守做法,不利于人口的合理流动和经济技能的交流发展,也无助于社会分工的进一步发展。

前面提到齐国曾实行"相地而衰征"的农业征赋政策,这也是由管仲所提出来的。按照这种税制,需要将土地按土质优劣分成若干等级,以此作为征赋数额的依据。较之单纯按土地面积征赋,这显然是进步合理了一些。由于这种政策既调整了剥削收入在奴隶主阶级之间的再分配,又减轻了原先财政负担过重的平民的交赋量,所以起到了稳定农业生产的作用,正如管仲所说:"相地而衰征,则民不移。"(《国语·齐语》)

土地是农业生产中的最基本要素,管仲作为一个明智的国家政务决策者,对此有足够的认识,他认为土地占有的合理与否同样能影响到农民生产的积极性,指出:"陆、阜、陵、墐、井、田、畴均,则民不憾。"(《国语·齐语》)这里的均当然不是指平均,而是指合理的等级占有,这也包括让平民有起码的土地可供耕种,这样才不至于引起民众不满。

农业生产具有内在的自然规律性,这就要求人类在从事农业生产过程中严格遵守农时。在这方面,管仲的论述不仅内容较广,而且具有理论上的创见。他反对奴隶主统治集团无节制地征发民力,以至妨碍农业生产的进行,指出:"无夺民时,则百姓富。"这是和前述《诗经》中的有关思想相一致的,只是管仲所说的"百姓"并不是指一般农民。不违反自然规律还包括保护自然生态资源,管仲说:"山泽各致其时,则民不苟。"这也是一种颇为明智的见解,因为山林和水生资源都有其自身的生存规律,如果让人类无所顾忌地去获取,势必破坏大农业生态环境,从而危及农业生产和人类生存。在这种认识的基础上,管仲建议设官管理山泽资源。管仲还告诫统治者说:"牺牲(家畜)不略(掠),则牛羊遂。"(《国语·齐语》)这就不仅是指保护动物的正常生长,而且揭示到奴隶主阶级对平民财富的随意侵夺这一阶级剥削的深层次问题。

第三节　孔子、计然的农业思想

春秋后期,铁制农具已开始使用并且逐步推广,它不仅提高了耕作效率,也为修建大型水利工程提供了有利条件。当时,运河陆续开凿,水利工程规模进一步扩大,如魏文侯时任邺令的西门豹曾率民开渠十二条,"引漳水溉邺"(《史记·河渠书》)。与此同时,封建生产关系在农业领域中进一步成长。在土地占有方面,公元前562年,鲁国的大夫季孙氏、叔孙氏、孟孙氏三家"三分公室而各有其一",用武力瓜分了公室的土地和奴隶,其中季孙氏在瓜分以后对土地耕种者实行了封建剥削方式。25年之后,三家又"四分公室"(《左传·昭公五年》),季氏独得其二,而封建剥削方式在三家中全部得到采纳。晋国的魏、赵、韩、范、知与中行氏等贵族也先后实行了有利于地主阶级的改革,他们在其控制范围内破坏了以一百方步为一亩的井田疆界,改行大亩制,其中范、中行氏以一百六十方步为一亩,知氏以一百八十方步为一亩,韩、魏氏以二百方步为一亩,赵氏以二百四十方步为一亩。郑国的子产在任执政时,鉴于私田大量存在的社会现实,实施了"田有封洫,庐井有伍"的政策,通过对土地的编制整理,确认土地的私人所有。这种举措得到土地所有者的拥护,当时人称曰:"我有田畴,子产殖之。"(《左传·襄公三十年》)

春秋后期产生了中国古代的著名思想家孔子。孔子(前551—前479),名丘,字仲尼,鲁国陬邑(今山东曲阜东南)人。他是儒家学派的创始人,在鲁国当过中都军(国都行政长官)、司空(工程长官)、司寇(司法长官)等官职。孔子的思想学说在中国历史上占有非常重要的地位,但其中的经济思想资料比较简略和零碎,尤其是关于农业的见解更是少见。

孔子对农业生产还是重视的。当他的学生子贡询问从政要务时,他强调:"足食,足兵,民信之矣。"(《论语·颜渊》)把粮食生产提到了相当重要的位置。为此,他要求统治者在治理国家时,必须"使民以时"(《论语·学而》),即在征发徭役时不要妨碍农时。另一方面,他反对当时季康子"用田赋"加重土地所有者负担的做法,主张按"周公之典",实行"敛从其薄"(《左传·哀公十一年》)的政策,这显然有利于改善农民的生活状况,促进农业经济的发展。

不过,孔子从"君子谋道不谋食"的观念出发,对士人直接从事农业活动持否定的态度。在他看来,"耕也,馁在其中矣。学也,禄在其中矣"(《论语·卫灵公》)。所以,当他的学生樊迟向其请教农业生产知识时,孔子自己承认不如老农,还将樊迟斥为"小人",并发表了一通这样的议论:"上好礼,则民莫敢不敬。上好义,则民莫敢不服。上好信,则民莫敢不用情。夫如是,则四方之民,襁负其子而至矣,焉用稼!"(《论语·子路》)农业生产尽管重要,但这只是平民百姓的事,统治者和士人根本无须置身其中。孔子的这番见解反映了古代文人对农业劳动的根本态度,具有深远的历史影响。它既是古代社会阶级关系的体现,也是中国古代农业长期停滞的文化根源之一。

春秋末期另一位提出较为独特的农业观点的人是计然。计然,名研,又作计倪,一说姓辛,字文子,葵丘濮上人,曾当过范蠡的老师。在越国发奋图强、灭吴称霸的过程中,他起了重要的作用,尤其是经济方面,他的政策发挥了明显的效益,史称"计然之策七,越用其五而得意","修之十年,国富"(《史记·货殖列传》)。计然的经济方略,史书没有一一列举,只是记载下了若干重要的思想资料,其中农业丰歉循环论和平粜理论同农业有关。

史书记载的农业丰歉循环论是这样的:"故岁在金,穰;水,毁;木,饥;火,旱……六岁穰,六岁旱,十二岁一大饥。"(《史记·货殖列传》)作出这种推断的依据同木星的运行周期有关,木星在天空中的相对位置,大约需十二年完成一个周转,这也就是农业收成将出现的丰歉循环。这里所说的六岁穰,六岁旱,十二岁一大饥,是指每隔六年出现一次丰年,每隔六年出现一次旱年,每隔十二年出现一次大饥。这种理论的出现,说明当时的天文学知识已发展到一定的科学水平,尽管这种知识掺杂着直观和臆想的成分。另一方面,完全从气候条件来预测农业生产状况,显示出当时的农业环境依赖性很强。但从理论上对这种丰歉循环作出概括总结,标志着中国古代农业思想出现了一个重视长期发展规律的新动向。

值得一提的是,类似的见解在古代典籍中还有记载。《越绝书》上的说法是:"太阳三岁处金则穰,三岁处水则毁,三岁处木则康,三岁处火则旱。故散有时积,敛有时领,则决万物不过三岁而发矣……天下六岁一穰,六岁一康,凡十二岁一饥。"(《越绝书·计倪内经第五》)这里的"康"是指小丰年,所不同的是,这里增加了三年小循环的内容。

由于认识到农业收成有其内在的循环规律性,计然便断言粮食价格也会出现周期性的波动。严格地说,粮价变化及其控制调节属于商业经济理论的范畴,本书之所以要分析计然的平粜主张,是由于他强调了粮价对农业的影响。计然指出:"夫粜,二十病农,九十病末,末病则财不出,农病则草不辟矣。上不过八十,下不减三十,则农末俱利。平粜齐物,关市不乏,治国之道也。"(《史记·货殖列传》)这就是说,粮价如果跌到每石二十钱,就会严重损害农民的利益,进而妨碍农业生产的顺利进行;反之,粮价过高则不利于手工业和商业。粮价大跌只能是在大丰之年,为此,国家应该在这种时候以高于市场的价格收购粮食,在粮价过高时则以低于市场的价格出售,使粮价维持在每石三十至八十钱之间。由于粮食在古代社会中是一种特殊重要的商品,其价格的合理波动具有稳定市场的作用,并以此推动社会经济的发展。在这个意义上,计然把平粜政策称为高明的治国之道,确实不为过。

平粜之策不仅具有理论上的创新意义,而且在实践中对中国古代封建国家的农业政策和商业价格管理产生了重要的影响。它的提出,说明了国家政权促进农业经济发展的职能有了进一步的加强。

第四节 墨子的固本论

墨子(约前480—约前420),名翟,相传为宋国人,曾在宋国当过大夫,后长期居住于鲁国。他先习儒术,受孔子学说的教育,而后另立新说,从儒家分离出来,创立墨家学派,收徒讲学。墨子主张"兼爱",认为"天下兼相爱则治,交相恶则乱"(《墨子·兼爱上》)。鉴于诸侯纷争的混乱局势,他提出"非攻"的口号,反对兼并战争。为了维护社会的稳定和发展,他呼吁"兴天下之利,除天下之害"(《墨子·兼爱下》)。在此前提下,他就农业发展的诸多问题发表了自己的看法。

在生产关系方面,墨子提出"交相利"(《墨子·兼爱中》)的主张。"交相利"在经济上就是要相互承认对方的财产所有权。这种主张在封建生产关系逐步产生的时代提出,显然有利于地主阶级对土地私有权的要求。

相比之下,墨子关于发展农业生产的思想是较为丰富的。他十分重视农业的地位,因为农业是提供人类基本生活资料的部门,指出:"凡五谷者,民之所仰也,君之所以为养也。故民无仰,则君无养;民无食,则不可事。故食不可不务也,地不可不力也,用不可不节也。"在古代农业中,粮食生产居于突出的位置,其意义远远超过经济本身,几乎成为国家治乱的根本,所以墨子一再强调"食者,国之宝也","食者,圣人之所宝也"(《墨子·七患》)。

从这种观点出发,墨子着重指出了农业生产的必要性,在他看来,农业生产是保证国家财用的根本前提,即所谓"以时生财,固本而用财,则财足"(《墨子·七患》)。这里的生财,就是指粮食生产,固本也就是要稳定农业。在此之前,人们并没有把农业同"本"联系起来,墨子虽然还未明确提出农本的概念,但固本的提法表明他对农业的重视比前人更进了一步。

农业生产要靠人来进行,所以墨子又对人类劳动(主要是农业劳动)问题发表了一通精彩的议论:"今人固与禽兽、麋鹿、蜚鸟、贞虫异者也。今之禽兽、麋鹿、蜚鸟、贞虫,因其羽毛以为衣裘,因其蹄蚤以为绔屦,因其水草以为饮食。故唯使雄不耕稼树艺,雌不纺绩织纴,衣食之财固已具矣。今人与此异也。赖其力者生,不赖其力者不生。"(《墨子·非乐上》)这就把劳动作为人类与其他动物根本区别的标志,其认识不可谓不深刻。从经济角度考察,劳动又是财富产生的源泉之一,对此墨子指出:"下强从事,则财用足矣。"(《墨子·天志中》)他还具体分析了农业劳动的作用:"今也农夫之所以蚤(早)出暮入,强乎耕稼树艺,多聚叔(菽)粟,而不敢怠倦者何也?曰:彼以为强必富,不强必贫;强必饱,不强必饥,故不敢怠倦。今也妇人之所以夙兴夜寐,强乎纺绩织纴,多治麻丝葛绪(纩),捆(织)布缪(帛)而不敢怠倦者何也?曰:彼以为强必富,不强必贫;强必煖,不强必寒,故不敢怠倦……农夫怠乎耕稼树艺,妇人怠乎纺绩织纴,则我以为天下衣食之财,将必不足矣。"(《墨子·非命下》)这段见解不仅指出了劳动是人类生存的必需条件,而且肯定了劳动在财富增殖过程中的作用,具有重要的理论价值。

为了发展农业生产,墨子从劳动力、财政、消费、贮备等方面提出了相关的政策主张。首先,他十分关注农业劳动者的生活状况,认为"民有三患:饥者不得食,寒者不得衣,劳者不得息,三者民之巨患也"(《墨子·非乐上》),因此"必使饥者得食,寒者得衣,劳者得息"(《墨子·非命下》)。他还把"食饥息劳""养其万民"作为"三代圣王"治理天下的有效方法(《墨子·尚贤中》)。墨子的这种见解对确保农业劳动者的基本生活条件显然是有利的。另一方面,他主张保证和增加从事农业生产的人口数量,为此要实行早婚、禁蓄私、非攻、节葬等措施,例如他认为战争不仅使大量劳力死于战场,而且使"农夫不暇稼穑,妇人不暇纺绩织纴"(《墨子·非攻下》),"兴师以攻伐邻国,久者终年,速者数月,男女久不相见"(《墨子·节用上》),这些都严重妨碍了农业生产和人口繁衍。再如,由于贵族蓄养妾媵,"大国拘女累千,小国累百,是以天下之男多寡无妻,女多拘无夫。男女失时,故民少"(《墨子·辞过》)。应该指出,墨子的人口增殖主张是以促进农业发展为目标的,他在谈到土地和人口关系问题时曾表示:"然则土地者,所有余也。王民,所不足也。"(《墨子·非攻中》)所以,"耕者不可不益急矣"(《墨子·贵义》),表明他的人口理论是为协调土地劳动者比例而提出的,这不同于单纯为了兼并战争需要而主张的人口增殖论。

在财政税收方面,墨子主张节约国家支出,尤其是在粮食歉收的年份,更要减少官吏的俸禄以免给农民增加负担,其办法是:"一谷不收谓之馑……岁馑,则仕者大夫以下皆损禄五分之一",二谷不收则减五分之二,到"五谷不收"时,官吏只发口粮而"尽无禄"(《墨子·七患》)。这种主张在古代社会是无法实施的,只是反映了墨子注意避免税收对农业的负面影响的思想倾向。

在消费方面,墨子强调节用,他认为古代禹汤之时虽遇水旱之灾,"然而民不冻饿",主要得益于"其生财密,其用之节"(《墨子·七患》),因此,国家必须"去其无用之费"(《墨子·节用上》),改变"民力尽于无用"(《墨子·七患》)的局面,使更多的劳动力投入有用的劳动部门中去。这里所指的无用，即是各种奢侈品生产，而有用主要是指农业生产。另一方面，人民也只要维持较低的消费水平就够了，如饮食，"凡足以充虚继气，强股肱，耳目聪明，则止"；穿着，"冬服绀緅之衣，轻且暖，夏服绤绤之衣，轻且清，则止"(《墨子·节用中》)。他特别反对当时迷恋享乐的社会风气，如主张"非乐"，因为多搞音乐势必导致农业劳力的流失，"使丈夫为之，废丈夫耕稼树艺之时；使妇人为之，废妇人之纺绩织纴之事"(《墨子·非乐上》)。

墨子还意识到农业生产要受到自然环境的直接影响，"虽上世之圣王岂能使五谷常收而旱水不至哉"？因此必须使国家有足够的粮食贮备。他指出，如果"仓无备粟"，就"不可以待凶饥"，并引前人的话说："国无三年之食者，国非其国也。家无三年之食者，子非其子也。此之谓国备。"(《墨子·七患》)

不难看出，墨子的农业思想在他那个时代是最为丰富的，其中不乏理论创见和警世之言。墨子的农业思想反映了春秋后期农业生产力还处于比较落后的状况，他的政策主张在一定程度上代表了新兴地主和农业生产者的利益和要求，但在总体上尚未超出早期古代农业思想直观简单的水平。

第五节 《老子》、李悝的农业思想

《老子》，又名《道德经》，相传为春秋末年老聃所作。老聃，姓李，名耳，字伯阳，楚国苦县(今河南鹿邑东)人。他是中国古代道家学派的创始人，曾当过周的管理藏书的史官，后弃官隐居，不知所终。另一说称老子是孔子同时的楚国隐士老莱子。还有一说为战国中期的周太史儋。《老子》一书记录了老聃以来各种道家思想观点，而其成书则可能在战国时期。《老子》中的经济思想占比较次要的地位，总的来说，它的作者对春秋时期诸侯称雄、战乱纷争的局面持强烈不满的态度，他们主张恢复到上古社会那种"小国寡民"的状态中去，在这种社会中，农业生产力是相当原始落后的。

"小国寡民"是《老子》提出的理想社会模式，其内容为："小国寡民，使有什伯之器而不用，使民重死而不远徙。虽有舟舆，无所乘之。虽有甲兵，无所陈之。使人复结绳而用之。甘其食，美其服，安其居，乐其俗。邻国相望，鸡犬之声相闻，民至老死不相往来。"(《老子·第十八章》)由此可见，《老子》对生产工具的进步是反对的，它要人们放弃使用工具，其生产方式当然是十分简单的，而且它否定人们之间正常的经济交往活动，这就意味着这种社会中的农业生产将倒退到非常低下的水平。

《老子》之所以提出上述社会理想,主要是为了改变当时天下动乱、兼并不休的局势,在经济方面,统治者的剥削压榨是其抨击的对象。《老子》认为,人民的生活贫困是国家聚敛的结果,"民之饥,以其上食税之多,是以饥"(《老子·第七十五章》)。在他看来,统治者"服文采,带利剑,厌饮食,财货有余",而在经济管理上却失于职守,导致"田甚芜,仓甚虚"(《老子·第五十三章》),这无异于窃取非分之财的盗贼。《老子》还指出:"天之道,损有余而补不足。人之道则不然,损不足以奉有余。"(《老子·第七十七章》)这显然是对当时阶级剥削现象的揭露和否定。

应该说,《老子》对农业凋敝和税赋苛重的批评是有一定深度的,反映了作者具有同情民苦的思想倾向。问题在于,它想让历史走回头路以消除社会弊端,则是开错了药方,如果真的实施《老子》的方案,那么农民生活状态不仅无法得到改善,而且会陷入日益贫困的境地。

与《老子》农业思想形成鲜明对照,李悝的"尽地力之教"显示了新兴地主阶级旺盛进取的理论活力。李悝(约前455—前395),又作李克。曾任魏国的上地守、中山君(魏文侯之子,后为魏武侯)的相和魏文侯的相。他是法家学派的奠基者,著有《法经》一书,对新兴地主阶级实行变法和建立国家政权起过积极的作用。在理论建树的同时,他在任魏文侯相期间,大胆实行政治、经济、军事等方面的改革,取得了很大成效,使魏国成为战国初期的强国。作为辅佐诸侯治理国家的官员,李悝在经济方面的突出功绩是重视农业,韩非曾说他注意山林泽谷之利(《韩非子·难二》),史称他"以沟恤为墟,自谓过于周公"(《七国考·魏食货》),表明他在农田水利的修筑上确实作出了较大的贡献。而在思想理论方面,李悝对农业问题的阐述在不少地方超过了前人。

李悝高度重视农业在社会经济中的地位。他所说的农业包括粮食生产和家庭纺织业,认为这是国家致富和人民生存的唯一基础,即所谓"农伤则国贫"。为此,他反对任何有害于农业生产的经济活动,并断言:"雕文刻镂,害农事者也。锦绣纂组,伤女工者也。农事害则饥之本也。女工伤则寒之原也……故上不禁技巧则国贫民侈。"(《说苑·反质》)在上述议论中,农业的重要性主要体现在两个方面:(1)农业是人类生存的衣食来源;(2)农业是国家积累财富和增加税收的来源。这是中国农业思想史上首次出现的关于农业作用的理论概括。另一方面,为了保证农业生产的顺利进行,有必要禁止奢侈品生产,这观点体现了古代农业社会的历史特征,为此后重农抑末理论的形成提供了先行思想资料。

值得重点分析的是李悝的"尽地力之教"。根据史书的记载,这一经济政策的内容是这样的:"是时,李悝为魏文侯作尽地力之教,以为地方百里,提封九万顷。除山泽邑居参分去一,为田六百万亩。治田勤谨,则亩益三斗(每斗约合今二升——引者注);不勤,则损亦如之。地方百里之增减,辄为粟百八十万石矣。"(《汉书·食货志上》)不难看出,"尽地力之教"的目的是为了增加农田的单位面积产量,其途径则是提高农民的劳动强度和耕作技术,最大限度地挖掘增产潜力。以往论者往往把农业收成看作自然条件的产物,间或有人也提到农业生产离不开人的劳动,但像李悝这样把"治田勤谨"当作尽地力的关键,显然是对人力作用的认识深化。与当时农业技术的发展相适应,李悝还对农业生产过程的管理原则作了概括,如他提到在耕种中,"必杂五种,以备灾害,力耕数耘,收获如寇盗之至"(《太平御览》卷821),等等。

为了促进农业经济的发展,李悝还对当时农民的生活情况进行了具体分析,并提出了相应的对策思路。他写道:"今一夫挟五口,治田百亩。岁收,亩一石半,为粟百五十石。除十一之税十五石,余百三十五石。食,人月一石半,五人终岁为粟九十石,余有四十五石。石三十,为钱千三百五十。除社闾尝新春秋之祠用钱三百,余千五十。衣,人率用钱三百,五人终岁用千五百,不足四百五十。不幸疾病死丧之费及上赋敛,又未与此。此农夫所以常困,有不劝耕之心,而令粜至于甚贵者也。"(《汉书·食货志上》)这是中国历史上最早的关于农民生活状况的统计分析资料,而这正是李悝设计平粜政策的客观依据。

李悝同样关注粮价问题,他认为:"粜甚贵伤民,甚贱伤农。民伤则离散,农伤则国贫,故甚贵与甚贱,其伤一也。善为国者,使民无伤而农益劝。"这是一个与计然平粜理论相似的政策目标。在具体内容上,李悝的方案更为详细,并别具特点:"是故善平粜者必谨观岁,有上中下熟:上熟其收自四(倍),余四百石;中熟自三,余三百石;下熟自倍,余百石。小饥则收百石,中饥七十石,大饥三十石。故大熟则上粜,三而舍一(余四百石中,粜三百石),中熟则粜二,下熟则粜一。使民适足,贾平则止。小饥则发小熟之所敛,中饥则发中熟之所敛,大饥则发大熟之所敛,而粜之。故虽遇饥馑水旱,粜不贵而民不散,取有余以补不足也。"(《汉书·食货志上》)这段文字同样存在细节上的不尽合理可信之处,但这并不影响这一政策在理论史上的地位。首先,与计然规定粮价波动的可行幅度不同,李悝着眼于按大、中、小三种丰歉年份制定相配套的粜籴数额,这要比计然的计划更难实施,但在设计上更精致了。其次,李悝的政策中没有考虑到商贾的利益。民,只是指非农业人口,即城市中的粮食消费者。"使民适足,贾平则止",也只是笼统地提到价格平稳。这同计然所主张的"农末俱利"已有区别,当然,贾平也包含着让商人获得平均利润的意思,但李悝所考虑的只是"使民无伤""民不散",这显示了当时农商思想的微妙变化。

史称李悝的一系列农业政策"行之魏国,国以富强"(《汉书·食货志上》),由此可见,他的"尽地力之教"在促进封建经济发展方面发挥了积极的作用。

第六节 商鞅的农战论

从公元前476年到公元前221年,是中国历史上的战国时期。春秋战国之交是中国封建生产关系逐步产生的阶段,到了战国中、后期,这种生产关系进一步得到发展。魏国是各国中变法最早的,以后,楚、韩、齐、赵、燕等国也相继变法。公元前384年,秦献公即位,他所进行的改革不仅范围广,而且较为彻底,收效较大,其内容包括废除人殉制度,编制以五家为一伍的全国户籍,推广县制等。公元前362年,继秦献公后登位的秦孝公继续进行变法,他重用商鞅,推行法家路线,实施一系列有利于封建农业发展的政策,使国势大盛。虽然商鞅后来被杀害,但"秦法未败"(《韩非子·定法》),这给后来秦灭六国奠定了基础。

在封建生产关系逐步确立的过程中,农业经济得到了较大的发展。冶铸生铁技术的提高,使铁农具的使用更为广泛。它不仅使大量开垦荒地成为可能,也带动了耕作技术和灌溉技术的进步。在农田耕作管理方面,人们已经认识到识别土壤、因地制宜进行农事活动的重要性,肥料的品种更为多样,畦种栽培法开始采用。水利工程的规模和数量都有扩大,其中最为著名的是秦国的都江堰和郑国渠两大工程,前者使蜀地成为农产富庶之地,后者也使"关中为沃野,无凶年"(《史记·河渠书》)。与这种农业经济发展相适应,一批农学著作纷纷问世,形成了历史上的农家学派,其代表作品有《神农》《野老》(均已佚)、《管子·地员》《吕氏春秋·上农》等。

战国时期的农业思想十分丰富,它为新兴地主阶级夺取政权和巩固政权提供了经济上的理论武器,也对农业生产力的发展发挥了积极的作用。

商鞅(约前390—前338),原名卫鞅或公孙鞅,卫国人,后在秦国因功受封于於(今河南内乡东)、商(今陕西商县东南)十五邑,号为商君,所以被人称为商鞅。他是战国时期著名的法家,早年在魏国当相国公叔痤的家臣,后应秦孝公求贤令之召到秦国,历任秦国的左庶长、大良造(最高军事长官),任职期间两次推行变法。

商鞅变法包括各方面的内容:在政治上,实行法治,废除奴隶主贵族的世袭特权;在行政上,推广县制,加强中央集权;在军事上,制定奖励军功法律,实行按功授爵;在文化上,焚毁儒家经典以"明法令"(《韩非子·和氏》),统一度量衡;尤其是在经济上,变法的力度和意义更为显著,主要是"开阡陌封疆"(《史记·商君列传》),废除井田制,准许土地自由买卖,确立封建土地所有制,推行农战方针,大力促进农业生产的发展,在田制计算上把亩积从100方步扩大到240方步,等等。商鞅在经济上的变革措施都是以他的农战理论为指导的,这一理论是在特定社会条件下产生的较为独特、具有深远历史影响的农业思想。

在中国历史上,商鞅首次将农业称作"本"。他强调指出:"凡将立国","事本不可不抟(专)"(《商君书·壹言》)。这比墨子的"固本"主张有了发展,而明确把农业定为本业,体现了中国古代农业思想达到了新的深度。李悝从人类衣食来源和国家财富来源的角度论述农业的重要性,商鞅的分析角度有所不同。他说:"所谓富者,非粟米珠玉也⋯⋯所谓富者,入多而出寡。"(《商君书·画策》)又说:"农则易勤,勤则富。"(《商君书·壹言》)"壹务则国富。"(《商君书·农战》)"民不逃粟,野无荒草,则国富。"(《商君书·去强》)这表明商鞅并不把富的概念局限在具体物品(劳动的物化)上,而主要是指农业生产这一过程,这种动态的财富观点是不乏新意的。另一方面,农业的作用又与国家军事实力的强盛紧密联系在一起,对此商鞅认为:"强者必富,富者必强。"(《商君书·立本》)又说:"国之所以兴者,农战也。"(《商君书·农战》)农业能为战争提供充足的物质基础,所以是国家强盛的根本,商鞅的这一观点显然是战国时期诸侯纷争的特定历史条件的产物。

从上述认识出发,商鞅对国家发展农业的必要性作了突出的强调。他把"令民归心于农"作为"圣人"的"治国之要"。怎样从政策目标上确保农业的充分发展?商鞅的着眼点在劳动力和土地两方面。他要求农业人口在全国人口中占绝对多数,断言:"百人农,一人居者王。十人农,一人居者强。半农半居者危。"(《商君书·农战》)这反映了当时农业生产力主要靠劳动力投入数量来衡量的实际状况。同时,土地开垦也十分重要,在商鞅看来,"地诚任,不患无财"(《商君书·错法》)。反之,如果"地大而不垦",则"与无地同"。为了实现土地与人力的最佳均衡配置,商鞅提出了"度地"理论,即把土地人口状况分为"地狭而民众"和"地广而民少"两种类型,前者为"民胜其地",必须着重耕作,优化土地的效益;后者为"地胜其民",需要招募移民,从事农业生产,防止土地资源浪费,"山泽财物不为用"(《商君书·算地》)。应该说,抓住农业劳动力和土地的合理配置,确实抓住了农业发展的重心所在。

如前所述,商鞅的农业政策理论是为富国强兵的目的而提出的,因此,他相应制定了一系列实施农战的措施规定,如在《商君书·垦令》中,共宣布了20条具体条例,旨在限制一切有碍农业生产的活动,把尽量多的劳力投向农业部门。为了鼓励人们从事农业生产,商鞅从政治和经济两方面颁行了激励办法。

在政治上,他主张以授官爵来鼓励人们务农,指出:"凡人主之所以劝民者,官爵也。……善为国者,其教民也,皆从壹空而得官爵。是故不以农战,则无官爵。"《商君书·农战》)在这以前,官爵大都按军功或家世等级授予,而土地等农业生产资料则是按官爵大小由上级封赐。商鞅提出按务农授官爵,这是一种全新的激励思路,反映了当时农业重要性的明显提高。此外,商鞅还要求澄清吏治,提高官府办事效率,使官吏不得任意妨害农业,他认为:"百官之情不相稽,则农有余日;邪官不及为私利于民,则农不败。农不败而有余日,则草必垦矣。"《商君书·垦令》)

经济方面的条例更为详尽周全。商鞅调动了一切可支配的优惠手段,吸引农民安心耕作,其具体做法有如下诸端:其一,"僇力本业,耕织致粟帛多者,复其身",即对务农有业绩者免其徭役,反之,"怠而贫者"(《史记·商君列传》),全家没为官奴婢;其二,每户有两个以上成年男子的必须分家,否则口赋加倍,此举意在促进小农经济的发展;其三,根据"意民之情,其所欲者田宅也"(《商君书·徕民》)的道理,规定向三晋来的务农移民分配土地和住宅,并免除其三代人的徭役;其四,提高粮食价格,因为"食贵则田者利,田者利则事者众",所以"欲农富其国者,境内之食必贵"(《商君书·外内》),等等。

为了保证农业生产的顺利进行,商鞅还提出抑商的主张,其政策措施包括:(1) 禁止商人从事粮食买卖,"使商无得籴,农无得粜",这样做既是为了不让商人利用年景丰歉牟取暴利,又能防止农民从其他途径获得口粮而放松农业生产,而根本目的则是要减商之利而裕农,如商鞅所说:"多岁不加乐,则饥岁无裕利,无裕利则商怯,商怯则欲农。"《商君书·垦令》)(2) 加重商人的赋税负担,商鞅认为:"欲农富其国者……不农之征必多,市利之租必重。"《商君书·外内》)这是利用税赋调节政策鼓励务农,限制经商。(3) 商人及其奴隶都要服徭役,以显示出"农逸而商劳"(《商君书·垦令》)。应该指出,商鞅也认识到商业是社会经济中不可缺少的组成部分,曾表示:"农、商、官三者,国之常官也。农辟地,商致物,官法(治)民。"《商君书·弱民》)但由于看不到农业与商业存在着互相促进的一面,使他得出了重农而不得不抑商的结论。商鞅的抑商具有发展封建经济、打击奴隶主残余势力的特定历史意义,但这种政策思路对此后封建国家的经济政策又有着不可忽视的负面影响。

农战理论的提出客观上具有促进新兴生产关系发展的作用,但在主观上又反映出统治阶级强化国家管理的意图。商鞅之所以把国家强盛的基础放在农业上,除了经济上的考虑之外,还有政治上的原因。在他看来,社会各阶层中只有农民才能成为英勇作战的兵士,"学民恶法,商民善化,技艺之民不用"(《商君书·

农战》)。因此,他把《诗》《书》谈说之士""处士"(隐士)、"勇士"(好私斗者)、"技艺之士"和"商贾之士"列为应该抑制的"五民",并告诫说,如果这些人受到重视,就会导致"田荒而兵弱"(《商君书·算地》)的后果。只有实行"利出一空"的原则,使人们从农战中获得自身的利益,才能实现富国强兵的目标,即如商鞅所说:"民之欲利者,非耕不得;避害者,非战不免。境内之民莫不先务耕战,而后得其所乐。"(《商君书·慎法》)不难看出,商鞅一再宣扬的"尊农战之士"(《商君书·壹言》),其实质就是为了强化地主阶级的政治统治。实际上,"利出一空"的原则在特定的历史条件下是必要和有效的,但从长远看,未必有利于社会经济的正常发展,而且在实践中也很难贯彻。可以说,商鞅的农业思想既代表了战国时期封建地主阶级夺取政权、发展经济的进步要求,又给这一阶级在往后的统治中所表现出来的历史局限性提供了思想理论上的滥觞。

第七节　孟子的恒产论

孟子(约前 372—前 289),名轲,字子舆,邹(今山东邹城东南)人。他是鲁国贵族孟孙氏的后裔,早年受学于孔子的孙子子思的门人,后在魏、齐、宋、滕等诸侯各国游说,曾任齐宣王的卿。晚年主要从事教育著述工作,"序诗书,述仲尼之意,作《孟子》七篇"(《史记·孟子荀卿列传》)。孟子对孔子的儒家学说在继承的基础上作了新的发挥,在中国古代文化思想史上具有重要的地位,唐宋以后,他被封建统治者尊为"亚圣",其学说则与孔子的理论一起被合称为"孔孟之道"。

孟子的农业思想是在他的政治理想基础上提出来的。他主张"行先王之道","遵先王之法",要求统治者实行"仁政",认为"不以仁政,不能平天下"(《孟子·离娄上》)。施"仁政"就要让人民有基本的生产和生活资料,所以孟子提出了他的恒产论。他指出:"民之为道也,有恒产者有恒心,无恒产者无恒心,苟无恒心,放辟邪侈,无不为已。"又说:"无恒产而有恒心者,惟士为能,若民,则无恒产,因无恒心,苟无恒心,放辟邪侈,无不为已。"(《孟子·梁惠王上》)恒产是指长期占有的物质财产,认为民众没有恒产便会动乱生事,实际上揭示了经济是政治的基础这一浅显而深刻的道理。

接着,孟子具体勾画了他的恒产方案:"五亩之宅,树之以桑,五十者可以衣帛矣。鸡豚狗彘之畜,无失其时,七十者可以食肉矣。百亩之田,勿夺其时,八口之家可以无饥矣。谨庠序之教,申之以孝悌之义,颁(斑)白者不负戴于道路矣。老者衣帛食肉,黎民不饥不寒,然而不王者,未之有也。"他还说为政者要"制民之产",使他们能够"仰足以事父母,俯足以畜妻子,乐岁终身饱,凶年免于死亡"
(《孟子·梁惠王上》)。

在这一段议论中,孟子把每家百亩耕地、五亩宅地作为发展小农经济的理想
规模,仅仅从上述文字,我们还无法断定这是奴隶制下的土地占有形式还是封建
制下的土地占有形式,但若联系到他对井田制的阐述,则不难发现孟子的恒产论
本质上是对前代农业生产关系的归复。

在中国古代农业思想史上,井田制是否真正存在过是一个长期争论不休的
问题,而孟子的描述则是产生这一难题的源起。他在回答滕文公问政时指出:
"夫仁政必自经界始。经界不正,井地不均,谷禄不平。是故暴君污吏,必慢其经
界。经界既正,分田制禄,可坐而定也。"这种井田制的形式是这样的:"方里而
井,井九百亩,其中为公田,八家皆私百亩,同养公田。公事毕,然后敢治私事,所
以别野人也。"他还设计了这种土地制度下的社会关系,即"死徙无出乡,乡田同
井,出入相友,守望相助,疾病相扶持,则百姓和睦"。至于赋役,则实行"野,九一
而助,国中什一使自赋"的方式(《孟子·滕文公上》)。

孟子对井田制的设计虽然存在着一些模糊或互相矛盾之处,但大体上是对
前代(指奴隶制社会)井田制的简要概括,当然也掺杂着某些主观理想化的色彩。
这一方案中的"分田制禄"是以"周室班爵禄"(《孟子·万章下》)制度为依据,按照
贵族等级来占有禄田,农民缺乏人身自由,生产规模简单划一,这些都与奴隶制
下的农业生产关系基本相吻合。但另一方面,孟子并不是要全盘恢复旧制度中
的野蛮剥削方式,相反,他主张井田中的人际关系比较亲睦,赋役负担也不是太
重。这种温和的管理方式与其恒产论有着共同的理论出发点。

说孟子主张恢复过去的农业生产方式,这并不意味着他的理论决无创见或
历史价值。首先,他主张让农民拥有稳定的生活生产资料,这对改善人民生活处
境毕竟是有利的,反映了他同情民间疾苦的进步思想倾向。其次,在发展农业经
济问题上,他重视土地制度的确立,这是抓到了生产关系的要害。第三,孟子把
社会的稳定建立在人民拥有自己的恒产基础之上,这在某种程度上反映出他已
认识到经济对于政治的决定性作用。

对农业生产力问题的论述,也是孟子农业思想的重要组成部分。他认为发
展农业是使民众致富的根本途径,指出:"易(治)其田畴,薄其税敛,民可使富
也。"(《孟子·尽心上》)为了保证农业生产的顺利进行,他强调遵守农时和生态规
律,认为这是实行王道的首要条件,他写道:"不违农时,谷不可胜食也;数罟(网)
不入洿池,鱼鳖不可胜食也。斧斤以时入山林,材木不可胜用也。谷与鱼鳖不可
胜食,材木不可胜用,是使民养生丧死无憾也。养生丧死无憾,王道之始也。"

《孟子·梁惠王上》）在这里，孟子不仅要求农业生产要不误时机地进行，而且强调对自然生态的保护，这种认识同管仲的见解有着继承关系，反映出当时思想家发展大农业的思路特点。但相比之下，农时问题还是孟子最为关注的，上述议论中的"不违农时"，恒产论中的"无失其时""勿夺其时"，以及其他文章中所强调的"民事不可缓"（《孟子·滕文公上》）等说法，都体现了这一点。正因如此，他抨击有些统治者"夺其民时，使不得耕耨以养其父母"，导致百姓"父母冻饿，兄弟妻子离散"，认为这无异是在"陷溺其民"（《孟子·梁惠王上》）。

同样出于发展农业的目的，孟子主张减少赋税以免人民负担过重。他在比较夏、商、周等朝代的农业征税情况时指出："夏后氏五十（亩）而贡，殷人七十而助，周人百亩而彻，其实皆什一也。"在具体征收形式上，他以龙子的话为依据，主张"治地莫善于助，莫不善于贡"。所谓贡，就是由农民按常年的平均产量的十分之一向政府缴纳粮食，孟子认为这种办法没有考虑到年成的好坏，往往给人民造成繁重的负担，尤其遇到灾荒，更是"终岁勤动，不得以养其父母，又称贷而益之，使老稚转乎（弃尸于）沟壑"（《孟子·滕文公上》）。所谓助，是借民力助耕公田的一种劳役租赋，没有贡法的上述弊端，因此孟子说："耕者助而不税，则天下之农皆悦而愿耕于其野矣。"（《孟子·公孙丑上》）在论及井田制时，他说要实行"野九一而助"，至于不便实施井田制的城郊农田，则实行什一税制。不过，他虽然赞成轻税，但并不主张低于十分取一的标准，这也同他的"遵先王之法"思想有关。

第八节 《管子》的农本论

《管子》是中国封建社会中的一部内容丰富的著作，它并非春秋时管仲所作，而是托名于他的由多人撰写的论文集。今本《管子》由西汉末刘向整理编成，存76篇，其中大部分写于战国，《轻重》等篇则产生于西汉。《管子》关于农业的论述，主要见于战国时期的作品中，写于西汉时期的《轻重》篇由于其理论重点是封建社会的商品流通领域，生产方面的议论相对较少，但以农为本的观点仍然是其理论的内在基础。

先秦时期形成的农本理论，在《管子》中有了最为丰富的表述。在《管子》各篇中，直接把农业和本事联系起来的说法很多，如"有地不务本事，君国不能壹民，而求宗庙社稷之无危，不可得也"（《管子·权修》）；"好本事，务地利，重赋敛，则民怀其产"（《管子·立政》）；"明王之务，在于强本事，去无用，然后民可使富"（《管子·五辅》）；"本事，食功而省利"（《管子·修靡》）；"粟者，王之本事也，人主之大务，有人之途,治国之道也"(《管子·治国》);"人君操本,民不得操末"(《管子·揆度》);等等。

和当时其他农本论相比,《管子》的主张具有自己的理论特点。首先,《管子》的农本概念带有较浓厚的政治色彩,它所谈的本,固然有经济上的意义,但更多的则是同封建国家的管理统治相联系,因此它往往将农本同人主、明君、王者放在一起论述。其次,《管子》所说的农,仍然还是指封建农业和与之相结合的家庭纺织业(即耕织、农桑),但其包括的门类很广,如五谷、桑麻、六畜、瓜果、蔬菜、林业、渔业等,这在先秦思想家中也是不多见的。

《管子》论述了以农为本的必要性。它之所以把农业看作封建社会中全部经济活动的基础,是出于这样的理论推断:劳动者和土地是封建经济的最主要因素,而此二者都与农业密不可分。《管子》指出:"夫民之所生,衣与食也;食之所生,水与土也。"(《管子·禁藏》)又说:"五谷食米,民之司命也。"(《管子·国蓄》)从这种认识出发,《管子》强调农业是衡量国家贫富的主要标准,断言"实圹墟,垦田畴,修墙屋,则国家富"(《管子·五辅》),相反,"时货不遂,金玉虽多,谓之贫国也"(《管子·八观》)。这就是说,农业没搞好,衣食匮乏,即使货币再多,也称不上是经济发达的富国。这种视农产品的使用价值为主要财富的观点,是自然经济的产物,反映了《管子》农本思想的历史特点。

对农本的重要意义,《管子》还从政治角度作了阐述。它指出:物质财富的丰裕是治国安民的根本保证,而农业又是生产物质财富的主要部门,"农事胜则入粟多,入粟多则国富,国富则安乡重家,安乡重家则虽变俗易习,驱众移民,至于杀而民不恶也"(《管子·治国》)。它告诫统治者应该懂得"民必得其所欲,然后听上"的道理,采取有效措施发展农业生产,真正做到"善为政者,田畴垦而国邑实"(《管子·五辅》)。

农本还具有重要的国防后备作用。军队是国家机器的主要成分,它的存在需要国家在财政支出中拨出很大部分的军费,而战争期间的物质耗费更为巨大,这些都要求发达的农业作为后盾。《管子》对此的认识是较全面的,它揭示了农业与军事的连锁关系,指出:"地之守在城,城之守在兵,兵之守在人,人之守在粟,故地不辟则城不固。"(《管子·权修》)农业搞好了,军队也就能所向无敌,"民事农则田垦,田垦则粟多,粟多则国富,国富者兵强,兵强者战胜"(《管子·治国》)。总之,鉴于农业对经济、政治、军事等各方面都有着决定性的意义,所以《管子》得出结论说:"故风雨时,五谷实,草木美多,六畜蕃息,国富兵强,民材而令行,内无烦忧之政,外无强敌之患也。"(《管子·禁藏》)显而易见,《管子》的上述见解比李悝、商鞅等人的认识更为完整和严密了。

从以上深刻认识出发,《管子》对如何发展农业生产提出了一系列政策主张。农业生产,从根本上说是劳动者与土地的结合,而《管子》的农业政策理论也以此为重点。

关于农业生产者,《管子》的分析相当精辟,它正确地指出:"彼民非谷不食,谷非地不生,地非民不动,民非力毋以致财。"(《管子·八观》)在这里,《管子》明确强调了劳动的重要性,突出了人的因素,这在中国古代是难得的卓见。基于此,《管子》非常重视提高农民的生产积极性,例如它主张对精于农事者采取奖励措施,其对象包括"民之能明于农事者""能蓄育六畜者""能树艺者""能树瓜瓠、荤菜、百果使蓄育者""知时,曰岁且阨,曰某谷不登,曰某谷丰者""通于蚕桑,使蚕不疾病者",等等。奖励方法则是"置之黄金一斤,直食八石"(《管子·山权数》)。另一方面,《管子》建议对劳动者实行疏导的管理之策。《管子》书中举了这样一个例子:桓公问管子有什么办法能免除民间饥寒之苦,管子回答说:只要把路边的大树砍掉就行了。为什么呢?管子解释说:路边没有大树,来往的行人就没有树荫可供遮阳休息,只好加快脚步赶路,平时喜欢聚集在树荫下闲聊的人也会重返田间务农,这样就会增加农业劳动力。农业兴盛,自然也就不会有饥寒之苦了(《管子·轻重丁》)。这种管理主张显然不同于强制的方法。为了便于人口管理和提高其素质,《管子》重申了"四民分业"的原则,认为如果让农民的子女从小参加生产实践,"少而习焉",就能使"其父兄之教不肃而成,其子弟之学不劳而能",因而有必要使"农之子常为农"(《管子·小匡》)。

关于农用土地的开垦利用,《管子》的论述也有高出他人一筹之处。它曾强调:"地者,政之本也。"(《管子·乘马》)"地者,万物之本原,诸生之根菀也。"(《管子·水地》)出于这样的高度重视,《管子》很注意对土地占有关系进行合理的调整,在它看来,"地不平均和调,则政不可正也。政不正,则事不可理也"(《管子·乘马》)。因此,"理国之道,地德为首"(《管子·问》)。在具体的政策取向上,《管子》没有提出类似于井田制那样的主观方案,只是提出了"均地分力"和"与之分货"两种制度方针。所谓"均地分力",就是使农民获得比较平均的土地,让他们在自己的土地上劳动;所谓"与之分货",就是指地主和佃农之间对农业生产成果的比例分配。其实质是用封建地租剥削形式来代替奴隶制剥削方式,也就是用地主土地所有制取代奴隶主土地所有制。《管子》认为实施"均地分力"会使农民"知时日之蚤晏,日月之不足,饥寒之至于身",为了获得更多的劳动成果,他们会"不忘其功,为而不倦","不惮劳苦",否则就会导致"地利不可竭,民力不可殚"的后果。至于"与之分货"的目的,也在于使佃农"审其分",进而"尽力"从事农业生产(《管子·乘马》)。从激励角度分析土地制度的优越性,显示了《管子》经济思想的深度。

在生产力方面,土地的合理利用和开发是发展农业的重要途径,对此,《管子》提出了若干原则主张。它强调要遵循因地制宜的原则安排生产经营项目,切实做到"相高下,视肥硗,观地宜,明诏期,前后农夫以时均修焉,使五谷桑麻皆安其处"。为了使农业生态得到良好的维护,它要求搞好水利,制定相应措施,"决水潦,通沟渎,修障防,安水藏,使时水虽过度,无害于五谷,岁虽凶旱,有所秎获"(《管子·立政》)。对未开垦的土地,《管子》主张尽量进行垦殖利用,在它看来,"地之不辟者,非吾地也"(《管子·权修》)。而在土地的利用程度上,《管子》又提出了比较独特的分析见解。其一,它把土地及其收益状况作为衡量国家农业政策优劣的依据,指出:除了"国地小而食地浅"的情况之外,如果土地只开垦了一半,却"民有余食而粟米多",那是由于"国地大而食地博";如果"国地大而野不辟",则表明"君好货而臣好利",妨碍了正常的农业生产,而一旦出现"辟地广而民不足"的局面,则必然是因为"上赋重而流其藏"。其二,它认识到城乡土地应保持适当的比例,因而主张使农用土地维持在一个比较充裕的水平上,以避免农业生产规模过小,出现"其野不足以养其民"的情况(《管子·八观》)。

在农业生产的宏观管理上,《管子》主张实施多种经营,全面发展。虽然在《管子》书的轻重理论中,粮食居于非常重要的地位,但在谈到以农富国问题时,《管子》的考察范围是很广泛的,它指出:"山泽救于火,草木殖成,国之富也;沟渎遂于隘,障水安其藏,国之富也;桑麻殖于野,五谷宜其地,国之富也;六畜育于家,瓜瓠、荤菜、百果备具,国之富也。"(《管子·立政》)又说:"积于不涸之仓者,务五谷也;藏于不竭之府者,养桑麻、育六畜也。""务五谷则食足,养桑麻、育六畜则民富。"(《管子·牧民》)

为了维持农业生产的正常进行,《管子》还从赋税征收、农时保证等方面提出了政策建议。如在赋税问题上,它主张薄赋轻税,以防止农民因交税而日益贫困,另一方面,需要确定合理的征税标准,如实行"田租百取五"(《管子·幼官》),或"二岁而税一,上年什取三,中年什取二,下年什取一,岁饥不税"(《管子·大匡》)等政策。至于荒年的减免办法,《管子》的规定更为细致,例如旱年,水位降低到地下一仞(周尺七或八尺为一仞)见水的土地减税十分之一,二仞见水的减税十分之二……五仞见水的减税十分之五;涝年,水位上升到地下五尺见水的减税十分之一,四尺见水的减税十分之二……一尺见水的减税十分之五,这种荒年"轻征"(《管子·乘马》)标准是比较周密的。

《管子》强调农时的重要性,指出:"不务天时则财不生"(《管子·牧民》),"力地而动于时,则国必富矣"(《管子·小问》)。为了不误农时,它要求实施"禁山泽之作",主张"山林虽广,草木虽美,禁发必有时","江海虽广,池泽虽博,鱼鳖虽多,网罟必有正"(《管子·八观》)。这既是为了防止农民因从事副业而妨碍农业正常生产,客观上又具有保护生态资源的作用。

第九节　荀子的强本论

荀子(约前313—前238),名况,字卿,又称孙况、孙卿,赵国人。早年游学于齐国,在稷下学宫讲学,三次担任学宫祭酒。他还到过秦国,对该国变法以后取得的进步持肯定态度。以后在楚国任兰陵(今山东枣庄东南)令,后被免职。他在教育和学术理论方面建树很大,其学说受到先秦各派的影响,经过对孔子儒学的改造,并与法家理论相结合,荀子创立了一套为新兴封建国家服务的思想体系。他的学生很多,有韩非、李斯、毛亨、浮丘伯、张苍等,这些人以后在政治或思想文化方面都作出了重要的历史贡献。

与封建生产关系逐步确立的过程相适应,荀子提出了他的国家与民众互相关系的见解。他认为国家统治者虽然高居于民众之上,但他的地位稳定是建立在民众服从其统治的基础之上的,所谓"水则载舟,水则覆舟"(《荀子·王制》),就是说人民既能稳定一个国君的政权,也能推翻一个王朝的统治,关键是看统治者是否爱民和利民。为此,荀子告诫说:"有社稷者而不能爱民,不能利民,而求民之亲爱己,不可得也。民不亲不爱,而求其为己用,为己死,不可得也。民不为己用,不为己死,而求兵之劲、城之固,不可得也。兵不劲,城不固,而求敌之不至,不可得也。敌至而求无危削,不灭亡,不可得也。"(《荀子·君道》)

那么,怎样才能做到爱民和利民呢？荀子认为正确的对策是相对满足他们的欲望。他把求得生存和追求物质享受的欲望看作是人的本性表现,指出:"人之情,食欲有刍豢,衣欲有文绣,行欲有舆马,又欲夫余财蓄积之富也,然而穷年累世而不知足者,是人之情也。"(《荀子·荣辱》)对这种欲望,统治者不能简单粗暴地压抑和取消,必须加以适当的调节和引导。他主张:"欲虽不可尽,可以近尽也。欲虽不可去,求可节也……道者,进则近尽,退则求节。"(《荀子·正名》)这就是说,对可以满足的欲望应做到尽量满足,对无法满足的欲望则要设法进行节制和引导。从荀子的整体经济思想来看,他所说的欲望满足主要是指物质利益的获得。

在古代社会中,对广大民众来说,最主要的物质利益无非是农业生产资料和生活资料,这就把发展农业提到了至关重要的地位上来了。因此,荀子把"田野县鄙"称作"财之本",把"垣窌仓廪"称作"财之末",农民劳作所获丰收是"货之源",征收赋税以充府库是"货之流"。这种把农业生产(即他所说的"田野县鄙")视为财富之本源,把财政税收视为财货之末流的认识,是先秦农本理论的另一种表述。从这种特定的本末论出发,荀子把农业生产的好坏看作是国家兴衰的征兆,断言一个"伐其本,竭其源","田野荒而仓廪实,百姓虚而府库满"的国家,必将导致"倾覆灭亡"的命运(《荀子·富国》)。

农业生产的主体是人,荀子对此有充分的认识。他指出:"用国者,得百姓之力者富。"(《荀子·王霸》)这同《管子》所说劳动创造财富的说法有异曲同工之妙。正是出于对劳动的高度重视,荀况才要求统治者实行爱民利民的政策,因为民众是"力"的承担者。不仅如此,他尤其对人在发展农业和增进财富方面的作用持积极的看法,相信"强本而节用,则天不能贫……本荒而用侈,则天不能使之富"(《荀子·天论》)。古代农业依赖自然因素的成分颇多,而荀子则认为人为因素起决定作用,这确是一种思想上的创见。

中国古代农业发展到战国时期,生产技术已有较大进步,这对提高农业效益起了积极的促进作用,这种经济现实在荀子的思想中得到了鲜明的反映。在谈到农田耕种的预期潜力时,荀子曾发表过一段乐观的议论:"今是土之生五谷也,人善治之,则亩数盆,一岁而再获之。然后瓜桃枣李一本数以盆鼓,然后荤菜百疏以泽量,然后六畜禽兽一而剸车,鼋鼍鱼鳖鳅鱣以时别一而成群,然后飞鸟凫雁若烟海,然后昆虫万物生其间,可以相食养者不可胜数也。"(《荀子·富国》)李悝的尽地力之教也提到勤谨耕作可增加农产收益,荀子比他更充满信心,而且对农业考察的视野也更开阔了。

为了使农业生产得到较快的发展,荀子强调专业分工以提高农业劳动者的技能,指出"人积耨耕而为农夫",所以"相高下,视硗肥,序五种,君子不如农人"(《荀子·儒效》)。要搞好农业生产,必须让农民做到"习其事而固"(《荀子·君道》)。这主张同管仲的职业技能理论既有共同点,又有区别点,共同点在于强调了从事职业的唯一性和排他性,区别点在于荀子并没有要求实行职业世袭制。另外值得注意的是,荀子在对农民的素质要求中还提到"朴力而寡能"(《荀子·王制》)的标准,这主张同商鞅的农战理论有相通之处,它在客观上有利于封建地主阶级的专制统治。

荀子的农业思想包含着若干农业生产技能的记载,这既反映了当时的生产力状况,也体现了人们对农业生产技术的认识水平。他指出:"裕民则民富,民富则田肥以易……不知节用裕民则民贫,民贫则田瘠以秽。"(《荀子·富国》)又说:"田肥以易,则出实百倍……田瘠以秽,则出实不半。"这是古人中较早论述施肥与收成之间关系的文字。关于农时,荀子的分析比《管子》更为详细,他强调:"序四时,裁万物,兼利天下。"认为:"春耕、夏耘、秋收、冬藏,四者不失时,故五谷不绝,而百姓有余食也。"在保护农业生态和牧林渔业资源方面,他同样突出"遵时"的重要性,如说:"养长时,则六畜育;杀生时,则草木殖。""污池渊沼川泽,谨其时禁,故鱼鳖优多而百姓有余用也;斩伐养长不失其时,故山林不童(秃)而百姓有余材也。"为此,要实行"圣王之制":"草木荣华滋硕之时,则斧斤不入山林,不夭其生,不绝其长也;鼋鼍鱼鳖鳅鳝孕别之时,罔罟毒药不入泽,不夭其生,不绝其长也。"(《荀子·王制》)

在农业经济的管理方面,荀子主要从财富分配、税收调节、农商关系等角度提出了对策见解。他主张让人民有一定的农业生产资料,认为这是发展农业生产、富裕人民生活、繁荣社会经济的基本条件,指出:"不富无以养民情……故家五亩宅,百亩田,务其业而勿夺其时,所以富之也。"(《荀子·大略》)荀子也和李悝、商鞅等人一样,把农业看作唯一的财富生产部门,所以主张确保和增加农业劳动力人口,限制非农业人口的数量,要求"省工贾,众农夫"(《荀子·君道》)。在税收方面,荀子力主节流,即控制政府的财政支出,以减轻农民的赋役负担。他指出:"轻田野之税……罕兴力役,无夺农时,如是则国富矣。"(《荀子·富国》)他还说:"王者之法,等赋,政事,财万物,所以养万民也。田野什一……山林泽梁,以时禁发而不税。"所有这些都是为了扶持农业的发展。荀子对统治者聚敛民间财富的做法持激烈抨击态度,断言:"聚敛者,召寇、肥敌、亡国、危身之道也。"因为聚敛虽然充实了国库,但"筐箧已富,府库已实,而百姓贫,夫是之谓上溢而下漏;入不可以守,出不可以战,则倾覆灭亡可立而待也"(《荀子·王制》)。正因为对农业地位有高度的重视,荀子的工商业思想也不能不受影响,他虽然对商业和奢侈品以外的手工业生产持肯定态度,但也认为"工商众则国贫",把"省商贾之数"列为"富国"所必须实施的政策之一(《荀子·富国》)。这表明荀子对工商业与农业互相关系的认识仍然具有浓厚的古代农业社会的色彩。

第十节　韩非的务本论

韩非(约前280—前233),韩国人,早年曾师事于荀子。他是韩国诸公子之一,在国内时多次建议韩王实行变法,均未被采纳。于是转而著书立说,"观往者得失之变"(《史记·韩非列传》),并评论时政。他的论著传到秦国后,受到秦王政的重视,并邀请韩非出使秦国。始皇十四年韩非使秦,被挽留居,不久受谗入狱。

等秦王准备释放他时,他已愤而服毒自尽。

韩非是战国后期的法家思想集大成者。他认为社会是不断变化进步的,因此决不能"以先王之政,治当世之民"(《韩非子·五蠹》)。为了巩固新兴地主阶级的国家政权,他提出了一个以法治为中心的"法""术""势"相结合的政治思想体系。在经济方面,他比较全面地论述了封建国家财富增殖的理论,其中涉及农业发展的内容。

和先秦大多数思想家一样,韩非把农业作为增加一国财富的主要部门。他指出:"田荒则府仓虚,府仓虚则国贫。"所以,作为懂得管理政务的"有道之君","其治人事也,务本"(《韩非子·解老》)。这里的本业,主要指国家财富来源而言。在韩非的论著中,富和农常常是放在一起加以强调的,如说:"夫耕之用力也劳,而民为之者,曰可得以富也"(《韩非子·五蠹》);"磐石千里,不可谓富……石非不大……而不可谓富强者,磐不生粟"(《韩非子·显学》);"不能辟草生粟,而劝贷施赏赐,不能为富民者也"(《韩非子·八说》);等等。

作为新兴地主阶级的思想家,韩非最为关注的是国家的强盛,而强盛的经济基础则是农业的发达,所以他提出了"富国以农,距敌恃卒"的口号,这是对商鞅农战理论的继承。他认为:"境内之民,其言谈者必轨于法,动作者归之于功,为勇者尽之于军。是故无事则国富,有事则兵强,此之谓王资。"(《韩非子·五蠹》)这里的"功",就是指农业生产。怎样才能达到这一政策目标呢?韩非子提出了若干政策建议。

首先,他强调在农业生产中要努力认识和遵循自然规律,在此前提下,尽量发挥人的主观能动性。他主张:"不以小功妨大务,不以私欲害人事,丈夫尽于耕农,妇人力于织纴,则入多。"这是要求统治者和劳动者在安排农业生产时,务必排除任何有碍于和农业规律相冲突的干扰因素。韩非还十分重视季节变化在农业生产中的影响,为此要求人们"举事慎阴阳之和,种树节四时之适,无早晚之失,寒温之灾",认为这也是增加农业生产效益的必要条件。不仅如此,韩非的考察范围还包括畜牧业,他写道:"务于畜养之理,察于土地之宜,六畜遂,五谷殖,则入多。"虽然当时农业生产的好坏在很大程度上依赖于自然条件,如韩非所说:"风雨时,寒温适,土地不加大,而有丰年之功,则入多。"(《韩非子·难二》)但他并没有忽视人类劳动对提高农业收成的作用,这种思想与荀子等人的看法是一脉相承的,体现了处于上升时期的新兴地主阶级经济思想的进取性和先进性。

其次,韩非在农工商关系、税赋等方面也提出了有利于发展农业生产的建议。在社会职业问题上,他第一次把整个工商业称为末,而农业则是本,认为:"仓廪之所以实者,耕农之本务也,而綦组锦绣刻画为末作者富。"(《韩非子·诡使》)他对当时不法工商业者对农民的侵夺行径进行了谴责,指出:"其商工之民,修治苦窳之器,聚弗靡之财,蓄积待时,而侔农夫之利。"因此,他把从事商工之民也列为"五蠹"之一。既然如此,国家就有必要从社会地位和人口规模上实施对末业的限制,以便鼓励农业,这就是韩非所说"夫明王治国之政,使其商工游食之民少而名卑,以寡趣本务而趋末作"的意义所在(《韩非子·五蠹》)。

在税赋问题上,韩非同样重视农业的发展。他主张"论其税赋以均贫富"(《韩非子·六反》),意思是说,政府征收税赋,必须根据不同阶层的经济状况制定合理的标准。这里的"均贫富"显然不是指社会财富的平均化,而是延续了孔子以来主张不同阶级应获取或付出相应经济利益的观念。而一般来说,这种见解对改善农民的生活处境和耕作条件是有利的。韩非还认识到税赋过重是导致农业凋敝的原因所在,他指出:"耕者则重税,学士则多赏,而索民之疾作而少言谈,不可得也。"(《韩非子·显学》)另一方面,赋役过重还不利于封建地主阶级的政局稳定,而要做到"权势灭则德在上",就应该努力保持"徭役少则民安"(《韩非子·备内》)的良好状态。韩非没有明确提出对农民的轻税政策,但从上述议论来看,他主张薄税敛的思想倾向还是显而易见的。

最后值得一提的是,韩非在论述他的自利论时,曾以地主雇农民种田为例,这是中国历史上较早的有关地主家庭农业经营方面的议论。他说:"夫卖庸而播耕者,主人费家而美食、调布而求易钱者,非爱庸客也,曰:如是,耕者且深褥者熟耘也。庸客致力而疾耘耕者,尽巧而正畦陌畦畴者,非爱主人也,曰:如是,羹且美,钱布且易云也。此其养功力,有父子之泽矣,而心调于用者,皆挟自为心也。"(《韩非子·外储说左上》)这番分析揭示了地主庄园里比较纯粹的农业雇佣关系,韩非在这里突出了经济利益在发展农业生产中的驱动作用,这是颇有深度的见解。这一思想的出现,是当时地主经济发展到特定阶段的产物,也对以后微观农业思想的形成和丰富具有一定的影响。

第十一节 《吕氏春秋》的农业思想

《吕氏春秋》又名《吕览》,是战国后期吕不韦组织其宾客撰写的一部政论集。吕不韦(? —前235),河南濮阳人,原是阳翟(今河南禹县)的大商人,家累千金。由于帮助秦庄襄王取得王位,因功被任为相,封文信侯,食邑十万户。秦始皇即位后,被尊为相国,称为仲父,专断朝政。十年后被罢相,出居河南,后又被令徙蜀,终因忧惧而饮鸩自尽。《吕氏春秋》全书共26卷,分"十二纪""八览""六论",

它是先秦时期的一部杂家代表作，以道为主，兼容儒、墨、法、阴阳、兵、农诸家。而就农家思想而言，《吕氏春秋》中的记载是当时最为详细和完整的。《吕氏春秋》中的农业思想可以分为两大部分：其一是《士容论》中的《上农》《任地》《辩土》《审时》四篇文章，系对先秦农家理论的正面叙述；其二是《吕氏春秋》十二纪中的月令，这虽不是农家著作，但大部分内容直接同农业有关，反映了当时国家管理农业的水平。

《吕氏春秋》对重视农业的意义作了独特的阐述，它指出："古先圣王之所以导其民者，先务于农；民农，非徒为地利也，贵其志也。"什么叫作贵其志呢？《吕氏春秋》的作者解释说："民农则朴，朴则易用，易用则边境安，主位尊；民农则重，重则少私义，少私义则公法立，力专一；民农则其产后(厚)，其产后则重徙，重徙则死其处，而无二虑。"这就不仅揭示了重农的经济利益所在，而且点出了重农的政治目的，即有利于政局安定，边防巩固，政令集中专一，人口重居稳定。反之，如果让民众"舍本而事末"，"则不令，不令则不可以守，不可以战"，"则其产约，其产约则轻迁徙，轻迁徙则国家有患，皆有远志，无有居心"，"则好智，好智则多诈，多诈则巧法令，以是为非，以非为是"(《吕氏春秋・上农》)。先秦其他思想家的农本理论或多或少地涉及政治因素，但像《吕氏春秋》那样把政治目标放在经济利益之上加以强调，却并不多见，这可以理解为封建地主阶级统治地位确立之后所发生的思想变化。

《吕氏春秋》赞扬后稷把农耕和纺织作为政教之本，认为前代统治者亲耕籍田等做法起了很好的示范作用，"是故丈夫不织而衣，妇人不耕而食，男女贸功以长生"。据此，《吕氏春秋》对时人提出的务农要求是："敬时爱日，非老不休，非疾不息，非死不舍。"(《吕氏春秋・上农》)这要求既体现对自然规律的遵循，也包含对农民劳动的强制。

敬时爱日，是要统治者制定切实措施，防止在农忙时节从事有碍于农业生产的活动，《吕氏春秋》写道："故当时之务，不兴土功，不作师徒，庶人不冠弁、娶妻、嫁女、享祀，不酒醴聚众。"这比商鞅的类似观点更为具体化了。为了改善农业生态环境和保护农作物的自然生长，它还详细规定了"野禁"和"四时之禁"，其内容为：(1)"野禁有五，地未辟易，不操麻，不出粪；齿年未长，不敢为园囿；量力不足，不敢渠地而耕；农不敢行贾；不敢为异事。为害于时也。"(2)"四时之禁，山不敢伐材下木；泽人不敢灰僇；缳网置罦不敢出于门；罛罟不敢入于渊；泽非舟虞不敢缘名。为害其时也。"(《吕氏春秋・上农》)如果说《吕氏春秋》关于四时之禁的观点与荀子的论述相似，那么它的野禁之议则是一种创新见解。

除了正面论述遵守农时的重要性之外，《吕氏春秋》还揭示了违反农业生产客观规律所导致的恶果："时事不共,是谓大凶。夺之以土功,是谓稽;不绝忧唯,必丧其秕。夺之以水事,是谓籥;丧以继乐,四邻来虐。夺之以兵事,是谓厉;祸因胥岁,不举铚艾。数夺民时,大饥乃来。野有寝耒,或谈或歌;旦则有昏,丧粟甚多。皆知其末,莫知其本,真不敏也。"(《吕氏春秋·上农》)可以说,《吕氏春秋》关于农时的认识在先秦时期是最为完整和深刻的。

在农业生产的效益衡量方面,《吕氏春秋》提出了它的标准尺度。它认为农业生产最起码要做到"上田夫食九人,下田夫食五人",这个限额"可以益,不可以损"。至于尽地利的上限,则应是"一人治之,十人食之,六畜皆在其中矣",只有这样,才算真正做到了"任地之道"(《吕氏春秋·上农》)。同先秦的相关议论比较,《吕氏春秋》的说法更接近于《管子》,与李悝的思路有所不同。

《吕氏春秋》中的农业思想,很大一部分内容是关于农业生产技术和管理的,可以说,这是先秦时期论述农业生产力问题最详细的著作。《任地》和《辩土》两篇主要以土地使用为论述对象,而《审时》则以研究农时问题为主。而相关的言论在其他篇文(如《义赏》《长攻》《适威》)中也有涉及。

《吕氏春秋》借后稷之口提出了十个有关农业生产的问题,并作了原则性的解答。作者强调土地改良的必要性,指出:"凡耕之大方,力者欲柔,柔者欲力;息者欲劳,劳者欲息;棘者欲肥,肥者欲棘;急者欲缓,缓者欲急;湿者欲燥,燥者欲湿。"关于不同土质田地的耕作要求,《吕氏春秋》主张因地制宜,即"上田弃亩,下田弃甽,五耕五耨,必审以尽,其深殖之度,阴土必得"。此外,灭草保墒、播种匀苗、中耕除草等环节也都被《吕氏春秋》作者注意到了,他们之所以论述得这样周密,是要在合理耕种农田的基础上,达到农产品优化的目的,即"使藁数节而茎坚""使穗大而坚均""使粟圆而薄糠""使米多沃而食之强"(《吕氏春秋·任地》)。

《审时》篇对遵守农时的强调是针对农业劳动者而提出来的,它告诫说:"夫稼,为之者人也,生之者地也,养之者天也。""是故得时之稼兴,失时之稼约。"作者具体分析了不同农作物在得时(适时)、先时和后时情况下的生长特点,说明了遵守农时在农业生产中所具有的重要意义。这些分析有力地论证了作者所提出的"凡农之道,厚之为宝"(《吕氏春秋·审时》)的著名论断。这里的厚就是气候的候,即指时节。

《吕氏春秋》中的十二纪月令,记载着一年之中每个月份必须从事的农业活动,它既是先秦时期农事活动的法典,也是当时农业生产经验的理论概括。其中所体现的农业思想主要有这样几点:

首先,根据自然节气的周期变化,制定适时的农事计划,其主要原则是春生、夏长、秋收、冬藏。如孟春之月,应"命田舍东郊,皆修封疆,审端径术,善相丘陵阪险原隰,土地所宜,五谷所殖。以教道民,必躬亲之。田事既饬,先定准直,农乃不惑"(《吕氏春秋·孟春纪》)。仲春之月,"耕者少舍,乃修阖扇,寝庙必备。无作大事,以妨农功"(《吕氏春秋·仲春纪》)。孟夏之月,应"命野虞出行田原,劳农劝民,无或失时。命司徒循行县鄙,命农勉作,无伏于都",由于农作物正在生长之际,所以要做到"无起土功,无发大众"(《吕氏春秋·孟夏纪》)。孟秋之月,"农乃升谷……命百官,始收敛。完堤防,谨壅塞,以备水潦"(《吕氏春秋·孟秋纪》)。仲秋之月,"可以筑城郭,建都邑,穿窦窌,修囷仓。乃命有司,趣民收敛,务蓄菜,多积聚。乃劝种麦,无或失时"(《吕氏春秋·仲秋纪》)。仲冬之月,"农有不收藏积聚者,牛马畜兽有放佚者,取之不诘。山村薮泽,有能取疏食田猎禽兽者,野虞教导之"(《吕氏春秋·仲冬纪》)。季冬之月,"令告民,出五种;命司农计耦耕事,修耒耜,具田器"(《吕氏春秋·季冬纪》)。

强调保护农业生态环境和动植物的自然生长,这是《吕氏春秋》十二纪月令的另一个重要内容。例如,孟春之月,"命祀山林川泽,牺牲无用牝,禁止伐木,无覆巢,无杀孩虫胎夭飞鸟,无麛无卵"(《吕氏春秋·孟春纪》)。仲春之月,"无竭川泽,无漉陂池,无焚山林"(《吕氏春秋·仲春纪》)。季春之月,"时雨将降,下水上腾,循行国邑,周视原野,修利堤防,导达沟渎,开通道路,无有障塞。田猎毕弋、罝罘、罗网、喂兽之药,无出九门"(《吕氏春秋·季春纪》)。孟夏之月,"驱兽无害五谷,无大田猎"(《吕氏春秋·孟夏纪》)。仲夏之月,"游牝别其群,则絷腾驹"(《吕氏春秋·仲夏纪》)。季夏之月,"令渔师伐蛟取鼍,升龟取鼋。乃命虞人入材苇……是月也,树木方盛,乃命虞人入山,行木无或斩伐"(《吕氏春秋·季夏纪》)。

总起来看,十二纪月令的农业管理条例在理论上并没有重要的创见,但在制定规章时显然更为周密和细致了,它为当时农业生产的组织督促提供了简明扼要的依据,也给先秦农业技术思想的总结和发展奠定了基本的格局和思路。

除了农家著作之外,《吕氏春秋》中还有一些篇目涉及农业经济问题。如有的文章谈到了分地耕作的优越性,指出:"夫治身与治国,一理之术也。今以众地者,公作则迟,有所匿其力也;分地则速,无所匿迟也。主亦有地,臣主同地,则臣有所匿其邪矣,主无所避其累矣。"(《吕氏春秋·审分览》)这实际上是对新兴封建生产关系的颂扬。另一篇文章强调发展农业是统治者实施利民政策的重要任务,指出:"神农之教曰:士有当年而不耕者,则天下或受其饥矣;女有当年而不绩者,则天下或受其寒矣。故身亲耕,妻亲绩,所以见致民利也。"(《吕氏春秋·爱类》)还有一篇文章讲述了农业生产对家庭经营和国家管理的作用,说有个齐国猎人,由于没有好的猎狗,所以常常捕获不到猎物,家里又无钱买良犬,"于是还,疾耕,疾耕则家富,家富则有以求良狗,狗良则数得兽矣,田猎之获,常过人矣"。据此,作者进一步发挥说:"非独猎也,百事也尽然。霸王有不先耕而成霸王者,古今无有。"(《吕氏春秋·贵当》)上述议论虽没什么特殊的理论拓新,但在认识农业重要性方面还是有其独到思路和见解的。

第十二节　先秦时期的其他农业思想

在先秦时期的另外一些典籍中,也包含着若干值得一提的农业思想。

《夏小正》是一部纪候之书。关于它的成书年代,有人认为就是夏后氏帝禹元年正月朔颁的《小正》,也有人认为是春秋战国时的作品。而从《夏小正》中所反映的农事活动及农作物种类来看,成书于先秦时期较为可信。在农业方面,《夏小正》记述了种植、蚕桑、畜牧、渔猎等生产活动,其中涉及田制与生产关系、农作物种类、劳动工具等内容,如《夏小正》在规定正月活动时,记载有"农纬(束)厥耒""农率均田""初服于公田"等文字,这对研究当时的农业生产方式是有一定学术价值的。

《经法》是在1973年出土于长沙马王堆汉墓的佚书名称,据考证,它是战国前中期的作品。《经法》的主要思想反映了黄老学派的观点,但其中的经济思想又包含有儒家学说的成分。对于农业的重要性,作者从自然规律的角度作了阐述,指出:"天地之恒常,四时,晦明,生杀,輮(柔)刚。万民之恒事,男农,女工。"(《经法·道法》)把男耕女织视为万民固定长久的职业,反映了农业社会的主导观念。《经法》对农业生产中人的作用也非常重视,它写道:"人之本在地,地之本在宜,宜之生在时,时之用在民,民之用在力,力之用在节。"因此,统治者对农业劳动力的使用必须合乎节制合理的原则,即所谓"知地宜,须时而树,节民力以使,则财生"(《经法·君正》)。在这里,作者同样认识到了土地、农时的重要性,而它对人类劳动的充分肯定,则堪与先秦时《管子》等论著相媲美。

慎到(约前395—前315),战国时赵国人。曾在齐国的稷下学宫讲学,颇负盛名。他既学黄老道德之术,又主张实行法治,其思想对韩非有直接的影响。慎到的经济思想不多,关于农业问题论及更少。他认为财富是自然界本身蕴含的,但需要经过人类的劳动才能取得,指出:"地有财,不忧人之贫也……地虽不忧人之贫,伐木刈草必取已富焉,则地无事也。"(《慎子·威德》)这里的财,显然是指农业生产所获得的收益。在另一篇文章中,作者强调了粮食储备的重要性,他引述夏禹的规诫文告说:"小人无兼年之食,遇天饥,妻子非其有也,大夫无兼年之食,遇天饥,臣妾舆马非其有也。戒之哉!"(《慎子·逸文》)这种见解反映了古代农业经济的特点,对此后备灾思想的发展具有一定的影响。

在《孟子》一书中,有篇文章记录了战国时农家许行的有关言论。许行,战国时楚人,后到过滕国,获得滕文公给予的居住和耕种的土地,与其数十门徒"皆衣褐,捆屦织席以为食"。许行的学说在当时有很大的社会影响,但其著作大都散佚。《孟子》中所保存的他的农业思想只有并耕论一条。他主张:"贤者与民并耕而食,饔飧而治。"所以在看到滕国的仓廪府库以后,就认为这是统治者在"厉民而以自养也",而这种国君是不能称之为贤者的(《孟子·滕文公上》)。许行的并耕主张反映了广大农业生产者不满统治者剥削压迫的心情,但这种愿望在有阶级剥削存在的社会里只是一种无法实现的空想。

第一章 秦汉三国时期的农业思想

第一节 秦朝的农业政策和思想

公元前 221 年,秦王嬴政在兼并战争中先后战胜了其他诸国,建立起中央集权制的封建统一国家——秦朝。建国之初,他自称始皇帝,制定和实施了一套有利于维护中央集权的政策,包括推行郡县制,改革文字,发展交通,兴修水利,统一币制和度量衡,等等。

在农业政策方面,秦朝进一步从法律上确认了土地的私有权。秦始皇三十一年(前 216),政府规定"使黔首自实田",这就使当时农民所使用的土地有了相应的财产所有权。而在此之前,秦朝统治者曾于秦始皇十六年(前 231)"令男子书年"(《史记·秦始皇本纪》),把农民的年龄情况也编入户籍中。将农民年龄连同土地占有状况一起明书于册,这显然有利于封建国家的政治管理,也便于国家征发租赋兵役。但从农业生产关系的历史演变角度上看,这一政策是一个不小的进步。

李斯对秦朝农业政策的制定起过重要作用。李斯(前 281—前 208),战国时楚国之上蔡(今河南上蔡县)人。早年曾为乡间小吏,后师学荀子,潜心于"帝王之术"。公元前 247 年进入秦国,经吕不韦推荐见到秦王嬴政,因游说统一帝业之论而受到宠信,先后任秦国的长史、客卿、廷尉、丞相等要职。在经济思想上,李斯的一个显著特点是重视农业。有关史料记载他当政时,"勤劳本事,上农除末,黔首是富",在重农政策的促进下,秦朝也曾出现过"男乐其畴,女修其业,事各有序,惠被诸产"的局面(李贽:《史纲评要·三皇五帝纪》)。李斯之所以实施重农政策,是因为他认识到战乱之后恢复和发展社会经济的紧迫性,正如他在一篇奏折中所说:"今天下已定,法令出一,百姓当家,则力农工。"(《史记·秦始皇本纪》)在这里,李斯还没有重农抑工商的思想倾向。

1975 年,在湖北云梦睡虎地出土了一批秦简,其中的有些资料也有助于我们了解和分析秦朝的农业政策。如《云梦秦简》中的《田律》中有这样一项条文:"入,顷刍,以其受田之数,无垦(垦)不垦,顷入刍三石,稿二石。"也就是说,农民百姓在呈报土地获得认可以后,不论是否垦种,都要按田亩数缴纳每顷刍三石、稿二石的租赋。对于农业生态的保护,秦朝也有相关的法律规定,如《田律》中告诫官民"毋敢伐材木、山林及雍(壅)堤水","有不从令者,有皋(罪)"。如果遇到人死而要做棺材,也须经官府同意方可伐木。为了保证农业生产的进行和杜绝粮食浪费,朝廷还要求农民不事酿酒业,如《田律》中记载:"百姓居田舍者,毋敢醋酉(酒)。"对此,"田啬夫、部佐"要"谨禁御之","有不从令者,有皋(罪)"。另一方面,为政者在征发徭役的时候,必须顾及农民的承受能力,防止危害其农事活动和基本生活。《云梦秦简·为吏之道》所说"安静毋苛……兹(慈)下勿陵(凌)……善度民力,劳以率之",就是这个意思。

由于秦朝当政者并没有真正推行重农养民的政策,相反,为了维护统治的需要和奢侈无度的享受,秦始皇在位时就开始建造长城和阿房宫,为此而征发了大量的劳力,对农业生产起了破坏作用。公元前 209 年,秦始皇去世后的第二年,爆发了陈胜、吴广领导的农民起义。两年以后,秦王朝被推翻。总的来说,由于为时短暂和史料零碎稀缺,秦朝的农业政策和农业思想并没有出现比较重要的理论内容和发展。

第二节　汉文帝、贾谊的农业思想

秦朝灭亡后,刘邦和项羽之间又进行了五年的楚汉战争,最后刘邦获胜,建立了汉朝,因其建都于长安,史称西汉。由于战乱,当时的社会经济遭到严重的破坏,土地荒芜,人民流离,人口减少,商业萧条,西汉政府更是财政空虚,以致"自天子不能具钧驷,而将相或乘牛车,齐民无藏盖"(《史记·平准书》)。

为了迅速恢复和发展经济,以巩固西汉政权,以刘邦为首的西汉政府制定和实施了一系列重要的经济政策,其中以促进农业生产为首要任务。当时所实行的措施有:(1)"兵皆罢归家","以有功劳行田宅"(《汉书·高祖纪》)。这是加强农业劳动力投入的关键举措,而让回乡务农的人按功获得一份土地,则将有力地提高其生产积极性。(2)号召流民回归故里,稳定务农,对战争期间所实际占有的土地,也在一定程度上给予承认。(3)对解甲归田之民实行免除徭役的优惠鼓励政策,如规定:入关灭秦的关东人愿留在关中为农者,免徭役12年;回关东的免徭役6年;军吏卒无爵或爵在大夫(五级爵)以下的,除一律晋爵为大夫外,还免除本人及全家的徭役;大夫以上者加爵一级;位在七大夫以上者,除享受上述优惠外,还可受到若干户租税的封赏。(4)减轻田租,一律实行十五税一的制度。(5)以饥饿自卖为奴婢者,免为庶人。(6)抑制商人的社会地位,限制他们的行为范围和等级,加重征收其算缗,以防止他们兼并农民,等等。高祖以后,惠帝和吕后继续实行无为而治、与民休息的方针,很少兴动大役,即使调民修筑长安城,也都安排在冬闲时候,且时间不超过一月,这些都有利于农业的发展。

西汉社会经济在汉文帝即位后获得了更为迅速的发展。作为国家的最高统治者,汉文帝对农业经济特别重视,而农业的繁荣是形成文、景之治的基本原因。在中国古代农业思想的发展史上,汉文帝又是第一位留下丰富的直接论述农业问题思想资料的封建君主。

汉文帝,名恒,公元前179年即位,执政23年。他继承了先秦时期以农为本的思想,一再发布诏书,强调农业的重要性。如文帝三年春正月丁亥诏曰:"夫农,天下之本也。"同年九月诏曰:"农,天下之大本也,民所恃以生也,而民或不务本而事末,故生不遂。"十二年三月诏曰:"道(导)民之路,在于务本。"又说:"力田,为生之本也。"十三年六月诏曰:"农,天下之本,务莫大焉。"(《汉书·文帝纪》)这些言论出自帝王之口,说明农本思想已成为封建经济理论的正统,并且开始直接作用于封建国家的高层决策。

怎样才能促进农业生产的恢复和发展呢? 汉文帝的做法主要有下列几条:第一,为政者亲作表率。为此,他在即位后不久便"亲率群臣农以劝之",表示"其开籍田,朕亲率耕,以给宗庙粢盛"。第二,要求各级官吏厉行督促之责。他在文帝十二年三月的诏书中说:"朕亲率天下农,十年于今,而野不加辟,岁一不登,民有饥色,是从事焉尚寡,而吏未加务也。吾诏书数下,岁劝民种树,而功未兴,是吏奉吾诏不勤,而劝民不明也。"所以,他数下诏令,以杜绝政策走样、官民怠农的现象发生。第三,对务农者采取宽恤和优惠措施。文帝二年三月,他颁布政令说:"方春和时,草木群生之物皆有以自乐,而吾百姓鳏寡孤独穷困之人或阽于死亡,而莫之省忧,为民父母将何如? 其议所以振贷之。"遇到灾荒之年,他便"令诸侯无入贡,弛山泽,减诸服御,损郎吏员,发仓庾以振民"。为了减轻农民的负担,文帝明确颁令,"务省徭费以便民",他还曾下令"民谪作县官及贷种食未入、入未备者,皆赦之"(《汉书·文帝纪》)。

除了在指导思想和行政管理方面大力主张重农之外,汉文帝执政时期还切实落实过一系列减轻农民租税徭役负担的措施。如前所述,早在春秋时期,古代思想家就提出过减轻农民财政负担的主张,到了战国,轻徭薄赋更是成为重农论者的共识。但理论主张的形成并不意味着实际措施的贯彻,尤其在战争时期国家财政需求膨胀的情况下,这种主张更难做到。而汉文帝则是较早把这种理论转变为实践的明智君主。史载,他曾于文帝三年减田租之半,十三年又下令全免田租;丁男徭役减为“三年而一事”(《汉书·贾捐之传》),算赋也由每年百二十钱减为四十钱。到了汉景帝元年(前156),西汉政府才恢复征收田租之半,即三十税一,这成为汉朝定制。

在上述政策措施的促进下,西汉初期的农业生产有了较快的恢复和发展。人口繁衍迅速保证了农业劳动力的数量投入,“流民既归,户口亦息,列侯大者至三四万户,小国自倍,富厚如之”(《汉书·高惠高后文功臣表序》)。在生产技术方面,铁制农具已推广到中原以外的很多地区。马耕和牛耕相当普遍,除了二牛三人的耦犁以外,还出现了二牛一人的犁耕法,这是一个重要的进步。当时农民已在实践基础上总结出了“深耕概种,立苗欲疏”(《史记·齐悼惠王世家》)的田间管理经验。农业水利建设也取得显著成绩,如汉初羹颉侯刘信在舒(今安徽舒城)修造七门三堰,灌溉田亩,景帝时文翁在蜀郡穿湔江以灌溉繁县土地,等等。由于农业发达,收成增加,使粮价大大降低,到文帝初年,每石“粟至十余钱”(《史记·律书》),整个国家的经济实力得到加强。

但随着封建社会经济步入新一轮发展周期,其内在的矛盾也开始逐步暴露出来,表现在农业经济方面,就是大商人势力急剧膨胀,他们在粮价下跌的过程中,囤积居奇,侵蚀农民,导致流民复起,农业生产受到严重威胁的局面。正是在这种形势下,产生了贾谊等人的农业思想。

贾谊(前200—前168),洛阳(今河南洛阳东)人。年轻时即有文名,后被人推荐任文帝的博士,一年中又被升为太中大夫。文帝曾想任他以公卿之位,因遭到大臣反对而作罢。一度被贬为长沙王吴差的太傅。后被文帝召回,任文帝之子梁怀王刘胜(揖)太傅。著作现编有《贾谊集》。

在西汉初期的农业发展中,贾谊的政策建议曾起过积极的推动作用。在他屡次向文帝上呈的奏疏中,发展农业生产始终是一个主要的议题,而汉文帝于二年诏开籍田等举措,即是采纳了贾谊建议。可以说,贾谊是西汉初期最为重视农业问题的思想家之一。

贾谊对农业的重视具有独到的理论特点,他不像先秦时期思想家那样对农业的地位和意义作全面的阐述,而只是从粮食贮备的角度展开他的阐述。

贾谊十分强调国家贮备粮食的重要性,他指出:"王者之法,民三年耕而余一年之食,九年而余三年之食,三十岁而民有十年之蓄。故禹水九年,汤旱七年,甚也野无青草,而民无饥色,道无乞人,岁复之后,犹禁陈耕。……王者之法,国无九年之蓄谓之不足,无六年之蓄谓之急,无三年之蓄曰国非其国也。"(《贾谊集·新书·忧民》)这是对先秦时期贮粮理论的继承,而贾谊的创见在于,他不仅认识到备足粮食对安定人民生活的意义,而且将它和国势的强盛联系起来,认为:"夫积贮者,天下之大命也。苟粟多而财有余,何为而不成?以攻则取,以守则固,以战则胜。怀敌附远,何招而不至?"(《贾谊集·论积贮疏》)西汉初年,朝廷对北方的强敌匈奴贵族采取了和亲的政策,但仍然时时受到匈奴的侵扰。贾谊在西汉中央集权政府建立以后仍强调国势的强盛,显然是在当时形势下所作出的清醒反映。

从国内情况来看,农业生产的局面也令人忧虑。贾谊分析说:"今汉兴三十年矣,而天下愈屈,食至寡也。"(《贾谊集·新书·忧民》)怎么会导致这种现象的呢?他认为是由于"背本而趋末,食者甚众"和"淫侈之俗,日月以长"(《贾谊集·论积贮疏》)。这里所说的本,是指农业生产,而末则是指奢侈品生产。贾谊批评说:"夫雕文刻镂周用之物繁多,纤微苦窳之器日变而起,民弃完坚而务雕镂纤巧,以相竞高。作之宜一日,今十日不轻能成;用一岁,今半岁而弊。作之费日,用之易弊。挟巧不耕而多食农人之食,是天下之所以困贫而不足也。"(《贾谊集·新书·瑰玮》)他进一步断言:"夫百人作之,不能衣一人,欲天下亡寒,胡可得也。一人耕之,十人聚而食之,欲天下亡饥,不可得也。饥寒切于民之肌肤,欲其亡为奸邪,不可得也。"(《贾谊集·治安策》)

为了改变这种状况,贾谊建议当政者采取切实有力的措施,大力增加农业劳动力的投入,他认为"驱民而归之农,皆著于本,使天下各食其力,末技、游食之民转而缘南亩",如能这样,"则蓄积足而人乐其所矣"(《贾谊集·论积贮疏》)。反之,如果听任淫侈风气的蔓延,就好像行"瑰政"一样,"予民而民愈贫,衣民而民愈寒,使民乐而民愈苦,使民知而民愈不知避县网"(《贾谊集·新书·瑰玮》)。这种截然不同的政策效应,被贾谊概括为言简意赅的两句话:"以末予民,民大贫;以本予民,民大富。"(《贾谊集·新书·瑰玮》)

总的来看,贾谊的重农理论基本上是以《管子》和李悝的思想为参照的,但他的分析决不是对前人的简单重复,而是在西汉政权面临新的农业问题的条件下产生的对策思考。重视粮食贮备,既有稳定民心的作用,也有为反击匈奴寇边进行物质准备的考虑,而强调把大多数劳动力固定在农业生产部门,则是封建国家经济政策的必然抉择。

第三节　晁错的贵粟论

晁错(约前205—前154)，颍川(今河南禹县)人。早年曾向张恢习申、商之学，后在汉文帝和汉景帝执政期间任官，文帝时历仕太常掌故、太子舍人、门大夫、博士、太子家令、中大夫，号称"智囊"。景帝时任内史、御史大夫等职。晁错对文景时期的国家经济决策起过重要的作用，汉文帝时，他就提出过充实边防、重农贵粟、减收田租(土地税)等建议，在一定程度上得到采纳。景帝时，他"宠幸倾九卿，法令多所更定"(《汉书·晁错传》)，地位更趋显赫。

晁错的农业思想有两个主要内容：一是他对西汉时期商人兼并农民问题的分析；二是他对募民实边政策的倡议。这两方面的论述都在中国古代农业思想的发展史上具有创新意义。

关于农业的重要地位，晁错的阐述基本上继承了先秦思想家的说法。他指出："圣王在上而民不冻饥者，非能耕而食之，织而衣之也，为开其资财之道也。故尧、禹有九年之水，汤有七年之旱，而国亡捐瘠者，以畜积多而备先具也。"所谓开资财之道，无非是指男耕女织的小农生产，在晁错看来，"寒之于衣，不待轻暖；饥之于食，不待甘旨；饥寒至身，不顾廉耻。人情，一日不再食则饥，终岁不制衣则寒。夫腹饥不得食，肤寒不得衣，虽慈母不能保其子，君安能以有其民哉"，所以，高明的统治者懂得这个道理，"务民于农桑，薄赋敛，广畜积，以实仓廪，备水旱，故民可得而有也"(《汉书·食货志上·论贵粟疏》)。

但是，当时的实际状况却令晁错焦虑，他同贾谊一样，从分析粮食贮备不足入手，认为："今海内为一，土地人民之众不避汤、禹，加以亡天灾数年之水旱，而蓄积未及者何也？地有遗利，民有余力，生谷之土未尽垦，山泽之利未尽出也，游食之民未尽归农也。民贫，则奸邪生。贫生于不足，不足生于不农，不农则不地著，不地著则离乡轻家，民如鸟兽，虽有高城深池，严法重刑，犹不能禁也。"(《汉书·食货志上·论贵粟疏》)

由于农业生产没有受到应有的重视，农民的生活水平和生产能力处于举步维艰的境遇，对此，晁错作了描述："今农夫五口之家，其服役者不下二人，其能耕者不过百亩(汉代一亩约合今十分之三市亩——引者注)，百亩之收不过百石。春耕，夏耘，秋获，冬藏。伐薪樵，治官府，给徭役。春不得避风尘，夏不得避暑热，秋不得避阴雨，冬不得避寒冻，四时之间，亡日休息。又私自送往迎来，吊死问疾，养孤长幼在其中。勤苦如此，尚复被水旱之灾，急政暴赋，赋敛不时，朝令而暮改。当具有者半贾而卖,亡者取倍称之息,于是有卖田宅,鬻子孙以偿债者矣。"(《汉书·食货志上·论贵粟疏》)这段富有同情之心的文字为人们揭示了当时农民的实际状况,处于文景盛世的农民生活尚且如此,封建压迫下农业劳动者的一般处境可想而知。由此不难看出,中国古代农业生产力长期得不到实质性的提高,缺乏必要的扩大再生产的条件是一个重要原因,而这又是由封建社会的内部经济矛盾所决定的。

以往思想家大都把农民的贫困归咎于统治者的财政搜括,而晁错的视角则集中在不法商人对农民的侵夺。他揭露说:"商贾大者积贮倍息,小者坐列贩卖,操其奇赢,日游都市,乘上之急,所卖必倍。故其男不耕耘,女不蚕织,衣必文彩,食必粱肉;亡农夫之苦,有仟陌之得。因其富厚,交通王侯,力过吏势,以利相倾;千里游敖,冠盖相望,乘坚策肥,履丝曳缟。此商人所以兼并农人,农人所以流亡者也。"(《汉书·食货志上·论贵粟疏》)"兼并"是春秋战国时期经常使用的词汇,一般是指诸侯国之间的军事争夺,晁错在这里转而指商人对农民的剥夺,这既反映了西汉社会商业发达的程度,也预示着封建经济中商农矛盾的重新尖锐化。

为了改变上述局面,晁错要求统治者实行贵粟的政策。他和大多数古代思想家一样,认为粟米布帛才是唯一值得珍贵的财富:"粟米布帛生于地,长于时,聚于力,非可一日成也;数石之重,中人弗胜,不为奸邪所利,一日弗得而饥寒至。"这显然是从使用价值的角度来论证农产品的经济意义。至于珠玉金银,晁错认为它们并没有具体的使用价值,只是因为当政者看重它,才显得贵重,而这种观念的盛行,又会导致"臣轻背其主,而民易去其乡,盗贼有所劝,亡逃者得轻资"的后果。基于以上分析,晁错明确主张国家当权者要"贵五谷而贱金玉"(《汉书·食货志上·论贵粟疏》)。

怎样才能达到贵粟的目的? 晁错提出了他的政策设想,他写道:"方今之务,莫若使民务农而已矣。欲民务农,在于贵粟;贵粟之道,在于使民以粟为赏罚。"这一构想同商鞅的主张有相同之处。他论述这种做法的效果说:"今募天下入粟县官,得以拜爵,得以除罪。如此,富人有爵,农民有钱,粟有所渫。夫能入粟以受爵,皆有余者也;取于有余,以供上用,则贫民之赋可损,所谓损有余补不足,令出而民利者也。"他进一步概括了这种"损有余补不足"政策的益处:"一曰主用足,二曰民赋少,三曰劝农功。"(《汉书·食货志上·论贵粟疏》)重视农业的途径很多,而晁错则注重于以粟拜爵,即用经济以外的手段来鼓励农业生产,这体现了封建地主阶级取得统治地位之后农业经济思想的新变化。另一方面,明确表示贵粟能获得财政收益,把"主用足"放在首位来加以强调,这也是以前论者所不便直言的。

此外,晁错还建议把纳粟之人的粟米直接运往边地,以改善那里的粮食供应状况,认为这种政策只要实施,"不过三岁,塞下之粟必多矣"(《汉书·食货志上·论贵粟疏》)。后来,汉文帝采纳了他的建议,收效甚著,一年之内就使"边食足以支五岁"(《汉书·食货志上》)。此后,晁错又建议把纳粟的地点改在郡县。

晁错生活的时代,西汉面临的匈奴寇边已愈演愈烈,这促使他在考虑农业生产的发展问题时,第一次把边疆地区的防务和生产结合起来。为此,他曾写了《守边劝农疏》《募民实塞疏》等奏折,正式向朝廷提出了募民实边的主张。晁错总结了秦朝在征兵守边上的历史教训,认为要改变过去那种被动破费的守边局面,只有采取新的战略措施,即"选常居者,家室田作,且以备之"。具体来说,就是让守边士卒兼作耕作之农。他主张在安排好城防修筑以后,"先为室屋,具田器,乃募罪人及免徒复作,令居之;不足,募以丁奴婢赎罪及输奴婢欲以拜爵者;不足,乃募民之欲往者。皆赐高爵,复其家。予冬夏衣,廪食,能自给而止"。为了稳定边民的耕种守备,他还建议由政府安排其婚配;能够从匈奴手中夺回被掠财物的,以一半赏赐夺回者;一旦被匈奴抓走,则由政府赎回。晁错认为采取上述政策以后,"则邑里相救助,赴胡不避死。非以上德也,欲全亲戚而利其财也"(《汉书·晁错传》)。从物质利益激励的角度来谈移民实边的可行性,体现了晁错考虑问题的深刻性。

为了提高募民实边政策实施的效益,晁错十分重视对屯田事务的预先调查和配套管理。在《募民实塞疏》中,他写道:"臣闻古之徙远方以实广虚也,相其阴阳之和,尝其水泉之味,审其土地之宜,观其草木之饶,然后营邑立城,制里割宅,通田作之道,正阡陌之界。"这一观点很有实践意义,它有助于屯田政策的切实贯彻和取得成效。在屯民管理方面,除了经济上的优惠扶持措施外,晁错还建议:"为置医巫,以救疾病,以修祭祀,男女有婚,生死相恤,坟墓相从,种树畜长,室屋完安,此所以使民乐其处而有长居之心也。"(《汉书·晁错传》)

从秦朝开始,中央朝廷开始实行徙民实边的措施,到了西汉,这一政策得到进一步的落实推广。晁错的徙民实边主张,无疑对这一政策的完善和可行起了重要的促进作用。同时,它也开启了中国农业思想史上的一个经久不息的议论话题。

第四节　《淮南子》的农业思想

《淮南子》又名《淮南鸿烈》,它是由西汉淮南王刘安和他的门客苏飞、李尚等人共同编撰而成的。刘安(前 179—前 122),其父为淮南厉王刘长,因叛乱而被谪,死于贬徙途中。他于文帝八年(前 172)被封为阜陵侯,十六年立为淮南王。他曾"招致宾客方术之士数千人"(《汉书·淮南厉王刘长传附淮南王安》)参与著书。除《淮南子》外,《外书》《中篇》等已失传。《淮南子》成书于汉景帝与汉武帝执政之交,大多数学者认为它是一部杂家著作。在思想内容上,《淮南子》以道家学说为中心,兼容儒、法、阴阳等诸家观点并自成体系。从"道治""无为"等基本思想出发,《淮南子》主张遵循自然规律管理社会,包括从事经济活动。《淮南子》的经济思想并不多,但涉及农业问题的议论不乏新颖独到之处。

《淮南子》认为农业生产是人类生存的基本前提,因而也是人们经济活动的根本利益所在。他指出:"耕之为事也劳,织之为事也扰,扰劳之事而民不舍者,知其可以衣食也。人之情不能无衣食,衣食之道必始于耕织,万民之所公见也。物之若耕织者,始初甚劳,终必利也众。"(《淮南子·主术训》)这种对农业基础地位的阐述,既有与先秦论者相同之处,也有它的特殊之见,即从投入产出的时差角度论述了农业生产的效益。

《淮南子》农业思想的显著特点之一是对自然规律的高度尊重。它在谈到"势"时曾以农业水利为例,指出:"禹决江疏河,以为天下兴利,而不能使水西流。稷辟土垦草,以为百姓力农,然不能使禾冬生。岂其人事不至哉,其势不可也。"但是,人在自然规律面前并非完全无能为力,《淮南子》在这个问题上充分肯定了"众人"潜力所在:"夫乘众人之智,则无不任也;用众人之力,则无不胜也。"(《淮南子·主术训》)尤其是在农业生产方面,人的作用更为重要:"夫地势水东流,人必事焉,然后水潦得谷行。禾稼春生,人必加工焉,故五谷得遂长。听其自流,待其自生,则鲧、禹之功不立,而后稷之智不用。"(《淮南子·修务训》)

为了促进农业生产的发展,《淮南子》强调了统治者应行使的职责,指出:"食者,民之本也;民者,国之本也;国者,君之本也。"(《淮南子·主术训》)因此,国家必须把粮食生产放在首位。在另一篇文章中,又认为:"为治之本,务在于安民;安民之本,在于足用;足用之本,在于勿夺时。"(《淮南子·诠言训》)"勿夺时"也就是不妨碍农时。由此可见,《淮南子》把农业作为治国之本的观点是相当明确的。

在具体的农业发展问题上,《淮南子》的论述是多方面的。首先,它要求统治者"上因天时,下尽地财,中用人力",以达到"群生遂长,五谷蕃殖"的经济目标。其次,它同样强调了因地制宜的原则,反映了农业生产中多种经营的管理思路,指出为政者要"教民养育六畜,以时种树,务修田畴,滋植桑麻。肥硗高下,各因其宜。丘陵阪险不生五谷者,以树竹木"。第三,它从尊重自然规律的认识出发,十分重视保护生态和按时务农,还引述先王之法说:"田不掩群,不取麛夭,不涸泽而渔,不焚林而猎";"草木未落,斤斧不得入山林";"鱼不长尺不得取,彘不期年不得食";在农活方面,则要做到"春伐枯槁,夏取果蓏,秋畜疏食,冬伐薪蒸"(《淮南子·主术训》)。第四,它要求统治集团实行轻徭薄赋政策,"勿夺时之本,在于省事"(《淮南子·诠言训》)。明确提出:"除刻削之法,去烦苛之事。"(《淮南子·览冥训》)还抨击了当时当政者的奢侈消费,提出"人主租敛于民也,必先计岁收,量民积聚,知饥馑有余不足之数,然后取车舆衣食供养其欲"(《淮南子·主术训》)的财政原则。这是一条很高的政策要求,它要求统治者首先要切实了解农业的生产状况,其次还必须制定有效的节约消费的规定。而根据农业收成确定税收数量的思想则更是发前人之未发的创见。

《淮南子》对当时广大农民的生活处境是持同情态度的,它曾分析说:"中田之获,卒岁之收,不过亩四石。妻子老弱,仰而食之,时有涔旱灾害之患,无以给上之征赋车马兵革之费。"有鉴于此,它主张统治集团要"处静以修身,俭约以率下",以保证农业再生产的继续,照《淮南子》的话来说,就是"清静无为,则天与之时;廉俭守节,则地生之财"。正是在这种认识基础上,《淮南子》对"贪主暴君""侵渔其民,以适无穷之欲"的行径进行了激烈的抨击(《淮南子·主术训》)。

为了保持国计民生的长期稳定,《淮南子》也十分重视粮食贮备。它认为:"夫天地之大计,三年耕而余一年之食,率九年而有三年之畜(蓄),十八年而有六年之积,二十七年而有九年之储,虽涔旱灾害之殃,民莫困穷流亡也。故国无九年之畜谓之不足,无六年之积谓之悯急,无三年之畜谓之穷乏。"(《淮南子·主术训》)这看法在先秦两汉时期具有一定的普遍性。

在人口管理上,《淮南子》也和先秦时管仲一样,把人们的职业分为士、农、工、商四种,对这四种职业,《淮南子》并没有厚此薄彼之见。为了提高人们的职业素质,它要求四民不兼两业,做到"农与农言力,士与士言行,工与工言巧,商与商言数",以达到"士无遗行,农无废功,工无苦事,商无折货,各安其性,不得相干"(《淮南子·齐俗训》)。这种看法反映了古代社会商品经济还停留在较低水平时的观念形态,而农业与其他各业并重存在的提法则表明封建农业思想尚未演化到理论上的重农轻工商阶段。

与此相关的是《淮南子》对农业劳动力的配置观点。一般来说,《淮南子》主张按劳动者的不同品性才能进行分工,如在土木工程中要做到"修胫者使之跖耒,强脊者使之负土,眇者使之准,伛者使之涂,各有所宜,人性齐矣",也就是说,在职业安排上应该实行"便其性、安其居、处其宜、为其能"的原则。但值得注意的是,《淮南子》在谈到农业劳动力管理时,特别强调根据自然生态环境来确定生产项目和技术分工,主张仿效尧的导民之术,使"水处者渔,山处者木,谷处者牧,陆处者农"（《淮南子·齐俗训》），这从一个侧面反映了农业生产的本身特点和当时人们的认识水平。

《淮南子》农业思想的另一个值得重视的创见是在论述前代农业生产发展史中提出来的。它指出："伯余之初作衣也，緂麻索缕，手经指挂，其成犹网罗；后世为之机杼胜复，以便其用，而民得以揜形御寒。古者剡耜而耕，摩蜃而耨，木钩而樵，抱甀而汲，民劳而利薄；后世为之耒耜耰锄，斧柯而樵，桔槔而汲，民逸而利多焉。"这里所说的是远古纺织业和耕作业的情况，从这种生产技术的演变过程中，《淮南子》得出了这样的结论："故民迫其难则求其便，困其患则造其备。人各以其所知，去其所害，就其所利。常故不可循，器械不可因也。"（《淮南子·氾论训》）这就是说，生产技术的进步是人类追求生活质量优化的必然结果，农业的发展则是这种进步的集中体现之一。《淮南子》对生产进步的这种看法，是一种正确的观点。

第五节 董仲舒的抑兼并论

西汉中期以后，封建生产关系进一步确立，在社会经济出现较快发展的同时，封建生产关系的内在弊端开始显现，其突出表现便是土地兼并的日益严重。土地兼并激化了社会阶级矛盾，危害农业生产的正常进行，因而引起当时思想家的极大关注。董仲舒的农业思想就是在这种形势下产生的。

董仲舒（前179—前104），广川（今河北枣强东）人。汉景帝时为博士，武帝时被任为江都王相、胶西王相。后"去位归居，终不问家产，以修学著书为事"（《汉书·董仲舒传》）。董仲舒是当时最有影响的思想家之一，他对农业经济中的生产关系和生产力两方面的问题都提出了自己的分析意见和对策建议。其限田论和轻税论属于前者，种麦主张则属于后者。

董仲舒揭露了当时土地兼并的严重情况，他指出自从商鞅在秦国实行土地制度改革以后，土地占有出现了日益严重的两极分化："富者田连阡陌，贫者亡立锥之地。"一方面，统治集团和大地主阶级"荒淫越制，逾侈以相高。邑有人君之尊，里有公侯之富"；另一方面，"贫民常衣牛马之衣，而食犬彘之食"。由此导致了动荡不安的政治后果，"重以贪暴之吏，刑戮妄加，民愁亡聊，亡逃山林，转为盗贼，赭衣半道，断狱岁以千万数"（《汉书·食货志上》）。这种情况一直延续到西汉中期。

土地制度是封建社会经济基础的重心，董仲舒敏锐地察觉到这一问题的重要性,表现了思想上的深刻性。不过,他仅仅把造成封建土地占有失衡的原因归结到"除井田,民得买卖",而未触及封建统治集团的掠夺本性和封建社会制度本身的缺陷,这就暴露了地主阶级思想家的历史局限。怎样改变这种兼并局面?董仲舒主张:"古井田法虽难卒行,宜少近古,限民名田,以澹不足,塞兼并之路。"(《汉书·食货志上》)显然,董仲舒在这里是托古而言限田,他不是,也不可能要求改变西汉的土地制度本身,也清醒地意识到恢复古代井田制是不现实的,因而只想通过制度约束来达到消除土地兼并弊端的效果。这是中国历史上首次出现的限田主张。

减轻农业租税,这是董仲舒谈论农业问题的又一重要内容。他对前代的轻税政策表示赞赏,认为"古者税民不过什一,其求易共,使民不过三日,其力易足。民财内足以养老尽孝,外足以事上共税,下足以畜妻子极爱,故民说从上"。与此同时,又对秦以后赋役繁重的状况大加抨击,指出统治者为了搜括民间财力,"又加月为更卒,已复为正,一岁屯戍,一岁力役,三十倍于古。田租口赋,盐铁之利,二十倍于古"。对此,董仲舒同样提出了原则性的除弊主张,即"薄赋敛,省徭役,以宽民力"(《汉书·食货志上》)。

轻税主张在秦汉时期具有一定的普遍性,而董仲舒的深刻之处则在于他在关注农民负担过重的弊端时,首次论及了当时私租繁重的问题。在批评国家赋役增加的同时,他又提到贫苦农民"或耕豪民之田,见税什五"(《汉书·食货志上》),断言这是造成农民破产流离的重要原因。从理论上看,国家赋税和土地私租是两个不同的概念。前者是国家财政的一项重要收入,而后者则是土地私有权的表现形式,因为,"不论地租有什么独特的形式,它的一切类型有一个共同点:地租的占有是土地所有权借以实现的经济形式,而地租又是以土地所有权,以某些个人对某些地块的所有权为前提"(马克思:《资本论》第3卷,第714页,人民出版社1975年版)。在经济学意义上,"地租是剩余价值的正常形式,从而也是剩余劳动的正常形式,即直接生产者无偿地,实际上也就是强制地——虽然对他的这种强制已经不是旧的野蛮的形式——必须向他的最重要的劳动条件即土地的所有者提供的全部剩余劳动的正常形式"(《马克思恩格斯全集》第25卷,第897页,人民出版社1964年版)。由此可见,国家赋税和土地私租所反映的生产关系不同,所体现的经济利益也不同。在董仲舒以前关注赋税减省的思想家大有人在,而专门谈论私租繁重的弊害则是他的创新之处。这种思想观点的出现,说明中国封建土地私有制已发展到一定阶段,尽管这种私有制并不等同于现代经济意义上的"私有"。

在促进农业生产方面,董仲舒针对关中地区的自然环境特点,提出了改种粮食的主张。他在向汉武帝上呈的《乞种麦限田章》中说："《春秋》它谷不书,至于麦禾不成则书之,以此见圣人于五谷最重麦与禾也。今关中俗不好种麦,是岁失《春秋》之所重,而损生民之具也。愿陛下幸诏大司农,使关中民益种宿麦,令毋后时。"(《汉书·食货志上》)这种重视粮食种植的思想是值得肯定的。为了提高农业生产效益,董仲舒还要求有关官吏切实负起职责,"知地形肥硗美恶,立事生则,因地之宜……亲入南亩之中,观民垦草发淄,耕种五谷"(《春秋繁露·五行相生》)。这一建议被汉武帝采纳,收到了良好效益。

第六节　司马迁的农业思想

司马迁(约前145—前87),字子长,夏阳(今陕西韩城)人。出身史官家庭,先后师从孔安国和董仲舒治《尚书》《公羊春秋》等。成年后历任郎中、太史令等职。因事获罪,受腐刑。被释后又任中书令。他是中国古代伟大的史学家和思想家,从西汉太初元年(前104)到征和二年(前91),他花费了13年时间撰写完成中国第一部纪传体通史《史记》。《史记》共分130篇,内有12本纪、8书、10表、30世家和70列传。在翔实记录从黄帝到西汉武帝时的3 000年史实的同时,司马迁还发表了他对社会各方面问题的看法,而经济又是其中十分重要的内容之一。和秦汉时期其他谈论经济问题的人不同,司马迁没有专门论述包括经济在内的社会各方面问题的理论著作,他的经济观点是在记载前代经济政策史实的过程中表露出来的,因而具有零散和简略的特点,但正是这些精妙之论每每闪耀着夺目的理论光芒,农业思想也是如此。

司马迁对农业持高度重视的态度,这种重视是在两个意义上得到强调的:首先,以农业生产为主要内容的社会经济活动是人类社会存在发展的基础,他以前人的话为依据,指出:"故曰'仓廪实而知礼节,衣食足而知荣辱'。礼生于有而废于无。故君子富,好行其德,小人富,以适其力。渊深而鱼生之,山深而兽往之,人富而仁义附焉。"在这里,《管子》书中关于经济和道德互相关系的名言得到了进一步的发挥,既然仓廪实和衣食足是社会文明发展的前提,那么农业的发达就是必不可少的。其次,农业生产是整个社会经济运行中的有机环节之一。正如司马迁所说:"《周书》曰:'农不出则乏其食,工不出则乏其事,商不出则三宝绝,虞不出则财匮少。财匮少而山泽不辟矣。此四者,民所衣食之原也。原大则饶,原小则鲜。上则富国,下则富家。"在谈到社会产品的生产情况时,他还指出:凡是人们所喜用的生产和生活资料,都将"待农而食之,虞而出之,工而成之,商而通之"(《史记·货殖列传》)。就是说,离开了农业,社会经济必然陷于停顿。先秦时期强调农业基础地位的论点大都侧重于农业能向人类提供衣服食物,而司马迁则在肯定这点的同时,还注意到农业在社会经济总体循环中的重要地位,显示了较为全面的经济考察眼光。

值得称道的是,司马迁虽然对农业生产的重要性有充分的认识,但在看待社会经济各部门的互相关系时并没有明显的偏重之见。他曾说过"今治生不待危身取给,则贤人勉焉。是故本富为上,末富次之,奸富最下"的话,但并没有抑制工商业的意思,相反,在他看来,"夫用贫求富,农不如工,工不如商,刺绣文不如倚市门,此言末业,贫者之资也"。在介绍当时某些富户的理财之道时,司马迁还提到"以末致财,用本守之"的做法(《史记·货殖列传》)。这里的本显然是指农业,末是指工商业,但司马迁只是借用了当时的流行术语,并未带上主观的褒贬色彩。

在中国农业思想发展史上,司马迁还是第一位全面论述农业地理经济的人。在《史记·货殖列传》中,他对各地的农业生态环境作了具体的考察,并分析了一些农业较发达地区的经济特点和社会风俗习性。例如,"关中自汧、雍以东至河、华,膏壤沃野千里,自虞夏之贡以为上田……故其民犹有先王之遗风,好稼穑,殖五谷,地重,重为邪";"齐带山海,膏壤千里,宜桑麻,人民多文彩布帛鱼盐。临菑亦海岱之间一都会也。其俗宽缓阔达,而足智,好议论,地重";"楚越之地,地广人稀,饭稻羹鱼,或火耕而水耨,果隋蠃蛤,不待贾而足,地埶饶食,无饥馑之患,以故呰窳偷生;无积聚而多贫。是故江、淮以南,无冻饿之人,亦无千金之家。沂、泗水以北,宜五谷桑麻六畜,地小人众,数被水旱之害,民好畜藏,故秦、夏、梁、鲁好农而重民"(《史记·货殖列传》)。这些论述都建立在司马迁对各地的实际调查的基础之上,因此对后人研究西汉时期农业经济史具有重要参考价值,同时也给农业经济与社会习俗相互关系方面的学术探讨提供了有益的启迪。

难能可贵的是,司马迁还从规模经营的角度分析农业生产的经济效益。他指出,农业各业的经营收入要想等同于当时的千户侯,就必须达到如下的水平:"陆地牧马二百蹄,牛蹄千角,千足羊;泽中千足彘;水居千石鱼陂;山居千章之材;安邑千树枣;燕、秦千树栗;蜀、汉、江陵千树橘;淮北、常山已南,河济之间千树萩;陈、夏千亩漆;齐、鲁千亩桑麻;渭川千亩竹;及名国万家之城,带郭千亩亩钟之田,若千亩卮茜,千畦姜韭。"(《史记·货殖列传》)如此庞大的生产规模,只有大地主才可能具备。以上这番议论表明:他不仅意识到农业多种经营是可以通过利润效益来进行比较的,而且肯定了通过上述经营而致富的途径是最值得称道的,这也就是"本富为上"的真实含义。

此外,司马迁还在《史记》的其他部分中论及农业问题。如他在记载郑国渠的积极作用时写道:该工程"用注填阏之水,溉泽卤之地四万余顷,收皆亩一钟。于是关中为沃野,无凶年"(《史记·河渠书》),这体现了他对农业水利的重视。

第七节 桑弘羊的农业思想

桑弘羊(约前152—前80),西汉洛阳(治今河南省洛阳市东)人。早年入宫当汉武帝侍从,后参加朝廷的理财工作,历任大司农中丞、治粟都尉兼领大农、大司农、御史大夫等职,武帝逝世前被指定为托孤大臣之一。桑弘羊是西汉著名的经济管理官员,曾直接参与汉武帝时盐铁官营、均输、平准和统一铸币权等重要经济政策的制定和推行工作,而这些政策对加强当时国力起过重要的作用。桑弘羊的农业思想并不多,主要是在盐铁会议上与贤良、文学的辩论中提出来的。

总起来看,贤良、文学对汉武帝时的盐铁官营、酒类专卖、均输、平准等政策持批评态度。他们认为由封建国家直接参与重要商品的流通经营,是一种与民争利的行为,它不仅造成了种种危害百姓的弊端,而且严重妨碍了农业生产的正常进行,因而是违反国家治理根本大计的。他们继承先秦时期的重农理论,指出:"衣食者民之本,稼穑者民之务也,二者修,则国富而民安也。""是以古者尚力务本而种树繁,躬耕趋时而衣食足,虽累凶年而人不病也。"反之,"草莱不辟,田畴不治,虽擅山海之财,通百末之利,犹不能赡也"(《盐铁论·力耕》)。鉴于当时"百姓就本者寡,趋末者众","散敦厚之朴,成贪鄙之化"的局面,他们要求国家决策层采取切实措施,"进本退末,广利农业"(《盐铁论·本议》)。

桑弘羊反驳了上述观点。他说:"贤圣治家非一宝,富国非一道。昔管仲以权谲霸,而纪氏以强本亡。使治家养生必于农,则舜不甄陶而伊尹不为庖。"针对贤良、文学所提出的"理民之道,在于节用尚本,分土井田而已"的说法,桑弘羊针锋相对地断言:"富国何必用本农,足民何必井田也。"(《盐铁论·力耕》)他还认为:"物丰者民衍,宅近市者家富。富在术数,不在劳身;利在势居,不在力耕也。"(《盐铁论·通有》)

在中国经济思想史上,桑弘羊是第一个对农业富国提出异议的人。虽然他并没有直接否定搞好农业可以富国,但从他关于"富在术数""利在势居"的说法以及对本农、井田的不予重视的态度来看,农业的重要性显然不及国家经营的工商业。导致桑弘羊这种反传统农业思想产生的原因,主要是当时封建国家特殊的财政需求的膨胀,正是凭借桑弘羊等人制定和推行的一系列国家经营工商业政策,汉武帝一代的文治武功才得以建立。但从长远来看,国家放弃以农业生产为基础而热衷于垄断工商业利润的做法,并不利于封建社会经济的发展。因此,桑弘羊的上述农业观点在理论上是偏颇的,在实践中也是有害的。

如果说桑弘羊对农业富国的认识并不全面,那么他的屯田主张则是值得称道的。为了抵御匈奴犯边,他曾组织六十万人屯垦。汉武帝在晚年时一度想停办屯田,桑弘羊也敢于发表自己的不同看法,他认为:"胡西役大宛、康居之属,南与群羌通。先帝推让斥夺广饶之地,建张掖以西,隔绝羌胡,瓜分其援。是以西域之国皆内拒匈奴,断其右臂,曳剑而走。故募人田畜以广用。长城以南,滨塞之郡,马牛放纵,蓄积布野,未睹其计之所过也。"(《盐铁论·西域》)这是从边疆安全的角度肯定屯垦的作用。

基于上述认识,桑弘羊还和当时的丞相车千秋、御史大夫商丘成等联名条呈了在新疆等处新辟屯区的建议,他们认为新疆轮台以东的捷枝、渠犁(今新疆库车县一带)等处,"地广,饶水草,有溉田五千顷以上。处温和,田美,可益通沟渠,种五谷,与中国同时熟。其旁国少锥刀,贵黄金采缯,可以易谷食,宜给足不乏"。据此,桑弘羊等人主张:"可遣屯田卒,诣故轮台以东,置校尉三人分护,各举国地形,通利沟渠,务使以时益种五谷。张掖、酒泉遣骑假司马为斥侯,属校尉。事有便宜,因置骑以闻。田一岁,有积谷,募民壮健有累重敢徙者诣田所,就畜积为本业,益垦溉田。稍筑列亭,连城而西,以威西国,辅乌孙为便。"(《汉书·西域传》)这一计划没有被汉武帝采纳。后来的汉昭帝于元凤四年(前77)派霍光在轮台一带屯田,收到了实效,表明桑弘羊的见解是颇有眼光的。

西汉时期另一位力主屯垦的人是赵充国。赵充国(前137—前52),字翁孙,陇西上邽(今甘肃天水西南)人。他是西汉的一员骁勇战将,曾在汉武帝、昭帝时率军反击匈奴贵族的侵扰,官至将军,受封营平侯。在与羌族作战的过程中,他还在西北屯田,并取得显著成效。关于屯田的意义和作用,赵充国作过比较全面的阐述,他指出实施合理的屯垦政策,对政局稳定、边防安宁、农业发展和财政增收都有益处,具体而言:"步兵九校,吏士万人,留屯以为武备,因田致谷,威德并行,一也;又因排折羌虏,令不得归肥饶之地,贫破其众,以成羌虏相畔之渐,二也;居民得并田作,不失农业,三也;军马一月之食,度支田士一岁,罢骑兵以省大费,四也;至春省甲士卒,循河湟漕谷至临羌,以际羌虏,扬威武,传世折冲之具,五也;以闲暇时下所伐材,缮治邮亭,充入金城,六也;兵出,乘危徼幸,不出,令反畔之虏窜于风寒之地,离霜露疾疫瘃堕之患,坐得必胜之道,七也;亡经阻远追死伤之害,八也;内不损威武之重,外不令虏得乘间之势,九也;又亡惊动河南大开小开使生它变之忧,十也;治湟陜中道桥,令可至鲜水,以制西域,信威千里,从枕席上过师,十一也;大费既省,徭役豫息,以戒不虞,十二也。"(《汉书·赵充国传》)这番分析比晁错的议论更为全面,但经济因素所占的比重并不多,反映了西汉屯垦政策更侧重于军事考虑的特点。

第八节　王莽的王田论

王莽(前45—23),字巨君,是汉元帝王皇后之侄。初任黄门郎、射声校尉等职,后受封新都侯,历任骑都尉、光禄大夫及侍中、大司马、大将军等职。公元元年又被封为太傅,号安汉公,位在三公之上。公元5年,汉平帝死,他立两岁的孺子婴为帝,并自称"假皇帝"。公元8年,废孺子婴而称帝,改国号为"新",并推行了一套所谓的改制新政,内容包括土地、工商、货币等经济政策的变动,其中与农业有关的是他提出的王田制。

王莽在始建国元年(9)发布的实行王田制的诏令中,对前代的土地制度作了一番评判,他认为:"古者,设庐井八家,一夫一妇田百亩,什一而税,则国给民富而颂声作,此唐虞之道,三代所遵行也。秦为无道,厚赋税以自供奉,罢民力以极欲,坏圣制,废井田。是以兼并起,贪鄙生,强者规田以千数,弱者曾无立锥之居。……汉氏减轻田租,三十而税一,常有更赋,罢癃咸出,而豪民侵陵,分田劫假,厥名三十税一,实什税五也。父子夫妇终年耕芸,所得不足以自存。故富者犬马余菽粟,骄而为邪;贫者不厌糟糠,穷而为奸,具陷于辜,刑用不错。"(《汉书·王莽传中》)显而易见,王莽对秦汉的农业生产状况是极为不满的,这种不满主要体现在他对农村贫富悬殊的抨击上,而造成上述局面的根源又在于土地制度的败坏,所以王莽把解决农业经济问题的着眼点放在土地方案的更新上。

王莽对三代以上的土地制度是推崇的,这也直接影响到他对王田制的设计。他在诏令中这样宣布:"今更名天下田曰王田,奴婢曰私属,皆不得买卖。其男口不盈八而田过一井者,分余田予九族邻里乡党。故无田,今当受田者,如制度。敢有非井田圣制无法惑众者,投诸四裔,以御魑魅,如皇始祖考虞帝故事。"(《汉书·王莽传中》)这段文字包括以下几层意思:首先,他把王田制也作为一种井田制,只不过所占土地数额有所增加;其次,他规定土地所有权属于君王,禁止买卖,实际上也就是取消了土地的私人占有;第三,对无地农民实行授田,这是中国历史上由政府向无地农民分配土地的最初制度表述。总之,王田制的实质是取消土地私有制,让国家重新占有全部土地,在此基础上仿行古代田制实行土地的有限使用。

但是,封建社会的土地私有是历史发展的必然结果,它虽然具有内在的矛盾性,也给西汉社会带来了严重的危害,但相对于奴隶制时代的土地王有,毕竟是一种进步的土地关系。要想解决封建土地的兼并痼疾,用心可谓良苦,但企图开历史倒车,要现存的土地关系恢复到古老的形态,则无疑是开错了药方。在实际贯彻过程中,王田制所遇到的巨大阻力也正说明了这一点。尽管王莽实际上对大地主的既得利益触及不多,却仍遭到他们的反对。至于贫民,则根本无法获得许诺中的土地。由于新朝政府一意孤行,王田制在全国造成了很大的混乱,终致民怨四起,"及坐买卖田宅……自诸侯卿大夫至于庶民,抵罪者不可胜数"。这样,社会矛盾不是缓和了,而是加剧了,这使王莽不得不于始建国四年(12)颁令停止王田制的实施:"诸名食王田,皆得卖之,勿拘以法。犯私买卖庶人者,且一切勿治。"(《汉书·王莽传中》)

王莽土地改制思想的出现是西汉时期日益尖锐的土地兼并现象的产物。在此之前,西汉就有人附和董仲舒的限田说,提出对土地占有实行数量限制,如汉哀帝时的辅政之臣师丹便是其一。师丹(?—3),字仲公,琅琊东武(今山东诸城)人,历任大司马、大司空等职。他认为:"古之圣王,莫不设井田,然后治乃可乎。孝文皇帝承亡周乱秦兵革之后,天下空虚,故务劝农桑,帅以节俭。民始充实,未有并兼之害,故不为民田及奴婢为限。今累世承平,豪富吏民訾数巨万,而贫弱俞困。盖君子为政贵因循而重改作,然所以有改者,将以救急也,亦未可详,宜略为限。"(《汉书·食货志上》)

对于师丹的提议,汉哀帝表示同意,他说:"制节谨度以防奢淫,为政所先,百王不易之道也。诸侯王、列侯、公主、吏二千石及豪富民,多畜奴婢,田宅亡限,与民争利。百姓失职,重困不足,其议限列。"(《汉书·哀帝纪》)至于具体的限额,当时的丞相孔光、大司空何武主张:"诸侯王、列侯,皆得名田国中,列侯在长安,公主名田县道,及关内侯、吏民名田皆毋过三十顷。"(《汉书·食货志上》)这方案由于遭到外戚、贵族的反对而未实行。与此相比,王田制走得更远,所以也就缺乏实际的可行性。

王田制的昙花一现,证明了历史发展的进程不可逆转。对此,中郎区博似乎有所察觉。他在谈到土地制度的复古之不可行时说:"井田虽圣王法,其废久矣。周道既衰,而民不从。秦知顺民之心,可以获大利也。故灭庐井而置阡陌,遂王诸夏,迄今海内未见其弊。今欲违民心,追复千载绝迹,虽尧舜复起,而无百年之渐,弗能行也。天下初定,万民新附,诚未可施行。"(《汉书·王莽传中》)区博没有直接非议井田制,但他明确肯定"灭庐井而置阡陌"是"顺民之心"和"未见其弊"的革新之举,这自然要比王莽聪明得多。

第九节　西汉农家学派的农业思想

农家是西汉时期比较重要的学派之一，在班固所著《汉书》中，它被列为九家可观者的第八位。关于农家学派的起源和主要职能，班固曾概括说："农家者流，盖出于农稷之官，播百谷，劝耕桑，以足衣食。"（《汉书·食货志上》）当时在农业生产方面提出过比较重要的思想观点的农家人物主要有赵过、氾胜之、召信臣等。

赵过，生卒年和籍贯不详，曾在汉武帝末年任搜粟都尉。他是中国古代农业生产技术的重要改革者和推广者，著名的代田法就是在他的改进组织下得到普及的，这种耕种方法在农学技术和劳动组织等方面多有进步，为土地的合理经营和精耕细作，进而大大提高生产效益发挥了积极的作用。在农业生产工具方面，他将原先笨重的"博带犁"改为"便巧犁"，重量由14至18斤减轻为不到3斤，适应了牛耕的需要。此外，他还创造发明了三脚耧。

在促进农业生产发展的实践中，赵过所采取的某些管理措施具有思想理论上的创新性。如他重视在新技术的采用中先搞试验、逐步推广，为了考察改进后的代田法的实效，"过试以离宫卒，田其宫墙地，课得谷皆多其旁田亩一斛以上"，在此基础上，才"令命家田、三辅公田"，"又教边郡及居延城"。再如，对农业实践中出现的新技术新办法，他也注意及时总结，提倡普及，以扩大其优越性，史称："民或苦少牛，亡以趋泽。故平都令光教过以人挽犁。过奏光以为丞，教民相与庸挽犁，率多人者田日三十亩，少者十三亩，是故田多垦辟。"（《汉书·食货志上》）这里的"民相与庸"是一种劳动协作，它的实际效果是显而易见的，但我们尚不能据此认为赵过已明确意识到协作能够产生新的生产力。

氾胜之，生卒年和籍贯亦不详。汉成帝时任议郎，后升为御史。曾以轻车使者名义在三辅（关中平原）指导农业生产。他把丰富的农业生产经验辑成《氾胜之书》，撰写了我国历史上最早的农学专著。《氾胜之书》原为18篇，惜佚于宋代，现存为清人和今人的辑本。

《氾胜之书》对当时的各种农田耕种法进行了全面的记述，其中最突出的是区田法、溲种法，其次为耕田法、种麦法、种瓜法、种瓠法、穗选法、调节稻田水温法、桑苗截干法等。区田法是氾胜之在代田法的基础上，总结三辅地区农业生产新经验而创造出的高产耕作法，反映了我国古代农业生产技术所达到的水平。而较能体现氾胜之农业思想的，则是他在书中关于综合经营、综合利用、重视工效、提高经济效益等问题的论述。

氾胜之对农业生产的管理过程作过简洁的说明,他指出:"凡耕之本,在于趣时、和土、务粪泽,早锄,早获。"这里所说的趣时,就是不失时机地遵守自然规律的要求,适时地安排农活,而和土和浇粪、锄草、收获等环节则强调人的劳动的重要性。这种既重视自然因素,又肯定人的作用的观点,是全面和正确的。氾胜之还说:在农业生产中,"农士惰勤,其功力十倍",只要"得时之和,适地之宜,田虽薄恶,收可亩十石"(石声汉:《氾胜之书今译》)。这种见解比先秦时期李悝的尽地力之教又有所发展。

综合经营是氾胜之谈论得较多的话题。他曾说:"凡田有六道,麦为首种。"实际上,在《氾胜之书》提到的作物不止 6 种,经营的方式则有复种、间种等。为了提高土地效益,他强调对作物的综合利用,避免浪费,如说"(瓠)破以为瓢。其中白肤,以养猪,致肥;其瓣,以作烛,致明";"稗中有米,熟时一可捣取,炊之不减粢米,又可酿作酒";等等。同司马迁等人有关农业数量计算的记述相似,《氾胜之书》也对工时效率或经济收益等作过数量表述,如规定:"上农夫:区,方深各六寸,间相去九寸,一亩三千七百区,一日作千区";"中农夫:区,方七寸,深六寸,相去二尺,一亩千二十七区……一日作三百区";"下农夫:区,方九寸,深六寸,相去三尺,一亩五百六十七区……一日作二百区"。至于效益指标,则有"瓜收,亩万钱";"区种(黍)……一亩收百斛"(石声汉:《氾胜之书今译》);等等。

为了显示农业经营的成效,《氾胜之书》还对某项生产的各项支出收入作了核算:"(瓠)一本三实,一区十二实;一亩得二千八百八十实。十亩,凡得五万七千六百瓢。瓢直十钱,并直五十七万六千文。用蚕矢二百石,牛耕工力,直二万六千文。余有五十五万。肥猪明烛,利在其外。"(石声汉:《氾胜之书今译》)这是一份比较详细的生产成本费用单,虽然并不全面或精确。

召信臣,生卒年不详,字翁卿,九江寿春(今安徽寿县)人。历任谷阳长、上蔡长、零陵太守、南阳太守、河南太守等职,元帝竟宁元年(前 33)被征为少府,列于九卿。在西汉的农业发展史上,召信臣以兴修水利而著称。他在南阳太守任内曾领导当地农民修建大型农田水利灌溉工程,使农田"岁岁增加,多至三万顷","民得其利",极大促进了汉水流域南阳地区农业的发展。在农业思想方面,召信臣没有留下存世的论著,史书上说他为官时"躬耕劝农,出入阡陌",可见是十分重视农业的。作为一位治理有方的地方官员,召信臣还运用管理之权大力推进农业生产,"府县吏家子弟好游敖不以田作为事,辄斥罢之;甚者,案其不法,以视好恶。其化大行,郡中莫不耕稼力田,百姓归之,户口增倍,盗贼狱讼衰止"。值得一提的是,召信臣发展农业的目的是"为民兴利,务在富民"(《汉书·召信臣传》),这种思想同封建社会占主导地位的宏观农业管理理论是有一定区别的。

第十节　汉光武帝的农业政策思想

王莽篡夺汉室政权后,由于推行政策不得人心,重新激化了社会矛盾,于是新朝又被农民起义军推翻,他本人在当了 15 年皇帝后被杀。接替他登上最高统治地位的是东汉光武帝刘秀。

刘秀(前 6—57),字文叔,南阳蔡阳(今湖北枣阳西南)人,出身于西汉皇族。王莽末年参加绿林起义军。建武元年(25)称帝。后平息赤眉起义军和各地割据势力,统一全国。汉光武帝是一位有所作为的君主,他在位 32 年,多次发布释放奴婢和禁止残害奴婢的命令,废止地方兵役制,裁并数百县制,精简官吏。为了加强中央集权的政治体制,他在朝廷加重尚书职权,在地方废除掌握军权的都尉。更为重要的是,他实施了一系列有利于恢复和发展农业生产的政策,有力地促进了东汉社会经济的恢复和繁荣。

为了尽快改变生产衰退、百业凋零的局面,汉光武帝在执政之初就奉行了一条与民休养生息的政策。史称:"光武长于民间,颇达情伪,见稼穑艰难,百姓病害,至天下已定,务用安静,解王莽之繁密,还汉世之轻法。……勤约之风,行于上下。……广求民瘼,观纳风谣,故能内外匪懈,百姓宽息。"(《后汉书·循吏列传序》)在这种思想指导下,他在减轻赋税、兴修水利、扩大屯田、安置流民、抑制豪强等方面采取了一些切实有效的措施。

在赋税方面,光武帝实行了减轻农民负担的做法,他于建武六年(30)十二月发布诏令说:"顷者师旅未解,用度不足,故行什一之税。今军士屯田,粮储差积,其令郡国收见田租三十税一,如旧制。"另一方面,严禁各级政府官员收受奢侈贡物,他于建武十三年指出:"往年已敕郡国,异味不得有所献御。今犹未止,非徒有豫养导择之劳,至乃烦扰道上,疲费过所,其令太官勿复受。"同年又说:"时兵草既息,天下少事文书调役,务存简寡。"(《后汉书·光武帝纪》)

在安置流民方面,东汉当政者也采取了切实措施。还在光武帝平息内乱、统一全国之前,他就命令下属在作战过程以"平定安集"为要务,因此,凡"兵家降者,遣其渠帅,皆诣京师。散其小民,令就农桑"(袁宏:《后汉纪》卷4)。建武二十六年,"(匈奴)南单于遣子入侍,奉奏诣阙。于是云中、五原、朔方、北地、定襄、雁门、上谷、代八郡民归于本土。遣谒者分将施刑补理城郭。发遣边民在中国者,布还诸县,皆赐以装钱,转输给食"(《后汉书·光武帝纪》)。

屯田是扩大耕地面积的主要途径之一,为此,光武帝不仅亲自下诏令"军士吞田,粮储差积",而且在登位的最初几年中连派将士分处屯田,如在建武四年准许马援在上林苑中屯田,派遣刘隆在武当屯田;在建武五年命张纯将兵士安排在南阳屯田;在建武六年令王霸屯田新安,令李通屯田顺阳;在建武七年诏杜茂在晋阳、广武一带屯田;等等。光武帝还组织较大规模的内地农民徙边屯田,如建武十五年,"徙雁门、代郡、上谷三郡民,置常山关,居庸关以东"(《后汉书·光武帝纪》)。

光武帝时期,各地还进行了一些农田水利建设。如建武四年,任延为武威太守,当时"河西旧少雨泽,乃为置水官吏,修理沟渠,皆蒙其利"(《后汉书·任延传》)。建武七年,杜诗任南阳太守,"又修治陂池,广拓土田,郡内比室殷足"(《后汉书·杜诗传》)。建武中,汝南太守邓晨组织水利专家修复鸿郤坡,"起塘四百余里,数年乃立。百姓得其便,累岁大稔"(《后汉书·许杨传》)。建武十九年,马援在平息峤南战乱之后,对当地实施治理,"穿渠灌溉,以利其民"(《后汉书·马援传》)。总起来看,东汉的水利建设不及西汉,但对农业生产的恢复和发展同样起了积极的作用,而这又是和光武帝重视农业的大政方针分不开的。

为了维持农业生产的稳定,政府除了颁布惠农政策之外,加强农业管理和改良吏治是不可忽视的配套环节,为此,光武帝曾于建武十五年,"诏下州郡检核垦田顷亩及户口年纪,又考实二千石长吏阿枉不平者"。对于度田不实的官吏,他采取了严厉的罚戒措施,如建武十五年,大司徒欧阳歙因在汝南太守任内度田不实而下狱死;建武十六年,"河南尹张伋及诸郡守十余人,坐度田不实,皆下狱死"(《后汉书·光武帝纪》)。此外,受此项处罚的还有东海相鲍永、东平相王元、河内太守牟长等人。

应该说,光武帝对抑制地方豪强,改善农业环境是作过一些努力的,也起到了一定的积极作用。但由于皇室集团参与其间,使他无法从根本上杜绝豪强兼并土地的行为。建武十五年,光武帝在批阅检核田土的公文时,发现陈留的奏折中有"颍川、弘农可问,河南、南阳不可问"等语,问原因,吏不敢对,还是刘庄(后为明帝)在旁道出真情。他解释说:"河南帝城,多近臣;南阳帝乡,多近亲,田宅踰制,不可为准。"(《后汉书·刘隆传》)这表明东汉政府对豪强势力的制约是有限的,也为东汉中后期土地兼并的猖獗留下了祸根。

继刘秀之后执政的是明帝刘庄。刘庄也是一位重视农业的君主。他曾发布一系列有利于农业生产的诏令,鼓励督促农民安心劳作。如永平三年(60)春正月诏曰:"夫春者,岁之始也。始得其正,则三时有成。比者水旱不节,边人食寡,政失于上,人受其咎。有司其勉顺时气,劝督农桑,去其螟蜮,以及蟊贼,详刑慎罚,明察单辞,凤夜匪懈,以称朕意。"为了奖励耕作有方的农民,明帝曾颁令授爵,对其给予表彰:"赐天下男子爵,人二级,三老、孝悌、力田人三级。"对灾民和贫民则实行赈济和安抚,如永平十八年夏四月诏:"自春已来,时雨不降,宿麦伤旱,秋种未下,政失厥中,忧惧而已。其赐天下男子爵,人二级,及流民无名数欲占者,人一级;鳏寡孤独笃癃贫不能自存者粟,人三斛。""是岁,牛疫。京师及三州大旱,诏勿收兖、豫、徐州田租、刍稿,其以见谷赈给贫人。"有时则赐以田地,如永平九年四月,"诏郡国以公田赐贫民各有差",十三年四月,汴渠成,又诏:"滨渠下田,赋与贫人,无令豪右得固其利。"(《后汉书·明帝纪》)

在水利方面,明帝曾于永平十二年委派王景作指导,与王吴共同负责修复汴渠堤。这次工程征卒数十万,筑堤千余里,耗费达百亿,为时一年久,终告完成,从此河、汴分流,复其原迹,河东北入海,汴东南入泗,黄河水患得到治理,沿渠各田,皆得灌溉之利。其他还有一些地方工程,如鲍昱为汝南太守时,"郡多陂池,岁岁决坏,年费常三千余万,昱乃上作方梁石洫,水常饶足,溉田倍多,人以殷富"(《后汉书·鲍永附子昱传》)。

总之,东汉的农业恢复和发展,在很大程度上得益于光武帝和明帝的重农政策。另一方面,东汉初年所未能解决的农业问题在后来又不断严重化,成为当时思想家们议论的话题。

第十一节　桓谭、班固的农业思想

桓谭(约前20—56),字君山,沛国相(今安徽淮北市濉溪县)人。西汉成帝时仕为郎。王莽时任掌乐大夫、太中大夫等职。东汉光武帝时曾为议郎、给事中,以后被贬为六安郡丞。著作有《新论》,凡29篇。

在东汉初年农业政策的形成过程中,桓谭的主张起过积极作用。他曾向汉光武帝呈递《陈时政疏》,其中指出:"夫理国之道,举本业而抑末业。"这里的本末概念,仍是先秦后期对农业和工商业提法的沿用。对东汉初期的社会状况,桓谭表示不满,他抨击说:"今富商大贾,多放钱货,中家子弟为之保役,趋走与臣仆等勤,收税与封君比入,是以众人慕效,不耕而食,至乃多通侈靡,以淫耳目。"这番批评同西汉晁错的差不多。怎样才能改变这种局面,让尽可能多的人去从事农业生产呢?桓谭的对策还是集中在抑制商业上。他主张从两方面着手:其一,"禁人二业,锢商贾不得宦为吏,此所以抑并兼,长廉耻也";其二,"可令诸商贾自相纠告,若非身力所得,皆以臧畀告者。如此,则专役一己,不敢以货与人,事寡力弱,必归功田亩"。这与晁错的主张有所不同。晁错是通过提高农业产品地位

（包括以纳粟而授爵）的方法来吸引人们从事农业生产，而桓谭则是想通过抑制商业经营的途径来迫使人们转而进入农业部门。但两人的政策目标是一致的，即如桓谭所说："田亩修，则谷入多而地利尽矣。"（《后汉书·桓谭传》）

要使农业得到长足的发展，还有赖于当政者厉行节俭。桓谭没有对节俭与农业的互相关系发表直接的议论，但他认为汉文帝时之所以能够"泽加黎庶，谷至石数钱，上下饶羡"（《新论·离事》），很重要的一个原因是他"躬俭节俭"，包括"薄埋葬、损舆服"（《新论·识通》）等，这种见解有着与先秦思想家相似的思路。

班固（32—92），字孟坚，扶风安陵（今陕西省咸阳市东）人。其父班彪，是东汉著名史学家，著有续《史记》的《后传》等。班固曾任兰台令史、中护军等职，并在建初年间编撰成《汉书》，此外，还编有《白虎通德论》。班固的农业思想主要有两方面的内容：一是对农业经济地位的阐述，二是有关井田制问题的记载。

班固对农业在国民经济中的基础地位持肯定态度。他在《汉书·食货志》中开宗明义地指出："《洪范》八政，一曰食，二曰货。食谓农殖嘉谷可食之物，货谓布帛可衣，及金刀龟贝所以分财布利通有无者也。二者，生民之本，兴自神农之世。"而在食与货之间，食又居首要地位，班固说："尧命四子以'敬授民时'，舜命后稷以'黎民祖饥'，是为政首。"从这种认识出发，班固把农业生产放在国家管理的头等地位来加以强调，即所谓"理民之道，地著为本"（《汉书·食货志上》）。

《汉书·食货志》是专门记录西汉及以前社会经济史实的，但在记载史实的过程中，班固的个人观点也得到一定的反映。例如，他对西汉以前的重农政策不仅详细记载，而且加以明确的赞扬。他肯定李悝的尽地力之教，"行之魏国，国以富强"。认为商鞅变法虽不合于古代的治国常法，但其"急耕战之赏……犹以务本之故，倾邻国而雄诸侯"。对西汉赵过的功绩，他写道：由于新耕作法的推广，"是后，边城、河东、弘农、三辅、太常民皆便代田，用力少而得谷多"（《汉书·食货志上》）。

井田制是中国古代议论较多的一种土地制度。自从战国时期的孟子发表了井田论后，这一田制不时被后人提及，特别是在两汉时期。在《周礼》一书中，《地官·大司徒》《地官·小司徒》《地官·遂人》《考工记》等篇分别记载了这种土地制度的格局和形式，内容已比较详细。《谷梁传·宣公十五年》中首次将"井"和"田"联系起来加以记述。韩婴在《韩诗外传》卷4"中田有庐，疆场有瓜"条中的描写则在此基础上进一步具体化。而班固在《汉书·食货志》和《汉书·刑法志》中的记述可说是以上诸说的集大成者。

关于井田制的土地分配和生产形式，班固写道："圣王量能授事，四民陈力受职，故朝亡废官，邑亡敖民，地亡旷土。……必建步立亩，正其经界。六尺为步，步百为亩,亩百为夫;夫三为屋,屋三为井,井方一里,是为九夫。八家共之,各受私田百亩,公田十亩,是为八百八十亩,余二十亩以为庐舍。出入相友,守望相助,疾病相救,民是以和睦,而教化齐同,力役生产可得而平也。"(《汉书·食货志上》)这番描述基本与孟子的说法相似。

至于土地分配的细则规定,则显然带有新的历史特点。班固论述说:"民受田:上田,夫百亩;中田,夫二百亩;下田,夫三百亩。岁耕种者为不易上田,休一岁者为一易中田,休二岁者为再易下田;三岁更耕之,自爰其处。农民户人已受田,其家众男为余夫,亦以口受田如此。士工商家受田,五口乃当农夫一人,此为平土,可以为法者也。若山林薮泽原陵淳卤之地,各以肥硗多少为差。……民年二十受田,六十归田;七十以上,上所养也;十岁以下,上所长也;十一以上,上所强也。……鸡豚狗彘,毋失其时,女修蚕织,则五十可以衣帛,七十可以食肉。"(《汉书·食货志上》)这里有关按土质好坏不均等授田的规定,是对先秦时期农业思想的发展,与《周礼》的论述(《地官·大司徒》:凡造都鄙,制其地域而封沟之,以其室数制之。不易之地家百亩,一易之地家二百亩,再易之地家三百亩)有相同之处。

《汉书·食货志》对井田制的区域组织记述比较简单,只有"在野曰庐,在邑曰里,五家为邻,五邻为里,四里为族,五族为党,五党为州,五州为乡,乡万二千五百户也"等语。在《汉书·刑法志》中,则有详尽的描述:"殷周以兵定天下矣。天下既定,戢藏干戈,教以文德,而犹立司马之官,设六军之众,因井田而制军赋。地方一里为井,井十为通,通十为成,成方十里。成十为终,终十为同,同方十里。同十为封,封十为畿,畿方千里。有税有赋,税以足食,赋以足兵。故四井为邑,四邑为丘。丘,十六井也,有戎马一匹,牛三头。四丘为甸,甸六十四井也,有戎马四匹,牛十二头,甲士三人,卒七十二人,干戈具备,是谓乘马之法。一同百里,提封万井,除山川沈斥城池邑居园囿街路三千六百井,定出赋六千四百井,戎马四百匹,兵车百乘,此卿大夫采地之大者也,是谓百乘之家。一封三百一十六里,提封十万井,定出赋六万四千井,戎马四千匹,兵车千乘,此诸侯之大者也,是谓千乘之国。天子畿方千里,提封百万井,定出赋六十四万井,戎马四万匹,兵车万乘,故称万乘之主。"把井田同军事组织结合起来,具有新的理论特点。

班固以后,对井田制作出论述的还有东汉的何休,另有一篇佚名者的《春秋井田记》。这两段史料对井田制本身没有更多的阐述,但分条总结了这种田制的优越性。如何休认为:"井田之义,一曰无泄地气,二曰无费一家,三曰同风俗,四曰合巧拙,五曰通财货。"(《春秋公羊传·宣公十五年》初税亩条)《春秋井田记》中的说法也相同。

上述各家对井田制的记述尽管在细节问题上有所差异,但主要精神却是一以贯之的。从农业思想的角度上看,井田制具有促进土地利用开发,发展自然小农经济的作用,同时在调节阶级关系、稳定社会秩序等方面有不可忽视的意义。而从根本上来说,两汉时期井田议论的高涨正是当时土地兼并日益剧烈的曲折反映。班固等人通过对井田制的描述,当然不仅是在发思古之幽情,而是希望以此寻找解决当时农业发展所遇困难的有效办法,只是这种否定土地私有制的思路缺乏现实可行性而已。

第十二节 王符的"爱日"说

王符,生卒年不详,字节信,号潜夫,临泾(今甘肃镇原)人。王符一生未得仕进,隐居而著《潜夫论》,"以讥当时失得"(《后汉书·王符传》)。他对当时的社会弊端进行了大胆的抨击,对广大人民所遭受的苦难表示了同情,并从"天以民为心,民安乐则天心顺,民愁苦则天心逆"(《潜夫论·本政》)的认识出发,要求统治者实行使民安乐的政策,而发展农业则是这种政策的重要内容。

王符强调国家治理要以发展农业为基础。他指出:"凡为治之大体,莫善于抑末而务本,莫不善于离本而饰末。"这里的本,还不是专指农业,而是泛指国家治理的根本。王符进一步表述说:"夫为国者以富民为本",而在富民的诸项行业中,又以农业为最重要,即所谓"夫富民者,以农桑为本,以游业为末"。在他看来,"民富乃可教……民贫则背善"(《潜夫论·务本》),因此要使百姓安于治理,就必须搞好农业生产。

必须指出,在王符的论述中,本的概念是较为广泛的。在经济之外,言谈、教育、交际、为官、家庭等五个领域里也存在本、末之分,而在经济领域里,本、末概念又可以进一步区分,如他在肯定了农桑是富民之本以后,紧接着指出:"百工者,以致用为本,以巧饰为末;商贾者,以通货为本,以鬻奇为末。"并概括说:"三者,守本离末则民富,离本守末则民贫。"但就农工商关系而言,则农业的基础地位是明确的,如王符所说:"夫用天之道,分地之利,六畜生于时,百物聚于野,此富国之本也。游业末事,以收民利,此贫邦之原也……故力田所以富国也。今民去农桑,赴游业,披采众利,聚之一门,虽于私家有富,然公计愈贫矣。"(《潜夫论·务本》)在另一篇文章中,王符也像先秦和西汉思想家一样,肯定农业是人们的衣食之源:"一夫不耕,天下必受其饥者。一妇不织,天下必受寒者。今举世舍农桑,趋商贾,牛马车舆,填塞道路,游手为巧,充盈都邑,治本者少,浮食者众,商邑翼翼,四方是极。今察洛阳,浮末者什于农夫,虚伪游手者什于浮末。是则一夫耕,百人食之,一妇桑,百人衣之。以一奉百,孰能供之? 天下百郡千县,市邑万数,类皆如此,本末何足相供? 则民安得不饥寒?"(《潜夫论·浮侈》)这表明,王符在很大程度上仍然把工商等同于浮食游手之末业,他所说的工商业中的本,无非是指作为自然小农经济补充的手工业品的制造和流通罢了。

为了保证农业生产的进行,王符不仅要求统治者从基本国策的高度重视农业,而且建议制定相应的规定,其中最有理论特色的是他提出的"爱日"主张。这里的爱日,就是指爱惜农民进行农业生产的时间。王符对此进行了专门的阐述,他指出:"国之所以为国者,以有民也;民之所以为民者,以有谷也;谷之所以丰殖者,以有人功也;功之所以能建者,以日力也。治国之日舒以长,故其民闲暇而力有余;治国之日促以短,故其民困务而力不足。"他进一步分析说:"所谓治国之日舒以长者,非谒羲和而令安行也,又非能增分度而益漏刻也。乃君明察而百官治,下循正而得其所,则民安静而力有余,故视日长也。"反之,"乃君不明,则百官乱而奸宄兴,法令鬻而役赋繁,则希民困于吏政,仕者穷于典礼……君子载质而车驰,细民怀财而趋走,故视日短也"(《潜夫论·爱日》)。中国古代常有人提出省赋役、守农时等主张,王符的爱日理论具有同样的意思,但立论的角度则完全不同。认为苛政可使日短,善治可使日长,这种相对劳动时间的观念比商鞅的见解更为发展了。

从"爱日"的理念出发,王符揭露了当时的社会弊端:"今自三府以下,至于县道乡亭,及从事督邮,有典之司,民废农桑而守之,辞讼告诉,及以官事应对吏者,一人之,日废十万人,人复下计之,一人有事,二人获饷,是为日三十万人离其业也。以中农率之,则是岁三百万口受其饥也。"这是对东汉时期官府重叠,苛政扰民的批评。王符告诫统治者要懂得"礼义生于富足,盗窃起于贫穷,富足生于宽暇,贫穷起于无日"的道理,真正把农民的劳动时间看作"民之本""国之基",从而切实做到"务省役而为民爱日"(《潜夫论·爱日》)。

王符农业思想的另一个理论内容是实边。他从土地的经济意义和实边的国防意义角度指出:"夫土地者,民之本也,诚不可久荒以开敌心。且扁鹊之治病也,审闭结而通郁滞,虚者补之,实者泻之,故病愈而名显。伊尹之佐汤也,设轻重而通有无,损积余以补不足,故殷治而君尊。贾谊痛于偏枯躄痱之疾。今边郡千里,地各有两县,户财置数百,而太守周回万里,空无人民,美田弃而莫垦发,中州内郡,规地拓境,不能半边,而口户百万,田亩一全,人众地荒,无所容足,此亦偏枯躄痱之类也。《周书》曰:'土多人少,莫出其材,是谓虚土,可袭伐也;土少人众,民非其民,可匮竭也。'是故土地人民必相称也。"(《潜夫论·实边》)

在具体措施方面，王符主张健全行政选举，实行经济优惠，以此来吸引移民，鼓励农垦，他建议："今诚宜权时令边郡举孝一人，廉史世举一人，益置明经百石一人，内郡人将妻子来占著，五岁以上，与居民同均，皆得选举。又募运民耕边入谷，远郡千斛，近郡二千斛，拜爵五大夫。可不欲爵者，使食倍贾于内郡。如此，君子小人各有所利，则虽欲令无往，弗能止也。"这方案同西汉晁错等人的主张相比，具有新的理论特点，在王符看来，"此均苦乐，平徭役，充边境，安中国之要术也"（《潜夫论·实边》）。

东汉时期提出屯田主张的还有虞诩。虞诩（生卒年不详），宇升卿，武平（今河南鹿邑西北）人。历任朝歌长、武都太守、司隶校尉、尚书令等职。汉顺帝永建四年（129），他建议开发朔方等地的农田，说那里"沃野千里，谷稼殷积，又有龟兹盐池以为民利，水草丰美，土宜产牧，牛马衔尾，群羊塞道"，前代皇帝在那里屯田，由于兴修水利，曾收到"用功省少，而军粮饶足"的效果，现在由于战乱，土地抛荒已二十余年，从经济上讲，"弃沃壤之饶，损自然之财，不可谓利"，从军事上讲，"离山河之阻，守无险之处，难以为固"，因此需要选派得力官吏，组织从事屯垦。他的主张被朝廷采纳，"乃复三郡，使谒者郭璜督促徙者，各归旧县，缮城郭，置候驿。既而激河浚渠为屯田，省内郡费岁一亿计。遂令安定、北地、上郡及陇西、金城常储谷粟，令周数年"（《后汉书·西羌列传》）。

第十三节　崔寔的徙民垦荒论

崔寔（？—约170），字子真、元始，安平（今属河北）人。桓帝初被举为至孝独行之士，后经推荐为议郎，升任梁冀的属官司马。以后还出任五原太守、辽东太守等职，晚年官至尚书。所著《政论》5卷，"指切时要，言辩而确，当世称之"（《后汉书·崔寔传》）。此书已佚，仅有清人严可均辑本存世。

崔寔重视农业生产，他不仅在经济论著中强调农业的重要性，而且在为官任职内切实推行务农政策。在当五原（治所在今内蒙古包头西北）太守时，当地人民不懂得种麻织布，冬天里只能躲在草堆中取暖，崔寔到任后，用自己的积蓄制作纺织工具，还教民种麻织布，于是，"民得以免寒苦"（《后汉书·崔寔传》）。对于东汉时期的农业状况，他提出了严厉的批评，拟定了相应的对策。

崔寔所不满的，仍然是农业遭到轻视的问题。他认为："国以民为根，民以谷为命"，而在当时，"世奢服僭，则无用之器贵，本务之业贱矣。农桑勤而利薄，工商逸而入厚。故农夫辍耒而雕镂，工女投杼而刺绣，躬耕者少，末作者众，生土虽皆垦义,而地功不致,苟无力稿,焉得有年"。崔寔警告说:"财郁蓄而不尽出,百姓穷匮而为奸寇,是以仓廪空而囹圄实。一谷不登,则饥馑流死,上下相匮,无以相济……此最国家之毒忧。"(《政论》)

除了工商业的过度膨胀之外,土地兼并也是严重危害农业发展的因素。因此崔寔又把批评的矛头指向井田制度的变革者,他写道:"昔者圣王立井田之制,分口耕耦地,各相副适,使人饥饱不偏,劳逸齐均,富者不足僭差,贫者无所企慕。始暴秦隳坏法度,制人之财,既无纪纲,而乃尊奖并兼之人……于是巧猾之萌,遂肆其意。上家累巨亿之资,户地侔封君之土……富者席余而日织,贫者蹑短而岁蹴。历代为虏,犹不赡于衣食,生有终身之勤,死有暴骨之忧。岁小不登,流离沟壑,嫁妻卖子,其所以伤心腐藏,失生人之乐者,盖不可胜陈。"(《政论》)

尽管如此,崔寔并不想通过立制限田的途径来消除上述弊端,他的解决办法是徙民垦荒。在他看来,"古有移人通财,以赡蒸黎。今青、徐、兖、冀,人稠土狭,不足相供;而三辅左右,及凉幽州内附近郡,皆土旷人稀,厥田宜稼,悉不肯垦发"。因此,首先要改变"小人之情,安土重迁,宁就饥馁,无适乐土之虑"的心态,在此基础上,借鉴仿效西汉景帝、武帝的做法,将农业生产人口大量地由硗狭区域迁往宽肥地带,即如崔寔所说:"今宜复遵故事,徙贫人不能自业者于宽地,此亦开草辟土振人之术也。"(《政论》)应该说,崔寔对土地兼并的治理对策是较为含糊和软弱的,但另一方面,增辟荒土对缓解农业生产资料短缺确有一定的意义。换言之,试图从发展生产力角度解决生产关系方面的问题,这也算是农业思想史上的一种新视野。

崔寔在中国农业思想史上的一个重要贡献是撰写了《四民月令》一书,这是继《氾胜之书》之后的又一部农家著作,也是东汉时期综合性农书的仅存之作。《四民月令》原书已佚,根据后人的辑佚本来看,其内容是十分丰富的,有关专家将它概括为:"(一) 祭祀、家礼、教育以及维持改进家庭和社会上的新旧关系;(二) 依照时令气候,安排耕、种、收获粮食、油料、蔬菜;(三) 养蚕、纺绩、织染、漂练、裁制、浣洗、改制等'女红';(四) 食品加工及酿造;(五) 修治住宅及农田水利工程;(六) 收采野生植物——特别是药材——并配制'法药';(七) 保存收藏家中大小各项用具;(八) 籴粜;(九) 其他杂事,包括'保养卫生'在内等。"(石声汉:《四民月令校注》)

《四民月令》记录了家庭农业的具体生产安排,反映了东汉时期微观农业经济的历史特点。例如,在农事管理上讲究计划性,在劳动力使用上讲究调节性,在生产项目上讲究多种经营,等等。崔寔主张在农业生产上注意提高农业劳动者的工作效益,为此在农闲时,要"休农息役",在农忙前夕,要"选任田者,以俟农事之起",一旦进入农业生产程序,则要强化管理,"勤耘锄,毋失时","有不顺命,罚之无疑"。为了不浪费劳动时间,他还对农闲时的工作进行了安排,如在三月,"农事尚闲,可利沟渎,葺治墙屋,以待雨";十月,"培筑垣、墙、塞向、墐户。趣纳禾稼,毋或在野";十二月,"遂合耦田器,养耕牛"(石声汉:《四民月令校注》)。

《四民月令》所保存的是中国古代家庭农业经营的资料,因此在不少方面具有不同于论述宏观农业发展问题的思想见解。如崔寔在谈到财务问题时,要求地主庄园实行"度入为出,处厥中焉"(石声汉:《四民月令校注》)的原则。值得注意的是,《四民月令》还对家庭农产品的买卖活动作了详细的记载。如在上年的十月、十一月购进大、小豆,而在第二年的五、六、七月卖出;在五月购进弊絮、布帛,同年十月则将它们售出。这些买卖活动具有明显的商业赢利目的,不同于某种农产品的单纯买进(如薪炭、韦履、梀楼、麸、秔稻等)或单纯卖出(如胡麻)。因此可以说,古代家庭农业经营中的商品经济因素在《四民月令》中有了明确的反映。

第十四节　荀悦、仲长统的农业思想

荀悦(148—209),字仲豫,颍阴(今河南许昌)人。早年隐居,汉献帝时被曹操征辟入府,后历任黄门侍郎、秘书监、侍中等职。鉴于东汉时期土地兼并、战争频仍、政治腐败、经济凋零等弊端,荀悦撰写了《申鉴》五篇,进呈朝廷以作施政参考之用,其中提出"致治之术"要做到"屏四患"和"崇五政"。所谓四患,"一曰伪,二曰私,三曰放,四曰奢。伪乱俗,私坏法,放越轨,奢败制"。所谓五政,即"兴农桑以养其生,审好恶以正其俗,宣文教以章其化,立武备以秉其威,明赏罚以统其法"(《申鉴》卷1《政体》)。由此可见,农业问题在荀悦的心目中居于首要的地位。

为了搞好农业,荀悦要求"在上者先丰民财以定其志,帝耕籍田,后桑蚕宫,国无游民,野无荒业,财不虚用,力不妄加,以周民事"(《申鉴》卷1《政体》),这当然只是一种原则性的说法。而荀悦的高明之处在于,他不仅一般地意识到发展农业的紧迫性,而且敏锐地揭示出土地问题是妨碍农业生产的症结所在。

荀悦首先肯定:"夫土地者,天下之本也。"他分析当时的土地状况说:"古者什一而税,以为天下之中正也。今汉民或百一而税,可谓鲜矣。然豪强富人占田逾侈,输其赋太半。官收百一之税,民收太半之赋。官家之惠优于三代,豪强之暴酷于亡秦,是上惠不通,威福分于豪强也。今不正其本,而务除租税,适足以资富强。"(《汉纪》卷8)土地兼并使国家税收无增而农民负担加倍,这是荀悦的切中要害之见。那么,怎样才能消除这种痼疾呢?荀悦认为:"诸侯不专封,富人占田逾限,富过公侯,是自封也。大夫不专地,人卖买由己,是专地也。或曰:复井田欤?曰:否。专地非古也,井田非今也。然则如之何?曰:耕而勿有,以俟制度可也。"(《申鉴》卷2《时事》)这就是说,土地专有是与土地自由买卖密切相关的,要改变富人占田逾限的局面,唯一的办法就是取消土地私有权,即让耕种者只拥有土地使用权,但不得自由买卖,至于土地的使用数额或分配依据,则以人口为准,他这样表示:"宜以口数占田,为之立限。民得耕种,不得卖买,以赡贫弱,以防兼并,且为制度张本,不亦宜乎。"(《通典·食货典·田制上》)

对于恢复井田制,荀悦持否定的态度。他对井田制的实行条件发表了一通议论,指出:"且夫井田之制,不宜于人众之时。田广人寡,苟为可也。然欲废之于寡,立之于众,土地布列在豪强,卒而革之,并有怨心,则生纷乱,制度难行。由是观之,若高祖初定天下,光武中兴之后,人众稀少,立之易矣。"他似乎已认识到人口增长对实行井田制所造成的限制,这是一种新的观点。至于限田的数额,荀悦没有明确表示,只是认为汉哀帝时规定占田数额为 30 顷,即使实行了也难免仍"有不平"(《通典·食货典·田制上》)。这表明他所希望的限田额度要低于30 顷。

仲长统(180—220),字公理,高平(今山东微山西北)人。他性直敢言,曾多次称病拒召。后经推荐任尚书郎、参丞相曹操军事。著有《昌言》一书,其中对东汉社会的弊端进行了激烈的抨击,并提出了发展农业的政策主张。

仲长统主张在国民经济中优先发展农业,他在《昌言》中要求统治者"急农桑以丰委积,去末作以一本业"。他从国家治理的角度强调了农业的重要性,指出:"夫人待君子然后化理,国待蓄积乃无忧患。……蓄积诚多,则兵寇水旱之灾不足苦也。"(《后汉书·仲长统传》)另一方面,从事农业也是满足人类生存需要的唯一途径:"天为之时,而我不农,谷亦不可得而取之。青春至焉,时雨降焉,始之耕田,终之簠簋,惰者釜之,勤者钟之,矧夫不为而尚乎食也哉。"(《齐民要术序》)仲长统直接批评了当时政府危害农业的做法,指出:"盗贼凶荒,九州代作,饥馑暴至,军旅卒发,横税弱人,割夺吏禄,所恃者寡,所取者猥,万里悬乏,首尾不救,徭役并起,农桑失业,兆民呼嗟于昊天,贫穷转死于沟壑矣。"在仲长统看来,按照正常的农业年景,根本不会发生这样的惨状,他说:"今通肥饶之率,计稼穑之入,令亩收三斛,斛取一斗,未为甚多。一岁之间,则数年之储,虽兴非法之役,恣奢侈之欲,广爱幸之赐,犹未能尽也。"只是因为政府缺乏有效的农业政策,加上征税过轻,才使"一方有警,一面被灾,未逮三年,校计骞短,坐视战士之蔬食,立望饿殍之满道"。为此,他建议"画一定科,租税十一,更赋如旧"(《后汉书·仲长统传》)。另一方面,有关官吏要切实督促务农,"稼穑不修,桑果不茂,畜产不肥,鞭之可也。施落不坚,垣墙不牢,扫除不净,笞之可也"(《齐民要术序》)。

土地问题是仲长统十分关注的社会焦点之一。他在所提十六条政务中明确主张"明版籍以相数阅","限失田以断并兼"。为什么要限田抑兼并呢?仲长统从现实危机的角度作了揭示,指出当时"豪人货殖,馆舍布于州郡,田亩连于方国……不为编户一伍之长,而有千室名邑之役。荣乐过于封君,势力侔于守令。财赂自营,犯法不坐。刺客死士,为之投命。致使弱力少智之子,被穿帷败,寄死不敛,冤枉穷困,不敢自理。虽亦由网禁疏阔,盖分田无限使之然也"。这段分析同西汉晁错、董仲舒等人的说法有相似之处。何以至此?仲长统则将它归之于井田制的废除,即所谓"井田之变"。从这种看法出发,他明确表示:"欲张太平之纪纲,立至化之基趾,齐民财之丰寡,正风俗之奢俭,非井田实莫由也。"(《后汉书·仲长统传》)

不过,恢复井田制可能只是仲长统的主观愿望而已,一旦接触到现实,他的对策要显得更具实践意义,他认为:"今田无常主,民无常居。吏食日廪,班禄未定……土广民稀,中地未垦。虽然,犹当限以大家,勿令过制。其地有草者,尽曰官田,力堪农事,乃听受之。若听其自取,后必为奸也。"(《后汉书·仲长统传》)这是要按照当时的特定条件,用制度的形式稳定土地状况,以此约束豪强的占田行径,鼓励人们从事垦辟荒田。应该说,仲长统的土地理论中已经有向无田贫民授予土地的意思了。

同时,仲长统主张采用移民实边的方法发展农业。他分析说:"远州之县界数千,而诸夏有十亩共桑之迫,远州有旷野不发之田,代俗安土,有死无去,君长不使,谁能自往?缘边之地亦可因罪徙人,以便守御。"(《通典·食货典·田制上》)在具体做法方面,仲长统的建议比较笼统:"今远州之县或相去数百千里,虽多山陵洿泽,犹有可居人种谷者焉……当更制其境界,使远者不过二百里,明版籍以相数阅,审什伍以相连持。"(《后汉书·仲长统传》)这番主张是西汉屯田思想的延续,但缺乏理论上的创新之见。

第十五节 三国时期的农业思想

三国时期由于战事频繁,社会经济缺乏长期稳定发展的客观条件,因而农业思想比较零散,但当时人的论及面还是比较广的。

诸葛亮(181—234),字孔明,山东琅琊阳都人。早年躬耕于南阳,后辅佐刘备建立蜀汉,任承相、录尚书事。他重视农业,指出治理国家最明智的办法是"唯劝农业,无夺其时,唯薄赋敛,无尽民财"。他称赞唐虞之世说:那时的统治者能"用天之时,分地之利,以豫凶年,秋有余粮,以给不足";周、秦的国君也能"去文就质,而劝民之有利",而当时的情况则是"诸侯好利,利兴民争,灾荒并起,强弱相侵,躬耕者少,末作者多,民如浮云,手足不安"。据此,他要求采取措施让民众"躬耕勤苦,谨身节用",统治者则要适应自然规律,做到"丰年不奢,凶年不俭,素有蓄积,以备其后"(《诸葛亮集》卷3《便宜十六策·治人第六》)。

在土地制度问题上,曹操手下的丞相主簿司马朗曾经提出复井田的主张,他认为当时"承大乱之后,民人分散,土无业主,皆为公田",可趁机"复井田"(《三国志·魏书·司马朗传》)。但曹操没有采纳他的建议。另外,蜀汉的赵云提出过维护土地所有权的观点。当时刘备刚占取益州(今四川成都),有人要求把那里的屋宅田地分赐给将士,赵云表示反对,他认为:"益州人民,初罹兵革,田宅皆可归还,令安居复业,然后可役调,得其欢心。"(《三国志·蜀志·赵云传》注)这意见得到刘备的赞同,它的贯彻有助于当地社会的稳定和农业经济的发展。

三国时期的屯田思想比较丰富,这可能同曹魏、孙吴、蜀汉都推行过屯田政策有关。曹操的屯田在三个政权之中最为成功,他的理论见解也颇有特点。曹操(155—220),字孟德,谯(今安徽亳县)人,曾任东汉献帝时丞相,被封为魏王,后被追尊为武帝。他把屯田作为治理国家的基本政务,强调:"夫定国之术,在于强兵足食,秦人以急农兼天下,孝武以屯田定西域,此先代之良式也。"(《三国志·魏志·武帝纪》)为了吸引民众参加屯田,他同意部下袁涣提出的自愿主张,取得了"百姓大悦"(《三国志·魏志·袁涣传》)的效果。

在屯田的租税征收问题上,曹操根据下属的建议,采取了"分田之术"的做法。对此,他自己在《加枣祗子处中封爵并祀祗令》中作过如下的追述:"及破黄巾,定许,得贼资业,当兴立屯田。时议者皆言当计牛输谷,佃科以定。施行后,祗白以为僦牛输谷,大收不增谷,有水旱灾除,大不便。反复来说,孤犹以为当如故,大收不可复改易。祗犹执之。孤不知所从,使与荀令君议之。时故军祭酒侯声云:'科取官牛,为官田计。如祗议,于官便,于客不便。'声怀此云云,以疑令君。祗犹自信,据计画还白,执分田之术。孤乃然之,使为屯田都尉,施设田业。其时岁则大收,后遂因此大田,丰足军用,摧灭群逆,克定天下。"(《曹操集·文集》)这里所说的计牛输谷,是按政府租给屯田农户的耕牛数纳租,于农田收成量无关。"分田之术"大约是一种官六民四的分成制,因而直接与农业收成有关。计牛输谷有利于刺激屯民的增产积极性,曹操最终选择了"分田之术",显然与增加国家的租税收入有关。

曹魏时提出屯田主张的还有邓艾。邓艾(197—269),字士载,义阳棘阳(今河南新野东北)人,曾任魏镇西将军。为了改善当时的军粮供应,他建议在淮南等地屯田,指出:"昔破黄巾,因为屯田,积谷于许都,以制四方。今三隅已定,事在淮南,每大军征举,运兵过半,功费巨亿,以为大役。陈、蔡之间,上下田良,可省许昌左右诸稻田,并水东下。令淮北屯二万人,淮南三万人,十二分休,常有四万人,且田且守,水丰常收三倍于西,计除众费,岁完五百万斛以为军资。六七年间,可积三千万斛于淮上,此则十万之众五年食也。"为了发挥屯田的最佳效益,他还强调水利建设的必要性,认为:"田良水少,不足以尽地利,宜开河渠,可以引水浇溉,大积军粮,又通漕运之道。"(《三国志·魏志·邓艾传》)此外,袁涣曾针对"新募民开屯田,民不乐,多逃亡"的现象,主张采行屯田自愿的原则,他认为:"夫民安土重迁,不可卒变,易以顺行,难以逆动,宜顺其意,乐之者乃取,不欲者勿强。"(《三国志·魏志·袁涣传》)而另一位官员国渊则重视民屯中的行政管理,史称:"太祖欲广置屯田,使渊典其事。渊屡陈损益,相土处民,计民置吏,明功课之法,五年中仓廪丰实,百姓竞劝乐业。"(《三国志·魏志·国渊传》)应该说,曹操屯田之所以收益明显,同下属官员的有效运作是分不开的。

孙吴在屯田时坚持做到"不给他役",以使屯民"春惟知农,秋惟收稻。江渚有事,责其死效",进而达到"积不赀之储"的目的(《三国志·吴志·华覈传》)。

除了在屯田租税上有所创新外,曹操还注意对普通农民的租赋负担实行减免措施。建安九年(204),他在攻占了袁绍属地冀州之后,震惊于那里豪强横行、农民受欺的状况,指出:"'有国有家者,不患寡而患不均,不患贫而患不安',袁氏之治也,使豪强擅恣,亲戚兼并;下民贫弱,代出租赋,衒鬻家财,不足应命……欲望百姓亲附,甲兵强盛,岂可得邪!"为此,他下令:"其收田租亩四升,户出绢二匹、绵二斤而已,他不得擅兴发。郡国守相明察检之,无令强民有所隐藏,而弱民兼赋也。"(《曹操集·文集·抑兼并令》)

为了不影响农业生产,曹魏属下亦有官员提出过务本主张,如刘廙和王肃即是。刘廙(179—221),字恭嗣,曹操时入丞相府,任五官将文学,文帝初为侍中,著有《政论》5卷。他主张"广农桑"(《三国志·魏志·刘廙传》),为此要限制奢侈品的制作和使用,使"民一于本务而末息,有益之物阜而贱,无益之宝省而贵"(《政论·正名》)。王肃(195—256),字子雍,明帝时任散骑常侍、中领军加散骑常侍等职。他认为魏明帝大兴土木修造宫室严重危害了农业生产:"丁夫疲于力作,农者离其顷亩,种谷者寡,食谷者众,旧谷既没,新谷莫继",为此,请求朝廷"深愍役夫之疲劳,厚矜兆民之不赡",减少民夫征调,令其悉数返农,劳动力一旦增多,便可使"仓有溢粟"(《三国志·魏志·王肃传》)。

类似的主张也为孙吴的华覈所提出。华覈(生卒年不详),字永先,吴郡武进人,历任上虞尉、典农都尉、秘府郎和中书丞等职。他秉性耿直,曾对吴王孙皓大兴土木、妨害农业的行径提出批评,认为此举导致了民众"身涉山林,尽力伐材,废农弃务,士民妻孥赢小,垦殖又薄,若有水旱,则永无所获"的后果。他尤其担忧国无积蓄的状况,指出"居无积年之储,出无应敌畜(蓄),此乃有国者所宜深忧也"。在他看来,"财谷所生,当出于民,趋时务农,国之上急",但当时却存在着种种危害农业的弊端:"都下诸官,所掌别异,各自下调,不计民力,辄与近期。长吏畏罪,昼夜催民,委舍佃事,遑赴会日,定送到都,或蕴积不用,而徒使百姓消力失时。到秋收月,督其限入,夺其播殖之时,而责其今年之税,如有逋悬,则籍没财物,故家户贫困,衣食不足。"从"先王治国,惟农是务"的历史经验出发,华覈呼吁改变"军兴以来,已向百载,农人废南亩之务,女工停机杼之业"的局面,"暂息众役,专心农桑"。为了不影响农业生产,对当时社会上的奢侈之风也应加以制止,即所谓"一生民之原,丰谷帛之业","使四疆之内同心戮力,数年之间,布帛必积"(《三国志·吴志·华覈传》)。

最后,还需提一下《太平经》中的有关议论。《太平经》是我国早期道教的一部重要经典,对东汉末年的农民运动曾发生过一定的影响。《太平经》有这样几段文字:"天地之性,万物各自有宜。当任其所长,所能为,所不能为者而不可强也。""鱼不能无水游于高山之上……木不能无土使其生于江海之中。"因此,"圣人明王之授事也,五土各取其所宜,乃其物取好且善,而各畅茂,国家为其得富……天下安平,无所疾苦。"反之,"人不相其土地而种之",则必使"万物不得成竟其天年"(《太平经·使能无争讼法》)。中国古代早有因地制宜安排农业生产的思想观点,但在宗教典籍中出现,则以《太平经》为先例。

两晋至隋唐时期的农业思想

第一节　西晋占田制及其所体现的政策思想

　　三国鼎立的局面持续到 263 年发生了变化。当时曹魏平灭了蜀汉，但两年后即被司马炎取而代之，后者建立了晋朝，史称西晋。280 年，司马炎又消灭了孙吴，使中国重新出现了统一的局面。

　　西晋统治者对农业生产是比较重视的。武帝(即司马炎)曾发布了一系列诏令，旨在促进农业经济的恢复和发展。如武帝泰始四年(268)诏曰："方今阳春养物，东作始兴，朕亲率王公卿士耕籍田千亩。"(《晋书·武帝纪》)又诏曰："使四海之内，弃末反本，竞务农功，能奉宣朕志，令百姓劝事乐业者，其唯郡县长吏乎！先之劳之，在于不倦，每念其经营职事，亦为勤矣。其以中左典牧种草马，赐县令长相及郡国丞各一匹。"次年，他又命令各地方官吏："务尽地利，禁游食商贩，其休假者令与父兄同其勤劳，豪势不得侵役寡弱，私相置名。"(《晋书·食货志》)

　　泰始八年，晋武帝采纳司徒石苞的建议，把各州农业生产的好坏作为考核地方官吏政绩的依据，其诏曰："农殖者，为政之本，有国之大务也。虽欲安时兴化，不先富而教之，其道无由。而至今四海多事，军国用广，加承征伐之后，屡有水旱之事，仓库不充，百姓无积。古者稼穑树艺，司徒掌之。今虽登论道，然经国立政，惟时所急……其使司徒督察州郡播殖，将委事任成，垂拱仰办。若宜有所循行者，其增置椽属十人。"(《晋书·石苞传》)

　　为了维持农业生产的正常进行，避免农民在灾荒之年遭受意外损害，晋武帝又十分重视推行农产品的储备政策。泰始二年，他发布诏书称："夫百姓年丰则用奢，凶荒则穷匮，是相报之理也。故古人权量国用，取赢散滞，有轻重平籴之法。理财钧施，惠而不费，政之善者也。然此事废久，天下希习其宜。加以官蓄未广,言者异同,财货未能达通其制。更令国宝散于穰岁而上不收,贫弱困于荒年而国无备。豪人富商,挟轻资,蕴重积,以管其利。故农夫苦其业,而末作不可禁也。今者省徭务本,并力垦殖,欲令农功益登,耕者益劝,而犹或腾踊,至于农人并伤。今宜通籴,以充俭乏。主者平议,具为条制。"(《晋书·食货志》)平籴(粜)之法是先秦时期李悝提出的理论,而轻重之术又是西汉时期臻于完善的政策,司马炎作为国家最高统治者在考虑全局性农业问题时能借鉴前人的管理方法,显示了治理和发展经济的才能。这个诏书发布两年之后,武帝设立了常平仓,对减少农民在荒年的损失和农产品在丰年的浪费,起了有益的作用。

西晋初期的统治者除了在促进农业生产和推行农产品储备政策等方面提出了较为丰富的政策主张之外,还切实采取了若干较为重要的农业改革措施。其一,是废除了屯田制;其二,是宣布实行占田制。屯田制曾对曹魏政权的建立和巩固起了积极的作用,但随着制久弊生,屯田制越来越不适应新形势下农业发展的需要。鉴于此,晋武帝在即位前后两次下令罢屯田官,使原来的屯田农民成为归郡县管辖的国家或私人的佃客。至此,作为国家土地制度的屯田模式被废止了,但屯田这种生产组织方式仍被保留了下来,一直延续到清代。

占田制是在太康元年(280)宣布实施的。这是中国历史上第一个正式由政府颁行的土地制度,其中明确规定了对王公贵族和一般农户的土地限额。主要内容为:"王公以国为家,京城不宜复有田宅。今未暇作诸国邸,当使城中有往来处,近郊有刍藁之田。今可限之,国王公侯京城得有一宅之处,近郊田大国田十五顷,次国十顷,小国七顷,城内无宅城外有者,皆听留之。"对于政府各级官吏,则按品位高低有差别地占:"其官品第一至于第九,各以贵贱占田。品第一者占田五十顷;第二品四十五顷;第三品四十顷;第四品三十五顷;第五品三十顷;第六品二十五顷;第七品二十顷;第八品十五顷;第九品十顷。"与土地面积相联系的是对农用劳动力的占有,制度对此也作了相应规定:"而又得荫人以为衣食客及佃客。品第六以上得衣食客三人,第七、第八品二人,第九品及举辇、迹禽、前驱……一人。其应有佃客者,官品第一、第二者佃客无过五十户;第三品十户;第四品七户;第五品五户;第六品三户;第七品二户;第八品、第九品一户。"此外,与官吏贵族有亲属关系的人也将得到优待:"而又各以品之高卑,荫其亲属,多者及九族,少者三世。宗室、国宾、先贤之后及士人子孙亦如之。"(《晋书·食货志》)

在正式的占田数之外,各级官吏还能享受菜田的收益。菜田称厨田,就是指官吏的俸禄田。西晋规定:诸公及开府位从公者,"给菜田十顷,田驺十人,立夏后不及者,食奉一年";特进等,"给菜田八顷,田驺八人,立夏后不及者,食奉一年";光禄大夫等,"给菜田六顷,田驺六人";三品将军等,"给菜田、田驺,如光禄大夫";尚书令等,"给菜田六顷,田驺六人,立夏后不及田者,食奉一年";太子太傅、少傅等,"给菜田六顷,田驺六人,立夏后不及田者,食奉一年"(《晋书·职官志》)。

关于一般民户的占田数,西晋政府作了这样的规定:"男子一人占田七十亩,女子三十亩,其外丁男课田五十亩,丁女二十亩,次丁男半之,女则不课。"同时对丁的年龄也有具体划定:"男女年十六以上至六十为正丁,十五以下至十三、六十一以上至六十五为次丁,十二以下,六十六以上为老小,不事。"(《晋书·食货志》)

西晋政府没有对占田制的实施作出详细的理论说明,但将占田制的条例规定和当时的社会实际结合起来考察,可以看出这一土地制度的决策动机主要有三点,其一是促进农业生产,为此需要鼓励农户垦辟荒地,扩大耕地面积,所以该制度中所允诺的农户占田数基本是无主荒地;其二是限制王公贵族、官吏权势的占田,防止豪强兼并土地的肆无忌惮。虽然占田制的规定限额不算紧,但毕竟是以法定的形式约束了他们对土地的扩张性侵占;其三是完善政治体制,根据魏以来的九品中正制确定相应的等级占田法,这是从经济利益上加强了封建社会等级格局的稳定性,而官职禄田的授予更具凝聚力,这些都有利于国家政权的巩固。

占田制在农业思想上也有着特定的意义。首先,它是对土地私有的一种承认和维护。占田制没有表示要把土地收归国有,只是对民户和官吏等的占田进行数量上的限制,这是与以前的所谓王田、井田等空想倒退主张根本不同的。作为抑制土地兼并思想的制度体现,占田制无疑对土地私有作了再一次的逻辑肯定。其次,从土地分配的条例上看,等级差别地占有土地被正式确定了下来,这是封建分配观念在经济制度上的首次详细反映,也是和这一社会的政治体制相一致的。其三,在经济学意义上,占田制在分配土地时也考虑到劳动力的实际状况,这是先秦同类观点的继续和发展,也为以后均田制度的制定奠定了历史基础和提供了先行思想资料。

正由于占田制的实施,加上西晋初期执政者的其他重农措施的贯彻实行,社会经济得到了恢复和增长,实现了"太康之治"(《晋纪·总论》),人口增加,财赋减轻,社会阶级矛盾有所缓和,农业生产有较快发展,史称:"天下无事,赋税平均,人咸安其业而乐其事。"(《晋书·食货志》)

第二节　傅玄的农业思想

傅玄(217—278),字休奕,泥阳(今陕西耀县东南)人。曹魏时被州举为秀才,官郎中,任温县县令、弘农太守等职。魏元帝时建五等爵,被封为鹑觚男(治所在今甘肃灵台),任散骑常侍。西晋时晋爵为鹑觚子,加驸马都尉,迁任侍中,后又任御史中丞、太仆、司隶校尉等职。

傅玄高度重视农业,认为农业发展是实行礼义教化的前提条件,指出:"夫家足食,为子则孝,为父则慈,为兄则友,为弟则悌。天下足食,则仁义之教可不令而行也。"(《晋书·傅玄传》)针对当时"商贾富乎公室,农夫伏于陇亩而堕沟壑"的严重局面,他要求统治者"止欲而宽下,急商而缓农,贵本而贱末"。在傅玄的心目中,古代社会的生活水平和经济分工是理想的,那时"民朴而化淳,上少欲而下鲜伪;衣足以暖身,食足以充口,器足以给用,居足以避风雨;养以大道,而民乐其生,敦以大质,而下无逸心","事非农桑,农夫不以乱业;器非时用,工人不以措手;物非世资,商贾不以适市。士思其训,农思其务,工思其用,贾思其常,是以上用足而下不匮"。而一旦这种格局被打破,各部门经济发展失衡,就必然导致严重的恶果,对此,傅玄从商贾专利、民占山泽和财赋苛重等角度进行了揭示,他一针见血地指出:"商贾专利,则四方之资困;民擅山泽,则兼并之路开。而上以无常役,下赋一物,非民所生,而请于商贾,则民财暴贱。民财暴贱,而非常暴贵;非常暴贵,则本竭而末盈。末盈本竭而国富民安者,未之有也。"(《傅子·检商贾》)

为了促进农业生产,傅玄提出了两条重要的政策措施。其一是扩大农业人口。傅玄从先秦时期管仲所提出的四民分业的主张出发,要求对社会各种职业的人口进行规划控制,并强调各人专事一业的原则,他指出:"明主之治也,分其业而壹其事。业分则不相乱,事壹则各尽其力。"(《傅子·安民》)又说:"为政之要,计人而置官,分人而授事,士农工商之分不可斯须废也。"(《晋书·傅玄传》)他认为职业无分会产生一系列不良后果,从统治者方面来说,可造成"视远而忘近,兴事不度于民,不知稼穑艰难而转用之,如是者民危"(《傅子·安民》)的局面,从社会风气而言,就会像汉魏那样,"百官子弟不修经艺而务交游,未知莅事而坐享天禄;农工之业多废,或逐淫利而离其事"。因此,他建议晋武帝"亟定其制,通计天下若干人为士,足以副在官之吏;若干人为农,三年足有一年之储;若干人为工,足其器用;若干人为商贾,足以通货而已"。这里所说的工商之业,都只是自然小农经济的补充,其人数是十分有限的。傅玄之所以要这样说,用意十分明显,就是要尽量扩大农业生产人民,即如他所说:"计天下文武之官足为副贰者使学,其余皆归之于农。若百工商贾有长者,亦皆归之于农。"尤其是官众兵多的现象更需改变,因为"今文武之官既众,而拜赐不在职者又多,加以服役为兵,不得耕稼,当农者之半,南面食禄者叁倍于前",如果让多余的人归家,不仅可使他们免得"坐食百姓",而且能使国家"收其租税",归农的士官自己也能"家得其实",这样就可有效改变农产品供不应求的局面,达到"天下之谷可以无乏"。为了说明士官务农的可行性,傅玄还以古人为例,指出"圣帝明王,贤佐俊士,皆尝从事于农",如"禹稷躬稼,柞流后世","伊尹古之名臣,耕于有莘,晏婴齐之大夫,避庄公之难,亦耕于海滨",等等(《晋书·傅玄传》)。

其二是调整和减轻赋役。在傅玄看来,"昔先王之兴役赋,所以安上济下,尽利用之宜。是故随时质文不过其节,计民丰约而平均之,使力促以供事,财足以周用"。对秦朝暴征民力的做法,他进行了尖锐的抨击,认为这是导致其覆灭的主要原因之一。鉴于此,他要求统治者减轻人民的赋役负担,"世有事即役烦而赋重,世无事即役简而赋轻……役烦赋重,即上宜损制以恤其下,事宜从省以致其用"。傅玄还总结前代统治者的赋役管理经验,把"黄帝之至平,夏禹之积俭,周制之有常"概括为实行有利于社会经济发展的赋役政策三原则(《傅子·平赋役》)。上述改革赋役管理的主张,实际上就是要统治者收敛一下挥霍无度、横征民力的做法,让人民有余力从事农业生产,即如傅玄所说:"万民之力有尽",如果为政者放任榨取,"逞无极之欲,而役有尽之力"(《傅子·曲制》),就将导致严重后果,也就是说,"不息欲于上而欲求下之安静,此犹纵火焚林而索原野之不雕瘁,难矣"(《傅子·检商贾》)。另一方面,他又主张赋役要征当地人们的农产品,以防止农民因出卖农产品而受商贾侵夺的情况发生,从而最终影响农业生产。

在任弘农(治所在今河南灵宝北)太守时,傅玄一度领典农校尉之职,对屯田事务比较熟悉,进而形成了他的一些屯田见解。关于提高屯田产量问题,傅玄以曹操的政策为成功范例,指出:"近魏初课田,不务多其顷亩,但务修其功力。故白田收至十余斛,水田收数十斛。自顷以来,日增田顷亩之课,而田兵益甚,功不能修理,至亩数斛已还,或不足以偿种。非与曩时异天地,横遇灾害也,其病正在于务多顷亩,而功不修耳。"(《晋书·傅玄传》)在这里,傅玄强调的是屯田的经济效益,而反对单纯地追求规模扩大。在他看来,只有务修其功力,才能收到屯田的真正实效,这种经营指导思想是符合经济发展规律的。

为了鼓励屯民的生产积极性,傅玄主张克服屯田租税偏重的弊端。他对曹魏屯田和西晋屯田作了分析比较,指出:"旧兵持官牛者,官得六分,士得四分;自持私牛者,与官中分。施行来久,众心安之。今一朝减持官牛者,官得八分,士得二分;持私牛及无牛者官得七分,士得三分,人失其所,必不欢乐。"为此,他建议采用"佃兵持官牛者与四分,持私牛与官中分"的征收比较,以使"天下兵作欢然悦乐,爱惜成谷,无有损弃之忧"(《晋书·傅玄传》)。封建国家经营屯田必然有一个租税剥削的问题,彻底废除绝无可能,但保持适中的征收比例,无论对维持农业再生产和提高屯田兵士的生产积极性都是有益的,傅玄的上述见解正体现了这一思想特点。

水利问题也是傅玄所关注的。他认为"水功至大,与农事并兴",所以单靠一个水利官吏是无济于事的,他主张将当时不懂水文的官员调任他职,"更选知水者代之",同时,恢复先帝时的做法,把河流分为五部分,任命五个官吏管理水利事务,"使各精其方宜"(《晋书·傅玄传》)。他之所以特别重视水利,与他对不同农田的认识有关。在傅玄看来,"陆田者,命悬于天也。人力虽修,水旱不时,则一年功弃矣。水田,制之由人,人力苟修,则地利可尽"(《太平御览》卷56,又821引)。这种看法既有重视劳动作用的一面,也反映了当时农业生产力水平所具有的局限。

最后,傅玄要求强化政府督促农业生产的职能。他对当时各级官吏不尽心农务的状况深表不满,指出"以二千石虽奉务农之诏,犹不勤心以尽地利",为此,必须借鉴汉代的有效经验,"申汉氏旧典,以警戒天下郡县,皆以死刑督之"(《晋书·傅玄传》)。他所指的是汉朝以垦田不实而处死十余大官吏的史实。所有这些,都说明傅玄在强调农业管理责任方面是持鲜明和严厉态度的。

第三节　杜预的农业水利思想

杜预(222—284),字元凯,京兆杜陵(今陕西西安东南)人。曾任镇南大将军,都督荆州诸军事,因辅佐晋武帝平吴有功,封当阳县侯。他还精于天文和典籍研究,撰有《春秋左氏经传集解》《春秋释例》《春秋长历》等。在农业思想史上,杜预以其丰富的农田水利理论而占有独特地位。他以"禹稷之功"而自任,在水利事业上颇有建树,而形诸文字的水利思想又对后世产生过积极的影响。

杜预的农田水利论是在当时水患严重的情况下提出来的,在《陈农要疏》中,他的分析先以缓解灾害为要点,再着重探讨根除水害的对策。鉴于"当今秋夏蔬食之时,而百姓已有不赡,前至冬春,野无青草,则必指仰官谷,以为生命"的严峻局面,杜预建议:"宜大坏兖、豫州东界诸陂,随其所归而宣导之",也就是要开掘水坝,疏导洪水。杜预认为这样做,既能"令饥者尽得水产之饶,百姓不出境界之内,且暮野食",又能为以后的农业生产创造条件,所谓"水去之后,填淤之田,亩收数钟。至春大种五谷,五谷必丰,此又明年之益也"(《晋书·食货志》)。

接着,他分析了东南地区水患频繁的原因。在杜预看来,"往者东南草创人稀,故得火田之利。自顷户口日增,而陂埸岁决,良田变生蒲苇,人居沮泽之际,水陆失宜,放牧绝种,树木立枯,皆陂之害也。陂多则土薄水浅,潦不下润,故每有雨水,辄复横流,延及陆田"(《晋书·食货志》)。根据这一分析,可见忽视农田水利建设是导致水害频仍的主要原因,由于水坝经常被冲毁,不仅破坏了自然生态平衡,而且使原先的农田变成瘠土,抗水能力大为减弱。应该说,杜预的见解是十分正确的。

怎样才能改变这种多灾局面?杜预主张对全国的水利设施进行一次大规模的整治,其主体思路就是去除曹魏以后修筑的无效多余的水塘,修缮加固汉代的水坝水塘。他陈述道:过多过滥的水塘往往"多积无用之水","况于今者,水涝瓮溢,大为灾害",因此,"与其失当,宁泻之不潴"。所以朝廷应该明发诏令,"敕刺史二千石,其汉氏旧陂旧堨及山谷私家小陂,皆当修缮以积水。其诸魏氏以来所造立,及诸因雨决溢蒲苇马肠陂之类,皆决沥之"。为了保证水利工程整治的效益,杜预还对有关官吏的职责和劳动者的工作提出了严格的规定:"长吏二千石躬亲劝功,诸食力之人,并一时附功令,比及水冻,得粗枯涸,其所修功实之人,皆以俾之。其旧陂塌?沟渠当有所补塞者,皆寻求微迹,一如汉时故事,豫为部分列上,须冬间东南休兵交代,各留一月以佐之。"(《晋书·食货志》)

杜预的农田水利论是对中国汉代兴修水利成功经验的再次肯定,这种肯定包含着他对水利生态意义认识的深化,也体现了政府高级官吏在论述农业发展问题时的着眼点有所开阔。值得一提的是,杜预在谈到生产救灾时还认为,应把朝廷饲养的种牛也用于恢复农业上,他说:"典牧种牛,不供耕驾,至于老不穿鼻者,无益于用,而徒有吏士谷草之费,岁送任驾者甚少,尚复不调习,宜大出卖,以易谷及为赏直。"(《晋书·食货志》)这种直率见解在封建社会中是不多见的。

第四节　北魏孝文帝的农业政策思想

西晋的统一局面是相当短暂的。晋武帝逝世后的第二年(291),即爆发了长达 16 年的"八王之乱",其间各北方少数部族(主要是匈奴、鲜卑、氐、羌、羯)乘机攻城略地,纷纷建立割据政权,形成"五胡乱华"之势。317 年,晋司马睿遂在建康(今江苏南京)即帝位,是为东晋。后宋、齐、梁、陈相继夺权称帝,史称南朝。在北方,由于鲜卑族的厉行汉化,先后建立了拓拔魏(元魏)、高齐(汉、鲜混杂家族)和宇文周三个递代的政权,史称北朝。

由于战乱纷繁,中原残破,农业经济再度陷于萧条,大片土地无人耕种,有些农业丰饶区域甚至沦为荒野。一些新兴的部落统治者为了巩固已有的权益,对农业采取了比较重视的态度,因而在一定程度上使农业经济得以延续。如后赵石勒称帝,即亲耕籍田,并遣使循行州郡,劝课农桑;前秦苻坚即帝位,宣布"开山泽之利,公私共之"(《晋书·苻坚传》),表示要实行与民休息的政策,促进农业生产。他们除了要求各级官吏督促农功外,还让流民等在公田或苑圃田地中耕作,借与官牛,征得六成。在屯田方面,后赵政权曾于建武六年(340)"徙辽西、北平、渔阳万余户于兖、豫、雍、洛四州之地,自幽州以东至白狼,大兴屯田"(《资治通鉴》卷96"晋纪·成帝咸康六年"),其他诸国亦多此举。

南朝统治者中重视农业的也不乏其人。如宋文帝(刘义隆)于元嘉八年(431)指出:"自顷农桑惰业,游食者众,荒莱不辟,督课无闻。一时水旱,便有罄匮,苟不深存务本,丰给靡因。郡守赋政方畿,县宰亲民之主,宜思奖训,导之良规。咸使肆力,地无遗利,耕蚕树艺,各尽其力。若有力田殊众,岁竟条名列上。"元嘉二十年,他再次强调:"有司其班宣旧条,务尽敦课。游食之徒,咸令附业,考核勤惰,行其诛赏,观察能殿,严加黜陟",以改变"耕桑未广,地利多遗"的局面(《宋书·文帝纪》)。

以后,南齐武帝(萧赜)也于永明三年(485)发布政令,表示了同样的重农意向,他指出:"守宰亲民之要,刺史案部所先,宜严课农桑,相土揆时,必穷地利。若耕蚕殊众,足厉浮惰者,所在即便列奏。其违方骄矜,佚事妨农,亦以名闻。将明赏罚,以劝勤怠。"(《南齐书·武帝纪》)这种政策思想一直延续到南朝末期,那时的陈文帝(陈蒨)也于天嘉元年(560)要求官吏"明加劝课,务急农桑"(《陈书·世祖纪》)。

两晋南北朝时期,由于政局的原因,北方人口大量南流,他们不仅为南方的农业生产提供了补充劳动力,而且还把北方比较先进的农具和农业生产技术传播到了南方,从而使长江流域一带变成了中国农业新的发达区域。

在南北朝时期制定和实行重视农业政策最有成效的是北魏孝文帝。魏孝文帝(467—499),即拓跋宏,亦即元宏,471年至499年在位。执政期间,曾实行吏治、经济、文化、官制等方面的改革,如迁都洛阳,改鲜卑姓氏为汉姓,变更鲜卑风俗,奖励与汉族通婚,制定官制朝仪等,其中经济方面的重大举措是重视农桑、颁行均田制,并实行与之相关的三长制。

孝文帝对农业十分重视,即位伊始,便连续发布了一系列诏书,要求下属劝课农桑,安民力田。延兴二年(472)四月诏曰:"诏工商杂伎,尽听赴农。"同年九月又诏:"流迸之民,皆令还本,违者配徙边镇。"次年二月,"诏牧守令长,劝率百姓,无令失时。同部之内,贫富相通。家有兼牛,通借无者。若不从诏,一门之内终身不仕。守宰不督察,免所居官"。太和元年(477)正月诏曰:"今牧民者,与朕共治天下也。宜简以徭役,先之劝奖,相其水陆,务尽地利,使农夫外布,桑妇内勤。若轻有征发,致夺民时,以侵擅论。民有不从长教,惰于农桑者,加以罪刑。"同年三月诏曰:"朕政治多阙,灾眚屡兴。去年牛疫,死伤大半;耕垦之利,当有亏损。今东作既兴,人须肆业。其敕在所督课田农。有牛者加勤于常岁,无牛者倍庸于余年。一夫制治田四十亩,中男二十亩。无令人有余力,地有余利。"(《魏书·高祖孝文帝纪》)

太和九年,也就是魏孝文帝即位的第 15 年,鉴于国内土地占有的混乱状况有增无已,他开始注意从制度建设上确保农业生产的进行。这年十月,孝文帝诏曰:"爰暨季叶,斯道陵替,富强者并兼山泽,贫弱者望绝一廛,致令地有遗利,民无余财。或争亩畔以亡身,或因饥馑以弃业。而欲天下太平,百姓丰足,安可得哉?今遣使者循行州郡,与牧守均给天下之田,还受以生死为断,劝课农桑,兴富民之本。"(《魏书·高祖孝文帝纪》)这是反映魏孝文帝颁行均田制思想动机的直接文字资料之一。关于均田制的政策内容,将在本节的以后篇幅中加以分析,仅从这纸诏书中已可看出,这位帝王对农业的关注程度是越来越加深了。

兴修水利也是魏孝文帝重农政策的一个主要方面。太和十二年诏曰:"六镇、云中、河西及关内六郡,各修水田,通渠溉灌。"次年又诏:"诸州、镇有水田之处,各通溉灌。遣匠者所在指授。"(《魏书·高祖孝文帝纪》)

为了保证农业生产,他一方面要求把游食之众返归农务,同时主张对力田有功者实行奖励。如太和十六年诏曰:"务农重谷,王政所先;劝率田畴,君人常事。今四气休序,时泽滂润,宜用天分地,悉力东亩。然京师之民,游食者众,不加督劝,或芸耨失时。可遣明使检察勤惰以闻。"太和二十年又诏:"农惟政首,稷实民先。澍雨丰洽,所宜敦励。其令畿内严加课督,堕业者申以楚挞,力田者具以名闻。"(《魏书·高祖孝文帝纪》)这些政令的基本思路与孝文帝在执政之初的措施主张是一脉相承的。此外,魏孝文帝还通过减轻赋役、调整租调、设常平仓等措施来促进农业生产的发展。

下面着重分析均田制所体现的农业政策思想。

应当说,北魏的均田制并不是凭空产生的,除了现实因素之外,北魏早期统治者的有关政令已经为这一土地制度的产生提供了某些先行思想资料。如魏世祖太武帝拓跋焘初为太子监国时曾下令:"有司课畿内之人,使无牛家以人牛力相贸,垦植锄耨。其有牛家与无牛家一人种田二十亩,偿以耘锄功七亩,如是为差。至与老小无牛家种田七亩,老小者偿以锄功二亩。皆以五口下贫家为率。各列家别口数,所种顷亩,明立簿目。所种者于地首标题姓名,以辨播殖之功。"(《通典·食货典》)这里已经提到一人耕田二十亩的问题。而在魏孝文帝本人于均田制颁布以前的诏书中,"一夫制治田四十亩,中男二十亩"(太和元年)等语也早就见诸文字,可见均田制是魏孝文帝考虑已久的产物。

均田制的政策是这样的,关于农民的土地分配,制度规定:"诸男夫十五以上受露田四十亩。妇人二十亩。奴婢依良。丁牛一头受田三十亩,限四牛。所受之田率倍之,三易之田再倍之,以供耕作及还受之盈缩";"诸民年及课则受田。老免及身没则还田。奴婢、牛,随有无以还受。诸桑田不在还受之限,但通入倍田分。于分虽盈,没则还田,不得以充露田之数。不足者以露田充倍";"诸初受田者,男夫一人给田二十亩,课莳余,种桑五十树,枣五株,榆三根。非桑之土,夫给一亩,依法课莳,榆、枣。奴各依良";"诸应还之田,不得种桑、榆、枣果。种者以违令论。地入还分。诸桑田皆为世业,身终不还,恒从见口。有盈者无受无还,不足者受种如法。盈者得卖其盈,不足者得买所不足。不得卖其分,亦不得买过所足";"诸麻布之土,男夫及课,别给麻田十亩,妇人五亩,奴婢依良,皆从还受之法";"诸有举户老小癃残,无受田者,年十一以上及癃者各授以半夫田。年逾七十者不还所受,寡妇守志者虽免课亦受妇田";"诸还受民田,恒以正月,若始受田而身亡及卖买奴婢、牛者,皆至明年正月,乃得还受";"诸土广民众之处,随力及,官借民莳,役有土居依法封授";"诸地狭之处,有进丁授田而不乐迁者,则以其家桑田为正田分。又不足,不给倍田。又不足,家内人别减分。无桑之乡,准此为法。乐迁者听逐空荒,不限异州他郡。惟不听避劳就逸。其地足之处,不得无故而移";"诸民有新居者,三口给地一亩,以为居室。奴婢五口给一亩。男女十五以上,因其地分,口课种菜五分亩之一";"诸一人之分,正从正,倍从倍,不得隔越他畔。进丁受田者,恒从所近。若同时俱受,先贫后富。再倍之田,放此为法";"诸远流配谪、无子孙及户绝者,墟宅桑榆,尽为公田,以供授受,授受之次,给其所亲未给之间,亦借其所亲"。(《魏书·食货志》)

相比之下,关于官吏的田亩数额限制要简略一些,均田制规定:"诸宰民之官司,各随地给公田。刺史十五顷,太守十顷,治中、别驾各八顷,县令、郡丞六顷,更代相付。卖者坐如律。"(《魏书·食货志》)

均田制是中国历史上继西晋占田制之后又一项重要的土地制度。在具体内容上,它对农民的授田规定要比占田制更为详细,而对官吏占田限额的条文不及占田制详细。从均田制的政策目标上看,以下四条是其制定者所至为关注的:其一是以此把农民束缚在国有土地上,让他们拥有最基本的生产和生活资料,以达到稳定流民、巩固政局的目的;其二是通过均田制的实施,给国家农业税收提供长期稳定的来源,保证国家的财政利益;其三是借此抑制豪强的土地兼并,缓和土地占有上的两极分化,巩固国家对豪族大家和地方势力的控制;其四是以授露田的方式,促进荒地的开垦,扩大耕地面积,为农业经济的发展创造必要的资源条件。

就农业思想而言,均田制在若干方面体现了新的认识水平。有学者曾对此作过分析,认为均田制中的"先贫后富"原则,土地位置的区分,劳动人口的分布观念等,都属于新的经济概念,尤其是对桑麻等土地的规定,更是反映了许多重要的生产概念,如"正确地认识了土地的不同形式的利用各有其重要性";"对利用土地进行各种生产的生产周期及其劳动过程的繁简也有相当的了解";"已认识到在生产资料私有制支配的社会中,对固定资产投资为时较长的事业如不规定为世业,即不足以保证生产的进行"等(胡寄窗:《中国经济思想史》中册,第290—291页,上海人民出版社1963年版)。

北魏颁行均田制以后,北齐等朝也制定过类似的田制。如北齐于河清三年(564)颁令规定:"京城四面诸坊之外,三十里内为公田。受公田者,三县代迁户执事官一品已下,逮于羽林武贲各有差。其外畿郡,华人官第一品已下,羽林武贲已上各有差。职事及百姓请垦田者,名为永业田。""其方百里外及州人,一夫受露田八十亩,妇人四十亩,奴婢依良人,限数与在京百官同。丁牛一头,受田六十亩,限止四牛。每丁给永业二十亩为桑田,其中种桑五十根,榆三根,枣五根,不在还受之限。非此田者,悉入还受之分。土不宜桑者,给麻田,如桑田法。"(《隋书·食货志》)与北魏均田制不同的是,首先,北齐均田制取消了倍田,而且一夫一妇给田数增加了20多亩;其次,北齐的桑田麻田只分给丁男,不给妇女;最后,北齐放宽了对土地买卖的限制,桑麻田允许买卖。

此外,西魏北周的均田制也有史料记载:"人民十八岁起受田,至六十五岁还田,有室者受田一百四十亩,单丁受田百亩,凡十人以上受宅地五亩,七人以上四亩,五口以下三亩。"(《通典·食货典》)这些条文都很简单,且无创新之处,而其推行效果应该是和北魏相同的。

第五节　李安世的均田建议

李安世(443—493),赵郡平棘(治所在今河北赵县南)人。早年以秀俊被选为中书学生。献文帝时任中散大夫。孝文帝时历任主客令、主客给事中、安平将军、相州(治所在今河北临漳邺镇)刺史等职,受封赵郡公。在中国农业思想史上,李安世作为实施了近三百年之久的均田制的理论创议人而占有独特的地位。

李安世的均田理论是在一篇上疏中提出来的。其中写道:"臣闻量地画野,经国大式;邑地相参,致治之本。井税之兴,其来日久;田莱之数,制之以限。盖欲使土不旷功,民罔游力。雄擅之家,不独膏腴之美;单陋之夫,亦有顷亩之分。所以恤彼贫微,抑兹贪欲,同富约之不均,一齐民于编户。"(《魏书·李孝伯传附李安世传》)这是对井田制的赞美和肯定。

接着,李安世对当时的土地状况及其弊害进行了分析和抨击,他指出:"窃见州郡之民,或因年俭流移,弃卖田宅,漂居异乡,事涉数世。子孙既立,始返旧墟,庐井荒毁,桑榆改植。事已历远,易生假冒。强宗豪族,肆其侵凌,远认魏晋之家,近因亲旧之验。又年载稍久,乡老所惑,群证虽多,莫可取据。各附亲知,互有长短,两证徒具,听者犹疑,争讼迁延,连纪不判。良畴委而不开,柔桑枯而不采,侥幸之徒兴,繁多之狱作。欲令家丰岁储,人给资用,其可得乎!"(《魏书·李孝伯传附李安世传》)这是说由于土地所有权不明晰,导致了豪强肆意霸占兼并,穷人苦于生活无着,进而激化了社会矛盾,并严重危害着农业生产。李安世的上述揭露,同魏孝文帝在有关诏书中所指的情况是大体吻合的。

那么,怎样才能消除这种混乱而有害的现象呢?李安世没有打算恢复井田制,而是拟定了一个土地调整方案,他说:"愚谓今虽桑井难复,宜更均量,审其径术,令分艺有准,力业相称。细民获资生之利,豪右靡余地之盈,则无私之泽,乃播均于兆庶,如阜如山,可有积于比户矣。又所争之田,宜限年断,事久难明,悉属今主。然后虚妄之民,绝望于觊觎,守分之士,永免于凌夺矣。"(《魏书·李孝伯传附李安世传》)这段治理对策包括两层意思:其一是对全国土地占有状况进行一次数额上的调整,旨在杜绝豪强兼并和贫民无地的情况;其二是对目前暂不明确的地权作一次确认,以防止豪强的进一步侵占。

在中国古代农业思想史上,李安世的均田理论是唯一付诸实施的制度方案。虽然北魏均田制和李安世的这篇上疏究竟存在何种直接联系尚待考证,但两者在决策思想上的共同之处则是显而易见的。李安世的上疏并不长,但它的理论特点很值得称道。首先,是高度重视农业土地的制度建设和实施。他把"量地画野"和"邑地相差"作为"经国大式"和"致治之本";这是继战国《管子》之后重新出现的强调土地关系重要性的提法。其次,在分析当时的土地兼并和占地混乱等社会弊端时,李安世不仅注意到贫富不均的问题,而且论及了充分发挥土地效益和劳动力作用的问题,这就突破了前人多侧重于同情民苦的道德谴责的思路,给予了土地占有限额制度更纯粹的经济意义。第三,李安世在观察土地争端现象时,较多地从法规程序上着眼,多次提到验、证、据、讼、判等语。这一方面反映了当时田制紊乱的状况,另一方面也间接体现了李安世在解决土地问题时重视法制管理的思想倾向。

就他所制定的政策措施而言,其中的若干原则也具有创新价值,尤其是"力业相称"原则的提出更是如此。在此之前,曾有人主张根据农业劳动力素质状况分配不同的土地,但提法笼统,远远没有李安世概括得那样精到确切。"力业相称"简洁地揭示了土地的占有和使用规模应该和人的劳动能力和经济实力相适应的道理,它不仅具有保持贫富均衡的社会功能,而且在经济理论上是一种深化。

李安世在上疏中提到了三长制,这是北魏时期制定的与均田制相关的一种农业劳动力管理制度。它是由李冲提议实行的。李冲(450—498),字思顺,陇西狄道(治今甘肃省临洮县南)人。曾任秘书中散、内秘书令、南部给事中、中书令太子少傅、尚书仆射等职。为了加强农村人口的管理,他向朝廷提出这样的方案:"宜准古五家立一邻长,五邻立一里长,五里立一党长。长取乡人强谨者。邻长复一夫,里长二,党长三,所复复征戍。余若民。三载亡愆则陟用,陟之一等……奴任耕,婢任绩者八口当未娶者四。耕牛二十头当奴婢八……民年八十已上听一子不从役。孤独癃老笃疾贫穷不能自存者,三长内迭养育之。"(《魏书·食货志》)他表示,这样做的目的是要改变"旧无三长,惟立宗主督护,所以民多隐冒,五十、三十家方为一户"的状况,进而使国家管理真正做到"课有常准,赋有恒分,苞荫之户可出,侥幸之人可止"(《魏书·李冲传》)。

李冲的主张得到朝廷的同意。魏孝文帝为此下诏曰:"夫任土错贡,所以通有无;井乘定赋,所以均劳逸。有无通则民财不匮,劳逸均则人乐其业,此自古之常道也。又邻里乡党之制,所由来久,欲使风教易周,家至日见,以大督小,从近及远,如身之使手,干之总条,然后口算平均,义兴讼息……自昔以来,诸州户口,籍贯不实,包藏隐漏,废公罔私。富强者并兼有余,贫弱者糊口不足。赋税齐等,无轻重之殊,力役同科,无众寡之别。虽建九品之格,而丰埆之土未融;虽立均输之楷,而蚕绩之乡而异……今革旧从新,为里党之法。在所牧守,宜以喻民,使知去烦即简之要。"(《魏书·食货志》)三长制实行以后,"公私便之"(《魏书·李冲传》)。此外,李冲还提出了与均田制相适应的新的租调制,废除了九品混通的征收租调办法。

第六节　贾思勰的《齐民要术》

贾思勰(生卒年不详),山东益都人,曾任北魏高阳郡(今山东淄博市临淄西北)太守。他是中国古代伟大的农学家,用了十年时间,"采捃经传,爰及歌谣,询之老成,验之行事"(《齐民要术·序》),写成《齐民要术》一书。这是我国保存完整的最早农书,它的成书年代,据考证约在 533 年至 544 年之间。(石汉声:《从〈齐民要术〉看中国古代的农业科学知识》,第 1 页,科学出版社 1957 年版)

《齐民要术》内容十分丰富,"起自耕农,终于醯醢,资生之业,靡不毕书"(《齐民要术·序》)。全书共分 10 卷,前 5 卷包括粮食、油料、纤维、染料作物、蔬菜、果树、桑柘(附养蚕)等的栽培技术,卷 6 是禽畜和鱼类的养殖,卷 7 至卷 9 是农副产品的加工、储藏,包括酿造、腌藏、果品加工、烹饪、饼饵、饮浆、制糖、煮胶、制笔墨等,第 10 卷引述了农作物品种 140 余种。贾思勰在撰写《齐民要术》时,还引用各种文献 150 多部,记录农谚 20 多条。《齐民要术》所记载的农业技术知识,不属本书考察的范围,这里仅就书中所反映的农业思想作一分析。

首先,重视农业是贾思勰在《齐民要术》中反复强调的主张。在这部书的序言中,他开宗明义地指出:"盖神农为耒耜,以利天下;尧命四子,敬授民时;舜命后稷,食为政首;禹制土田,万国作乂;殷周之盛,诗书所述,要在安民,富而教之。"(《齐民要术·序》)以古代帝王的遗训和成功经验为例证,意在突出搞好农业的重要性和必要性。出于同一目的,贾思勰还对任延、王景、皇甫隆、茨充、崔寔、黄霸、龚遂、召信臣等历史人物的务农功绩进行了载录和赞扬。

其次,对农业生产经验的科学总结在贾思勰的《齐民要术》中占有重要比重。例如,他既充分肯定人的劳动在农业生产中的作用,又十分强调遵守自然规律,指出:"顺天时,量地利,则用力少而成功多。任情返道,劳而无获。"(《齐民要术·种谷》)他引述仲长统的话,认为只要发挥人的主观能动性,在正确的政策导向下,农业资源是可以得到不断发掘的,即所谓"丛林之下,为仓庾之坻;鱼鳖之堀,为耕稼之场者,此君长所用心也"(《齐民要术·序》)。

第三,在大力促进农业生产的同时,必须注意粮食的节约和积蓄,这也是贾思勰在《齐民要术》中加以强调的。他分析粮食布帛短缺的原因时指出:"夫财货之生,既艰难矣,用之又无节;凡人之性,好懒惰矣,率之又不笃;加以政令失所,水旱为灾,一谷不登,胔腐相继,古今同患,所不能止也,嗟乎!且饥者有过甚之愿,渴者有兼量之情。既饱而后轻食,既暖而后轻衣。或由年谷丰穰,而忽于蓄积;或由布帛优赡,而轻于施与,穷窘之来,所由有渐。"(《齐民要术·序》)这段议论颇有新意。以往的农业产品短缺理论往往侧重于自然灾害原因的探究,而粮食贮备政策也基于这些分析之上。贾思勰的独特之处是在于揭示了消费无度与物资短缺之间的因果关系,所谓"既饱而后轻食,既暖而后轻衣",实际上反映了一个很严重的思想观念问题,即人们对农业的忽视往往是在取得几年好收成之后产生的,这就需要在决策管理层树立牢固的重农意识,并辅之以粮食的节制消费和贮备措施,避免灾荒之年的粮食和布帛的匮乏。应该说,贾思勰的这番见解是颇有深度的。

对《齐民要术》中农业管理等方面的思想内容,有关学者已作过概括。如贾思勰将种植业、畜牧业、林业、加工业等纳入农业范畴,"这种大农业思想并非贾思勰所首创,先秦即已有之,但写成详细的农书则是第一部"。再如,贾思勰注意"对生产对象作整体考虑,联系其有关环境条件进行通盘安排,综合各个环节,采取配套技术以保证达到最佳效果"(叶世昌主编:《中国学术名著提要·经济卷》,第98页,复旦大学出版社1994年版),等等。至于《齐民要术》的历史地位,有学者认为:"我们在称颂它为'我国最完整农书'之外,还应该称它为全世界最早最完整的封建地主的家庭经济学。"(胡寄窗:《中国经济思想史》中册,第304页,上海人民出版社1963年版)

第七节　唐太宗的农业政策思想

581年,杨坚取代北周而建立皇权,是为隋朝。十年以后,他又灭南陈而统一中国。隋文帝(杨坚)作为开国君主,不仅自身以节俭著称,而且在发展农业经济方面有所成就。但隋朝的农业发展只维持了短短的几十年。由于隋炀帝执政时滥用民力,激起农民起义。618年,李渊率部推翻隋朝,宣告称帝,建立唐朝。唐初,政府实行了与民休养生息的政策,使社会局势趋于稳定,经济得以较快地恢复和发展,到唐太宗执政时,出现了历史上著名的封建繁荣时期——贞观之治,其时唐朝的国力达到鼎盛,农业经济也发展到一个新的历史阶段。

唐初,统治者对农业十分重视。高祖李渊和太宗李世民曾发布一系列的劝农政令。武德六年(623)六月,唐高祖下诏说:"朕膺图驭极,廓清四海,安辑遗民,期于宁济,劝农务本,蠲其力役……今既风雨顺节,苗稼实繁,普天之下,咸同盛茂。五十年来,未尝有此。万箱之积,指日可期。时惟溽暑,方资耕耨;废而不修,岁功将阙;宜从优纵,肆力千亩……州县牧宰,明加劝导,咸使戮力,无或失时。务从简静,以称朕意。"(《唐大诏令集》卷111《田农·劝农诏》)鉴于战乱造成的农业凋敝局面,他主张采取移民的办法,尽快恢复农业生产秩序。建唐之初,唐高祖看到,"郡县饥荒,百姓流亡,十不存一,贸易妻子,奔波道路,虽加周给,无救倒悬。京师仓廪,军国资用,罄以恤民,便阙支拟",于是下令:"今岷、嶓阙服,蜀汉沃饶……外内户口,现在京者,宜依本土置令……就食剑南诸郡。所有官物,随至籴给。明立条格,务使稳便。秋收丰实,更听进止。"(《册府元龟》卷486《邦计部·迁徙》)

唐太宗即位后,反复强调劝民务农的重要性。贞观十六年(642),他对周围的人说:"国以民为本,人以食为命。若禾黍不登,则兆庶非国家所有。既属丰稔若斯,朕为亿兆人父母,唯欲躬务俭约,必不辄为奢侈。朕常欲赐天下之人皆使富贵。今省徭赋,不夺其时,使比屋之人恣其耕稼,此则富矣。"(《贞观政要》卷8《劝农》)这番话是在他听说粮价下跌以后说的,粮价下跌说明农业生产情况较好,而这是和唐太宗所采取的重农政策密切相关的。

为了保证农业生产的正常进行,唐太宗在确保农业劳动力数量、遵守农时、赈济灾民等方面制定或实行了若干措施。例如,他曾在贞观年间发布诏令,规定:"民有现业农者不得转为工贾,工贾舍现业而力田者,免其调。"(《王氏农书》)

另一方面,为政者的清静无为是确保农时的重要条件,对此,唐太宗曾说:"凡事皆须务本。国以人为本,人以衣食为本。凡营衣食,以不失时为本。夫不失时者,在人君简静乃可致耳。若兵戈屡动,土木不息,而欲不夺农时,其可得乎。"出于这种认识,他对影响农时的事情严加劝禁。贞观五年,有人提议在农历二月给太子行冠礼,唐太宗反对说:"今东作方兴,恐妨农事。"但一位名叫肖瑀的太子少保抬出阴阳家的招牌,认为还是以二月为好,太宗答道:"阴阳拘忌,朕所不行……且吉凶在人,岂假阴阳拘忌!农时甚要,不可蹔失。"(《贞观政要》卷8《务农》)

至于赈济灾民,更是唐太宗执政伊始所关注的要务。贞观元年,他发布诏令:"轻徭薄赋,务在劝农,必望民殷物阜,家给人足。……河北燕赵之际,山西并潞所管,及蒲虞之郊,幽延以北,或春逢亢旱,秋遇霖淫;或蝥贼成灾,严凝早降。有致饥馑,惨惕无忘。"于是派遣当时的中书侍郎温彦博、尚书右丞魏征等人,"分往诸州,驰驿检行。其苗稼不熟之处,使知损耗多少,户口乏粮之家,存问若为支济,必须详细勘当,速以奏闻。待使人还京,量加振济"(《唐大诏令集》卷110《田农·温彦博等检行诸州苗稼诏》)。贞观三年,遭遇旱灾,太宗又派给事中尹文宽、张玄素等前往关内诸州,命令他们"分道抚慰,问人疾苦;现禁囚徒,量事断决;人有冤枉不能自申者,随状理之;事有不便于人及官人贪残为患者,并具状还日以闻;穷困之徒比虽赈赡,仍有乏绝者,亦量加支给"(《册府元龟》卷161《帝王部·命使》)。

此外,为了避免或减少自然灾害给农业生产和人民生活所造成的损失,唐太宗也十分重视粮食的贮备。早在贞观二年,他"诏令全国州县并置义仓"(《旧唐书·太宗纪》)。贞观二十二年,他对朝臣说:"比年以来,亦大丰稔。才有一两州水旱,即须开仓赈给;良以不劝贮积,朕为公等不取。"(《册府元龟》卷157《帝王部·诚劝》)

在保护督促农业生产的行政管理方面,唐朝的制度设立也是比较严格的。

当时朝廷设有监察御史一职,分十道巡按,"其一,察官人善恶;其二,察户口流散,籍帐隐没,赋役不均;其三,察农桑不勤,仓库减耗;其四,察妖猾盗贼,不事生业,为私蠹害……其六,察黠吏豪宗兼并纵暴,贫弱冤苦不能自申者。"(《新唐书·百官志》)这对缓和农村的社会矛盾是有利的。

唐代的重农政策在较长的时期内得到实施。唐玄宗李隆基曾于开元二十二年(734)亲自在内苑中种麦,率皇太子以下躬自收获,并教诲说:"此将荐宗庙,是以躬亲,亦欲令汝等知稼穑之难也。"(《旧唐书·玄宗纪》)他也关注到农民的流离失所问题,指出:"制国以立法为先,教人以占著为事……今正朔所及,封疆无外,虽户口岁增,而赋税不益。莫不轻去乡邑,共为浮惰。或豪人成其泉薮,或奸吏为之囊橐,逋亡岁积,流蠹日滋。"(《全唐文·科禁诸州逃亡制》)因此必须采取稳定人口的措施,保证农业生产的进行。

在唐朝初期的农业政策中,均田制仍然占有主要的地位。唐朝均田制的内容进一步丰富,涉及土地分配、人口户籍管理、赋税收征等各个方面。它最初颁布于高祖武德年间,后又在太宗贞观年间作过补充修改。唐代均田制关于农户受田是这样规定的:"凡给田之制有差。丁男中男以一顷(原注:中男年十八已上者,亦依丁男给),老男笃疾废疾以四十亩,寡妻妾以三十亩,若为户者,则减丁之半。凡田分为二等,一曰永业,一曰口分。丁之田二为永业。八为口分。凡道士给田三十亩,女冠二十亩,僧尼亦如之。凡官户受田,减百姓口分之半。凡天下百姓,给园宅地者,良口三人已上给一亩,三口加一亩;贱口五人给一亩,五口加一亩。其口分永业不与焉(原注:若京城及州县郭下园宅,不在此例)。凡给口分田皆从便近,居城之人,本县无田者,则隔县给受。"(《唐六典·尚书户部》)另外,对其他职业者则规定:"诸以工商为业者,永业、口分田各减半给之。"(《通典·食货典·田制下》)

关于贵族官吏的受田,均田制作了如下的区分:"其永业田,亲王百顷,职事官正一品六十顷,郡王及职事官从一品各五十顷,国公若职事官正二品各四十顷,郡公若职事官从二品各三十五顷,县公若职事官正三品各二十五顷,职事官从三品二十顷,侯若职事官正四品各十四顷,伯若职事官从四品各十顷,子若职事官正五品各八顷,男若职事官从五品各五顷。上柱国三十顷,柱国二十五顷,上护军二十顷,护军十五顷,上轻车都尉十顷,轻车都尉七顷,上骑都尉六顷,骑都尉四顷,骁骑尉、飞骑尉各八十亩,云骑尉、武骑尉各六十亩。"以上是永业田和赐田的额度,除此之外,还有职分田的分配,"诸京官文武职事职分田:一品一十二顷,二品十顷,三品九顷,四品七顷,五品六顷,六品四顷,七品三顷五十亩,八品二顷五十亩,九品二顷。并去京城百里内给,其京兆、河南府及京县官人职分田,亦准此,即百里外给者,亦听"。"诸州及都护府、亲王府官人职分田:二品一十二顷,三品一十顷,四品八顷,五品七顷,六品五顷(原注:京畿县亦准此),七品四顷,八品三顷,九品二顷五十亩。""镇戍关津岳渎及在外监官:五品五顷,六品三顷五十亩,七品三顷,八品二顷,九品一顷五十亩。三卫中郎将、上府折冲都尉各六顷,中府五顷五十亩,下府及郎将各五顷。上府果毅都尉四顷,中府三顷五十亩,下府三顷。上府长史、别将各三顷,中府、下府各二顷五十亩。亲王府典军五顷五十亩,副典军四顷,千牛备身左右、太子千牛备身各三顷。诸军上折冲府兵曹二顷,中府下府各一顷五十亩。其外军校尉一顷二十亩,旅帅一顷,队正副各八十亩。皆于领所州县界内给。其校尉以下,在本县及去家百里内领者,不给。"(《通典·食货典·田制下》)

公廨田也是官吏受田的一部分,唐均田制的政策条文同样很具体,"大唐凡京诸司,各有公廨田:司农寺给二十六顷,殿中省二十五顷,少府监二十二顷,太常寺二十顷,京兆府、河南府各十七顷,太府寺十六顷,吏部、户部各十五顷,兵部、内侍省各十四顷,中书省、将作监各十三顷,刑部、大理寺各十二顷,尚书都省、门下省、太子左春坊各十一顷,工部一十顷,光禄寺、太仆寺、秘书监各九顷,礼部、鸿胪寺、都水监、太子詹事府各八顷,御史台、国子监、京县各七顷,左右卫、太子家令寺各六顷,卫尉寺、左右骁卫、左右武卫、左右威卫、左右领军卫、左右金吾卫、左右监门卫、太子左右春坊各五顷,太子左右卫率府、太史局各四顷,宗正寺、左右千牛卫、太子仆寺、左右司御率府、左右清道率府、左右监门率府各三顷,内坊、左右内率府、率更府各二顷。"(《通典·食货典·职田公廨田》)对地方官吏的公廨田分配,则有下述规定:"大都督府四十顷,中都督府三十五顷,下都督、都护、上州各三十顷,中州二十顷,宫总监、下州各十五顷,上县十顷,中县八顷,中下县六顷,上牧监、上镇各五顷,下县及中牧、下牧、司竹监、中镇、诸军折冲府各四顷,诸冶监、诸仓监、下镇、上关各三顷,互市监、诸屯监、上戍、中关及津各二顷,下关一顷五十亩,中戍、下戍、岳、渎各一顷。"(《唐六典·尚书户部》)

从唐代均田制的上述分配土地的各种规定不难看出,封建社会以政治等级占有农业生产资料——土地财富的特征日益明显,而作为稳定流民、恢复农业生产主要措施的贫民受田,则没有实质性的演进,也就是说,广大农民的基本受田数并没有增加。北魏规定丁男受露田四十亩,妇女二十亩,加上倍田共计一百二十亩,再授丁男桑田二十亩,则一夫一妇的农家应有受田一百四十亩,即使扣除规定计人倍田分的桑田数,家分露田也有一百二十亩。相比之下,唐代规定给丁男田一顷,由于取消了妇女受田的权利,这一百亩土地实际上也就是一夫一妇之家的额度。授田上限的减少客观上反映了封建国家对农业资源控制能力的弱化,而这种弱化无疑也是荒地面积有限的结果。但从另一方面来说,唐代均田制所反映的官僚贵族占田数的扩大趋势,则暴露出地主统治集团既得利益的膨胀。

在分配土地的配套措施方面,唐代也制定了相应的条文。如在户籍管理体制上,实行"百户为里,五里为乡。两京及州县之廓内分坊,郊外为村。里及村坊,皆有正,以司督察(原注:里正兼课植农桑,催驱赋役)。四家为邻,五邻为保,保有长,以相禁约"的做法。关于人丁的年龄限定,明确:"凡男女始生为黄,四岁为小,十六为中,二十有一为丁,六十为老。"为了加强统计,有关部门要"每岁一造计帐,三年一造户籍。县以籍成于州,州成于省,户部总而领焉(原注:诸造籍,起正月,毕三月)。凡天下之户,量其资产,定为九等。每定户以仲年(原注:子卯午酉),造籍以季年(原注:丑辰未戌)"(《唐六典·尚书户部》)。

从合理分配土地的目的出发,政府对土地的丈量和鉴定也有具体规定:"凡天下之田,五尺为步,二百有四十步为亩,百亩为顷。度其肥瘠宽狭,以居其人。"(《唐六典·尚书户部》)

唐代还十分重视受田措施的地区之间协调,如规定:"乐住之制,居狭乡者听其从宽,居远者听其从近,居轻役之地者听其从重";"凡州县界内,所部受田悉足者为宽乡,不足者为狭乡"(《唐六典·尚书户部》)。对于工商业者的授田,"在狭乡者并不给"。官吏的授田也受此影响,如"所给五品以上永业田,皆不得狭乡受,任于宽乡隔越射无主荒地充(原注:即买荫赐田宅者,虽狭乡亦听)。其六品以下永业,即听本乡取还公田充,愿于宽乡取者,亦听";"应赐人田,非指的处所者,不得狭乡给"。倍田等的买卖也因宽狭乡的具体状况而有相应的规定:"诸庶人有身死家贫无以供葬者,听卖永业田。即流移者,亦如之。乐迁就宽乡者,并听卖口分(原注:卖充住宅、邸店、碾硙者,虽非乐迁,亦听私卖)。诸买地者不得过本制,虽居狭乡,亦听依宽制。其卖者不得更请。"(《通典·食货典·田制下》)

此外,唐代还继续推行若干特定的均田政策措施,如在授田中坚持"先课后不课,先贫后富,先无后少"(《唐六典·尚书户部》)的原则。对于受田的继承权,规定"诸永业田,皆传子孙,不在收授之限。即子孙犯除名者,所承之地亦不追";"诸因王事没落外藩不还,有亲属同居,其身分之地,六年乃追,身还之日,随便先给。即身死王事者,其子孙虽未成丁,身分地勿追。其因战伤及笃疾废疾者,亦不追减,听终其身也"。关于土地买卖,管理手续也很严格:"凡卖买皆须经所部官司申牒,年终彼此除附。若无文牒辄卖买,财没不追,地还本主";"诸田不得贴赁及质,违者财没不追,地还本主。若从远役外任,无人守业者,听贴赁及质。其官人永业田及赐田,欲卖及贴赁者,皆不在禁限"(《通典·食货典·田制下》)。为了严肃政策实施,对犯律者的惩罚也是较重的:"诸占田过限者,一亩笞十;十亩加一等,过杖六十;二十亩加一等,罪止徒一年";"诸在官侵夺私田,一亩以下杖六十,三亩加一等,过杖一百;五亩加一等,罪止徒二年半。园圃加一等";等等。(《唐律·疏议·户婚律》)上述诸点,在农业政策思想上都与前代有内在延续关系,只是更趋于完备和周密而已。

对于均田制,唐朝执政者曾加以认真的实施。为了使贫民得到田地,唐太宗还亲自下诏加以督促,如贞观十年(626),"诏有司收内外职田,除公廨田园外,并官收先给逃还贫下户及欠丁田户,其职田以正仓粟亩率二升给之"(《册府元龟》卷505《邦计部·俸禄一》)。贞观十八年,太宗"幸灵口村落偪侧,问其受田丁三十亩,遂夜分而寝。忧其不给,诏雍州,录尤少田者并给复,移之宽乡"(《册府元龟》卷113《帝王部·巡幸二》)。一直到唐玄宗开元二十五年(737),朝廷还再次颁发了均田令。这一田制的实施效果,初期是明显的,如唐太宗即位之始,"霜旱为灾,米谷踊贵……自京师及河东、河南、陇右,饥馑尤甚。一匹绢才得一斗米。百姓虽东西逐食,未尝怨嗟,莫不自安。自贞观三年,关中丰熟,咸自归乡,竟无一人逃散"(《贞观政要》卷1《政体》)。农业生产的繁荣,由此可见一斑。

不过,唐代均田制在它的后期陷于日益败坏之境。造成这种结局的原因主要有三条:其一,国有土地资源有限,使均田制分配土地的数额不能兑现;其二,豪强地主对土地的兼并不断加剧;其三,政局不稳,战乱复起,使户籍混乱,大量农民重新丧失土地。而从更深层的缘由来看,则均田制的废行以及此后未再出现,乃是农业生产关系中私有制的发展所致,正如有的学者所分析的那样:"从唐朝土地买卖、贴赁、质、请借等办法中,可清楚地看出在均田制内,私有土地日益发展的情况。这种土地私有的发展,必然会反过来否定均田制的。"(韩国磐:《隋唐的均田制度》,第59页,上海人民出版社1957年版)

第八节　陆贽的农业思想

陆贽(754—805),字敬舆,嘉兴(今属浙江)人。代宗时考中进士,后历任华州郑县尉、渭南县主簿、监察御史、翰林学士、祠部员外郎、考中郎中、谏议大夫、中书舍人、兵部侍郎、中书侍郎、门下同平章事(宰相)、太子宾客、忠州别驾等职。陆贽是唐德宗(李适)的重要谋臣,当时朝廷"虽有宰臣,而谋猷参决,多出于贽"(《旧唐书·陆贽传》)。他关心民苦,直谏敢言,对唐朝中期的经济政策多有抨击,其中农业问题是他谈论较多的话题之一。

唐建中初年,杨炎提议实行两税法,主要内容有:以户为征课对象,以资产定户等,商贾按资三十税一;以户税、地税为基础,并入租庸调及其他杂税杂徭;"量出制入"定税收总额,每年分夏、秋两季征收;地税征米,户税征钱,征时可以折纳。对这一税法,陆贽激烈反对。他认为实行这种税法的不良后果之一就是使"人益困穷",妨碍了农业生产的进行。在他看来,"财之所生,必因人力。工而能勤则丰富,拙而兼惰则篓空,是以先王之制赋入也,必以丁夫为本,无求于力分之外,无贷于力分之内。故不以务穑增其税,不以缀稼减其租,则播种多。不以殖产厚其征,不以流寓免其调,则地著固。不以饬励重其役,不以窳怠蠲其庸,则功力勤……两税之立,则异于斯,唯以资产为宗,不以丁身为本。资产少者,则其税少,资产多者,则其税多"。这种征税办法对农民是不利的,因为资本的情况是繁杂多样的,如农产品,"积于场圃囤谷,直虽轻而众以为富",较之于"流通蓄息之货,数虽寡而计日收赢",或某些"藏于襟怀囊箧,物虽贵而人莫能窥"的奢侈品,显然不能同日而语,"一概计估算缗,宜其失平长伪"(《陆宣公集》卷22《均节赋税恤百姓第一条》)。

关于赋钱,陆贽同样认为它不利于农业生产。他说:"夫国家之制赋税也,必先导以厚生之业,而后取其什一焉。其所取也,量人之力,任土之宜。非力之所出,则不征;非土之所有,则不贡。"在自然万物中,不依赖人力而生成者有水、火、金、木等,"唯土爰播殖,非力不成,衣食之源,皆出于此。故可以勉人功,定赋入者,唯布麻缯纩与百谷者"。由于赋税征钱,使国家和农民都受到损害,因为"百姓所营,唯在耕织,人力之作为有限,物价之贵贱无恒,而乃定税计钱,折钱纳物,是将有限之产以奉无恒之输。纳物贱则供税之所出渐多,多则人力不给;纳物贵则收税之所入渐少,少则国用不充,公私二途,常不兼济"。不仅如此,此举还将酿成"下困齐人,上亏利柄"的后果,原因在于:"人不得铸钱,而限令供税,是使贫者破产,而假资于富有之室;富者蓄货,而窃行于轻重之权。"(《陆宣公集》卷22《均节赋税恤百姓第二条》)

陆贽还揭露了"量出制入"原则的弊端,他说:"地力之生物有大数,人力之成物有大限。取之有度,用之有节,则常足;取之无度,用之无节,则常不足。生物之丰败由天,用物之多少由人,是以圣王立程,量入为出,虽遇灾难,下无困穷。"(《陆宣公集》卷22《均节赋税恤百姓第二条》)这是从农业生产所能提供的消费资料有限的角度强调节制赋入的必要性。另一方面,陆贽意识到财政的基础在于经济发展,所以必须先把农业等生产搞好了,才谈得上国家府库的富溢。他指出:"建官立国,所以养人也;赋人取财,所以资国也。明君不厚其所资,而害其所养,故必先人〔农〕事而借其暇力,先家给而敛其余财。"反之,"但务取人以资国,不思立国以养人,非独徭赋繁多,夐无蠲贷,至于征收迫促,亦不矜量,蚕事方兴,已输缣税,农功未艾,遽敛谷租"。这无疑将使农民受到损失,即所谓"上司之绳责既严,下吏之威暴愈促。有者急卖而耗其半直,无者求假而费其倍酬"(《陆宣公集》卷22《均节赋税恤百姓第四条》)。总之,陆贽对两税法的批评,很大程度上是从保护农业生产、维护农民切身利益出发的。从理论上来说,赋税征钱和以资定税要比原有的封建税制更符合社会经济发展的要求,但陆贽的反对意见是基于唐中期以后的客观弊端而提出的(如社会货币流通量不足、苛敛严重等),因而也不失其合理性。

值得注意的是,当时和陆贽持相同抨击态度的不乏其人。齐抗(739—804),字遐举,曾任河南尹、太常卿、中书侍郎、同中书门下平章事、太子宾客等职。鉴于两税法实行以后钱重货轻现象日益严重,他主张以实物定为税收标准,认为这样做有六个利益:"吏绝其奸,一也;人用不扰,二也;静而获利,三也;用不乏钱,四也;不劳而易知,五也;农桑自劝,六也。"在他看来,"今两税出于农人,农人所有,唯布帛而已。用布帛处多,用钱处少,又有鼓铸以助国计,何必取于农人哉?"(《新唐书·食货志》)

主张抑制土地兼并,这是陆贽农业思想的另一主要内容,在这方面,他强调国家制定调节政策的必要性。陆贽指出:"国之纪纲,在于制度;商农工贾,各有所专,凡在食禄之家,不得与人争利。此王者所以节财力,励廉隅,是古今之所同,不可得而变革者也。"对于土地兼并的恶果,陆贽是从农业财富的有限性角度加以分析的,他说:"天下之物有限,富室之积无涯,养一人而费百人之资,则百人之食不得不乏;富一家而倾千家之产,则千家之业不得不空。"在他看来,"土地,王者之所有;耕稼,农夫之所为;而兼并之徒,居然受利。官取其一,私取其十,稼人安得足食?公廪安得广储?风俗安得不贪?财货安得不壅?"(《陆宣公集》卷22《均节赋税恤百姓第六条》)

这种对土地兼并问题的严重关注,是当时现实社会弊端的深刻反映。陆贽曾揭露说:"今制度弛紊,疆理隳坏,恣人相吞,无复畔限。富者兼地数万亩,贫者无容足之居,依托强豪,以为私属;贷其种食,赁其田庐,终年服劳,无日休息,罄输所假,常患不充。有田之家,坐食租税,贫富悬绝,乃至于斯。"值得注意的是,陆贽在分析土地兼并弊端时,特别注意到私租繁重的问题。他指出豪强之家对佃农"厚敛促征,皆甚公赋。今京畿之内,每田一亩,官税五升,而私家收租,殆有亩至一石者,是二十倍于官税也。降及中等,租犹半之,是十倍于官税也"(《陆宣公集》卷22《均节赋税恤百姓第六条》)。西汉董仲舒曾提到当时租税苛繁的现象,而陆贽的揭露更为具体。

怎样改变上述局面呢?陆贽的对策分为两部分。关于占田问题,他虽然推崇古时的土地制度,认为"古先哲王疆理天下,百亩之地,号曰一夫。盖以一夫授田,不得过于百亩也。欲使人无废业,田无旷耕,人力田畴,二者适足,是以贫弱不至竭涸,富厚不至奢淫,法立事均,斯谓制度",但陆贽没有要求唐朝也实行这种一夫百亩的田制,而只是比较笼统地主张限田。他写道:"昔之为理者,所以明制度而谨经界,岂虚设哉?斯道浸亡,为日已久,顿欲修整,行之实难,革弊化人,事当有渐,望令百官集议,参酌古今之宜,凡所占田,约为条限。"关于租税问题,陆贽的见解更为简略,只说要"裁减租价,务利贫人"。而这二条改革措施的最终目标,都在于"微损有余,稍优不足,损不失富,优可赈穷"(《陆宣公集》卷22《均节赋税恤百姓第六条》)。"损不失富"的治理方针,是陆贽在抑制兼并理论中的创见,它喊出了唐代开始逐步形成的维护富人经济利益的先声,对封建社会中后期的农业生产关系思想的演变具有深远的影响。

为了促进农业生产的发展,陆贽还提出了对官吏要实行以劝课农业政绩为考核标准的建议。这类主张并非始于陆贽,但以他的论述最为全面和富有新意。陆贽指出:"夫欲施教化,立度程,必先域人,使之地著。"鉴于"顷因兵兴,典制弛废,户版之纪纲罔缉,土断之条约不明,恣人浮流,莫克禁止"的局面,他要求改善吏治,力行劝农。他认为考核官吏首先要看当地农业状况如何,同时也要注意户口增加和赋税征收等情况,更重要的是要杜绝欺诈虚伪和不讲实效等情况的出现。对此他分析说:"所贵田野垦辟者,岂不以训导有术,人皆乐业乎?今或牵率黎甿,播植荒废,约以年限,免其地租。苟农夫不增,而垦田欲广,新亩虽辟,旧畲反芜。人利免租,颇亦从令,年限才满,复为污莱,有益烦劳,无增稼穑。不度力而务辟田野,有如是之病焉!"这番见解不仅揭露了当时农业管理中贪功求多的弊端,而且概括出了农业发展必须量力而行、讲究实效的深刻道理。在上述分析的基础上,陆贽断言要真正达到鼓励农民生产的目的,一定要使政府放弃聚敛的政策,各级官吏也不得以增收赋税为能事,具体而言,就是切实推行利农措施,即所谓"增辟者勿益其租,废耕者不降其数,足以诱导垦植,且免妨夺农功。……每至定户之际,但据杂产较量,田既自有恒租,不宜更入两税。如此,则吏无苟且,俗变浇浮,不督课而人自乐耕,不防闲而众其安土,斯亦当今富人固本之要术"(《陆宣公集》卷22《均节赋税恤百姓第三条》)。唐朝原有的官吏考核标准除农业劝课外,还包括有增加税钱数量和提前完成征办事宜等内容,陆贽则把促进农业和增加户口放在主要地位,并主张把减轻赋税额度也作为政绩之一,这同他重视农业的主导思想是一致的。而这种以劝农考核官吏的主张,前人还没有论及过。

此外,陆贽对边屯也相当重视。他强调:"备边足戎,国家之重事,理兵足食,备御之大经。兵不理则无可用之师,食不足则无可固之地。理兵在制置得所,足食在敛导有方。"他希望朝廷制定有效政策,"先务积谷,人无加赋,官不费财,坐致边储,数逾百万,诸镇收籴,今已向终,分贮军城,用防艰急。纵有寇戎之患,必无乏绝之忧,守此成规,以为永制"(《陆宣公奏议》卷90《论缘边守备事宜状》)。

为了提高屯田的效益,陆贽拟定了具体的改革方案。他主张:"宜罢诸道将士番替防秋之制,率因旧数而三分之。其一分,委本道节度使,募少壮原住边城者以徙焉。其一分,则本道但供衣粮,委关内河东诸军州,募蕃汉子弟,愿傅边军者以给焉。又一分,亦令本道但出衣粮,加给应募之人,以资新徙之业。又令度支散于诸道,和市耕牛,雇召工人,就诸军城,缮造器具。募人至者,每家给耕牛一头,又给田农水火之器,皆令充备。初到之岁,与家口二人粮,并赐种子,劝之播殖。待经一稔,俾自给家。若有余粮,官为收籴。各酬倍价,务奖营田。既息践更征发之烦,且无幸灾苟免之弊。寇至则人自为战,时至则家自力农。是乃兵不得不强,食不得不足。"(《陆宣公奏议》卷19《论缘边守备事宜状》)这番见解的后半部分基本与西汉晁错的议论相同,而前半部分关于分屯民为三类的主张,则不乏新意,它有利于政府的宏观调配和屯田劳动力的相对稳定。

第九节　白居易的农业思想

白居易(772—846),字乐天,晚年号香山居士,原籍太原,生于新郑(今属河南)。德宗时考中进士,以后在德宗、宪宗、穆宗、敬宗、文宗诸朝任官,历任秘书省校书郎、盩厔(今陕西周至)县尉、翰林学士、左拾遗、京兆府户曹参军、太子左赞善大夫、江州(治所在今江西九江)司马、忠州刺史、主客郎中、知制诰、中书舍人、杭州刺史、太子左庶子、苏州刺史、秘书监、刑部侍郎、太子宾客、河南尹、太子少傅等职。白居易是中国古代著名的文学家,所作诗歌同情民苦,抨击时弊,艺术上有很高成就。在经济思想方面,他主张用"利"的原则来治理国家,而农业又是他论述经济问题的重点所在。

白居易对农业生产十分重视,他指出:"利用厚生,教之本也;从宜随俗,政之要也。《周礼》云:'不畜无牲,不田无盛,不蚕不帛,不绩不缦。'盖劝厚生之道也。《论语》云:'因人所利而利之。'盖明从宜之义也。夫田畜蚕绩四者,土之所宜者多,人之所务者众。故《周礼》举而为条目,且使居之者无游惰,无堕业焉。其余非四者,虽不具举,则随土物生业而劝导之可知矣。非请使物易业,土易宜也。夫先王酌教本,提政要,莫先乎任土辨物,简能易从,然后立为大中,垂之不朽也。"(《白居易集》第3册,第994页,中华书局1979年版)这段话表明,在白居易的心目中,农业占据着社会经济的基础性地位。

从这种认识出发,白居易主张国家要获取财富,必须把基点放在农业上。在他看来,"君之所以为国者,人也;人之所以为命者,衣食也;衣食之所从出者,农桑也。若不本于农桑而兴利者,虽圣人不能也"(《白居易集》第4册,第1316页)。这里需要弄清两个理论概念。其一,白居易所说的"兴利"是指什么? 其二,白居易为什么说农业是国家兴利之本? 从白居易的经济思想整体来看,他所说的兴利,是指国家的财政收入。而他之所以把农业作为兴利之本,则是由于他把农业作为唯一的财富生产部门。

要搞好农业,首先必须解决好土地问题。白居易对土地的经济价值有充分的认识。他指出:"王者之贵,生于人焉;王者之富,生于地焉。故不知地之数,则生业无从而定,财征无从而计,军役无从而平也。不知人之数,则食力无从而计,军役无从而均也。不均不平,则地虽广,人虽多,徒有贵之名,而无富之实。"这里所讲的均平,也就是白居易理想中的田制目标。关于土地兼并的导因,他和前人一样归咎于秦商变法,认为:"洎三代之后,厥制崩坏,故井田废,则游堕之路启;阡陌作,则兼并之门开,至使贫苦者无容足立锥之居,富强者专笼山络野之利。故自秦汉迄于圣朝,因循未迁,积习成弊。"(《白居易集》第4册,第1350页)

井田制是白居易心目中的完美土地制度。他对这种土地制度的理解具有自己的特点,即把井田的设置同土地的资源情况联系了起来。他认为:"先王度土田之广狭,画为夫井,量人户之众寡,分为邑居。使地利足以食人,人力足以辟土,邑居足以处众,人力足于安家。野无余田,以启专利;邑无余室,以容游人。逃刑避役者,往无所之;败业迁居者,来无所处。"(《白居易集》第4册,第1350页)显而易见,白居易在谈论土地问题时所关注的是人口与土地的合理配置。

出于这种考虑,他主张采取狭乡复井田、宽乡行阡陌的土地调整方案。白居易具体阐述了他的设想:"臣以为井田者废之颇久,复之稍难,未可尽行,且宜渐制。何以言之? 昔商鞅开秦之利也,荡然废之,故千载之间,豪奢者得其计。王莽革汉之弊也,卒然复之,故一时之间,农商者失其业。斯则不可久废,不可速成之明验也。故臣请斟酌时宜,参详古制。大抵人稀土旷者,且修其阡陌,户繁乡狭者,则复以井田。使都鄙渐有名,家夫渐有数。夫然,则井邑兵田之地,众寡相准;门闾族党之居,有亡相保。相准则兼并者何所取? 相保则游堕者何所容? 如此,则庶乎人无浮心,地无遗力,财产丰足,赋役平均,市利归于农,生业著于地者矣。"(《白居易集》第4册,第1350—1351页)白居易把王莽实施王田制的失败简单地看作是操之过急所致,完全没有意识到它的倒退实质,这是肤浅的。他寄希望于在荒芜土旷地区允许私有制存在,而用井田制来消除狭乡的尖锐矛盾,这种土地关系的调整方案不仅是空幻的,而且具有落后的复古色彩。

相比之下,白居易的屯田主张较有创新之意。他不仅意识到屯垦具有经济意义,而且认为此举有削减地方兵权之效。他分析说:"夫欲分兵权,存戎备,助军食,则在乎复府兵,置屯田而已。昔高祖始受隋禅,太宗既定天下,以为兵不可去,农不可废,于是当要冲以开府,因隙地以营田。府有常官,田有常业。俾乎时而讲武,岁以劝农,分上下之番,递劳逸之序。故有虞则起为战卒,无事则散为农夫。不待征发,而封域有备矣;不劳馈饷,而军食自充矣。此亦古者寓侯之制,兵赋之义也。况今关畿之内,镇垒相望,皆仰给于县官,且无用于战伐。若使反兵于旧府,兴利于废田,张以簿书,颁其廥积。因其卒也,安之以田宅;因其将也,命之以府官。始复于关中,稍置于天下。则兵权渐分,而屯聚之弊日销矣。戎备渐修,而训司之利日兴矣。军食渐给,而飞挽之费日省矣。"(《白居易集》第4册,第1341—1342页)这叫作"一事作而三利立"(《白居易集》第4册,第1342页)。在巩固国防和增加财税同时又加上分减兵权,这种理论上的新变化,是唐代政治局势的客观反映。

关于土地问题,白居易还有若干观点值得一提。唐代规定给予官吏以职田,但在实施过程中弊端不少。对此,白居易提出核查整顿的主张,他认为:"职田者,职既不同,田亦异数,内外上下,各有等差,此亦古者公田稍食之制也。国家自多事已来,厥制不举,故稽其地籍,而田则具存,考以户租,而数多散失。至有品秩等,官署同,廪禄厚薄之相悬,近乎十倍者矣。"在这种情况下,"欲辨内外之职,均上下之田,不必乎创新规,其乎在举旧典也"。具体而言,就是"国朝旧典,量品而授地,计田而出租。故地之多少,必视其品之高下,租之厚薄,必视其田之肥墝。如此,则沃瘠齐而户租均,等列辨而禄食足矣"。这样就能达到"前弊必自革"的目的(《白居易集》第4册,第1339页)。这是将春秋时管仲提出的"相地而衰征"的原则运用于职田管理上。

在其他农业政策方面,白居易的议论集中在减轻赋税和改变征课方式等问题。他断言:"善为国者,不求非农桑之产,不重非衣食之货,不用计数之吏,不畜聚敛之臣。"(《白居易集》第4册,第1317页)要重农桑,一方面需要政府实行财政节用的方针,减轻赋税,让财富留在民间,即所谓"节欲于中,人斯利矣;省用于外,人斯富矣。……利散于下,则人逸而富;利塞于上,则人劳而贫"(《白居易集》第4册,第1316页)。在另一篇文章中,他还指出:"君之躁静,为人劳逸之本,君之奢俭,为人富贫之源。……百姓之福,不在乎天地,在乎君之躁静奢俭而已。"只有做到"不穷己欲,不蝉人力,不耗人财",才能保证农业生产的正常进行(《白居易集》第4册,第1315页)。

另一方面,赋税征钱也是有害于农业的。白居易分析说:"当今游惰者逸而利,农桑者劳而伤。所以伤者,由天下钱刀重而谷帛轻也。所以轻者,由赋敛失其本也。"他认为在当时情况下,赋税征钱往往导致农民利益的被侵夺,因为,"钱者,桑地不生铜,私家不敢铸,业于农者,何从得之? 至乃吏胥追征,官限迫蹙,则易其所有,以赴公程。当丰岁,则贱粜半价不足以充缗钱;遇凶年,则息利倍称不足以偿通债。丰凶既若此,为农者何所望焉?"由于商贾往往乘机掠夺农民,造成农民力田积极性的下降,从而最终导致农业生产的衰败,正如白居易所揭示的那样:"商贾大族乘时射利者日以富豪,田垅罢人终岁勤力者日以贫困。劳逸既悬,利病相诱,则农夫之心,尽思释耒而倚市;织妇之手,皆欲投杼而刺文。至使田卒汙莱,室如悬磬。人力罕施,而地利多郁,天时虚运,而岁功不成。"(《白居易集》第4册,第1311)西汉晁错曾分析过商人兼并农民的情况,白居易在这里所抨击的现象有过之而无不及。

怎样克服这种弊端呢? 白居易的对策和陆贽等人一样,仍然是改征钱为征实物。他写道:"今若量夫家之桑地,计谷帛为租庸,以石斗登降为差,以匹夫多少为等,但书估价,并免税钱,则任土之利载兴,易货之弊自革。"这样做不仅保护了农民的利益,而且有助于农业劳动力的扩充和游闲之民的减少,所谓"弊革则务本者致力,利兴则趋末者迥少。游手于道途市肆者,可易业于西成,托迹于军籍释流者,可反躬于东作"(《白居易集》第4册,第1312页)。

白居易的农业思想中还包括对灾荒的防备和治理。首先,他对农业灾害的发生有一个比较客观的认识,指出:"夫天之道无常,故岁有丰必有凶;地之利有限,故物有盈必有缩。""圣人不能迁灾,能御灾也;不能违时,能辅时也。"(《白居易集》第4册,第1308页)这就是说,在相当长的历史时期内,人类还无法避免自然灾害的降临,比较理智的办法是制定和采取有效的政策措施,认识灾荒的发生规律,抵御灾荒的影响。白居易的防灾对策包括两方面的内容。其一,"徙市修城,贬食撤乐,缓刑省礼,务啬劝分,杀哀多婚,弛力舍禁,此皆从人之望,随土之宜,勤恤下之心,表恭天之罚"。就是说在平时要实行发展生产、轻免赋役等政策,使务农的民众得到宽恤。其二,是做好国家的备荒贮粮工作。在白居易看来,平时的恤农措施"可以济小灾小弊,未足以救大危大荒。必欲保邦邑于危,安人心于困,则在乎储蓄充其腹"(《白居易集》第4册,第1309页)。

白居易对粮食贮备的意义发挥了一套独特的议论,指出:"廪积有常,仁惠有素。备之以储蓄,虽凶荒而人无菜色;固之以恩信,虽患难而人无离心。储蓄者,聚于丰年,散于歉岁;恩信者,行于安日,用于危时。夫如是,则虽阴阳之数不可迁,而水旱之灾不能害。故曰'人强胜天',盖是谓矣。"(《白居易集》第4册,第1308

页）人强胜天也就是人定胜天,白居易在这里作了新的解释,即人不能改变自然规律,但可以在认识规律的基础上早做准备,减少灾害,这种说法是具有唯物辩证法合理成分的。至于粮食储备的方法和途径,白居易推崇古代朝廷的轻重之术,"以时交易之,以时敛散之,所以持丰济凶,用盈补缩,则衣食之费,谷帛之生,调而均之,不啻足矣"(《白居易集》第4册,第1308—1309页)。这就需要做到"丰稔之岁,则贵籴以利农人,凶歉之年,则贱粜以活饿殍。若水旱作沴,则资为九年之蓄;若甲兵或动,则能为三军之粮",这样,"上以均天时之丰凶,下以权地利之盈缩,则虽九年之水,七年之旱,不能害其人,危其国矣"(《白居易集》第4册,第1309页)。轻重之术在大多数封建思想家的眼里是受到鄙视的与民争利之策,但它在实施粮食贮备中所具有的积极作用又得到白居易的肯定,这是他农业思想的较为全面之处。

白居易对和籴政策的批评也与保护农民利益有关。他一针见血地揭露了和籴政策在当时的弊端,指出:"凡曰和籴,则官出钱,人出谷,两和商量,然后交易也。比来和籴,事则不然。但令府县散配户人,促立程限,严加征催,苟有稽迟,则被追捉,迫蹙鞭挞,甚于税赋。号为和籴,其实害人。"(《白居易集》第4册,第1234—1235页)治理的方法,一是开场自籴;二是实行折籴。所谓开场自籴,就是让主管官署出钱,自己到市场上去买粮,白居易认为此举只要"比于时价,稍有优饶,利之诱人,人必情愿"。所谓折籴,即"折青苗税钱,使纳斛斗,免令贱粜,别纳见钱,在于农人,亦甚为利"。这是在不具备开场自籴的情况下采取的变通办法。白居易认为此举"既无贱粜麦粟之费,又无转卖匹段之劳,利归于人,美归于上,则折籴之便,岂不昭然"。总之,按照白居易的意见,"配户不如开场,和籴不如折籴"(《白居易集》第4册,第1235页)。不难看出,白居易对当时政府经济措施的异议,都是以有利于农业生产为出发点的。

第十节　李翱的平赋论

李翱(?—841),字习之,成纪(治所在今甘肃秦安东)人。德宗时考中进士,历仕德宗、宪宗、文宗诸朝,先后被命为校书郎、京兆府司录参军、国子博士、史馆修撰、考功员外郎、朗州(治所在今湖南常德)刺史、礼部郎中、庐州(治所在今安徽合肥)、谏议大夫、知制诰、中书舍人、少府少监、郑州刺史、山南东道(治所在今湖北襄樊)节度使等职。李翱的农业思想包括两方面的内容:其一是提出了一套土地制度方案;其二是主张税法征实物。

李翱认为土地占有缺乏合理的制度约束,将会导致不良的后果,他分析当时的情况说:"四人之苦者,莫甚于农人。麦粟布帛,农人之所生也。岁大丰农人犹不能足衣食,如有水旱之灾,则农人先受其害。"(《李文公集·平赋书》)何以至此?他认为是由于国家的财政搜括,而这种日益加重的聚敛正是没有一个健全合理的土地制度的产物。

李翱揭露了政府聚敛对农业生产的严重危害,指出:"重敛则人贫,人贫则流者不归而天下之人不来。由是土地虽大,有荒而不耕者,虽耕之而地力有所遗,人日益困,财日益匮。"反之,农业生产效益将会大大提高,因为"轻敛则人乐其生,人乐其生则居者不流而流者日来。居者不流而流者日来,则土地无荒,桑拓日繁,尽力耕之,地有余利,人日益富,兵日益强"(《李文公集·平赋书》)。李翱认为减轻赋税搜括能改善农业生产状况,这种思路在封建社会中较具普遍性。

正是出于轻税平赋的考虑,李翱设计了一套相应的土地管理体制,其具体内容如下:"凡为天下者,视千里之都;为千里之都者,视百里之州;为百里之州者,视一亩之田;而一亩之田,起于六尺之步。二百四十步之谓亩,三百有六十步之谓里。方里之田,五百有四十亩;十里之田,五万有四千亩;百里之州,五十有四亿亩;千里之都,五千千有四百亿亩。"怎样规划这些土地?李翱主张:"方里之内,以十亩为屋室、径路、牛豚之所息,葱韭蔬菜之所生,而里之家给焉。"不仅如此,"凡百里之外,为方十里者百州县城郭之所建,通川大涂之所更,丘墓乡井之所聚,圳遂沟浍之所渠,计不过方十里者,三十有六而百里之家给焉。千里亦如之"(《李文公集·平赋书》)。这就是说,在全国土地面积中扣除以上诸用外,其余都可用来从事农业生产,为国家赋税提供来源。至于每家可占有多少土地,李翱没有提到。

在以上估计的基础上,李翱提出了他的税收标准。他建议说:"一亩之田,以强并弱水旱之不时,虽不能尽地力者,岁不下粟一石,公索其十之一。凡百里之州……余三十四亿五万有六千亩,亩率十取粟一担,为粟三十四万五千有六百石。以贡于天子,以给州县,凡执事之禄,以供宾客,以输四方,以御水旱之灾,皆足于是矣。"另一方面,对土地上的其他经济作物也征收十一税,如对"其田间树之以桑"者规定:"凡树桑,人一日之所休者谓之功。桑太寡则乏于帛,太多则暴于田,是故十亩之田,植桑五功,一功之桑取,不宜岁度之。虽不能尽其功者,功不下一匹帛,公索其百之十。凡百里之州……余田二十三亿有四千亩树桑,凡一百一十五万有二千,功率十取一匹帛,为帛一十一万五千有二百四。以贡于天子,以给州县,凡执事之禄,以供宾客,以输四方,以御水旱之灾,皆足于是矣。"
(《李文公集·平赋书》)

除此之外,李翱还要求设立公困,以备灾荒,对鳏寡孤独者实行救济和免征税赋,这样就能使百姓均能得到基本的土地以耕田作,生活有保障,财赋更充溢,社会便会趋于和睦繁荣,即所谓"鳏寡孤独有不人疾者,公与之粟帛;能自给者,弗征其田桑。凡十里之乡,为之公困焉。乡之所入于公者,岁十舍其一于公困。……饥岁并,人不足于食,量家之口多寡,出公困与之,而劝之种以需麦之升焉。及其大丰,乡之正告乡之人,归公所与之,畜当戒必精勿濡,以内于公困。穷人不能归者,与之,勿征于书。则岁虽大饥,百姓不困于食,不死于沟洫,不流而入于他矣"。这样,"百姓各自保而亲其君上,虽欲危亡,弗可得也"(《李文公集·平赋书》)。

李翱的分田法方案没有触及封建社会的土地占有关系,他只是根据先秦典籍中的有关国土划分法,主观地对当时的农用土地作出整体规划,然后安排设计作物耕种和收成效益,并以此确定所谓的十一低税率,这使其政策建议缺乏现实的可行性。李翱没有谈当时的土地兼并问题,而其方案设计似乎是在土地所有制虚化的前提下作出的,这就妨碍了他在理论上的进一步深化。当然,李翱的思想出发点是无可非议的,假使真能做到轻税薄赋,对于稳定农业劳动力,提高土地利用率,促进农业生产的发展,还是有积极作用的。

关于赋税改革,李翱的思路基本上和陆贽、白居易等人相似。他认为:"钱者,官司所铸;粟帛者,农之所出。今乃使农人贱卖粟帛,易钱入官,是岂非颠倒而取其无者耶!"这种做法的后果是农业的衰退和社会的动乱,因为"豪家大商,皆多积钱,以逐轻重。故农人日困,末业日增。一年水旱,百姓菜色,家无满岁之食,况有三年之蓄乎。百姓无三年之积,而望太平之兴,亦未可也"。为此,李翱要求朝廷发令:"不问远近,一切令不督见钱,皆纳布帛;凡官司出纳,以布帛为准。"他相信赋税改征布帛以后,虽然实际上交有所增加,"然百姓自重得轻,必乐而易输"。而这样做的利益所在就是使农民有从事再生产的条件,所谓"行之三五年……农人渐有蓄积,虽遇一年水旱,未有菜色,父母夫妇能相保"。据此,李翱断言:"改税法,不督钱而纳布帛,则百姓足。"反之,"若税法如旧,不速更改,虽神农后稷复生,教人耕织,勤不失时,亦不能跻于充足矣"(《李文公集·疏改税法》)。他的阐述比较简单,其出现虽然是有客观的社会经济原因的,但在理论分析上并没有超过他的同时代人。

第四章　两宋时期的农业思想

第一节　宋太祖、宋太宗的农业政策思想

960 年,后周殿前都点检赵匡胤发动政变,夺取政权,建立了宋朝。自此至宋太平兴国四年(979),逐步完成了中国的重新统一。到 1127 年,金军灭宋。这段时期,史称北宋。以后,康王赵构在南京(治所在今河南商丘南)即位,这一政权维持到 1279 年,当时的北方新兴统治者夺取了全国政权。这段时期,史称南宋。

两宋是中国古代社会经济进一步发展的重要时期。在农业方面,由于北宋统治者采取了一系列有利于农业生产的政策措施,因战乱而日益凋敝的农村经济得到较快的恢复。北宋初期的宋太祖、宋太宗均有重视农业的政策思想,而以太宗更为突出。

宋太祖,即赵匡胤(927—976),涿州(治所在今河北涿州市)人。960 年至 976 年在位。他在经济方面的主要举措是兴修水利,鼓励开垦荒地,整治以汴梁为中心的运河,以增加赋税收入和运河转输能力,这些都是在重视农业的思想指导下进行的。

建隆三年(962)正月,太祖诏曰:"生民在勤,所宝惟谷,先王之名训也。永念农桑之业,是为衣食之源。今阳和在辰,播种资始,虑彼乡间之内或多游堕之民,苟春作之不勤,则岁功之何望。卿任居守土,职在颁条,宜劝谕耕耘。"乾德二年(964)正月,他再次指示各地官吏说:"朕以农为政本,食乃民天,必务啬以劝分,庶家给而人足。今土膏将起,阳气方升,苟播种失时,则丰登何有?卿任隆分土,化洽编甿,所宜课东作之勤,副西成之望,使地无遗利,岁有余粮,勉行敦劝之方,体我忧勤之意。"(《宋会要稿·食货志一·农田杂录》)

为了鼓励农民佃种土地,宋太祖颁布了安抚流民的优惠政策。乾德四年(966)八月,他下令:"所在长吏,告谕百姓,有能广植桑枣、开垦荒田者,并只纳旧租,永不通检。今佐能招复逋逃,劝课栽植,岁减一选者加一阶。"开宝六年(973)又诏诸州:"今年四月已前逃移人户特许归业,只据现佃桑土输税,五年内却纳元额;四月以后逃移者永不得归业,田土许人请射。"(《宋会要稿·食货志一·农田杂录》)

赵匡胤还特别重视粮食的价格管理和储备。建隆元年(960)正月,他鉴于"江北频年丰稔,谷俗甚贱"的情况,要求各地有关部门"命使置场,添价散籴粳糯,以惠彼民"(《宋会要稿·食货志三九·市籴粮草》)。乾德四年(966)八月,又下诏说:"夏麦既登,秋稼复稔,令州县长吏劝民谨储蓄,戒佚游,以备凶荒。"(《续资治通鉴长编》卷7"乾德四年八月甲寅")

如果说在封建帝王的重农政策中,粮食生产一直受到特殊的强调,因而具有普遍性的话,那么宋太祖在肯定这一点的同时,还十分提倡农业中的林副业生产,则可算是一种比较独特的思想。在这方面,他发布的指令不仅次数不少,而且相当具体详尽。建隆二年(961)春天,他重申在后周显德三年(956)已颁行的课民种树的规定,并明确要求:"每县定民籍为五等,第一种杂木百,每等减二十为差,桑、枣半之。男、女十七以上,人种韭一畦,阔一步,长十步。乏井者邻伍为凿之。"(《续资治通鉴长编》卷2"建隆二年闰三月丙戌")为了考察种植实效,他要求"令佐以春秋巡视其数,秋满赴调,有司第其课而为之殿最"(《续资治通鉴长编》卷2"建隆二年闰三月丙戌")。种植林业需要较长周期,为此,次年九月,他下令"禁民伐桑枣为薪",同时还指示:"黄、汴两岸,每岁委所在长吏,课民多栽榆、柳,以防河决。"(《续资治通鉴长编》卷3"建隆三年九月丙子")这一政策持续到开宝年间,太祖还于开宝五年(972)再次下令:"自今治黄、汴、清、御等河州县,陈准旧制艺桑、枣外,委长吏课民别种榆、柳及土地所宜之木。仍按户籍上下定为五等:第一等岁种五十本;第二等以下递减十本。民欲广种艺者,听逾本数。有孤寡穷独者免之。"(《续资治通鉴长编》卷13"开宝五年正月己亥")

减轻赋税是促进农业生产的有力措施,赵匡胤就此发布的诏令更为频繁。如乾德元年(963)十二月诏:"禁道州调民取朱砂,除衡、岳州二税外,所赋米并毋得发生烹铜铫及作炭。"(《续资治通鉴长编》卷4"乾德元年十二月乙巳")次年二月,"诏诸州长吏视民田旱甚者即蠲其租,勿俟极"(《续资治通鉴长编》卷5"乾德二年二月戊申")。乾德三年(965)五月,派遣官吏十多人前往诸道接受民租,此举系"虑州县官吏掊敛之害也"(《续资治通鉴长编》卷6"乾德三年五月壬辰")。四年(966),诏"罢剑南道米麹之征"(《续资治通鉴长编》卷7"乾德四年七月庚辰")。五年(967)又诏:"夏秋以来,水旱沴,深虑民庶至于流离。宜令诸州长吏告民无转徙,被灾者蠲其赋。"(《续资治通鉴长编》卷8"乾德五年七月甲辰")开宝元年(968),诏"诸州民田经霖雨及为河水所漂没者蠲其租"(《续资治通鉴长编》卷9"开宝元年六月癸丑")。从便利农民的目的出发,他还对若干税物的征收办法进行了简化,如开宝三年(970),他向三司和诸路下诏:"两税折科物非土地所宜者,勿得抑配。"同时,"凡丝、绵、紬、绢、麻、布、香药、毛翎、箭笴、皮革、筋角等,所在约支二年之用,勿得广其科市,以致烦民"(《续资治通鉴长编》卷11"开宝三年四月己卯")。

改善吏治、限制豪强,这也是宋太祖为保护农业生产而采取的重要措施。关于前者,赵匡胤的打击重点是克扣民财之流。乾德四年(966),他听说有的地方对征收粟刍有多余的官吏请行赏典的事,于是指出:"出纳之吝,谓之有司,倘规致于羡余,必深务于掊克。"像这种征收过程中多出万石万束的情况,"苟非倍纳民租、私减军食,何以致之?"为此他明令"宜追寝其事",不准颁行这类赏典,同时重申:"除官所定正耗外,严加止绝。"(《文献通考》卷4《田赋四》)关于后者,赵匡胤的态度也相当明确,他于开宝四年(971)下诏说:"朕临御以来,忧恤百姓,所通抄人数目寻常,别无差徭。只以春初修河,盖是与民防患。而闻豪要之家多有欺罔,并差贫阙,岂得均平!特开首举之门,明示赏罚之典。"(《文献通考》卷11《户口二》)

继太祖即位的宋太宗也是一位有所作为的皇帝。宋太宗(939—997),原名匡义,后改光义,即位后又改炅,是宋太祖的弟弟。976年至997年在位。在他执政期间,重农政策继续得到实施,有些方面较前有所发展,因而对北宋前期农业经济的繁荣起了积极的作用。

宋太宗为了稳定农业劳动力,主张对其实施宽恤政策。太平兴国七年(982),他对京都一带的地方官吏发布诏令指出:"膏泽沾足,宜令民及时种艺。道路泥泞,输租者当俟晴霁,吏无得督责。"(《续资治通鉴长编》卷23"太平兴国七年五月己未")次年九月,他对当时的宰相表示:"民诉水旱,即使检核,立遣上道,犹恐后时。颇闻使者或逗留不发,州县虑赋敛违期,弃其地遂为旷土。宜令诸州籍其陇亩之数,均其租,每岁十分减其三,以为定制。仍给复五年,召游民劝其耕种,厚慰抚之,以称务农敦本之意。"(《宋会要稿·食货志一·农田杂录》)至道元年(995),他又命令下属,"募民请佃诸州旷土,便为永业,仍蠲三岁租。三年外,输二分之一。州县官吏劝民垦田之数,悉书于印纸,以俟旌赏"(《续资治通鉴长编》卷38"至道元年六月丁酉")。这一命令对吸引劳动力返归务农起了明显的感召作用,史称:"诏下,归业者甚众。"(《文献通考》卷4《田赋四》)至道三年(997),宋太宗再次下诏:"天下荒田,许人户经管,请射开耕,不计岁年,未议科税。直俟人户开耕,事力胜任起税,即于十分之内完二分,永远为额。"(《宋会要稿·食货志一·农田杂录》)为了不错过农时,他还下令将国库粮食赐给农民作为种子,甚至将御马的口粮也改为刍蒿。

太宗时的荒地开垦包括两种:一种是募民种植因虫灾等原因抛荒的农田;另一种是组织营田。关于前者,宋太宗的优惠措施是:凡是受招复业的农民,其租额"只计每岁所垦田亩桑枣输税,至五年复旧。旧所逋欠悉从除免"(《宋会要稿·食货志一·农田杂录》)。关于后者,他曾于端拱二年(989)派陈恕为河北东路招置营田使,并在十二月就营田发布诏书说:"民为邦本,食乃民天……且思河朔之间,富有膏腴之地,法其井赋,令作方田。"他希望陈恕等人"往彼兴功,眷惟黎庶,各有耕桑。闻兹创置之言,谅积欢呼之意"(《宋会要稿·食货志二·营田》)。

在宋太宗的农业政策思想中,较有特色的是关于农业生产经营方面的内容。他对农业多种粮食作物的栽培种植都给予注意,如淳化四年(993),"诏岭南诸县,令劝民种四种豆及黍、粟、大麦、荞麦,以备水旱。官给种与之,仍免其税。内乏种者,以官仓新贮粟、麦、黍、豆贷与之"。另一方面,林副业种植也为他所强调,如至道元年(995)十二月下诏曰:"劝农种艺,素有定规……宜令诸路州府,各据本县所管人户,分为等第,依原定桑枣株数,依时栽种。如欲广谋栽种者亦听。其无田土及孤、老、残疾、女户无男丁力者不在此限。如将来增添桑土,所纳税课并依原额,更不增加。每春初,晓示令佐能设法劝课。"(《宋会要稿·食货志一·农田杂录》)这是对宋太祖此类政策的继续。

最值得称道的是宋太宗对改良农具的重视和建立农师制度的创举。关于改良农具,史料有这样的记载:"(淳化)五年三月,以宋、亳、陈、颍州民无牛畜者自挽犁而耕,因令逐处人户团甲,每一牛官借钱三千,令自于江浙市之。又命直史馆陈尧叟先赉踏犁数千具往宋州,委本处铸造以赐人户。先是,太子中允武允成尝进踏犁。至是,令搜访之,其制犹存,因命铸造赐马。尧叟还奏,踏犁之用,可代牛耕之功半,比镵耕之功则倍。"(《宋会要稿·食货志一·农田杂录》)以封建帝王而如此关注农业生产中的器具改良和普及,在中国历史上并不多见。

另一方面,宋太宗关于建立农师制度的诏令也比较具体,反映了他对农业有深切的了解,政策规定也符合实际,具有较强的可行性。这一诏令发布于太平兴国七年(982),其内容为:"诸路州民户或有欲勤稼穑而乏子种与土田者,或有土田而少男丁与牛力者,许众户推一人谙会种植者,如县给帖补为农师,除二税外,并免诸杂差徭。凡谷、麦、麻、豆、桑、枣、果实、蔬菜之类,但堪济人,可以转教。众多者,令农师与本乡里正、村耆相度。且述土地所宜,及某家现有种子,某户现有关丁,某人现有剩牛,然后分给旷土,召集余夫,明立要契,举借粮种,及时种莳。俟收成依契约分,无致争讼。官私每岁较量所课种植功绩。如农师有不能勤力者,代之。惰农务为饮博者,里胥与农师谨切教诲之,不率教者州县依法科罚。"(《宋会要稿·食货志一·农田杂录》)这里的农师兼有教习农事和督促农民的双重职能,这种制度的建立,对农业生产技术的推广和提高,无疑能起积极的作用。

除此之外,宋太宗在减轻赋税、贮粮备荒、改良吏治等方面继续实施有利于农的政策。减轻赋税除了在北宋建国初期为安抚流民而实行外,大多在遇到自然灾害时颁行,有时则是出于减省农民冗烦的考虑。雍熙元年(984),有地方官吏上奏说:当地遇灾,二十亩以下请求免税的人很多,希望不要接受这种要求。宋太宗则认为:"若此,贫民田少者恩常不及矣。灾沴蠲税,政为穷困,岂以多少为限耶!"为了防止下属不能贯彻这一指示,他特地下令:"自今民诉水旱,勿择田之多少,悉与检视。"(《续资治通鉴长编》卷25"雍熙元年正月乙丑")至道元年(995),他又下诏:"除兖州岁课民输黄苗、荆子、茭、芰十六万四千八百围,因令诸道转运使,检案部内无名配率如此类者以闻,悉蠲之。"(《文献通考》卷4《田赋四》)

在粮食贮备方面,宋太宗于淳化三年(992),"分遣使臣,于京城四门置场,增价以籴,令有司虚近仓以贮之,命曰常平,以常参官领之。俟岁饥,即减价粜与贫民,遂为永制"(《续资治通鉴长编》卷33"淳化三年六月辛卯")。至道二年(996),又诏"江南、两浙、淮南诸州置籴,分遣京朝官莅之,以岁熟故也"。他之所以如此重视储备粮食,是基于这样的认识:"国家大本,食是为先。今亿兆至蕃,未闻有九年之蓄,朕甚忧之。"在同一思想的支配下,他曾于至道三年(997)命令三司:"及兹岁稔,大为市籴,以实仓廪。"(《宋会要稿·食货志三九·市籴粮草》)

对下属官吏以税收苛烦农民的现象,宋太宗也深为不满,他在太平兴国八年(983)对宰相说:"朕视万民如赤子,念其耕稼之勤。春秋赋租,军国用度所出,恨未能去之。比令两税三限外,特加一目。而官吏不体朝旨,自求课最,恣行捶挞,督令办集。此一事尤伤和气,宜下诏申儆之。"随即,他果然下令:"诸州长吏察访属县,有以摧科用刑残忍者论其罪。"(《续资治通鉴长编》卷24"太平兴国八年九月乙丑")

宋太祖、太宗的重农政策,从理论上来看,是对先秦时期出现的一系列促进农业生产思想原则的实际运用,其客观效果是明显的。即以垦田数来说,太祖开宝年末达到 2 953 320.6 顷,太宗至道年又增加到 3 125 251.25 顷。以后,北宋的帝王中不乏重视农业者,但其实行重农政策的力度已大不如前。

值得注意的是,北宋政府实施了"田制不立"(《宋史·食货志上》)的土地管理上的重大转变,这对宋代的社会阶级矛盾和农业经济发展造成了深远的影响,导致了日后尾大不掉的兼并狂潮。宋太祖虽批评豪强,但对土地兼并掉以轻心,认为:"富室连我阡陌,为国守财,缓急盗贼窃发,边境骚动,兼并之财乐于输纳,皆我之物。"(《挥麈后录余话》卷1《祖宗兵制名枢廷备检》)这为官僚豪富大肆侵吞土地大开了方便之门。以后，曾有人提议对官吏占田实行限制，政府也为此下过诏令，但并未遏制土地兼并的蔓延。到宋仁宗(赵祯)当政时，朝廷鉴于"天下田畴，半为形势所占者"，于是又"定限田之法"(《山堂先生群书考索·后集》卷51《民门·农田·仁宗条》)，但"任事者终以限田不便，未几即废"(《宋史·食货志上》)。

宋代的土地兼并既是封建土地制度固有矛盾的反映，又是中国封建社会中后期商品经济进一步发展的产物。政府的土地政策只是加剧了这一进程，而并非导致这一状况出现的根源。土地是农业经济中的最基本生产资料，它的占有状况体现着农业生产关系的深刻变动，并决定着当时农业思想的理论发展。

第二节　李觏的农业思想

李觏(1009—1059)，字泰伯，南城(今属江西)人。早年应考不中，即自著书籍并任教职，"学者常数十百人"(《宋史·李觏传》)。后经北宋名臣范仲淹推荐入仕，历任仕郎、太学助教、太学说书、海门主簿、代管太学等职。李觏的经济思想比较丰富，撰有《平土书》《富国策》等专著，而农业问题是他议论的重点之一。

李觏对经济在国家治理中的决定性作用有正确的认识。他指出："盖城郭宫室，非财不完；羞服车马，非财不具；百官郡吏，非财不养；军旅征戍，非财不给；郊社宗庙，非财不事；兄弟婚媾，非财不亲；诸侯四夷朝觐聘问，非财不接；矜寡孤独，凶荒札瘥，非财不恤。"因此，"治国之实必本于财用"。从这种观点出发，李觏强调富国的必要性，而"所谓富国者，非曰巧筹算、析毫末，厚取于民以媒怨也，在乎强本节用，下无不足而上有余也"(《李觏集》，第133页，中华书局1981年版)。

要使国家治理有财用作基础，首先必须搞好农业，这是李觏的明确看法。他说："民之大命，谷米也。国之所宝，租税也。天下久安矣，生人既庶矣，而谷米不益多，租税不益增者何也？地力不尽，田不垦辟也。"(《李觏集》，第135页)这就触及农业发展的实质性问题，即首先要调整好农业生产关系，才能确保农业生产的发展。

李觏强调土地制度的重要性，指出："法制不立，土田不均，富者日长，贫者日削，虽有耒耜，谷不可得而食也……故平土之法，圣人先之。"(《李觏集》，第183页)但是，当时的情况却令人忧虑："贫民无立锥之地，而富者田连阡陌。富人虽有丁强，而乘坚驱良，食有粱肉，其势不能以力耕也，专以其财役使贫民而已。贫民之黠者则逐末矣，冗食矣。其不能者乃依人庄宅为浮客(佃农)耳。田广而耕者寡，其用功必粗。天期地泽风雨又急又莫能相救,故地力不可得而尽也。"(《李觏集》,第136页)关于土地兼并造成的后果,前人往往从贫富悬殊容易导致社会矛盾激化的角度加以抨击,而李觏则是着眼于生产关系对生产力发展的反作用上立论,其见解是新颖的。

在分析当时农村状况时,李觏对无地佃农的处境表示同情,他说:"吾民之饥,不耕乎?曰:天下无废田。吾民之寒,不蚕乎?曰:柔桑满野,女手尽之。然则如之何其饥且寒也?曰:耕不免饥,蚕不得衣;不耕不蚕,其利自至。耕不免饥,土非其有也。蚕不得衣,口腹夺之也。"(《李觏集》,第214页)从这种思想倾向出发,他对古代的井田制评价很高,认为这种制度最为理想,指出"井地之法"是"生民之权衡","井地立则田均,田均则耕者得食,食足则蚕者得衣;不耕不蚕,不饥寒者希矣"(《李觏集》,第214—215页)。不仅如此,他还从生产关系促进生产力发展的角度阐明了井田制的优越性,写道:"言井田之善者,皆以均则无贫,各自足也。此知其一,未知其二。必也,人无遗力,地无遗利,一手一足无不耕,一步一亩无不稼,谷出多而民用富,民用富而邦财丰。"(《李觏集》,第78页)这种观点同他对土地兼并的分析思路是一致的。

李觏虽然推崇井田制,但并不主张恢复古制,而只是想依据这条原则实施限田。他指出:"土,天下之广也,而一块莫敢争,先为之限;口,天下之众也,勺饮无所阙,先为之业也。"(《李觏集》,第212页)他介绍《周礼》中的占田规定说:"周制井田,一夫百亩,当今四十一亩有奇……又赋以莱,或五十亩,或百亩,或二百亩,课其余力,治其旷土,则田可垦辟也。"(《李觏集》,第135页)限田的具体标准是多少,李觏未作明确表示,他强调的是"限人占田,各有顷数,不得过制",达到"游民既归而兼并不行,则土价必贱。土价贱,则田易可得。田易可得而无逐末之路、冗食之幸,则一心于农,一心于农,则地力可尽矣"(《李觏集》,第136页)。这里所说的"一心于农",类似战国时商鞅提出的"利出一孔"原则,只是二者的政策目标有所不同。

除了通过限田政策以尽地力之外,李觏还对土地垦辟给予重视。他认为:"不知其本而求其末,虽尽智力弗可为已。是故土地,本也;耕获,末也。无地而责之耕,犹徒手而使战也。"(《李觏集》,第183页)这就是说,要发展农业经济,土地的意义是最为重要的,因此,他既主张对已有土地实行占有关系的调整,同时积极建议开展土地的垦辟。为此,他对富人的作用持以肯定态度,认为:"田皆可耕也,桑皆可蚕也,材皆可饬也,货皆可通也,独以是富者,心有所知,力有所勤,夙兴夜寐,攻苦食淡,以趣天时,听上令也。"(《李觏集》,第90页)这是中国历史上最初的为富人辩护的论调之一,其目的是让这些富人发挥集资垦荒的带头作用。

李觏表示：由于一些贫民无力自耕土地而变为佃农，"则富家之役使者众；役使者众，则耕者多，耕者多，则地力可尽矣。然后于占田之外，有能垦辟者，不限其数。昔晁错言于文帝，募天下入粟县官，得以拜爵。今宜远取秦汉，权设爵级，有垦田及若干顷者，以次赏之。富人既不得广占田而可垦辟，因以拜爵，则皆将以财役佣，务垦辟矣。如是而人有遗力，地有遗利，仓廪不实，颂声不作，未之信也"（《李觏集》，第136页）。这种政策导向既能限制富人对土地的兼并，又可依靠其财力扩大耕地面积，从而使社会财富发挥有利于农业生产的积极作用。

对于边疆地区的屯田问题，李觏也发表了看法。他指出："兴屯田之利，以积谷于边，外足兵食，内免馈运，民以息肩，国以省费，既安既饱，以时训练，来则奋击，去则勿追，以逸待劳，以老其师，此策之上也。"（《李觏集》，第153页）如何组织屯田？李觏提出了比较笼统的意见，他写道："今天下公田，往往而是，籍没之产，未尝绝书。或为豪党占佃，或以裁价斥卖。公家之利，亦云薄矣。其势莫若置屯官而领之。"显然，这里所说的屯田已是包括内地屯垦的广义概念了。他建议："举力田之士，以为之吏。招浮寄之人，以为之卒。立其家室，艺以桑麻。三时治田，一时讲事。男耕而后食，女蚕而后衣。撮粒不取于仓，寸帛不取于府。而带甲之壮，执兵之锐，出盈野、入盈城矣。其所输粟又多于民，而亡养士之费，积之仓而已矣。此足食、足兵之良算也。"（《李觏集》，第155页）

为了促进土地利用率的提高和农业生产的发展，李觏还对有关官吏的职责提出了要求。他强调："王法必本于农。"（《李觏集》，第181页）指出："圣人为邦，使民男女相助，以业衣食。田官临视，与在陇亩。叙其伤悲，时其嫁娶。果菜必备，室庐必葺。"他批评当时的官场风气："狃富贵者，以田野为鄙事；……闾里之内，烦费百端。夺其农耕，乱其蚕织，往往而是也。"希望官府"以吏课为后，以农政为急，劝农之官，交举其职，时行属县，问民疾苦。土田垦辟，稼穑蕃滋，百姓乐业而无冤入"（《李觏集》，第182页）。这在一定程度上是对封建社会中的农业行政管理内在弊端的改革呼吁。

农业劳动力是从事农业生产的主体，其素质高低和数量多少直接影响到发展农业政策目标的实现，因此，李觏专门论述了驱游民以务农的问题。他所说的游民包括两类人：其一是冗者；其二是末者。所谓冗者，系指当时的和尚、道士、钻营官府的奸人、方术之士、从事歌舞等娱乐职业者。而末者则是指从事奢侈品生产和流通的人。

关于驱游民以归农的理由，李觏列举了许多，大都与农业有关。如他认为和尚道士为数众多，他们不仅占有大量山泽土地，而且使"男不知耕而农夫食之，女不知蚕而织妇衣之"，更有甚者，"营缮之功，岁月弗已，驱我贫民，夺我农时"。如果命令他们务农,则可以使"农夫不辍食","织妇不辍衣";"徭役乃均,民力不困";"财无所施,食无所斋,民有羡余,国以充实";"营缮之劳,悉已禁止,不驱贫民,不夺农时";"淫巧之工,无所措手,弃末反本,尽缘南亩"(《李觏集》,第141页)。

再如,关于工商日多的原因,李觏指出:"今也民间淫侈亡度,以奇相曜,以新相夸。工以用物为鄙,而竞作机巧,商以用物为凡,而竞通珍异。或旬月之功而朝夕敝焉,或万里之来而坠地毁焉。物亡益而利亡算,故民优为之。"(《李觏集》,第138页)这种风气的蔓延使大量劳动力从农业中流失,其治理对策则在于提倡朴素之风,即所谓"复朴素而禁巧伪",因为"朴素复,则物少价;巧伪去,则用有数。利薄而不售,则或罢归矣"(《李觏集》,第139页)。这就是让从事奢侈品生产和买卖的逐末者无利可图而不得不归农。不难看出,李觏的驱民归农法比较注重于经济方面的考虑。

除此之外,李觏在粮食价格管理和贮粮备荒等问题上也发表过不乏新意的见解。他不同意传统的谷贱伤农、谷贵伤末的说法,认为如果不去除粮价调节中的弊端,最终受害的都将是农民,即粮价"贱则伤农,贵亦伤农"。因为"农不常籴,有时而籴也。末不常籴,有时而籴也。以一岁之中论之,大抵敛时多贱,而种时多贵矣。夫农劳于作,剧于病也,爱其谷,甚于生也。不得已而籴者,则有由焉。小则具服器,大则营昏丧。公有赋役之令,私有称贷之责。故一谷始熟,腰镰未解而日输于市焉。籴者日多,其价不得不贱。贱则贾人乘势而罔之,轻其币而大其量,不然则不售矣……农人仓廪既不盈,窦窖既不实,多或数月,少或旬时,而用度竭矣。土将生而或无种也,末将执而或无食也,于是乎日取于市焉。籴者既多,其价不得不贵。贵则贾人乘势而闭之,重其币而小其量,不然则不予矣"(《李觏集》,第142页)。这种分析不单单着眼于农业丰歉,而且注意到了粮价的季节变动,所以具有理论上的创见。至于这种粮价的季节变动,当然也与政府的赋税征收有关。

上述分析说明了政府实行平籴政策的必要,但李觏认为当时的平籴法仍存在着"数少""道远""吏奸"等三个弊端,这都是不利于农民的。对此,他提出了治理的对策,指出:"今若广置本泉,增其籴数,则蓄贾无所专利矣;仓储之建,各于其县,则远民可以得食矣;申命州部,必使廉能,则奸吏无以侵刻矣。"(《李觏集》,第143页)

对当时农民赋税过重的情况,李觏也给予了关注。他认为:"一夫之耕,食有余也;一妇之蚕,衣有余也。衣食且有余而家不以富者,内以给凶吉之用,外以奉公上之求也。而况用之无节,求之无艺,则死于冻馁者,固其势然也。"(《李觏集》,第82页)这就把政府的搜括行径作为人民贫困的主要原因来加以抨击。在给范仲淹的一封信中,他进一步分析说:"夫财物不自天降,亦非神化。虽太公复出于齐,桑羊(桑弘羊)更生于汉,不损于下而能益上者,未之信也,况今言利之臣乎!农不添田,蚕不加桑,而聚敛之数岁月增倍,辍衣止食,十室九空。本之既苦,则去而逐末矣。又从而笼其末,不为盗贼将何道也。"(《李觏集》,第330页)宋初以来,政府在推行重农政策的同时,实际租税剥削开始加重,李觏在这里所揭露的正是这种严酷的现实。至于缓解农民赋税重负的措施,李觏没有具体的建议,而只是重复了前人所提过的原则,如"量入以为出";"节用"(《李觏集》,第75页);"地所无及物未生,则不求"(《李觏集》,第83页);"观其丰凶,而后制税敛"(《李觏集》,第84页);等等。

此外,李觏还对义仓问题发表过看法,他认为唐朝义仓设置还存在不合理之处,指出:"彼计民稼种,以亩税之,及无田者,亦各有差,则能入粟之人,非穷民也。至凶年,则入粟之家,或自有贮备,不当赒救,于是穷民享之矣。出此而入彼,有丧而无得,奚以异于厚敛乎?"这也就是李觏所说的"敛散之法则未尽得宜"的意思(《李觏集》,第144页)。为了充分发挥富人参与义仓贮粟的积极性,李觏建议:"以农末之民,各分户等,每于秋成,以次入粟,谓之寄留。至凶年,则下户之乏食者,准数给还,其上户则转以给穷民。书其转给之数,积以岁年,数登若干者,拜以爵级,以宠异之,则富人乐输,穷民受赐矣。"(《李觏集》,第144—145页)汉朝曾有以粟授爵之议,李觏将这种政策思路运用于义仓。他的这番见解同样反映了重视富人作用的思想敏锐性。

第三节　范仲淹、欧阳修的农业思想

在北宋政坛上,范仲淹和欧阳修都属于锐意改革的一派人物,而且他们的农业思想也有不少相通之处。

范仲淹(989—1052),字希文,苏州吴县(治今江苏省苏州市)人。真宗时考中进士,历任泰州西溪盐官、知苏州、陕西经略副使、参知政事、陕西四路宣抚使、知邠州、知邓州等职。他是北宋著名的政治改革家,曾于庆历三年(1043)明确提出:"我国家革五代之乱,富有四海垂八十年,纲纪制度日削月侵,官壅于下,民困于外,夷狄骄盛,寇盗横炽,不可不更张以救之。"(《范文正公政府奏议·答手诏条陈十事》)他的改革措施包括行政、军事、经济、法律等方面,而农业又是经济改革中的重点。

范仲淹对农业十分重视。在泰州任职期间,他曾建议修建捍海堰,使大批农田免遭海淹。转任苏州知事时,又逢水灾,他发起募集灾民疏通太湖支流,泄洪入海,减轻了灾情。就农业思想而言,早在庆历新政以前,范仲淹就对当时农业所面临的问题提出过分析意见。他认为造成当时农民穷困、粮价上涨的根本原因在于劳动力大量从农业生产部门流失,而不是人口增加的压力,指出:"盖古者四民,秦汉之下兵及缁黄共六民矣。今又六民之中浮其业者,不可胜纪,此天下之大蠹也。士有不稽古而禄,农有不竭力而饥,工多奇器以败度,商多奇货以乱禁,兵多冗而不急,缁黄荡而不制。此则六民之浮不可胜纪,而皆衣食于农者也,如之何物不贵乎?如之何农不困乎?"(《范文正公集》卷8《上执政书》)这里所说的"浮其业者",主要是指脱离农业生产的游闲之民,也就是依附于社会经济之上的巨大负担。

怎样减少这种不堪重负的冗民?范仲淹的对策是发展农业生产,让游闲之民从事农业生产。他提出建议说:"京畿在三辅五百里内,民田多隙,农功未广,既已开导沟洫,复须举择令长,使询访父老,研究利病,数年之间力致富庶,不破什一之税,继以百万之籴……此亦去冗之大也。"另一方面,为了增加农业劳力,他主张由朝廷下令给诸军,"年五十已上有资产愿还乡里者,一可听之",认为此举可"稍省军储,复从人欲"(《范文正公集》卷8《上执政书》)。

除了在内地发展农业,范仲淹还建议仿行汉朝赵充国的做法,在边陲区域进行屯田。他认为:"今之边塞皆可使弓手士兵以守之,因置营田,据亩定课。兵获余羡,中粜于官,人乐其勤,公收其利,则转输之患久可息矣。"不仅如此,让屯兵"徙家塞下,重田利,习地势,父母妻子而坚其守,比之东兵不乐田利,不习地势,复无怀恋者,功相远矣"。这样就可以达到"国家用功则宜取其近而兵势不危,用守则必图其久而民力不乏","取文帝和乐之德,无孝武哀痛之悔"的政策目标。(《范文正公集》卷5《议守》)

在庆历新政的农业改革措施中,范仲淹重点论述了均公田(官员职田)、厚农桑、减徭役等问题。

所谓均公田,是指让官员拥有一定数量的职田,以杜绝其侵夺百姓之弊。范仲淹认为:"养贤之方必先厚禄,厚禄然后可以责廉隅、安职业也。"他说,由于"天下物贵之后,而俸禄不继,士人家鲜不穷窘……于守选待阙之日,衣食不足,贷款以苟朝夕。到官之后必来见逼,至有冒法受赃,赊举度日,或不耻贾贩,与民争利"。在这种官吏的管辖下,"贫弱百姓理不得直,冤不待诉,徭役不均,刑罚不正"。宋真宗时恢复了职田之制,以期消除上述弊端,但后来有人以职田不均为由,主张罢却职田。对此,范仲淹表示反对,他主张经有关部门议定,"外官职田有不均者均之,有未给者给之,使其衣食得足,婚嫁丧葬之礼不废,然后可以责其廉节,督其善政"(《范文正公政府奏议·答手诏条陈十事》)。

在谈到厚农桑问题时,范仲淹强调:"养民之政必先务农,农政既修则衣食足,衣食足则爱肤体,爱肤体则畏刑罚,畏刑罚则寇盗自息祸乱不兴。是圣人之德发于善政,天下之化起于农亩。"他批评"今国家不务农桑,粟帛常贵","又贫弱之民困于赋敛,岁伐桑枣,鬻而为薪,劝课之方,有名无实"。为了尽快改变这种状况,范仲淹主张下诏诸路转运司,"令辖下州军吏民,各言农桑之间可兴之利,可去之害,或合开河渠,或筑堤堰陂塘之类",然后切实施行兴利之策。另一方面,"其劝课之法,宜选官讨论古制取其简约易从之术"。他相信通过上述途径,"如此不绝,数年之间,农利大兴,下少饥岁,上无贵籴",全国的农业生产形势必将大有改观(《范文正公政府奏议·答手诏条陈十事》)。

至于减徭役,目的也是要减轻农民负担,在这个问题上,范仲淹的建议是仿行汉武帝时的做法,合并县邑,以减省官府赋役。

范仲淹的改革主张一度得到宋仁宗的支持,被批准颁行全国。后由于受到贵戚官僚的反对而遭到失败。范仲淹也因而被调为外官。

这里还要提一下范仲淹在救灾方面的创新之举。在知杭州时,正遇两浙饥荒,范仲淹采取了以工代赈的方法,发放浙西储存的粮食,修仓库,造官舍,建寺庙,"日役千夫"。他自己还天天宴于湖上,鼓励人们出来交游。这样,"贸易、饮食、工技服力之人,仰食于公私者,日无虑数万人"。这些举措一度被上司指责为"嬉游不节""不恤荒政"和"伤耗民力",但最终收到了理想的救灾效果。此后,范仲淹在杭州"发司农之粟,募民兴利"的以工代赈措施,得到朝廷首肯,被命令推广实行(《梦溪笔谈》卷11)。用刺激消费来增加就业以达到救灾的目的,这在秦汉古籍(如《管子·轻重》)中已有论及,但真正付诸实施并收到良效的,则以范仲淹为第一人。

范仲淹是北宋著名的文学家,他在《岳阳楼记》中的两句名言"先天下之忧而忧,后天下之乐而乐"(《范文正公集》卷7),很能反映出他关心民苦、重视发展农业的真实心情。在一定程度上,这也是中国历史上强调农业生产重要性的思想家们的一个共同特点。

欧阳修(1007—1072),字永叔,号醉翁、六一居士,吉水(今属江西)人。仁宗时考中进士,历仕仁宗、英宗、神宗朝,曾任西京(治所在今河南洛阳东北)留守推官、馆阁校勘、夷陵(治所在今湖北宜昌)县令、集贤校理、通判滑州(治所在今河南滑县东)、知谏院、龙图阁直学士、河北都转运使、翰林学士、龙图阁学士、知开封府、礼部侍郎兼翰林侍读学士、枢密副使、参知政事、吏部侍郎、刑部尚书、兵部尚书知亳(治所在今安徽亳县)州、知青(治所在今山东益都)州、知蔡(治所在今河南汝南)州、太子少师等职。欧阳修不仅是宋代著名的文学家,而且积极主张进行社会政治、经济等方面的改革。他曾支持范仲淹在庆历三年(1043)所推行的新政,并且因此而受牵连。而在经济思想方面,他对时局的批评及对策见解提出得还要早,其中有关农业的议论是重要内容之一。

《原弊》是欧阳修写于景祐三年(1036)左右的经济专论,其中对农业问题谈得很多。他充分肯定农业在国家治理中的首要地位,指出:"农者,天下之本也,而王政所由起也,古之为国者未尝敢忽。"对当时官吏不重视农业的现象,他提出批评说:"今之为吏者不然,簿书听断而已矣。闻有道农之事,则相与笑之曰鄙夫。知赋敛移(财)用之为急,不知务农为先者,是未原为政之本也。知务农而不知节用以爱农,是未尽务农之方也。"他进一步揭露了这种轻农意识所导致的恶果:"耕者不复督其力,用者不复计其出入。一岁之耕,供公仅足,而民食不过数月,甚者场功甫毕,簸糠麸而食秕稗,或采橡实畜菜根以延冬春。夫糠核橡实,孟子所谓狗彘之食也,而卒岁之民,不免食之。不幸一水旱,则相枕为饿殍。"(《欧阳修全集》上册,第 421 页,中国书店 1986 年版)

为什么会造成这种状况的呢?欧阳修一方面断言是由于"以不勤之农,赡五节之用",另一方面又指出其更深层的原因是"非徒不勤农,又为众弊以耗之"。他所说的"众弊"是指当时各种有害于农的社会现象,主要有三条,即"诱民之弊""兼并之弊"和"力役之弊"。

所谓"诱民之弊",是说当时当兵和做和尚往往成为农民流失的主要去向。他认为:"古之凡民,长大壮健者皆在南亩,农隙,则教之以战。今乃大异,一遇凶岁,则州郡吏以尺度量民之长大而试其壮健者,招之去为禁兵,其次不及尺度而稍怯弱者,藉之以为厢兵。吏招人多者有赏,而民方穷时,争投之。故一经凶荒,则所留在南亩者,惟老弱也。"(《欧阳修全集》上册,第 421—422 页)这就使"民尽力乎南亩者,或不免乎狗彘之食,而一去僧兵,则终身安佚而享丰腴,则南亩之民,不得不日减也"(《欧阳修全集》上册,第 422 页)。

对日益严重的土地兼并,欧阳修作了尖锐的抨击。他分析当时的情况说:"今大率一户之田及百顷者,养客数十家。其间用主牛而出己力者,用己牛而事主田以分利者,不过十余户,其余皆出产租而侨居者曰浮客,而有畲田。"这些农户"素非富而畜积之家也",一遇婚嫁丧葬或水旱灾荒,就不得不向豪富借债,由于债息高达 2 至 3 倍,佃户在收成之后,"尽其所得或不能足,其场功朝毕而暮乏食",于是不得不重新借债,"故冬春举食,则指麦于夏而偿,麦偿尽矣。夏秋则指禾于冬而偿也。似此数十家者,常食三倍之物,而一户常尽取百顷之利也"。在这种情况下,国家即使实行轻税政策,广大农民也得不到实惠,因为"夫主百顷而出税赋者一户,尽力而输一户者,数十家也。就使国家有宽征薄赋之恩,是徒益一家之幸,而数十家者,困苦常自如也"(《欧阳修全集》上册,第422页)。

未被兼并的农户,处境也很悲苦,欧阳修写道:"民有幸而不役于人,能有田而自耕者,下自二顷至一顷,皆以等书于籍,而公役之多者为大役,少者为小役。至不胜,则贱卖其田,或逃而去。"这就是欧阳修所说的"力役之弊"(《欧阳修全集》上册,第422页)。

此外,欧阳修还列举了其他的害农之弊,如"又有奇邪之民,去为浮巧之工,与夫兼并商贾之人,为僭侈之费。又有贪吏之诛求,赋敛之无名",等等。总之,"其弊不可以尽举也"(《欧阳修全集》上册,第422页)。

迫于上述种种弊端,当时农民与其他职业者的贫富差别日益悬殊:"大抵天下中民之士,富且贵者化粗粝为精善,是一人常食五人之食也;为兵者,养父母妻子而计其馈运之费,是一兵常食五农之食也;为僧者,养子弟而自丰食,是一僧常食五农之食也;贫民举倍息而食者,是一人常食二人三人之食也。"这样,"天下几何其不乏也?"(《欧阳修全集》上册,第422页)

在论述农业经济问题时,欧阳修十分强调国家减少财政搜括的必要性。他以古代为例,指出:"古者冢宰制国用,量入以为出。一岁之物三分之,一以给公上,一以给民食,一以备凶荒。"但是当时的统治者却不知节用,"不先制乎国用,而一切临民而取之。故有支移之赋,有和籴之粟,有入中之粟,有和买之绢,有杂料之物,茶盐山泽之利,有榷有征,制而不足,则有司屡变其法,以争毫末之利"(《欧阳修全集》上册,第422—423页)。他尤其不满于朝廷对备荒的忽视,认为"不知水旱"是"不量天力之所任"的表现。在他看来,"阴阳在天地间,腾降而相推,不能无愆伏……善为政者不能使岁无凶荒,备之而已",而"有司之调度,用足一岁而已,是期天岁岁不水旱也"。所以,"以前二三岁,连遭旱蝗而公私乏食,是期天之无水旱,卒而遇之,无备故也"。显然,欧阳修的以上见解都是切中时弊的,只是在农业思想上尚无重要的创新。在陈述对策时他也缺乏实质性的措施方法,仅表示:"井田什一之法,不可复用于今。为计者,莫若就民而为之制,要在下者尽力而无耗弊,上者量民而用有节,则民与国庶几乎俱富矣。"(《欧阳修全集》上册,第423页)这说法很笼统,对消除害农诸弊没有多大的实际意义。

在《通进司上书》中,鉴于国家财政日益窘迫的困境,欧阳修提出了理财的三种方法,其中的一条就是"尽地利",就是要努力发展农业生产。他指出:"今天下之土,不耕者多矣……自京以西,土之不辟者,不知其数,非土之瘠而弃也,盖人不勤农,与夫役重而逃尔。久废之地,其利数倍于营田。今若督之使勤,与免其役,则愿耕者众矣。"(《欧阳修全集》上册,第309页)为了促进农业生产,欧阳修还建议将游手好闲之民驱之归农。他分析了京西一带的劳动力状况,并拟定了具体的管理对策,写道:"京西素贫之地,非有山泽之饶,民惟力农是仰。而今三夫之家一人,五夫之家三人为游手。凡十八九州,以少言之,尚可四五万人,不耕而食,是自相糜耗而重困也。今诚能尽驱之,使耕于弃地,官贷其种,岁田之入,与中分之。如民之法,募吏之习田者为田官,优其课而诱之,则民愿田者众矣。"对实施这一政策的效果,欧阳修持乐观的态度,断言:"一夫之力,以逸而言,任耕缦田一顷,使四五万人皆耕,而久废之田,利又数倍,则岁谷不可胜数矣。"(《欧阳修全集》上册,第 310 页)这主张虽对某一地区而言,却不乏普遍意义。

第四节　苏洵、张载的限田思想

苏洵(1009—1066),字明允,眉山(今属四川)人。中年以前一直为布衣,后由欧阳修上奏所撰《权书》等文,两年后被任为秘书省校书郎。后又任文安县主簿,参加纂修礼书。在《衡论》一文中他发表了有关土地问题的见解。

对于北宋时期剧烈的土地兼并现象,苏洵表示了明确的抨击态度。他认为造成这一社会弊害的原因,是由于井田制的废止。在他看来,井田制下,人人有田可耕,"谷食粟米不分于富民,可以无饥","不耕则无所得食"。然而,土地私有制出现以后,情况就发生了根本的变化,一系列严重的社会问题相继出现,对此,苏洵作了如下的揭示:"井田废,田非耕者之所有,而有田者不耕也。耕者之田资于富民。富民之家,地大业大,阡陌连接,募召浮客,分耕其中,鞭笞驱役,视为奴隶。安坐四顾,指麾于其间。而役属之民,夏为之耨,秋为之获,无有一人违其节度以嬉。而田之所入,已得其半,耕者得其半。有田者一人,而耕者十人,是以田主日累其半以至于富强,耕者日食其半以至于穷饿而无告。"据此,他认为:"贫民耕而不免于饥,富民坐而饱以嬉,又不免于怨,其弊皆起于废井田。"(《嘉祐集》卷 5《衡论·田制》)

但是,苏洵并不主张恢复井田制,在他看来,在土地私有已有相当发展程度的情况下,井田制是根本无法付诸实施的,仅从操作形式上看,要行井田,"非塞溪壑,平涧谷,夷丘陵,破坟墓,坏庐舍,徙城郭,易疆垄,不可为也"。这在当时农用土地分布复杂、私有疆界林立的状况下,无疑是难以逾越的障碍。即使在平原地区,要划定井田,"亦当驱天下之人,竭天下之粮,穷数百年专力于此,不治他事"才能完成,因此,"井田成而民之死,其骨已朽矣"(《嘉祐集》卷 5《衡论·田制》),唯一可行的对策只有限田。

关于限田的具体方案,苏洵作了详细的考虑。他认为:"夫井田虽不可为,而其实便于今。今诚有能为近井田者而用之,则亦可以苏民矣乎。"他对西汉的限田主张作了评价,写道:"闻之董生曰:'井田虽难卒行,宜少近古,限民名田,以赡不足。'名田之说,盖出于此。而后世未有行者,非以不便民也,惧民不肯损其田以入吾法,而遂因此以为变也。孔光、何武曰:'吏民名田,无过三十顷,期尽三年而犯者,没入官。'夫三十顷之田,周民三十夫之田也。纵不能尽如周制,一人而兼三十夫之田,亦已过矣。而期之三年,是又迫蹙平民,使自坏其业,非人情难用。"(《嘉祐集》卷5《衡论·田制》)

那么,苏洵的设想是什么呢?他阐述道:"吾欲少为之限,而不禁其田尝已过吾限者,但使后之人不敢多占田以过吾限耳。要之,数世富者之子孙或不能保其地以复于贫,而彼尝已过吾限者散而入于他人矣;或者子孙出而分之以为几矣。如此则富民所占者少而余地多,余地多则贫民易取以为业,不为人所役属。各食其地之全利,利不分于人而乐输于官。夫端坐于朝廷,下令于天下,不惊民,不动众,不用井田之制而获井田之利,虽周之井田,何以远过于此哉!"(《嘉祐集》卷5《衡论·田制》)

苏洵的限田主张同样具有空想性,但其间蕴含着一个新的决策思路,即实施土地政策调整,必须以承认和确保地主阶级对土地占有的既得利益为前提,否则是很难取得成效的。

张载(1020—1077),字子厚,凤翔郿县(今陕西眉县)人。仁宗时考中进士。曾在仁宗等朝任丹州云岩县令、崇文院校书、签书渭州判官公事、同知太常礼院等职。在社会思想上,张载主张恢复"封建"。这里的"封建"是指西周时期领主分封制,而复井田就是其中的有机组成部分。他认为:"井田而不封建,犹能养而不能教;封建而不井田,犹能教而不能养。"(《张载集》,第297页,中华书局1978年版)这就把他的社会理想与经济主张之间的密切关系表述得清清楚楚。

张载认为实行井田制的目的是达到"均平",他指出:"治天下不由井地,终无由得平。周道止是均平。"(《张载集》,第248页)这当然是针对宋代土地兼并盛行、贫富悬殊加剧的状况而提出的。至于行井田的方法步骤,张载作了这样的设想:"井田亦无他术,但先以天下之地,棋布画定,使人受一方,则自是均。前日大有田产之家,虽以田授民,然不得如分种、如租种矣。所得虽差少,然使之为田官以掌其民。"(《张载集》,第250—251页)又说:"必先正经界,经界不正,则法终不定。地有坳垤处不管,只观四标竿,中间地虽不平饶,与民无害。就一夫之间所争亦不多。又侧峻处田亦不甚美。又经界必须正南北。假使地形有宽狭尖斜,经界则不避山河之曲。其田则就得井处为井,不能就成处或五七,或三四,或一夫,其实田数则在。又或就不成一夫处,亦可计百亩之数而授之,无不可行者。如此则经界随山随河,皆不害于画之也。苟如此画定,虽便使暴君污吏,亦数百年坏不得。"(《河南程氏遗书》卷10)

中国古代赞同井田制的人不少,但大多认为事过境迁,要恢复井田难乎其难,而张载的看法则与此不同。他断言在当时条件下,实施井田具备实际的可能性,在他看来,"井田至易行,但朝廷出一令,可以不笞一人而定。盖人无敢据土者。又须使民悦从,其多有田者使不失其为富。借如大臣有据土千顷者,不过封与五十里之国,则已过其所有;其他随土多少与一官,使有租税人不失故物。治天下之术,必自此始"。从这种乐观的估计出发,他设想井田制的实施用不了许多时间,而且办法简便:"其术自城起,首立四隅;一方正矣,又增一表,又治一方,如是,百里之地不日可定,何必毁民庐舍坟墓,但见表足矣。方既正,表自无用,待军赋与治沟洫者之田各有处所不可易,旁加损井地是也。"(《张载集》,第249页)这番议论反映了书生气十足的封建文人的脱离实际和富于幻想。

张载还对实施井田制的行政管理措施提出了建议。他强调:"人主能行井田者,须有仁心,又更强明果敢及宰相之有才者。"对于因行井田而获地减少的富户,则让他们充当田官,但这只是一时之策,如张载所预示:"其始虽分公田与之,及一二十年,犹须别立法。始则因命为田官,自后则是择贤。"(《张载集》,第251页)既要行"均平",又要使富者"不失其富",这是张载土地方案的矛盾之处,而让因行井田而获地减少的富户担任几年的田官之职,或许就是他用来调和这种矛盾的一付药剂吧。

张载不仅极力宣扬其复井田主张的可行性,而且确想付诸一试。他曾说:"仁政必自经界始。贫富不均,教养无法,虽欲言治,皆苟而已。世之病难行者,未始不以亟夺富人之田为辞,然兹法之行,悦之者众,苟处之有术,期以数年,不刑一人而可复,所病者特上未之行尔。"他进一步表示:"纵不能行之天下,犹可验之一乡。"为此,他与人商议,打算"共买田一方,画为数井,上不失公家之赋役,退以其私正经界,分宅里,立敛法,广储蓄,兴学校,成礼俗,救灾恤患,敦本抑末,足以推先王之遗法,明当今之可行"(《张载集》,第384页)。不过,这一愿望终究没有实现。

北宋时期,除了张载之外,主张或赞成井田制的还有程颢、程颐等人。程颢肯定井田制能"使贫富均",因而实施后必将是"愿者众,不愿者寡"(《河南程氏遗书》卷10)。程颐则"常言要必复井田、封建"(《朱子语类》卷86《地官》),直到晚年他才改变自己的看法。

关于复井田思想的落后保守性,本书在前述王莽等人的农业理论时已作过分析,就张载及二程的观点而言,其性质并无二致。尤其是张载的方案及试行设想,更具空想色彩,这一点连封建社会后期的文人也察觉到了,如清代耿极曾批评张载说:"井田非可以私行者。先王置产之法,其大意在归田于公家,民得种而不得买之卖之,壮则受,老则归……若夫田不归公,徒为井字,犹之今之田,买东西畛改为南北耳,何益之有!"(耿极:《王制管窥》)这实际上揭示了在土地私有制存在的历史条件下,要想实施(哪怕是局部试行)井田制,都是不可能的。即使一时可行,也必然是徒有其表而已。

第五节　曾巩的水利思想

曾巩(1019—1083),字子固,南丰(今属江西)人。仁宗时考中进士,历仕仁宗、英宗、神宗朝,曾奉召编校史馆书籍,先后任馆阁校勘、集贤校理、越州(今浙江绍兴)通判、知齐州、知襄州、知洪州、知福州、知明州、知亳州、史馆修撰、中书舍人等职。他是唐宋八大家之一,经济思想并不多,但涉及水利、救荒等方面的农业主张却不乏特点。

曾巩的水利思想体现在处理越州和鄞县的占湖问题上。首先,他对合理的水利整治持赞赏肯定态度,认为这是发展农业的有利之举。如鄞县有一个广德湖,原名莺脰湖,唐朝时可灌溉农田 400 顷,后又增至 800 顷。但入宋以后,由于缺乏修浚整治,加上常有官民占湖垦田,农业效益和生态环境受到很大破坏。熙宁初年,鄞县知府组织数万民工开展水利修浚,使广德湖的面貌焕然一新,有力地促进了当地的农业生产,溉田面积扩大到 2 000 顷,所谓"田不病旱,舟不病涸,鱼雁菱群,果蔬水产之良复其旧,而其余及于比县旁州"。由此,曾巩悟出了水利兴修的重要性,他拿鄞县的广德湖和越州(绍兴)的南湖作了比较,指出:"越之南湖,久废不治,盖出于吏之因循,而至于不知所以为力,予方患之。观广德之兴,以数百年,危以废者数矣,由屡有人,故益以治……则人之存亡,政之废举,为民之幸不幸,其岂细也欤?"出于这种看法,曾巩特地为此举作记,希望"来者知毋废前人之功,以永为此邦之利",并为越州南湖的治理提供借鉴。(《曾巩集》上册,第 306 页,中华书局 1984 年版)

南湖又名鉴湖,它是山阴、会稽两县农田灌溉的主要水源,历史上曾对农业生产的发展起过重要的作用:"湖高于田丈余,田又高海丈余,水少则泄湖溉田,水多则泄田中水入海,故无荒废之田,水旱之岁。由汉以来几千载,其利未尝废也。"(《曾巩集》上册,第 205 页)但由于入宋以来疏于管理,占湖占田的现象屡禁不止,到英宗治平时(1064—1067),"盗湖为田者凡八千余户,为田七百余顷",农业生态遭到严重破坏,"其仅存者,东为漕渠,自州至于东城六十里,南通若耶溪,自樵风泾至于桐坞,十里皆水,广不能十余丈,每岁少雨,田未病而湖盖已先涸矣"(《曾巩集》上册,第 206 页)。

曾巩分析了造成上述状况的原因,他认为"法令不行,而苟且之俗胜"是导致"田者不止而日愈多,湖不加浚而日愈废"的主要原因。具体而言,"天下为一,而安于承平之故,在位者重举事而乐因循。而请湖为田者,其语言气力往往足以动人。至于修水土之利,则又费材动众,从古所难。故郑国之役,以谓足以疲秦,而西门豹之治邺渠,人亦以为烦苦,其故如此,则吾之吏,孰肯任难当之怨,来易至之责,以待未然之功乎? 故说虽博而未尝行,法虽密而未尝举,田者之所以日多,湖之所以日废,由是而已"(《曾巩集》上册,第 207 页)。这种分析切中了宋代农田水利管理松弛的要害。

另一方面,对阻挠修浚水利的错误认识,曾巩也进行了驳斥。他把"谓湖不必复者,曰湖田之人既饶"称作"游谈之士为利于侵耕者言",并指出占湖为田的危害性:"湖未尽废,则湖下之田旱,此方今之害,而众人之所睹也。使湖尽废,则湖之为田亦旱矣,此将来之害,而众人之所未睹也。"另有一种论调认为"湖不必浚",只要"益堤壅水"就行,曾巩将此视为"好辨之士为乐闻苟简者言"。他批评这种观点说:"以地势较之,壅水使高,必败城郭,此议者之所已言也。以地势较之,浚湖使下,然后不失其旧;不失其旧,然后不失其宜,此议者之所未言也。又山阴之石则为四尺有五寸,会稽之石则几倍之,壅水使高,则会稽得尺,山阴得半,地之洼隆不并,则益堤未为有补也。"(《曾巩集》上册,第 208 页)

总之,曾巩是主张浚湖禁田的,他说当时在禁侵耕、浚水利等方面已有法令规定和计划方案,关键在于加以贯彻实施,"诚能收众说而考其可否,用其可者,而以在我者润泽之,令言必行,法必举,则何功之不可成,何利之不可复哉?"(《曾巩集》上册,第 208 页)不因暂时的农田收益而放弃生态环境的长远保护,这是曾巩农业水利思想的可贵之处,他的见解至今仍有深刻的启迪意义。

备荒救灾是曾巩农业思想的另一主要内容。他对传统的救灾方法提出异议,并拟定了相应的改进措施。按照一般做法,政府在遇到灾荒时要开仓赈济,发粮按日计算,成人儿童各有等差。曾巩认为这种规定具有诸种弊端,例如,"今百姓暴露乏食,已废其业矣,使之相率日待二升之廪于上,则其势必不暇乎他为,是农不复得修其畎亩"(《曾巩集》上册,第 150 页),工商等行业也都会陷于无人从事的境地。再如,政府的赈粮有限,无力长期放赈。他计算说:"以中户计之,户为十人,壮者六人,月当受粟三石六斗,幼者四人,月当受粟一石二斗,率一户,月当受粟五石,难可以久行也。不久行,则百姓何以赡其后?久行之,则被水之地,既无秋成之望,非至来岁麦熟,赈之未可以罢。自今至于来岁麦熟,凡十月,一户当受粟五十石。今被灾者十余州,州以二万户计之,中户以上及非灾害所被,不仰食县官者去其半,则仰食县官者为十万户,食之不遍,则为施不均,而民犹有无告者也;食之遍,则当用粟五百万石而足,何以办此?"而且,发放赈粮时会产生新弊:"有淹速,有均否,有真伪,有会集之扰,有辨察之烦,厝置一差,皆足致弊。又群而处之,气久蒸薄,必生疾病,此皆必至之害也。"在他看来,赈济只能缓解口粮之需,而无法提供其他物资救济,如"其于屋庐构筑之费将安取哉"?无所取则"必相率而去其故居","甚则杀牛马而去者有之,伐桑枣而去者有之,其害又可谓甚也"。而流民增多,将使边塞之地空乏,"失战斗之民,异时有警,边戍不可以不增尔;失耕桑之民,异时无事,边籴不可以不贵矣,二者皆可不深念欤"?最后,可能会发生贫民聚众反抗的事情,他们"窃弄锄梃于草茅之中,以扞游徼之吏,强者既嚣而动,则弱者必随而聚矣。不幸或连一二城之地,有枹鼓之警,国家胡能晏然而已乎"?(《曾巩集》上册,第 151 页)

那么,怎样才能在救灾过程中避免上述弊端发生呢?曾巩的主张很简单,即"下方纸之诏,赐之以钱五十万贯,贷之以粟一百万石,而事足矣"。这样就使每户灾民得到高于下户常年收成的口粮和修屋费用,促使其尽快恢复生产,不致流离,从而防止社会动乱的发生。总之,他认为这种方法是"审议终结,见于众人之所未见"的妙策,能达到"人和洽于下,天意悦于上","疆内安辑,里无嚣声","适变于可为之时,消患于无形之内"(《曾巩集》上册,第 152 页)的救灾目的。显然,他的主张侧重于扶助生产,稳定灾民,在理论上是有积极意义的。

第六节　王安石的农业思想

王安石(1021—1086),字介甫,临川(今属江西)人。仁宗时考中进士,历仕仁宗、英宗、神宗、哲宗诸朝,先后担任签书淮南判官、鄞县知县、舒州通判、群牧判官、常州知州、提点江东刑狱、三司度支判官、江宁知府、翰林学士兼侍讲、参知政事、同中书门下平章事等职,被封为舒国公、荆国公,又加司空。死后还被追封为舒王。

王安石是文学史上的唐宋八大家之一,在学术上又创立了"荆公新学"。更重要的是,他曾在北宋年间领导实施了著名的新政变法,被列宁称为"中国 11 世纪时的改革家"(《列宁全集》第 2 卷,第 226 页注 2,人民出版社 1987 年版)。作为直接掌管国家经济事务的朝廷要员,王安石对当时的社会经济问题十分关注,其变法也是为了富国强兵,改变北宋积贫积弱的局面。早在鄞县任内,他就对农业生产给予了突出的重视,曾"起堤堰,决陂塘,为水陆之利;贷谷与民,立息以偿,停新陈相易,邑人便之"(《宋史·王安石传》)。到推行新政时,农业方面的改革措施更是占据着十分显著的地位。

王安石推行新政是有一定的经济理论为指导的,首先,他充分肯定理财的重要性。他认为当时"公私常以困穷为患",是因为"理财未得其道"(《临川先生文集》卷39《上仁宗皇帝言事书》),表示要"举先王之政以兴利除弊,不为生事。为天下理财,不为征利"(《临川先生文集》卷75《与马运判书》)。其次,他强调要把理财的基础放在发展生产上。在王安石看来,"方今之所以穷空,不独费出之无节,又失所以生财之道故也。富其家者资之国,富其国者资之天下,欲富天下则资之天地"。资之天地,也就是要依靠自然资源的开发,即所谓"因天下之力以生天下之财,取天下之财以供天下之费"(《临川先生文集》卷39《上仁宗皇帝言事书》)。在中国古代的生产力状况下,农业是唯一的生财部门,因此自然成为王安石变法所要着重发展的产业。

王安石变法的内容较广,除三舍法、保甲法、将兵法外,都属于经济政策的范畴,其中农田水利法和方田均税法直接与农业生产有关,青苗法和免役法则涉及农民利益较多。

农田水利法,目的在于鼓励各地兴修水利和开垦荒田,关于此法的内容,史籍是这样记载的:"凡有能知土地所宜,种植之法,及修复陂湖河港;或原无陂塘、圩埠、堤堰、沟洫而可以创修;或水利众而为人所擅有,或田去河港不远为地界所隔,可以均济流通者;县有废田旷土可以纠众兴修;大川沟渎,浅塞荒秽,合行浚导;及陂塘堰埭可以取水灌溉,若废坏可兴治者;各述所见,编为图籍,上之有司。其土田迫大川,数经水害,或地势污下,雨潦所钟,要在修筑圩埠堤防之类以障水势,或疏导沟洫亩浍,以泄积水。县不能办,州为遣官。事关数州,具奏取夺。民修水利,许贷常平钱谷给用。"(《宋史·河渠志》)

兴修水利对土地效益的提高具有重要意义,从新法条例的内容来看,王安石对此是有充分认识的。他要求对全国水利设施进行调查并整修,显示了宏观决策的果断性。在经费方面,他又提倡依靠国家、地方及民众多方面的力量,这些都颇具经济眼光。

方田均税法是要通过土地清丈以确定实际占有面积,作为征收合理税赋的依据。王安石的这一新法是从宋仁宗时大理寺丞郭谘的做法发展而来的。当时郭谘和秘书丞孙琳在洺州、蔡州等地实行均税,使用千步方田法计算土地面积,查清民田,取得一定效果,"其时均定税后,逃户归业者五百余家,复得税数不少,公私皆利,简当易行"(《欧阳修全集》下册,第822页)。因此,在欧阳修实行庆历新政时,曾建议采用这种办法再行均税。因"议者多言不便"(《欧阳修全集》下,第890页)而作罢。到了王安石变法时,方田均税政策进一步周密化了。其法规定:(1)以东西南北各千步为一方,相当四十一顷六十六亩一百六十步,四周立标确界;(2)每年九月,由县令、县佐分地计量,根据土质划为五等,半年后制成土地凭证;(3)以后各家分产、买卖等,均以所方之田为证。

方田法首次颁行于熙宁五年(1072)。次年,又作了两条补充修订:其一,土地是否分为五等,可视各地实际情况而定;其二,确定各户土地等级时,除田户和官方外,应由甲头数人作为第三方参与。这就便利了此法的切实指亏,也可避免实施中的舞弊行为。

方田法得到了实际贯彻,先试行于京东路,后推广于其他地区。关于其效果,时人李新曾作了记述:"神宗熙宁中尝谓有司讲明其法,分利害欲辨黑白,以土之肥瘠为地之美恶,以地之美恶定赋之多寡,其每亩所至,则方为之帐;其升斗尺寸,则户给之以帖;举数千载轩轾跛倚之病,衡而齐之,无逸漏者。"(《跨鳌集》卷21《上杨提举书》)

从农业理论的意义上考察,王安石的方田均税法具有两方面的价值。首先,这一政策是先秦时期管仲所提出的"相地衰征"原则的具体实施。均税的目的是确保国家财政收入和人民负担的公平,而这又以国家对土地的准确了解和相应划分为基础。宋代以前虽也有人主张按土地质量优劣确定税额,但真正付诸实施的则以王安石较为彻底。其次,方田均税法开创了国家土地管理政策的新局面。宋代以前,国家往往采取土地重新分配的制度来实行宏观调控,但在宋代土地关系复杂纷繁、私有制经济获得一定程度发展的形势下,朝廷实际上已无能力再推行诸如占田、均田等田制,因此,方田法便适时地成为国家土地管理的制度形式。值得指出的是,南宋时期形成的"正经界"思潮、明代实施的土地注册制度及相应政策理论,均与王安石的方田法有着内在的继承发展关系。

青苗法亦称常平法,是王安石对当时陕西转运使李参所行政策的发展。先是,李参在陕西行青苗钱,"令民自隐度麦粟之赢,先贷以钱,俟谷熟还之官"(《宋史·李参传》)。王安石在新法中的规定是:将各路常平、广惠仓的粮食或现钱贷给所需民户。一年分两次贷放:一次在正月三十日之前,一次在五月三十日以前。归还期分别为夏税和秋税征收时。贷放利率为每次二分。贷款数额则根据户等分别限额,如一等户为十五贯,二等户为十贯,三等户为六贯,四等户为三贯,五等户为一贯五百文。由于贷给的是粮食或现钱,就存在一个两者之间和贷还之间的折算问题。对此青苗法规定：如贷粮食，要按时价折成现钱，归还时的粮食数须预先确定，其粮价则按前十年中丰收时的粮价折算，实际归还由农户自己决定是还钱还是还粮。

关于青苗法的实施目的，是使农民既能"足以待凶荒之患"，又能"于田作之时不患厥食"（《宋会要辑稿·食货四之一六》）。王安石认为这种办法能防止农民被豪民剥削，因为农民总免不了在青黄不接时借债，"昔之贫者举息之于豪民，今之贫者举息之于官，官薄其息而民救其乏"（《临川先生文集》卷41《上五事札子》）。并表示此法"专以振民乏绝"，"公家无所利其入"（《宋会要辑稿·食货四之二三》）。

免役法又叫雇役法或募役法，根据这种新法，民户所承担的各种差役改为按户等交纳役钱，即使过去不当差的人户也需要交纳助役钱。而且官府在征收时要比额定量多收二成，说是为了弥补灾荒时征收的不足。对于这一政策的目的，王安石仍是从有利于农民的角度加以说明，他声称："理财以农事为急，农以去其疾苦，抑兼并，便趋农为急。此臣所以汲汲于差役之法也。"（《续资治通鉴长编》卷220"熙宁四年二月庚午"）王安石认为实施了免役法以后，农民就不必为了服差役而影响农耕，而且差役费负担也将由于交纳人数的扩大而减轻，即所谓"举天下之役人人用募，释天下之农归于畎亩"，以达到"农时不夺而民力均"（《临川先生文集》卷41《上五事札子》）的效果。

以上言论反映了王安石制定青苗法和免役法的思想出发点，这是和他重视农业生产、注意维护农民利益的基本思想倾向一致的。但在实际贯彻中，或者由于执行政策过程中的弊端，或者由于政策本身的缺陷，农民的负担并没有得到多大的减轻，有时甚至加重了对农民的搜括。对原先属于民间约定俗成的经济交换行为，在消除弊端的口号下由官府加以介入，隐含着两个严重的问题，其一是经济信息是否被扭曲，或原先是扭曲的，由于官府介入而变得更扭曲了；其二是官府也是具有自利倾向的人所组成的，他们的干预是否会加重经济交换的成本。这是理解中国古代历次经济政策变动中动机和效果相背离的关键所在。而这种理论和实践相脱节、相违背的情况也正是王安石农业思想的重要特点。

王安石是北宋著名的理财家，在他的理财思想中，兼并问题是重要的议题。在这方面，他的观点具有明显的双重性。一方面，他对兼并行径表示反对，认为这是造成民众贫困的主要原因，指出："今一州一县便须有兼并之家，一岁坐收息至数万贯者……今富者兼并百姓，乃至过于王公，贫者或不免转死沟壑。"（《续资治通鉴长编》卷240"熙宁五年十一月戊午"）因此，他把实行变法的总体目的之一概括为抑兼并，如实施市易法是仿效"古通有无，权贵贱，以平物价，所以抑兼并也"（《续资治通鉴长编》卷231"熙宁五年二月丙午"）；行青苗法是因为"人之困乏常在新陈不接之际,兼并之家乘其急以邀倍息,而贷者常苦于不得",实行此制则可"使农人有以赴时趋事,而兼并不得乘其急"(《宋会要辑稿·食货四之一六》);而免役法的目的之一也是要"抑兼并,便趋农"(《续资治通鉴长编》卷237"熙宁五年八月辛丑");等等。

但是,王安石所讲的抑兼并,始终避开了一个要害问题,即土地占有上的兼并。相反,在谈到有关土地制度问题时,他所阐明的恰恰是对兼并之家的温和保护。他曾对宋神宗说:"今朝廷治农事未有法……播种收获,补助不足,待兼并有力之人而后全具者甚众。如何可遽夺其田以赋贫民?此其势固不可行,纵可行,亦未为利。"(《续资治通鉴长编》卷213"熙宁三年七月癸丑")在另一次谈论中他又重申:"今百姓占田或连阡陌,顾不可夺之……然世主诚能知天下利害,以其所谓害者制法而加于兼并之人,则人自不敢保过限之田;以其所谓利者制法而加于力耕之人,则人自劝于耕而授田不敢过限。然此须渐乃能成法。"(《续资治通鉴长编》卷223"熙宁四年五月癸巳")由此可见,王安石虽然认为对土地实行限额占有在理论上是必要的,但却不主张对大地主实行剥夺,这在客观上具有维护土地兼并者既得利益的作用。可以说,王安石所要抑制的主要是商业兼并者,而对土地兼并势力则持较为宽容的态度。

第七节　司马光的"农尽力"论

王安石变法遭到当时一批官员的反对,其中司马光的批评意见最为激烈。司马光(1019—1086),字君实,号迁夫,夏县(今属山西)人。仁宗时考中进士,历仕仁宗、英宗、神宗、哲宗诸朝,曾任签书判官、大理评事、国子监直讲、馆阁校勘、同知礼院、集贤校理、并州(治所在今山西太原)通判、直秘阁、开封府推宫、判礼部、天章阁待制兼侍讲、知谏官、谏议大夫、龙图阁直学士、翰林学士、御史中丞、端明殿学士知永兴军(治所在今陕西西安)、西京御史台、门下侍郎(副相)、尚书左仆射兼门下侍郎(宰相)等职。他是中国历史上著名的史学家,曾主持撰写了中国编年体史书中的名作《资治通鉴》。他的农业思想是在与王安石的辩论中加以阐发的。

司马光也承认北宋朝廷存在严重的财政困难,但反对采取王安石那样的办法加以缓解。为了改变"民既困矣,而仓廪府库又虚"(《司马光奏议》,第84页,山西人民出版社1986年版)的局面,他拟定了三条对策:其一"随材用人而久任之",其二"养其本原而徐取之",其三"减损浮冗而省用之"(《司马光奏议》,第85页)。其中

第二条中重点论述了农业发展与国家财政的关系问题。

司马光主张把财政收入放在生产发展的基础之上。他认为："善治财者，养其所自来而收其所有余，故用之不竭而上下交足也。不善治财者反此。"(《司马光奏议》，第86—87页)所谓财自来者，即社会经济各部门之统称也，他对此作了专门解释，指出："夫农工商贾者，财之所自来也。农尽力，则田善收而谷有余矣。工尽巧，则器斯坚而用有余矣。商贾流通，则有无交而货有余矣。"(《司马光奏议》，第87页)这就是说，只有让社会经济得到正常的运行和发展，国家财政才可能拥有长足的来源。这种观点是正确的。

在社会经济各部门中，司马光最强调的是农业，因为在他的眼里，农业是"天下之首务"。那么，怎样才能做到使"农尽力"呢？司马光进行了详尽的分析。他断言："夫使稼穑者饶乐，而惰游者困苦，则农尽力矣。"但当时的状况却截然相反：农民在古代是被重视的，"而今人之所轻，非独轻之，又困苦莫先焉"。他们"苦身劳力，衣粗食粝，官之百赋出焉，百役归焉。岁丰贱粜其谷，以应官私之求；岁凶则流离冻馁，先众人填沟壑"。这就导致了大量劳动力从农业流失，农业生产也处于凋零之中，正如司马光所说："如此而望浮食之民转而缘南亩，难矣。彼直生而不知市井之乐耳。苟或知之，则去而不返矣。故以今天下之民度之，农者不过二三，而浮食者常七八矣。欲仓廪之实，其可得乎？"(《司马光奏议》，第87页)

为了改变这种局面，司马光提出了改善农民处境的具体主张，他建议："凡农民租税之外，宜无有所预。衙前当募人为之，以优重相补，不足则以坊郭上户为之……其余轻役，则以农民为之。岁丰则官为平籴，使谷有所归；岁凶则先案籍赒赡农民，而后及浮食者。民有能自耕种积谷多者，不籍以为家赀之数。"这段话包括几层意思，如减轻农民赋役外负担、采取平籴措施优惠于农民、不把积谷计入家户(以免被派衙前差役)等。司马光相信，只有这样，才能达到"谷重而农劝"的目的(《司马光奏议》，第87页)。

对王安石新法中赋税收钱的规定，司马光也表示异议，他的理由同样是征钱不利于农民。司马光在谈到这问题时说："夫力者，民之所生而有也；谷帛者，民可耕桑而得也。至钱者，县官之所铸，民不得私为也。自未行新法之时，民间之钱固已少矣。富商大贾藏镪者，或有之；彼农民之富者，不过占田稍广，积谷稍多，室屋脩完，耕牛不假而已，未尝有积钱巨万于家者也。其贫者，蓝缕不蔽形，糟糠不充腹，秋指夏熟，夏望秋成，或为人耕种，资采拾以为生，亦有未尝识钱者矣。是以古之用民者，各因其所有而取之。"但推行新法后，有关官府"无问市井田野之民，由中及外，自朝至暮，唯钱是求"，给农民生活带来严重的危害："农民值丰岁，贱粜其所收之谷以输官，比常岁之价，或三分减二，于斗斛之数，或十分加二,以求售于人。若值凶年,无谷可粜,吏责其钱不已,欲卖田则家家卖田,欲卖屋则家家卖屋,欲卖牛则家家卖牛。无田可售,不免伐桑枣、撤屋材卖其薪,或杀牛卖其肉,得钱以输官。"正是在这个意义上,司马光认为在新法中,"青苗、免役钱为害尤大"(《司马光奏议》,第326页),并提出"青苗钱勿复散,其见在民间通欠者,计从初官本分,作数年催纳,更不收利息,其免役钱,尽除放差役"(《司马光奏议》,第327—328页)的整改对策。

在反对青苗法的论争中,司马光为富人辩护的观点是值得注意的。他批评有关官员在发放青苗钱时,"欲以多散为功,故不问民之贫富,各随户等抑配与之",不仅如此,"州县官吏恐以通欠为负,必令贫富相兼,共为保甲,仍以富者为魁首"。这些做法都直接侵犯了富人的利益,因为"贫者得钱随手皆尽,将来粟麦小有不登,二税且不能输,况于息钱? ……富人不去,则独偿数家所负,力竭不逮,则官必为之倚阁"。传统的看法一般把富人作为兼并贫民的罪魁和产物,而司马光则不这么认为。他指出:"夫民之所以有贫富者,由其材性愚智不同。富者知识差长,忧深思远,宁劳筋苦骨,恶衣菲食,终不肯取债于人,故其家常有赢余,而不至狼狈也。贫者蚩蠢偷生,不为远虑,一醉日富,无复赢余,急则取债于人,积不能偿,至于鬻妻卖子,冻馁填沟壑,而不知自悔也。"(《司马光奏议》,第293页)是否善于持家,对民户个人的经济状况确实具有影响,但从社会阶级关系的角度来考察,则贫富悬殊的现象是有更深层原因的,即私有制社会存在的阶级剥削,司马光只看到前者,而忽视了后者,在理论上是偏颇的。但在抑兼并论调标榜成风的封建社会,能明确表达为富人辩护的观点,又是值得肯定的。

不仅如此,司马光还对富人的社会作用发挥了一通赞美之辞,他说:"是以富者常借贷贫民以自饶,而贫者常假贷富民以自存。虽苦乐不均,然犹彼此相资,以保其生也。"(《司马光奏议》,第293页)这实际是说富人通过借贷去剥削穷人是天然合理的。早在唐代,柳宗元(773—819)曾说过"夫富室,贫之母也,诚不可破坏。然使其太幸而役于下,则又不可"(《柳河东集》卷32《答元饶州论政理书》)的话,他虽肯定富人有接济穷人的一面,又对其压迫穷人的一面持批评态度。与此相比,司马光的见解又进了一步。从经济思想史的角度看,司马光的保富主张反映了一种新的理论演变趋势。

第八节　吕祖谦、董煟的荒政思想

吕祖谦(1137—1181),字伯恭,号东莱,婺州(治所在今浙江金华)人。孝宗时考中进士,历任南外宗学教授、太学博士、国史院编修官、实录院检讨官、左宣教郎、秘书郎、著作郎兼史官等职,还曾主管过台州崇道观和武夷山冲佑观。吕祖谦著有《历代制度详说》,共 15 卷,分别论列了科目、学校、赋役、清运、盐法、酒禁、钱币、荒政、田制、屯田、兵制、马政、考绩、宗室、祀事等问题。这部书每卷分制度、详说两部分,其中详说部分集中反映了作者本人的思想观点。这里主要分析吕祖谦在涉及农业问题的田制、屯田、荒政、赋税等方面的见解。

吕祖谦对土地制度有独特的看法,他在详细列举了宋代以前的历代田制以后指出:"今世学者坐而言田制,然天下无在官之田,而卖易之柄归之于民,则是举今之世知均田之利而不得为均田之事也。"这实际上揭示了宋代不立田制的根本原因所在,即农业生产关系中私有制的发展和国有土地资源的稀缺有限,导致了封建国家分配土地权力的弱化。不仅均田制无法实施,以前的其他田制也不能行使,对此吕祖谦分析说:"使欲如上古之井田乎? 则田不在官,不可得而井也。使欲如汉之限田名田乎? 则有者广占博买顷亩无极,而上不能禁,无者不能有立锥之地,虽欲及限而无由。故夫田不在官,则代田不可得复,而占田、露田、给授田、口分、世业之由,皆不得而行。"应该肯定,吕祖谦的这一观点是有一定深度的。基于这种认识,他认为在某些地区采用前代田制的做法还是有可能的,例如,"长淮沃野千里,荆湖以南不耕者众,倘有在官之田乎,因其在官者举而行之,其详者可以复井田于三代之时",这样就能使"民蒙实利而上无空谈之失"(《历代制度详说》卷 9《田制》)。有官之田确实可以分配土地,但想恢复井田制那样的模式,则不免带有空想性。

关于屯田,吕祖谦认为那是前人为了抵御和打击外族入侵而设的,即所谓"入敌境为国守,取敌地为国圉者,人之所以置屯也"。而在当时情况下,由于没有迫切的军事需要,推行屯田反而造成诸多弊端,对此他分析说:"将有骄心,士有德色,数日以待,赏少不满,其意则怨且怒。自以为功名之盛,无以逾于此矣。"不仅如此,置屯还给民众带来不便和痛苦:"州郡以士兵自守,在厢者给厮役,在禁者送征戍。每一当行,去妻子,离父母,握手流涕而不忍诀。纵掠夺,肆侵侮,出骄嫚不逊之词,以恐动州县,而居人列肆,昼闭以待过军,自以为征役调发无大于此矣。"总之,他认为"警备于平居无事之时,屯守于阃奥至安之地,未尝有一日之战而上下交以为至难",这种屯田是不足取的,因而主张尽快罢废(《历代制度详说》卷 10《屯田》)。其实,屯田也有促进农业生产的作用,吕祖谦只强调了军事需要而忽视了经济意义,显然存在认识上的片面性。

吕祖谦在田赋问题上的分析是同土地制度联系在一起的。在他看来,"田制不定,纵节用薄敛,如汉文帝之复田租,苟悦论豪民收民之资,惟能惠有田之民,不能惠无田之民"。这种重视生产资料所有权的赋税观点,是颇有理论深度的。在吕祖谦的思想中,三代之制的薄赋政策值得仿效,历代的租税典制虽因田制更变而有所调整,但直到唐代杨炎实行两税法,才使旧法遭到根本性的破坏,所谓"田制虽商鞅乱之于战国,而租税犹有历代之典制,惟两税之法正,古制然后扫地","杨炎之变古乱常,所以为千古之罪人"。由于三代之制已无法恢复,吕祖谦只得主张保持租庸调的赋税制度,因为"租庸调略有三代之意"。但总的来说,吕祖谦所强调的还是建立一种"寓兵于农"的模式,认为只有这样,"赋役方始定"。这种寓兵于农的农村管理模式被吕祖谦看作是逐渐恢复"限民名田之制"和"府兵之制"(《历代制度详说》卷3《赋役》)的过渡形式,也是实施合理的赋役制度的前提条件。

荒政问题也是吕祖谦议论的重点之一。他把古代的荒政分为几等,指出:"大抵荒政统而论之,先王有预备之政,上也;使李悝之政修,次也;所在蓄积,有可均处,使之流通,移民移粟,又次也;咸无焉,设糜粥,最下也。"这种划分在荒政思想史上是第一次,而从理论上来看又是很有道理的,它把预备灾荒放在了赈济灾荒的前面,确实抓到了荒政管理的关键。另一方面,吕祖谦强调要根据不同灾情切实施行不同的救荒措施,即如他所说:荒政之策,"各有差等",需要"有志之士,随时理会,便其民"。不仅如此,对"历世大纲,须要参酌其宜于今者",也就是要结合现实,有所借鉴,有所创新(《历代制度详说》卷8《荒政》)。

对宋朝以来的荒政管理,吕祖谦既有肯定褒扬之处,也有针砭批评之论。如说"富郑公在青州,处流民于城外,所谓室庐措置,种种有此。当时寄居游士,分掌其事,不以吏胥与其间。又如赵清献公在会稽,不减谷价,四方商贾辐凑",等等,这是对当时富弼、赵抃救灾事例的赞赏。但对王安石实行的把常平、广惠仓的粮食作为青苗钱发放的做法,吕祖谦则表示反对,他议论说:"王荆公用事,常平、广济量可以支给尽籴,转以为钱,变而为青苗,取三分之息,百姓遂不聊生,广惠之田卖尽。虽得一时之利,要之竟无根底。"(《历代制度详说》卷8《荒政》)这反映了吕祖谦同情民苦的思想倾向。

董煟(?—1217),字季兴,号南隐,德兴(今属江西)人。光宗时考中进士,曾任瑞安知县、通议郎、辰溪知县等职。后来又创办南隐书院。在中国农业思想史上,董煟的独特地位在于撰写了我国历史上第一部荒政专著——《救荒活民书》。

《救荒活民书》共有3卷。第一卷以先秦至南宋孝宗淳熙九年(1182)期间的救荒史料为主要内容,各条史料均附有董煟所写的评语议论。第二卷是全书的重点,集中陈述了作者的各项救荒建议和措施,内容分为常平、义仓、劝分、禁遏籴、不抑价、检旱、减租、贷种、遣使、弛禁、鬻爵、度僧、优农、治盗、捕蝗、和籴、存恤流民、劝种二麦、通融有无、借贷内库等。第三卷记录了宋朝官吏和文人就荒政问题所发表的见解中可以借鉴采用的部分。此外,书中还另有一卷《拾遗》。

荒政是中国古代农业思想中的有机组成部分,早在秦汉时期的典籍中,有关荒政的史料记载就具有理论概括的特点:"以荒政十有二聚万民:一曰散利,二曰薄征,三曰缓刑,四曰弛力,五曰舍禁,六曰去几,七曰眚礼,八曰杀哀,九曰蕃乐,十曰多婚,十有一曰索鬼神,十有二曰除盗贼。"(《周礼·地官司徒上》)这些救荒的对策思路和政策措施,对后人具有深远的影响。

封建思想家之所以重视荒政,一般出于以下几个原因。首先,荒政是维护封建社会稳定的重要环节;其次,荒政是保证农业再生产得以延续的必要措施;第三,荒政是减轻农民受灾损害的有效手段。而后面二条归根到底是为了第一条。对此,董煟的认识是明确的,他说:"自古盗贼之起,未尝不始于饥馑。上之人不惜财用,知所以赈之,则庶几其少安。不然,鲜有不殃及社稷者。"(《救荒活民书·拾遗》)

要通过荒政达到安定社会的目的,就必须在各项具体赈济措施中注意保护农民的基本利益,以此为标准,董煟对前代的荒政原则或做法提出了自己的评判意见。一方面,他批评某些损害民众利益的做法,如他在介绍《周礼》中的散利、薄征等荒政原则后对照当时的情况说:"今之郡县专促办赋而讳言灾伤。……非不识古人活人之意,顾亦迫于诸司之征催,有所不暇计虑耳。"在谈到粮食储备问题时,他认为不能只求国库仓溢而忘记农民积粮,否则,"不知国富民贫,其祸尤速"。而且官府储粮往往另有弊端,如"官之所蓄,又各有司存而不敢发,驯致积为埃尘"。总之,在他看来,"蓄积藏于民为上,藏于官次之,积而不发者又其最次"。对南宋的和籴政策,董煟也颇有微词,认为这种措施"务求小利以为功,殊忘敛散所以为民之意",等等。但与此同时,他也赞扬了当时的一些便民救灾政策,如说:"本朝常平之法遍天下,盖非汉唐之所能及也。""本朝列圣,一有水旱,皆避内殿,减膳彻乐,或出宫人,理冤狱。此皆得古圣人用心。孝宗尤切惓惓焉,宜其享国长久,恩德在人,虽千百世而未艾也。"(《救荒活民书》卷1)这里不免有溢美之词,但总反映出某些荒政措施是有实效的。

《救荒活民书》第二卷的内容很具体,而在诸条救荒之策中,前五条是最重要的。关于常平,董煟强调要按照李悝的平籴之法储散粮食,为了鼓励农民售粮的积极性,收籴时可稍高其价,同时要努力做到赈粜遍及乡村,以利农民。关于义仓,更应散贮民间,不可聚于州县,以使"山谷之民皆蒙其惠"。董煟特别指出义仓之粮不能移作他用或存而不发,他说:"义仓,民间储蓄以备水旱者也。一遇凶歉,直当给以还民,岂可吝而不发,发而遽有德色哉!"(《救荒活民书》卷2《义仓》)关于劝分,董煟主张采用经济办法吸引富户自觉主动地粜米救荒。在他看来,"人之常情,劝之出米则愈不出,惟以不劝劝之,则其米自出"。所谓不劝,就是取消行政强制手段。那么合理的办法是什么呢?他建议劝诱上户和富商巨贾出资,由官府派人向丰熟地区购粮赈粜,然后再将本钱归还给原出资者。如果乡人愿意买粮自粜,则官不限其价,这样,"利之所在,自然乐趋,富室亦恐后时,争先发廪,则米不期而自出矣"。董煟把这办法称之为"劝分之要术"(《救荒活民书》卷2《劝分》)。关于禁遏粜,董煟所强调的是让粮食顺畅流通,为此要允许邻近灾乡到本地买粮,如本地粮食也不足,则应"差人转粜,循环粜贩,非惟可活吾境内之民,又且可活邻郡邻路之饥民"。如禁止粮食流通,"一有饥馑,环视壁立,无告粜之所,则饥民必起而作乱,以延旦夕之命,此祸乱之大速者也"(《救荒活民书》卷2《禁遏粜》)。关于不抑价,董煟的政策出发点仍然是避免粮食滞流,他分析说:"官抑其价,则客米不来。若他处腾涌,而此间之价独低,则谁肯兴贩?兴贩不至则境内乏食,上户之民,有蓄积者,愈不敢出矣。饥民手持其钱,终日皇皇,无告粜之所,其不肯甘心就死者必起而为乱,人情易于扇摇,此莫大之患。"(《救荒活民书》卷2《不抑价》)这项措施同前一条一样,都具有放开价格、搞活市场、促进粮食流通的特点,其运用经济手段实行荒政管理的动机是十分明显的。总之,以上五条是救荒之策的核心所在,董煟认为:"能行五者,则亦庶乎其可矣。"(《救荒活民书》卷2)

在其他救荒措施方面,董煟的政策侧重点仍在于便利灾农,提高赈济效益问题上。如他强调救灾时要防止"不耕者得食,而耕者反不得食"的情况发生,切实做到"以农为先,浮食者次之"(《救荒活民书》卷2《恤农》)。他认为政府派遣赈灾使者之举往往"类多虚文","王人之来,所至烦扰,未必实惠及民,而先被扰者多矣",因此还是以"勿遣之为愈"(《救荒活民书》卷2《遣使》)。

值得注意的是,董煟对救荒过程中官吏舞弊、侵夺贫民的行径是深恶痛绝的。在论述义仓管理时他曾揭露说:"赈济之弊如麻:抄札之时,里正乞觅,强梁者得之,善弱者不得也;附近者得之,远僻者不得也;胥吏、里正之所厚者得之,鳏寡孤独疾病无告者未必得也。赈或已是深冬,官司疑之,又令复实,使饥民自备糇粮,数赴点集,空手而归,困踣于风霜凛冽之时。"(《救荒活民书》卷2《义仓》)和粜的弊端也在于贪官:"今之和粜,其弊在于借数定价,且不能视上中下熟,故民不乐与官为市。所为患者,吏胥为奸,交纳之际,必有诛求,稍不满欲,量折监赔之患纷然而起。故粜买之官不得不抵价满量,豪夺于农,以逃旷责。"(《救荒活民书》卷1)为了消除以上诸种危害,董煟要求加强赈济监督,其办法是:每乡由一名"平时信义、为乡里推服"者任提督赈济官,再由他在各都挑选一二名"有声誉行止公干"者任监司,一旦发现舞弊,灾民可向提督官或官府举报,而有关部门"当痛惩一二以励其余"(《救荒活民书》卷2《义仓》)。

此外,董煟也比较重视发挥富人在救荒中的作用。作为这种政策的理论前提,他对富人赈济穷人的可能性有过于乐观的估计。他曾说:"天下有有田而富之民,有无田而富之民。有田而富者,每岁输官,固借苗利。一遇饥馑,自能出其余以济佃客。至于无田而富者,平时射利,侵渔百姓,缓急之际,可不出力斡旋以救饥民,为异时根本之地哉?"(《救荒活民书》卷2《劝分》)这种观点与宋代以后为富人辩护的思潮是相一致的。

董煟的《救荒活民书》内容丰富,措施具体,切于实用,曾被宋宁宗(赵扩)称之为"南宋第一书"(《德兴县志》卷8),并刊行于各郡县。自董煟的《救荒活民书》刊行后,历代文人始有撰著荒政专书之举,如明代林希元的《荒政丛言》、屠隆的《荒政考》、周孔教的《荒政议》、陈龙正的《救荒策会》、俞汝为的《荒政要览》,清代俞森的《荒政丛书》、汪志伊的《荒政辑要》、杨景仁的《筹济篇》、陆曾禹和倪国琏的《康济录》等,都属此列。

第九节　朱熹等人的农业思想

朱熹(1130—1200),字元晦、仲晦,号晦庵,原籍婺源(今属江西),生于尤溪(今属福建)。高宗时考中进士,历仕高宗、孝宗、光宗、宁宗诸朝,曾任同安县主簿、候补武学博士、候补枢密院编修官、南康(治所在今江西星子)知军、提举两浙东路常平茶盐公事、提点江西刑狱、直宝文阁、知漳州府、秘阁修撰、知潭州府、焕章阁侍制、侍讲等职。此外,朱熹还担任过多种祠职。

朱熹是理学的集大成者,在中国古代思想史上占有重要的地位。在经济方面,朱熹除了对义利问题发表过比较多的议论之外,其他言论大都和农业有关,诸如赋税、荒政、经界、井田等。

朱熹农业思想具有自己的特点,在生产关系方面,他虽然看到了由于土地兼并等原因所造成的贫富悬殊的状况,但仍然认为两种阶级利益是互为依存,可以调和的。他对此作了这样的分析:"乡村小民其间多是无田之家,须就田主讨田耕作。每至耕种耘田时节,又就田主生借谷米,及至终冬成熟,方始一并填还。佃户既赖田主给佃生借以养活家口,田主亦借佃客耕田纳租以供腾家计,二者相须方能立足。"(《朱文公文集》卷100《劝农文》)由于他对土地兼并势力持较为开通宽松的态度,又希望缓解由于土地占有失衡所导致的深刻社会危机,所以只能从正经界中寻找两全之策。

"经界"一词最初由战国时孟子提出,他曾强调:"夫仁政必自经界始,经界不正,井地不均,谷禄不平。是故暴君污吏,必慢其经界,经界既正,分田制禄,可坐而定也。"(《孟子·梁惠王上》)显而易见,这里的正经界是与行井田密切相关的。自此,确定经界成为有些土地论者涉及的话题之一。如唐代柳宗元在谈到当时的地籍问题时说:"夫如是不一定经界,核名实,而姑重改作,其可理乎?"(《柳河东集》卷32《答元饶州论政理书》)到了宋代,强调土地经界重要性的人增多,除前面所述限田主张中的有关议论外,还有程颢所说"经界不可不正,井地不可不均,此为治之大本也"(《二程全书·明道文集·论十事札子》),张载强调"治人先务,未始不以经界为急"(《张载集》,第384页),等等。南宋以降,正经界理论逐步脱离了传统井田制的模式,而具有当时特定的含义,并付诸实施。

南宋规模最大的一次正经界是在绍兴年间由李椿年主持的。李椿年,浮梁(治所在今江西景德镇北)人。哲宗时考中进士,历任司农丞、度支郎中、知婺州等职。在理论上,他认为经界混乱是导致土地兼并的根源,指出:"孟子曰:'仁政必自经界始。'井田之法坏而兼并之弊生,其来远矣。况兵火之后文籍散亡,户口租税,虽版曹尚无所稽考,况于州县乎?豪民猾吏,因缘为奸,机巧多端,情伪万状,以强吞弱,有田者未必有税,有税者未必有田,富者日益兼并,贫者日以困弱,皆由经界之不正耳。"他具体列举了经界混乱的十大弊害,即"一、侵耕失税;二、推割不行;三、衙门及坊场户虚供抵当;四、乡司走弄税名;五、诡名寄产;六、兵火后税籍不失,争讼日起;七、倚阁不实;八、州县隐赋多,公私俱困;九、豪猾户自陈诡籍不实;十、逃田税偏重,无人肯售"(《文献通考·田赋五》)。

李椿年所分析的上述状况,根子还在土地兼并,而这是由封建地主土地所有制的内在矛盾所决定的。李椿年却只从现象上着眼,企图凭借管理措施的整顿来消除封建土地占有关系的痼疾。在他看来,只要"经界正,则害可转为利"(《文献通考·田赋五》)。在这种思想的指导下,李椿年经朝廷同意,以当时的平江一府为试点,然后推开,历时六七年,收到实效,以至朱熹在宋光宗绍熙年间还提到:"经界一事,最为民间莫大之利,其绍兴中已推行处,至今图籍尚有存者,则其田税犹可稽考,贫富得实,诉讼不繁,公私之间,两得其利。"(《朱文公文集》卷19《条奏经界状》)

朱熹对李椿年的赞扬实际上也反映了他自己的土地政策主张,他也曾建议在福建南部的汀、漳一带实施经界法。在理论上,朱熹阐述了经界的重要意义,指出:"版籍不正,田税不均,虽若小事,然实最为公私莫大之害。盖贫者无业而有税……富者有业而无税……则公私贫富,俱受其弊。"关于造成经界混乱的原因,朱熹认为是"人户虽已逃亡而其田土只在本处,但或为富家巨室先已并吞,或为邻近宗亲后来占据,阴结乡吏隐而不言耳"(《朱文公文集》卷21《经界申诸司状》)。

为了论证他的断言,朱熹揭露了福建某些地区的现状,如:"汀州在闽郡最为穷僻……科敷刻剥,民不聊生,以致逃移抛荒田土,其良田则为富家侵耕冒占,其瘠土则官司摊配亲邻,是致税役不均,小民愈见狼狈。"(《朱文公文集》卷27《与张定叟书》)又:"本州(漳州)日前经界,未及均税,遽行住罢,后来不复举行,是以豪家大姓有力之家,包并民田,而不受产,则其产虚椿在无业之家;冒占官地而不纽租,则其租俵寄于不佃之户。奸胥猾吏,寅夜作弊,走弄出入,不可稽考,贫民下户,枉被追呼,监系捶楚,无所告诉,至于官司财计,因此失陷,则又巧为名色,以取于民。"(《朱文公文集》卷100《漳州晓示经界差甲头榜》)这实际上是对土地兼并弊端的深刻揭示。值得一提的是,朱熹的经界主张曾在绍熙元年(1190)实施于漳州,到他去职时才中止。

顺便指出,南宋时期还有其他官员曾推行过经界法,如宁宗嘉定八年(1215),赵顺孙在婺州实行正经界之法,被人称许为"官有正籍,乡都有付籍,彪列旷分,莫不具在,为乡都者不过按成牍而更业主之姓名"的范例。理宗(赵昀)执政时,又有林棐于宝庆至绍定年间在丽水县实施经界,淳祐十一年(1251),南宋还在信、常、饶三州和嘉兴府推行经界。此外,南宋咸淳初年颁行的"推排法",也和经界法一样,具有核田均税的政策意图,而且在操作上更为简便,正如当时的司农卿兼户部侍郎李镛所说:"盖经界之法,必多差官吏,必悉集都保,必遍走阡陌,必尽量步亩,必审定等色,必纽折计等,奸弊转生,久不迄事。乃若推排之法,不过以县统都,以都统保,选任才富公平者订田亩税色,载之图册,使民存定产,产有定税,税有定籍而已。"(《宋史·食货志上》)

在井田制问题上,朱熹的思想也有自己的特点。他一方面肯定井田制是"圣王之制"(《朱子语类》卷108《论治道》),同时又认为在古代要实行这种田制也是有困难的,因为,"今看古人地制,如丰、镐皆在山谷之间,洛邑、伊阙之地亦多是小溪涧,不知如何措置"。在他看来,真正解决农业问题的关键除了正经界之外,就是要切实减轻农民的赋税,不损害他们的利益,那"便是小太平了"(《朱子语类》卷86《地官》)。至于限田之类的对策方案,也都是些不切实际的"胡说"(《朱子语类》卷98)而已。他的这些看法显然与他担任过地方官府领导职务的经历有关。

从上述认识出发,朱熹对宋代赋敛加重的弊端进行了批评,认为那是由于政府不实行"量入以为出"的财政原则,往往"计费以取民"所造成的。对此,他提出的改革方案是:"令逐州逐县各具民田,一亩岁入几何,输税几何,非泛科率又几何,州县一岁所收金谷总计几何,诸色支费总计几何,有余者归之何许,不足者何所取之。俟其毕矣,然后选忠厚通练之士数人,责令考究而大均节之。有余者收,不足者与,务使州县贫富不至甚相悬,则民力之惨舒亦不至大相绝矣。"他认为这样做,虽不是复井田之法,"而于制民之产之意亦仿佛其万一"(《朱文公文集》卷 25《答张敬夫》)。

另一方面,为了解决当时朝廷军费不足的实际困难,朱熹又提出了屯田主张,认为"屯田实边,最为宽民力之大者"。在具体管理上,他建议:"就今及边郡官田略以古法,画为丘井沟洫之制……边郡之地已有民田在其间者,以内地见耕官田易之,使彼民无疆场之争,军民无杂耕之扰。"(《朱文公文集》卷 25《答张敬夫》)这番见解虽较简略,在处理官民田地关系上却不乏创见。

同样出于保护农民基本经济利益和维持农业再生产的政策考虑,朱熹对荒政措施也提出过自己的看法。对以往的常平仓和义仓,朱熹认为有两个不利于农民的缺陷:其一,这些仓粟"皆藏于州县,所恩不过市井游惰辈。至于深山长谷力穑远输之民,则号饥饿频死而不能及也"。其二,"为法太密,使吏之避事畏法者视民之殍而不肯发,往往全其封鐍,递相付授,玉或果数十年不一瞥省。一旦其至就已然后发之,则已化为浮埃聚壤而不可食矣"(《朱文公文集》卷 77《建宁府崇安县五夫社仓记》)。为此,他向朝廷奏请推广他所设计的社仓,即将官办改为民办,将设仓地点由州县改为乡村。当时的宋孝宗也曾诏令各地参照实行,只是响应者并不多。其实,朱熹所分析的常平仓和义仓的弊端,也是吕祖谦、董煟等人所注意到的。朱熹的可贵之处在于能将改弊措施付诸实行,而且收效不错,"数十年间,凡置仓之地,虽遇凶岁,人无菜色,里无嚣声"(真德秀:《真文忠公文集》卷 10《奏置十二县社仓状》),可谓佐证。

此外,朱熹也强调发挥富人在救荒中的作用。他要求富户在遇到灾荒时,"切须存恤救济,本家地客务令足食,免致流移,将来田土抛荒,公私受弊",不仅如此,富人除救济佃农之外,"所有余米即使各发公平,广大仁爱之心,莫增价例,莫减升斗。日逐细民告籴,即与应副"。他认为这样,"不惟贫民下户获免流移饥饿之患,而上户之所保全亦自不为不多"(《朱文公文集》卷 99《劝谕救荒》)。同时,他还告诫富人不要催逼灾民还债,如确系无力偿还,要允许其延期归还。这些言论既反映了朱熹同情民苦的思想倾向,又体现了宋代以来重视富民经济作用的理论特点。

第十节　叶适的反抑兼并论

叶适(1150—1223),字正则,温州永嘉人。因晚年居住于永嘉城郊之水心村，又被人称为水心先生。孝宗时考中进士，历仕孝宗、光宗、宁宗朝，曾任平江（治所在今江苏苏州）节度推官、武昌军节度判官、浙西提刑司干办公事、太学正、太常博士兼实录院检讨官、知蕲州、尚书左选郎官、国子司业、太府卿、湖南转运判官、知泉州、权兵部侍郎、权工部侍郎、权吏部侍郎、宝谟阁待制、知建康府兼沿江制置使、宝文阁待制兼江淮制置使、宝文阁学士、通议大夫等职，此外，还在开禧三年（1207）后任祠职10余年。

叶适是宋代永嘉学派的集大成者，其社会观点具有明显的进步倾向。他反对复古，认为对古制不能全盘照搬，"若将行其法度以制四海之命，不去其所以害是者，而劫劫然，惴惴然，害之愈深，守之愈固，胶而不解，滞而不通，此岂有古今之异时哉"（《叶适集》第3册，第787页，中华书局1961年版）。这种思想对其农业理论，尤其是涉及生产关系的土地理论有直接影响。

宋代的土地兼并发展到南宋，日益暴露出严重的经济弊端和社会危害。对此，许多思想家把挽救的希望寄托在抑兼并和行井田政策上。然而，叶适的对策思想却与此不同，他的土地思想包含着两个最富时代特色的新颖观点：其一是明确提出了反对抑兼并的论点；其二是对许多人津津乐道的复井田论调进行了批判。

反对抑兼并的理论依据是对富人社会作用的肯定，对此叶适有完整的论述，他指出："县官不幸而失养民之权，转归于富人，其积非一世也。小民之无田者，假田于富人；得田而无以为耕，借资于富人；岁时有急，求于富人；其甚者庸作奴婢，归于富人；游手末作，徘优伎艺，传食于富人；而又上当官输，杂出无数，吏常有非时之责无以应上命，常取具于富人。然则富人者，州县之本，上下之所赖也。富人为天子养小民，又供上用，虽厚取赢以自封殖，计其勤劳亦略相当矣。乃其豪暴过甚兼取无已者，吏当教戒之；不可教戒，随事而治之，使之自改则止矣……夫人主既未能自养小民，而吏先以破坏富人为事，徒使其客主相怨，有不安之心，此非善为治者也。"（《叶适集》第3册，第657页）

封建思想家大都把富人看作社会稳定和经济发展的有害因素，进而主张对其采取抑制的政策。即使像李觏、王安石、司马光等人，他们虽然公开为富人辩护，但其理由无非是就某事某地而论（如救荒、借贷、屯田等），相比之下，叶适提出"富人为天子养小民"的结论，是一种全面肯定富人经济地位的观点，具有理论上的创新价值。

关于恢复井田制，叶适的否定态度十分鲜明，他分析说："井田之制，百年之间，士方且相与按图而画之，转以相授而自嫌其迂，未敢有以告于上者，虽告亦莫之听也。"（《叶适集》第3册，第655页）他进一步写道："且不得天下之田尽在官，则不可以为井;而臣以为虽得天下之田尽在官,文、武、周公复出而治天下,亦不必为井。何者? 其为法琐细烦密,非今天下之所能为。昔者自黄帝至于成周,天子所自治者皆是一国之地,是以尺寸步亩可历见于乡遂之中,而置官师,役民夫,正疆界,治沟洫,终岁辛苦,以井田为事;而诸侯亦各自治其国,百世不移,故井田之法可颁于天下。然江、汉以南,潍、淄以东,其不能为者不强使也。今天下为一国,虽有郡县吏,皆总于上,率二三岁一代,其间大吏有不能一岁半岁而代去者,是将使谁为之乎? 就使为之,非少假十数岁不能定也;此十数岁之内,天下将不暇畊乎? 井田之制虽先废于商鞅,而后诸侯亡,封建绝,然封建既绝,井田虽在,亦不得独存矣。故井田、封建,相待而行者也。"(《叶适集》第3册,第656页)在这里,叶适采取了和张载相似的论证方法,即把井田和封建相提并论,但两人的结论却截然相反。应该说,叶适关于井田制在新形势下无法实行的观点,是颇为深刻的。

叶适不仅从历史发展的角度揭示了井田制的过时,而且和朱熹一样,对井田制本身表示怀疑。他认为:"畎遂沟洫,环田而为之,间田而疏之,要以为人力备尽,望之而可观,而得众之多寡则无异于后世耳。大陂长堰,因山为源,钟固流潦,视时决之,法简而易周,力少而用博。使后世之治无愧于三代,则为田之利,使民自养于中,亦独何异于古! 故后世之所以为不如三代者,罪在于不能使天下无贫民耳,不在乎田之必为井不为井也。夫已远者不追,已废者难因。今故堰遗陂,在百年之外,潴防众流,即之渺然,弥漫千顷者,如其湮淤绝灭尚不可求,而况井田远在数千岁之上! 今其阡陌连亘,墟聚迁改,盖欲求商鞅之所变且不可得矣。"(《叶适集》第3册,第656页)这显示了叶适作为一位历史发展论者所具有的深邃眼光。

根据以上分析,叶适得出了这样的论断:"臣以为儒者复井田之学可罢,而俗吏抑兼并富人之意可损。"他主张制订合适切实的经济法规,促进生产力发展,以此来解决当时社会所面临的问题,指出:"因时施智,观世立法。诚使制度定于上,十年之后,无甚富甚贫之民,兼并不抑而自已,使天下速得生养之利,此天子与其群臣当汲汲为之。不然,古井田终不可行,今之制度又不复立,虚谈相眩,上下乖忤,俗吏以卑为贵,儒者以高为名,天下何从而治哉!"(《叶适集》第3册,第657页)

叶适所谓的制度,并没有完整的理论表述,就土地问题而言,主要就是大力垦辟土地,以促进农业生产的恢复和发展。为实现这一政策目标,叶适主张鼓励富人垦植:"夫官有田而民不知种,有地而民不知辟,故使吏劝之。今其有者厚价以买之,无者半租以佣之,是容有惰游者也。故有求农而不得地,无得地而不农也。官无遗地,民无遗力,而岁以二月,长吏集僚属至近郊,召父老而饮食之,为之文以告之,既告而去之,若此者何也? 若其州县荒阔,良田沃土不畊不殖者,朝廷当为之立法以来农民,而使之从事焉耳。"(《叶适集》第 3 册,第 652—653 页)他认为垦辟土地不仅有利于安顿民生,而且是增加国家财税的前提条件,即所谓"有民必使之辟地,辟地则增税"(《叶适集》第 3 册,第 654 页)。为了尽快地开垦宽乡之地,叶适提出了徙民建议。他指出:荆、楚等地区已从过去的繁荣区域变为荒凉之地,而闽、浙等省人口益多,土地紧缺,形成了全国人口土地比例的严重失衡,"其土地之广者,伏藏狐兔,平野而居虎狼,荒墟林莽,数千里无聚落,奸人亡命之所窟宅,其地气蒸郁而不遂。而其狭者,凿山捍海,摘抉遗利,地之生育有限而民之锄耰无穷,至于动伤阴阳,侵败五行,使其地力竭而不应,天气亢而不属,肩摩袂错,愁居戚处,不自聊赖"。为了改变这种状况,他提出:"分闽、浙以实荆、楚,去狭而就广,田益垦而税益增。其出可以为兵,其居可以为役,财不理而自富,此当今之急务也。"(《叶适集》第 3 册,第 655 页)这见解同汉代崔寔等人的主张是相似的。

叶适也主张屯田,他说:"夫因民为兵而以田养之,古今不易之定制也。募人为兵而以税养之,昔人一时思虑仓猝不审,积习而致然尔,改之无难也。请择任总领,以濒江近里凡民夫四至包套而种植实不到者畊之,其屋宅、农具、器用、役作、种粮,朝廷各给与百万缗。"(《叶适集》第 3 册,第 849 页)又如在谈到淮河流域一带的防御时,他强调:"淮濒,美土也。其水清,其鱼肥,其种易熟,其熟不独饱,东南之地不能及,非塞外沙碛比也,居民所乐耕而愿守也。请朝廷专建使名,自一里至三四十里止,令民居之,有陂泽之利者固之,有居之家者助之。于淮水内深广壕堑,略如冈阜,乘高瞰下。虏攻则拒守,常时畊作自恣,以逸待劳。"(《叶适集》第 3 册,第 847 页)

除了上述内容外,叶适农业思想中还有一个看法值得一提。在谈到民事问题时,他对官田和私田的差别及互相关系发表了见解。首先,他认识到在两种田地中劳动,农民的积极性是不同的:"为民田者,无所用劝;为官田者,徒劝而不从。"(《叶适集》第 3 册,第 653 页)这实际上已经触及土地所有权与劳动者工作效率的密切关系问题。其次,他认为在土地的民间买卖中,官方的介入是不合时宜的,往往成为对民间的一种侵夺,他分析当时的情况说:"民自以私相贸易,而官反为之司契券而取其直。而民又有于法不得占田者,谓之户绝而没官;其出以与民者,谓之官自卖田,其价与私买等,或反贵之。然而民乐私自买而不乐与官市,以为官所以取之者众而无名也。"对官方的做法,叶适进行了抨击,指出:"世之俗吏,见近忘远……巧立名字,并缘侵取,求民无已,变生养之仁为渔食之政,上下相安,不以为非。"(《叶适集》第 3 册,第 652 页)这番议论显然与他的反抑兼并思想有关,但同时也反映出叶适农业思想中维护私有制的倾向已发展到相当鲜明的程度,在理论上具有深刻独到的价值。

此外,叶适还在农业与人口、农业与商业等关系问题上发表过自己的见解。如为了发展农业生产,他认为人口越多越好。在他看来,"民多则田垦而税增,役众而兵强。田垦税增,役众兵强,则所为而必从,所欲而必遂"。所以他断言:"因民之众寡为国之强弱,自古而然。"这种结论对生产力水平较为低下,农业生产发展主要依赖于劳动力数量增加的社会经济而言,是正确的。从这种观点出发,叶适对大量人口从农业部门流失表示忧虑,他分析当时"民虽多而不知所以用之"(《叶适集》第3册,第653页)的情况说:除了三分之一的人口拥有农田之外,其余者皆"无地以自业,其驽钝不才者,且为浮客,为佣力;其怀利强力者,则为商贾,为窃盗",加上"有田者不自垦而能垦者非其田"(《叶适集》第3册,第654页),导致农业生产凋敝、国家实力削弱的后果。因此,叶适强调人口增长与要与农业生产密切结合。

关于农商关系,叶适认为重视农业和发展商业并不矛盾,如果借抑商而行剥夺商人利益之实,那就更不足取了。他指出:"夫四民交致其用而后治化兴,抑末厚本,非正论也。使其果出于厚本而抑末,虽偏,尚有义。若后世但夺之以自利,则何名为抑?"(《习学记言序目》上册,第273—274页,中华书局1977年版)这是对传统农本商末观点的重要修正,它反映出叶适对农商关系的认识已趋全面合理,并且具备了敢于抨击时弊和异议传统教条的理论勇气。

第十一节　陈旉的家庭农业经营思想

中国历史上的农业思想,就其理论性质而言可以分为两类:一类以国家宏观农业经济发展为主要论述内容;另一类则以家庭农庄微观农业经营活动为主要研究对象。无疑,历代帝王、封建官吏和文人思想家的农业思想基本属于前者,它们在数量上占绝大多数,而且理论内容也比较丰富和深刻。但不可忽视,中国历史上的微观农业思想虽然出现较迟,数量也不很多,但在若干方面所达到的思想水平是颇足称道的。本书第二章和第三章曾分别对西汉农家学派、崔寔、贾思勰的微观农业经营思想作了分析,如果说这些思想见解尚属零碎和直观的话,那么宋代陈旉的理论阐述显然已发展到一个新的水平。

应该说明,从北魏贾思勰、到宋代陈旉,中间一段时期的微观农业思想并不是空白,其间唐代韩鄂所写的《四时纂要》是值得一提的。韩鄂,一作韩谔,是唐玄宗时宰相韩休之兄韩偲的后代,约生活在唐末五代初期。《四时纂要》仿照《四民月令》的体例,主要列举各个时节的农事活动。其内容既有前代史料的抄录,又有当时实践经验的总结。全书分序、春令、夏令、秋令、冬令等五部分。在序言部分,作者重申了农业生产的重要意义,他指出:"夫有国者,莫不以农为本;有家者,莫不以食为本。""若父母冻于前,妻子饥于后,而为颜闵之行,亦万无一焉。设此带甲百万,金城汤池,军无积粮,其何以守?虽有羲轩之德,龚黄之仁,民无粮储,其何以数?"因此,他认为:"知货殖之术,实教化之先。"(《四时纂要·序》)这里所说的货殖,主要是指农业生产,同时也包含农产品的市场交换。不过,总的来说,《四时纂要》在农业思想方面的见解是较少的。

陈旉(1076—?),号西山隐居全真子、如是庵全真子,江苏人。生平事迹不详。洪兴祖在《陈旉农书》的后序中说他"平生读书,不求仕进,所至即种药治圃以自给","于六经诸子百家之书,释老氏、黄帝、神农氏之学,贯穿出入,往往成诵"。既精通传统典籍,又熟悉农业生产实践,这使陈旉有优越的条件写出内容丰富、思想新颖的农学著作来。他自称写作此书是有充足的经验依据的,"非苟知之,盖尝允蹈之,确乎能其事,乃敢著其说以示人"(《陈旉农书·序》)这一点应该是可信的。

《陈旉农书》共分 3 卷。上卷论述农业生产的经营原则和方法,计有《财力之宜篇》《地势之宜篇》《耕耨之宜篇》《天时之宜篇》《六种之宜篇》《居处之宜篇》《粪田之宜篇》《薅耘之宜篇》《节用之宜篇》《稽功之宜篇》《器用之宜篇》《念虑之宜篇》《祈报篇》和《善其根苗篇》,中卷有《牛说》《牧养役用之宜篇》和《医治之宜篇》,下卷有《蚕桑篇》《种桑之法篇》《收蚕种之法篇》《育蚕之法篇》《用火采桑之法篇》《簇箔藏茧之法篇》。从上述篇目看,陈旉所论述的农业生产项目并不很多,主要集中在农桑及耕牛等方面。但另一方面,陈旉在书中所阐发的农业经营理论却是相当丰富和精彩的。

农业生产与自然条件的关系非常密切,所以陈旉强调:"故农事必知天地时宜,则生之,蓄之,长之,育之,熟之,无不遂矣。"这就是说,要获得理想的农业收成,必须了解和遵循客观的自然规律。也就是在这个意义上,陈旉认为农业就是从自然界中汲取人类所需的生活和生产资料,即所谓"耕稼,盗天地之时利"(《陈旉农书》上卷《天时之宜篇》)。在这个前提下,他也充分肯定人类劳动在农业生产中的作用。如谈到粪肥对土壤的改良意义时,他说:"虽天壤异宜,顾治之如何耳。治之得宜,皆可成就。"针对传统的"田土种三五年,其力已乏"的观点,他提出异议,认为:"斯说殆不然也,是未深思也。若能时加新沃之土壤,以粪治之,则盖精熟肥矣,其力常新壮矣,仰何敝何衰之有?"(《陈旉农书》上卷《粪田之宜篇》)这一论断揭示了人类既有认识自然的能力,又有改造自然的能力。值得称道的是,陈旉的

"其力常新壮"观点与西方的"土地肥力递减"成说恰成对照,具有独特的理论价值。

有筹划地从事适度农业经营,这是陈旉农业思想中的重要原则。关于筹划,他指出:"凡事预则立,不预则废。"农业生产涉及面广,时间跨度长,尤其不可草率蛮干,因此他告诫说:"农事尤宜念虑者也。"(《陈旉农书》上卷《念虑之宜篇》)关于适度规模经营,陈旉的见解尤为出色。他认为:"凡从事于务者,皆当量力而为之,不可苟且,贪多务得,以致终无成遂也。"这种"量力而为"的原则实施于农业生产,就是以"财足以赡,力足以给"为标准,力求在经营中做到"优游不迫,可以取必效"。如果违反了这一原则,"贪多务得,未免苟简灭裂之患,十不得一二,幸得成功,已不可必矣"。基于此,陈旉以"多虚不如少实,广种不如狭收"的农谚为佐证,明确表示:"农之治田,不在连阡跨陌之多,唯其财力相称,则丰穰可期也。"(《陈旉农书》上卷《财力之宜篇》)在以农业为主要生产部门的中国古代,长期以来是以农业的规模扩大为经济要策,体现在经营思想上,也大多以农田越多越好为主导倾向。陈旉的财力之宜论虽以单个家庭农庄为对象,但其中所反映的农业管理见解显然具有广泛的指导意义。

人是农业生产中的主体,人的努力程度对农业的效益有很大的影响作用,因此,陈旉很重视加强对农业管理者的职业训练和对农业劳动者的纪律约束。关于前者,他要求农业经营者专心于农,"惟志好之,行安之,乐言之,念念在是,不以须臾忘废,料理缉治"(《陈旉农书》上卷《地势之宜篇》)。关于后者,他认为"勤劳乃逸乐之基",所以必须"稽功会事,以明赏罚"。与此同时,他关注农业生产工具的改良和使用,指出:"工欲善其事,必先利其器。器苟不利,未有能善其事者也。利而不备,亦不能济其用也。"(《陈旉农书》上卷《稽功之宜篇》)为了充分发挥农具的功效,他还主张对农具"要当先时预备,则临时济用矣。苟一器不精,即一事不举,不可不察也"(《陈旉农书》上卷《器用之宜篇》)。

此外,陈旉对农家的财力管理也提出了自己的看法,他认为上古时国家"视年之丰凶以制国用,量入以为出,丰年不奢,凶年不俭"的"理财之道"是可取的,也适用于治家,强调务农之家不能"见小近而不虑久远,一年丰稔,沛然自足,弃本逐末,侈费妄用,以快一日之适"(《陈旉农书》上卷《节用之宜篇》),这观点反映了中国古代自然经济的思想特点。

第十二节　南宋的其他农业思想

南宋时期,朝廷还就屯田的经营形式问题进行过争论,当时有人主张将军屯改为民屯。如宋高宗绍兴六年(1136),都督张浚奏请改江淮屯田为营田,他指出:"江淮州县自兵灭之后,田多荒废。朝廷昨降指挥,令县令兼管营田事务,盖欲劝诱广行耕垦。缘诸处措置不一,至今未见就绪。今改为屯田,依民间自来体例,召庄客承佃,其合行事件务在简便。"江淮一带是宋代实施军屯的重要区域,其管理弊端曾为吕祖谦所揭示。与吕祖谦的罢屯田不同,张浚的对策见解是改变组织形式。在具体实施方面,他的办法是:"将州县系官空闲田土,并无主逃田并行拘集见数,每县以十庄为则,每五顷为一庄。召客户五家相保,为一甲。共种甲内推一人充甲头,仍以甲头姓名为庄名。"同时,要向屯民提供必要的生产和生活资料,即"每庄官给耕牛五头,并合用种子、农器。每户别给菜田十亩"(《宋会要辑稿·食货六三之一〇〇》)。这个提议后来由樊宾、王弗等加以推行,收到一定效果。

但也有人认为屯田中出现的问题并非军屯所固有,消除弊端不必非取消军屯不可,只要采取提高军士生产积极性的措施,军屯效益仍可增加。正如鄂州都统郭杳于宋孝宗淳熙十年(1183)上书中所说:"襄阳屯田二十余年,虽微有收获,然未能大益边计,非田不美,盖人力有所未至,且无专任责者。或谓战士屯田,恐妨阅习,而不知分番耕作,乃所以去其骄;或谓耕作劳苦,恐其不乐,而不知分给谷米,人自乐从。以乐从之人,为实边之计,可谓两便。请给耕牛、农具,俾屯军开垦荒田。"(《续资治通鉴长编》卷146"孝宗淳熙十年五月")

同年,监察御史李寀更是直接批评了将屯田改为营田的主张,他列举改变屯田经营方式后出现的新弊,揭示出营田仍然无法根除的封建经济矛盾。李寀指出:"江淮置立官庄,贷以钱粮,给以牛种,可谓备矣。然奉行峻速,或抑配豪户,或驱迫平民,或强科保正,或诱夺佃客。给以牛者未必付以田,付以田者或瘠卤难耕,虚增顷亩,攘佃户合分课子以充其数。由官府有追呼之劳,监庄有侵渔之扰,多鬻己牛以养官牛,耕己田以偿官租。种种违戾,不可概举。其间号为奉法不扰者,不过三数县而已。盖营田上策,宜行军中,乃古人已试之效。称之于民,闲田多,闲民少,以闲田付之闲民,公私俱获其利;以闲田付之有常赋之民,种种为害。官吏希赏畏罚,其患弥甚。"(《建炎以来系年要录》卷118"绍兴八年三月壬辰")李寀所担忧的主要还是农民的赋税负担过重。

宋孝宗隆兴元年(1163),工部尚书张阐在奏折中也分析了屯田改营田的弊害,他以荆、襄等地为例,指出:"盖荆、襄之地,自靖康以来,屡经兵水,地广人稀,不患无田之可耕,常患耕民之不足……臣谓今日荆、襄之地,屯田营田为有害者,非田之不可耕也,无耕田之民也。欲治田而无田夫,任事之人,虑其功之不就,不免课之于游民,游民不足,不免抑勒于百姓。百姓受抑,妄称情愿,舍己熟田,耕官生田。私田既荒,赋税犹在。或远数百里追集以来,或名为双丁,役其强壮者。占百姓之田以为官田,夺民种之谷以为官谷,老稚无养,一方骚然。"(《宋会要辑稿·食货三之十一》)实行垦殖的土地原属国家所有,而一旦改军屯为营田,则容易混淆民户屯田与私田之间的区别,产生以私田之谷交纳屯田之租的情况,进而影响民间土地利用和农业生产的正常发展。这种见解意在防止官方土地经营对土地私有权的侵害,并反对加重屯田的赋役负担,在当时弊政日甚的形势下,是一种维护屯民利益的观点。而这些思想的出现也是和南宋时期屯田向私有土地转化的趋势相吻合的。

《玉海》是南宋王应麟撰写的一部著作,共 200 卷,其中的《食货》有 11 卷,反映了作者的农业思想。王应麟(1223—1296),字伯厚,号厚斋、深宁居士,祖籍浚仪(今河南开封),定居于鄞县(今属浙江)。理宗时考中进士,后又考中博学宏词科,历任扬州州学教授、台州通判、起居舍人、秘书监、礼部尚书兼给事中等官。除《玉海》之外,还撰有《汉制考》《汉书艺文志考证》《通鉴地理考》《玉堂类稿》《深宁集》《词学题苑》等书。《玉海·食货》中《田制》《屯田》《职田》《农官》《农器》等卷直接记述了历代的农业典章制度,作者的农业观点则是在评述中表达出来的。

关于土地制度,王应麟肯定和向往古时的井田之制,对土地私有化以后的弊端则持批评态度。他认为:"古者井田之兴,必始于唐虞,夏商茸治,至周大备。因口之众寡以授田,因田之厚薄以制赋。画沟洫,谨步亩,严版图,经界既定,仁政自成。其法自春秋时已坏。晋作爰田,则赏众以田易其疆畔矣。鲁初税亩,则履其余亩十取其二矣。"经过秦商改制以后,土地兼并开始出现。到汉唐之时,"其授田有口分、世业,皆取之于官。其敛民财有租庸调,皆计之于口"。对唐朝的两税法,王应麟的抨击很尖锐,指出在这种税制下,"贫急于售田,则田多税少;富利于避役,则田少税多。侥幸一兴,税役皆弊。既无振贫之术,又许之卖田,后魏以来弊法也"(《玉海·食货·田制》)。

关于屯田和营田,王应麟自己没有发表具体的见解,但他记录的时人言论值得一提。南宋隆兴元年(1163),当时的臣僚曾总结出搞好营田的十条要领:(1)择官必审;(2)募人必广;(3)穿渠必深;(4)乡亭必修;(5)器用必备;(6)田处必利;(7)食用必充;(8)耕具必足;(9)定税必轻;(10)赏罚必行。王应麟认为这个归纳十分精到,说"凡此十者,营田之制尽矣"(《玉海·食货·屯田》),这确实是对屯田管理诸项事务的简明扼要的概括。

第五章 元明时期的农业思想

第一节　元世祖的农业政策思想

1206年，北方的蒙古族在成吉思汗的领导下建立了国家。此后，蒙古国先后于太祖(成吉思汗)二十二年(1227)灭夏，太宗四年(1232)灭金，宪宗三年(1253)灭大理(在今云南一带)。世祖至元八年(1271)定国号为大元。在至元十三年(1276)灭南宋后，元朝重新统一了中国。

元世祖即位后，实行了一些巩固统治、稳定社会的措施，如任用汉族官吏制定朝仪、建立官制、开设学校、推行汉法等，其中在经济方面所采取的一系列促进农业生产的政策措施，具有新的思想特点，也收到了明显的效果。

元世祖(1215—1294)，名忽必烈，又称薛禅皇帝。他是元宪宗(蒙哥汗)的弟弟，于1260年至1294年在位。元世祖对发展农业十分重视，即位之前就曾于宪宗元年(1251)在滦河上游地区、怀孟和京兆地区等兴办屯田，发展农桑。即位之初，首诏天下："国以民为本，民以衣食为本，衣食以农桑为本。于是颁《农桑辑要》之书于民，俾民崇本抑末。"(《元史·食货志一》)

在元世祖执政期间，劝农诏书一再下发。如中统二年(1261)四月，"诏十路宣抚使量免民间课程。命宣抚司官劝农桑，抑游惰，礼高年，问民疾苦"(《元史·世祖本纪一》)。次年四月，"命行中书省、宣慰司、诸路达鲁花赤、管民官，劝诱百姓，开垦田土，种植桑枣，不得擅兴不急之役，妨夺民时"(《元史·世祖本纪二》)。至元二十五年(1288)正月，诏曰："行大司农司、各道劝农营田司，巡行功课，举察勤惰，岁具府、州、县劝农官实迹，以为殿最。路经历官、县尹以下并听裁决。或怙势作威侵官害农者，从提刑按察司究治。"(《元史·世祖本纪十二》)

为了提高劝农政策的执行效果，元世祖注意从行政组织上加强管理，设置了专事农事督导的官职。即位之初,他便"命各路宣抚司择通晓农事者,充随处劝农官"(《元史·食货志一》)。次年,正式成立劝农司,首批任命的劝农使有陈邃、崔斌、李士勉等人。至元七年(1270),又设立司农司,以参政知事为卿,下设四道巡行劝农司。以后,司农司又改为大司农司,增设了四名巡行劝农使和副使。就其职权而言,元朝规定:"大司农司,秩正二品,凡农桑、水利、学校、饥荒之事,悉掌之。"(《元史·百官志三》)

尤为重要的是,元世祖于至元七年(1270)向全国颁布了十四条《农桑之制》,其内容丰富,定制明确,在中国古代农业政策史上具有独特地位。《农桑之制》涉及范围较广,包括农村行政、农田制度、水利建设、副业安排等方面。在村社管理上,制度规定:"县邑所属村疃,凡五十家立一社,择高年晓农事者一人为之长。增至百家者,别设长一员。不及五十家者,与近村合为一社。地远人稀,不能相合,各自为社员听。其合为社者,仍择数村之中,立社长、官司长,以教督农桑为事。"(《元史·食货志一》)

在土地管理上,一方面是实行国有无主土地的分配,"凡荒闲之地,悉以付民,先给贫者,次及余户";另一方面是加强田地经界的区划,并力求提高使用率,制度要求:"凡种田者,立牌橛于田侧,书某社某人于其上,社长以时点视劝诫。不率教者,籍其姓名,以授提点官责之。其有不敬父兄及凶恶者亦然。……社中有疾病凶丧之家不能耕种者,众为合力助之。一社之中灾病多者,两社助之。"(《元史·食货志一》)

对农田水利建设,制度专门作了部署:"农桑之术,以备旱暵为先。凡河渠之利,委本处正官一员,以时浚治。或民力不足者,提举河渠官相其轻重,官为导之。地高水不能上者,命造水车。贫不能造者,官具材木给之。俟秋成之后,验使水之家,俾均输其值。田无水者凿井,井深不能得水田,听种区田。其有水田者,不必区种。仍以区田之法,散诸农民。"(《元史·食货志一》)

不仅如此,制度还对农业生产的副业经营项目进行了具体指导,其文写道:"种植之制,每丁课种桑枣二十株。土性不宜者,听种榆桑柳等,其数亦如之。种杂果者,每丁十株,皆以生成为数。愿多种者听。其无地及有疾者不与。……仍令各社布种苜蓿,以防饥年。近水之家,又许凿池养鱼并鹅鸭之数,及种莳莲藕、鸡头、菱角、蒲苇等,以助衣食。"(《元史·食货志一》)

除此之外,有关官吏还须担当起消除灾情的责任:"每年十月,令州县正官一员,巡视境内,有蝗蝻遗子之地,多方设法除之。"(《元史·食货志一》)

不难看出,元世祖所颁行的《农桑之制》在不少方面是对前代农业措施或政策思想的继承和运用,但将如此众多的农业管理条例集中在一起,并由朝廷统一颁行全国,则是过去所没有的。这表明,元世祖对农业生产的重视和促进更具有了理论与实践相结合的特点。

前面提到,为了推动农业生产的发展,元世祖曾向各地推荐发行《农桑辑要》一书。《农桑辑要》共7卷,由元朝大司农编成,实际作者可能是孟祺、畅师文和苗好谦(参见叶世昌主编:《中国学术名著提要·经济卷》,第212—213页)。这部辑要的内容分别为:卷一《典训》《耕垦》,卷二《播种》,卷三《栽桑》,卷四《养蚕》,卷五《瓜菜》《果实》,卷六《竹木》《草药》,卷七《孳畜》,另有《岁用杂事》附于末尾。关于这部书的编撰目的,王磐在序言中作了这样的说明:"圣天子临御天下,欲使斯民生业富乐,而永无饥寒之忧。诏立大司农,不治他事,而专以劝课农桑为务。行之五六年,功效大著,民间垦辟种艺之业,增前数倍。农司诸公,又虑夫田里之人,虽能勤身从事,而播殖之宜、蚕缫之节,或未得其术,则力劳而功寡,获约而不丰矣。于是遍求古今所有农家之书,披阅参考,删其繁重,撷其切要,纂成一书。"(《农桑辑要·序》)很明显,《农桑辑要》的颁行是以技术普及为目的的,它与《农桑之制》的政策导向相配套,体现了元世祖农业政策思想的全面性,具有创新的历史意义。

元世祖的农业政策还包括兴修水利、开垦荒地、实施屯田、积谷备荒、减轻赋税等内容。在这些重农政策的指导下,元初的农业经济得到较快的发展,史称:"终世祖之世,家给人足。天下为户凡一千一百六十三万三千二百八十一,为口凡五千三百六十五万四千三百三十七。此其敦本之明效可睹也已。"(《元史·食货志一》)

元代没有制定和实施向农民分配土地的田制,但对官员的职田享有则作过明确的规定。如:"上路达鲁花赤一十六顷,总管同。同治八顷。治中六顷。府判五顷。下路达鲁花赤一十四顷,总管同。同知七顷。府判五顷。散府达鲁花赤一十(二)顷,知府同。同治六顷。府判四顷。上州达鲁花赤一十顷,州尹同。同知五顷。州判四顷。中州达鲁花赤八顷,知州同。同知四顷。州判三顷。下州达鲁花赤六顷,知州同。州判三顷。警巡院达鲁花赤五顷。警使同。警副四顷。警判三顷。录事司达鲁花赤三顷,录事同。录判二顷。县达鲁花赤四顷,县尹同。县丞三顷。主簿二顷,县尉、主簿兼尉并同。经历四顷。"(《元史·食货志四》)这些条例是至元三年(1266)制定的。

至元十四年(1277),政府又规定按察司的职田数:"各道按察使一十六顷。副使八顷。佥事六顷。"(《元史·食货志四》)

对于江南诸省官吏的职田,原则上比腹里省份减半。这些条例在至元二十一年(1284)正式由政府颁行,除前述官职外,还包括:"运司官,运使八顷。同知四顷。运副三顷,运判同。经历二顷。知事二顷,提控案牍同。盐司官,盐使二顷。盐副二顷。盐判一顷。各场正、同、管勾各一顷。"(《元史·食货志四》)

官吏职田的制度化，当然是夺取统治地位的元朝官僚阶层既得利益的物化表现。这在元初是同时作为一项限制措施而提出的。随着元统治集团的腐败日甚，职田之限流于具文，最终导致了土地兼并的重新蔓延。

第二节　许衡、王祯的农业思想

许衡(1209—1281)，字仲平，号鲁斋，河内(治所在今河南沁阳)人。早年被忽必烈召为京兆提学。世祖即位后入京师为官，历任国子祭酒、中书省议事、中书左丞(副宰相)、集贤大学士、太史院事等职。许衡是元初的重要朝臣，曾在至元六年(1269)参与制定朝仪和官制。他的农业思想并不多，但在某些问题上发表过独特的见解。

至元三年(1266)，许衡向元世祖上呈《时务五事》，其中包括发展农桑的内容。他批评为政者对发展农业持忽视的态度，指出："今国家徒知敛财之巧，不知生财之由。不惟不知生财，而敛财之酷又害于生财也。"(《许文正公遗书》卷7《时务五事》)在另一篇文章中，许衡曾分析过生财与敛财耗费的关系，他说："地力之生物有大数，人力之成物有大限。取之有度，用之有节，则常足。取之无度，用之无节，则常不足。生物之丰歉由天，用物之多少由人。"(《许文正公遗书》卷2《语录下》)基于这种认识，他把农业生产的状况作为国家治乱的基础，指出：要达到民众不欺的目的，"非衣食以厚其生，礼义以养其心，则不能也"。也就是说："上多贤才，皆知为公；下多富民，皆知自爱，则令自行，禁自止。"(《许文正公遗书》卷7《时务五事》)这里的"为公"，就是指不要为己敛财，而富民自然就会多起来。

关于具体的农业政策，许衡没有进行详细阐述，他只是笼统地认为："诚能自今以始，优重农民，勿使扰害，尽驱游惰之民归之南亩，岁课种树，垦谕而督行之，十年以后，当仓盈库积，非今日比矣。"(《许文正公遗书》卷7《时务五事》)这番建议本身无多新意，但显然对元世祖的农业政策思想产生过积极影响。

许衡还有一段话与以后家庭农业思想的发展有一定的关系。他认为士人学者也应该学会治生，否则将会妨碍治学，而"治生者，农工商贾而已。士君子多以务农为生，商贾虽为逐末，亦有可为者。果处之不失义理，或姑济一时，亦无不可。若以教学作官规图生计，恐非古人之意也"(《许鲁斋集》卷6《国学事迹》)。在这里，他虽然也把工、商作为治生之业，但所强调的重点还是在务农。以后，清代的张履祥曾对许衡的这个观点提出异议，他进一步把经营家庭农业作为唯一的治生之道。

王恽(1227—1304)，字仲谋，号秋涧，汲县(今属河南)人。早年被东平路宣抚使姚枢辟为详议官，以后历任翰林修撰、同知制诰兼国史院编修官、中书省左司都事、监察御史、承直郎、平阳路总管府判官、翰林待制、河南北道提刑按察副使、燕南河北道提刑按察副使、山东东西道提刑按察副使、福建闽海道提刑按察使、翰林学士、知制诰同修国史等职。

王恽的农业思想有比较丰富的内容。至元十五年(1278)，他在担任河南、河北的提刑按察副使时发表了一篇劝农文，其中反映了他的重农理论和相应的对策思想。

关于农业的意义和地位，王恽作了独特的分析，他指出："切惟民生之本在农，农之本在田。衣之本在蚕，蚕之本在桑。耕犁把种之本在牛，耘锄收获之本在人。人之本在勤，勤之本在于尽地利。人事之勤，地利之尽，一本于官吏之劝课。夫田功既尽，纵罹水旱，尚有所得。仰事俯畜，乃克匡生。穑事不勤，虽值丰穰，终无所获。赋税饥寒，将何以济？由是而观，克勤者，身之宝；自惰者，家之殃。"(《秋涧先生大全文集》卷62《劝农文》)在强调农业重要性的同时突出劳动者的能动作用，这是王恽重农理论的一个特点。

为了搞好农业生产，王恽拟定了13条具体的务农措施，要求下属参照执行。下面分治田、水利、蚕桑、牛畜、积储、纺织、罚赏等方面进行介绍。关于治田，王恽分三点提出要求：首先是努力垦荒和粪田，"如田多荒芜者，立限垦劚，以广种莳。其有年深堉薄者，教之上粪，使土肉肥厚，以助生气"；其次是加强田间管理，因为"谷麦美种苟不成熟，不如荑稗"，所以"切须勤锄功到，去草培根"；第三是勤于翻耕以发挥地力，王恽说："一麦可敌三秋，尤当致力，以尽地宜。如夏翻之田，胜于秋耕，概橬之方，数多为上。既是土壤深熟，自然苗实结秀，比之功少者收获自倍。"(《秋涧先生大全文集》卷62《劝农文》)

关于水利，王恽指出："所在水利，常令修葺，毋得因循废弃。倘遇旱干，独沾丰润，是地利偏惠一方，人力可不加谨。"关于桑蚕，他认为："桑麻之务，衣服所资，切须多方栽种，趁时科薅，自然气脉全盛，叶厚秸长，饲蚕绩缕皆得其用。又栽桑之法，务要坑坎深阔。"又说："蚕利最博，养育实难。初饲成眠，以致上簇，必须遵依蚕书。一切如法，可收倍利。"(《秋涧先生大全文集》卷62《劝农文》)

关于牛畜，他告诫道："耕犁之功，全借牛畜。须管多存刍豆，牧饲得所，不致赢弱，以尽耕作。其或引重服劳，使长有余力。"另外，"鸡、豚、鹅、鸭之属，菜、果、瓠、笋之类，皆可养人。务口口畜广种，用之接闻，不为无补"(《秋涧先生大全文集》卷62《劝农文》)。

为了保护农业收成，王恽重视粮食的收储工作。他说："时至物成，罢亚垅亩。更加并力收敛,以防风雨损坏,有失岁计。"与此同时,"蓄积之事,其可后哉"! 因为"古人蓄积,最为急务。故国无九年之蓄,国非其国也"(《秋涧先生大全文集》卷62《劝农文》)。

对家庭纺织业,王恽也加以论及,指出:"织纴纺绩,责在女工,可谕家长,戒其慵惰,严立程限,造成端正,以备妆着。"(《秋涧先生大全文集》卷62《劝农文》)

最后,王恽对农业政策中的优惠和惩戒措施作了明确规定,他表示:"有孝悌力田为众表率",要"举明到官,优加宽恤。如有浮泛杂役可除者,即为蠲免,以劝余人"。另一方面,"或有顽不率教,惰农自安;背本趋末,败坏淳风;朋游群饮,称曰事情;酿酒屠牲,指为口愿;田务方集,耽乐城市"等行为者,则要"切当禁治",使民"毋得轻犯"(《秋涧先生大全文集》卷62《劝农文》)。

综上所述,王恽的《劝农文》是一篇内容周详的农业生产指导性条文,在许多方面堪与农学专书相提并论。它由一位身居高位的官吏提出,体现了元初的重视农业确已蔚然成风。

此外,王恽还就常平仓和屯田问题发表过自己的看法。他认为实行常平仓制度有五项好处,如不影响国家经费,有助于救灾安民,能为军队提供粮食等。就对农业生产的关系来说,此举可使农民知"国家贵谷贱货务农大本,使趋末之徒争缘南亩,不致有过贱伤农之叹",而在歉收之年,"平价出粜,钞本不失,人赖以安,使市廛之徒绝幸灾贪利之心,贫乏之家脱转死流移之替"(《秋涧先生大全文集》卷88《论钞息复立常平仓事》)。

王恽认为屯田是解决边军供给的唯一良策,指出:"边储运饷,自古未有良法。如飞挽负载,卖爵赎罪,引种和籴,未免弊因,多不能行,俱未若留兵屯田为古今之长策也。"结合当时的情况,他建议:"今振武、丰州界河两傍除营帐百姓耕占外,其余荒闲尚多,若大治屯田,自非水旱,田功稍集,国储必有所济。"不仅如此,他还把屯田作为安置流民的对策措施,如说"近岁以后流移户多,将见抛地土,时暂借令营屯,亦是一法";"检括冒占,仍招募愿者听外边屯";"将迤南一切置屯见闲户数并徙边防,以捄一时";等等。总之,要努力实行"一切可行未举、已行不尽者",做到"极人为而尽地力"(《历代名臣奏议》卷66《治道》)。这种主张同元初朝廷致力于屯田开发的政策思路是一致的。

第三节 王祯的农产管理论

王祯(1271—1368),字伯善,东平(今属山东省)人。曾任安徽旌德县尹和永丰(今江西广丰)县尹。任期内始撰《农书》。同时提倡种植桑棉麻等经济作物，并自行设计制造或改进农业机械，如兼有磨面、砻稻和碾米三种功能的"水轮三事"等。另外，王祯还创制了三万木活字和转轮排字架，写成《造活字印书法》(附于《农书》之末)。著作还有《务农集》。

王祯所写的《农书》共 37 卷(现存 36 卷)，其中阐述了农业生产的重要性，总结了前代的农业生产经验，还详列了农具图谱和各种农具的使用说明。全书约 13 万字，附插图 280 余幅，是中国古代重要的农业典籍之一。

关于农业生产的意义，王祯作了重点强调，他在《农书》中开宗明义地指出："农，天下之大本也。"(《王祯农书·自序》)为什么这样说呢？王祯分析道："凡人以食为天者，可不知所本耶？"他和其他思想家一样，断言："一夫不耕，民有饥者；一女不蚕，民有寒者。……饥寒切于民之身体，其所以仰事俯畜，养生送死者，皆无所资，欲其孝弟，不可得也。"(《王祯农书·农桑通诀·孝弟力田篇》)这是从伦理的角度强调农业的基础地位。

从上述认识出发，王祯对当时为政者不关心农业的做法提出了尖锐的批评，指出："今夫在上者不知衣食之所自，惟以骄奢为事，不思己之日用，寸丝口饭，皆出于野夫田妇之手；甚者苛敛不已，朘削脂膏以肥己，宁肯勉力以劝之哉？今长官皆以'劝农'署衔，农作之事，己犹未知，安能劝人？借曰劝农，比及命驾出郊，先为文移，使各社各乡预相告报，期会赍敛只为烦扰耳。"在这里，王祯不仅抨击了政府官吏对农民的财政搜括，而且揭示了在农业问题上徒有虚名，只做表面文章的危害性，正如他在分析农业凋敝原因时所说："时君世主，亦有加意于农桑者，大则营田有使，次则劝农有官，似知所以劝助矣。然而田野未尽辟，仓廪未尽实，游惰之民未尽归农，何哉？意者徒示之以虚文，而未施之以实政与！"(《王祯农书·农桑通诀·劝助篇》)这种见解是较为独到和深刻的。

作为《农书》作者，王祯在著述中重点阐发了发展农业生产的管理主张，他列举了"为农之方"的若干原则：

其一是天时。王祯强调，从事农业生产，"贵在适时"。具体而言，"四时各有其务，十二月各有其宜。先时而种，则失之太早而不生；后时而艺，则失之太晚而不成"(《王祯农书·农桑通诀·授时篇》)。他还举例说："稼欲熟，收欲速，此良农之务也。""收获者，农事之终"，所以"为农者"必须及时而"趋，致力以成其终(《王祯农书·收获篇》)，否则便会前功尽弃。为了不误农时，王祯还"取天地南北之中气，立作标准"，制成《周岁农事授时之图》，又称《授时指掌活法之图》，"与日历相为体用"，并要求"务农之家当家置一本，考历推图，以定种艺"(《王祯农书·农桑通诀·授时篇》)。

其二是地利。王祯认为进行农业生产要充分认识土地的不同特性，因为"凡物之种,各有所宜",所以在从事农业技能训练的同时,应该"不止教以耕耘播种而已,其亦因九州之别、土性之异,视其土宜而教之"(《王祯农书·农桑通诀·地利篇》)。为了更好地发挥土地效益,他重视用粪肥之法改良土质,指出:"田有良薄,土有肥硗,耕农之事,粪壤为急。粪壤者,所以变薄田为良田,化硗土为肥土也。"(《王祯农书·粪壤篇》)他还断言:"若粪治得法,沃灌以时,人力既到,则地利自饶,虽遇天灾,不能损耗。"(《王祯农书·农器图谱·田制门》)

在强调天时地利的同时,王祯十分注重人的因素。在他看来,在搞好农业生产的诸种因素中,"天时不如地利,地利不如人事",因为无论是遵守天时还是务尽地利,都要通过人的劳动,即所谓"顺天之时,因地之宜,存乎其人"(《王祯农书·农桑通诀·垦耕篇》)。人的重要作用主要体现在两方面,其一是勤于耕作,其二是能依据客观情况的变化灵活调整生产。关于前者,王祯强调对农作物细心照看,否则,"种而不耨,耨而不获,讥其不能图功攸终也"(《王祯农书·收获篇》)。关于后者,他认为"按月授时……非'胶柱鼓瑟'之谓"(《王祯农书·农桑通诀·授时篇》),应该随具体情况而采取相宜之法,即从事农业生产要"通变谓道,无泥一方"(《王祯农书·农桑通诀·垦耕篇》),显然,这种见解也是颇有道理的。

为了确保农业生产顺利进行,王祯主张大力搞好水利设施建设,如水闸便是其中最重要的一环,因其具有多方面的功效:"如遇旱涝,则撤水灌田,民赖其利,又得通济舟楫,转激碾磑,实水利之总揆也。"又如陂塘储水,不仅可以灌溉田地,而且能养殖鱼类,栽种菱藕,其利多在。出于这种认识,王祯对水利器具的设计和改制十分关注,鉴于"灌溉之利大矣……有知其利,又莫得其用之具"的状况,他特地"多方搜摘,既述旧以增新,复随宜以制物,或设机械以借其力"(《王祯农书·农器图谱·灌溉门》)。他所设计的水利器具有牛转翻车、水转翻车等。

难能可贵的是,王祯不仅在理论上倡导农业生产,而且身体力行,在任县尹期间,"岁教民种桑若干株,凡麻苎禾黍牟麦之类,所以莳艺芟获,皆授之以方;又图画所为钱鎛耰耧耙耙诸杂用之器,使民为之"。由于他在实践中"不独教之以为农之方与器,又能不扰而安全之,使民心驯而日化之","不施一鞭,不动一檄,而民趋功听令惟谨",所以收效甚佳,以致"旌德之民利赖而诵歌之"(戴表元:《王伯善农书序》)。

第四节　明太祖的农业政策思想

在经过不长的稳定期后,元代政局日益衰乱。武宗以后,帝王频换,社会矛盾激化,最后在顺帝时爆发了农民起义。又经过 20 年的反元统一战争,元朝灭亡。1368 年,由朱元璋建立了明朝。

朱元璋(1328—1398),即明太祖,幼名重八,又名兴宗,后改名元璋,字国瑞,濠州钟离(今安徽凤阳东)人。1368 年至 1398 年在位。他少时为僧,后参加红巾军,曾任左副元帅,受封吴国公(后改称吴王)。建立明朝以后,他采取了一系列政策措施以恢复经济,稳定社会,巩固政权,如制订《大明律》,废除中书省及左右丞相,加强皇权,减轻对工匠的奴役等,尤其是在农业方面,他制定和实施的鼓励优惠措施不仅内容广泛,而且颇有力度,收到了显著的效果。

明太祖对农业十分重视,早在称帝以前就曾发表过明确的重农言论。有一次他与儿子一同外出,令其体察农民生活状况,回来后又作了如下的教诲:"夫农,勤四体,务五谷,身不离畎亩,手不释耒耜,终岁勤动,不得休息……而国家经费皆其所出,故令汝知之。凡一居处服用之间,必念农之劳,取之有制,用之有节,使之不至于饥寒,方尽为上之道;若复加之横敛,则民不胜其苦矣。故为民上者,不可不体下情。"(《明太祖实录》卷 22)

洪武元年(1368)正月,他派遣一百余名官吏前往浙江核实农业土地情况,并对朝臣说:"兵革之余,郡县版籍多亡,田赋之制不能无增损,征敛失中,则百姓怨咨。今欲经理以清其源,无使过制以病吾民。夫善政在于养民,养民在于宽赋。今遣周铸等往诸府县核实田亩,定其赋税,此外勿令有所妄扰。"几天之后,他又对下属表示:"不施实惠,而概言宽仁,亦无益耳。以朕观之,宽民必当阜民之财,而息民之力。不节用则民财竭,不省役而民力困,不明教化则民不知礼义,不禁贪暴则民无以遂其生。如是而曰宽仁,是徒有其名,而民不被其泽也。故养民者必务其本,种树者必培其根。"(《明太祖实录》卷 25)明太祖的上述言论并非虚谈,而是付诸相关政策实施的。

首先,明太祖重视农业管理机构的组织定制。洪武三年(1370),"上以中原之地,自兵兴以来,田多荒芜,命省臣议,计民授田,设官以领之。于是省臣议,复置司农司,开治所于河南"(《明太祖实录》卷 52)。水利管理机构设置更早,史称:"明太祖初立国,设营田司专掌水利。戊戌二月,迁元帅康茂才为都水营田使。"他还对这一部门的职责作了指示:"比因兵乱,堤防颓圮,民废耕耨,故设营田司以修筑堤防,专掌水利。春作方兴,虑旱涝不时,其分巡各处,务在蓄泄得宜,毋负付任之意。"(《续文献通考》卷 3《田赋三》)此外,明初建立的农业设施还有专用于积谷备荒的军储仓、预备仓等。

其次,鉴于战乱之后大片农田抛荒的情况,明太祖在移民屯垦方面采取了实际的步骤。洪武初年,他相继批准了下属官员关于在北方郡县、河南、山东、北平、陕西、山西、宁夏、四川等地屯田的建议。洪武十三年(1380),他又直接下令:

"各处荒闲田地,许诸人开垦,永为己业,俱免杂泛差徭。三年后,并依民田起科。"同时,"又诏陕西、河南、山东、北平等布政司及凤阳、淮安、扬州、广州等府,民间田土,许尽力开垦,有司毋得起科"(《明会典》卷17)。洪武二十二年(1389),他命令杭州、温州、湖州、台州、苏州、松江等处农民前往淮河、迤南、滁和等地垦田,为了使农民安心生产,规定由官府向每家发钞三十锭,还免征三年赋役,他认为:"两浙民众地狭,故务本者少而事末者多,苟遇岁歉,民即不给。"所以需要"移无田者于有田处就耕,庶田不荒芜,民无游食"(《明太祖实录》卷196)。

推行军屯也是扩大土地耕种面积的有效途径。对此,明太祖采取了相应的激勉措施。洪武三年(1370),有人主张对军屯士卒凡借官牛耕种者税其十分之五,自备耕牛者税其十分之四,明太祖给予否定,他表示:"边军劳苦,能自给足矣,犹欲取其税乎?勿征!"(《明太祖实录》卷56)洪武十九年(1386),沐英建议在云南组织军屯,得到明太祖的赞赏,他说:"屯田之政,可以纾民力,足兵食。边防之计,莫善于此……英之是谋,可谓尽心,有志古人,宜如其言。然边地久荒,榛莽蔽翳,用力实难,宜缓其岁输之粟,使彼乐于耕作。数年之后,征之可也。"(《明太祖实录》卷179)两年之后,明太祖的军屯思想又有了发展,认为这是解决和平时期军队用粮的良策,他指出:"养兵而不病于农者,莫若屯田。今海宇宁谧,边境无虞,若但使兵坐食于农,农必受弊,非长治久安之术。其令天下卫所,督兵屯种,庶几兵农兼务,国用以纾……其藩镇诸将,务在程督,使之尽力于耕作,以足军储,则可以继美于古人矣。"(《明太祖实录》卷193)屯田是秦汉以后历代朝廷采取的发展农业巩固边防之策,但以执政帝王从思想理论上对屯田意义作出如此明确表述的,明太祖是较为突出的。

第三,在农业生产的经营项目方面,明太祖也进行了具体指导。除了粮食作物外,他在即位之初就规定:"凡民田五亩至十亩者,栽桑、麻、木棉各半亩;十亩以上倍之。麻,亩征八两;木棉,亩四两;栽桑以四年起科。不种桑,出种桑,出绢一匹;不种麻及木棉,出麻布、棉布各一匹。"以后,他又下令:"每里百户种秧二亩,始同力运柴草烧地;已乃耕三烧三;耕已乃种秧。高三尺,分植之,五尺为垅。每百户,初年课二百株,次年四百株,三年六百株,具如自报,违者戍边。"为了使湖广的一些"宜桑而种者少"的地区多种桑树,明太祖还特"命取淮、徐桑种给之"(《续文献通考》卷2《田赋二》)。

最后,要切实贯彻重农政策,还需要制定和落实各项配套措施,在这方面,明太祖所论及内容包括厉行劝农、严禁妨农、减轻徭役、抑制豪强等。关于劝农,明太祖对各级官吏的职责有严格的要求。如洪武二十四年(1391),他"令山东概管农民务见丁著役,限定田亩,著令耕种,敢有荒芜田地流移者,全家迁发化外充军"(《明会典》卷17)。洪武三十年(1397),他通过户部颁令天下:"每村置一鼓,凡遇农种时月,清晨鸣鼓集众,鼓鸣皆会田所,及时力田。其怠惰者,里老督责之。里老纵其怠惰不劝督者,有罚。"(《明太祖实录》卷255)次年,明太祖"以山东、河南民多惰于农事,以致衣食不给,乃命户部遣人材分诣各县,督其耕种。乃令籍其丁男、所种田地与所收谷菽之数来闻"(《明太祖实录》卷256)。

严禁妨农,就是力免在农忙时节兴役。洪武十年(1377)五月,登州官府奏请令民筑城,明太祖没有同意,他指示说:"凡兴作不违农时,则民得尽力于田亩。今耕种甫毕,正当耘耨,遽令添板筑之役,得无妨农乎!且筑城本以卫民,若反以病民,非为政之道也。其令俟农隙为之。"(《明太祖实录》卷112)洪武十二年(1379)八月,有关部门准备在九月开始在开封府建造宫殿,明太祖给予禁止,他说:"中原民食,今所恃者二麦耳。近闻尔令有司集民夫,欲以九月赴工。正当播种之时而役之,是夺其时也。过此则天寒地冻,种不得入土,来年何以续食?自古治天下者必重农时……敕至即放还,俟农隙之时赴工未晚也。"(《明太祖实录》卷126)洪武十六年(1383),北平有的地方官府请求修治被洪水冲垮的庙宇,明太祖再次表示:"灾害之余,居官者当恤民,不可劳民。今北平水患方息,民未宁居,风纪之司正当问民疾苦,以抚恤之。若有修造,俟岁丰足然后为之,庶得先后缓急之宜。今不恤民,而以廨舍祠庙为先,失其序矣。"(《明太祖实录》卷151)在《明太祖实录》中,类似的记载并不止这些。

轻徭薄赋,这是明太祖即位之初就加以实施的重农政策之一。洪武元年(1368),他对奉命制定役法的中书省官员说:"民力有限,而徭役无穷。当恩节其力,毋重困之。民力劳困,岂能独安?自今凡有兴作不获已者,暂借其力;至于不急之务,浮泛之役,皆罢之。"(《明太祖实录》卷30)这种观点无疑是明朝初期朝廷制定赋役政策的指导原则。关于薄赋,明太祖的诏令不仅涉及地域较广,而且理论说明也很详尽。如洪武九年(1376),他在免河南、福建、江西、浙江、北平、湖广及直隶扬州、淮安、池州、安庆、徽州等五府税粮的诏书中说:"前者兵征四方,军需甲仗皆出吾民。今天下已定,正当与吾民同乐其乐,奈何土木之工屡兴,烦劳愈甚,内郡多被艰辛,而外郡疲于转运。"由于府库钱谷已足,所以决定对上述地区免收税粮(《明太祖实录》卷105)。洪武十三年(1380),鉴于苏、松、嘉、湖四府赋粮过重的情况,明太祖下令减之,他指出:"天地生物所以养民,上之取民不可尽其利也。夫民犹树利土以生,民利食以养,养民而尽其利,犹种树而去其土也。比年苏、松各郡之民衣食不给,皆为重租所困。民困于重租,而官不知恤,是重赋而轻人,亦犹虞人反裘而负薪,徒惜其毛,不知皮尽而毛无傅。岂所以养民哉!其赋之重者宜悉减之。"(《明太祖实录》卷130)在他的指令下,苏、松等地的亩税凡原税七斗五升至四斗四升者减去十分之二,四斗三升至三斗六升者减为三斗五升。

地方豪强是欺压侵夺农民的主要势力,要发展农业生产,就必须对这些势力进行约束。明太祖汲取了元末的教训,重视从法律上防止豪强势力的膨胀。洪武三年(1370),他指出:"富民多豪强,故元时此辈欺凌小民,武断乡曲,人受其害。"为了避免这种弊病重新滋生,他亲自召见当时的各地富户,向他们发表了一通保富安贫的训示,他说:"古人有言:民生有欲,无主乃乱。使天下一日无主,则强凌弱,众暴寡,富者不得自安,贫者不能自存矣。今朕为尔等立法定制,使富者得以保其富,贫者得以全其生。尔等当循分守法,能守法则能保身矣。毋凌弱,毋吞寡,毋虐小,毋欺老,孝敬父兄,和睦亲族,周给贫乏,逊顺乡里,如此则为良民。若效昔之所为,非良民矣。"(《明太祖实录》卷49)一年以后,明太祖发现"兵革之后,中原民多流亡,临濠地多闲弃,有力者遂得兼并"的情况,再次下诏:"古者井田法,计口而授,故民无不授田之家。今临濠之田,连疆接壤,耕者亦宜验其丁力,计亩给之,使贫者有所资,富者不得兼并。若兼并之徒多占田以为业,而转令贫民佃种者,罪之。"(《明太祖实录》卷62)

抑制豪强的主要措施有两个方面,一是制定相关的法律条文;二是改善地方的吏治。关于前者,明太祖在位期间有切实的举措,史载:"洪武初,令凡民间赋税,月有常额,诸人不得于诸王、骑马、功勋大臣及各衙门妄献田土山场窑冶,遗害于民,违者治罪。十五年,令各处奸顽之徒将田地诡寄他人名下者,许受寄之家首告,就赏为业。十八年,令将自己田地移丘换段、诡寄他人及洒派等项,事发到官,全家抄没。"(《明会典》卷17)在洪武五年(1372)制定的有关法律中也规定:"凡功臣之家管庄人等,不得依势在乡欺殴人民,违者刺面劓鼻,家户籍没入官,妻子徙置南宁,其余听使之人,各杖一百,及妻子皆发南宁充军";"凡功臣之家,屯田佃户,管庄干办火者奴仆,及其亲属人等,依势凌民,侵夺田产财物者,并依倚欺殴人民律处斩"(《明太祖实录》卷74)。

改善吏治,主要是防止官府庇护富豪、欺压贫民。洪武十七年(1384),明太祖谕令户部:"今天下郡县,民户以百一十户为里,里有长。然一里之内,贫富异等,牧民之官苟非其人,则赋役不均,而贫弱者受害。尔户部其以朕意谕各府州县官,凡赋役必验民之丁粮多寡,产业厚薄,以均其力。赋役均,则民无怨嗟矣。有不奉行役民致贫富不均者,罪之。"(《明太祖实录》卷163)对于官吏直接侵害百姓者,更是严惩不贷,对此,明太祖早在洪武二年(1369)就曾表示:"昔在民间时,见州县官吏皆不恤民,往往贪财好色,饮酒废事,凡民疾苦,视之漠然,心实怒之。故今严法禁,但遇官吏贪污蠹害吾民者,罪之不恕。"他还说:对官吏而言,"若守己廉而奉法公,犹人行坦途,以容自适;苟贪贿罹法,犹行荆棘中,寸步不可移,纵

得出,体无完肤矣,可不戒哉!"(《明太祖实录》卷39)

明太祖的一系列重农措施取得了明显的效果。首先是耕地面积大量增加,从洪武元年(1368)到十六年(1383),各地新垦田土面积约合当时全国土地数额的一半,到洪武二十六年(1393),全国的农田比元末增长了四倍有余。其次是粮食产量提高,洪武二十六年,全国收入的麦、米、豆、谷等,比元代增长了两倍。第三是农田水利设施得到修复和兴建,据洪武二十八年(1395)前后两年的统计,全国共开塘堰 40 987 处,浚河 4 162 处,修建陂堤共 5 048 处,其中宁夏卫所修渠道"灌田数万余顷",浙江定海所浚东钱湖亦"灌田数万顷"(《明史·河渠志·直省水利》)。第四是其他农业作物品种增多,尤其是棉花的种植得到较快的发展。所有这些,都为明代社会经济的进一步繁荣奠定了必要的基础。

第五节 刘基的"善盗"说

刘基(1311—1375),字伯温,青田(今属浙江)人。元朝文宗时考中进士,曾任江西高安丞、江浙儒学副提举、浙东元帅府都事、江浙行省都事、行枢密院经历、行省郎中等职。后被朱元璋召为谋士,为其平定内乱、统一全国立下功劳。明朝建立后,刘基成为朱元璋的重要辅臣,被委以御史中丞、领太史令之要职,还受封开国辅运守正文臣上护军诚意伯,兼弘文馆学士。

刘基把农业作为治国的根本大计,他指出:"耕,国之本也,其可废乎?"(《郁离子·好禽谏》)可能与明初进行的统一战争有关,刘基尤其重视农业和军事的互相依赖的关系,他说:"有国者,必以农耕而兵战也。"对于国家而言,农业与军队同样重要,"兵不足则农无以为卫,农不足则兵无以为食,兵之与农犹足与手,不可以独无也"(《郁离子·怯敌》)。

古代的农业生产在很大程度上取决于自然条件的好坏,因此产生了农业是人类向自然界索取财富的思想,而这正是刘基农业思想颇富特色的内容。他认为:"人,天地之盗也。天地善生,盗之者无禁,唯圣人为能知盗,执其权,用其力,攘其功,而归诸己,非徒发其藏,取其物而已也。庶人不知焉,不能执其权,用其力;而遏其机,逆其气,暴夭其生息,使天地无所施其功。则其出也匮,而盗斯穷矣。"这番话具有很深刻的理论意义,它表明刘基已经认识到,只有掌握客观自然规律,正确地采取合理的生产方法,才能充分发掘自然资源,获得农业生产的高效益。反之,就会导致农业凋敝的后果。刘基把上古的伏羲、神农称为"善盗者",说他们"教民以盗其力以为吾用,春而种,秋而收,逐其时而利其生……而天地之生愈滋,庶民之用愈足"(《郁离子·天地之盗》)。

另一方面,刘基告诫人们:人类所拥有的农业资源是有限的,如果无节制地滥取,必将破坏人类所赖以为生的经济生态,进而引发社会动乱,即如他所揭示的那样:"惟天地之善生而后能容焉,非圣人之善盗,而各以其所欲取之,则物尽而藏竭,天地亦无如之何矣。是故天地之盗息,而人之盗起,不极不止也。"中国古代很早就有保护农业生态资源的思想,但像刘基这样的精彩阐述并不多见。他还认为,要消除社会动乱的最好办法,就是发展农业,所谓"遏其人盗,而通其为天地之盗"(《郁离子·天地之盗》),就是这个意思。

基于上述认识,刘基要求统治者对农民采取轻敛薄赋的宽恤政策。君主和农民的关系,被刘基比喻为菜农与种菜的关系,正确的做法应该是:"沃其壤,平其畦,通其风日,疏其水潦,而施艺植焉。窊隆干湿,各随其物产之宜,时而树之,无有违也。蔬成而后撷之,相其丰瘠,取其多而培其寡,不伤其根,撷已而溉,蔬忘其撷,于是庖日充,而圃不匮。"然而,当时的官府却不是这样,他们"取诸民不度,知取而不知培",在这种剥夺下,农民处境困难,"其生几何,而入于官者倍焉",这种状况使刘基"为君忧之"(《郁离子·治圃》)。

为了说明重农养民的重要,刘基还讲述灵丘丈人养蜂的寓言。他写道:"灵丘之丈人善养蜂,岁收蜜数百斛,蜡称之,于是其富比封君焉。丈人卒,其子继之,未期月,蜂有举族去者,弗恤也。岁余去且半,又岁余尽去,其家遂贫。"造成这种结果的原因何在?刘基以一邻人之口进行了分析:"昔者丈人之养蜂也,园有庐,庐有守,剜木以为蜂之宫,不罅不庯。其置也疏密有行,新旧有次,坐有方,牖有乡,五五为伍,一人司之,视其生息,调其暄寒,巩其构架,时其墐发,蕃则从之析之,寡则与之裒之,不使有二王也。去其蛛蟊、蚍蜉,弥其土蜂、蝇豹,夏不烈日,冬不凝澌,飘风吹而不摇,淋雨沃而不渍。其取蜜也,分其赢而已矣,不竭其力也。于是故者安,新者息,丈人不出户而收其利。"而丈人之子则不然,"园庐不葺,污秽不治,燥湿不调,启闭无节……莫之察也,取蜜而已"。两种截然相反的养蜂方法,所获得的结局也根本不同,这正是刘基提醒"为国有民者可以鉴"的地方(《郁离子·灵丘丈人》)。

第六节　丘濬的养民论

丘濬(1420—1495),字仲深,号琼台,广东琼山人。英宗时考中举人,代宗时考中进士,仕代宗、宪宗、孝宗诸朝,历任庶吉士、翰林院编修、侍讲学士、翰林学士、国子祭酒、礼部右侍郎、礼部尚书、文渊阁大学士、户部尚书兼武英殿大学士等职。丘濬一生著作很多,但"竭毕生精力,始克成编"(《大学衍义补·进〈大学衍义补〉表》)的得意之作是《大学衍义补》。南宋的真德秀曾著有《大学衍义》,其中包括格物致知、诚意正心、修身和齐家等四方面的内容,丘濬认为这还不够,于是"仿真氏所衍之义,而于齐家之下,又补以治国平天下之要"(《大学衍义补·序》)。

《大学衍义补》的内容重点是谈国家治理问题,"凡古今治国平天下要道莫不备载,而于国家今日急时之先务尤缕缕焉"(《丘文庄公集·欲择〈大学衍义补〉中要务上献奏》)。他强调得民心的必要性,认为:"得乎民心则为天子,失乎民心则为独夫。"(《大学衍义补·严武备·遏盗之机中》)又说:"国之所以为国者,民而己,无民则无以为国矣。"(《大学衍义补·固邦本·总论固本之道》)而要得民心,最重要的就是要实施养民政策。

对养民问题,丘濬发表了许多见解。他指出:"朝廷之上,人君修德以善其政,不过为养民而已。"(《大学衍义补·正朝廷·总论朝廷之政》)"人君之治,莫先于养民。"(《大学衍义补·固邦本·制民之产》)在丘濬看来,人民是国家的基础,舍此就谈不上帝王政权的稳定,所以"人君诚知民之真可畏,则必思所以养之安之,而不敢虐之苦之,而使之至于困穷矣。夫然,则天禄之奉在人君者,岂不可长保哉!"(《大学衍义补·固邦本·总论固本之道》)另一方面,"天下盛衰在庶民,庶民多,则国势盛,庶民寡,则国势衰。盖国之有民,犹仓廪之有粟,府藏之有财也。是故为国者,莫急于养民"(《大学衍义补·固邦本·蕃民之生》)。由此可见,养民的实质并不是封建统治者的慈心大发,而是为了巩固其封建统治地位。

丘濬所说的养民,包括经济和文化两个方面。他说:"诚以民之为民也,有血气之躯,不可以无所养;有心知之性,不可以无所养;有血属之亲,不可以无所养;有衣食之资,不可以无所养;有用度之费,不可以无所养。一失其养,则无以为生矣。"因此,他的养民之政是广义的,即"设学校,明伦理,以正其德;作什器,通货财,以利其用;足衣食,备盖藏,以厚其生"(《大学衍义补·正朝廷·总论朝廷之政》)。但尽管如此,经济无疑在其中占据着决定性的地位。

从经济角度来看养民,关键的问题是发展农业生产。对此,丘濬有明确的认识。他认为:"民之所以得其养者,在稼穑、树艺而已。"(《大学衍义补·固邦本·制民之产》)又说:"农以业稼穑,乃人所以生生之本,尤为重焉。"(《大学衍义补·正朝廷·总论朝廷之政》)不仅如此,农业还是国家治理诸项事务的首要条件,他分析说:"民之所以为生产者,田宅而已。有田有宅,斯有生生之具。所谓生生之具,稼穑、树艺、牧畜三者而已。三者既具,则有衣食之资,用度之费,仰事俯畜之不缺,礼节患难之有备。由是而给公家之征求,应公家之徭役,皆有其恒矣。礼义于是乎生,教化于是乎行,风俗于是乎美。"(《大学衍义补·固邦本·制民之产》)因此,国家管理都应为发展农业服务,即所谓:"朝廷之上,政之所行,建官以莅事,行礼以报本,怀柔以通远人,兴师以禁暴乱,何者而非为民使之得以安其居,尽其力,足其食,而厚其所以生哉?"(《大学衍义补·正朝廷·总论朝廷之政》)

前面已经提到,丘濬在论述农业生产要素时,充分肯定了土地的重要性,正是在这个意义上,他特地指出:"是以三代盛时,皆设官以颁其职事,经其土地,辨其田里,无非为是三者(指稼穑、树艺、牧畜——引者注)而已。"这观点是深刻的。对于后世存在的土地问题,丘濬进行了剖析。他和其他封建思想家一样,激烈抨击了土地兼并,指出:"自秦用商鞅废井田开阡陌之后,民田不复授之于官,随其所在皆为庶人所擅。有资者可以买,有势者可以占,有力者可以垦。有田者未必耕,而耕者未必有田。官取其什一,私取其大半。世之儒者,每叹世主不能复三代之法以制其民,而使豪强坐擅兼并之利。"尽管如此,丘濬并不主张恢复古代的井田制,他表示:"井田已废千余年矣,决无可复之理。说者虽谓国初人寡之时,可以为之;然承平日久,生齿日繁之后,亦终归于隳废。不若随时制宜,使合于人情,宜于土俗,而不失先王之意。"(《大学衍义补·固邦本·制民之产》)

历代解决土地弊端的主张无非就是两大类:一是要求恢复井田制;一是建议实行限田政策。丘濬在排除了恢复井田制的可能性之后,又对各类限田方案提出了看法,他写道:"井田既废之后,田不在官而在民,是以贫富不均。一时识治体者,咸慨古法之善,而卒无可复之理。于是有限田之议,均田之制,口分世业之法。然皆议之而不果行,行之而不能久。何也? 其为法虽各有可取,然不免拂人情而不宜于土俗,可以暂而不可以常也。终莫若听民自便之为得也。必不得已创为之制,必也因其已然之俗,而立为未然之限;不追咎其既往,而惟限制其将来,庶几可乎!"(《大学衍义补·固邦本·制民之产》)

既要限制占田,又要遵循民俗与既定事实,这是解决土地问题的难点所在,丘濬对此拟定了一个名叫"配丁田法"的方案,其具体内容是这样的:"请断以一年为限,如自今年正月以前,其民家所有之田,虽多至百顷,官府亦不之问。惟自今年正月以后,一丁惟许占田一顷。于是以丁配田,因而定为差役之法。丁多田少者,许买足其数。丁田相当,则不许再买,买者没入之。其丁少田多者,在吾未立限之前,不复追咎;自立限以后,惟许其鬻卖,有增买者并削其所有。"在差役方面,"以田一顷,配人一丁,当一夫差役。其田多丁少之家,以田配丁,足数之外,以田二顷,视人一丁,当一夫差役,量出雇役之钱。田少丁多之家,以丁配田,足数之外,以人二丁,视田一顷,当一夫差役,量应力役之征"。此外,关于各地配田差异和官吏的待遇等问题,丘濬也有周到的考虑,如规定:"若乃田多人少之处,每丁或余三五十亩,或至一二顷;人多田少之处,每丁或止四五十亩、七八十亩,随其多寡尽其数以分配之。"此外"又因而为仕宦优免之法,因官品崇卑,量为优免,惟不配丁,纳粮如故;其人已死,优及子孙,以寓世禄之意"(《大学衍义补·固邦本·制民之产》)。

丘濬对其"配丁田法"的效果十分自信而乐观,他断言:"立为一定之限,以为一代之制,名曰配丁田法。既不夺民之所有,则有田者惟恐子孙不多,而无匿丁不报者矣。不惟民有常产,而无甚贫甚富之不均;而官之差役,亦有验丁验粮之可据矣。行之数十年,官有限制,富者不复买田;兴废无常,而富室不无鬻产;田直日贱,而民产日均。虽井田之制不可猝复,而兼并之患日以渐销矣。"(《大学衍义补·固邦本·制民之产》)应该说,丘濬的土地理论具有一些新的见解,但总体上还没有突破封建思想的藩篱。而且这种田制方案比前人的同类设计还要复杂繁琐,因此更缺少可行性。

除了土地问题之外,丘濬的农业思想还包括荒政、粮价、造林等内容。关于荒政,他认为:"古之善为治者恒备于未荒之先,救之已患之后者,策斯下矣。"要搞好备荒,首先要蓄积粮食,而这取决于平时的农业生产,所以丘濬指出:"开资财有道,在垦土田,通山泽,使地无遗利,禁游民,兴农业,使民无遗力。如此,则蓄积多矣。"在此基础上,完善义仓管理也很重要。对此,丘濬对当时的弊病提出批评,并拟定改革建议:"请将义仓见储之米,归并于有司之仓,俾将所储者与在仓之米,俟陈以支,遇有凶年,照数量支以出,计其道里之费,运之当社之间以给散之(就量用其中米以为脚费)。任其事者,不必以见任之官,散之民者,不必以在官之属。所司择官以委,必责以大义,委官责人以用,必加以殊礼。……如此,则庶几民受其惠乎。"他也注意发挥富人在救荒中的作用,主张"遇岁凶荒,民间有积粟者,输以赈济,则定为等第,授以官秩"。为了鼓励富人的赈济积极性,应保护其合法权益,如对其所籴的赈粮,"许其随时取直,禁人侵其所有",富户籴粮要确保其自身需要,"若彼仅仅自足,亦不可强也"。反之,"有所积不肯发者,非至丰穰,禁不许出籴"。此外,丘濬还主张将仓米出纳时"尖入平出"所得的余米存仓,"以待荒年之用",民间凡有诉讼,也需交纳粮食,这些都用来增加粮食储备(《大学衍义补·固邦本·恤民之患》)。

关于粮价管理,丘濬的具体主张包括:(1)各地定期上报粮食价格,"使上之人知钱谷之数,用是而验民食之足否,以为通融转移之法。务必使钱常不多余,谷常不至于不给,其价常平"(《大学衍义补·制国用·铜楮之币上》)。这里所说的通融转移之法,主要就是在岁丰谷贱时,"官为敛籴,则轻者重";在岁凶谷贵时,"官为散粜,则重者轻"。(2)对边郡地区,通过所设常平司收购粮食,可长期存库的用作边贮,不可久存的作为军队口粮,原先供给边仓粮食的改为折钱运往。这样,"不独可以足边郡,而亦可以宽内郡"。而加强粮价管理的总目标也在于"养民足食"(《大学衍义补·制国用·市籴之令》)和稳定市场上的物价状况。

最后,还要提一下丘濬的造林主张。他对当时北京以北一带滥伐山林的状况深表忧虑,指出:"不知何人,始于何时……伐木取材,折校为薪,烧柴为炭,致使木植日稀,蹊径日通,险隘日夷。"他所说的险隘日夷,是指逐渐失去了防御北方入侵之敌的天然屏障。另一方面,"木生山林,岁岁取之,无有已时,苟生之者不继,则取之者尽矣。窃恐数十年之后,其物日少,其价日增,吾民之采办者愈不堪矣"。这里已具有某种生态资源的短缺意识。为此,丘濬一方面要求严禁滥伐林木,同时呼吁植造新林,从山海关以西,"于其近边内地,随其地之广狭险易,沿山种树","每山阜之侧,平衍之地,随其地势高下曲折,种植榆柳,或三五十里,或七八十里"(《大学衍义补·驭夷狄·守边固圉之略上》)。虽然丘濬的造林建议是以军事防御和提供民用燃料为目的的,但这种主张本身对维护生态环境来说,具有更为广泛的意义。

第七节 周忱、林希元的农业思想

周忱(1381—1453),字恂如,号双崖,江西吉水人。成祖时考中进士,历任刑部主事、员外郎、越府右长吏、工部右侍郎、工部左侍郎、巡抚嘉湖两府、户部尚书、工部尚书等职。在担任工部右侍郎期间,他曾巡抚江南诸府,总督税粮,因而对江南地区农民的生活状况有切实的了解。鉴于当时"豪户不肯加耗,并征之佃民,民贫逃亡而税额益缺"的状况,他实行平米法,使耗米必均。为了杜绝不法贪吏在征收赋粮时"大入小出"苛剥农民,他铸造标准斛具,下发各县使用,百姓称便。在水利方面,他组织民工疏通吴淞江,为此专设济农仓,以充赈荒和浚河之用。至于把部分丁银摊入地亩,"据地科差",则是张居正实施一条鞭法改革的先声。他还同有关官府共同核计,减省了苏州赋额72万余石,"他府以此减,民始多少甦"(《双崖全集》卷首《周忱传》)。这些政绩都表明周忱对农业生产的发展十分重视。

在《与行在户部诸公书》中,周忱对苏松地区的农民状况进行了考察。他分析了这一地区农民流移的去向,提出了具体的解决对策。他指出农民流移主要有7个去向:(1)沦为富豪之家仆役,即"大户苞荫",这些人"既得而为役属,不复更有其粮差";(2) 投奔两京充作人匠,即"豪匠冒合",他们"或创造房居,或开张铺店,冒作义男女婿,代与领牌上工","一户当匠,而冒合数户者有之;一人上工,而隐蔽数人者有之";(3) 移家舨舶,"船居浮荡",使"乡都之里甲,无处根寻;外处之巡司,不复诘问";(4) 受"军囚牵引",因为苏松充军在外者往往在当地"招乡里之小户,为之使唤",从事商业等经营活动;(5) "屯营隐占",这些人"或入屯堡而为之布种,或入军营而给其使令,或审名而冒顶军户,或更姓而假作余丁";(6) 转徙他乡,"邻境避匿","居东乡而藏于西乡者有焉,在彼县而匿于此县者有焉";(7) 服务于僧道,依附寺庙,以至"以一人住持,而为之服役者,常有数十人;以一人出家,而与之帮闲者,常有三五辈"(《双崖全集·文集》卷3《与行在户部诸公书》)。

造成上述状况的原因是什么呢? 周忱从他们的生活状况和性情特点等角度作了探讨,他认为:"天下之民固劳矣,而苏松之民比于天下,其劳又加倍焉;天下之民固贫矣,而苏松之民比于天下,其贫又加甚焉;天下之民常怀土而重迁,苏松之民则尝轻其乡而乐于迁徙;天下之民出其乡则无所容其身,苏松之民出其乡则足以售其巧。"(《双崖全集·文集》卷3《与行在户部诸公书》)这里列举的前两条,反映了苏松地区农民所受剥削压迫的严重,而后两条则在一个侧面体现出由于江南地区商品经济比较发达,使当地农业劳动力更具自由流动和从事其他经营活动的素质特点。

不过,从传统的农本观念出发,周忱对这种人口流动持否定态度。他认为苏松之民"善作巧伪,变乱版图,户口则捏他故而脱漏,田粮则挟他名而诡报,惰情已久,安肯复归田里,从事耕稼"。而治理措施无非是奖励农业,提高务农者的积极性,他指出:"耕稼劝则农业崇,而弃本逐末者不得纵田,是赋役可均而国用可足。不然,则户口耗而赋役不可得而均,地利削而国用不可得而给。"(《双崖全集·文集》卷3《与行在户部诸公书》)这一见解对缓解农民困苦,改变农业凋敝是有积极意义的,但其本身并没有什么理论创见。

林希元(1481—1565),字茂贞、思献,号次崖,福建同安人。武宗时考中举人、进士,历任南京大理寺评事(后升寺副、寺正)、泗州(治所在今江苏泗洪东南)判官、广东按察司佥事(后改提学)、南京大理寺右寺丞、知广西钦州等职。

林希元具有鲜明的重农思想。他认为当时农民日益贫困是由农业劳动力不断转入商业所造成的:"今天下之民从事于商贾、技艺、游手、游食者十而五六,农民盖无几也。今天下之田入于富人之室者十而五六,民之有田而耕者盖无几也。"他进而分析了更深层的原因,写道:"商贾挟资大者巨万,少者千百,不少(稍)输官,坐享轻肥。农民终岁勤动,或藜藿不充而困于赋役,此民所以益趋于末也。富者田连阡陌,民耕王田者二十而税一,耕其田乃输半租,民之欲耕者或无田,有田者或水坍沙压而不得耕,得耕者或怠情而至饥寒,或妄用而失撙节,此农民所以益困也。"(《林次崖先生文集》卷2《王政附言疏》)农业和商业收入悬殊的矛盾早在西汉就被思想家们所揭示,明代的情况依然如故,暴露了封建社会经济的内在弊病。

和西汉重农论者一样,林希元的治理对策也是要"抑末作,禁游手,驱民尽归之农","使民尽力于农桑衣食"。在具体实施管理上,林希元的主张和前人相比则有发展。他主张"更定制度,专官以理其事"。为此,需要"五十家择善农者一人为田副,当里正,以治稼穑,趣耕耨。每里择善农者一人为治农老人,当鄙长,以趣耕耨,稽女工。令县丞当县正,以趣稼事,行诛赏。令府判当遂大夫,以简稼器,修稼政。令藩司一员当遂人遂师,巡行督察田老、田正、田副,复其身役。司府州县之官,俱带治农职衔,藩司则专敕,如今管粮屯田事例"(《林次崖先生文集》卷二《王政附言疏》)。不难看出,这套农官体制是参照《周礼》而设计的。

对农官的责权,林希元也作了规定。首先是进行调查,如:"有田而耕者几人,人田几亩? 有田而坍没者几人,人田几亩? 荒田无人耕者几顷,可给几人? 赁田而耕者几人,人田几亩? 富人有田者几人,人田几顷? 商贾逐末者几人,人资多少? 百工技艺几人,人业何术? 游手游食者几人,有无田宅,原何职事?"等等。其次采取相应措施,具体而言:"有田及赁田而耕者,理以农官之法。坍没核实,与除其租。穷民以荒田充补,其余以给贫民。无牛种者,与牛种。商贾之重资者,量其利与房租之所入征之。百工作淫巧者,以伤农事害女工罚之。皆以补农征之不及。赁田略为蠲富人之税。仍令富人田五顷以上不许复买。游手之民,依成周罚之,令出里布屋粟夫征,其强壮不安耒耜者籍为兵,以补戎伍之缺。"他认为只有这样,才能使民众"男耕女织,各修其业,商贾技艺游惰之民渐趋于农,百姓充足而无饥寒之苦"(《林次崖先生文集》卷2《王政附言疏》)。这些重农措施基本上是对前人政策的沿用,而其抑制工商业以助农业的思路也没有越出传统教条的雷池半步。

赋役繁重和失衡也是危害农业的弊症,因此林希元明确主张进行调整改革。他以种树来比喻国家征赋要适度,指出:"树根入地必灌溉培养而时卫护之,不为风雨、牛羊之所残害,则机完气固、根深叶茂而不可摇。若培养亏而卫护不至,则生气日削,根不固地,一遇狂风暴雨鲜不拔矣。"同样,"民之困于赋役,犹木之培养功亏,卫护不至,常为风雨、牛羊、斧斤之所残害也。一遇水旱凶荒,安得不流离失所乎!"鉴于长江以北地区"大抵苦于重差",苏、松、常、镇之民"大抵苦于重赋"的状况,林希元请求朝廷"下宽民之诏","兴利除害",努力做到"天下无穷苦之民"。至于均税,他建议有关州县派出官吏"通行丈量,通于均处","务使田称其税,税称其田,彼此画一,不得失均",如有隐瞒,"许邻里首告,罪人谪戍边方,田地给赏告者",以此方可消除"有田二三亩而纳五六亩之税者,有田五六亩而纳二三亩之税者……甚者田失税存,人户逃亡而税累其里甲"的不正常现象(《林次崖先生文集》卷2《王政附言疏》)。

林希元肯定屯田的作用,指出这种政策可使:"一军出种则省二人之食,四百军出种则省八百人之食。"但又认为实际贯彻的效果却不尽如人意,"行之未久而大坏,军士逃亡且尽,田土遗失过半"。他分析其中的原因说:"科税太重,又拨田之初不问腴瘠洼亢,虚实隔涉,但欲足数,牵纽补搭,配抑军人而使之耕。加之军士多游惰,督耕无良将,此其法所以速坏也。"(《林次崖先生文集》卷2《王政附言疏》)因此必须采取有效步骤进行治理。

在论及蓄积问题时,林希元揭露了当时常平仓、义仓、社仓等存在的弊端,他指出:"官自丰殖,不青积谷。其在仓也,又坐视民艰,不肯兴发。扃钥相受,积有岁年,往往耗于鼠雀,化为糠秕……此贮积之弊也。"至于赈济和赈贷,"则吏书里老顶名关支,乞子饿夫枵腹无哺,仓廪现空,沟整亦满",尤其是赈贷,"则丰年按籍责偿,贫民有名当入,岁月既深,弊端无穷,眼疮无医,心肉亦剜,幸存之民又受害矣。今之四仓,其害一至于此"。怎样革除此弊?林希元认为:"斟酌古今,宋人社仓置立民间,其法最善。盖仓在民间,皆知为己物,若遇放散,无不知觉,倘不沾惠,必相告言,奸雄不敢太欺罔。"所以他主张把社仓建置于乡,四仓仍设于州县,"或遇大歉,社仓之谷不敷,可移四仓之谷以赈之";在管理上,社仓之权"一归之民,官但知其数,不得干预";"又谷本须出于民,方自顾惜而少侵渔。然民谷难得,官借之而责其偿,不足,借之富民可也"(《林次崖先生文集》卷2《王政附言疏》)。

嘉靖八年(1529),林希元向朝廷上呈《荒政丛言疏》,专门就荒政问题发表见解。在此之前,林希元曾在泗州判官任上举办荒政,灾民"多赖全活"(《林次崖先生文集·林次崖先生传》)。《荒政丛言疏》分为二难:得人难,审分难;三便:极贫之民便赈米,次贫之民便赈钱,稍贫之民便转贷;六急:垂死贫民急饘粥,疾病贫民急医药,病起贫民急汤米,既死贫民急墓瘗,遗弃小儿急收养,轻重系囚急宽恤;三权:借官钱以籴籴,兴工役以助赈,借牛、种以通变;六禁:禁侵渔,禁攘盗,禁遏籴,禁抑价,禁宰牛,禁度僧;三戒:戒迟缓,戒拘文,戒遣使。

这总数为23条的救荒措施,很大部分是为赈济贫苦灾民而制定的。如为了防止官吏和富户侵吞赈粮或赈款,林希元主张把民户分为极富、次富、稍富、稍贫、次贫、极贫六等,并规定"稍富不劝分,稍贫不赈济"。对于极贫之民要赈济以粮,如果赈济以钱,其"未免求籴于富,抑勒亏折,皆所必有"。另一方面,林希元在把农户分为六等的基础上,设想由极富之户贷银给稍贫之户,由次富之户贷钱给次贫之户,这既能发挥富人的救荒作用,又可使富户的赈灾负担趋于合理,所谓"贫民得财而有济,富民损财而有归,官府无施而有惠,一举而三得备焉"(《林次崖先生文集》卷1《荒政丛言疏》)。

值得一提的是,林希元的《荒政丛言疏》还对历史上的一些救荒政策进行了分析总结。如以工代赈,虽由《管子·轻重》率先提出,南朝周朗、北宋范仲淹相继实施,宋神宗在熙宁七年(1074)还亲诏"兴修水利,以赈济饥民"(《救荒活民书》卷1),但正式把它列为荒政之策并作出理论评价的则是林希元。他主张"兴工役以助赈",并肯定这一政策的效果说:"故凡圮坏之当修,湮塞之当浚者,召民为之,日受其直。则民出力以趋事,而因可以赈饥;官出财以兴事,而因可以赈民,是谓一举而两得。"(《林次崖先生文集》卷1《荒政丛言疏》)

林希元的荒政思想是对前人政策的总结和发展,他自称《荒政丛言疏》是对"往哲成规,昔贤遗论"进行了"斟酌损益"后写成的。疏中所拟措施"或已行而有效,或欲行而未得,或得行而未及",但都"可施行于今日者"(《林次崖先生文集》卷1《荒政丛言疏》)。他的上疏得到明世宗(朱厚熜)的采纳,诏有司施行,对明以后的荒政管理起过一定的指导作用。

第八节　海瑞的农业思想

海瑞(1514—1587),字汝贤、国开,号刚峰,广东琼山人。明世宗时考中举人,历仕世宗、穆宗、神宗诸朝,曾任福建南平教谕、浙江淳安知县、江西兴国知县、户部云南主事、右佥都御史巡抚应天十府、南京右佥都御史、南京吏部右侍郎、吏部尚书等职。作为中国封建社会著名的清官,海瑞十分重视农业生产,并亲自组织兴修水利。在任应天巡抚期间,他带领饥民浚通吴淞江和白茆河,并"乘轻舸往来江上,亲督畚锸,身不辞劳"。这一工程完成后,沿江一带"旱涝有备,年谷丰登,吴民永赖,乐利无穷",海瑞的"开河之功",也被誉为"创三吴所未有"(《海瑞集》下册,第591页,中华书局1962年版)。

海瑞的重农思想在他的一篇《劝农文》中有集中的反映。他写道:"窃惟农桑耕织,衣食之源。四民首务,尔所当知。丈夫当年而不耕,天下有受其饥;妇人终岁而不织,天下有受其寒。假使尔民尽耕,尔妇尽织,则尔众之衣之食,当有取之无尽,用之不竭者矣。"(《海瑞集》上册,第276—277页)为了确保农业生产,他要求农民勤于劳作,具体来说,"春耕夏耕,务尽畚畚之力;秋敛冬藏,尤循节俭之风。相土之宜,悉植梨、枣、桑、麻之属。俾野无旷土,街无游民,粟多而不尽食,布多而不尽衣。"只有这样,才能实现"足民"的政策目标(《海瑞集》上册,第277页)。也基于这种思想,他对一系列涉及农业的经济问题发表了自己的见解。

在土地制度方面,海瑞推崇古代的井田制,说:"圣王之治遍天下而井田之矣,于以爵禄夫天下也,于井里之中为养焉。官不必备,其为养则寡。井田之政,又尝遍天下而程督之矣。于以应天下之务也,于疾作之农取给焉。"(《海瑞集》下册,第493页)对"后世田不井授,事有借口民自为生为疾,君相一无与矣。乃纵欲不恤其民,锱铢茧丝则出于上"(《海瑞集》上册,第494页)的状况,他提出了批评。

在日益尖锐的土地兼并现实面前,海瑞的上述见解使他成为一个复井田论者。他断言:"欲天下治安,必行井田。"(《明史·海瑞传》)在一篇题为《使毕战问井地》的专文中,他进一步作了阐发,指出:"不井田而能致天下之治者,无是理也。何也? 人必衣食有所资,然后为善之心以生;日夕有所事,然后淫侈之念不作。井田者,衣食之资,日夕之事,返朴还淳之道,去盗绝讼之厚,举赖于此,故尝以为一井田而天下之事毕矣。"(《海瑞集》下册,第312页)在海瑞看来,井田制的实施还能促进思想教化,缓和社会矛盾,即所谓"井田教于始,学校不过成教于终"(《海瑞集》下册,第316页)。如果从经济基础决定上层建筑这一意义上看,那么海瑞的观点是正确的,但他在这里却忽视了社会历史发展变化这一重要客观现实。

如前所述,明初及前代的反对复井田论者均以时代变迁、现状繁杂(如人口数量增多等)和操作困难(如山地不易划分)等为理由,这些理由都被海瑞所批驳。针对苏洵、叶适等人认为实行井田制过于繁琐的说法,海瑞指出这是"不揣其本而齐其末之论","以胶柱鼓瑟而论圣人"(《海瑞集》下册,第315页)。对于马端临所列举的井田不可复理由,海瑞更是持不同看法,他说:"然则自周而下吏于民者,举不欲知其利病也耶? 不知民间之利病,用民之脂膏以奉之何用? 设官分职,旁午而纵横之者何为? 守令之迁除,其岁月有限,独不可举而久任之乎? 污吏黠胥能舞文以乱簿书,田里之一一可睹,丈尺可凭,或不可乱。还授之奸弊无穷,今则然矣。井田既行之后,而民犹有无穷之弊耶?"在他看来,马端临的忧虑是"不揣其本而齐于末",着眼于"末流之弊"就断然要井田制"举而弃之",这是很不明智的。海瑞还分析了丘濬所持有的人口过多造成井田废行的观点,认为:"今之糜费五谷,计当数倍吾民日夕之食,而犹可以取给,事可知矣。"(《海瑞集》下册,第313页)也就是说,人口压力也不致妨碍井田制的复行。

在此基础上,海瑞提出了他的井田制设想:"随田之广狭,而为多少之授,可井则井,不可井则一夫二夫当之。可同则同,不可同则百夫千夫当之。助不必野而行,赋不必国中而行,此圣人之法也。"从这种原则出发,他主张:"为今之计,不必访求故堰遗陂之已废者,按今日之土田随地区画,举《周礼·大司徒》所谓'不易之地家百亩'、《小司徒》'上地家七人'与夫《大宰》'九职任万民'者而酌用之。守宰县令一以井田为事,其纤悉又属之一里之长,不以今日纷纷之病而沮其必行之心。必委曲以力行而求为久远之计。既定之后,举簿书以验田土。度地不足则吏胥之奸弊可稽。正不必慈祥如龚黄,精明如张赵,而亦可以济斯世于虞、周之盛,区斯民于乐乐利利之中矣。"显而易见,海瑞所主张的并非严格准确的古代井田制,而只是一种变通的土地分配体制。这一点,从他的井田名实论中也可得到佐证,他认为:"井田者,井田之名也。人必有田而不必于井者,井田之实也。观野行助法,国中什一自赋,圣人变通之权可想见矣。"(《海瑞集》下册,第314页)这一概念为海瑞所首次提出。

实行井田要以大量国有空闲土地为前提,否则"人必有田"就成为一句空话。但在土地私有制已有一定程度发展的宋代,国有可分配的土地相当有限,而少数富豪却占有巨顷良田,要实施人均占田必然要损害大地主的既得利益。海瑞对此是怎样考虑的呢?他说:"天下富人多乎?贫人多乎?田井而贫者得免奴佃富家之苦,吾知其欣从必矣。王者固有灭人之族,没人之产而束手听者,取其有余之田而不夺其上下之养,彼亦安得而违之?窃以为井田之决可复于后世者,谅夫有同然之心,而不必恤其众多之口。反复晓谕,委曲变通,必无召乱之事也。然而数世之后,而其子孙众多不可以死徙无出乡之法行之者若何?曰物之不齐,物之情也。自夏后以至八百年之周,其间独无若此者乎?然要在必有田宅而不失所养,化裁变通而已。要之不能以一一如意,而较之田不井授,一遇灾旱而民之辗转沟壑,白骨遍野,平时则奸伪朋兴,有故则群横寇盗,其相去万万矣。愚故以为断然必在可行而无疑也。"(《海瑞集》下册,第314—315页)他希望通过劝谕的办法让富豪交出多占之田,是一种不切实际的幻想。至于行井田之制可避免大规模的社会动乱,则是历来复井田论者的共同看法

除了恢复井田制,海瑞的土地思想还包括丈量田地的内容。穆宗隆庆四年(1570)至神宗万历十一年(1583)期间,他因打击豪强而得罪权贵,被迫告病还乡。鉴于剥夺大地主田地的困难,他只得考虑通过丈量田地的办法来缓解土地占有的混乱危机。他表示:"井田不可复矣,限田又不可复矣,下策之良无过丈田。盖丈田则无虚粮、虚差。小民虽无田而得自生理,无先日官中苦恼矣。"(《海瑞集》上册,第287页)由于实行过程中滋生弊端,海瑞极力主张严肃法纪,以确保丈量的效果,他指出:"先丈百端作弊,其孔穴已开。人人知何者何者必县官不及知,必县官力查不到之事。百计千方。今非严刑峻法,胡然而天,行之必不能有效。"认为如"不忍于作弊之人,顾于吾民受作弊之害忍之乎?一有宽纵怠忽,十

举而十无成,后悔无及"(《海瑞集》上册,第283页)。海瑞设计的有关规定十分周密细致,这反映了封建社会后期土地思想的演变趋势,也体现了统治阶级对土地私有权的日益宽容的决策意向。不过,海瑞要根本消除土地丈量中的弊端,这又是当时历史条件下所无法做到的。

除了土地制度,海瑞农业思想的另一主要内容是均节赋役。他揭露当时赋税不均的弊病说:"富豪享三四百亩之产,而户无分厘之税。贫者产无一粒之收,虚出百十亩税差。不均之事,莫甚于此。"(《海瑞集》上册,第73页)他认为对发展农业而言,均税是最起码的条件,所谓"井田不可得矣,而至于限田,限田又不可得,而均税行焉,下下策也。而尤谓不必行也,弱不为扶,强不为抑,安在其为民父母哉!"(《海瑞集》上册,第74页)上面已提到海瑞很重视土地清丈工作,这是同他的均税主张直接有关的。

海瑞抨击的另一弊病是徭役不均。他指出:"徭而谓之均者,谓均平如一,不当偏有轻重也。然人家有贫富,户丁有多少,税有虚实。富有出百十两,虽或费力,亦有从来。贫人应正银,致变产、致典卖妻子有之。若不审其家之贫富,丁之多少,税之虚实,而徒曰均之云者,不可以谓之均也。"(《海瑞集》上册,第61页)征派徭役大致有按丁和按资两类,海瑞反对前者而赞成后者。在他看来,"三代而下,不复制民常产,而听民各自为养矣。夫民子然一身,上父母,下妻子,朝不得以谋其夕,有之乃欲使之应里,出徭银,每丁至六两七两之数,独非桀而又桀也耶!"(《海瑞集》上册,第118—119页)这是对按丁派役的不合理性的揭露。他主张:"均徭,富者宜当重差,当银差;贫者宜当轻差,当力差。"又说:"不许照丁均役,仍照各贫富各田多少,贫者轻,富者童,田多者重,田少者轻,然后为均平也。"(《海瑞集》上册,第61页)不难看出,海瑞的按资派徭的观点既符合经济发展的客观趋势,也体现出消除贫农徭役负担过重弊端的进步思想倾向。值得一提的是,海瑞不仅在改革赋役方面提出理论主张,而且付诸实施。如在任应天巡抚时,他继续执行欧阳铎的赋役新法,巩固了一条鞭法。至于《均徭册式》等制度条文的颁定,也在于防范官吏任意侵害百姓的弊端。所有这些,都是以改善农民生活处境、促进农业生产为最终目的的。

第九节　张居正、唐顺之的农业思想

张居正(1525—1582),字叔大,号太岳,江陵(今属湖北)人。世宗时考中进士,历任庶吉士、翰林院编修、右春坊右中允领国子监司业、翰林院侍读学士、礼部右侍郎、吏部左侍郎兼东阁大学士、礼部尚书兼武英殿大学士、吏部尚书兼建极殿大学士等职。神宗即位后，他任首辅之官达十年，直接掌管朝廷。在明代社会经济发展史上，张居正的重要举措是于万历年间实行了土地清丈和一条鞭法，这两项措施虽属财政改革的范围，但与农业生产直接有关。

张居正强调发展经济要从有利于人民的目的出发，主张要"植国本厚元元"，这使他对发展农业持比较重视的态度。在农业与其他经济部门的互相关系问题上，张居正的认识有了进步，在他看来，"古之为国者，使商通有无农力本穑。商不得通有无以利农，则农病；农不得力本穑以资商，则商病。故商农之势常若权衡然，至于病，乃无以济也"。这就揭示了农商之间互相依存、互相促进的关系。对于封建社会中商贾侵夺农民的现象，张居正是有察觉的，所以他认为对这种兼并势力进行某种约束限制是必要的，即如他所说："异日者，富民豪侈莫肯事农，农夫藜藿不饱，而大贾持其赢余役使贫民，执政者患之。于是计其贮积，稍取奇羡以佐公家之急。然多者不过数万，少者仅万余，亦不必取盈焉，要在摧抑浮淫，驱之南亩。"把抑商限定在不影响农业生产、不损害农民利益的范围之内，这种观点与过去的重农抑商思想也有不同之处，而总的来说，张居正所重点强调的还是通过减轻赋税来促进农商的协调发展，他表示："欲物力不屈，则莫若省征发以厚农而资商；欲民不困，则莫若轻关市以厚商以利农。"（《江陵张文忠公全集》卷8《赠水部周汉浦榷竣还朝序》）正是基于以上认识，张居正提出了他的解决土地问题的政策主张。

对明中叶以后的土地混乱状况及其原因，张居正进行了揭露和分析，他指出："自嘉靖以来，当国者政以贿成，吏胥民膏以媚权门，而继秉国者又务一切姑息之政，为逋负渊薮以成兼并之势，私家日富，公室日贫，国匮民穷，病实在此。"这里所说的兼并之势，主要就是对土地的侵夺。对此张居正列举说："豪家田至七万顷，粮至二万，又不以时纳。夫古者大国公田三万亩，而今且百倍古大国之数。能几万顷而国不贫！"（《江陵张文忠公全集》卷26《答应天巡抚宋阳山论均粮足民》）

如何制止这种局面？张居正主张："查刷宿弊，清理逋欠，严治侵渔揽纳之奸。"其主要途径就是核实田亩，他认为："清影占，则小民免包贴之累，而得守其本业；惩贪墨，则闾阎无剥削之扰，而得以安其田里。"（《江陵张文忠公全集》卷26《答应天巡抚宋阳山论均粮足民》）作为一位对现实社会有清醒认识的官员，张居正深感此举必然会遇到兼并势力的不满和反对，但他毫不畏缩，坚定地表示："丈田一事，揆人之情，必云不便，但此中未闻有阻议者，或有之，亦不敢闻于仆耳。'苟利社稷，死生以之'，仆比来唯守此二言，虽以此蒙垢致怨，而于国家实为少裨。"（《江陵张文忠公全集》卷31《答福建巡抚耿楚侗谈王霸之辨》）另一方面，为了使核丈田亩得以切实执行,他努力谋求政府的支持,要求"所在强宗豪民敢有挠法者,若潞城、饶阳公族等者,皆请下明诏切责"(《江陵张文忠公全集》卷47《太师张文忠公行实》)。

张居正的这一土地政策理论得到实施,万历六年(1578),明政府正式下令"料田"(度田),凡庄田、民田、职田、荡田、牧地,全属丈量范围。由户部尚书张学颜主其事,颁布了八项条例:其一,"明清丈之例,谓额失者丈,全则免";其二,"议应委之官,以各右布政使总领之,分守兵备分领之,府州县官则专管本境";其三,"复坐派之额,谓田有官、民、屯数等,粮有上、中、下数则,宜逐一查勘,使不得诡混";其四,"复本征之粮,如民种屯地者即纳屯粮,军种民地者即纳民粮";其五,"严欺隐之律,有自陈诡占及开垦未报者免罪,首报不实者连坐,豪右隐占者发遣重处";其六,"定清丈之则";其七,"行丈量之则";其八,"处纸札亿之费"(《明明宗实录》卷106)。

为了达到预定的政策目标,清丈田窗的颁令者特别强调不给任何人以逃避之权。万历七年(1579),朝廷下诏:"核两畿、山东、陕西勋戚田赋。"由于此前虽规定"宗室买田不输役者没官,勋戚田俱听有司征之",但收效不大,故重申"复加清丈","清溢额、脱漏、诡借诸弊","有逾限及隐占者按治之"(《明通鉴》卷67)。

明代清丈田亩总体上来说是收到实效的,到万历八年(1580)底,全国田地为7 013 976顷,比隆庆五年(1571)增加了2 336 026顷。到万历十年(1582),全国清丈完成时,田亩数字接近或超过洪武二十六年(1393)的水平。同时,民间的土地占有混乱状况也得到一定程度的清理,占田与纳赋的平衡得到维持,如在浙江,经清丈土地后,"民间虚粮赔累之弊尽汰"(《天下郡国利病书》卷87《浙江九·义乌县(田赋书)》)。在山东,"清丈事极其妥当,粮不增加,而轻重适均,将来国赋,既易办纳,小民如获更生"(《江陵张文忠公全集》卷33《答山东巡抚何来山言均田粮核吏治》)。在福建,履田丈量使"民间无不税之田,计亩均粮,公家无不田之税"(《天下郡国利病书》卷91《福建一·福州府(土田)》)。

从土地思想的历史发展来看,张居正的清丈田亩决策动机是宋代方田法和经界法主张的延续,这种政策理论的再次出现反映了在私有土地急剧膨胀的形势下,封建国家无力重新分配土地而又亟须强化土地控制的经济现实。在内在的思想目标上,这类土地主张已不是为了从根本上调整全社会的土地占有关系,而以维持既有生产关系现状和确保国家财政赋税收人为追求目的。张居正的土地政策作为其一条鞭法的配套措施,对明中叶后一度出现的"帑藏充盈,国最完富"(《明通鉴》卷67)的局面显然起了积极的促成作用。

值得指出,明代主张实行土地丈量的并不止张居正一人,在他前后,曾有顾鼎臣、桂萼、郭弘化、唐龙、简霄等人相继建议土地量丈,其中以顾鼎臣的议论发表较早。顾鼎臣,字九和,江苏昆山人。孝宗时考中进士,曾任礼部右侍郎、礼部尚书兼文渊阁大学士。嘉靖十八年(1539),他下令:"苏、松、常、镇、嘉、湖、杭七府,供输甲天下,而里胥豪右蠹弊特甚。宜将欺隐及坍荒田土,一一检核改正。"根据这一精神,当时的应天巡抚和苏州知府等采取行动,"尽括官、民田衰益之,履亩清丈,定为等则",在此基础上征收税赋,"时豪右多梗其议,鼎臣独以为善,曰:'是法行,吾家益千石输,然贫民减千石矣,不可易也。'"(《明史·食货志二》)

但也有人对这一政策提出怀疑。唐顺之(1507—1560),字应德,号荆川,江苏武进人。世宗时考中进士,历任兵部武选司主事、吏部稽勋司主事、翰林院编修、春坊右司谏等职。晚年隐居宜兴,授徒讲学。他通过对宋代方田及明代土地丈量等政策措施的分析,表示了不同于时人的看法。他认为王安石的方田之法难收平均之效,因为"方田一法,不难于量田,而最难于核田。盖田有肥瘠,难以一概论亩。须于未丈量之前,先核一县之田,定为三等,必得其实,然后丈量,乃可用折算法定亩"。否则,就难免出现弊病,正如唐顺之对当时丈量田亩所提出的批评那样:"今兹不先核田,便行丈量,则肥乡之重则必减,瘠乡之轻则必加,非均平之道也。"(《荆川先生文集·答施武陵》)应该说,唐顺之的议论并不是对丈量土地的笼统否定,而是强调完善丈量措施,杜绝政策漏洞,从根本上来说也是为了减轻农民的不合理赋税负担。

此外,唐顺之还就赈灾救荒问题进行过阐述,这里也一并加以分析。他对前人的荒政经验作了总结,认为:"自古救荒无奇策,亦无多说,只是措钱米一法耳。"而在两者中间,米又比钱更重要,因为遇到灾荒,"则虽积钱盈筐,坐而待毙矣",所以,"救荒惟是预处钱粟,而变钱为粟,尤是先事预处之善者也"(《荆川先生文集·与吕沃洲巡按》)。至于变钱为粟的具体办法,则是把部分本色漕粮改解折色,地方从中匀出部分钱米移作赈灾之用。对这种被他称之为"轻赍"的办法,唐顺之是这样解释的:"盖米自江南而输于京师,率二三石而致一石。则是国有一石之入,而民有二三石之输。若是以银折米,则是民止须一石之输,而国已不失一石之入。其在国也,以米而易银,一石犹一石也,于故额一无所损;其在民也,以轻而易重,今之输一石者,昔之输二三石者也,于故额则大有所减矣。"(《荆川先生文集·与李龙冈邑令》)这种办法不仅切实可行,而且具有理论上的创新。

就具体的荒政事务而言,唐顺之最为重视的是赈粥,他说:"作粥之法第一便者,必穷饿之甚方肯赴食。若能自营壹食者,决不甘此。故荒政非壹,首先此焉。"他列举了赈粥的得益之处,指出:"活民以粥,财窘而经费有节,民众而赴食有限,事简而奸伪难容,壹举而数善具焉。"(《荆川先生文集·外集·公移》)这也是前人所没有提出过的见解。

对当时荒政管理中的弊病,唐顺之进行了激烈的抨击,他揭露说:"有司以灾上之计府,主计者量其所灾而上下其所蠲之数,宜乎所灾与所蠲必相当也。然主计者疑于有司之不信也,而必裁其数于三分之内,有司者亦逆知主计者之不吾信也,而必溢其数于三分之外。大率主计者之蠲灾也,十裁而为七;有司之上灾也,七溢而为十。"这种互相欺瞒的做法势必影响救荒的成效,而受害的则是灾民。至于因为官吏贪暴而造成的危害更为惨烈,如唐顺之所说:"其或有司不能皆贤也,胥吏实操其散敛之柄。蠲诏下矣,匿而不布也,鞭笞竟行,程期转迫,至于一无所负而后出诏而揭之壁,则固无用于蠲矣。是蠲之公困者虚也,注之私困者实也。"(《荆川先生文集·赠竹屿吕通判还郡序》)国家对灾民的免租政策沦为中饱私囊,这在一定程度上暴露了封建社会荒政管理中的通病。

第十节　徐贞明的农田水利论

徐贞明(约 1530—1590),字孺东、伯继,江西贵溪人。穆宗时考中进士,曾任工部给事中、尚宝少卿兼河南道御史等职。他是明代著名的水利专家,曾亲往州县考察,制定兴修水利计划,并招募民工在永平(今属河北)等地垦田三万九千余亩。后因权贵阻梗而作罢。他的农业思想主要体现在《潞水客谈》一文有关农田水利的议论中。

在分析徐贞明的水利理论之前,先简要介绍一下宋以来水利思想的发展脉络。

《吴中水利书》是北宋单锷写的治理太湖洪涝的专著。单锷(1031—1110),字季隐,常州宜兴(今属江苏)人。宋仁宗时考中进士,但一生未仕。鉴于当时"三州之水,为患滋久,较旧赋之入,十常减其五六"的状况,他回到家乡研究水利,亲乘小船在太湖流域的河道港汊中考察,历时 30 年,终成此书。在《吴中水利书》中,单锷重视调查对治理水患的重要性,既不能像以往官吏那样,"目未尝历览地形之高下,耳未尝讲闻湍流之所从来",只凭主观想象,也不能"知其一而不知其二,知其末而不知其本,详于此而略于彼"(《苏轼文集》卷 32《录进单锷吴中水利书》)。只有在切实考察的基础上,从全局着眼,才能抓住治理太湖水患的要害。他认为破坏太湖水量平衡的主要原因有二个:其一是伍堰的毁坏,使湖水大增;其二是吴江筑岸,使去水减少。其治理对策是:(1) 掘掉吴江岸土,改造千座木桥,使去水畅通;(2) 修复伍堰,减少太湖进水量;(3) 开通夹苧干渎,疏导太湖以西之水北入长江;(4) 疏排积水,修复圩田;(5) 修复运河堰埭和蓄水陂塘,以利航运和灌溉;(6)逐步开通宜兴、苏州等地港口。总之,单锷的水利主张重点明确,考察全面,当时虽未付诸实施,但对后世颇有影响。清人陆陇其说:"锷之说可以规百世之利。"(《三鱼堂外集》卷4《东南水利》)这是对《吴中水利书》很高的评价。

元代的水利专著有赡思的《河防通议》和王喜的《治河图略》等。赡思(1277—1351),字得之,祖父为大食(阿拉伯帝国)人,曾任蒙古真定、济南等路监榷课税使,后迁居真定(今河北正定)。赡思自幼生活在此,早年被征召上都(今内蒙古正蓝旗东闪电河北岸),后历任应奉翰林文字、御史、佥浙西、浙东廉访司事、江东肃政廉访副使等职。《河防通议》是赡思将金都水监《河防通议》、北宋沈立《河防通议》和南宋周俊《河事集》三部水利书籍合而为一,取长补短,考订增写的,故书名又叫《重订河防通议》。全书共分六门:上卷三门为《河议》《制度》和《料列》;下卷三门为《功程》《输运》和《算法》。作为中国古代治理黄河的重要文献,赡思在书中提出了若干值得注意的思想观点。如他强调消除河患的根本之计在于开展治河,在河患面前人并不是无能为力的,但治河不能用修政来取代;他认为战国以来的修筑河堤既劳民伤财,又贻害后世,要改变河患日益严重的局面,应该"复金堤故道,则劳费自减其半矣"(《河议·堤埽利病》);等等。

王喜的《治河图略》也是讨论黄河治理问题的。全书分为图略和方略两大部分。关于制作图略的意义,王喜指出:"盖河之末流水势浩大,非一川能容。不浚则势不顺,不分则患不息,是皆历代已行之明效,而非一口之空言,臣故图此以见其有可行之理耳。"(《治河图略·治河图说》)关于治理黄河的基本原则,王喜主张"息灾弭患者,必本于理势之自然"(《治河图略·治河方略》)。因此,他赞成汉代李寻所提出的"因其自决之势,顺其自然之性,别导一川"(《治河图略·历代决河总论》)的建议,并拟定了浚旧河、导新河的实施方案,其内容包括开掘上游淤泥堵塞之处,使下游分流入海入淮,委派朝臣统率治河总务,采取优惠措施募民为河夫,等等。

明代的水利专著较多,有王琼的《清河图志》、姚文灏的《浙西水利书》、刘天和的《问水集》、沈启的《吴江水考》、归有光的《三吴水利录》、万恭的《治水筌蹄》等。王琼(? —1532),字德华,太原人。明宪宗时考中进士,历任工部主事、河南右布政使、右副都御史、户部右侍郎、吏部侍郎、户部尚书、兵部尚书、吏部尚书、太子太保等职。他所编定的《清河图志》"首载漕河图,次记河之脉络原委及古今变迁,修治经费,以逮奏议、碑记,罔不具悉"(《四库全书总目》卷75)。但此书议论较少。

姚文灏(1455—1504),字秀夫,号鄱东野人、学斋,江西贵溪人。明宪宗时考中进士，历任工部都水主事、刑部陕西司、常州府通判、湖广按察司提学佥事等职。姚文灏对水利一向十分重视，在工部主事任内，他曾上呈农田水利六事奏折，内容包括设导河夫、发济农粟、给修闸钱、开议水局、重农官选、专农官任，得到朝廷大部采纳。他之所以尤其关心浙西水利，是由于太湖流域是明王朝的财赋来源之重心，而那里又时患水灾，前人对治理太湖水患虽早有议论，但引起后人注意者不多，又缺乏必要的辨别，所以有必要将前人观点编成专书，以利借鉴。他说："浙西后世之水势也，与古小异矣。水已小异则治不尽同。欲尽同，所以劳大而功微也。夫浙西之于天下重也，水利之于浙西又重也，故为书焉。"(《浙西水利书·序》)正是基于这种认识，他在博采众长的基础上，提出了"以开江置闸围岸为首务，而河道及田围则兼修之"(《四库全书总目》卷69)的治水方案。

刘天和(1479—1545)，字养和，号松石，麻城(今属湖北)人。明武宗时考中进士，历任南京礼部主事、金坛县丞、湖州知府、山西提学副使、南京太常少卿、右佥都御史、陕西巡抚、右副都御史、工部右侍郎、兵部尚书、太子太保等职。《问水集》共分6卷，前2卷是刘天和在出任总理河道一职时巡视各地的情况分析和对策措施，后4卷是他在治河过程中的奏议。他认为治河要从实际出发，"惟审地形，相水土之宜。计工役，权利害轻重。任劳省费，以求无负于国，无病于民"。这也是他的治河指导思想。注重水利的工程管理，努力减省支费，这是刘天和水利思想的一个特点，他指出："计工以定役，故为力甚简；视徭役之成数以调役，吏胥无所容其奸，故民不扰；雇值惟计工不计日，故为费甚省；画地分工，完即散遣，故人自为力；庐舍、饮食、器具、医药劳勉周至，故民不知劳。"(《问水集》)这些见解表明他已具有清晰的工程效益观念。

沈㳟(1491—1568)，字子由，号江村，吴江(今属江苏)人。明世宗时考中进士，历任南京工部主事、刑部员外郎、绍兴太守、湖广按察司副使等职。他所写的《吴江水考》讨论的是他家乡的水利问题。沈㳟认为吴江西有太湖，东有大海，因而是"源委之要，潴泄之枢"，对吴江境内而言，"岁之凶丰，民之利害，国计之绌伸"，都取决于这一水系是否有"节宣之法"(《吴江水考·序》)。《吴江水考》共分5卷，前2卷主要记载了吴江和太湖流域的水利状况，后3卷是前人有关太湖治理的论述，是全书的重点。此书在太湖水利研究史上影响较大，被人称之为"东南水利不刊之典"(徐大椿：《吴江水考·后序》)。

归有光(1506—1571)，字熙甫、开甫，昆山(今属江苏)人。明世宗时考中举人、进士，曾任长兴知县、顺德通判、南京太仆寺丞等职。他所写的《三吴水利录》也以太湖水利的治理为内容。此书前3卷是前人有关议论的汇编，后1卷则是归有光自己写的两篇《水利论》。在文章中，他表示："有光既录诸家之书，其说多可行,然以为未尽理,乃作《水利论》。"而在总体思路上,他从"泽患其不潴,川患其不流"的原理出发,主张以大蓄大泄作为治理太湖的指导方针(《三吴水利录》卷4)。

万恭(1515—1592),字肃卿,号两谿、洞阳子,江西南昌人。明世宗时考中进士,历任光禄寺少卿、太仆寺少卿、鸿胪寺卿、北京大理寺少卿、兵部侍郎兼佥都御史巡抚山西、总理河道等职。《治水筌蹄》是他在治河期间"取治水见诸行事、存案牍者,括而记诸筌蹄"(《治水筌蹄·自序》)而成。全书包括治理黄、淮、运河的指导思想,堤防修筑,汛期防守,水利施工的组织管理等内容。在治理黄河问题上,万恭分析了泥沙与水流的相互作用,认为:"水专则急,分则缓;河急则通,缓则淤。""浊者尽沙泥,水急则滚,沙泥昼夜不得停息而入于海,而后黄河常深,常通而不决。"因此他的治理对策是:"河性急,借其性而役其力,则可浅可深。""如欲深北,则南其堤,而北自深;如欲深南,则北其堤,而南自深;如欲深中,则南、北堤两束之,冲中坚焉,而中自深。"(《治水筌蹄》)这一见解具有重要的理论创新价值,成为以后潘季驯"束水攻沙"理论的基础,在黄河治理中得到广泛的运用。此外,在大运河治理、汛期水系管理等问题上,万恭也提出了不少新颖的看法和措施建议,如他第一次总结了利用汛期来沙稳定河糟的方法,即利用汛期中的泥沙加高河滩,稳定河漕;为了改善沿海民夫的生活处境,他制定了减少征收名目,将守河民夫分为长年在工的长夫和临时雇佣的短夫等改革措施。

与上述专门谈论水利问题的专著不同,徐贞明的水利思想是在阐述西北屯田时提出来的。这不仅把水利兴修的范围进一步扩大化,而且把水利同边防、农业等密切联系起来了。

徐贞明从自然状况和军事、经济等角度分析了垦田水利的重要意义和紧迫性。关于前者,他认为:"西北之地,旱则赤地千里,潦则决流万顷,惟寄命于天,以幸一岁之丰收。"这种状况对一个国家来说毕竟不可长久,所以必须想办法给予根本治理。从军事上来看,"西北平原千里,寇骑长驱,无有阻隔,若使沟恤尽举,岂有此患?"(《潞水客谈》)

相比之下,徐贞明着重探讨的还是屯田水利的经济原因。由于西北地区长期不毛荒芜,所需粮物均需内地输往,这给国家造成很大的压力,对此徐贞明指出:"夫中人之治家,必有附居常稔之田,始可安土而无饥。乃国家据全胜之势,居上游以控六合,而顾近废可耕之田,远资难继之饷,岂长久万全计哉!"不仅如此,长途转输浪费惊人,"每以数石而致一石,民力竭矣,而国之大计,亦未能暂纾也"(《潞水客谈》)。

一旦在西北实施屯田,并兴修水利,便可收到多方面的效益。就屯田而言,徐贞明列举了下列诸端：首先，它能大为减轻内地负担，"西北有一石之人，则东西省数石之输，所人渐富，则所省渐多……东南民力，庶几更甦"。除了节省输出的物资以外，人口也可往西北迁徙，"今若招抚南人，使修水利，以耕西北之田，则民均而田亦均矣"，这就可改变"东南生齿日繁，每人浮于地，乃西北蓬蒿之野，常患疾耕而不能遍"的不平衡局面。其次，屯田可使大批贫民生计得到安置，徐贞明说："今天下浮户，依富家以为佃客者何限，募而集之，可立致也。"对于闲职军官或遣散士卒也是一样，"即西北旷土，择人所弃者，官为垦辟，分井而田，如中尉以下，量岁禄之意，授田若干，使得安居而食其土……则其才智者固可以致富，即庸拙者亦可以服田力稽，其与坐食多馁，散处失所者，相去远矣"。第三，屯田可以使国家增加赋税收入，同时使民赋趋于平均，"东南多漏役之民，而西北罹重徭之苦，则以南之赋繁而役减，北之赋省而徭重也。使田垦而民聚，民聚而赋增，则北可轻徭"（《潞水客谈》）。

就水利兴修而言，其主要效益表现在改善生态环境和增加农产收成方面，对此徐贞明主张："访求古人故渠废堰，师其意不泥其迹，疏为沟浍，引纳支流，使霖潦不致汛滥于诸川，则并河居民，得资水成田，而河流亦杀，河患可弭矣。"（《潞水客谈》）

最后，徐贞明还强调了西北屯田在稳定社会秩序、优化民俗风气方面的作用："今通都大邑之民，踵接急摩，争习繁靡，以梗化而败俗……若画井居民，衰多益寡，使民与地均，如古比闾族党之意，则教化而兴，俗尚自美，其利十有四也。"（《潞水客谈》）

徐贞明的这些阐述是中国垦殖屯田思想的重要发展。首先，作为边地开发的组成部分，农业经济的收益成为屯田的首要考虑因素，从而完成了从晁错、赵充国以边防为主要目的的屯田主张向以发展经济为中心内容的屯田理论的转变。其次，与此相适应，屯田的组织经营形式也趋于非军事化，徐贞明甚至还设想在垦殖中仿古行井田，这些观点的提出都体现了屯田政策的经济色彩日益加重。第三，徐贞明的屯田思想不仅涉及国家军费运力的节省问题，而且首次从东南和西北经济平衡协调发展的角度强调这一政策的必要性。他认识到西北的垦殖有利于减轻东南的负担，反映了宋代以后全国经济重心的南移对北方屯田形成的新态势和紧迫性。这一方面体现了徐贞明屯田思想的敏锐性和全面性，另一方面也显示了中国古代土地开发利用理论更加具有了宏观经济调控的特点。

关于屯田的管理体制和经营模式，徐贞明的见解也颇具时代特征。他不赞成军屯，认为这种形式具有很大弊端，如"田授于官兵，非己业也"，因而导致"田隐占而屯亦渐废"的后果。他主张由"富民得官屯驻",因为让富民参与屯垦,授以世袭官职,"则其田固已业,子孙相承,稽核自详,无隐占之患",从长远来看,就会收到"田益辟而人益众"的效果。不仅如此,徐贞明还对富豪在开垦土地和发展经济中的作用作了正面的肯定,指出这些人的活动与封建国家的利益并无二致,他说:"豪右之利,亦国家之利也,何必夺之。《周礼》使世禄地主之有力者,与其广潴巨野之可以利民者,曰主以利得民,曰数以富得民。彼小民有利而力不能兴其利,官为之倡,豪右从而率之,则借豪右之力以广小民之利,方欲借之,矧曰夺乎。"这种作用表现在屯田上,就能有效地组织起民众,即所谓"彼富欲得官者,能以万夫耕,则其材智已出万人之上;能以千夫、百夫耕,则必出于千百人之上。使之练耕夫为胜卒,又皆心附而力倍"(《潞水客谈》)。宋代叶适曾提出为富民辩护的观点,元代虞集的屯田思想中也有鲜明的维护富人利益的倾向,相比之下,徐贞明的宣扬富人经济作用理论有过之而无不及,这无疑是明代私有经济进一步发展的思想反映。

第十一节　徐光启的农政思想

徐光启(1562—1633),字子先,号玄扈,松江府上海县人。明神宗时考中举人、进士,历任庶吉士、翰林院检讨、左春坊左赞善、詹事府少詹事兼河南道监察御史、礼部右侍郎兼翰林院侍读学士、礼部左侍郎、礼部尚书、东阁大学士、文渊阁大学士等职。

徐光启是中国历史上著名的农学家,曾编撰《农政全书》,凡60卷,50余万言。他的农业思想也以重农为核心。在他看来,社会上最基本的财富是农产品,而货币则不属财富范围,他指出:"唐宋之所谓财者,缗钱耳;今世之所谓财者,银耳。是皆财之权也,非财也。古圣王所谓财者,食人之粟,衣人之帛……若以银钱为财,则银钱多将遂富乎?是在一家则可,通天下而论,甚未然也。银钱愈多,粟帛将愈贵,困乏将愈甚矣。故前代数世之后每患财乏者,非乏银钱也;承平久,生聚多,人多而又不能多生谷也。"(《徐光启集》上册,第237页,中华书局1963年版)这段话表明,徐光启还是从实物形态上来看待财富的本质,还没有突破封建经济思想的传统藩篱。

从这种重农思想出发,徐光启主张实行"务农贵粟"和抑末的政策。关于前者,他指出:"古之强兵者,上如周公、太公,下至管夷吾、商鞅之属,各能见功于世,彼未有不从农事起者。"他批评唐以后国家不重视农政的现象,认为"沿至唐宋以来,国不设农官,官不庀农政,士不言农学,民不专农业,弊也久矣"。因此,"贵粟"也就成为当务之急。他所说的"贵粟",主要是指发展粮食生产。鉴于当时"农人不过什三,农之勤者不过什一","一人生之,数十人用之"的状况,徐光启提出:"今世末业之人至多,而本业至少,宜有法以驱之,使去末而就本。"他主张"如古之法制贱商贾,尊农人"(《徐光启集》上册,第9页)。

无论是发展粮食生产,还是驱民去末就本,都涉及农业的宏观管理问题,而要促进农业,就必须首先解决土地关系中的实际弊病,所以,徐光启对当时的土地问题发表了较多的见解。针对明代愈演愈烈的土地兼并,徐光启提出了尖锐的批评。他认为这导致了社会上的贫富两极分化,而这种现象的历史根源是什么呢?他同样认为是由商鞅变法而引起的。在他看来,正是商鞅所推行的废除井田、开阡陌封疆之策,率先"废先王百亩限田之法",也成为后世"兼并之始"(《农政全书》卷3《农本》)。徐光启指出,明代的富者田连阡陌,贫人无立锥之地,也是由于"上之无法以教之,无制以限之"。他和其他封建思想家一样,推崇古代的井田制,说它"使人之力足以治田,田之收足以食人,必不至于务广而荒耳"(《农政全书》卷4《玄扈先生井田考》)。但另一方面,徐光启并非主张恢复井田,在论述土地开垦问题时甚至明确地为富民的行径辩护,他这样认为:"但真治田,即是井田之法,舍此别无法矣。故实有意为民,民田自均,不必限民名田。且今之举事正须得豪强之力,而先限之田,可乎?何时无豪强,与下民何害?顾用之如何耳。禹治水土,建万国,其后王、君公,皆豪强也。""令势族即十倍何害,愚意止求粟多价贱耳。"(《农政全书》卷12《徐贞明西北水利议》)这种理论上的矛盾深刻反映了封建社会后期农业思想中传统观念和新颖创见之间的相互并存。

相比之下,徐光启关于土地开发的理论更精彩。崇祯三年(1630),他上呈《钦奉明旨条画屯田疏》,详细论述了有关垦田的28条主张。他表示:"京东水田之议,始于元之虞集,万历间尚宝卿徐贞明踵成之,今良涿水田,犹其遗泽也。臣广其说,为各省概行垦荒之议;又通其说,为旱田用水之议。然以官爵招致狭乡之人,自输财力,不烦官帑,则集之策不可易也。"他说虞集建议的是开垦海滨之地,然而这些土地"斥卤难用;其可用者或窒碍难行。而海内荒芜之沃土至多,弃置不耕,坐受匮乏,殊非计也"(《徐光启集》上册,第225—226页)。这也就是说,徐光启的垦田方案具有更广泛的理论意义。

徐光启主张实行垦田授爵的鼓励政策,以吸引富人集资开荒。他认为:"垦荒足食,万世永利,而且不烦官币。招徕之法,计非武功世袭,如虞集所言不可。或疑世职所以待军功,令输财以垦田而得官,与事例何异?"他以古代为例,说:"唐虞之世,治水治农,禹稷两人耳,而能平九州之水土,粒天下之烝民,当时之经费何自出乎？盖皆用天下之巨室,使率众而各效其力,事成之后,树为五等之爵以酬之。"(《徐光启集》上册,第226页)这和他为富人辩护的观点是一致的。在徐光启看来,依靠富人的财力从事垦荒,"行不数年,而公私并饶"(《徐光启集》上册,第227页)。

在制定宏观屯田规划时,徐光启特别指出地区均衡的必要性,为此要实施徙民实宽的政策。他指出:"南之人众,北之人寡;南之土狭,北之土芜。""北人居闲旷之地,衣食易足,不务蓄积,一遇岁侵,流亡载道,犹不失为务本也。南人太众,耕垦无田,仕进无路,则去而为末富、奸富者多矣。"(《徐光启集》上册,第227—228页)这里所说的本富是指农业,而末富、奸富则分别指工商业和其他奢侈业,这显然是司马迁财富生产部门划分法的借用。从确保农业生产发展的要求出发,徐光启主张行均民之策,他说:"今均民之法行,南人渐北,使末富奸富之民皆为本富之民。民力日纾,民俗日厚,生息日广,财用日宽,唐虞三代复还旧观矣。若均浙、直之民于江、淮、齐、鲁,均八闽之民于两广,此于人情为最便,而于事理为最急也。"(《徐光启集》上册,第228页)

关于垦耕土地的行政管理,徐光启也作了具体规定。他要求:"凡应募者,不论南北官民人等,但各自备工本,到闲旷地方。或认佃无主荒田,或自买半荒堪垦之田,即于本处报官,府县即与查勘丈量明白,编立步口号数,开造鱼鳞图册,类报本道,就令开垦成田。"(《徐光启集》上册,第229—230页)为了维护垦耕者的切身利益,徐光启又建议:"所垦之田,若是板荒地土,未入粮额者,听凭告官开垦。水旱耕种,止纳余米,官民军灶人等,不许生端科索扰害。若是民田抛荒无主者,听其告官佃种,止完承佃之后本地应出粮差,有司不得指以旧逋,勒令赔纳。开垦成熟,原主复来争业者,遵奉恩诏事例,断给荒田价值。"(《徐光启集》上册,第230页)他还特地强调:"开垦成熟之田,不许地方豪右用强夺占,用价勒买,违者赴合于上司陈告处治。"(《徐光启集》上册,第235页)

关注农田水利建设,这是徐光启土地开发理论的一个特点。他认为水利的兴修直接关系到国家经济的发展,指出:"前代数世之后,每患财乏者,非乏银钱也;承平久,生聚多,人多而又不能多生谷也。其不能多生谷者,土力不尽也;土力不尽者,水利不修也。"(《徐光启集》上册,第237页)关于水利工程的作用,徐光启从保持生态、消除灾害等角度作了分析,他认识到:"能用水,不独救旱,亦可弭旱。灌溉有法,濒润无方,此救旱也。均水田间,水土相得,兴云歊露,致雨甚易,此弭旱也。能用水,不独救潦,亦可弭潦。疏理节宣,可蓄可泄,此救潦也。地气发越,不致郁积,既有时雨,必有时旸,此弭潦也。不独此也,三夏之月,大雨时行,正农田用水之候,若遍地耕垦,沟洫纵横,播水于中,资其灌溉,必减大川之水。……故用水一利,能违数害,调燮阴阳,此其大者。"(《徐光启集》上册,第237—238页)以此为指导,他对用水之源、用水之流、用水之潴、用水之委、作原作潴以用水等问题进行了详尽的论述,而这些措施的最终目的是提高农田生产能力,即如他所说:"田之不得水者寡矣,水之不为田用者亦寡矣,用水而生谷多。"(《徐光启集》上册,第238页)

值得一提的是,徐光启对富人在兴修水利中的作用也是持肯定态度的,他曾明确表示:"垦田去处有大工作,如开河渠、造闸坝等,有肯一力造办者,有集合众力造办者,俱报官勘明兴工,功成报勘。如费银一千两,准作水田一千亩,一体授职入籍。"(《徐光启集》上册,第232页)这一观点带有鲜明的时代特征。

明清之际至鸦片战争
时期的农业思想

第一节　黄宗羲、顾炎武的农业思想

　　明朝从英宗以后,政治日益腐败,土地兼并严重,激化了社会阶级矛盾,终于导致了明末李自成、张献忠领导的农民起义。尤其是李自成为首的农民起义军,提出了"贵贱均田"(查继佐《罪惟录·毅宗烈皇帝纪》)、"均田免粮"(查继佐:《罪惟录·李自成传》)、"割富济贫"(丁耀亢:《出劫纪略·保全残业示后人存纪》)等主张,得到广大农民的拥护。1644 年,李自成建立大顺政权,同年攻入北京,明朝灭亡。在此之前,东北的女真族已建立政权,国号金。1635 年,改女真为满洲,次年改国号为清。明亡后,清兵入关,镇压了农民起义,并先后平定了南方的几个南明政权,最终确立了在全国的统治地位。

　　明清之际是中国古代农业思想发展的一个比较重要的阶段。由于社会经济的较快发展,农业生产出现了新的历史特点,这些都在黄宗羲、顾炎武、王夫之等人的农业思想中得到深刻的反映。

　　黄宗羲(1610—1695),字太冲,号梨洲,浙江余姚人。曾在南明政权中任监察御史、左副都御史等职。南明被平定后,拒绝清廷征召,在家乡从事著述和教育工作。黄宗羲的农业思想以田制理论为主要内容,另外还论及田赋等问题。

　　黄宗羲不赞成以往的限田和均田主张,而是要恢复古代的井田制。他以屯田为例,论证了复井田的可能性:"世儒于屯田则言可行,于井田则言不可行,是不知二五之为十也。"具体而言:"每军拨田五十亩,古之百亩也;非即周时一夫授田百亩乎……天下屯田见额六十四万四千二百四十三顷,以万历六年实在田土七百一万三千九百七十六顷二十八亩律之,屯田居其十分之一也;授田之法未行者,特九分耳。由一以推之九,似亦未为难行。况田有官民,官田者非民所得而自有者也。州县之内,官田又居其十之三。以实在田土均之,人户一千六十二万一千四百三十六,每户授田五十亩,尚余田一万七千三十二万五千八百二十八亩,以听富民之所占。则天下之田,自无不足,又何必限田均田纷纷而徒为困苦富民之事乎!故吾于屯田之行,而知井田之必可复也。"(《明夷待访录·田制二》)

显然,这一论述是偏于简单化的。首先,黄宗羲混淆了屯田和井田之间的本质区别。屯田是封建国家在局部地区实施的半军事化的土地垦殖政策,而井田则是一项全国范围的土地制度。前者是国家对国有土地的开发利用,侧重于农业生产力的提高,而后者则是封建社会中最基本的经济结构,反映着深刻的生产关系。认为屯田可行井田亦可行,显然忽视了二者之间的不同涵义。其次,黄宗羲在分析井田可行性时,实际上只是列举了土地面积数额的充足,他没有注意到屯田是为国家所有的土地,而其余的土地则分别为不同生产者或社会阶层所拥有,换言之,要对全国实施井田制就必须把属于不同生产者和社会成员的土地统统收归国有,这就意味着取消已有的土地私有制。显而易见,这样做同样是违反历史发展潮流的。因此,黄宗羲的土地方案终究是一纸空文。

另一方面,黄宗羲又建议对现有田亩实行丈量,在此基础上推行不同等级的赋税政策,他主张:"今丈量天下田土,其上者依方田之法,二百四十步为一亩;中者以四百八十步为一亩;下者以七百二十步为一亩;再酌之于三百六十步、六百步为亩,分之五等。鱼鳞册字号,一号以一亩准之,不得赘以奇零;如数亩而同一区者不妨数号,一亩而分数区者不妨一号。使田土之等第,不在税额之重轻,而在丈量之广狭,则不齐者从而齐矣。是故田之中、下者,得更番而作以收上田之利;如其力有余也而悉耕之,彼二亩三亩之入,与上田一亩较量多寡,亦无不可也。"(《明夷待访录·田制三》)这一建议是从宋代王安石推行的方田法发展而来的,但落实程序更为烦琐,加上黄宗羲实际上并不希望触及富豪之家的既得利益,因而也缺乏现实的可行性。

以上设想是为了消除田赋征收中的"田土无等第之害",此外,黄宗羲还揭露了当时田赋征收中的其他弊病,即"积累莫返之害""所税非所出之害"。关于前者,他指出:"三代之贡、助、彻,止税田土而已。魏晋有户、调之名,有田者出租赋,有户者出布帛,田之外复有户矣。唐初立租、庸、调之法,有田则有租,有户则有调,有身则有庸,出有谷,庸出绢,调出缯纩布麻,户之外复有丁矣。杨炎变为两税,人无丁中,以贫富为差,虽租、庸、调之名浑然不见,其实并庸、调而入于租也。相沿至宋,未尝减庸、调于租内,而复敛丁身钱米。"这一追溯表明,每一次税制变迁,都使农民的赋税负担加重。黄宗羲对两税法和一条鞭法都不赞成,认为"杨炎之利于一时者少,而害于后世者大矣"。一条鞭法也是这样,它规定将各种杂税归并,但不久,"杂役仍复纷然",以后又增加了新饷、练饷等名目,"税额之积累至此,民之得有其生也亦无几矣"。为了消除这一痼疾,黄宗羲表示:"今欲定税,须反积累以前而为之制,授田于民,以什一为则;未授之田以二十一为则;其户口则以为出兵养兵之赋,国用自无不足。"(《明夷待访录·田制三》)

"所税非所出之害",是指由于征收非农产品而加重了农民的负担。黄宗羲指出:"古者任土作贡,虽诸侯而不忍强之以其地之所无,况于小民乎。"所谓任土作贡,是以谷米布帛为征收对象。这主张同陆贽等人反对田赋征钱的思路是一致的,为了减轻对农民的经济损害,他建议田赋征收"必任土所宜,出百谷者赋百谷,出桑麻者赋布帛,以至杂物皆赋其所出",只有这样,"斯民庶不至困瘁尔"(《明夷待访录·田制三》)。

顾炎武(1613—1682),原名绛,字忠清,南明被平定后,改名炎武,字宁人,号亭林,化名蒋山佣,昆山(今属江苏)人。早年参加复社,后任南明政权的兵部司务。以后在山东章丘、雁门五台、陕西华阴等处垦田定居。康熙时曾拒绝清朝廷征召。

顾炎武认为国家富强要以农业发展为基础,他说:"天下之大富有二:上曰耕,次曰牧。国亦然⋯⋯事有策之甚迂,为之甚难,而卒可以并天下之国、臣天下之人者,莫耕若。"(《顾亭林诗文集·田功论》)从这种思想认识出发,他把搞好农业作为"富国之策"的重要内容,指出如果实施郡县制,"使为令者得以省耕敛,权树畜,而田功之获,果蓏之收,六畜之孳,材木之茂,五年之中必当倍益。从是而山泽之利亦可开矣"(《顾亭林诗文集·郡县论六》)。

鉴于战乱之后土地荒芜的局面,顾炎武提出了开垦农田的对策建议,他分析垦固的有利条件时说:"夫承平之世,田各有主,今之中土,弥漫蒿莱,诚田主也疾力耕,不者籍而予新甿,不可使吾国有旷土,若是人必服,一易;屡丰之日,视粟为轻,今干戈相承,连年大饥,人多艰食,必劝于耕,二易;古之边屯多于沙碛,今则大河以南厥土涂泥,水田扬州,陆田颍寿,修羊杜之遗迹,复上元之旧屯,三易;久荒之后,地力未泄,粟必倍收,四易。"当然,要在当时的条件下从事垦田,也存在诸种困难,为此,顾炎武主张:由政府"捐数十万金钱,予劝农之官,毋问其出入,而三年之后,以边粟之盈虚贵贱为殿最"。劝农之官"欲边粟之盈,必疾耕,必通商,必还定安集"。这同样有利于国家,因为"边粟而盈,则物力丰,兵丁足,城圉坚,天子收不言利之利,而天下之大富积此矣"(《顾亭林诗文集·田功论》)。

对发展家庭纺织业问题,顾炎武也进行了论述。他认为"今边郡之民,既不知耕,又不知织,虽有材力而安于游惰",这是农业生产潜力的很大浪费。他设想通过纺织工具的下发推广,并派遣懂得纺织技能的人去边地传授手艺,以促进当地的家庭纺织业生产,为了尽收"纺织之利",他还主张将边郡之"民之勤惰工拙"作为有司的考核依据(《日知录》卷10《纺织之利》)。

相比之下,顾炎武关注较多的是田赋问题,他的分析对象是苏州、松江等地。他批评该地田赋严重不均,以致"国家失累代之公田,而小民乃代官田纳无涯之租赋,事之不平,莫甚于此"。如何制定和实施合理的租税政策?顾炎武从两方面作了阐述:关于国家赋税额,他认为"犹执官租之税以求之固已不可行,而欲一切改从民田以复五升之额,又骇于众而损于国",较好的办法是重新丈量苏州各县土地,按土地肥瘠分三等定赋,上田二斗,中田一斗五升,下田一斗,这样就能使"民乐业而赋易完,视之绍熙以前犹五六倍","去累代之横征而立万年之永利"。关于地主所收地租,他也要求给予减轻,他对苏州一带的重租状况进行了揭露,指出:"吴中之民有田者什一,为人佃作者十九。其亩甚窄,而凡沟渠道路皆并其税于田之中。岁仅秋禾一熟,一亩之收不能至三石,少者不过一石有余,而私租之重者至一石二三斗,少亦八九斗。佃人竭一岁之力,粪壅工作一亩之费可一缗,而收成之日所得不过数斗,至有今日完租而明日乞贷者。"因此,顾炎武明确主张"当禁限私租",其具体标准是上等田的地租每亩不得超过八斗,即以收成量的三分之一为限,这样才可使"贫者渐富而富者亦不至于贫"(《日知录》卷10《苏松二府田赋之重》)。

在中国历史上,最早批评地租繁重的是西汉的董仲舒,此后,东汉荀悦在揭露兼并势力的行径时也曾提到这个问题,唐代陆贽在抨击地租过重的弊端时还率先提出了减省主张。到了元代,卢世荣更是直接建议:"江南田主收佃客租课减免一分。"(《元史·卢世荣传》)值得注意的是,在卢世荣的提议下,元代政府曾实施过减租政策,除第一次于至元二十二年(1285)下诏颁行外,以后又于至元三十一年(1294)和大德八年(1304)推行过两次,其中第二次减额为三成;第三次诏曰:"江南佃户私租太重,以十分为率,减二分,永为定例。"(《元史·成宗本纪四》)顾炎武的主张正是上述减租思想的延续,不过他的建议并未付诸实施。

不难看出,地租问题的日益突出是与土地私有制的出现和发展相伴随的,表现在思想理论上,减租主张的提出无疑是土地私有制发展到一定规模的产物。减租并非取消地主的经济利益,而是对此进行必要的减省,使封建国家、地主和佃农之间的经济关系得以协调,阶级矛盾得以缓解。顾炎武的田赋思想正体现了这种农业理论演变的历史特点。

第二节　王夫之的土地民有论

王夫之(1619—1692),字而农,号姜斋、一瓠道人,衡阳(今属湖南)人。因晚年隐居于衡阳石船山,又被称为船山先生。明思宗时考中举人,曾在衡阳起兵抗清,并任南明政权的行人司行人。后回湖南隐居著述。在农业思想方面,王夫之的主要观点集中在土地制度上,另外也涉及一些其他问题。

在中国历史上,王夫之第一次提出"土地民有"的论点,这是最值得称道的。他肯定土地私有的合理性,并相信这种私有制将永存。王夫之指出:"王者能臣天下之人,不能擅天下之土。人者,以时生者也。生当王者之世,而生之厚、用之利、德之正,待王者之治而生乃遂;则率其力以事王者,而王者受之以不疑。若夫土,则天地之固有矣。王者代兴代废,而山川原隰不改其旧;其生百谷卉木金石以养人,王者亦待养焉,无所待于王者也,而王者固不得而擅之。"他以井田制为例说:"井田之法,私家八而公一,君与卿大夫士共食之,而君不敢私,唯役民以助耕。而民所治之地,君弗得而侵焉。民之力,上所得而用;民之田,非上所得而有也。"(《噩梦》)

在另一部著作中,王夫之强调:"地之不可擅为一人有,犹天也。天无可分,地无可割,王者虽为天之子,天地岂得而私之,而敢贪天地固然之博厚以割裂为己土乎?"(《读通鉴论·(晋)孝武帝》)

元代马端临曾把秦以后的土地私有视为历史的必然,王夫之的看法比他更进了一步,他对土地王有的彻底否定,是中国古代罕见的大胆言论。

既然土地历来是民间私有的,那么所谓井田公有的种种猜测也就难以令人信服,所以王夫之对此提出了一系列质疑。例如,周代每夫的授田数比殷代多三十亩,"岂武王革商之顷,域中之田遽垦其十之三乎?洪水之后,污莱千载,一旦而皆成沃土,无是理也"。又如,按人口授田,增加的人口应授之田从何而来,是"夺邻井之地,递相推移以及于远",还是"择远地绝产而随授之"?是"多取良田置之不耕以候后来之授",还是"取邻国之田以授之"?总之,"大抵井田之制不可考者甚多"。据此,王夫之断言:"归田授田,千古必无之事。"(《四书稗疏·孟子上篇·五十而贡七十而助百亩而彻》)他还认为宋朝朱熹把周代田制中的"彻"解释成"通力合作,计亩均收"是错误的,因为人有能力、勤懒的差异,通力合作,计亩均收会使"奸者得以欺冒而多取",在他看来,"人各自治其田而自收之,此自有粒食以来,上通千古,下通万年,必不容以私意矫拂之者"(《四书稗疏·论语下篇·彻》)。

从土地私有的观点出发,王夫之对历代论者所津津乐道的限田和均田之类的主张也持否定态度。他说西汉董仲舒的限田主张虽然在当时有实行的可能，因"去三代未远，天下怨秦之破法毒民而幸改以复古，且豪强之兼并者犹未盛，而盘据之情尚浅"。但在兼并势力已有相当发展的历史条件下，只能"轻其役，薄其赋，惩有司之贪，宽司农之考，民不畏有田，而强豪无挟以相并，则不待限而兼并自有所止"（《读通鉴论·（汉）哀帝》）。隋文帝的遣使均田政策，被王夫之批评为"欲夺人之田以与人，使相倾相怨以成乎大乱"（《读通鉴论·（隋）文帝》）。至于南宋的经界法等措施，在他看来也无非是"割肥人之肉置瘠人之身，瘠者不能受之以肥，而肥者毙矣"（《宋论·光宗》）的无益之举。

不仅如此，王夫之还为豪强势力的土地兼并进行了辩护。他认为由于官吏的奸伪，使"村野愚烦之民以有田为祸，以得有强豪兼并者苟免逃亡、起死回生之计。唯强豪者乃能与墨吏猾胥相浮沉以应无艺之征"（《噩梦》）。王夫之认识到，在当时情况下，"处三代以下，欲抑强豪富贾也难"（《读通鉴论·（汉）文帝》），只能通过赋税的调节政策来制约土地占有。将土地的混乱状况归咎于官吏的奸伪，这种思路类似于明代的海瑞。在这种思想支配下，王夫之设计了他的土地方案：分别自耕与佃耕，根据每家的劳动力，核实各家自耕土地的亩数，最多不超过 300 亩，自耕之外的则按佃耕土地征税。"轻自耕之赋，而佃耕者倍之"（《读通鉴论·（隋）文帝》）。王夫之的设想是独特的，但由于这种方案根本不触及土地占有的实质问题，所以无法有效克服由于兼并所导致的社会弊端，其可行性也微乎其微。

除此之外，王夫之还论述了屯田的重要意义，他指出："屯田之利有六，而广储刍粮不与焉。战不废耕，则耕不废守，守不废战，一也；屯田之吏士据所屯为己之乐土，探伺密而死守之心固，二也；兵无室家则情不固，有室家则为行伍之累，以屯安其室家，出而战，归而息，三也；兵从事于耕则乐与民亲，而残民之心息，即境外之民亦不欲凌轹而噬龁之，敌境之民且亲附而为我用，四也；兵可久屯于边徼，束伍部分，不离其素，甲胄器仗，以暇而修，卒有调发，符旦下而夕就道，敌莫能测其动静之机，五也；胜则进，不胜则退有所止，不至骇散而内讧，六也。有此六利者，而粟米刍蒿之取给，以不重困编氓之输运，屯田之利溥矣哉。"（《读通鉴论·三国》）

关于屯田的管理，王夫之要求妥派职责，确保田产，并针对屯卒逃散的情况，提出了具体的治理对策。他指出，一般情况下"人逃而田故在，如其欲脱籍而去，即以所屯之田归之官，而更授募者。假令募者不能耕，即坐收屯粟以为新军之食，固亦甚易。唯典卖军屯之禁不严，故或军退而无田可归"。为了使军屯收到应有的效益，王夫之主张强化管理，"其法但按始授军屯之籍，不论其所卖之或军或民，责于余粮子粒之外，苟非正身著伍，即令输上仓十二石月量之数，则典卖不行，而屯产恒在，有以给新军矣"。他还提出："人之才力性情各有所宜，不欲为兵者强使为兵而不得,欲为兵者亦抑令为民而不安,在经国者之裁成耳!"(《噩梦》)这是要求遵循自愿的原则募民屯田。而他对军屯田产的保护措施,确实对明代之后军屯的弊端治理有很强的针对性。

在另一部论著中,王夫之把屯田的难以收效归因于兵农混一,他认为:"兵而农,人不能战,而天下终无小康之一旦矣。"具体而言,"今之屯田,参民田之一而卒以卤莽不活,收不及民田之半,是且屈地力而硗确之矣。夫兵之不可使农也,既废兵[又]废农"(《春秋世论》)。这看法同前面所提到的自愿屯田原则有某种内在的联系,它涉及在和平时期国家应对屯田采取民营政策的问题。

此外,王夫之还就粮食贮备、田赋折色等问题发表过自己的看法。他反对封建统治者对财富的聚敛,这也包括粮食在内,认为"聚钱币金银于上者,其民贫,其国危;聚五谷于上者,其民死,其国速亡……故天下之恶,至于聚谷以居利而极矣"。从这种观点出发,他对传统的粮食贮备政策也给予否定,其理由是:"九年耕,必有三年之蓄"只适用于诸侯时代,因为那时一国只有"百里之封,当水旱而告籴于邻国,一或不应,而民以馁死,故导民以盖藏,使各处有余以待匮也"。在"四海一王,舟车衔尾以相济"的情况下,"而敛民之粟,积之窖窌,郁为麹尘,化为蛾蟺,使三旬九食者茹草木而咽糠秕,睨高廪大庾以馁死,非至不仁,其忍为此哉"(《读通鉴论·(隋)炀帝》)。封建国家的贮粮政策在具体实施过程中确有许多弊病,王夫之主张的散粮于下也含有藏富于民的意思,但因此而一笔抹杀贮粮的必要性,则走到了理论的极端。

王夫之认为田赋折色是一种弊政,指出:"农出粟而使之输金,唐、宋以降之弊政也。"(《思问录·思问录外篇》)何以言之? 王夫之简要概括为三易,即采取粮食征折色会导致"官易收,吏易守,民易输",这本来都是好事,但却会影响粮食的地位,所谓"金夺其粟之贵,则宁使民劳于输,官劳于收,吏劳于守,而勿徇其便"(《读通鉴论·(汉)文帝》)。

对于粮食价格,王夫之主张由国家进行调节管理。他认为:"善为国者,粟常使不多余于民,以启其轻粟之心,而使农日贱,农日贱,则游民商贾日骄……太贱之后,必有饿殍。"(《读通鉴论·(汉)明帝》)这就使国家实施平籴政策成为必要。不难看出,王夫之的这番见解带有一定的抑商色彩,至于保持粮食价格的稳定,则反映了他重视农业生产、保护农民利益的思想倾向。

第三节　唐甄的富民说

唐甄(1630—1704),原名大陶,字铸万,号圃亭,四川达州(今达县)人。早年随父离川赴吴江，顺治时举人，后曾当过长子知县的小官，去职后定居苏州。

唐甄经济思想的主要特点是强调富民。他指出："立国之道无他，惟在于富。自古未有国贫而可以为国者。夫富在编户，不在府库。若编户空虚，虽府库之财积如丘山，实为贫国，不可以为国矣。"(《潜书·存言》)与这种思想相一致，他断言："为治者不以富民为功，而欲幸致太平，是适燕而马首南指者也，虽有皋陶、稷、契之才，去治愈远矣。"他所说的富民，并不是仅仅指发展农业，而是泛指农工商诸业的全面繁荣，但农业显然在其中占主要地位，这从他对上古贤君的一段肯定议论中可以得到佐证："尧、舜之治无他，耕耨是也，桑蚕是也，鸡豚狗彘是也，百姓既足，不思犯乱，而后风教可施，赏罚可行。"(《潜书·宗孟》)他还说过："冻饿逼矣，不可以言礼；考批馁矣，不可以言孝。"(《潜书·交实》)这种看法是与封建经济的生产力水平密切相联的。

既然如此，唐甄对国家治理的政策目标提出了要求，他强调："天下之官皆养民之官，天下之事皆养民之事，是竭君臣之耳目心思而并注之于匹夫匹妇也，欲不治得乎？诚能以是为政，三年必效，五年必治，十年必富。"(《潜书·考功》)但是，现实又使他深为忧虑，因为他敏锐地察觉到："国家五十年以来，为政者无一人以富民为事，上言者无一人以富民为言。至于为家，则营田园，计子孙，莫不求富而忧贫。何其明于家而昧于国也。"这种政策失误导致了两个不良后果：其一是社会经济凋敝，所谓"四海之内，日益困穷，农空，工空，市空，仕空。谷贱而艰于食，布帛贱而艰于衣，舟转市集而货折资，居官者去官而无以为家，是四空也"(《潜书·存言》)。其二是贫富分化加剧，如唐甄所揭露的那样："为高台者，必有洿池，为安乘者，必有茧足。王公之家，一宴之味，费上农一岁之获，犹食之而不甘。吴西之民，非凶岁为麲粥，杂以荍秆之灰，无食者见之，以为是天上之美味也。人之生也，无不同也，今若此，不平甚也。"(《潜书·大命》)这些现象的进一步发展，势必酿成社会危机，"风俗日偷，礼义绝灭，小民攘利而不避刑，士大夫殉财而不知耻。谄媚慆淫，相习成风……人心陷溺，不知所底，此天下之大忧也"(《潜书·存言》)。

上述这种状况是唐甄所抨击和力图加以改变的。为了实现他的富民主张，他还从正面阐述了养民的善政。唐甄指出："养民之善政，十有八焉：勤农丰谷，土田不荒芜，为上善政一。桑肥棉茂，麻苎勃郁，为上善政一。山林多材，池沼多鱼，园多果疏，栏多羊豕，为上善政一。廪蓄不私敛，发济不失时，水旱煌螽不为灾，为上善政一。"(《潜书·达政》)其他还有二条上善政，六条中善政，六条下善政，内容涉及法律、教育、军事、医药、风俗等方面。而把发展农业作为上善政的前四条，这种排列本身就表明唐甄对农业的重视。

在如何发展农业和其他部门经济的问题上，唐甄持放任自由的观点。他在论述富民的途径时写道:"陇右牧羊,河北育豕,淮南饲鹜,湖滨缫丝,吴乡之民,编萑织席,皆至微之业也。然而日息月转,不可胜算,此皆操一金之资,可致百金之利者也。里有千金之家,嫁女娶妇,死丧生庆,疾病医祷,燕饮赏馈,鱼肉果疏椒桂之物,与之为市者众矣。缗钱锱银,市贩贷之;石麦斛米,佃农贷之;匹布尺帛,邻里党戚贷之;所赖之者众矣。此借一室之富可为百室养者也。海内之财,无土不产,无人不生。岁月不计而自足,贫富不谋而相资。是故圣人无生财之术,因其自然之利而无以扰之,而财不可胜用矣。"(《潜书·富民》)这段话蕴含着丰富的理论内容。其一,唐甄的农业概念是广义的,即不仅指粮食耕种业,而且包括着畜牧和其他副业;其二,唐甄认识到农业生产的主要条件是土地和劳动力,两种要素的结合是财富产生的基础;其三,唐甄指出农副业生产都有着本身的运行规律,即使是微末之业,只要正常进行,就能获得百倍的利润效益;其四,对社会中富户的存在,唐甄持肯定态度,并赞扬其有养百室的作用;其五,基于前述诸点,他要求统治者不要横加侵夺,让社会经济按着自然趋势而得到发展。

唐甄所谓的"因其自然之利而无以扰之",在理论上同西汉司马迁的"善者因之"主张是一致的,但司马迁所批评的"最下者与之争"(《史记·货殖列传》),包括封建国家通过行政干预攫取本来应该属于民间的商业利润,而唐甄的"扰之",则主要指封建官府的财政搜括,这种搜括并非指重赋,而是指贪官污吏的敲诈勒索。在唐甄看来,"天下之大害莫如贪,盖十百于重赋焉"。他把这种"虐取"比喻为蠹和痈,指出"蠹多则树槁,痈肥则体敝,此穷富之源,治乱之分也"。为了说明他的观点,他还以种柳为例,认为:"夫柳,天下易生之物也,折尺寸之枝而植之,不过三年而成树。岁剪其枝,以为筐筥之器,以为防河之扫,不可胜用也。其无穷之用,皆自尺寸之枝生之也。若其始植之时,有童子者拔而弃之,安望岁剪其枝以利用哉!其无穷之用,皆自尺寸之枝绝之也。不扰民者,植枝者也,生不已也;虐取于民者,拔枝者也,绝其生也。"(《潜书·富民》)明初刘基曾用养蜂来说明不侵夺民财的必要性,唐甄则以种柳来说明,两人的思路是相同的。

在具体的农业经营方面,唐甄曾就桑蚕的种养问题专门发表过见解。他认为苏州一带"虽赋重困穷,民未至于空虚;室庐舟楫之繁庶,胜于他所,此蚕之厚利也"。种桑养蚕,"以三旬之劳,无农四时之久,而半其利"。但是当时种桑地区"北不逾松,南不逾浙,西不逾湖,东不至海,不过方千里",造成这种状况的主要原因是农民不思仿效,唐甄认为"桑如五谷,无土不宜。一畔之间,目睹其利而弗效焉,其矣民之情也"(《潜书·教蚕》)。为此,他主张通过官府提倡,大力推广种桑:"责之守令,于务蚕之乡,择人为师,教民饲缲之法,而厚其廪给。其移桑有远莫能致者,则待数年之后渐近而分之。而守令则省骑时行,履其地,察其桑之盛

衰;入其室,视其蚕之美恶;而终较其丝之多寡。多者奖之,寡者戒之,废者惩之,不出十年,海内皆桑矣。"(《潜书·权实》)

唐甄不仅大力倡导种桑,而且身体力行。在任长子知县时,他曾组织百姓种桑,收效显著,"不行一檄,不挞一人……乃三旬而得树桑八十万"(《潜书·权实》)。

第四节　王源及颜李学派的农业思想

王源(1648—1710),字昆绳,大兴(今属北京)人。康熙时举人,53岁以后成为颜李学派的信奉者。

颜元(1635—1704),字浑然,号思古人、习斋,博野(今属河北)人。李塨(1659—1733),字刚主,号恕谷,蠡县(今属河北)人。康熙时举人,曾任通州学政。李塨是颜元的学生,他俩同为颜李学派的代表。后来由于王源的加入,这一学派的影响更大。

王源及颜李学派的农业思想主要集中在对土地制度的论述上。

在拜颜元为师四年以后,王源曾将所著《平书》稿交给李塨订正。王源写作此书,意在"平天下"(《居业堂文集》卷12《平书序》)之用。这部书稿共分为3卷,有10目15篇,其中专门列有分土、制田等目。颜元年轻时就写有《王道论》(后改为《存治编》)一书,还就土地问题专门撰著了《井田》等文章。他们的土地思想具有某些共同的特点,而且互相之间又有修订和补充之处。

颜李学派在经济思想上的主要特点之一是重视物质财富及其分配。颜元曾在其《存治编·济时》中解释了他的"王道"内容:"王道无大小,用之者大小之耳。为今计,莫要于九典五德矣。除制艺、重征举、均田亩、重农事、征本色、轻赋税、时工役、静异端、选师儒,是谓九典也。"可见土地问题在其中的重要地位。

与王夫之的"土地民有论"相呼应,王源在土地基本理论上提出了"有田者必自耕"的原则,这同样是创新之见。王源对这原则进行了具体的论述,他指出:"明告天下以制民恒产之义。谓民之不得其养者以无立锥之地,所以无立锥之地者以豪强兼并。今立之法:有田者必自耕,毋募人以代耕。自耕者为农,更无得为士为商为工……不为农则无田,士商工且无田,况官乎?官无大小皆不可以有田,惟农为有田耳。天下之不为农而有田者,愿献于官则报以爵禄;愿卖于官则酬以资;愿卖于农者听,但农之外无得买。而农之自业一夫勿得过百亩。"(《平书订》卷7《制田上》)

从上述的这段阐述中可以看出,王源提出"有田者必自耕"的思想出发点还是要抑制土地兼并,缓解贫民困苦的生活处境。和其他封建思想家的思路有所不同,他避开了老生常谈的限田话题,而主张取消不耕者的土地占有,其对象就不仅仅是豪强势力,还包括了工、商、官诸阶层,这表明王源在维护农民土地利益方面达到较彻底的程度。在一定意义上,这观点和农民起义军所提口号有相合之处。

为了使全国土地达到足以分配给耕者的数额,王源考虑了六条获取土地的途径,他写道:"吾有收回之策六,行于草昧初创固甚易,即底定之后亦无不可行。盖诱之以术,不劫之以威;需之以久,不求之以速。一曰清官地……二曰辟旷土……三曰收闲田,兵燹之余,民户流亡而无主者收之,有归者分田与之,不必没其全业。四曰没贼产,凡贼臣豪右田连阡陌者没之人官。四策行,田可得十二、三矣。其二策:一曰献田,一曰买田。"(《平书订》卷7《制田上》)

他强调没收豪强兼并所得之地,这是与"有田者必自耕"的原则相一致的,反映了王源土地思想的进步性。至于清官地、辟旷土、收闲田等条,则与传统之见相同。值得注意的是,在其第六策中提到了买田,前述言论中也有"天下之不为农而有田者,愿献于官则报以爵禄;愿卖于官则酬以资,愿卖于农者听"等语,这意味着在私有土地转变为国有土地的过程中,政府方面应越来越多地使用有偿收买的方法,即通过经济手段获取土地。这种观点的出现,反映了封建社会后期土地私有制观念的深入人心,也是封建国家超经济干预能力减弱的表现。

在田制方面,王源设计了一个畺田制方案,其主要内容是:"六百亩为一畺,长六十亩,广十亩……中百亩为公田。上下五百亩为私田,十家受之,各五十亩。地分上、中、下,户亦分上、中、下,受各以其等。年六十则还田。"这主张是在土地入官以后,对古代井田制"师其意,不必师其法"的产物。(《平书订》卷7《制田上》)如果说王源的主要土地理论具有新颖和进步的特点,那么这个畺田制方案则反映了他的封建思想局限性和空想性。

颜元和李塨的土地思想有一个发展演变的过程。早年,颜元曾坚决地反对土地兼并,倾向于实施井田制之类的土地政策,他批评"井田不宜于世"的说法,指出:"夫言不宜者,类谓亟夺富民田,或谓人众地寡耳。岂不思天地间田,宜天地间人共享之,若顺彼富民之心,即令万人之产而给一人,所不厌也。王道之顺人情,固如是乎?况一人而数十百顷,或数十百人而不一顷,为父母者使一子富而诸子贫,可乎?"对于田制的具体形式,颜元的主张是变通灵活的,他曾说在不同的情况下,田制不妨"可沟则沟,不可则否","可井则井,不可则均",关键是要防止土地占有的两极分化(《存治编》卷1《井田》)。稍后,颜元又提出:"将以七字富天下：垦荒、均田、兴水利。"（《颜习斋先生年谱》卷下己巳）显示了对土地问题的一贯重视。

颜元对土地占有关系的态度具有自己的特点，他同样反对地主对土地的过量侵占，但在其后期论述中，在如何使地主放弃过限土地问题上持较宽松的态度，即保留地主现有土地，在他逝世后视其子孙情况再作处理："如赵甲田十顷，分给二十家，甲止得五十亩，岂不怨咨？法使十九家仍为甲佃，给公田之半于甲，以半供上，终甲身。其子贤而仕，仍食之。否则，一夫可也。"（《颜习斋先生年谱》卷上丁巳）至于由佃户分种的土地，颜元作了专门的阐述，他指出："如一富豪家有田十顷，为之留一顷，而令九佃种九顷。耕牛种子，佃户自备，无者领于官，秋收还。秋熟以四十亩粮交地主，而以十亩代地主纳官。……地主用五十亩，则今日之停分佃户也，而佃户自收五十亩。过三十年为一世，地主之享地利，终其身亦可已矣，则地全归佃户。若三十年以前，地主佃户情愿买卖者，听之。若地主子弟情愿力农者，三顷两顷，可听其自种，但不得多雇佣以占地利。每一佃户必一家有三、四人可以自力耕锄，方算一家。无者或两家三家共作一家。地不足者，一家五十亩亦可。无地可分者，移之荒处。"（《拟太平策第二》）

颜元的这番见解和王源"有田者必自耕"的理论具有异曲同工之妙，其根本用意是限制地主的土地兼并，但他们并不主张依靠国家的行政干预力量强行分配土地，希望通过经济的、过渡的途径达到均田的目的。而作为这一思路的指导原则，强调有田自耕、过限归佃，这既是对传统土地思想中"力业相称"原则的继承，又反映了农民对土地的正当要求。若联系到土地制度演变的历史实际，则又有某种程度的维护小农土地私有权的意义。

李塨的主张与颜元有相通之处，这不仅由于他是颜元的学生，而且还因为他在转述颜元观点时往往包含着赞同的意向。在田制方面，他也主张"可井则井，难则均田，又难则限田"（《存治编·书后》）。在理论逻辑上，他肯定："井田不可与封建并论也。封建不宜行，而井田必须行也。不行则不能家给人足，即圣君贤相，世世补救，而苦乐不均，怨恣痛疾，无可如何。"从这种认识出发，李塨强调只有在那些不便推行井田制的特殊区域才可实施均田和限田，在他看来，"非均田则贫富不均，不能人人有恒产。均田，第一仁政也。但今世夺富与贫，殊为艰难"（《平书订》卷7《制田上》）。因此，李塨的限田措施也力求避免强制性，他建议在那些实施限田的地区，超出限额者可卖而不可买，买田者到限额为止，授田数视当地土地和人口状况而定，不必拘泥于五十亩。

在阐述自己的理论主张的同时，李塨还对王源的土地观点发表了评论。如关于重田制，他认为此制的执行过程过于缓慢，而且税率太重，为此提议将一重十地由六百亩改为五百六十亩,其中六十亩为公田。又如授田对象,李塨除同意王源所说"官士工商皆不得有田"的原则外,还补充如下的规定:士工商之子超过六七口的,有的可授田为农,"士即至大官者,其子之田不夺";小工商业者收入少"不足养"的,"可与半产"耕种(《拟太平策第二》)。

第五节　张履祥等人的微观农业思想

张履祥(1611—1674),字考夫,别号念芝,浙江嘉兴人。因世居帝卢镇杨园村,又被称为"杨园先生"。早年从事授书教学工作,明亡后,拒绝与清廷合作,一边教书,一边经营农业生产。在中国古代农业思想史上,张履祥的家庭农业经营思想是较为丰富和完整的。

本书前面已经提到,与中国宏观农业思想相对而言的微观农业思想具有自己独特的理论内容和发展线索。在西汉司马迁、东汉崔寔、北魏贾思勰、南宋陈旉、元代王祯之后,有关家庭农业的经营思想在一些《书农》和《家训》之类的书籍中又有新的扩充。为了分析的便利,本节对中国古代张履祥等人的家庭农业思想作一综合考察。

在古代家训中最早论及农业问题的是颜子推。颜子推(531—约591),字介,琅玡临沂人。早年曾任南朝梁的国左常侍加镇西墨曹参军、散骑常侍等职。后在北齐任通直散骑常侍、中书舍人、黄门侍郎、平原太守等职。北周时曾为御史上士。隋朝时被太子召为学士。他在谈到家庭农业的经济意义时认为:"生民之本,要当稼穑而食,桑麻以衣。蔬果之畜,园场之所产;鸡豚之善,坞圈之所生。爰及栋宇器械,樵苏脂烛,莫非种植之物也。至能守其业者,闭门而为生之具已足,但家无盐井耳。"(《颜氏家训·治家》)他所说的家庭农业显然具有自给自足的特点。

明代的庞尚鹏也曾对这一问题发表看法。庞尚鹏(?—1581),字少南,广东南海人。世宗时考中进士,历任乐平知县、浙江巡抚、右佥都御史、福建巡抚、左副都御史等职。他重视农业,任官期间曾亲历各地整理屯田。对家庭农业,他告诫地主子弟说:"子弟以儒书为世业,毕力从之。力不能,则必亲农事,劳其身,食其力,乃能立其家。"不仅如此,他还比较了家庭务农和经商的利弊,指出:"如商贾无厚利,而妄急强为,必至亏尽资本。不如力田,犹为上策。"(《庞氏家训》)明末的《沈氏农书》中说:"第使子孙习知稼穑艰难,亦人家长久之计。每看市井富室易兴易败,端为子弟享逸思淫,现钱易耕耳。古云'万般到底不如农',正谓此也。"到了清初,张履祥又对治生务农发挥了一套见解,强调:"治生以稼穑为先,舍稼穑无可为治生者。"除了经济上的意义之外,务农还具有道德教化的重要作用:"能稼穑则可无求于人,无求于人则能立廉耻。知稼穑之艰难则不妄求于人。不妄求于人则能兴礼让。廉耻立,礼让兴,而人心可正、世道可隆矣。"(《张杨园先生年谱》)

土地是农业经营的基本生产资料,同宏观农业思想一样,家庭的微观农业思想也十分重视土地的意义。叶梦得(1077—1148),字少蕴,号石林居士,苏州吴县(今属江苏)人。宋哲宗时考中进士,历任丹徒尉、翰林学士、尚书左丞、江东安抚制置大使兼知建康府、福州知府兼福建安抚使等职。他告诫家人说:"人家未有无田而可致富者也。"对家庭而言,买田"譬如积蓄一般,无劳经营,而有自然之利,其利虽微而长久",因此,"有便好田产可买则买之,勿计厚值"(《石林治生家训要略》)。

清初张英的土地价值议论更为独到。张英(1637—1708),字敦复,号乐圃,安徽桐城人。康熙时进士,历任编修充日讲起居注官、文华殿大学士兼礼部尚书等职。他认为:"天下之物,有新则必有故。屋久而颓,衣久而敝,臧获牛马,服役久而老且死。当其始重价以购,越十年而其物非故矣。再越十年,而化为乌有矣。独田之为物,虽百年千年而常新……亘古及今,无有朽蠹颓坏之虑,逃亡耗缺之忧。呜呼,是洵可宝也哉!"又说:"天下货财所积,则时时有水火盗贼之忧,至珍异之物,尤易招尤速祸。独有田产,不忧水火,不忧盗贼,虽有强暴之人,不能竟夺尺寸。虽有万钧之力,亦不能负之以趋。千万顷可以值万金之产,不劳一人守护……呜呼,举天下之物,不足较其坚固,其可不思以保之哉!"在和友人讨论土地利益时,他赞成以田产和房屋获利最为久远;二者又以田产为甚的观点,并指出:"田产出息最微,较之商贾,不及三四。"但经商有风险,"若田产之息,月计不足,岁计有余,岁计不足,世计有余"(《笃素堂文集》卷14《恒产琐言》)。这一见解具有农业社会的理论特点。基于这一认识,张英认为在家庭经营中必须防止欠债,因为偿还债务往往迫使一些人出卖田产。

袁采(生卒年不详),字君载,信安(今属河北)人,宋代进士,曾任县令、监登闻鼓院。他在《袁氏世范·治家》中提出了一系列土地管理措施,如田产地界必须分明,田产分割应该契约明确,不能买进别人的违法田产,购买邻家田产应该适当增价,等等。张履祥在谈到土地问题时,一方面要求子孙"先世遗业不可不守",另一方面又主张:"附近田地,须量一家衣食所需,足以耕治可矣。虽力有余,不可多置。多置则宗族邻里即有受其兼并、无土可耕者矣。"(《张杨园先生全集》卷48《训子语下·重世业》)这一观点具有防止农家土地占有失衡的意思。

对家庭农业的经营规模,明末《沈氏农书》的观点也值得一提:"地作稼者第一要勤耕多壅,少种多收。""(收)三石也是田,两石也是田,五石也是田。多种不如少种好,又省气力又省田。"以种桑为例,"地壅果能一年四壅,撽泥两番,深垦净刮,不荒不蟥,每苗采叶八九十个断然必有。比中地一亩采五十者,岂非一亩兼二亩之息,而工力钱粮地本仍只一亩?孰若以二亩之壅力,合并于一亩者之事半功倍也。"在这里,该书作者强调土地的精耕细作要比贪大求多更为有利,实际上揭示了集约化经营较之粗放经营的优越性。

另一方面,田主在农业经营管理中还必须遵循勤、俭、耐久等原则。如叶梦得强调:"每日起早,凡生理所当为者,须及时为之,如机之发、鹰之搏,顷刻不可迟也。若有因循,今日姑待明日,则废事损业,不觉不知,而家道日耗矣。"(《石林治生家训要略》)张英要求对农业生产进行严密的督查,要去田庄细看,其任务有五:"第一当知田界……第二当察农夫用力之勤惰,耕种之早晚,蓄积之厚薄,人畜之多寡,用度之奢俭,善治田以为优劣。第三当细看塘堰之坚窳浅深,以为兴作。第四察山林树木之耗长。第五访稻谷时值之高下。"(《笃素堂文集》卷14《恒产琐言》)类似的观点庞尚鹏也说过:"田地土名丘段,俱要亲身踏勘耕管。岁收稻谷,及税量徭差,要悉心磨算。若畏劳厌事,倚他人为耳目,以至菽麦不辨,为人所愚,如此而不倾覆,吾不信也。"(《庞氏家训》)许相卿(生卒年不详),字伯台,号云村,浙江海宁人。明正德时进士,曾任兵科给事中。他主张在家庭农业经营中必须做到"男胜耕,悉课农圃,主人身倡之;女胜机,悉课蚕织,主妇身先之",只有这样,才能达到"风土气候必乘,种性异宜必审,种植耕耨必深,沃瘠培灌必称,芟草去虫必数,壅溉修剪必当、必时,程督必详,勤惰必察"(《许云村贻谋》)。《沈氏农书》主张家主认真对待农事,"遇大雨必处处看了,有水即导,雨一番,看一番,不可忽也。"如种桑,"发眼之后,不时要看。若见损叶,必有地虫,亟搜杀之。遇大雨一止,必逐株踏看,如被泥水渰眼,速速挑开,否即死矣。雨一番,看一番,至繁至紧。"施肥也是这样,"主人必亲监督,不使工人贪懒少和水,至要至要"。

为了使家庭农业经营顺利进行,田主除了亲自深入生产过程,勤于督察外,还必须配备精干称职的管理人员,这对规模较大的地主庄园尤为重要。在这方面,《郑氏规范》的论述比较全面。根据该书作者郑太和的设计,总体管理农庄生产的人被叫作掌门户者,他主要对家主负责,自己又具有广博的农业知识,所以应该"选老成有知虑者,通掌门户之事。输纳赋租,皆禀家长而行。至于山林陂池防范之务,与夫增拓田业之勤,计会财息之任,亦并属之"。掌门户者拥有职权,对重要农事必须详细过问,如"增拓产业,长上必须与掌门户者详其物与价等,然后行之"。在他之下,有专门负责具体事务的人员,如"设主记一人,以会货泉谷粟出纳之数";再如"每年之中,命二人掌管新事,所掌收放钱粟之类","所管新麦,必当十分用心,及时收晒,免致霉烂,收支明白,不致亏折,关防勤谨,不致遗失","田地有荒芜者,新管逐年招佃。或遇坍江,亦即书簿,以俟开垦"(《郑氏规范》)。

地主庄园的生产者主要是佃农,所以,如何选择和使用佃农便成为微观农业理论的一个重要内容。一般说来,地主为了占有佃农更多的剩余劳动,总是想方设法加重佃农的劳动量,同时又十分注重劳动者素质的取舍。张履祥强调:"用人之道,自国与家事无大小,俱当急于讲求。种田无良农,犹授职无良士也。"他把农夫分为四种:"力勤而愿者为上,多艺而敏者次之,无能而补(朴)者又次之,巧诈而好欺,多言而嗜懒者为下。"(《张杨园先生全集》卷50《补农书下》)

为了提高佃户的劳动积极性,袁采主张对他们实行宽恤管理:"遇有其生育婚嫁,营造死亡,当厚赒之;耕耘之际,有所假贷,少收其息。水旱之年,察其所亏,早为除减。不可有非理之需,不可有非时之役。不可令子弟及干人私有所扰。不可因其仇其者告语,增其岁入之租。不可强其称贷,使厚供息。不可见其自有田园,辄起贪图之意。视之爱之,不啻于骨肉。"(《袁氏世范》卷3《存恤佃客》)庞尚鹏在这一问题上的看法也是如此,他表示:"雇工人及僮仆,除狡猾顽惰斥退外,其余堪用者,必须时其饮食,察其饥寒,均其劳逸……欲得人死力,先结其欢心,其有忠勤可托者,尤宜特加周恤,以示激劝。"(《庞氏家训》)《沈氏农书》主张:"只要生活作好,监督如法,宁可少而精,不可多而草率也。供给之法,亦宜优厚。"张履祥认为对佃户要"至其室家,熟其邻里,察其勤惰,计其丁口,慎择其勤而良者"。另一方面,使用佃户要适当宽容,因为"人无全好,亦无全不好",所以"若无大过恶,切不可轻于进退",这是要稳定佃户数量。在劳动报酬方面,他强调根据各人的实际表现区别对待,但又不宜过分拉开收益差距,"惟有察其勤者而阴厚之,则勤者既奋,而惰者亦服"。总之,在他看来,"劳苦不知恤,疾痛不相关,最是失人心之大处",只有"忠信以待人,则人无不尽之心"(《张杨园先生全集》卷50《补农书下》)。

对于田租的征收,人们也提出了具体的措施方法,以确保佃户的基本权益。如庞尚鹏要求:"置田租簿,先期开写某佃人承耕某土名田若干,该早晚租谷若干。如已纳完,或拖欠若干,各明书项下。如遇荒歉,慎勿刻意取盈。"(《庞氏家训》)张履祥主张对佃户,于"收租之日,则加意宽恤"。为了防止佃户受损,他要求田主采取防范措施,避免下属作弊,"侵没租入,将熟作荒,退善良之佃"(《张杨园先生全集》卷50《补农书下》)。他在另一篇文章中还发挥了一套"有田者务以仁义固贫户"的理论,认为在收租问题上,"取之额可损不可益,使垦田之农不至失利,义也。推诚敦信,忧患与同,劳苦与念,相关之情,有如妇子,仁也"(《张杨园先生全集》卷19《赁耕末议》)。郑太和也表示:"佃家劳苦,不可备陈。试与会计之,所获何尝补其所费? 新管当矜怜痛悯,不可纵意过求……除正租外,所有佃麦佃鸡之类,断不可取。"(《郑氏规范》)

农业生产是将土地和劳动者有机地结合起来,而农业收益的好坏则直接同农业劳动的质量有关,为此,人们十分重视土地的改良和精耕细作。张英指出:人的劳动可以改善原有的自然条件,"即或农力不勤,土敝产薄,一经粪溉,则新矣;即或荒芜草宅,一经垦辟,则新矣;多兴陂池,则槁者可以使之润;勤薙茶蓼,则瘠者可以使之肥"。他还认识到,农业生产的好坏很大程度上取决于田间管理,所谓"薄植之而薄收,厚培之而厚报",不同的管理方法会导致相异的经济后果,"或四季而三收,或一岁而再种",实施有效而合理的管理,就可以做到"有寸尺之壤,则必有锱铢之入","一亩可得两亩之入,地不加广,亩不加增,佃有余而主人亦利矣"(《笃素堂文集》卷14《恒产琐言》)。

为了提高家庭农业经营的效益,人们针对各种具体的生产环节提出了相应的措施主张。如庞尚鹏认为要达到"人无遗力""地无遗利"的目的,就应该实行耕种分派专人的方法,"各派定某管某处,开列日期,不时查验,毋令失业";"某人种某处,某人种某物,随时加察"(《庞氏家训》)。张履祥对农具管理提出要求:"凡农器不可不完好,不可不多备,以防忙时意外之需。粪桶尤甚,诸项绳索及蓑箬斧锯竹木之类,田家一缺,废工失时,往往因小害大。"(《张杨园先生全集》卷50《补农书下》)在经营项目上,袁采注重长远效益,他分析说:"桑果竹木之属,春时种植,甚非难事。"但要在"十年二十年之间"才能"享其利",尽管如此,不应该因此而不为,导致"荒山闲地,任其弃之",要考虑长远利益,"雇工植木",以收将来"材木不可胜用"之效(《袁氏世范》卷3《桑木因时种植》)。重视农时也常为人所提到。马一龙(1499—1571),字负图,应天溧阳(今属江苏)人。明世宗时考中进士,曾任国子监司业等职。他把天时的重要性放在土地因素之上,指出:"农为治本,食乃民天,天畀所生,人食其力。力不失时,则食不困,知时不先,终岁仆仆耳。故知时为上,知土次之。"(《农说》)

古代的家庭农业经营对经济核算也是很重视的。在张履祥所保留的明末浙江湖州沈氏所写的《沈氏农书》中,对家庭农业的成本核算有比较完整的记载。如关于家庭纺织业的情况是:"其常规妇人二名,每年织绢一百二十匹……计得价一百二十两。除应用经丝七百两,该价五十两,纬丝五百两,该价二十七两,篗丝钱、家伙、线、蜡五两,妇人口食十两,共九十两数,实有三十之息。若自己蚕桑,利尚有浮,其为当织无疑也。"又如家庭畜牧业,养羊不仅能出卖羊毛,而且还能繁殖小羊,获得增价,"可抵叶草之本"。至于养猪,虽然要亏损买小猪的本钱,但对积肥意义重大,所以"种田养猪第一要紧,不可以食料贵,遂不问也"。这些观点都反映了商品经济意识对家庭农业思想的影响。

第六节　清圣祖的农业政策思想

和中国古代历朝统治者在建立政权初期的做法一样,清朝初期的君主对发展农业十分重视,他们颁布的农业政策不仅内容较为广泛,而且实际收效十分显著,其中尤以清圣祖康熙皇帝的农业政策思想最为丰富。

早在顺治六年(1649),当时的朝廷就下达了鼓励民间垦田的诏令:"地方无主荒田,州县官给予印信执照,开垦耕种,永准为业。俟耕至六年之后,有司官亲察成熟亩数,抚按勘实,奏请奉旨,方议征收钱粮。其六年以前不许开征,不许分毫佥派差徭。各州县以招民劝耕之多寡为优劣,府道以责成催督之勤惰为殿最,每岁终,抚按分别具奏,载入考成。"(《清世祖实录》卷43)顺治皇帝还严厉禁止下级官吏对农民的侵扰,他以明末的教训为戒,指出:"比者蠲除明季横征苛税,与民休息。而贪墨之吏,恶其害己而去其籍,是使朝廷德意不下究,而明季弊政不终厘也。兹命大臣严加察核,并饬所司详定《赋役全书》颁行天下。"(《清史稿·世祖纪一》)这条政令一方面是要整顿吏治,另一方面是减轻赋役,二者都有助于农民安心耕植。

清圣祖(1654—1722),即爱新觉罗·玄烨,1661年至1722年在位。因其年号为康熙,又被称为康熙皇帝。他是清世祖的第三子。亲政后下令削藩,平定叛乱,驻兵台湾,驱逐沙俄,维护了国家的统一。他重视农业生产,奖励垦荒,停止圈地,治理水利,有力地促进了社会经济的发展。加上开博学鸿词科,编撰《全唐诗》,进行全国土地测量,完成《皇舆全图》等文化成就,使他成为治平有方的皇帝。

清圣祖在农业政策上的率先举措是安置流民。康熙三年(1664),他批准:"四川寄寓外省流民,各督抚造册移送川抚,拨给口粮舟车,差官护令复籍。"(《大清会典》卷30)以后,对湖广、陕西等处流民也采取了这种政策。直至康熙五十三年(1714),他还下令:"甘属固原以北地方久旱,百姓流移,速行安插,将所属无粮荒地,通行查出,无水之处,开凿井泉,多置水窖,收回流民,计其人口多寡,量给房屋口粮,籽种牛具,令其开垦荒地,永远为业。"(《大清会典》卷30)农民是进行农业生产的主体,只有稳定流民,才谈得上发展农业,清圣祖的这些措施,显然是抓住了问题的关键。

为了表示对农业的重视,清圣祖专门绘制了《耕织图》,在序文中他写道:"朕早夜勤毖,研求治理。念生民之本,以衣食为天……爰绘耕织图各二十三幅,朕于每幅,制诗一章,以吟咏其勤苦而书之于图。自始事迄终事,农人胼手胝足之劳,蚕女茧丝机杼之瘁,咸备极其情状。复命镂板流传,用以示子孙臣庶……且欲令寰宇之内,皆敦崇本业,勤以谋之,俭以积之,衣食丰饶,以共跻于安和富寿之域,斯则朕嘉惠元元之意也夫。"(引自《授时通考》卷52)

在奖励垦荒方面,清圣祖沿用了顺治年间的做法,实施了对地方官吏开垦荒地的奖罚条例,如垦绩不佳,给予免职等处分。劝垦有成,则授以官职。对一般农民,则宣布赋税减免的优惠政策,如康熙十二年(1673)诏谕:"自古国家久安长治之模,莫不以足民为首务。必使田野开辟,盖藏有余,而又取之不尽其力,然后民气和乐、聿成丰亨预大之休。现行垦荒定例,俱限六年起科。朕思小民拮据开荒,物力艰难,恐催科期迫,反致失业。朕心深为轸念。嗣后各省开垦荒地,俱再加宽限,通计十年方行起科。"(《清朝文献通考》卷2)

清圣祖同样强调各级官吏的职责,他特别要求官员在劝农时必须遵行因地制宜的原则,这在历代帝王的农业政策思想中并不多见。康熙四十六年(1707),他指示内阁臣僚:"东西南北,地势水土,悉皆不同。谷桑麻棉,耕种各随土宜。地方官员将小民现在力作之务,若能加意劝导,使不致荒废,即为实能尽心之人。今责成地方官,令五亩之田种桑二株,百亩之田种桑四十株。此四十株之桑叶,养蚕几何,更阅几年便可成用,此等物情,言者并未计及。且山东人于蚕种初出时,皆置之山间橡树之上,俟其结茧,并无用桑育蚕之事,此等处,言者亦未之知。今欲强迫百姓募南人以教蚕,断乎不可行也。"(《皇朝政典类纂》卷23)这是对宏观农业管理中多种经营政策的必要修正,它有利于农业的正常发展。

对农业水利建设进行深入具体的阐述,这是清圣祖农业政策思想的又一特点。康熙三十九年(1700),他对大学士等臣属说:"水利一兴,田苗不忧旱涝,岁必有秋,其利无穷,但不可太骤耳。今若竟定一例,诸处刻期齐举,该部复行催查,则事必至于难行矣;亦惟兴作之后,百姓知其有益,自然鼓舞,各相效法,于是因地制宜,设法行之,事必有成。"对当时有人建议在直隶永平、真定等处开河引水的主张,清圣祖认为:"今观此处,亦不必开池,惟如宁夏水田,开浚沟渠,潦则撒田之水,自渠出之,旱则放渠之水,引入田中,灾荒总可无虞矣。"(《圣祖圣训》卷35)在这里,清圣祖同样强调了因地制宜的原则,他力求避免水利兴修中一哄而上、急于求成的弊端,这也是颇有眼光的。

另一则水利诏令体现了清圣祖深入考察、脚踏实地的为政作风。康熙四十六年(1707),他谕示工部:"江南、浙江生齿殷繁,地不加增,而仰食者日众,其风土阴晴燥湿及种植所宜,迥与西北有异。朕屡经巡省,察之甚悉。大约民恃田亩为生,田资灌溉为急,虽东南名称水乡,而水溢易泄,旱暵难支,夏秋之间,经旬不雨,则土坼而苗伤矣。滨河低田,犹可庤水济用;高仰之地,力无所施,往往三农坐困。朕为民生,再三图画,非修治水利,建立闸座,使蓄水以灌溉田畴,无以为农业缓急之备。"对江南农业区域的水利建设,清圣祖作了具体周密的规划:"江南省苏州、松江、常州、镇江,浙江省杭州、嘉兴、湖州各府州县,或近太湖,或通潮汐,宜于所有河渠水口,度田建闸,随时启闭。其有支河港荡淤浅者,宜并加疏浚,使水四达,仍行建闸。多蓄一二尺之水,即田高一二尺者资以灌溉矣;多蓄四五尺之水,即田高四五尺者资以灌溉矣。行之既久,可俾高一田亩无忧旱潦。此于运道无涉,而于民生实大有裨益。"(《清朝文献通考》卷6)以封建国家的最高执政者而对农业水利如此关切,足以表明清圣祖农业政策的力度所在。

清圣祖对积粮备荒也颇为重视。康熙十八年(1679),他发布诏令指出:"民生以食为天,必盖藏素裕,而后水旱无虞。自古耕九余三,重农贵粟,所以藏富于民,经久不匮,洵国家之要务也。比以连年丰稔,粒米充盈,小民不知蓄积,恣其狼戾,故去年山东、河南一逢岁歉,即以饥馑流移见告……近据四方奏报,雨泽霑足,可望有年。恐丰熟之后,百姓仍前不加撙节,妄行耗费。著各该地方大吏,督率有司,晓谕小民,务令力田节用,多积米粮,庶俾俯仰有资,凶荒可备,以副朕爱养斯民至意。"(《授时通考》卷54)

康熙三十四年(1695),清圣祖亲自制定了捐输积贮办法,他表示:"积储米谷,最为要务……今正值麦石收获之时,应行各该地方官,劝谕百姓,令各户量力捐输积贮。该州县将输纳之人,姓名数目,详记册籍。其秋禾收获以后,亦依此例举行。如春月转贷于乏谷之民,俟秋月即照此数偿还备用。每岁当收获时,遵行此捐输之法,不数年间,米谷充裕,纵使岁偶不登,何至闾阎艰于粒食。"(《授时通考》卷54)这就从制度上确保了贮粮备荒政策的落实。

如果说上述政策措施属于农业生产力方面的促进手段,那么在生产关系方面,清圣祖的停止圈地和更名田立法等举措对发展当时的农业生产具有更深远的影响。

清代"圈地令"发布于入关之初,其目的是为了满足入关满清贵族和八旗官兵的土地要求。圈地的范围随着三次诏令的发布而逐渐扩大。在这一政策的导向下,清朝初期出现了大量掠夺土地的浪潮,许多民田被侵占,以致"近畿土地,皆为八旗勋旧所圈,民无恒产,皆仰赖租种旗地为生"(昭梿:《啸亭杂录》卷7)。到清圣祖执政初,各地被圈占的土地竟达全国耕地总面积的二十分之一以上。面对圈地所造成的尖锐社会矛盾,康熙八年(1669)清圣祖下令废止这一政策,诏曰:"比年以来,复将民间房地,圈给旗下,以致民生失业,衣食无资,流离困苦。自后圈占民间房地,永行停止。"(《清圣祖实录》卷30)此后,清圣祖还分别于康熙二十四年(1685)和五十三年(1714)两次重申不准圈占民地,从而最终平息了在清初延续了几十年的圈地狂潮。

"圈地令"的废止在很大程度上限制了满清统治集团扩大掠夺土地的行径,稳定了农业生产者的劳动积极性,促进了农业经济的恢复和发展,也有利于民族关系的缓解。而在土地政策理论的意义上,此举表明在封建社会的后期阶段,国家政权对土地的超经济支配力量已急速弱化,这种对土地私有权的重新承认,是较为明智的封建统治者在土地政策思想上的重要转变。

更名田立法在更深的层次上表明了这一点。更名田亦称"更明田""更名地",是清代民田的一种。它是由明代的皇庄、王府庄田以及勋戚庄田转化而来。清初,政府将一部分明代皇庄等用于贵族圈占、拨补民产、赏赐功臣和调作军屯,而对大部分这类田产实行重新清查和更名立法。作为更名田立法的前序工作,顺治年间开始对明藩田产进行核查。经过 20 年左右的清查处置,清政府有效控制了这批为数巨大的田产,从而为正式立法创造了必要的条件。康熙八年(1669),朝廷谕令实施更名田立法,其内容为:"前以尔部(指户部——引者注)题请直隶等省废藩田地酌量变价,今思既以地易价复征额赋,重为民累,著免其变价,撤回所差部员,将见在未变价田地,交与该督抚,给与原种之人,令其耕种,照常征粮,以付朕爱养民生之意。至于无人承种余田,应何作科理,著议奏。"(《清圣祖实录》卷28)户部表示:"请将无人承种余田,招民开垦。"康熙帝"从之"。次年,朝廷又在租税问题上制定更名田定则,旨曰:"更名地内自置土田,百姓既纳正赋,又征租银,实为重累,著与民田一例输粮,免其纳租,至易价银两,有征收在库者,许抵次年正赋。"(《清圣祖实录》卷32)

在更名田立法之前,清政府在对明藩田产进行清查的基础上,实行有偿出卖政策,以此增加财政收入和迎合豪强富户的土地要求,但这也使广大农民因无法支付田价而得不到必要的生产资料。立法规定"免其变价,给予原种之人",这对满足广大农民的土地要求是有益的。同时,政府许诺更名田归农户后,"与民田一例输粮",这表明在促使明藩田户向民间私田转化方面,清圣祖的措施是较为彻底和果断的。

为了切实减轻农民的赋税负担,清圣祖还于康熙五十一年(1712)实施了一项重要的赋税改革。他指出:"今海宇承平已久,户口日繁,若按现在人丁加征钱粮,实有不可。人丁虽增,地亩并未加广,应令直省督抚,将现今钱粮册内有名丁数,勿增勿减,永为定额。自后所生人丁,不必征收钱粮。"(《清朝文献通考》卷19)这一决策在康熙五十二年(1713)得到贯彻,它对提高农民的生产积极性显然是有利的。此外,清圣祖还剔除了政府征收钱粮中的若干积弊,并劝令地主减征地租,至于在非灾之年减省赋税,则更是常有的事。

清圣祖以后,重视农业的政策继续得到实施。雍、乾时期,朝廷在促进农业生产方面采取的措施包括以下几个方面:(1)重新确定垦荒起科的年限和科则,宣布"开垦水田,以六年起科;旱田,以十年起科,永著为令"(《大清令典事例》卷166)。(2)严禁地方官吏借机渔利,如清世宗曾令:"各省凡有可垦之处,昕民相度地宜,自垦自报,地方官不得勒索,胥吏亦不得阻挠。"(《清世宗实录》卷78)(3)明确垦地产权并禁止夺田换佃,雍正十二年(1734)规定:"嗣后各州县凡遇开垦,先将土地界址,出示晓谕,定限五月内,许业主自行呈明。如逾期不报,即将执照给原垦人承种管业。"(《大清令典事例》卷166)次年又重申:"五年之内,逃户来归,对半平分;五年之后,悉归垦户,不许争执。"(中国社会科学院经济研究所藏《清代内阁钞档》,地丁题本(九),山东四)乾隆五年(1740)政府又指出:"民地先令业主垦种,如业主无力,始许他人承垦,成熟之后,业主亦不得追夺。"(《清朝通志》卷81《食货略一》)两年后,清高宗又补充规定:"准原佃子孙永远承耕,业主不得换佃。""业主或欲自耕,应合计原地肥瘠,业佃均分,报官执业。"(《清高宗实录》卷175)(4)严禁隐占垦荒地亩,乾隆六年(1741),朝廷颁发严厉的处罚隐占垦田条例:"凡文武官及绅士将新垦地及熟地隐匿,一亩以上至一顷以上者,分别议处,军民隐地一亩以上至一顷以上者,分别责惩,所隐地入官,所隐钱粮按年行追。"(《清朝文献通考》卷4)

清圣祖的农业政策取得了明显的成效。首先,农用耕地面积得到扩大。顺治十八年(1661),江南的耕地只有95万余顷,到康熙二十四年(1685)为100万顷,乾隆十八年(1753)更增加到150余万顷。顺治十八年(1753),全国垦田总数为549万余顷,康熙二十四年(1685)为607万余顷,雍正二年(1724)增至683万余顷,到乾隆三十一年(1766),更扩大为741万余顷,超过了明代万历时期的水平。其次,一批大型水利工程得以完成,如黄河治理、永定河修浚、江浙海塘的修筑等。第三,稻米的单位面积产量提高,湖广一带已达到"湖广熟,天下足"(《清圣祖实录》卷193)的水平。第四,经济作物的种植面积增加,农业商品化因素有了发展。所有这些都有力地表明,政府的重农政策如果得到真正实施,对社会经济的发展是有积极意义的。

第七节　清前中期的其他农业思想

清代前中期的其他农业思想,主要内容包括荒政和水利两方面。

清朝最著名的荒政专著是《康济录》,它由陆曾禹原撰,经倪国琏检择而成。陆曾禹,仁和(今浙江杭州)人,曾为国子监生。倪国琏(? —1743),字子(紫)珍、西昆,号穗畴,钱塘(今浙江杭州)人。世宗时考中进士,曾任翰林院编修、吏科给事中等职。《康济录》的原本是陆曾禹写的《救饥谱》,后经倪国琏择录后奏呈乾隆皇帝,乾隆阅后认为"有裨于实用"(《四库全书总目》卷82),因赐名《康济录》刊行。全书共分4卷:《前代救援之典》《先事之政》《临事之政》《事后之政》,每卷都有作者议论。

作者首先强调了事先之政的意义,认为:"后世耕者日少,户口日繁,灾伤之民,救之于未饥则用物约而所及广,救之于已饥则用物博而所及微。"在预防灾荒的六条措施中,作者十分重视发展平时的农业生产,指出:"自古未有人无衣食而国能太平者也……治国者于蚕忙农务之时,可不深为体恤以裕其衣食之源耶?"书中对元世祖颁行的《农桑辑要》尤为赞许,称其为历朝农桑政令之第一,"极裁成辅相之道"。这就是"先事之政"的第一条"教农桑以免冻馁"。第二条为"讲水利以备旱涝"。作者把水利比作"人身之血脉",并引述清朝一位名叫陈芳生的人的话说:"平时预修水利,则蓄泄有备而无旱潦之患;荒年为之,则饥民得以力食,即可免于流离。凡有父母斯民之志者,所宜急为讲求也。""建社仓以便赈贷"是"先事之政"的第三条。作者认为:"常平与义仓皆立于州县,惟社仓则各建于各乡。故凡建于民间者,皆社仓也。"对前代的社仓之举,作者推崇宋朝朱熹的政绩,而对清朝的现状表示不满,批评说:"近世之常平既不令人擅于取用,民间之社仓则又废而不建,是迫人于沟整,驱民于法网矣。"后面的第四条"严保甲以革奸顽"是讲吏治的改善。第五条"奏截留以资急用"是主张将上供米粮用以救荒之急。而第六条"稽常平以杜侵欺"则是针对第三条的弊病而提出的治理对策,目的之一是要改变饥荒之年的常平仓"官不得发,民不得食,以避部议之严"的不正常现象(《康济录》卷2《先事之政》)。

在遇到灾荒时,《康济录》提出了20条救赈措施。具体内容为:急祈祷以回天意;求才能以捍灾伤;命条陈以开言路;先审户以防冒恩;借国帑以广籴粜;理囚系以释含冤;禁遏余以除不义;发积储以救困穷;不抑价以招商运;开粥厂以活垂危;安流民以免颠沛;劝富豪以助济施;乞蠲粮以纾众黎;兴工作以食饿夫;育婴儿以慈孤幼;视存亡以惠急需;弭盗贼以息奸宄;甘专擅以奋救援;扑蝗螟以保稼穑;贷牛种以急耕耘。作者重视救灾工作的组织管理,主张选用公正干才,"使饥民得活于拯溺扶危之道"。同时,要发挥国家的赈济作用,如借用国库籴粜粮食,"官不伤而民有益,最善而易行"。而禁遏籴和不抑价的目的则是调动商民的救灾积极性,如实行前者,"官之籴粜有限,民之兴贩无穷,彼射锱铢之利,我活沟壑之民,实为两得"。关于后者,作者认为:"商不通,民不救,价不抑,客始来,此定理也。"(《康济录》卷3《临事之政》)总的来说,这部分的救荒对策大都是南宋董煟荒政理论的继承。

《康济录》卷4分上、下两部分,《事后之政》是其中的前半部分。作者认为荒政的善后措施乃是"长久之道",必须给予充分重视,他们列举了"赎难卖以全骨肉""怜初泰以大抚绥""必赏罚以风继起""等匮乏以防荐饥""尚节俭以裕衣食""敦风俗以享太平"等六条"事后之政"。这些措施的主要精神是对灾民进行抚恤安定,在《康济录》作者看来,"既荒之后,如病初起,不能抚绥,再加劳困,是不死于病笃之时,而反亡于初愈之日矣"(《康济录》卷4《事后之政》)。这是其他荒政理论所论述不多的。

在《康济录》卷4的后半部分,作者对前人的荒政议论作了摘录,其中包括董煟的《救荒全法》、林希元的《荒政丛言疏》、屠隆的《荒政考》等。屠隆(1542—1605),字纬真、长卿,号赤水、鸿苞居士、一衲道人,浙江鄞县人。明神宗时考中进士,历任颍上(今属安徽)知县、青浦(今属上海)知县、礼部仪制司主事等职。屠隆撰写《荒政考》是鉴于"百姓艰食,流离之状,所不忍言"的现实,希望通过对荒政的论述,"以告当世,贻后来,维司牧者留意焉"(《荒政考·序》)。他经过"考证古今,间参己意",概括了"救荒之要策,经效之良方"30条(《荒政考》)。

《荒政考》罗列的30条救荒要策是:蠲租税之额以苏民困;发积蓄之粟以救饥伤;行官籴之法以资转运;劝富户之赈以广相生;籍饥民之口以革冒滥;躬赈粮之役以防吏奸;详村落之赈以遍穷檐;行食粥之法以济权宜;设多方之策以宏仁恩;厉揭贩之禁以祛市奸;戒折价之令以来商籴;予民间之利以充赡养;留上供之粟以需赈济;弛专擅之禁以救然(燃眉);假便宜之权以倡民权;节国家之费以业贫民,立常平之仓以善备赈;兼义社之仓以待凶荒;预救荒之计以省后忧;先检踏之政以免壅阏(塞);时奏荒之疏以急上闻;严蔽灾之罚以儆欺玩;修水旱之备以贵预防;躬祈祷之事以回天意;励劝苦之行以感人心;广道途之赈以集流亡;申保甲之令以遏盗贼;省荒后之耕以给将来;申闭籴之禁以广通融;垦抛荒之田以廓民产。

不难看出,屠隆的《荒政考》在救灾对策方面的设计是比较全面的,对《康济录》的撰写有一定的理论影响。不唯如此,屠隆还在某些政策问题上有所创见。例如,他认为行籴之法的"最妙之策,须发官帑银两若干,委用忠厚吏农富户,转籴于各省,外郡丰熟之处,归而减价平粜于民","如此转运无穷,循环不已,则百姓虽丁凶年之苦,而常食丰食之粮"(《荒政考》)。这比林希元的"借官钱以籴粜"(《林次崖先生文集》卷1《荒政丛言疏》)主张更有利于灾民的赈济。

《康济录》卷4下还提到了明代的周孔教。周孔教(?—1613),字明行,号怀鲁,江西临川人。明神宗时考中进士,历任福清知县、临海知县、应天巡抚、右副都御史等职。在担任应天巡抚时,正遇苏州大饥,他致力救赈,取得成效,并在此基础上写成《荒政议》(《荒政议》又名《救荒事宜》,在《康济录》卷4下又名《抚苏事宜》)。《荒政议》共有五纲二十六目,分为六先、八宜、四权、五禁、三戒。所谓六先,是指先告谕,先请蠲,先处费,先择人,先编保甲,先查贫户。周孔教主张在灾荒之年蠲免租税,如地租"宜仿元制,普减十分之二"。为了加强救灾管理,必须"择州县正官廉能者使主赈济",将民户编保甲的目的也在于"其查审易集,其贫富易知"(《荒政议》)。

所谓八宜,其内容为:次贫之民宜赈粜;极贫之民宜赈济;远地之民宜赈银;垂死之民宜赈粥;疾病之民宜赈药;罪系之民宜哀矜;既死之民宜募瘗;务农之民宜贷种。

四权是指奖尚义之人,绥四境之内,兴聚贫之工,除入粟之罪。周孔教认为在荒政中能发挥救灾作用的人有三种:"民有出粟助赈,煮粥活人者,上也;有富民巨贾趁丰籴谷,还里平粜,循环行之,至熟方持本而归者,次也;有借粟借种借牛于乡人而丰年取偿者,又其次也。"对这些人,都应采取相应的奖励办法。他也主张以工代赈,指出:"凡城之当筑,池之当凿,水利之当修者,召壮民为之,日授之直。是与兴役之中寓赈民之惠,一举两得之道也。"(《荒政议》)

周孔教的五禁是禁侵欺,禁寇盗,禁抑价,禁溺女,禁宰牛。其中禁侵欺是要整肃吏治,若发现官吏、保甲人等在赈济中贪污钱粮,要依《大明律》严惩。禁抑价的主张已为董煟所提到。禁宰牛的目的是为了灾后农业生产的恢复,周孔教主张在灾荒之年允许贫民将牛卖给本保甲的富户,但实际收养、耕用仍归本主,收成可照乡例分成给富家,"待丰年,或富民取牛,或牛主取赎,听从其便"。只有这样,才能做到"春耕有赖,而贫富各得其所矣"(《荒政议》)。

最后的三戒是指戒后时,戒拘文,戒忘备,其主要用意是防止官牍作风贻误救灾,他要求有关官员应"惟以救民为主,不为文法所拘"(《荒政议》),这显然是针对封建衙门效率低下的现状而发的。总的来说,《荒政议》本身的理论发展并不多,有人说它"提纲皆本于林希元,而其间损益则亦因乎时地"(《荒政议·说明》),

可谓中的。

法式善(1753—1813)，字开文、梧门，号时帆，别号诗龛，蒙古乌尔济氏。乾隆时进士，曾任侍讲学士。在他编著的《陶庐杂录》中，抄录了清人惠士奇的《论荒政》一文。惠士奇，生平不详。他在文章中主要揭露了历代荒政的弊端。他认为劝分是对富户的侵夺，指出："富民，贫之母也，疾其母而不能活其子，亦何利之有焉。"他分析抑价的后果是米商不至，米价更贵，"桀黠之徒必有挟宪令起而强籴者，奸宄亦将啸聚，饥民乘时攘夺，则盗贼四出而莫可御"(《陶庐杂录》卷6)。关于遏籴，惠士奇说：粮食"流则通，遏则壅"，"况一郡之储有限，而天下之积无穷。不能通无穷之积，而徒遏有限之储，其罄也可立而待"。最后，施粥也是荒政之弊，惠士奇批评说，施粥中有官吏舞弊，"名为活人，其实杀人"，且不能遍行，收效很小，"活者二三，而死者十七八"，而且可能发生病患流行，所以此策"惟闾里长厚者，可施之一乡，而非有司之所宜行也"。为了消除上述四弊，惠士奇提出："劝分不若开渠，抑价不若通商，遏籴不若广籴，行粥不若厘户。"(《康济录》卷4下)这四种措施中，不抑价和禁遏籴早已为南宋董煟所提及，惠士奇的创新之见在于对劝分提出了新的思路。

水利著作自明代徐贞明的《潞水客谈》以后，还有潘季驯的《河防一览》和张国维的《吴中水利全书》。到了清代则有靳辅的《治河奏绩书》和陈潢、张霭生的《河防述言》等。

潘季驯(1521—1595)，字时良，号印川，浙江乌程(今湖州)人。嘉靖时进士，历任九江推官、大理寺丞、右佥都御史、江西巡抚、刑部右侍郎、河漕尚书、太子太保、工部尚书、兵部尚书、刑部尚书等职。潘季驯四次出任总理河道之职，时间长达27年，对水利管理有丰富的实践经验，《河防一览》就是在这一基础上撰写而成的。在这部水利专著中，潘季驯明确提出治理黄河要以认识水性规律为前提，他说："河有神"，"神非他，即水之性也。"根据黄河水流的特点，他认为治理的关键在于逼水畅流，所谓"水分则势缓，势缓则沙停，沙停则河塞"，只有"以水刷沙"，才能收"如汤沃雪"之效(《河防一览》卷2《河图辨惑》)。为此，他制定出了"以河治河，以水攻沙"的方针，并相应设计出由缕堤、遥堤、格堤组成的堤防系统，来达到上述治理目的。必须指出，潘季驯的治理黄河的方针是在借鉴参考前人水利见解的基础上形成的，但他能付诸实施并上升到理论高度，是值得称道的。他还告诫后人，不能脱离实际而照搬他的经验，"可因则因之，如其不可则亟反之。毋以仆误后人，后人而复误后人也"(《河防一览·序》)。这种提醒是颇为宝贵的。

张国维(1594—1646)，字九一，号玉笥，浙江东阳人。明熹宗时考中进士，历任番禺知县、刑科给事中、礼科都给事中、太常少卿、右佥都御史、工部右侍郎、兵部右侍郎兼督淮徐临通四镇兵、兵部尚书等职。南明时,出任兵部尚书、武英殿大学士等职。

张国维撰写《吴中水利全书》是鉴于苏州等地在明中期后水利失修,"十常八灾","闾右凋残"的情况,希望通过"披故牒,上下千百世之典实,汇辑《水利全书》"(《吴中水利全书·自序》),对治理太湖水利起到借鉴参考作用。他对太湖水利的特点及其治理对策有自己的观点,主张疏浚吴淞江作为太湖流域的主要泄水通道,否则,"强其纤迴,北达娄江以出",就将"谬贻两郡,百世之害"(《吴中水利全书》卷1《上海县全境水利图说》)。

靳辅(1633—1692),字紫垣,祖籍山东历城(今济南),后移居辽阳(今属辽宁)。历任国史院编修、内阁中书、兵部员外郎、通政使司右通政、国史院学士、内阁学士、安徽巡抚、河道总督等职。在任河道总督期间,他修筑黄河下游堤防,浚通河道,堵塞决口百余处,修建水坝十余座。虽因连年水灾使黄河故道工程逾期,他遭到革职留任的处分,但后来康熙皇帝巡视河道时,称赞他"实心任事,劳绩昭然"(《清史列传·靳辅传》),充分肯定了他在治理黄河水利中的贡献。正是在丰富的实践经验基础上,靳辅撰写了《治河奏绩书》。从水利思想的角度来看,靳辅在书中所阐述的水利工程管理思想较有特点。他指出:"总河,古司空之职……然大小相承,分猷戮力,亦非一手足之劳也。故凡在工诸职驻扎必详,疆理必悉,以严其所守焉。"(《治河奏绩书》卷2《职官考》)为了加强工程质量管理,靳辅在书中专门收录了有关的规章条例。至于《治河奏绩书》所记载的各种水利经验,都很有实际参考价值,故有人称此书"虽据一时所见,与后来形势稍殊,然所载修筑事宜,亦尚有足资采择者"(《四库全书总目》卷69)。

清代前期另一部水利专著《河防述言》为陈潢、张霭生所写。陈潢(1637—1688),字天一,号省斋,浙江钱塘(今杭州)人。长期跟随靳辅治理黄河水利,因功被荐,任参赞河务等职。张霭生,字留野,浙江仁和(今杭州)人。他是陈潢之友,对黄河水利的治理亦十分关注,《河防述言》是他根据靳辅、陈潢的治河主张编成的,其中以反映陈潢的观点为主。陈潢认为治理黄河是一项重要急迫的工程,必须舍得花费巨资,他提出:"大工告兴,不可以惜费用。""未可以军旅为急而视河防为缓图也。"他认为:"深于为国计者,不可图一时之省用,而遗旋修旋坏之虞;不可顾目前之易完,而致垂成垂败之咎。"因此,他不同意靳辅"河工修筑惟当节省是务"的见解,指出:"不当用而用之谓之不节,若当用而反节之,恐后之费转相倍蓰。"他主张:"凡估计宁留有余以待节减,甚勿先为苟且之计,以致因小而误大。"至于"以多估为己嫌,以搏节为迎合"则更不足取(《河防述言·估计》)。

陈潢对水利治理的人才作用十分重视。他强调搞水利工程条件艰苦,"暴露日星,栉沫风雨,躬胼胝,忍饥寒,其事固非易任",要求从事水利管理的官员具备吃苦耐劳、埋头苦干的素质。对人才的选拔,他制定了严格的程序:"必先究其素履,验其材力,审其邪正,择可录者保之……然而亲为验视而录之,而试之以事……试而称事,由细而巨,历委以试之,于是堪大任者出矣。"为了尽量发挥人才的聪明才智,陈潢要求在人才使用上做到:敬以临之,勇以任之,明以察之,勤以率之,宽以期之,信以要之,恒以守之,并断言:"备此七者,又矢以实心,征以实事,将如声应响,如腕运指,庶司百执事,有不从风而偃者乎?"(《河防述言·任人》)

水利工程中的经济考核和效益评估,也是陈潢所重点关注的问题。他指出:"欲筹河防,则工力与料物不得不熟计之。"他对工程预算的考虑具有细致周密的特点,如对开渠筑堤,必须"定其经界,酌其高深,量其寻尺。凡或筑或凿,皆以土方科之,命监司按则估计,以定经费之如干。然后益理有官,分修有官,划界派工,领费募夫以从事焉。"与此相配套,他主张对实际执行情况实行赏罚管理,并着重指出:"赏罚者,居上之枢机,作事之纲领也。"(《河防述言·工料》)

清前期还有一部题为《居济一得》的水利著作,撰者是张伯行。张伯行(1652—1725),字孝先,号恕斋、敬庵,仪封(今河南兰考东)人。康熙时进士,历任内阁中书、中书科中书、山东济宁道、江苏按察使、福建巡抚、江苏巡抚、南书房行走、署仓场侍郎、户部右侍郎等职。张伯行长于河务,曾在康熙三十八年(1699)主持堵合仪封城北的堤防溃口,后被推荐赴治黄工程,组织督修大堤及洪泽湖高家堰石工。在治河过程中,他"越阡度陌,相度经营,兼询之故老,考之传记。凡蓄泄启闭之方,宜沿宜革,或创或因,偶有所得,辄笔之于书,以备他日参考"(《居济一得·原序》),终成此书。因当时河道官署位于济宁,故名之曰《居济一得》。此书的体例特点是一事一议,其中体现了作者在某些水利问题上的新颖之见。如在《治河议》一文中,张伯行谈到山东一段运河的治理,他说:"善治水者……水小而能治之使大,所以资水之利也。"(《居济一得》卷6)他认为黄河水性"与江水异,每年发不过五六次,每次发不过三四日。故五六月是其一鼓作气之时也,七月则再鼓而盛,八月则三鼓而竭且衰矣"(《居济一得》卷8)。这见解与现代观测到的黄河洪峰特征是相符合的。

中编
中国近代农业思想

第七章 两次鸦片战争期间的农业思想

第一节 包世臣的重农说

1840年，英国对中国发动了第一次鸦片战争，揭开了中国近代史的序幕。自此，中国从一个封建主权国家逐渐沦为半封建半殖民地国家，原先自给自足的小农经济模式在外国经济侵略的冲击下出现了某些实质性的变化。中国近代农业经济的内在蜕变是农业思想理论发展的现实基础，而国外社会思想的引进和传播，也对这一时期农业思想的历史特点形成具有不可忽视的影响。鸦片战争前后中国农业经济中的尖锐矛盾是直接决定这一时期农业思想内容的主要因素，而国外农业思想的理论影响则较迟。因此，在两次鸦片战争期间的农业思想中，土地兼并和土地开垦仍是人们议论的热点所在。

包世臣(1775—1855)，字慎伯，号倦翁、小倦游阁外史，安徽泾县人。嘉庆时举人，道光时进士。青年时当过塾师，后为幕僚，曾任江西新喻(今新余)县令。包世臣重视社会经济问题，并明确宣称自己好言利，他说："好言利，似是鄙人一病，然所学大半在此。如节工费、裁陋规、兴屯田、尽地力，在在皆言利也。即增公费以杜朘削之源，急荒政以集流亡之众，似非言利，而其究则仍归于言利。"（《安吴四种》卷26《答族子孟开书》）因此，在包世臣的经济思想中，农业所占的地位是相当重要的。

包世臣是一个农本论者，他把农业作为财富的主要生产部门，断言："生财者，农"，"天下之富，在农而已"（《安吴四种》卷7下《说储上篇前序》）。他以古圣人治国为例，指出："圣人治天下，使菽粟如水火，而民莫不仁。百亩之粟，上农食九人,下食五人,人事之不齐,则收成相悬如此。是故圣王治天下,至纤至悉,莫不出于以民食为本。"(《安吴四种》卷26《庚辰杂著二》)因此,他认为:"治平之枢在郡县,而郡县之治首农桑。"(《安吴四种》卷25上《农政》)不过,包世臣重农而并不主张抑商,在他看来,"夫无农则无食,无工则无用,无商则不给。三者缺一,则人莫能生也"(《安吴四种》卷7下《说储上篇前序》)。这是对农工商关系较为全面的认识。

对当时农业经济凋敝的情况,包世臣进行了分析。他首先批评为政者不明农教的做法,指出:"明农之教熄久矣……近者农民之苦剧矣,为其上者,莫不以渔夺牟侵为务,则以不知稼穑之艰难,而各急子孙之计故也。"(《安吴四种》卷25上《齐民四术目录叙》)其次,他对士人鄙视农业的风气也表示不满。包世臣曾说:"生财者农,而劝之者士。"(《安吴四种》卷7下《说储上篇前序》)但当时的情况则相反,"今天下旷土虽不甚多,而力作率不如法。士人日事占毕声病,鄙弃农事,不加研究,及其出而为吏,牟侵所及,大略农民尤受其害。故农无所劝,相率为游惰"(《安吴四种》卷26《庚辰杂著二》)。第三,包世臣着重揭露了苛捐杂税、官吏侵夺所造成的危害农业的后果,他以愤懑的笔调写道:"盖田输两税复摊丁徭,则一田而三征;内外正供,取农十九,而官吏征收,公私加费,往往及倍。绅富之户,以银米数多,而耗折较轻;力作之民,以银米数少,而耗折倍重……故农民终岁勤动,幸不离于天灾,而父母妻子,已迫饥寒;又竭其财以给贪婪,出其身以快惨酷,岁率为常,何以堪此?"(《安吴四种》卷25上《农政》)上述分析,实际上是对封建社会后期阶级矛盾的深层原因的揭示。

从农业生产力的角度来说,包世臣对当时农业生产的潜力是抱有信心的。他曾指出:"国家休养生息百七十余年,东南之民,老死不见兵革,西北虽偶被兵燹,然亦不为大害。其受水患者,不过偏隅,至于大旱,四十余年之中,惟乾隆五十年、嘉庆十九年两见而已。宜其丰年则人乐,旱干水溢,人无菜色。"针对有人提出的人多造成民贫的观点,包世臣也持有异议,他反驳说:"说者谓生齿日繁,地之所产,不敷口食,此小儒不达理势之言。夫天下之土,养天下之人,至给也。人多则生者愈众,庶为富基,岂有反以致贫者哉?"这就是说,当时社会所拥有的农业生产资料和生产力,是完全可以解决人民温饱问题的。只是由于执政者、当官者和士人阶层的不重农本,才造成了"西北地广,则广种薄收,广种则粪力不给,薄收而无以偿本。东南地窄,则弃农业工商,业工商则人习淫巧,习淫巧则多浮费"的结果(《安吴四种》卷26《庚辰杂著二》)。

在另一篇文章中,包世臣又对全国土地及人口的状况作了进一步的估算,他写道:"今者幅员至广……截长补短,约方三千六百里,为田六十八万六千八百八十万亩,山水邑里,五分去二,为田四十一万二千一百二十八万亩。前此兵革未起,户口极盛时,为人七万余万口,而工商籍多两占,兵疫伤亡在其中,以田计口,约人得五亩有奇。通以中壤中岁,亩谷二石五斗,除去桑田岁可得谷十二石,中人岁仓谷七石,糠秕饲鸡豕,则耕六而余四。夏冬所获,山泽所出不与焉。见中夫治田二十亩,志弱佐之,可以精熟,以口二十而六夫计之,使三民居一,而五居农,则地无不垦,百用以给。"(《安吴四种》卷7下《说储上篇后序》)显然,他对人口增加给社会经济所造成的压力缺少应有的警觉,但这段议论的思路却是和他的重农思想相吻合的。

为了促进农业生产的正常发展,包世臣提出了若干政策建议。关于水利和屯田,他认为二者"同理而殊势","水利者明农之先务,主于足民;屯田者足食之上理,主于裕国。故水利之兴,多在闲暇之时,民足而国储亦富;屯田之兴,多在有事之秋,国裕而民急亦解"。鉴于苏松一带漕赋过重,"吴中民户,田租所入仅足当漕"(《安吴四种》卷7上《畿辅开屯以救漕弊议》)的状况,包世臣希望在北方一带兴修水利,垦辟农田,"召东南习农而无地者,厚资之"(《安吴四种》卷3《庚辰杂著四》),以鼓励其生产积极性。而畿辅开屯"一有成效,即可将江浙之赋或减轻,或酌改为本折兼征,则民气得甦,官困亦解"(《安吴四种》卷7上《畿辅开屯以救漕弊议》)。

此外,包世臣还有屯边方面的见解。他在较早写成的《筹楚边对》一文中,提议在湖北边沿地区"度地势插屯",其具体做法是:"每屯相去,以五七里为度,使声势连络。无论逆产及逃亡遗产,每人给地二三十亩,农器二三具,籽种口粮若干……其地荒已二年,收成必倍……一麦之后,人各拥谷数十石,已有固志,官运其半,赴汉口粜卖,为置牛具,秋后酌收五分之一,就近拨济防兵口食,即在各兵应得粮饷内扣收,以归原款。"(《安吴四种》卷34《筹楚边对》)必须指出,包世臣的这项建议是针对白莲教起义而拟定的,因而具有特定的政治意义,不能等同于一般的屯田主张。

对古代的土地制度,包世臣也发表过自己的看法。他表示:"乡田同井,礼之制也;百姓亲睦,礼之行也。然乡田同井之制,后世不可复。"在他看来,"盖好礼必正其经界,好义必取民有制,好信必不违农时,则其民莫不敬服用情,力勤所事,怀土归业"。只要统治者切实重视农业,修其农政,"庶使已仕者有所取法而改其素行,未仕者知学古人官之不当专计筐箧以兼并农民",则"农事不缓,为小民筹生计者得矣"(《安吴四种》卷26《齐民四术目录叙》)。不把改善农业状况的希望寄托在恢复古制上,注重实际吏治的整顿和农政的推广,这是包世臣农业思想中切合时弊的见解。

第二节　林则徐的农业思想

林则徐(1785—1850),字少穆、元抚,号竢村老人、竢村退叟、七十二峰退叟,福建侯官(今闽侯)人。仁宗时考中进士,历任翰林院编修、江南道监察御史、江苏布政使、陕西布政使、江宁布政使、湖北布政使、河南布政使、河东河道总督、江苏巡抚、两江总督、湖广总督等职。道光十八年(1838)以钦差大臣赴广东查禁鸦片。后被遣戍伊犁。后又任陕甘总督、陕西巡抚、云贵总督、广西巡抚等职。林则徐在任官期间,十分重视水利建设。在河东河道总督任内,他尽力修治黄河。在湖北时,他亲自拟订修筑、防护沿江大堤的章程。在江苏任内,他组织兴修白茆、浏河等水利工程。被遣戍新疆途中,他受命协办黄河大工。在疆期间,他又在当地大力提倡开发水利,同时建议兵农合一,垦荒屯田。他的农业思想就是他上述重视水利和屯田实践的反映。

林则徐把农业作为国家治理的根本大计,并特别强调粮食的重要性,他认为"农为天下本务,稻又为农之本务",因此国家执政者应该在诸项政务中首先做到"助农重谷"(侯厚吉、吴其敬主编:《中国近代经济思想史稿》第1册,第103页,黑龙江人民出版社1982年版)。在如何发展农业生产的问题上,林则徐对水利尤为关注。他指出:"赋出于田,田资于水,故水利为农田之本,不可失修。"(《林则徐集》奏稿,上册,第237页,中华书局1965年版)鉴于江苏地区水利失修,危害严重的状况,他认为:"江苏漕赋,出自水田,水治则田资其利,不治则田被其害。"(《林则徐集》奏稿,上册,第338页)对北方地区水利设施缺乏、农业生产发展不快的局面,他也主张以兴修水利作为振兴大计。在他看来,"国家建都在北,转粟自南,京仓一石之储,常糜数石之费",这不是利国利民的"万年之计",因此需要在京津一带兴修水利,开垦农田,种植水稻,供应京师。他指出:"直隶天津、河间、永平、遵化四府州,可作水田之地,闻颇有余,或居洼下而沦为沮洳,或纳海河而延为苇荡,若行沟洫之法,似皆可作上腴。"(《林则徐集》奏稿,中册,第723页)为了使这一建议切实可行,林则徐主张参照雍正年间的做法:"先于官荡试行,兴工之初,自须酌给工本,若垦有功效,则花息年增一年……此后年收北米若干,概令核其一半之数折征南漕,以为归还原垦工本及续垦佃力之费,行之十年,而苏、松、常、镇、太、杭、嘉、湖八府州之漕,皆得取给于畿辅。"只有这样,才能改变京师粮食依靠南运的局面,"上以裕国,下以便民","朝廷万年至计,似在于此"(《林则徐集》奏稿,中册,第724页)。

对屯田问题,林则徐也发表过自己的见解。道光十七年(1837),林则徐向朝廷上呈《清理屯田章程折》,对屯田回赎中的弊病提出了六条治理措施。首先,他提出:"清查屯田宜责令屯头户首开报,以免隐漏",为此,要由各有关官员监督屯头户首"逐一开报,并将坐落顷亩典卖银数并旗丁买户姓名,造具清册,先行呈缴核办。倘有欺隐等弊,照例惩治"。第二,他主张:"典卖屯田宜分别加津回赎,以昭平允。"具体而言,"自嘉庆八年清屯以后为始,如运军有将屯田私行典卖者,无论承典承买,是军是民,概令本丁照价回赎……如本丁无力,许同船共伍之丁备价赎取,归船济运,不得再议加津"。第三,"同军代赎宜酌定归还原价,以免偏抑"。对此林则徐建议:"酌定所赎之田每年应得租息若干,核计几年租息足敷原价,先尽赎田之丁将收得租息变价偿还赎资,俟偿足后,再归本船济运。"(《林则徐集》奏稿,中册,第480页)第四,林则徐要求:"民人顶种屯田或有出售,宜一并回赎,以符定例。"第五,严格屯田回赎的期限管理,即如林则徐所重申的:"催赎屯田之备弁宜加严处分,以撤玩忽。"最后,"责成卫官严禁典卖,如有典卖,应予处分,以示惩创"(《林则徐集》奏稿,中册,第481页)。

清朝政府回赎屯田的目的是便于漕运,这一想法早在乾隆年间就已产生,当时的漕督顾琮在乾隆十二年(1747)提议由旗丁赎回已典卖给屯民的田产(参见《清史稿·食货志一》),回赎屯田主要位于湖南、江西、安徽、湖北等省。林则徐的上述主张即是为杜绝回赎政策实施过程的流弊而提出的。在他的六条对策见解中,还有两点见解值得注意:其一,对不变更产权的佃耕行为持相对宽容的态度,他说:"各卫屯田,本军因无暇自种,往往顶与民人耕种认租,以济运费,此与佃户无异,尚属可行。如顶种之民有私行转售他人者,应即逐一清厘,照依典卖之例,一并回赎,庶免日久辗转售卖。"(《林则徐集》奏稿,中册,第481页)可见他注重的是确保旗丁的屯田所有权。其二,严禁日后屯田所有权的再次流失,林则徐重申:"应请自此次清查以后,以道光十八年为始,如旗丁再有将运回私行典卖予民者,除业主售主均照盗卖官田律治罪外,其失察之卫所官弁,比照地方官失察八旗地亩典卖之例议处,如典卖不止一起,即按起参处。一起罚俸一年,二起罚俸二年,三起、四起罚俸三年,五起降一级,六起、七起降二级,八起、九起降三级,十起革职,俱留任,十起以上,即议以革职离任。"(《林则徐集》奏稿,中册,第481—482页)只有这样,才能"限回赎以重军产,严处分以专责成,务期旗丁赡运有资,漕务不致贻误"(《林则徐集》奏稿,中册,第482页)。

如何搞好救荒赈灾?这是林则徐农业思想的又一个重要内容。他分析当时的荒政管理存在诸种病端:"有在土棍者,有在生监者,有在吏胥者,并有在州县者。"具体来说,前面三弊在乡间,而最后一弊则在官府。林则徐对此作了详细的揭露,他写道:"土棍之弊在于悍泼……其凶恶情形,则在强索赈票,不许委员挨查户口。""生监之弊在于包揽,平居无事,惯写灾呈,一遇晴雨欠调,即约多人赴官呈报……及闻查赈,则各捏写户口总数,勒索赈票。""吏胥之弊在于捏册……吏胥即借灾费为名,于查荒时索钱卖单,查赈时捏名入册,先借口于赔垫而暗遂其侵欺。"(《林则徐集》奏稿,上册,第144页)这三种弊端虽发生在下面,但根子还在州县官府,正如林则徐所说:"州县廉则人不敢啖以利,州县严则人不敢蹈于法,州县勤而且明,则人不得售其奸。"因此,他认为要搞好赈灾,"必以察吏为最亟也"(《林则徐集》奏稿,上册,第145页)。

在落实赈灾措施问题上,林则徐强调"以稽核户口为第一要义"。他对道光十一年时江苏督臣陶澍和抚臣程祖洛的有关做法表示赞许,认为在一系列严格的稽核措施督察下,"官吏更加震肃,生监地棍人等亦知敛迹,积弊为之一清,道路传言,皆谓之清赈"(《林则徐集》奏稿,上册,第145页)。

为了提高赈灾能力,林则徐也要求进行贮备粮食的工作,他指出:"积存谷石,原系备荒善政。惟近年连遭灾歉,谷价增昂,即邻省亦非丰稔,不惟向存例价不敷买补,抑恐官为采买,民间食贵堪虞,仍应俟年岁稔收后,粮价稍平,再饬各州县筹买归仓,以为有备无患之长计。"(《林则徐集》奏稿,上册,第146页)

林则徐对富户在赈灾中的作用持肯定态度,道光初年,江苏发生重灾,他发布《劝谕捐赈告示》,其中对嘉定、宝山二县的富绅"请将例赈亦归义赈捐放,不敢上费帑金"(《林则徐集》公牍,第3—4页,中华书局1963年版)的义举深表赞赏。他认为由富户捐赈救灾,"此固所以恤贫,然正所以保富也"(《林则徐集》公牍,第3页)。因为,"捐赈则灾民得生,即使殷户稍捐家资,究易培补。停捐则于殷户诚便,而灾民望赈不遂,即殷户岂能独全"。为了促使富家捐赈和平粜,林则徐一方面表示对"乐善好施之人","朝廷有奖赏,里党有称颂,子孙有福报,不但不损其富,且必明去暗来"(《林则徐集》公牍,第4页);另一方面又告诫说:殷富之家和米行铺户应在灾荒之年"即时粜卖,以平(粮食)市价。如再抬价病民,故意囤积,惟有按例严办,以示惩儆。其殷绅富户存积米石,亦须乘时出粜,不容观望迁延"(《林则徐集》公牍,第7页)。这种重视富人作用和宽严相济的管理见解在救荒思想的发展中也是颇有特点的。

第三节 龚自珍的农宗论

龚自珍(1792—1841),字璱人,号定庵,一名易简,字伯定,又名巩祚,浙江仁和(今杭州)人。早年由副贡生考充武英殿校录。仁宗时考中举人,宣宗时考中进士,历任内阁中书、宗人府主事、玉牒馆纂修官、礼部主事、主客司主事等职,辞官后为江苏丹阳云阳书院讲席。

在中国近代史上,龚自珍是一位开风气之先的人物,他主张研究学问要经世致用,面向社会现实。在他看来,当时的社会正面临着严重的危机,它表面上"文类治世,名类治世,声音笑貌类治世",实际上则已入"衰世"(《龚自珍全集》,第6页,中华书局1959年版)。为了缓解日益尖锐的社会矛盾,他主张实行变革,认为:"自古及今,法无不改,势无不积,事例无不变迁,风气无不移易。"(《龚自珍全集》,第319页)他所谓的变法,就是在维持封建社会制度的前提下,通过实施财富的调节政策来达到"平均"的目的。"平均"是一种最高的治国理想,即所谓"有天下者,莫高于平之之尚也"(《龚自珍全集》,第78页)。但龚自珍在论述这一问题时还未接触到土地制度,只是在写《农宗》时,才把注意力集中到土地关系这个要害上来,而这正是其农业思想的核心内容。

龚自珍的土地方案是基于对土地意义的充分重视,他认识到:"食民者,土也。"(《龚自珍全集》,第8页)既然人们生活离不开土地,国家统治者就必须解决好土地问题。关于土地占有关系的历史起源,龚自珍作了回顾。他说在很古时,土地曾为耕垦者所有,"有能以尺土出谷者,以为尺土主;有能以倍尺若十尺、伯尺出谷者,以为倍尺、十尺、伯尺主"。到了各级统治阶层形成之后,通过一定的法定关系来进行土地分配,就成为必要的了。对此,他对宗法制度的作用进行了正面的强调,指出:"礼莫初于宗,惟农为初有宗。"因为,"上古不讳私,百亩之主,必子其子;其没也,百亩之亚族,必臣其子;余子必尊其兄,兄必养其余子。父不私子则不慈,子不业父则不孝,余子不尊长子则不佛,长子不赡余子则不义。长子与余子不别,则百亩分;数分则不长久,不能以百亩长久,则不智"(《龚自珍全集》,第49页)。这就是说,以长子财产继承权为基础的宗法关系是维持封建土地占有状况的最佳途径。

他对设想中的农宗关系进行了这样的表述:"百亩之农,有男子二,甲为大宗,乙为小宗。小宗者,帝王之上蓄,实农之余夫也。有小宗之余夫,有群宗之余夫。小宗有男子二,甲为小宗,乙为群宗。群宗者,帝王之群蓄也。余夫之长子为余夫。大宗有子三、四人若五人,丙丁为群宗,戊闲民。小宗余夫有子三人,丙闲民。群宗余夫有子二人,乙闲民。闲民使为佃。"(《龚自珍全集》,第49页)这里的大宗、小宗、群宗、闲民四个等级,在土地占有和继承上是有严格区别的。龚自珍对此制定的方案为:"大宗。子甲,袭大宗百亩,父六十而袭;子乙,立为小宗,别请田二十五亩,即余夫也……子丙、丁,皆立为群宗,皆请田二十五亩,皆余夫也……戊,为闲民。"(《龚自珍全集》,第52页)"小宗。子甲,袭小宗之二十五亩,父六十而袭……子乙,立为群宗,别请田二十五亩;子丙,闲民。""群宗。子甲,群宗之二十五亩,父六十而袭;子乙,闲民。"(《龚自珍全集》,第53页)照他的计划,以一百亩土地作为家业的大宗,其田产只能由各代长子所继承,其他各子(即小宗、群宗等)必须向国家请田。至于第五子及以下各子,身为闲民则没有土地,只好靠耕种大宗或余夫的土地为生。

对于农宗的土地经营,龚自珍也有专门规定,他写道:"百亩之宗,以十一为宅,以十一出租税奉上……以十一食族之佃"。"大宗有十口,实食三十亩,桑苎、木棉、竹漆、果蔬十亩,枲三十亩,以三十亩之枲治家具。""余夫家五口,宅五亩,实食十亩,以二亩半税,以二亩半食佃,以二亩半治蔬苎,以二亩半枲。自实食之外,宅税圃枲佃五者,毋或一废。"(《龚自珍全集》,第50页)这种经营模式仍然是封建自然经济性质的。

在龚自珍的农宗理论中,存在着无地而受雇的佃农阶层,这是由于土地的有限性所导致的,正如他在谈到划分闲民等级问题时所表示的:"若依古制,每夫百亩,田何以给?故立四等之目以差。"(《龚自珍全集》,第52页)这表明,农宗方案在本质上是一种有差别的土地占有关系,只不过阶级的等级差别和剥削关系被罩上了一层宗法的外衣。另一方面,龚自珍在多种场合提到佃农的存在,其"农为天子养民"说认为:"百亩之田,不能以独治,役佃五;余夫二十五亩,亦不能以独治,役佃一。大凡大宗一,小宗若群宗四,为田二百亩,则养天下无田者九人。然而天子有田十万亩,则天下无田亦不饥为盗者,四千有五百人。大县田四十万,则农为天子养民万八千人。"(《龚自珍全集》,第50页)这里的佃户主要指流民,但宗法家族中的无地闲民在经济上显然处于与此相同的地位。显而易见,龚自珍的农宗论同他的"平均"理想是不无矛盾的,而这种不和谐又是封建思想家的主观愿望与客观现实的差距所造成的,虽然农宗论本身也颇具空想成分。

正因为认识到土地等级占有的客观必然性,龚自珍明确表示:农宗并没有限田或抑制土地兼并的意思。对于"百亩之法,限田之法也,古亦然乎"的提问,他回答说:"否,否,吾书姑举百亩以起例,古岂有限田之法哉?贫富之不齐,众寡之不齐,或十伯,或千万,上古而然……大抵视其人之德,有德此有土,有人此有土矣。天且不得而限之,王者乌得而限之?"(《龚自珍全集》,第54页)如果说龚自珍的农宗论在维护既有土地关系上具有落后保守的色彩,那么他关于土地差别占有的见解则在一定程度上焕发出近代私有观念的闪光。

除了农宗方案之外,龚自珍在土地开垦和屯田问题上也发表了自己的看法。他主张实施开垦荒地和提高地力的政策,指出:"夫游民旷土,自古禁之,今日者,西北民尚质淳,而土或不殖五谷;东南土皆丰沃,而人或非隶四民。守令所焦急者,似无暇在此,而所以督责守令,亦不尽在此,是宜深计也。"(《龚自珍全集》,第115页)为了缓解流民问题和增加垦荒劳力,他建议募民西徙,在他看来,西北一带,"地纵数千里,部落数十支,除沙碛外,屯田总计,北才二十三万八千六百三十二亩,南才四万九千四百七十六亩,合计才二十八万八千一百零八亩;田丁,南北合计才十万三千九百零五名,加遣犯有名无实者,二百零四名。若云以西域治西域,则言之胡易易?"为此,"应请大募京师游食非土著之民,及直隶、山东、河南之民,陕西、甘肃之民,令西徙"(《龚自珍全集》,第106页)。在他看来,一般流民,"与其为内地无产之民,孰若为西边有产之民,以耕以牧,得长其子孙哉?"(《龚自珍全集》,第107页)

另一方面,他对屯田的组织形式表示异议,主张将地亩分配给屯户作为私田。他认为:"屯田可尽撤矣。屯田者,有屯之名,不尽田之力。三代既远,欲兵与农之合,欲以私力治公田,盖其难也。应将见在屯田二十八万亩零,即给与见在之屯丁十万余人,作为世业。公田变为私田,客丁变为编户,戍边变为土著。其遣犯毋庸释回,亦量予瘠地,一体耕种交纳。"(《龚自珍全集》,第110页)这种观点显然具有维护和宣扬土地私有的进步理论意义。

需要指出的是,龚自珍在农商关系的认识上具有明显的历史局限性,他认为:"匹妇之忧,货重于食;城市之忧,食货均;人主之忧,食重于货。"(《龚自珍全集》,第7页)这话具有一定的道理。但他据此断言,国家执政者要做到"博食之原,啬食之流,重食之权"(《龚自珍全集》,第8页),而不必在货币问题上多费心思,并进而主张尽量缩小商业的规模,这就不仅与他的某些近代土地观点形成反差,而且较明代张居正等人的观点也明显倒退了。

第四节　魏源的农业思想

魏源(1794—1857),字汉士、默深,湖南邵阳人。早年在家乡授徒,后随父调官京城。宣宗时考中举人,受江苏布政使贺长龄之请代编《皇朝经世文编》,还协助江苏巡抚陶澍等试行海运漕粮。后捐官内阁中书,又因丁父忧去苏州,期间协助两江总督陶澍改革盐法。后又参加监督浙江防务的钦差大臣裕谦的幕府。道光二十五年(1845)考中进士,历任江苏东台知县、兴化知县、盐运使分司通判、高邮州知州等职,晚年入钦差大臣周天爵幕府。

魏源是中国近代最先提出向西方学习的人,他在林则徐所编《四洲志》的基础上,扩充撰著了 50 卷的《海国图志》(后又增加到一百卷),并明确表示写作此书是为了"以夷攻夷","师夷长技以制夷"(《魏源集》上册,第 207 页,中华书局 1983 年版)。有人说,当时的国人对于外国的情况,"举世讳言之,一魏默深独能著书详求其说,已犯诸公之忌"(《中复堂全集·东溟文后集·与余小坡言西事书》)。说明他的认识在当时是颇为先进的。与此相一致,魏源的经济思想也有不少新的创见,如提出对外通商、发展近代工业、允许民间办厂等,他的农业思想虽然内容不很多,但在若干理论问题上仍具有独特的深刻之处。

魏源没有直接谈论过农业的基础地位问题,但从他在阐述其他问题时涉及农业的几段话中,可以看出他对农本是持赞同态度的。其一,"语金生粟死之训,重本抑末之谊,则食先于货"(《魏源集》下册,第 471 页);其二,"美利坚产谷棉而以富称,秘鲁诸国产金银而以贫闻。金玉非宝,稼穑为宝,古训昭然,荒裔其能或异哉!"(《海国图志》卷 61《美利坚国总记下》)其三,"自古有不王道之富强,无不富强之王道……《洪范》八政,始食货而终宾师,无非以足食足兵为治天下之具。后儒特因《孟子》义利、五伯之辩,遂以兵食归之五伯,讳而不言,曾亦思足民、治赋皆圣门之事,农桑、树畜即《孟子》之言乎?"(《魏源集》上册,第 36 页)

作为一位有改革意识的思想家,魏源对中国传统的农本观念并无异议,但他强调随着时代的变迁,人们决不能照搬以往发展农业的成功模式。他指出:"三代以上,天皆不同今日之天,地皆不同今日之地,人皆不同今日之人,物皆不同今日之物。"(《魏源集》上册,第 47 页)以农业作物和食物品种为例:"黍稷五谷之长,数麻菽而不数稻;亨葵五菜之主,茞蓼藿而不及菘;枌榆养老之珍,今荒馑始食其皮;荇藻蘋蘩,以共祭祀;堇荼茛薇,恒佐饔飧;蜉蝣蛴螬,古实甘美之羹;蚳蜗蝈蕫,礼则燕食之醢;今畴登鼎俎荐齿牙……是物迁于古矣。"(《魏源集》上册,第 47—48 页)既然如此,就不能"执古以绳今",他把"执古以绳今"叫作"诬今",断言:"诬今不可以为治。"(《魏源集》上册,第 48 页)

根据这种思路,他对历史上的若干政策演变发表了看法,指出:"租、庸、调变而两税,两税变而条编。变古愈尽,便民愈甚,虽圣王复作,必不舍条编而复两税,舍两税而复租、庸、调也;乡举里选变而门望,门望变而考试,丁庸变而差役,差役变而雇役,虽圣王复作,必不舍科举而复选举,舍雇役而为差役也;丘甲变而府兵,府兵变而旷骑,而营伍,虽圣王复作,必不舍营伍而复为屯田为府兵也。"(《魏源集》上册,第 48 页)在这里,他对田赋制度的变更持肯定态度,而从"履不必同,期于适足;治不必同,期于利民,是以忠、质、文异尚,子、丑、寅异建,五帝不袭礼,三王不沿乐,况郡县之世而谈封建,阡陌之世而谈井田,笞杖之世而谈肉刑哉"(《魏源集》上册,第 48—49 页)这段话来看,魏源对恢复井田制显然是不赞同的,这些见解显然同他的进步历史观不无联系。

这种具有进步意义的农业思想倾向还体现在他的富民观点中,魏源指出:"《周官》保富之法,诚以富民一方之元气,公家有大征发、大徒役皆倚赖焉,大兵燹、大饥馑皆仰赖焉。"(《魏源集》上册,第 72 页)他对富民的定义又作了新了诠释,认为:"天下有本富有末富,其别在有田无田。有田而富者,岁输租税,供徭役,事事受制于官,一遇饥荒,束手待尽;非若无田富民,逐什一之利,转贩四方,无赋敛徭役,无官吏挟制,即有与民争利之桑、孔,能分其利而不能破其家也;是以有田之富民可悯更甚于无田。"(《魏源集》上册,第 72—73 页)这里所说的有田之富民,显然是指封建地主阶级。基于这种认识,魏源告诫统治者不要专事侵夺,以免导致严重后果,他说:"彼贪人为政也,专朘富民,富民渐罄,复朘中户,中户复然,遂致邑井成墟。故土无富户则国贫,土无中户则国危,至下户流亡而国非其国矣。"(《魏源集》上册,第 72 页)

为了保护农村富户的利益,魏源要求统治者采取合理有节的赋税政策,他以植柳和剪韭为例,指出:"盖赋民者,譬植柳乎,薪其枝叶而培其本根;不善赋民者,譬则剪韭乎,日剪一畦,不罄不止。"(《魏源集》上册,第 72 页)这种比喻法,在中国古代农业思想史上多次出现。应该肯定,魏源的这一赋税原则虽然具有维护地主阶级根本利益的性质,但若真能实施,广大农民也是可以身受其惠的。

在具体的农业政策方面,魏源论述较为集中的是屯垦、荒政和水利问题。他把屯垦作为兴利之策中的重要举措,指出:"阜食莫大于屯垦,屯垦莫急于八旗生计。"(《魏源集》下册,第 484 页)鉴于八旗在京人数有增无减,国家财力日显不支的状况,魏源提出了自己的移民垦田主张。在他看来,"满、蒙、汉三者,宜因地因人而徙。东三省,满洲旧地也,宜专以徙满洲之余丁。开平、兴和,国初平察哈尔、蒙古之地也,宜专以徙在京蒙古之余丁。至于外省驻防,难以再增,而外任留寓占籍,本汉人之俗也;宜专以安置汉军之人,各因其地,各还其俗"(《魏源集》下册,第 486 页)。

为了使旗丁安于屯垦,魏源建议:"以驻防为名,并择宗室、觉罗中奉恩将军之练惷者,使每人率一佐领或二佐领以重其行。至彼之后,打牲、射猎、屯种,各从其愿,兼许雇汉农以为之助,则旗人无不惶惘然矣。""开平、兴化四城,亦宜设蒙古驻防,使游牧屯种,各从其便,并许雇汉农以为之助,则初年不习于农,数载后农牧相安,即可裁其兵粮,以归禁旅之籍矣。"(《魏源集》下册,第 487 页)显然,魏源的屯垦主张适用性是比较有限的。

关于荒政,魏源强调:"救荒不如备荒,备荒莫如急农时。"(《魏源集》下册,第 489 页)因此,他十分重视抓紧农时以备荒。根据江南苏、常一带的自然特点,他肯定江北低洼区域的成功经验,"仿湖圩春秋雨熟之稻,以防春汛开堰之患,其稍高地,亦种七月早获之稻,以免秋汛开堰之患",认为这"颇能以人事补天时地利之穷"(《魏源集》下册,第491页)。针对松江、太仓濒海沙地的特点,魏源又主张种植棉花以提高土地利用率,提出"沿海种棉,必以清明前五日为上时,后五日为中时,谷雨为下时。毋过谷雨以后天时;其分畦布种,毋狭毋稠,使根深干实,足胜肥淤而能风潦,以厚地力"(《魏源集》下册,第492页)。为了推广这一措施,他要求:"其行之也,则必慈惠之师,传谕父老富民之有田者,转谕其佃农,以此之利害易彼之利害,而大府则以棉稻收成早晚为州县之考成,州县则以收成早晚为里正之赏罚。"(《魏源集》下册,第493页)由此可见,魏源的备荒主张是想通过农业经营的合理调整来尽量减轻不利天时和地理条件所造成的影响,这种对策思路颇有可取之处。

魏源的水利议论涉及面较广,他批评当时的黄河治理缺乏全盘计划,"但言防河,不言治河,故河成今日之患"(《魏源集》上册,第365页)。通过对黄河水域的实际分析,他建议恢复清朝立国之初的体制,在张秋派驻河道官员,总管黄河两岸及上下游水利,坚持常年维修,认为此举可收六大利处:(1)"岁修及倒塘济运,至多以数十万计,如国初旧额,岁可省五百万"(《魏源集》上册,第372页);(2)黄河流经地区,北岸"皆历年河决正溜所冲之地,非沙压,即斥卤,皆土旷人稀,无辐辏阛阓,而南自开封,下自淮海,旧河涸出淤地千余里,以迁河北失业之民,舍硗瘠,得膏腴,不烦给价买地"(《魏源集》上册,第372—373页);(3)"洪泽湖畅出入海,高堰可不蓄水,涸出淮河上游民田数万顷";(4)"五坝不启,下河不灾,淮、扬化为乐国";(5)"河不常患,帑不虚糜,而后国家得以全力饬边防,兴水利";(6)"其新河岁修数十万金,但取诸旧河、旧湖涸出淤地升科之项而有余,国家更不费一钱以治河"(《魏源集》上册,第373页)。

关于畿辅河渠,魏源认为水患不治的根本原因在于违反了客观的自然规律,他说:"漳流宜北不宜南,永定河宜南不宜北。南北之间,是为大壑。其性总归就下,其行必由地中。而近日治水者皆反之,逆水性,逆地势,何怪愈治愈决裂。"他的结论是:"治北河者,以不筑堤为上策;顺其性,作遥堤者次之;强之就高;愈防愈溃,是为无策。"(《魏源集》上册,第379页)

关于长江水患的产生,魏源归咎于随人口的增加和农业的发展而导致的生态破坏。他指出:"今则承平二百载,土满人满,湖北、湖南、江南各省,沿江沿汉沿湖,向日受水之地,无不筑圩捍水,成阡陌治庐舍其中,于是平地无遗利;且湖广无业之民,多迁黔、粤、川、陕交界,刀耕火种,虽蚕丛峻岭,老林邃谷,无土不垦,无门不辟,于是山地无遗利。"(《魏源集》上册,第388—389页)他认为自然生态有内在的平衡机制，"平地无遗利，则不受水，水必与人争地"；"山无余利，则凡箐谷之中，浮沙壅泥，败叶陈根，历年壅积者，至是皆铲掘疏浮，随大雨倾泻而下……水去沙不去，遂为洲渚"(《魏源集》上册，第 389 页)。这番分析颇有科学眼光，是中国历史上关于长江水患成因分析的深刻之见。

基于以上认识，魏源对治理长江水利的对策见解是："两害相形，则取其轻；两利相形，则取其重。为今日计，不去水之碍而免水之溃，必不能也。欲导水性，必掘水障。"(《魏源集》上册，第 389 页)另一方面，他要求加强水利管理力度，"苟徒听畏劳畏怨之州县，徇俗苟安之幕友，以姑息于行贿舞弊之胥役，垄断罔利之豪右，而望水利之行，无是理也"。因此，"欲兴水利，先除水弊。除弊如何？曰：除去夺水夺利之人而已"(《魏源集》上册，第 391 页)。这种科学态度和严格管理相结合的水利治理主张，同样是值得称道的。

第五节　洪秀全的《天朝田亩制度》

洪秀全(1814—1864)，原名仁坤，广东花县人。早年在家务农，后当过乡村塾师。曾三次考秀才而未中。1843 年创立拜上帝会。1850 年建立农民武装。次年在广西桂平金田村组织起义，建立太平天国，被拥为天王。1853 年，太平军攻克南京，定为首都，改名天京。同年颁布《天朝田亩制度》，这是一个集中反映洪秀全农业政策思想的纲领性文件。

《天朝田亩制度》的主要精神是平均分配农业生产的最基本资料——土地，它明确提出"凡天下田，天下人同耕"，在此基础上，其他生活资料也公共平均占有："有田同耕，有饭同食，有衣同穿，有钱同使，无处不均匀，无人不饱暖。"(《太平天国》第 1 册，第 321 页，上海人民出版社 1957 年版)

要求平均土地是中国古代农民起义的共同呼声，东汉时期的《太平经》曾被张角、张鲁等农民领袖当作起义的思想武器，其中已有模糊的财产公有观念，如说："此财物乃天地中和所有，以共养人也。此家但遇得其聚处，比若仓中之鼠，常独足食，此太仓之粟，并非独鼠有也。小内之钱财，本非独以给一人也，其有不足者，悉当从其取也。"这里没有直接谈到土地，但作为封建社会中的主要财富形式，它当然应该为人们所共有。从这种观念出发，《太平经》作者提出了平均的概念，指出："太者，大也……太平均，凡事悉治，无复不平。"(《太平经》卷 67《六罪十治诀》)

平均的思想在以后的农民起义运动中不断得到发展，唐代时王仙芝曾自称

"天补平均大将军",黄巢有"率土大将军""天补均平大将军"等称号。五代时,"使富者贫,贫者富"(《南唐书·陈起传》)一度成为农民起义的口号。北宋的王小波以这样的话来激励部下,他说:"吾疾贫富不均,今为汝均之。"(王辟之:《渑水燕谈录》)李顺表示要致力于"均贫富"(《梦溪笔谈》卷25《蜀中剧贼李顺条》)。钟相是南宋的农民起义领袖,他曾表示过类似的意念:"法分贵贱贫富,非善法也。我行法,当等贵贱,均贫富。"(李心传:《建炎以来系年要录》建炎四年二月)到了明末,均平的观念更为明确,如李自成曾大胆提出了"均田免粮"(《罪惟录》卷31《李自成传》)的政策纲领,"且有贵贱均田之制"(《罪惟录》卷17《毅宗烈皇帝纪》),这是直接将财富均等原则与土地问题相联系的见解。

从洪秀全本人的思想形成过程来看,平均土地思想又受到外国宗教思想的影响。在《原道醒世训》中,洪秀全写道:"天下凡间,分言之则有万国,统言之则实一家……天下多男人,尽是兄弟之辈,天下多女子,尽是姊妹之群。何得存此疆彼界之私,何得起尔吞我并之念?"(《太平天国》第1册,第92页)这种宗教平等观对《天朝田亩制度》的形成显然有内在的关联。

在洪秀全主持颁行的《天朝田亩制度》中,体现着以下几个政策思想内容。

首先,对土地分配采取一律均等的原则。《天朝田亩制度》规定:"凡分田,照人口,不论男妇,算其家口多寡,人多则分多,人寡则分寡。"为了体现平均原则,对各种土地作了优劣划分,并具体规定了折合标准:"凡田分九等:其田一亩,早晚二季可出一千二百斤者为尚尚田,可出一千一百斤者为尚中田,可出一千斤者为尚下田,可出九百斤者为中尚田,可出八百斤者为中中田,可出七百斤为中下田,可出六百斤者为下尚田,可出五百斤者为下中田,可出四百斤者为下下田。尚尚田一亩者,当尚中田一亩一分,当尚下田一亩二分,当中尚田一亩三分五厘,当中中田一亩五分,当中下田一亩七分五厘,当下尚田二亩,当下中田二亩四分,当下下田三亩。'分配则'杂以九等,如一家六人分三人好田,分三人丑田,好丑各二一半"。在分田过程中,强调地区协调,即所谓"此处不足,则迁彼处,彼处不足,则迁此处。凡天下田,丰荒相通,此处荒,则移彼丰处以赈此荒处,彼处荒,则移此丰处以赈荒处"。至于受田对象的年龄,《制度》中说:"凡男妇,每一人自十六岁以尚,受田多逾十五岁以下一半。如十六岁以尚分尚尚田一亩,则十五岁以下减其半,分尚尚田五分;又如十六岁以尚分下下田三亩,则十五岁以下减其半分下下田一亩五分。"(《太平天国》第1册,第321页)

其次,以一家一户为单位,进行小农自然经营。由于土地是按家户人口分配的,所以天朝体制的生产方式必然是分散的、自给自足的,这一点从有关农副业的经营规定中也可看出。《天朝田亩制度》中提到:"凡天下,树墙下以桑。凡妇蚕绩缝衣裳。凡天下，每家五母鸡，二母彘，无失其时。"又说："凡二十五家中，陶、冶、术、石等匠俱用伍长及伍卒为之，农隙治事。"（《太平天国》第 1 册，第 322 页）

第三，与上述土地制度相配套，实行以"两"为单位的行政管理。根据太平军的建制，各级行政的组织分别为军、师、旅、卒、两，其中"两"是基层一级的组织，由二十五家农户编成，其首领称"两司马"。"两司马"的职责很具体广泛，包括："凡当收成时，两司马督伍长，除足其二十五家每人所食可接新谷外，余则归国库。凡麦、豆、苧麻、布帛、鸡、犬各物及银钱亦然……两司马存其钱谷数于簿，上其数于典钱谷及典出入。"其他则有："凡二十五家中，设国库一，礼拜堂一，两司马居之……凡两司马办其二十五家婚娶吉喜等事，总是祭告天父上主皇上帝，一切旧时歪例尽除。其二十五家中童子俱日至礼拜堂，两司马教读《旧遗诏圣书》《新遗诏圣书》及《真命诏旨书》焉。""凡二十五家中力农者有赏，惰农者有罚。或各家有争讼，两造赴两司马，两司马听其曲直。"（《太平天国》第 1 册，第 322 页）"凡天下每岁一举，以补诸官之缺……其伍卒民，有能遵守条命及力农者，两司马则列其行迹，注其姓名，并自己保举姓名于卒长。"（《太平天国》第 1 册，第 324 页）在"两"之下则有伍卒，"每年每家设一人为伍卒，有警则首领统之为兵，杀敌捕贼，无事则首领督之为农，耕田奉尚"（《太平天国》第 1 册，第 321 页）。这种管理体制具有寓兵于农、兵农结合的特点，是农民起义军在当时斗争环境中的必然选择。

对于《天朝田亩制度》中的土地政策，有一点必须加以注意，即这是一种完全否定私有制的土地方案。这项制度的制定者强调："盖天下皆是天父上主皇上帝一大家，天下人人不受私，物物归上主，则主有所运用，天下大家处处平匀，人人饱暖矣。此乃天父上主皇上帝特命太平真主救世旨意也。"（《太平天国》第 1 册，第 322 页）在太平天国的另一份文件中，也曾明确地宣称："不要钱漕，但百姓之田，皆系天王（主）之田，收取子粒，全归天王。每年大口给米一石，小口减半，以作养生。"（《太平天国》第 4 册，第 750 页）这份名为《百姓条例》的文件内容虽为传抄之作，但在反映太平天国领导者的思想倾向上是颇能说明问题的。体现类似观念的还有杨秀清的一篇诰谕和《天情道理书》，前者提到："田产均耕一事是也，人人皆是上帝所生，人人皆当同享天福，故所谓天下一家也。"（《太平天国文书汇编》，第 302页，中华书局 1979 年版）后者表示："要知万姓同出一姓，一姓同出一祖，其原未始不同。我们蒙天父生养以来，异体同形，异地同地，所谓四海之内，皆兄弟也……何分尔我，何分异同，有衣同衣，有食同食。"（《太平天国》第 1 册，第 328 页）这是中国封建时代中最彻底的土地公有思想，它直接代表了广大农民推翻封建地主土地所有制的革命要求，并展示着他们追求平等生活的朴素美好的理想。当然，农民的这种理想本身还带着某些旧时代的痕迹和不切实际的幻想。

列宁曾经深刻地指出："土地重分的'平均制'是乌托邦,但是土地重分必须与一切旧的,即地主的、份地的、'官家的'土地占有制度完全决裂,这却是在资产阶级民主主义发展方向上最需要的、经济上进步的……最迫切的办法。"(《列宁选集》第2卷,第431页,人民出版社1972年版)这也适用于对太平天国土地制度的评价。

另一方面,从土地理论或经济学意义上来看,则《天朝田亩制度》又存在着明显的偏颇和谬误。它要否定封建土地私有制,并不是通过生产力的革命发展来突破旧生产关系的桎梏,而是寄希望于实行一套落后的自然农业经济的生产方式,这既与当时已有一定发展程度的商品经济的客观规律大相径庭,而且与社会历史的演进趋势背道而驰。从该制度的各种具体规定可以看出,生产者的剩余劳动产品完全被剥夺,商品交换基本取消,生活的实质性改善受到阻碍,这就必然挫伤农民的劳动热情,要想维持基本的经济运行也便失去了内在的动力。因此,《天朝田亩制度》作为中国封建社会的产物,最终未能找到摆脱传统土地政策弊端的出路。

除了《天朝田亩制度》之外,太平天国在起义过程中和建立政权以后,还颁行过一些与土地有关的农业政策法令。其一,对某些封建大官僚、反对起义军的富豪、庵观寺店及宗祠田产实行剥夺。同时,对于大多数顺从起义军的地主财产则给予保持。鉴于战争所造成的混乱,起义领导者认识到有必要对生产关系实行某种程度的稳定政策,1853年5月,杨秀清、萧朝贵发布《安抚四民诰谕》,指出:"兹建王业,切诰苍生……士农工商各力其业。自谕之后,尔等务宜安居桑梓。"(《太平天国文书汇编》,第111页)

一方面是为了恢复局势,另一方面也是为了增加财力,太平天国领导层对既有的租佃赋税关系并未采取一概否定的做法。1854年,杨秀清、韦昌辉、石达开等向洪秀全上呈《奏请准良民照旧交粮纳税本章》,其中写道:"建都天京,兵士日众,宜广积米粮,以充军储而裕国课。弟等细思,安徽、江西米粮广有,宜令镇守佐将,在彼晓谕良民照旧交粮纳税。如蒙恩准,弟等即颁行诰谕,令该等遵办,解回天京圣仓堆积。"(《太平天国文书汇编》,第168页)这建议得到洪秀全的同意。此后,这类政策法令又颁行过多次,如1855年3月的《前玖圣粮刘晓谕粮户早完国课布告》中说:"照得朝当开创之际,粮饷为先。国有征税之期,完纳宜早……田赋虽未奉其定制,尔粮户等,亦宜谨遵天定,暂依旧例章程。扫数如期完纳……所有一切应完地丁,以及芦课鱼课等项,无论富户贫民,务宜一体完纳,不得迟延拖欠。"(《太平天国文书汇编》,第118页)

要征收旧例租税,必然要保存原有的租佃关系,太平天国领导者在实际中正是这样行事的。在太平军攻占江浙地区后,所发的"田凭""荡凭"等实质上是从法律上承认了封建租佃关系,如《吴江潘叙奎荡凭》中规定:"天朝恢疆拓土十有余年,所有各邑田亩业经我忠王操劳瑞心,颁发田凭……合给凭照以安恒业而杜争竞……抑该业户永远收执取办赋……倘有买卖过户,即以此照凭。"(《太平天国》第2册,第877页)《金匮黄祠墓祭田凭》中写道:"发给田凭以安恒业而利民生……每年遵照天朝定制完纳银米,不得违误,所有自份田产并无假冒隐匿等弊,给凭之后如有争讼霸占一切情事,准该花户禀请究治,为此给凭,永远存执。"(《太平天国》第2册,第876页)

不仅从法定意义上承认佃租的存在,太平天国政权还发布告示,督促农民完租,并表示要惩处抗租行为。《斑天安办理长洲军民事务黄酌定还租以抒佃力告示》云:"我天朝克复苏省……即经前爵宪熊推念在城业户流离未归,出示晓喻,姑着各佃户代完地粮,俟业户归来,照租额算找。其在乡业户,仍自行完纳,照旧收租,不准抗霸。"(《太平天国文书汇编》,第146页)《忠天豫马丙兴谕刀鞘坞等处告示》曰:"业户固贵按亩输粮,佃户尤当照额完租……倘有拖词延宕,一经控追,抗租与抗粮同办。"(《太平天国文书汇编》,第140页)当然,太平天国区域内,地租的数额均有程度不同的减轻,"大抵半租而已"(《太平天国史料丛编简辑》〈一〉,第281页,中华书局1961年版)。

综上所述,以洪秀全为代表的太平天国农民政权的农业政策思想具有鲜明的两重性,它既是一种与清朝代表封建地主阶级根本利益的农业思想相对立的进步理论纲领,又在不少方面残存着落后生产方式的观念痕迹和局限。这些农业政策的短暂寿命一定程度上应归因于太平天国起义的失败,但它本身的空想性和两重性无疑是更深层的根源。

第六节　曾国藩、冯桂芬的农业思想

曾国藩(1811—1872),号涤生,湖南湘乡人。宣宗时考中进士,历任庶吉士、内阁学士、礼部侍郎、兵部侍郎、吏部侍郎、两江总督、直隶总督等职。因平定太平天国起义甚力,获清廷一等侯爵勋位。曾国藩的农业思想不多,主要是就太平军起义后的农业生产恢复问题而提出的对策。

出于对太平天国起义军的激烈反对,曾国藩在重新统治区域大力开展土地倒算活动,他提出:"以查亩为第一义",就是要尽快收复被农民没收的田产。这种清算包括两方面,其一是依据太平军攻占前的田单,"有契者验契给单,无契者取具田邻户族保结给单","查出无单之田,勒令充公"(《署桐城县薛令元启禀拟查亩催征八条》,《曾文正公全集》批牍,卷5)。其二是准予逃亡地主索还旧产,"如有遗失田契者","准其补契"(《署徽州府刘守傅祺禀拟招垦荒田情形》,《曾文正公全集》批牍,卷5)。这些都是为了恢复太平天国起义前的土地占有关系。

对于当时的荒芜土地,曾国藩提出了自己的处理见解,他主张:"业主、佃户并无人者,由局查明报县立案。一面募人佃种,声明业主何人,倘日后回乡,仍将原田归还。此项荒田只可目以归局经理之名……惟荒田与逆产不能相提并论,逆产者田已充公,而田官招佃也,荒田者田本有主,而暂时归局募佃也。"(《署安徽何藩司璟等会详议复荒产续还业主及安置难民由》,《曾文正公全集》批牍,卷5)这里所谓的"荒田"显然是逃亡地主的田产,曾国藩对此的关切之情,鲜明地反映了他维护地主阶级利益的思想倾向。

另一方面,曾国藩也曾发表过一些薄敛减役、安定农民的言论,其目的则是为了促进农业生产的正常进行,他在一则《劝戒州县》的文章中指出:"军兴以来,士与工商生计或未尽绝,惟农夫则无一人不苦,无一处不苦。农夫受苦太久,则必荒田不耕。军无粮,则必扰民;民无粮,则必从贼;贼无粮,则必变流贼,而大乱无了日矣。故今日之州县,以重农为第一要务。病商之钱可取,病农之钱不可取。薄敛以纾其力,减役以安其身。无牛之家,设法购买;有水之田,设法疏消。要使农夫稍有生聚之乐,庶不至于逃徙一空。"(《劝戒州县四条》,《曾文正公全集》杂著,卷2)这见解如能付诸实施,对改善农民生活、促进农业生产是有积极作用的。

鉴于苏州等地赋税过重的状况,曾国藩和李鸿章一起向朝廷提出减轻漕粮的请求,获得了同意。但他对当时有人所说要把苏、松等地的漕粮负担与常、镇等地拉平的主张又表示异议,指出:"惟必求苏、松、太与常、镇不相歧异,此万不能之势。漕粮赋额之重,苏省实甲天下,若壤地相接而科则相悬,不独苏省为然,各省往往有之。'物之不齐,物之情也'。今欲减重则之苏、松、太与轻则之常、镇相等,浸假而求与最轻之楚则相等矣,浸假而求与尤轻之蜀则相等矣。"(《复刘松岩方伯》,《曾国藩未刊信稿》,第228页)他认为不同地区的赋税平等是难以做到的,因为对比的区域是众多的,常、镇赋税虽较苏、松为轻,但湖北、四川的负担比常、镇还要轻,若要这样攀比拉平是没有底的。曾国藩的这番见解,当然是想保持国家的赋税收入,但明确否定不同地区赋税负担的绝对平衡,则是有一定道理的。

冯桂芬(1809—1874),字林一、景庭,江苏吴县人。宣宗时考中举人、榜眼(一甲二名进士),曾任翰林院编修、右春坊右中允等职,因办团练和筹饷有功,被赏五品顶戴、三品衔等。当过陶澍、裕谦、李鸿章的幕僚,并在南京惜阴书院、上海敬业书院、苏州紫阳书院等处讲学。

冯桂芬十分关注国家的经济发展问题,认为要达到"裕国"的目的,首要之务是搞好农业。在他看来,当时的社会动乱正是农业凋敝、粮食不足所造成的,他指出:"国家休养生息二百余年,生齿数倍乾、嘉之时,而生谷之土不加辟,于是乎有受饥之人。弱者沟壑,强者林莽矣,小焉探囊胠箧,大焉斩木揭竿矣。"(《校邠庐抗议》卷上《兴水利议》)激起农民起义的原因是社会阶级矛盾的尖锐,但经济贫困是最深层的根源,冯桂芬能从人口增加和粮食短缺的角度揭示农民起义的导因,是有一定理论深度的。在此基础上,他强调:"居今日而言裕国宜何从? 曰:仍无逾于农桑之常说,而佐以树茶开矿而已。"(《校邠庐抗议》卷上《筹国用议》)这就赋予农业发展以两层作用:其一是安定社会,其二是富强经济。

冯桂芬是南方人,因此十分推崇水稻耕作,认为这是增加粮食产量的根本途径,并进而建议在西北各省兴修水利,推广水稻种植。他分析说:"夫一亩之稻可以活一人,十亩之粱若麦,亦仅可活一人……西北地脉深厚,胜于东南涂泥之土,而所种之粱麦,所用只高壤,其低平宜稻之地,雨至水汇,一片汪洋,不宜粱麦。夫宜稻而种粱麦,已折十人之食为一人之食,况不能种粱麦乎! 然则地之弃也多矣,吾民之天阏亦多矣。庶而求富,莫如推广稻田。"(《校邠庐抗议》卷上《兴水利议》)

与此相关联,冯桂芬十分重视兴修水利,并专门进行了阐述。他说:"盖未闻水不治而能成回者……水何以不治? 源流之不别,脉络之不分,测量高下,得此遗彼,不能择要而治耳。水不治而为田,或田其高区而水不及,或田其下地而水大至。"他主张根据地势特点制定水利计划,"相其高下,宜疏者疏之,宜堰者堰之,宜弃者弃之,不特平者成膏腴,下者资潴蓄,即高原之水有所泄,粱麦亦倍收矣"。兴修水利对于江南来说同样必要,诚如冯桂芬所说:"以东南言之,同一高区,近水者易庤,远水者难庤……收成迥异。甚有所谓镬底潭者,洼下而不通外水,一雨即泛滥,一不雨即干涸,皆沟洫不修之弊。得是法而相度疏浚,硗瘠之变为膏腴者多矣。"(《校邠庐抗议》卷上《兴水利议》)

另一方面,冯桂芬又强调对内地荒土的开发耕作,他认为:"大江以南之农恒勤,大江以北之民多惰。"他举安徽皖北一带为例,说明农不勤造成旷土日增的严重性,为了改变这种状况,他要求有关地方官吏履行职责,对农人"宜劝之董之,务有以变之,俾无旷土而后已"(《校邠庐抗议》卷上《筹国用议》)。

冯桂芬年轻时得知于林则徐,还同魏源、姚莹、张穆等人有过交往,这使他的经济思想具有改革创新的特点。他曾表示:"愚以为在今日又宜曰鉴诸国,诸国同时并域,独能自致富强,岂非相类而易行之尤大彰明较著者。"(《校邠庐抗议》卷下《采西学议》)"鉴诸国",就是要学习西方先进的生产方式和科学技术,体现在农业生产问题上,便是中国历史上"机器垦耕论"的首次提出。冯桂芬敏锐地指出:"前阅西人书,有火轮机开垦之法,用力少而成功多,荡平之后务求而得之,更佐以龙尾车等器,而后荒田无不垦,熟田无不耕。居今日而论补救,殆非此不可矣。"(《校邠庐抗议》卷下《垦荒议》)又说:"东南诸省兵燹之后,流离死亡,所在皆是,孑遗余黎,多者十之三四,少者十不及一。人少即田荒,田荒即米绌,必有受其饥者,是宜以西人耕具济之。或用马,或用火轮机,一人可耕百亩。"针对当时有人提出的忧虑,他又补充说明:"或曰:我中华向来地窄民稠,一用此器,佣趁者无所得食,未免利少而害多。以今日论之,颇非地窄民稠之旧,则此器不可常用,而可暂用也。"(《校邠庐抗议》卷下《筹国用议》)这番见解具有鲜明的近代特点,标志着中国农业理论开始发生着某种实质性的演变。

在冯桂芬的经济论述中,田赋问题是一个主要的内容。严格地说,赋税属于财政范畴,但冯桂芬的分析涉及农业生产关系,故值得加以探究。他对江南田赋的积弊作了深刻的揭露,指出:"各县绅衿有连阡累陌,从不知完粮为何事者。"(《校邠庐抗议》卷下《均赋议》)"其大者奸民豪户勾通丁胥吏役,兼并隐匿,久假不归。"(《显志堂稿》卷5《启甫毅伯李公论清丈书》)为此,他感到"补偏救弊,莫如绅民均赋之一法"(《显志堂稿》卷5《与许抚部书》)。要实行均赋,必须以田产清查为基础,因此冯桂芬又主张丈田。他分析说:"丈田正为田有多少而设,清丈之后,可以核实赋税,可以潜弭争讼,可以绝豪强之兼并,可以绝驵懦之为人兼并。其为善政,正在于是。"(《显志堂稿》卷5《启甫毅伯李公论清丈书》)他还从七个方面罗列了丈田的利益,主要有"按田科粮,而有田无粮、田多粮少之弊绝","实田、实户、实粮,飞洒难施,诡寄易辨"(《显志堂稿》卷5《致姚衡堂书》),等等。这些见解是明代张居正等人土地管理思想的继续。而其中的抑兼并观点又是中国封建土地理论的古老教条。

"均赋"不仅指已垦熟地,而且应体现在待垦荒地上,这是冯桂芬的独特看法。他主张"荒分宜均摊也",指出:"定例办荒,必将都图丘数履勘确实,始准注缓,此俗所谓官话,正以便书役之上下其手也。盖闻有业田数百亩,而佃户指熟为荒,业主无从辨认者矣,况一县之大乎?难摊荒一法,不失为公,即实有赔绝之区,止宜留一二厘不摊,以通其变。太镇荒政极公,可以通行各郡。本年(指1853——引者注)所办,按户统免四成,可谓第一善政。此外闻将续办抛荒,似亦宜均摊为允。"(《校邠庐抗议》卷下《均赋议》)

一经定制,冯桂芬就强调严格执行,为此必须杜绝富豪之家的积欠拒赋行为,他建议:"绅衿积欠宜绝也。""惟有罚田入官,清完日给还,永为定例,庶可知所惩儆。"只有这样,才能从根本上改变"以贵贱强弱为多寡,不惟绅民不一律,即绅与绅亦不一律,民与民亦不一律……同一百亩之家,有不完一文者,有完至百数十千者,不均孰甚"的状况(《校邠庐抗议》卷下《均赋议》)。

在撰写《均赋议》的 10 年以后,也就是 1863 年,冯桂芬又上呈《请减苏、松、太浮粮疏》,提出了减免上述地区赋税的主张。他认为赋额过重已经严重影响土地效益的发挥并造成年荒民困的后果,指出:"今天下之不平不均者,莫如苏、松、太浮赋。上溯之,则比元多三倍,比宋多七倍。旁证之,则比毗连之常州多三倍,比同省之镇江等府多四五倍,比他省多一二十倍不等。以肥硗而论,则江苏一熟,不如湖、广、江西之再熟。以宽窄而论,则二百四十步为亩,有缩无赢,不如他省或以三百六十步,五百四十步为亩。而赋额独重者,则由于沿袭前代官田租额也。"由于连年赋重,加上太平天国时期的战争因素,使当地荒野日多,民人流散。"凡田一年不耕,便为荒田,今已三年矣,各厅县册报抛荒者居三分之二,虽穷乡僻壤,亦复人烟寥落。"有鉴于此,他明确请求:"似宜用以与为取,以损为益之一法,比较历来征收各数,酌近十年之通,改定赋额,不许捏灾,不许挪垫,于虚额则大减,于实征则无减。"冯桂芬认为此举既可杜绝中饱,又能召徕农户,使农业得到恢复和发展。他说:"办灾办缓,权在胥役,防弊虽有百法,舞弊奚啻千端。止此民力,止此地产,不减额之弊,在多一分虚数,即多一分浮费。减额之效,在少一分中饱,即多一分上供。减额既定,胥吏无权,民间既沾实惠,公家亦有实济,是为转移之善术。""吴民死亡之外,大半散之四方,故乡赋重,望而生畏,寻常蠲缓,不足去重赋之名,召之不来,荒田愈久愈多,何法以治之? 惟闻减赋之令,必当争先复里,是为劳来之善术。"(《显志堂稿》卷 9《请减苏松太浮粮疏》)

冯桂芬的这份奏折是在当时江苏巡抚李鸿章的支持下写的,并以李鸿章名义上呈,终获得朝廷批准,同意苏州、松江、太仓减漕粮三分之一,常州减漕粮十分之一。

在推行减免过程中,冯桂芬还曾涉及减租的问题,他提出:"减赋既定,佥为租以供赋,减赋自宜减租。"其具体减省数额则为:"每亩一石以内正数减为九七折,一石以外零数五折,仍不得逾一石二斗。"(《显志堂稿》卷 4《江苏减赋记》)

无论是均赋、减赋,还是减租,对封建土地所有制都丝毫没有触及,而且冯桂芬的减赋主张在实践中只能有利于大土地占有者,减租则与农民并无实惠。尽管如此,从理论上来看,冯桂芬的这些见解对于平均土地负担、促进农业经济均衡发展、恢复和稳定农民对土地的劳动投入,都是有其值得肯定之处的。

在稳定政局的对策中,冯桂芬提出了"复宗法"的方案,其中也反映了他对井田制的看法。他说:"三代之法,井田封建,一废不可复。后人颇有议复之者,窃以为复井田封建,不如复宗法。"在他看来,"宗法者,佐国家养民、教民之原本也",然而,很长时间来,其作用不为重视,所谓"赢政并天下,始与井田封建俱废。秦亡之后,叔孙通等陋儒不知治本,坐令古良法美意,浸淫渐灭不可复。故汉初知徙大姓,借其财力,实边、实陵邑,而不知复宗法。魏、晋知立图谱局,而不知复宗法。唐重门第,至以宰相领图谱事,而不知复宗法"。他认为只有宋代范仲淹创办的义庄,才算"颇得宗法遗意"。范仲淹曾买良田数千亩,收租积储,凡族中婚丧诸事及生活有困难者,均可得到资助。冯桂芬赞赏的就是这种置义田、立义庄的宗法制。他相信一旦行宗法,便可收"盗贼可不作""邪教可不作""争讼械斗之事可不作""保甲、社仓、团练一切之事可行"等效果(《校邠庐抗议》卷下《复宗法议》)。由此可见,井田制在冯桂芬的心目中已不及宗法制那样重要,宗法制虽也关系到一部分土地权问题,但其主要功能是巩固农村行政组织,稳定农业人口,从而有益于农业生产的。

第二次鸦片战争结束至甲午战争期间的农业思想

第一节　陶煦的《租核》

陶煦(1820—1891),字子春,号泚村,江苏元和(今吴县)人。出身于经商家庭,但他本人是一个乡村医生。《租核》是他论述农村经济问题的专著,其中所发表的减租理论较为系统深刻,在中国近代农业思想史上占有一定的地位。《租核》成书于光绪十年(1884)。共分三大部分:(1)重租论;(2)重租申言;(3)减租琐议。其中重租申言又分为发端(读显志堂集)、推原、稽古、别异、流弊、祛弊、培本等七节;减租琐议部分又分为量出入、辨上下、示度程、谳情罪、矜寡独、剔耗蠹等六节。

陶煦对苏州一带的土地关系和地租状况进行了分析,他指出:"吴农佃人之田者,十八九皆所谓租田,然非若古之所谓租及他处之所谓租也。俗有田底、田面之称,田面者,佃农之所有,田主只有田底而已。盖与佃农各有其半,故田主虽易而佃农不易,佃农或易而田主亦不与。有时购田建公署架民屋,而田价必田主与佃农两议而瓜分之,至少亦十分作四六也。又田中事田主一切不问,皆佃农任之,粪壅工作之资,亩约钱逾一缗,谷贱时亦七八斗之值也。三春虽种菽麦,要其所得不过如佣耕之自食其力而无余,一岁仅恃秋禾一熟耳。秋禾苗不过收三石,少者止一石有余,而私租竟有一石五斗之额。"(《租核·重租论》)

清代时出现了永佃制,它盛行于江西、安徽、浙江、福建、江苏等省。永佃制意味着佃户永远(或长期)拥有租佃权,它的进一步发展,就必然导致土地所有权和使用权的重组,地主拥有田底权(所有权),佃户拥有田面权(除了使用权外,还拥有一定的所有权),这是清代后期土地关系的重要演变,陶煦对此有明确的认识。这种土地权力的重组往往造成两种后果,一是佃户和地主的经济关系更趋复杂;二是导致地租双重构成的弊端,使社会上形成专靠出卖土地使用权的二地主阶层,而贫苦佃农的负担更加沉重。对前者,陶煦进行了具体分析,他指出:"至于田,则城市之人,皆以田连底面者为滑田,鄙弃不取,而壹取买田底,以田面听佃者自有之。盖佃者无田面为之系累,则有田者虽或侵刻之,将今岁受困,来年而易主矣。惟以其田面为恒产所在,故虽厚其租额,高其折价,迫其限日,酷烈其折辱敲吸之端,而一身之所事,畜子孙之所依赖,不能舍而之他。甚者有田之家,或强夺佃者之田面,以抵其租,或转以售于人。彼佃者虽无如何,亦终恋恋不忍去。"(《租核·重租申言·别异》)这就是说,封建土地的权力重组不仅不能使佃农的合法权益得到基本保障,有时反而成为地主进行重租盘剥的有利条件,这看法是十分深刻的。可以说,陶煦是中国近代对土地关系新变化作出最初和较为深入全面考虑的学者。

关于农民所受地租繁重之苦,陶煦的见解并非独特,但他对冯桂芬减赋主张实施后地租反而加重状况的分析,则颇为深刻。陶煦指出:"迨同治二年,朝廷从合肥李伯相之请,下诏减赋,苏、松减三之一。于是田主声言减租,以虚额之数,亩减其三斗,故向止一石二斗而无增者,今亦一石二斗,而又将催甲等钱增入一二升于其外。催甲者,田主佣之,以给佃农租由单,佃农或不至,则用以催租者。而亦责佃农代偿其佣值,是赋虽减而租未减,租之名虽减,而租之实渐增……最可异者,纳租收钱而不收米,不收米而故昂其米之价,必以市价一石二三斗或一石四五斗之钱作一石算,名曰折价。即有不得已而收米者,又别有所谓租斛,亦必以一石二三斗作一石。"(《租核·重租论》)这揭示了随着封建地租的加重,农民生活日益贫困化的客观现实。

伴随着地租压榨下农民处境的恶劣化,社会阶级矛盾不断激化,陶煦对此作了描述。他写道:"司租之徒,欲求媚于主人,于佃农概不宽贷,恶声恶色,折辱百端,或傀挟悍隶入乡收租,一不如欲,出缧绁而囚之,甚且有以私刑盗贼之法,刑此佃农。""田主控一佃农,止给隶役钱数百,而隶役之索贿于佃农者,初无限量。或田主以隶役行刑不力,倍给之钱,至有一板见血等名目,俾佃农血肉飞溅,畏刑服罪,虽衣具尽而质田器,田器尽而卖黄犊,物用皆尽而鬻子女,亦必如其欲而后已。"在陶煦看来,"佃农非无顽梗玩法者,原不能不择尤惩治;然重其租额,苛征不休,使人犯之而刑之,即孟子所谓罔民也。故岁以一县计,为赋受刑者无几人,为租受刑者奚翅数千百人,至收禁处有不能容者"(《租核·重租论》)。西汉晁错曾以同情的笔触揭示了农民受国家重赋的惨状,而陶煦在这里所抨击的则是地租的危害。他是中国近代较为关切民苦的人。

为了给他的减租主张提供理论依据,陶煦在书中专门对历代的减免地租观点作了回顾。他提到的人物有西汉的董仲舒、唐代的陆贽、元代的江浙行省官员、明清之际的顾炎武、张履祥、清代的乾隆皇帝等。从他的记述中可以看出,地租过重问题很早以来便是封建社会的流弊之一,只是到清初以后急剧严重,成为朝廷内外普遍关注的焦点所在。

在探究地租过重的历史根源和演变趋势时,陶煦还较为敏锐地指出:"上自绅富,下至委巷工贾、胥吏之侪,赢十百金即莫不志在良田。然则田日积而归于城市之户,租日益而无限量之程,民困之由,不原于此乎?"(《租核·重租申言·推原》)这实际上涉及中国近代经济发展的若干重要现象,例如投资流向、城市控制农村、地租构成的多重性等。在他看来,由于这种现象的无限制蔓延,导致了农村经济的严重凋敝,直接危及农业生产的正常进行。这促使陶煦将"培本"论作为其减租主张的思想基础。

他断言在当时形势下,禁烟、开矿、造铁路等均非首要之务,"然则本何在?曰在农。试言之:农有余财,则日用服物之所资,人人趋于市集,而市集之工贾利也;市集有余财,则输转于都会,而都会之工贾利也"。他认为土地集中在绅富之手,只是少数人的消费增加,"岂若有余在农省之遍利乎不耕之民哉?譬如树木,治其末则枝叶未有害,本实先拨;培其本,则颠木有由蘖也。故言治者必曰藏富在农,其是之谓乎!"(《租核·重租申言·培本》)不难判断,陶煦的培本观点已不同于传统的农本论,他所说的农之于工商的经济意义,虽然并不是直接指生产与消费的关系,但从农民的富余消费程度具有促进工商业发展作用这一点立论,其思路是新颖的。

"培本"意味着从根本上改善佃农的经济状况,而减租就是其中最主要的措施。为了使他的减租主张较为可行,陶煦从各个方面作了综合阐述。首先,他以所在的元和县为例,提出减租三分之一的建议,这数额是在核算了佃户生产收支后得出的,他分析说:耕种十亩土地的佃户,一年"计入钱六十一千,出钱三十九千,所余者二十二千也";由于土地田面权的因素,"绅富既与佃者共有其田,则十亩所余二十二千,固宜共分之,即赋亦共纳之。以赋归绅富,租得钱十四千四百(除完赋钱六千三百五十,得钱八千五十)而可食不稼不穑之禾;佃者得钱七千六百,而可卒无衣无褐之岁"。这就是说,佃农将土地剩余产品的三分之二交租给地主,地主再在租额中扣除二分之一左右作为赋额,所余则为其土地所有权的收益。陶煦表示:"此与顾氏不得过八斗之说相合;而实额一石二斗者,减三分之一,亦与减赋之数合也。"(《租核·减租琐议·量出入》)

在确定一般的减租额度之后,陶煦进而提出了根据土质差别实施等级减租的主张,他建议:"当分租为三,人稠田美之区为上等,亩租一石(以一石五斗之虚额数,适减二分之一,此为止极,盖指亩收三石者言);人稀田美及人稠田中之区为中等,亩租七八斗有差;人稠田恶及人稀田中、田恶者为下等,亩租四五六斗有差。"这是中国土生土长的级差地租理论。关于这一理论的依据,则是历代的级差征赋政策,正如陶煦所表示:"《禹贡》定赋,首列九等,而取民者祖之。租亦取民也,赋诚有是,租亦宜然。"他认为这样做"则上下辨矣。上下既辨,而苟待之以公恕,不以强者而吐之,不以柔者而茹之,则佃者之气平,莫不争先乐输矣"(《租核·减租琐议·辨上下》)。

此外,陶煦还就收租期限、违法处罚、优恤孤寡、杜绝吏弊等问题提出了具体的建议。

在陶煦的地租理论中,还没有明确涉及地租决定问题。他曾提到:"而或以商贾之利求之于田,责之于租,于是租日重而犹不足以厌其欲,盖田价二十贯者,租入而纳赋之余,不能及二贯也。"(《租核·减租琐议·量出入》)这揭示了当时地主的一种观念心态,即希望以商业利率来作为收租的标准。虽然中国农业经济还远远没有发展到资本主义形态,但这番议论在一定程度上已经涉及平均利润的问题。实际上,地租是土地所有权在经济上的实现,它是超过平均利润以上的超额利润。当然,陶煦并未认识到这一点,而且他对这种收入是持批评态度的。

第二节　王韬的农业思想

王韬(1828—1897),原名利宾,江苏长洲(今吴县)人。早年考中秀才,改名瀚。后考举人不中,从此放弃科举。1849年应邀任上海英国教会办的墨海书馆教师。1862年因受清政府通缉,逃往香港,遂改名韬,字仲弢,号紫铨、子潜,别号天南遁叟,又号弢园老民等。以后定居于上海,被推举为上海格致书院掌院。

王韬是中国近代资产阶级改良派思想家之一。中国的农业思想由封建传统型向近代的转变,在王韬的农业见解中有一定的体现。

早年的王韬对农业的认识还具有传统的思维特点。他认为:"天下之大利在农桑,其次在商贾。诚使农不惰于田,妇不嬉于室,商不重征,贾不再榷,各勤其业,争出吾市。则下益上富,其财岂有匮乏哉!"(《弢园尺牍》,第83页,中华书局1956年版)在这里,他仍然把自给自足的小农经济作为国家经济发展的主要基础。

从这种认识出发,王韬对封建官吏压迫欺凌贫苦农民的行径进行了激烈的抨击,他指出:"即其所言农事以观,彼亦何尝度土宜,辨种植,辟旷地,兴水利,深沟洫,泄水潦,备旱干,督农肆力于南亩,而为之经营而指授也哉?徒知丈田征赋,催科取租,纵悍吏以殃民,为农之虎狼而已。"(《弢园文录外编》,第45页,中华书局1959年版)为此,他和以往的封建思想家一样,主张改善吏治,采取抑制工商业政策,使"力田者多逐末"(《弢园文录外编》,第381页)的状况得到改变。

在传统农本思想的支配下,王韬对西方的先进农业生产方式也持保留态度,如说西方国家"农家播获之具,皆以机捩运转,能以一人代百十人之用,宜其有利于民。不知中国贫乏者甚多,皆借富户以养其身家,一行此法,数千万贫民必至无所得食,保不生意外之变?如令其改徙他业,或为工贾,自不为游惰之民,而天地生财,数有可限,民家所用之物,亦必有时而足,其器必至壅滞不通"(《弢园尺牍》,第28页)。王韬的这段议论是中国近代最早介绍西方农业生产方式的文字之一。可惜的是,他虽然承认这种新型生产方式的优越性,却又以中国贫民众多为理由否定其在中国的可行性,暴露了他前期农业思想的保守性。

到香港以后,王韬对西方的生产方式有了较切身的了解,因而在农业思想上形成了新旧并存的理论特点。一方面,他认为在发展国家经济问题上,"购机器以兴织纴,以便工作,以利耕播,俾工务日广,农事日盛,此开财之端二也"。而这种开财之端又和开矿、造船、铸币等一样,"皆非崇尚西法不为功"(《弢园文录外编》,第308页)。另一方面,则又重弹老调,认为:"欲富国者,莫如足民,欲足用者,莫如节用。重农桑而抑末作,赏廉洁而诛贪墨,所以风天下以去奢即俭也。"(《弢园文录外编》,第382页)

随着自身思想的发展,王韬对中国农业近代化的趋势有了较清醒的认识,并率先提出明确的在中国兴办新式农业的主张。他表示:运用西方先进的科学技术和生产方式,无论对工商矿业,还是对农业,都有着积极的促进作用,强调:"有铁以制造机器,可推之于耕织两事。或以为足以病农工,不知事半功倍,地利得尽,而人工得广,富国之机权舆于此。"(《弢园文录外编》,第308页)在另一篇文章中,他又写道:"土地虽饶,尤赖人力……其地旷人稀者,则借资于西国机器,以补人工之不逮。农业女红既勤且敏,则野无不足矣。"(《弢园文录外编》,第191—192页)这种倡言机器耕地的新颖观点不仅比王韬本人在以前所说西方国家"器械造作之精,格致推测之妙,非无裨于日用者,而我中国决不能行"(《弢园尺牍》,第28页)前进了一大步,而且标志着中国近代农业思想在外国经济及其社会思想进入中国的冲击下开始萌生

在具体的农业发展对策上,王韬曾对西北的水利设施问题发表过见解,他认为:"西北之地,古帝王之所兴,建都立业,南向以驭天下,初何尝转输于东南。今河道日迁,水利不讲,旱则赤地千里,水则汪洋一片,民间耕播,至无所施。此当

相地所宜,而为民谋生聚之道,使其所产足以自给,或种木棉,或兴织纴,以补其所绌,亦或一道也。"(《弢园文录外编》,第45—46页)他正确地指出了西北地区农业落后的症结是水利失修,但却没有在这方面深究下去,而只是建议种植其他作物以作弥补。这同林则徐、冯桂芬等人明确要求在西北兴修水利、推广水稻种植的主张相比,政策力度显然要微弱得多。而造成这种思路差别的原因,也许在于王韬本人缺少实际治理水利的经历。

第三节 薛福成的农业思想

薛福成(1838—1894),字叔耘,号庸庵,江苏无锡人。先入曾国藩幕府,因平西捻有功由副贡生升候补直隶州知州,加知府衔。后入李鸿章幕府,升道员。此后历任浙江宁绍道台、湖南按察使、出使英、法、意、比四国大臣、光禄寺卿、太常寺卿、大理寺卿、左副都御史等职。作为一位改良派思想家,薛福成的农业观点也具有某些创新价值。

薛福成重视农业问题,不过,在出使西欧之前,他对农业政策的思路还带有传统观念的色彩。1865年,他作《上曾侯相书》,其中提出了广垦田、兴屯政等主张。关于前者,他指出:"今沃野千里,旷弃不耕,诚因此时修明开垦之政,则所谓百世之利,可得而建也。"(《薛福成选集》,第12页,上海人民出版社1987年版)他所说的开垦之政包括民垦和官垦。在民垦方面,他建议:"民之有业而无力者,借以籽种、牛具资之耕,其旷绝无人之处,宜益募他州之人愿耕者,不计多寡,三年以后升科,给为永业,则亦可以少充国赋。"(《薛福成选集》,第12—13页)薛福成对官垦的有关设想更为详尽,他主张:"籍无主之田,官自募民耕之,定其租,视民间租岁减什一二,数岁之后,当有成绪。"鉴于当时官府经费严重缺乏的状况,薛福成提出以官垦之田养吏的方案。具体而言:"宜仿古禄田之法,以公田给州县,代其俸廉,大县以千五百亩为则,小县减三之一。大率银万两,可垦田五千亩。明岁俾自耕,以其租易耕他处,三岁可得万五千亩。若以十万金为之,则得十五万亩,是百县令之食也。若以二十万金为之,则祭祀役食等项,地方之费,岁省大半。每行省筹二十万金,核之经费不为多,而百世之利建焉。"(《薛福成选集》,第13页)

薛福成还论述了兴屯政的必要性。他认为:"十余年间,民力已竭,幸而稍获休息,岂能复用其力以给军食于无事之时。然则处今日而欲为善全之策,不伤财,不累民,不弛备,并以开数百年富强之业者,盖非讲明屯政不可。"他分析了以往屯政的利弊,并提出了兴利除弊的具体方策,他强调:"为今之计,宜籍各省民田之无主者,官为开垦;籍各省未散之勇丁,其愿受田者,每丁给田数十亩,官为相其便宜,理其经界,开其水利,给其牛种,三年之后,每岁纳租数石,授为永业。"(《薛福成选集》,第14页)为了保证屯政的实施效益,薛福成还拟定了三条措施,其一是广行优惠;其二是以游民充当屯垦后备劳力;其三是选任贤能管理屯政。他表示:"凡事之集,难乎其始,是在劝其为倡者而已。劝之奈何?凡勇丁之始应募者,其授之田,必肥以广;给之资与籽种,必厚以倍。使勇丁慕耕种之利,势将奔走而归之。万一勇丁应募者少,则相机渐散勇丁,而别募游民以授田,暇则以兵法部勒之,何患屯田之不广钦?虽然,天下事莫亟于人才。更愿于道府州县中,无论在任候补,令各条陈屯务利病;取其言之洞中窾要,斟酌时宜者,召之面询得失;择其才可用者,委以综理屯务;又于行事之际,察其能否,而专其责成。则异才必出,而实政可兴矣。"(《薛福成选集》,第15页)上述主张虽然较为周详,但缺乏理论上的实质性突破。

1879年,薛福成撰写《筹洋刍议》,其中提出了明确的变法改良主张,这标志着他思想上的重要进步。在以后的论著中,薛福成没有直接论述农业经济的发展问题,而是就机器养民问题发挥了一套土地与人口相互关系的见解。

从发展资本主义工商业的总体目标出发,薛福成对机器生产方式极为推崇。他指出:"西洋各国工艺日精,制造日宏,其术在使人获质良价廉之益,而自享货流财聚之效,彼此交便,理无不顺,所以能致此者,恃机器为之用也。"(《薛福成选集》,第420页)他认为中国发展机器工业有两方面的重要意义,其一是与外国争权利,其二是为了解决中国的养民问题。关于前者,薛福成认为:如果只因为机器会夺去贫民生计就否认兴办机器工业的必要性,就"必有人所能造之物,而我不能造者。且以一人所为之工,必收一人之工之价,则其物之为人所争购,必不能与西人之物相抗也明矣……自是中国之民非但不能成货而与西人争利,且争购彼货以自供其用,而厚殖西人之利"(《薛福成选集》,第420—421页)。至于第二条理由,薛福成的分析角度是较为新颖的。

他将中外的土地人口比例进行了对照分析,指出:"西洋富而中国贫,以中国患人满也。然余考欧洲诸国,通计合算,每十方里居九十四人,中国每十方里居四十八人,是欧洲人满实倍于中国矣。而其地之膏腴又多不逮中国,以逊中国之地,养倍于中国之人,非但不至如中国之民穷财尽,而英法诸国多有饶富景象者,何也?为能浚其生财之源也。"(《薛福成选集》,第367页)这就是说,土地面积并不是财富产生的唯一因素,只要发展先进的生产技术,即使在较小的土地上也能使较多的人口获得充足富裕的生活条件。

中国古代从战国时商鞅开始,形成了土地与人口相适应的理论。商鞅的"制土分民之律"(《商君书·徕民》)强调二者之间的平衡,其调节措施是人口迁徙。随着中国封建社会中经济危机的频繁发生,人们对人口的压力日益感到忧虑,尤其是在洪亮吉的人口理论提出以后,中国人口过剩已成定论。太平天国时期的汪士铎甚至主张用极端的手段(如溺女、禁再婚、厉行死刑、助疫等)来减少人口(参见《汪悔翁乙丙日记》卷2、卷3)。相比之下,薛福成的上述见解具有两方面的新意:其一是对人口土地关系持相对辩证的看法,其二是对中国人口过剩理论提出了异议。

薛福成对机器生产方式在土地效益上的意义作了专门论述,他肯定资本主义生产方式能在最大限度上开发土地,指出:"盖西人于艺植之法,畜牧之方,农田水利之益,讲求至精,厥产已颇胜于膏腴之地。""且其人又善寻新地,天涯海角,无阻不通,无荒不垦,其民远适异域,视为乐土者,无岁无之。"(《薛福成选集》,第367页)这里所说的西方各国开拓疆域,显然包括他们对殖民地的侵略,薛福成则忽略了这一点。尽管如此,他对新兴生产方式对土地经营的促进作用有充分认识,这是值得称道的。而这也是近代农业思想演变的重要标志之一。

第四节　陈炽的讲求农学说

陈炽(1855—1900),原名家瑶,字次亮,号瑶林馆主,江西瑞金人。他曾中过举人,历任户部郎中、刑部郎中、军机处章京和户部员外郎等职。他长期"留心当世之务"(《庸书·自叙》),广泛阅读西书译本,并历游沿海商埠,亲身体验港、澳等地的西方文明,逐步萌发了改良政治、振兴经济的富国思想。19世纪90年代初期,他撰写了《庸书》,继而于90年代中期完成了《续富国策》的著述工作。同时,他积极投身于改良派的维新活动,在康有为发起组织的强学会中任提调一职。民族危机的日益深重和国内矛盾的严重激化,极大地刺激了陈炽,"后以世变日巨,郁郁不得志,酒前灯下,往往高歌痛哭,若痴若狂,归江西数年卒"(《赵柏岩集·文序·陈农部传》)。

在陈炽的论著中,《庸书》是宣传变法的,其中有经济方面的内容。而《续富国策》则是一部专门探讨中国现实经济问题的书。当时,我国学者一般把经济学Economics译作"富国策",而陈炽之所以把他的书名取作《续富国策》还有更深一层的含义,他想仿效英国"贤士某者《富国策》"(指亚当·斯密著《国富论》——引者注),写一本"救中国之贫弱"的书。作为爱国主义者的陈炽,对中国的前途充满了信心,他断言:只要切实振兴民族经济,"他日富甲环瀛,蹴英而起者,非中国四百兆之人民莫与属也"(《续富国策·自叙》)。为了实现这一理想,陈炽全面地考察了国民经济各部门的状况,以西方经济政策和科学技术为参照,系统地提出了发展民族经济的主张,而农业就是其中的重要内容之一。

在《庸书》中,陈炽论述了农业的重要意义,他肯定发展农业是保证国家富足的根本途径,指出:"农政可兴,农功可立,民生日厚,而民气日强也。'百姓足,君孰与不足;百姓不足,君孰与足',古之人,君国子民,其为民谋,不若使民自为谋;而欲使民知自为谋,必先赖上之代民谋。"他所说的"代民谋"就是要求政府制定重视发展农业的经济政策。他以外国为例,认为:"泰西以商立国,而人稠地狭,农政亦所究心。"由于能运用先进科学技术,生产效益飞速提高,即所谓"农事有书,植物有学,进更化分土质,审别精粗,故能百产蕃昌,亩收十倍"。为了促进中国农业的发展,陈炽建议在全国范围内,"荟萃中外农书,博采旁稽,详加论说,宜古亦宜今,宜西亦宜中,宜南亦宜北,不求难得之物,不为难晓之文,括以歌辞,征以事实,颁之乡塾以教童蒙,俾蓬屋穷檐,转相告语,家人妇子,力穑劝功"。在普及教育的基础上,"加以董劝之章,导以积储之备,兴水利以防旱潦,勤纺织以殖货财"(《庸书·农政》)。

《续富国策》是陈炽农业思想发展成熟时的作品,在全书的结构安排上,他将农书放在各卷之首,而且农书的篇数也是超过了其他三卷(矿、工、商)的平均数。从理论内容上来看,陈炽农业思想的时代特点主要体现在三个方面:(1) 对农业地位的充分认识;(2) 对农业生产方式的变革主张;(3) 对农业经营形式的新颖设想。

首先,陈炽对农业在国民经济中的地位重新作了肯定,他认为国民经济可以分为各种要务,而"农政之所关,又在各务中为至重"(《续富国策·农书·讲求农学说》)。和《庸书》中在明确重商前提下强调发展农业重要性的观点不同,陈炽进一步认识到:"商之本在农,农事兴则百物蕃可利源可浚也。"(《续富国策·商书·创立商部说》)这在一定程度上是对生产决定流通规律的深刻阐明。陈炽的这一见解是中国农本理论发展史上的一次重要深化。

其次,在生产方式上,陈炽主张仿效西方的大农业模式,为此,他介绍了英国的大农场和法国的专业化生产。关于前者,陈炽称赞其"讲究农学,耕耘培壅收获,均参新法,用新机,瘠者皆腴,荒者皆熟。一人之力足抵五十人之工,一亩之收足抵五十亩之获"。关于后者,陈炽分析说,由于那里土地较小,所以必须走专业化、集约化生产的道路,他举例说:"多田者不过六百亩,少或数亩,十数亩,无力购置机器,君臣上下专以兴水利,广种树为功,葡萄酿酒为国之大利……人有葡萄三亩已足小康,五亩则中人以上之产矣,田少功勤,国亦大富。"有鉴于此,陈炽意识到中国自给自足的传统农业模式应当破除,而代之以新的生产方式,为此他建议:"于此诚宜兼收并采,择善而从。"拥有大片土地的人可以走英国式道路,采用机器生产;而只有小块土地的人则可在生产的集约化、专业化上实行改革,"因地制宜,令各种有利之树或畜牧之类,而又为之广开水道,多辟利源,则贫者亦富矣"(《续富国策・农书・讲求农学说》)。这番议论的实质性在于:他要求中国的大地主向农业资本家转化,而小地主和自耕农也应当成为新型的农业生产者,这就意味着农业生产关系的根本变革。

第三,在经营形式和特点方面,陈炽的理论具有明显的发达商品经济色彩。他说过:"人徒艳西国工商之利,而不知德、法、奥、意诸国,其国之大利皆在于农。"(《续富国策・农书・水利富国说》)这就是说,农业的经济意义不仅在于能向人们提供衣食,更主要的是它能为经营者带来大量利润。显然,这完全是用资产阶级的经济眼光来看待农业。从这点出发,陈炽对各种农作物的经济效益作了详细的分析,提出了发展农业商品化生产的设想。

由于陈炽侧重于价值角度的考察,所以他的分析对象往往是农产品的加工业。下面是他对台湾、江西两地制樟脑业的比较:台湾的樟脑"每百斤为一石,值洋五十元。柴薪取之本山,无须购买","每石抽隘勇费八元,落地税八元,子口出口税六元,工食杂费约十二元,每石实赢洋十六七元不等,一区得数千灶,已是非常大利"。江西则"既无生番,不须隘勇,税收不重,工食又廉,售价五十元,当净得三十余元之利,况此物行销日广,价值日增"(《续富国策・农书・种樟熬脑说》)。在这里,陈炽逐项计算了农产品的成本和利润,并对不同地区的成本差额作了比较,其目的无非是为了提高农产品的生产经营效益。值得指出,在《续富国策・农书》中,陈炽对其他行业(如葡萄制酒业、种棉轧花业、种竹造纸业、种橡制胶业、种茶制茗业、种蔗制糖业等)的分析也都是从赢利的角度考虑的。在他看来,这种广义的农业商品化生产一方面可以扩大国家的出口额,另一方面又能够改变我国农业生产封闭单一的缺陷,做到"地无遗利,人无弃材,百产喷盈,千舻络绎,虽欲不殷且富也,亦不可得已"(《续富国策・农书・种蔗制糖说》)。

为了发展中国的近代农业,陈炽主张大力进行科技知识的普及教育,尤其是改变我国农民的保守落后心理,他指出:"惟天下农民,大都愚拙,安常习故,不愿变通,又恐舍旧图新,利未形而害己见,此中外古今之通弊也。"农民的愚昧是封建社会的文化专制造成的,而他们身上安于现状、不求变革的惰性则由长期的小生产方式所导致,因此,陈炽提出对传统的农学实施整理重编,"删繁就简,择其精要者,都为一卷",同时,"翻译各国农学,取其宜于中国凿凿可行者,亦汇为一编",以用作农学教育(《续富国策・农书・讲求农学说》)。这一见解是对他在《庸书》

中所提建议的继续和发展。

作为近代思想家,陈炽的农业理论还带有某些现代科技的思维特点。例如,我国古代思想家在谈到植树造林问题时,一般是从增加财富的角度来考虑的,而陈炽则是从生态平衡的角度来谈林业的重要性。他批评西北地区毁林严重:"西北诸方,任意戕贼,以致千里赤地,一望童山,旱潦为灾,风沙扑面,而地则泉源枯竭,硗埆难耕。"为了避免生态环境的进一步破坏,他呼吁开展植树造林:"岁岁增种树株,自城而乡,自近而远,自郊而野,自薮而泽,自平地而高山。先就土地所宜,取其易活,然后增种有利之树,以辟利源。"(《续富国策·农书·种树富民说》)除了经济收益之外,此举还具有保持水土的作用,因为"树木根株盘结,水力不能溃之"(《续富国策·农书·水利富国说》)。

再如,陈炽从生物学的角度分析了果树培育的意义,他强调水果生产不仅能获得可观的经济收益,而且可以改善人们的食物结构,有利于人类的健康。他说:"百果之鲜汁,大益人身","凡人饮食诸品,无不杂有土性盐类者,惟百果结于树杪,得天地之清气,而无一毫土性盐质",所以多食水果能使人"精神焕然,血行愈速,旧时淤塞之管,一律疏通,耳目聪明,倍于平日"。因此他建议:"广植果木,人皆节减食物,多进鲜果,培养人身。"(《续富国策·农书·种果宜人说》)这种新颖的见解既开阔了人们的思路,增进了人们的知识,又令人信服地证明了发展农业多种经营的意义和潜力。

此外,他建议在南方种植咖啡,以增加农业效益,指出:"中国沿边沿海,旷土素多,无业之民,盈千累万,但得官司劝导,度地购种,与烟草同栽,工价廉,售价贵,用力少,见功多,自无不乐于从事者。"(《续富国策·农书·种烟加非说》)这同样具有明确的商品经济意识。

《续富国策·农书》基本上是对农业生产力的微观论述,这一特点在中国近代农业著作中是有普遍性的。一方面,近代改良派思想家虽然具有改革中国农业生产方式的意识和要求,但又不能在理论上明确表示对封建农业的否定;另一方面,中国农书历来就有按部类阐述的体例传统,陈炽的论述方法显然带有这种思路的习惯影响。而在旧有的表述形式中阐发出具有进步意义的近代农业思想,则是《续富国策·农书》的难能可贵之处。

第五节　钟天纬的减私租论

钟天纬(1840—1900),字鹤笙,江苏华亭亭林(今属上海金山区)人。曾入上海广方言馆学习,后任职于山东机器局。受出使德国大臣李凤苞之邀,游历欧洲。回国后先在江南制造局翻译局从事翻译西书工作,后应盛宣怀邀请赴山东烟台任矿学堂监督,又应张之洞之邀赴湖北武昌任自强学堂监督。还在天津随李鸿章校阅海军。后回上海仍在江南制造局翻译馆工作,并曾兼任吴淞电报局局长等职。钟天纬著述较丰,译作有《西国近事类编》(同英人罗亨利合译),《工程致富》《英美水师表》《铸钱说略》《船坞论略》《行船章程》《考工纪要》(均同英人傅兰雅合译)等,著作有《刖足集》《时事刍议》《救时百策》《随轺载笔》《格致课存》《佐幕刍言》《扪虱录》等。现有《刖足集》和《时事刍议》存世。

作为中国近代的改良派思想家,钟天纬对社会经济问题发表过一系列改革见解,其中关于农业的有著名的减私租主张。他从历史追溯着手,分析了中国农民所受地租剥削的成因,指出:"盖自井田之制废,而豪强得肆其兼并之谋,富者田连阡陌,贫者致无立椎。赁田以耕,请之佃户,岁入大半以供田主,谓之私租,而私租之额,恒拾倍于公家之赋。呜呼,自此弊开而农民之困苦百倍于三代上矣。自是而后,或限名田,或禁买卖,然阴恃为利薮者众,而法卒不行也。"(《刖足集内篇·减私租论》)在这里,他将私租的产生同土地私有制的缘起联系起来,其认识是正确的。

钟天纬出生在江南,自幼又"生长田间",所以对江浙一带的地租状况有切实的了解,他以同情的笔触揭示了佃农所受私租繁重之苦,写道:"三吴之田最称膏腴,在上稔之年不过亩收四釜,而私租则腴削其半,甚有亩取租石七八斗者,是寸(十)分而取其八九也。小民终岁勤动,胼手胝足,加以牛车、种籽、人工、粪壅之费,得不偿失,几何而不贫且盗也?"对私租过重所导致的后果,钟天纬从社会阶级矛盾激化的角度作了分析,他尖锐地指出:"每岁追比私租,有司官惟知顺势家之嗾,敲扑枷絷,县以千计,甚至久系班房凌虐瘦毙者,累累不绝。然以负私租与抗官粮同科,积威所劫,视为固然,且事经官宪,控吁无门,家属惟有忍涕含悲,领尸埋葬而已矣。然则私租之害,岁戕民命几多于天下命盗之案,其害尤甚于国初之旗债。"他还说:"而民之困苦卒不获一上闻者,则以缙绅巨族,自无食采之田,无不多置田园为子孙世业,孰肯轻议更张以自坏其私计哉?即有留心民瘼者,既无善术以处此积重难返,孰敢倡言以犯众怒乎?此私租之害所以历代名臣奏议亦鲜有一人讼言及之。"(《刖足集内篇·减私租论》)这一见解触及到了地主阶级统治集团的既得利益之所在,点出了私租之弊无法根除的要害。

从维持国民经济均衡发展和农民基本生活资料的双重目的出发,钟天纬明确主张实际减租。他一方面猛烈抨击了依靠私租搜括农民财富的行径,另一方面从古代思想家的说教中寻找理论依据。关于前者,钟天纬认为:"彼擅私租之利者,大率皆游惰之民耳,不耕而食,不织而衣,无爵土而享分茅之奉,无职分而擅赋敛之权。既不列于四民之中,惟知剥民以逞,致民不能自食其力,往往陷于法网之中,驱为外洋之用,是民之蟊贼而国之蟊贼也!"(《刖足集内篇·减私租论》)实际上,封建官僚大地主阶层是收取私租的主要获利者,钟天纬却对此一字不提,显然具有认识上的片面性。

关于后者,钟天纬强调:"《孟子》曰:'无恒产而有恒心者,惟士为能。若民,则无恒产因无恒心,苟无恒心,放辟邪侈,无不为已。'吾尝反复圣言,窃叹井田之法,三代下不可复行,而欲厚民生而解倒悬,舍减私租,别无良法。"他提到冯桂芬所议减免苏松太地区赋税一事,指出:"至穆宗毅皇帝复减免苏、松赋额五十余万石,可谓湛恩汪水矣。然而恩诏所及,大半利于势家大姓,拥有阡陌之民,彼佃户之供私租于巨室者,固未尝得邀升斗之减成也。然则国家虽有蠲租之令,而利归中饱,贫民不得沾涓滴之恩,朝廷虽施旷典之恩,而赋税既轻,豪强益夺中人之产,此民困所由如故也。"(《刖足集内篇·减私租论》)中饱私囊是中国封建社会经济生活中的毒瘤痼疾,它每每使国家政策扭曲走样,民众困苦有增无减,钟天纬能指陈这一点,其疾恶如仇和关切民苦之情跃然纸上。

前已提到,陶煦曾建议减租二分之一,而钟天纬的减租额度更大,他主张:"凡天下私租之额,一以官赋为准,不得逾五倍之数。"联系到他在前面所说"私租之额恒拾倍于公家之赋"的话,可见钟天纬的减租幅度是二分之一,这在中国近代农业思想上是较为激进的减租主张。不过,钟天纬仍然把这种减租措施称为变通之法,在他看来,"夫仁政必自经界始,今虽不能规复井田,计口授产,孰若示以限制"(《刖足集内篇·减私租论》)。这种把改善农业经济的根本途径放在土地制度的确立上的思路,显然带有传统理论的色彩。

对于这种减租政策的效果,钟天纬持自信乐观的态度,他相信只要政府有关部门切实杜绝违制横征的行为,"则兼并之术立穷,而追呼之扰顿息矣"。减租以后,"在田主犹收四倍之利,而小民得资八口之生。与其留虚欠而事追呼得不偿失,孰若征实额而免逋负各赡身家。在州县既免案牍之烦,在田主亦省控追之费,是公私交益也"(《刖足集内篇·减私租论》)。减租确实能在一定程度上改善农民的生活条件,从而有利于农业生产的正常进行和阶级矛盾的缓和,但要真正做到减租,单靠善良的愿望和纸面的设计是远远不够的,必须相应进行一系列深层次的生产关系变革,这是钟天纬等改良派思想家所还未洞察到的问题之核心。

第六节　郑观应的农业思想

郑观应(1842—1922),亦作官应,字正翔,号陶斋,别号杞忧生、慕雍山人、罗浮偫鹤山人等,广东香山(今中山)人。1858年(咸丰八年)应考不第,赴上海习商,在柯化洋行帮办商务。1860年进宝顺洋行当买办,同时经营自己的茶楼、船运等业务。1874年在英商太古轮船公司任总理。1879年被李鸿章委派为上海机器织布局会办(后升任总办)。1881年兼任上海电报局总办。次年离开太古,到轮船招商局任帮办,后任总办。1891年被李鸿章委为开平矿务粤局总办。1893年夏任轮船招商局会办。1896年兼任湖北汉阳铁厂总办。1897年被盛宣怀委派为铁路总公司总董、电报局总董。1906年被广东商民公举为商办粤汉铁路公司总办。在这期间,郑观应还参加过抗法战争,并创办经营钱庄、商号、航运等企业。

在中国近代史上,郑观应还是一位著名的资产阶级改良派思想家,他于19世纪60年代开始写政论,1873年出版第一部著作《救时揭要》。后来又撰写《易言》36篇,由王韬于1880年在香港代为出版。在此基础上,他又将文稿扩充改编成《盛世危言》5卷本,于1893年印行。继而又于1896年印行14卷本;1900年再次将8卷本付梓。1909年,他又出版了《盛世危言后编》。郑观应的论著具有广泛的社会影响,他的《救时揭要》和《易言》曾流传到日本和朝鲜,而《盛世危言》则深刻地启蒙了一代国人,其中包括中国共产党早期创始人的思想。

郑观应的经济理论十分丰富,在中国近代经济思想史上,他以提出"商战"论而闻名,其理论认为欧美资本主义国家的强盛是由于"以商立国",而中国"欲制西人以自强,莫如振兴商务"(《郑观应集》上册,第614页,上海人民出版社1982年版)。面对外国的经济掠夺和军事侵略,他主张努力发展国内经济,凭借实力以与外国列强"决胜于商战"(《郑观应集》上册,第591页)。重视商业是中国近代改良派经济思想的共同倾向,这体现了传统经济观念的演进。值得指出的是,郑观应在强调重商的同时,并未忽略农业发展问题,而是从实现中国经济模式变革的角度出发,提出和阐明了一系列农业经济振兴的理论和政策建议,其中不乏新颖独到之见。

对于农业的基础地位,郑观应有全面的认识。他在论述国民经济各部门关系时有一段精辟论述:"商以懋迁有无,平物价,济急需,有益于民,有利于国,与士、农、工互为表里。士无商则格致之学不宏,农无商则种植之类不广,工无商则制造之物不能销,是商贾具生财之大道,而握四民之纲领也。"(《郑观应集》上册,第607页)这种重视商业的理论是其商战论的必然反映,但另一方面,郑观应并不否认农业对商业的决定作用,指出:"富出于商,商出于士、农、工三者之力。"(《郑观应集》上册,第595页)这表明郑观应在一定程度上认识到,商业的重要性在于其能实现财富的价值,但财富的产生则在于工、农等经济部门,而且知识分子对财富的创造也是有作用的,这见解是难能可贵的。

在这一认识的基础上,郑观应揭示了农业的重要性,他指出:"中国伊古以来,以农桑为本,内治之道,首在劝农。阡陌广开,闾阎日富。"(《郑观应集》上册,第739页)他主张在国民经济整体发展规划中,"以农为经,以商为纬,本末备具,巨细毕赅,是即强兵富国之先声,治国平天下之枢纽也"(《郑观应集》上册,第738页)。这是一个值得注意的观点。众所周知,中国封建社会长期以来以自然小农经济为本,以商业流通为末,这种陈旧的本末观在近代受到了冲击。郑观应在这里重提以农为本,以商为末,自然不是理论上的倒退,而是标志着本末观上的否定之否定。因为从资产阶级经济观念出发,郑观应对传统农本论是持批判态度的,他曾深刻地指出:"中国以农立国,外洋以商立国。农之利,本也,商之利,末也,此尽人而能言之也。古之时,小民各安生业,老死不相往来,故粟布交易而止矣。今也不然,各国并兼,各图利己,借商以强国,安得谓商务为末务哉?"(《郑观应集》上册,第614页)这就是说,封建的农本论只适用于生产力低下的古代社会,在现代经济中,这种观念必须更新,商业的地位要提高,而农本的涵义也需变革。虽然郑观应没有专门论述他的新农本观,但从他的整个经济思想体系来看,实现农业现代化是他强调的重心。

为了实现农业现代化,有必要学习和借鉴当时先进的国外农业生产方式和技术,郑观应在这方面做了比较详尽的介绍引进和分析考察工作。他首先肯定欧美诸国"讲农学,利水道,化瘠土为良田,使地尽其利"(《郑观应集》上册,第234页)的做法,对中国"近世鲜有留心农事者"(《郑观应集》上册,第737页)的状况,他是希望加以改变的。

关于西方的农业政策和科技,郑观应介绍说:"泰西农政皆设农部总揽大纲,各省设农艺博览会一所,集各方之物产,考农时与化学诸家详察地利,各随土性,各种所宜。每岁收成自百谷而外,花、木、果、蔬以至牛、羊畜牧,胥入会考察优劣,择尤异者奖以银币,用旌其能。"(《郑观应集》上册,第735—736页)"西人考察植物所必需者曰磷、曰钙、曰钾……迩有用电之法,无论草、木、果、蔬入以电气,萌芽既速,长成更易,则早寒之地严霜不虑其摧残,温和之乡一岁何止三熟,是诚巧夺天功矣。""农部有专官,农功有专学。朝得一法,暮已遍行于民间。何国有良规,则互相仿效,必底于成而后已。民心之不明以官牖之,民力之不足以官辅之,民情之不便以官除之。此所以千耦其耘,比户可封也。"(《郑观应集》上册,第736页)

怎样合理吸取西方的先进农业科技? 郑观应建议:"委员赴泰西各国,讲求树艺农桑、养蚕、牧畜、机器耕种、化瘠为腴一切善法,泐为专书,必简必赅,使人易晓。"这是中国近代最早的出国考察农业经济的主张。同时,郑观应还从行政管理机构和人员配置上着眼,强调新式农业生产的实施和管理,例如:"我国似宜专派户部侍郎一员综理农事,参仿西法,以复古初。"(《郑观应集》上册,第737页)"每省派藩、臬、道、府之精练者一员为水利农田使,责成各牧令于到任数月后,务将本管土田肥瘠若何,农功勤惰若何,何利应兴,何弊应革,招徕垦辟,董劝经营,定何章程,作何布置,吠不得假手胥役,生事扰民,亦不准故事奉行,敷衍塞责。"(《郑观应集》上册,第737—738页)

关于中国农业生产的管理原则,郑观应提出了自己的见解,他强调在生产过程中首先要注意选种,然后要贯彻因地制宜的方针,他写道:"良法不可不行,佳种尤不可不拣。地属高亢,则宜多种赤米……若卑湿之田则宜种耐水之稻……其余花、果、草、木皆当审察土宜,于隙地广行栽种。如牛、羊、犬、豕之属,皆当因地制宜,教以牧畜,庶使地无遗利,人有盖藏。"(《郑观应集》上册,第736—737页)

郑观应主张借鉴外国技术和移植外国良种,以促进中国农产品的优化,为此,他曾广为收集有关资料,潜心研究美国植棉技术,并将"栽植、耕锄、除害、收花、去子等法录成一帙,名《美国种植棉花法》,付诸于民,以备当道及总理纱布局者讲求天时地利,购子广种"(《郑观应集》下册,第505页)。

开垦荒地是发展农业的重要任务之一,也是郑观应加以专门论述的议题。他对中国农业的宏观态势作过这样的分析:"以天下大势论之,东南多水,农功素勤水利,农田宛存古意,故漕米百万上贡天家。然地狭人稠,民力将竭。西北多旱,民情素惰,卤莽灭裂,收成之丰歉一听之于天。土旷人稀,未垦之荒土、荒田以亿万顷计。"(《郑观应集》上册,第739页)这种不平衡状况,不仅影响国民经济的协调发展,而且不利于国家的长治久安,因此必须加以调节改观。郑观应对此提出了垦荒戍边的对策建议,其具体内容为:"通饬边疆督、抚,将沿边荒地派员探测,先正经界,详细丈量,必躬必亲,毋许疏漏,绘图贴说,详细奏闻。然后综计,一夫百亩,招募内地闲民携家前往。籽粮牛种,官给以资;舍宇堤防,官助其力。附近各省通力合作,岁筹闲款,移粟移民,边帅抚恤招徕,勒以军法。四五年后,酌量升科。三时务农,一时讲武,仿屯田旧制,设官分治。"(《郑观应集》上册,第740页)这见解相似于中国古代晁错等人的主张。

"农业的第一个条件是人工灌溉。"(《马克思恩格斯全集》第 28 卷,第 263 页,人民出版社 1962 年版)郑观应也对治理旱潦问题进行了重点分析,他列举了当时水利失修所造成的恶果,指出:"比年北五省水旱偏灾无岁不有,山西之旱一,河南之旱一、水一,山东、直隶之水则至再、至三。每次公私赈款辄至数百余万,皆出于度支正项,或南中义捐。岁岁告灾,其忧未已,而穷民之转徙于沟壑者尚不知几千万人。此开辟以来所未有也。"(《郑观应集》上册,第 743—744 页)如何改变这种局面?郑观应主张从两方面进行治理:其一是开通沟渠,其二是广植树木。在他看来,赈灾救荒只是治标之计,而"治本奈何?曰:《周礼》之成规,开渠、种树而已矣。夫井田不能复,而沟洫犹可渐开;富教不易言,而树艺必宜急讲"。作为具体落实措施,他建议:"每省简一大员为水利农田使,轻车简从,分行各州、县,测量绘画,旧渠之宜复者复,新渠之宜开者开,必顺人心,必随地势,著有成效,优奖超升。并董劝民间:自于田畔多开沟洫,民力不足,官助其成,岁岁修治,毋许湮塞。"(《郑观应集》上册,第 744 页)

如果说郑观应的开渠主张主要继承了古人的思路,那么他的种树建议则以西方国家为楷模,重在强调保持生态平衡。郑观应以赞许的口吻介绍了西方国家的做法,指出:"泰西数十年来于种树之事极为尽心,特设专官如古者虞人之职。自树木广植后,不特名材美术获利无穷,且树旁之田瘠者变而为腴:因树根能吸土膏,能烂沙石,故硗埆之地悉化膏腴也。无水者变而有水:因树木能放养气,能润木根,故干暵之区咸资灌溉也。而且根株盘结,沙石化为土壤,松脆变而坚凝,墙岸益坚,堤防愈固,则御旱御水无所不宜。"(《郑观应集》上册,第 744 页)通过维护生态平衡来防止水土流失,从而达到根治水旱灾荒的目的,这是近代科技发达以后人类的认识,郑观应能将这一点明确地提出来,以供国人反思,是有启蒙创新意义的。据此,郑观应批评说:中国古代有种树专书,但"汉、唐以来官不过问",尤其是到了近代,"燕、齐、晋、豫诸省所有树木斩伐无余,水旱频仍"。为了改变这种局面,郑观应要求:"责水利农田使,相劝督率于田侧隙地,广植林木以复旧观,有斩伐者罚赔不贷。至于蚕桑之利及松、梓、果、蓏一切有利之植,尤必随宜广种,以厚民生,岁岁增加。十年则官伐而售之,仍以此款修理川涂,广兴水利。"(《郑观应集》上册,第 745 页)

对于大型河道的整治,郑观应拟定了具体的实施方案,例如对黄河的治理,他提出四条措施:其一,"缓上游"。他认为:"河之上游,诸山峙立,当于山下锹塘,谷里通渠,引水停蓄。如本河不得宣泄,则开沟引归别河。若不能另筑别路,可在本河两边开沟受水,皆用堰闸,随时蓄放。"(《郑观应集》上册,第 747 页)其二,"开支河"。郑观应建议在详细勘查的基础上,选择适当地点开浚支河,"浅者深之,狭者宽之,曲者直之,水得归墟,自无倒激"。"支河开,河流分,对势杀矣。取泥之法,可参用泰西挖泥机器船。"其三,"宣积潦",即引导黄河水流由几个干涸水道下归江海,"如顺势筑堤束水,能开浅水船往来镇江之大路"。"凡近河海之处,皆筑堤防,有高至四、五丈者。或于堤上开路达水,以备宣泄,而资灌溉,酌量参用,可免壅塞之虞。"其四,"开大湖以蓄水"。郑观应认为:"黄河之开湖,莫便于口外蒙古之地。"(《郑观应集》上册,第748页)此举可收"不侵占土田""可以时蓄池""可以资灌溉",以及便利水道、发展渔业等多项效益。(《郑观应集》上册,第749页)这表明,郑观应是以发展农业生产为着眼点来谈论水利问题的。

以上郑观应的农业主张基本上是宏观层次的,在特定地区农业的发展问题上,郑观应的若干见解包含着近代农业商品生产的浓厚色彩。例如,他在分析海南岛的农业经济时,主张依据当地的自然条件,大力发展咖啡种植,他写道:"外国洋人饮食咖啡与糖、面为日用所必需,虽外洋种植繁滋,仍不足用。而种咖啡之法,其初年则绕树离离,逾年则积实累累,年愈久则实愈多,其利愈大。无所用其培植,亦无所用其人工,得南方之热度而发生最良。于收结之时妇稚皆可采摘。琼地素不产茶,植此一物可抵茶之一端,而其工较植茶尤易,其利较茶为数倍。"(《郑观应集》下册,第499页)这番见解从扩大外贸的目的出发,经过成本比较,确定某一地区最为有利的农产品种植,具有显著的近代经济理论特点。

第七节　陈虬的农业思想

陈虬(1851—1903),原名国珍,字志三,晚号蛰庐,浙江乐清人。德宗时考中举人。早年曾在瑞安组织"求志社"。1898年入京赶考,与康有为、梁启超等人交往,参加公车上书的签名。同年加入保国会,并曾充军机处章京上行走。旋回浙江,与蔡元培等筹办保浙会。后到温州从医,还开办学堂,创办报馆。

作为一位资产阶级改良派思想家,陈虬明确主张变法自强,在所著《治平通议》中,他除了提出设议院、兴制造、奖工商、办铁路等建议外,还就农业问题发表了见解。

《治平通议》共分五部,其中《经世博议》4卷、《救时要议》1卷、《东游条议》1卷、《治平三议》1卷、《蛰庐文略》1卷。在《经世博议》的第一卷中,变法五、变法六(上、下)等文涉及土地占有及其田赋问题。关于土地关系的调整,陈虬把改革的重点放在限制官吏占田上。他指出:"平民辛苦起家,尚属自食其力,其富宜也。唯士人一行作吏,即满载而归,产业多从贪墨所得,不可不为之定限法。"他提出的治理对策是："令印官服政之初,着地方官查具实在产业(田地、店业),册报备核。区九品为九等,不许违限。"他认为采取这条措施,"兼并之风或庶乎熄矣"(《治平通议》卷1《经世博议·变法六下》)。

既要维护民间地主的土地占有现状,又要尽力开发土地效益,这使陈虬把垦殖的着眼点放在无主官荒土地上。他表示:"井田之法猝不可复。"要扩大农田,必须走招佃垦荒的路子,他建议:"可就近日濒海之涂田,迎水之沙田,失主之山田,报而未垦者,悉籍之官,官自招佃。另开屯田于边塞,葑田于泽国,因地土之宜,广求树艺之法。十年之后,而官禄不假外求矣。"这样做一方面能使国土得到充分的利用,另一方面又能避免"田有主,而欲井而入官,与田在民,而官自向买,势或有所难行,情或有所不顺"的局面(《治平通议》卷1《经世博议·变法六上》)。

陈虬虽然不主张复井田,但他对变通采用井田制的某些规定以调整社会贫富状况还是有所考虑的,他在《治平三议》中写道:"今井田法废已数千年矣,一旦欲复其法,非坏人庐舍,夷人冢墓。其法不行又有为之说者曰:今之时,贫者无立锥,富者连阡陌,今欲计户分田,为贫者计固得矣,其如富者之不便何?……夫善用古法者,师其意而不袭其迹。相地形之广狭以损益其沟洫,去公田之法而定什一之赋,而安在非井也?"(《治平通议》卷7《治平三议·封建议》)不过,这见解还是相当含混的。

与上述思路不无相通,整理田赋是陈虬农业思想的一个内容。对已有赋税的中饱弊端,陈虬进行了批评,他说:"国家岁入有常,猝逢意外之需,不得不取资于捐输厘饷,然皆一取于民也。捐输,则报效于国者千,取偿于下者万;厘饷,则民输于官者十,官得于民者一,余悉供渔利之徒中饱耳。"他揭露当时的有些减赋措施,"实继富之政,于贫民毫无益也"。为了消除这种现象,他提议:"拟定四项之赋:于田曰田饷(分上、中、下三则);地曰地税(区为九等);人曰口赋……店曰牌银。"(《治平通议》卷1《经世博议·变法五》)他没有制定具体的田赋标准,但联系到前述"什一之赋"之说,减轻农民负担的意思是很明确的。另外,他将田赋与地税区分开来,这也是一种新颖之见。

就农业开发而言,陈虬还论及边疆垦殖问题。他主张"垦荒地"。这是鉴于"东南人浮于地,而西北则旷土尚多,其实东南荒僻未垦之处,亦尚不少"的状况,他建议:"宜令户部分饬司员,协同省委各官,逐处履勘,招民佃种。地方官督劝居民,赴佃量给遣费,到佃后给籽种。三年始行科则,当无有不乐从者。"(《治平通议》卷5《救时要议·垦荒地》)他的看法同历代屯垦论是一脉相承的。

另一方面,他又主张应用现代科技发展农业多种经营,以"兴地利"。陈虬认为:"地利之在中国者,即种植尚多未尽,瓜果桑麻竹木,非如药材之当确守道地。

田少人多,则示以区田之法;场地荒阔,则为讲沟洫之制。水泽之区,皆可植桑;内地塘塍,须种杂树。若能相土宜而广药材,则利益更大。"为此他强调:"每省各派精通化学、植物学者,巡视辖境,专办其事,视有成视,册报存档。优以不次之赏,其利未可以亿计也。"(《治平通议》卷5《救时要议·兴地利》)这显示了中国近代农业思想重视科学的特点。

第八节　宋育仁的本农食论

宋育仁(1857—1931),字芸子,四川富顺人。光绪时考中进士,选庶吉士,历任翰林院检讨、出使英法意比四国公使参赞等职。后回四川办理商务、矿务,兴办各种实业公司,并创办了《渝报》、蜀学会和《蜀学报》等团体和刊物。辛亥革命后任国史馆修纂,后回四川任成都国学院院长兼四川通志局总纂。著作有《时务论》《采风记》《经世财政学》等。

宋育仁是中国近代具有改良思想的知识分子,他崇尚西方的社会政治制度,认为欧洲在 200 年里迅速富强的根本原因是实行了议院制,而这种美善之政是值得中国学习的。在经济上,宋育仁断言外国富强中国贫弱已是客观明显的事实,因此更有必要实行社会改良,其内容包括"通下情""明教典""核名实""课民职",等等。但另一方面,他和当时其他改良派思想家一样,认为西方的先进政体和经济方策都是中国古已有之的,只是"外国未读中国圣人之书而能师其意,中国书生虽读圣人之书乃反忘其意",所以欲求中国经济之振兴,就应该"取证于外国富强之实效,而正告天下以复古之美名……舍此而再思其次,则无策以自救,用此则拨乱而反治,转败而为功"(《时务论》)。基于这种认识,宋育仁参照引证古今中外的经济理论,对一系列社会经济问题提出了自己的见解主张,其中关于农业问题,他发表了独特的本农食论。

《经世财政学》是宋育仁的主要经济著作,在这部著作中,作者提出了将农业立为国本的主张,这里所说的本,具有完全不同于古代的理论新意。

宋育仁对社会经济各部门的划分是以司马迁的说法为依据的,他指出:"史公曰:农而食之,虞而出之,工而成之,商而通之。虞不出则三宝绝,工不出则器用乏,商不出则财贿少。"而在这四个行业中,农业居于基础性的决定地位,因为"四民之通工易事,其出产皆本于农"。值得指出的是,宋育仁所使用的农业概念是将虞包括在内的,在他看来,"工商之通易,本于虞者至多,为天然采集之原,自然材料所出,其在西人分业,应属森林、畜牧、矿产三科,其实皆为农也"。也就是说,"虞之与农,分之为二,合之为一"(《经世财政学》卷1《本农食》)。显然,他所说的农业概念是广义的。

中国传统的农本论主要有三个含义:其一是为人类生存提供衣食之源,其二是为国防军备提供物质保障,其三是为国家财政开通税收来源。到了近代,农本论又被赋予了新的解释,即农产品能为工业(主要是轻纺工业)提供原料来源。与之相比,宋育仁从价值的角度强调了农本,显示了理论上的独特性。他从物质财富的产生着眼,指出:"无天然之材料,不但分利之商无所用其转运贸迁之术,即生利之工,亦无从而加工成器,以增生材之价值也。故应分农为生利,工为增利,商为分利。就农虞而分论之,不独工商贾三民之通工易事,非借日食以为资本,则一切资本皆虚无所用,即森林矿产渔业畜牧之自然采择,动植养成,皆非日食无以为资也,则生利之源,断以农食为本也。"从这种立论出发,宋育仁断言:"四民之价值,以农为最高;百物之价值,以自然材料为最重;材料中之价值,又以食物为最贵,无足与为比者也。"(《经世财政学》卷1《本农食》)

对宋育仁的这番见解可从两方面进行分析。一方面,他从人类社会的需求层次上肯定农业生产的重要性,这是有其合理意义的。马克思主义认为:农业是为人类社会提供最基本生活资料的部门,是维持社会经济(包括人口)再生产的必要前提;同时,农业生产力的发展水平又是决定其他生产部门能否存在和发展规模的主导因素,因此可以说,农业生产是整个社会经济中的必要劳动部门。在这个意义上,宋育仁把农业食物的生产作为国民经济之本,是正确的。但另一方面,宋育仁在这里所使用的价值概念是不准确的。价值是凝结在商品中的一般的、无差别的人类劳动,它是商品生产者之间交换产品的社会联系的反映,不是物的自然属性。宋育仁则仅仅从满足人类生活需求和生产原料来源的角度来考察农业,这表明他所说的价值只是使用价值而已,而将使用价值混同于价值,这正是封建自然经济观念的残余表现。

既然农业是立国之本,政府就有必要制定相应的扶助措施以促进农业生产,对此,宋育仁主张从提高农产品价格着手,强调:"重农如何?在贵土产材料之价。"他在分析中国农业经济凋敝原因时认为:"中国地域广,土产盛,人口多,而土货贱,森林渔业,矿产畜牧,皆废而不讲。近日风气初开,有志计学者,皆孜孜以开利源兴制造为说,顾于己出之地产,出口之土货,反置而不问,一任愚民之粜贱贩卖,以操纵于洋商之手"。他还批评了当时较为流行的一种观点,即主张多出口廉价农产品以抵销外货进口多于国货出口的漏卮,指出:"减价以求售,十货而五价,虽愚夫贱贩,亦自知其辍业可计日而待也。"(《经世财政学》卷1《本农食》)

农产品价格何以非要提高?宋育仁为此对农业劳动力价值算了一笔账,他认为农业生产所花费的劳动是机器所无法代替的,因为"劳苦力之贫民,地产之所从出也,即出地产之资本也。地产者,生于天然,出于苦力,一切种业之资本也。种业者,国业之资本也,机器可以代资本,省劳力,而不足以代苦力"。又说"机器之用,于邑业为宜,而非野业所贵,乃工之所求,而非农之所事也。"既然"地产非农务不出,农务非苦力不成"(《经世财政学》卷1《本农食》),所以国家必须高度珍惜农业劳动力的使用,切实稳定农业劳动力数量。毋庸讳言,宋育仁关于农业生产不适宜采用机器的观点是不正确的,以此来推导农业劳动比工业劳动具有更高的价值也是缺乏说服力的。农产品的价值同样取决于社会必要劳动,只是这种劳动和自然资源的有限性联系更紧密罢了。

宋育仁对农业生产的效益作了颇为乐观的估计,他分析道:"计民力者以食计,计食力者以岁计,以南方中亩约算,二半亩之获得三石,供终岁一人之食。一人可耕二十五亩,则耗一人劳力之资本,可得九人食力之孳息。复以九人之食力为资本,分执蚕牧森林畋渔诸种业,通工易事,以有易无,令与种田所获之息为平均,当得八十一人食力之孳息。约计每一人服用所耗之数,令与食为平均,则以二人当一人之消耗,更除零奇不计,当以四十人之食力,为应有之赢积。"(《经世财政学》卷1《本农食》)这样的计算显然是不切实际的。

基于这样的估算,宋育仁提出了他的重农主张。他要求以此作为提高农产品价格的依据,断言采取这一政策既能切实改善农民的收益,调动其生产积极性,又能从根本上堵塞漏卮,促进国民经济各部门的良性协调发展,即所谓"农食重而力价增,乃能递增其庸值,而商运贾售,始日取赢"。否则的话,其他商品纷纷涨价,农产价却经久如故,就会导致"农业坐困一区,则自然采集,与动物养成,独为贫人之业。运动之力日微,则出产之料日寡,民力不足以谨盖藏,国力又不能以广储积,则外洋得以加价而夺我之食,用财而役我之民"(《经世财政学》卷1《本农食》)。应该说,宋育仁的农业思想并未涉及生产关系的深层次改革,因而也没能提出切实改变旧有农业生产模式的政策思路,但他意识到农业凋敝对国民经济的不利影响,并从劳动产品的价值角度分析农业停滞的原因,主张提高农产品价格,防止出现工农产品价格剪刀差的扩大,这种观点是较为独特的,对理顺国民经济各业的价格关系,促进农业生产的发展是有利的。

第九节　汤寿潜的农业思想

汤寿潜(1857—1917),原名震,字蛰仙,浙江萧山人。德宗时考中举人、进士,任国史馆协修。后曾当过山西乡宁和安徽青阳知县。1895 年加入强学会。1905 年任修建沪杭铁路总理。次年与张謇等组织预备立宪公会。1909 年被授以云南按察使,固辞。后任浙江咨议局议长。1911 年 11 月杭州新军起义,被举为浙江都督。南京临时政府成立时,被任命为交通总长。1915 年袁世凯称帝,汤寿潜致电反对。此外,他还担任过金华丽正书院山长、湖州南浔浔溪书院山长、上海龙门书院院长等职。清光绪十三年(1887)开始,汤寿潜撰著《危言》,于1890 年刊行问世,五年以后,他又写成《理财百策》,对社会经济问题提出了一系列改革主张,其中农业问题是重要内容之一。

汤寿潜高度重视农业的基础作用,指出:"农者立国之本根。"(政协浙江省萧山市委员会文史工作委员会编:《汤寿潜史料专辑》,第 432 页,1993 年印刷)在谈论历代土地管理得失时,他不满于"飞洒欺隐,胥吏各饱其私囊"(《汤寿潜史料专辑》,第 431 页)的状况,主张汲取古代井田制的精义,让农民安心从事生产,生产有所保障,即所谓"王者藏富于民,而人语声含乐岁……八家皆私百亩,则瓜肥壶美之场,叟自讴而童自舞……其踊跃以养此公田,利无弃地,功敢贪天乎!"(《汤寿潜史料专辑》,第432 页)他具体写道:"总南北而筹农政之宜,川浍径涂,利大无逾于疏浚。纵古制与当今未合,而高亢多旱,淤下多潦,偏灾亟待补苴矣。讲树蓻而水气疏,兴水田而转漕省,为闾阎谋本富,即为王国裕正供,合通力,报涓埃。"(《汤寿潜史料专辑》,第 431 页)这些见解在《危言》《理财百策》中有进一步的发挥。

《危言》中讨论农业问题的有"水田""水利""卫屯"等篇,另外"内旗""分河"等篇中也有所涉及。《理财百策》则有"卫田""沟田""屯垦""清丈""查荒""寺田"等篇是谈农业经济的。

土地清丈是国家实施农业宏观管理和调节生产关系的重要政策,汤寿潜认为在这一问题上,历代弊漏甚多,"古无善法",究其原因,"需人多,贤愚相杂则易扰;需款多,耗费不支则易辍;需时多,岁月以计则易延。无论肉食之吏苟求无事,蒠而避之,即锐于任事者亦心慑步却矣"。为了改变当时"鳞册荡然,豪猾侵隐,荒熟糅杂,灾欠揑饰"的局面,他提出了实施清丈的 14 条措施。其主要内容是:(1) 戒纷设丈局;(2) 戒轻调人员;(3) 戒漫无考成;(4) 戒多用书役;(5) 戒合境并举;(6) 戒改用绳篁;(7) 戒缓送图册;(8) 戒请动正款;(9) 戒科派使费;(10) 戒轻立通限;(11) 戒有意溢额;(12) 戒浮言摇动;(13) 戒靳为欲免;(14) 戒谬于赏罚。他主张:"一州县于城中设一局,其各都各庄不必另设分局,但令先将界限画清,各丈各庄,计日竣事,受其成于城局足矣。"(《汤寿潜史料专辑》,第 361 页)指出"清丈宜先从易处入手","务宜先审各乡何都何庄绅董最洽,风俗最驯,田额最少,从而施丈此都,竣事,即邻都榜样。然后顺都顺庄以次办理"

《汤寿潜史料专辑》,第363页)。他强调严厉制止对清丈的干扰,"督抚力为主持,如有以上诸弊,无论绅民,定予惩创。然州县果能一尘不染,实事求是,虽在顽犷亦将降心自来,鼓舞乐成,则易为力搏击,豪右每难为功。其本原要仍在州县之正己耳!"(《汤寿潜史料专辑》,第365页)

鉴于农民起义后大量土地荒芜的状况,汤寿潜要求着重对荒地进行勘查和招佃。他认为:"不论南北,熟必倍徙于荒。仅议丈荒,以时则速,以款则省。"因此,"荒田亟宜剔丈也。"对于查实的荒地,他主张:"丈归于官,由官招垦,不问土客,酌收轻价。"(《汤寿潜史料专辑》,第366页)

汤寿潜对屯垦问题的分析有一定的独特性,他一方面把屯垦作为解决旗民生计的对策来加以强调,建议派遣懂得农业的官吏,"为旗屯大臣,就所购每圩每围,先为调集防营,如法捍筑,不便水田,即为地亦可。区画粗毕,奏令各都统,饬各旗正身披甲,充差如其旧。余凡及岁能任佃作,愿往屯垦者,官给办装银四两,由驿以车载往垦所,按丁拨田或地十亩,就近由官募用老农为之导。垦成,与为世业,随移随垦。岁移千丁,可垦百顷,十年树人,满蒙闲散旗丁,从此一无闲散"(《汤寿潜史料专辑》,第294—295页)。另一方面,他又把采用西方生产方式组织屯垦视为富足国力的有效途径。在他看来,西方农业的发展得益于机器和商办公司,这是值得中国仿效的,为此他写道:"西人每有集成公司以兴农利者,可仿公司之意,而由屯政大臣招集商股。凡经营银钱,则由股多之商;凡军民交涉,则责其成于大臣,就近酌调防营以资工作。"(《汤寿潜史料专辑》,第337—338页)又说:"调旗兵练兵就各地,大兴垦牧,以尽地利而固边陲。能招商以公司为之,尤足免台湾铁路、矿脑之续。"(《汤寿潜史料专辑》,第342页)关于农业的机械化,他指出:"泰西新制,不特耕田机器,其他撒种、耘耨、刈获、汲水,亦无不以机器行之,悉力购造,猝恐未逮,可渐以成之也。"又说:"西人新创耕田机器,小者每具不过百金,什倍人力。天津有制造局,如法为之,万金可成百具,散之民间,通力合作,可无不耕之地。"(《汤寿潜史料专辑》,第299页)为了推广农业机械,他还建议在屯垦过程中,"详加相度,其有沟渠圩闸易于修复连成片段之田,会同地方官酌量价买,或给岁租代为垦治沟田,耕种刈获,便于施用机器"(《汤寿潜史料专辑》,第337页)。这些观点都具有鲜明的近代思想特点。

辛亥革命期间,汤寿潜曾拟就《为国势危迫敬陈存亡大计》一文,其中提出四条治标之策和四条治本之策,在治本的第三条建议中,他强调开源节流的必要性,而农田开发则是开源的主要内容。汤寿潜写道:"徕华侨,以兴南洋各岛之垦;移灾民,以实东省各地之边;沿湖、沿江、沿海者,沙涂可圩而为田,官荒可售而得价,既可息争,亦以足饷。求之古,则仿汉召信臣、杜诗、邓晨、何敞、鲍昱、魏邓艾、贾逵,晋羊祜、杜预,唐夏夔、裴大觉、柳宝积,宋赵尚宽治水田于颍,汝、唐、邓、枣阳之间;求之今,则仿怡贤亲独之畿辅水田,靳辅之五府沟田。其利确有把握,且渔利、森林利、矿利,除防洋股外,宽其法禁,听民自为。"(《汤寿潜史料专辑》,第531页)这番原则性见解虽然未能挽救清王朝的历史命运,却也透露出某种农业理论发展的新信息。

第十节　邵作舟的农业思想

邵作舟,字班卿,安徽绩溪人,生卒年不详。他曾在天津、塘沽一带做过幕僚,当时的新疆巡抚陶模推荐他出仕,"邵氏固辞"(《邵氏危言·序》)。邵作舟的农业思想见于其所著《邵氏危言》一书。这部书的著述时间无确切记载,但从书中"今朝鲜之蕃又岌岌矣"(《邵氏危言·知耻》)等语看,此书应完成于甲午年(1894)前夕。邵作舟的社会思想观点属于早期资产阶级改良派,他主张异势图变,即根据国际形势的发展态势进行国内政体的变革。在农业问题上,邵作舟的主要观点体现在薄敛省赋和边疆开发两个方面。

邵作舟久居于乡,对广大农民所受繁重赋税侵夺的痛苦有所体察。他指出:当时清朝政府"岁入之有籍于司农者至八千余万,厘金杂赋,外销于疆吏者尚不在其中,此伊古以来未有之赋也"(《邵氏危言·穷弊下》)。鉴于统治者巧立名目,加紧搜括百姓,"厘金之征也,一征而不复免也;盐厘之征也,一征而不复免也;百物厘捐之加也,一加而不复减也"的状况,他对当权者进行了激烈的抨击,指责其"恤民之令不绝于口,而见于实政者,力在加洋药之捐,加土药之捐;杂赈百事,与夫苛细无名之捐,所罢者何事哉?"(《邵氏危言·厚赋》)

在中国赋税是否太重的问题上,有人认为英法等国年赋都是三万万,而中国只有八千余万,因此他们把中国政府誉为"取民甚薄而所以惠民者甚厚"。对这种论调,邵作舟断言是"不察事实之说",并从三方面进行了驳斥。首先,他认为中国的八千余万岁赋远不是财政收入的全部,他举例说,在八千万之外,"各省漕本色之征凡千一百二十余万石,以二三金计一,则当岁三千万,加上地丁漕倍之;厘金外销二千余万,中饱岁三四千万,舟车之费等又数百万",总算起来,"民之所出三万万两",在数额上与英法不差上下。其次,西方赋税主要来自商业利润,而"中国以农立国……小民操耰锄暴风雨而膏血之本奉于上",上交同样的税,中国百姓要付出更加艰辛的劳动。最后,西方和中国物价不同,赋税的名义价值虽差不多,但实际价值却相差很大,而且中国的赋税主要靠丁男之力,交税者的负担就更加沉重,邵作舟对此分析说:"中国金贵而物贱,泰西物贵而金贱,英用金三,不当中国用金一。以金贵物贱之中国而至于三万万,则是四万万之众,妇女老弱不计,而丁男之力作以输赋者八千万众,当人出四金有奇。中国赋敛之重乃当三倍于英,何以为薄夫?"(《邵氏危言·厚赋》)

为了减少赋税,改善广大农民的生活状况,邵作舟提出了三条改革对策:(1)裁兵;(2)罢杂税;(3)制新法。关于裁兵,邵作舟的理由是:"天下一岁之用七千八百万,而养兵一事固已六千三百余万矣,此所以富有四海而不免于捉襟见肘之形者也。"而冗兵的主体又是八旗兵,即如他所说:"冗食之实孰?为大兵。为大兵之冗食孰?为大旗兵,绿营,为大八旗之聚于京师者。"(《邵氏危言·冗食》)因此,邵作舟建议:"岁罢旗兵五之一,绿营三之一,使复为民。未罢者饷如故。旗兵五岁,绿营三岁,至期而尽罢之。"(《邵氏危言·国计》)

邵作舟认为当时的杂税大都流于中饱,因而主张罢之。他指出:"杂赋之目……其名不可悉数也,然总其大较,县官所入岁百数十万金而已。百物之税,民之所出者十,而入于县官者一;田宅杂畜之税,则民之所出者千百,而县官或不得一焉。"如果将这种杂税统统废除,其效益是颇为显著的,所谓"固之所罢不过百余万,而民岁受数千万之赐"(《邵氏危言·薄敛》),也就是让广大纳税者得到实惠。

至于制新法,主要包括立新关和减税额两个内容,尤其是要革除厘金之弊,努力做到逐年削减,若干年后,"则尽罢厘金,不复再榷"(《邵氏危言·薄敛》)。

邵作舟农业思想的另一个重要议题是对边疆农业的开发。他意识到边远地区农业经济的落后不仅对巩固国防不利,而且制约了内地经济的发展。他说:"今日之计不可以长久者,竭东南之力以供诸边之饷。"因为,"今以诸边之地,岁待东南之饷若婴儿之仰乳哺",致使内地"数州之民,所以有富之名,无富之实"。他还以家庭经济做比喻,指出:"民有兄弟五人,四贫而一富,其贫者无事皆自食其力,猝有婚丧大事费,然后富者任之,则贫有以自立而富不至于累。"(《邵氏危言·东南》)如果贫者事事依赖富者,那么富者最终也将受累而贫。由此可见,邵作舟的发展边疆经济是以达到边远区域的经济自给为目的的。

在具体的实施方针上,邵作舟强调根据各省的自然资源,因地制宜,发展农业的多种经营。他指出:"东三省之材木皮革、鸟兽鱼龟、金石谷粟,北边之马、牛、羊,西域之金玉毡罽、稻田果瓜,滇黔之矿产,粤西之草木药物,大抵沃饶,其聪明智者,足以殖生业,兴术艺。苟宽以岁月,假以便宜,资有司从容拊循,为民兴利耎,使闲暇粗足,无事自立。"(《邵氏危言·东南》)这番见解体现了邵作舟建设边远经济主张所具有的理论特点,一是强调依靠边远地区本身的人力和资源发展农业,而不是通过移民等办法;二是除了矿业之外,邵作舟在这里所论述的是一个广义的农业经济范畴,这比传统的屯垦主张更为全面和灵活,可行性和适用性也就更大。

邵作舟认为如果实施他的建议,可以收到三个效果。从政治上看,可以增强国家的实力,改变国贫受欺的状况;从军事上看,可以加强边防地区抵御外国入侵的能力;从经济上来说,则将减轻内地经济负担,促进发达地区的进一步繁荣,即所谓"宽东南之力,开瘠土之业","少宽数州之力,使内积货财"(《邵氏危言·东南》),这些看法都是有一定道理的。

第九章 甲午战争至五四运动期间的农业思想

第一节 张之洞的农业思想

张之洞(1837—1909),字孝达、香涛,号香严、壶公、无竞居士等,直隶南皮(今河北南皮)人。咸丰时考中解元,同治时考中探花,历任翰林院编修,湖北学政、四川学政、国子监司业、内阁学士兼礼部侍郎、山西巡抚、两广总督、湖广总督、大学士、军机大臣兼管学部、督办粤汉铁路大臣兼督办鄂境川汉铁路大臣等职。作为清代末期的重要朝臣,张之洞曾参与近代军事和民用工业的新建,如创办湖北枪炮厂、汉阳铁厂、湖北织布局等。同时,他重视教育,曾在四川设立尊经书院,在广东设立水师学堂和广雅书局,在湖北设立两湖书院、自强学堂和存古学堂。在经济思想上,张之洞谈的较多的是兴办企业等问题,但对农业问题也有一些独特新颖的见解值得称道。

张之洞对农业的认识较少传统思想的影响,他曾对社会经济的各部门关系作过概要的阐述,指出:"大抵农、工、商三事互相表里,互相钩贯。农瘠则病工,工钝则病商,工、商耷瞀则病农。三者交病,不可为国矣。"这里没有抑此重彼的意思。作为洋务运动的重要首领之一,张之洞对近代工业的重要性作过明确肯定,认为:"工者,农、商之枢纽也。内兴农利,外增商业,皆非工不为功。"(《张文襄公全集·劝学篇·外篇·农工商学第九》)在特定的情况下,他也把农与本放在一起,如说:"中国以农立国。""夫富民足国之道,以多出土货为要义,无农以为之本,则工无所施,商无可运。"(《张文襄公全集·奏议》卷54《遵旨筹议变法谨拟采用西法十一条折》)显然,这里所说的农本,并不等同于中国古代的农本理论,而是从农业为轻工业提供原材料的角度来说的。

　　张之洞虽然不像古代思想家那样把农业放在独一无二的地位上来加以强调,但对如何发展近代农业经济问题仍然给予了很大的关注,并发表了较为具体的对策主张。张之洞认为要促进中国农业的实质性发展,应用先进的科学技术势在必行。他指出:中国的农业不发展,"则中国地虽广,民虽众,终无解于土满人满之饥矣",而"劝农之要如何? 曰讲化学"。对此,他详细分析说:"田谷之外,林木果实,一切种植,畜牧养鱼,皆农属也。生齿繁,百物贵,仅树五谷,利薄不足以为养。故昔之农患惰,今之农患拙。惰则人有遗力,所遗者一二;拙则地有遗利,所遗者七八。欲尽地利,必自讲化学始。《周礼》草人掌土化之法,实为农家古义。养土膏,辨谷种,储肥料,留水泽,引阳光,无一不需化学。"(《张文襄公全集·劝学篇·外篇·农工商学第九》)这种看法同郑观应的论点有共同之处,即重视科学技术对发展农业的作用。

　　另一方面,张之洞强调近代农业生产方式依赖于机器等先进设备,这和化学的运用一样,必须通过普及农业教育的途径来达到推广的目的。他写道:在促进农业生产的过程中,"又须精造农具。凡取水,杀虫,耕耘,磨砻,或用风力,或用水力,各有新法利器,可以省力而倍收,则又兼机器之学。西人谓一亩之地,种植最优之利,可养三人。若中国一亩所产,能养一人,亦可谓至富矣。然化学非农夫所能解,机器非农家所能办,宜设农务学堂。外县士人,各考其乡之物产,以告于学堂,堂中为之考求新法新器。而各县乡绅有望者,富室多田者,试办以为之倡,行而有效,民自从之"(《张文襄公全集·劝学篇·外篇·农工商学第九》)。

　　在农田的耕种方面,张之洞也有新的改革思路,他介绍说:"西法植物学,谓土地每年宜换种一物,则其所吸之地质不同,而其根叶坏烂入土者,其性各别,又可以补益地力,七年一周,不必休息,而地力自肥。较古人一易再易三易之法,更为精微。此亦简显易行者也。"(《张文襄公全集·劝学篇·外篇·农工商学第九》)

　　如前所述,张之洞对农业基础地位的肯定,在很大程度上是从为轻工业提供原材料的角度考虑的,因此,在谈到农业发展问题时,他十分重视提高某些经济作物的产量和质量。在他看来,"丝、茶、棉、麻四事,皆中国农家物产之大宗也,今其利尽为他人所夺,或虽有其货而不能外行,或自有其物而坐视内灌,愚懦甚矣"。他具体分析说:中国茶叶在国际市场的减销,是由于"茶户种茶不培,摘芽不早,茶商不用机器,烘焙无法"。丝的销路也大为缩小,原因是"养蚕者不察病蚕,售茧者多搀坏茧,茧耗既多,成本自贵","本贵则价难减,价昂则销愈滞"。关于种棉,张之洞说:"外国种棉,分燥土湿土两种。长茎宜湿地,短茎宜燥地。种植疏阔,故结实肥大。"而中国则不同,"农夫见小,种棉过密,又不分燥湿",导致棉质下降,"绒短纱粗,以机器纺之,仅能纺至十六号纱止,以故不能与洋纱洋布敌"。至于麻,张之洞指出:"麻为物贱,南北各省皆产,然仅供缉绳作袋之用。川、粤、江西,仅能织夏布耳。西人运之出洋,搀以棉则织成芒布,搀以丝则织为绸缎,其利数倍。"这就是说,由于"沤浸无术,不能去麻胶,又无搀丝之法",造成了中国麻制品价格的低下(《张文襄公全集·劝学篇·外篇·农工商学第九》)。不难看出,张之洞的上述分析不仅考虑到轻工业原料的问题,而且是从维持和扩大农产品出口的大局着眼的。

光绪二十七年(1901),张之洞和刘坤一就发展中国农业问题向朝廷提出奏议。刘坤一(1830—1902),字岘庄,湖南新宁人,曾任广西布政使、江西巡抚、两广总督、南洋通商大臣等职。在这份奏议中,张之洞等人的农业思想更具近代特点。鉴于"中国土地广大,气候温和,远胜欧洲,于农最宜,其种植之无不宜,为全球所不能及",对当时"工商皆间有进益,惟农事最疲,有退无进"的状况,他们明确提出"今日欲图本富,首在修农政"的主张。而在修农政的诸项措施中,张之洞等人最为强调的还是普及推广先进的农业科技。他们认为中国传统农业的落伍,主要原因之一在于缺乏新技术,指出:"大凡农家率皆谨愿愚拙,不读书识字之人,其所种之法,止系本乡所见,故老所传,断不能考究物产,别悟新理新法,惰陋自甘,积成贫困。"而要改变这种局面,就必须从西方农业书籍中了解"物性土宜之利弊,推广肥料之新法,劝导奖励之功效"。另一方面,要建立专门管理机构,"专设一农政大臣,掌考求督课农务之事宜,立衙门,颁印信,作额缺,不宜令他官兼之"(《张文襄公全集·奏议》卷54《遵旨筹议变法谨拟采用西法十一条折》)。

为了鼓励促进农业生产方式的改进,张之洞等人拟定了劝导四法。

首先是劝农学,他们主张派遣留学生出国学习外国的先进农学技术:"学生有愿赴日本农务学堂学习,学成领有凭照者,视其学业等差,分别奖给官职。赴欧洲美洲农务学堂者,路远日久,给奖较优。自备资斧者,又加优焉。令其充各省农务局办事人员。"(《张文襄公全集·奏议》卷54《遵旨筹议变法谨拟采用西法十一条折》)

其次是劝官绅,即要求各地官绅在推广先进农业技术方面起表率作用,具体而言:"各省先将农学诸书广为译刻,分发通省州县,由省城农务总局将农务书所载各法,本省所宜何物,一一择要指出,令州县体察本地情形,劝谕绅董,依法试种,年终按照饬办门目填注一册,土俗何种相宜,何法已能仿行,何项收成最旺,通禀上司刊布周知。有效者奖,捏报者黜。每县设一劝农局,邀集各乡绅董来局讲求,凡谷、果、桑、棉、林木、畜牧等事,择其与本地相宜者,种之养之,向来不得法者改易之,贫民无力者助之资本,种养得法者赏以酒肉花红。数年之后,行之有效,绅董得奖。"(《张文襄公全集·奏议》卷54《遵旨筹议变法谨拟采用西法十一条折》)

第三是导乡愚。张之洞等人认为,要使中国农业经济有实质性飞跃,关键是要提高普通农民的技术素质,而在这方面政府有关部门应负起直接的督导职责,因为"各项嘉种新器,乡民固无从闻知,僻县亦难于购致,宜由各省总局多方访求,筹款购办仿制"。为了把技术推广落实到农民,他们建议:"先于省城设农务学校,选中学校普通学毕业者肄业其中,并择地为试验场,先行考验实事,以备分发各县为教习,并将各种各器发给通县,令民间试办。先则概不取价,有效则略取价值,务令报廉。"在具体的试办方法上,他提出了"先其通用者,后其专门者","先其易者,后其难者","先其本轻者,后其费巨者","先其保已有之利者,后其开未见之利者","先其获利速者,后其见效迟者"等原则(《张文襄公全集·奏议》卷54《遵旨筹议变法谨拟采用西法十一条折》)。

最后,是对垦荒实行缓赋税政策。张之洞等人指出:"夫垦荒而责以升科,此荒之所以不垦也……今日欲兴农务,惟有将垦荒升科之期,格外从缓,而又设法以鼓舞之。"对各种特殊地块的垦殖,他们都提出了相应的优惠政策,例如:"能开山地者,报官给照,宽期升科;多开者,种杂粮至十石以上,种树至一千株以上,酌予奖赏。""垦海滩者亦报官给照,资本较巨,升科之期,尤须从宽。种杂粮种草木俱听其便,断不必强令开作稻田。"对于沿江沿河沙洲,他们认为均系沃壤,私垦已满,"宜查明实数,除已报垦纳粮者不计外,亦造册给照,宽期升科,即以此田作为试验农学新法之地"。总之,在张之洞等人看来,宽期升科有利于山地、海滩地、洲地的开发,"地利既辟,农学之效既见,风气一开,仿行必众,其为益于国家者宏且远矣,岂在目前征粮纳税之微末乎!"(《张文襄公全集·奏议》卷54《遵旨筹议变法谨拟采用西法十一条折》)

此外,张之洞等人还注意到渔业和东北荒地的开发问题。关于前者,他们指出:"沿海有种蠔、种蚬之法,内海有捕海鱼,采海味之利,本多而利厚,外国最为讲求注意,近年反仰给东洋,坐失己利。应责成该处州县,劝集公司举办,绅富助资借本与该公司者,分别施奖。"关于后者,他们认为:"东三省地方广阔,土脉最厚,荒地尤多,然必须力强资饶才能率众者,方能前往开垦,非零星农民所能济事。"据此,他建议:"特定章程,一人能开田若干顷者,从优奖以实官;绅富助资借本者,分别施奖,以期鼓舞。"(《张文襄公全集·奏议》卷54《遵旨筹议变法谨拟采用西法十一条折》)

从张之洞与刘坤一联名上奏的这份农业发展方案可以看出,他是中国近代朝廷官员中宣传引进西方农学技术最为得力的人。如果说张之洞因未涉及农业生产关系的变革而显示了农业思想的缺乏深度,那么他将农业与工业和外贸联系起来的思路,他对推广普及西方农业技术的全面设想,则体现了农业思想的敏锐性。

第二节　张謇的农业思想

张謇(1853—1926),字季直,号啬庵,江苏南通人。早年曾在提督吴长庆处当幕僚。光绪时考中举人、状元,授翰林院修撰。1895 年,受张之洞委派,在江苏南通筹办纺织企业。在社会政治活动方面,张謇于 1895 年列名强学会。在慈禧太后宣布"新政"时,他成为立宪派首领。以后,历任清政府商部头等顾问官、预备立宪公会副会长、江苏咨议局局长、中国教育会会长。辛亥革命后,任临时政府实业总长、北洋政府农林、工商部总长、水利局总裁、江苏运河督办、吴淞商埠局督办等职。在创办实业方面,张謇一生共集股创办了三四十个工商企业和十六个垦牧、盐垦公司,此外还创办或资助了许多教育院校和慈善公益机构,其中有通州师范、南通大学、吴淞商船学校、中国公学、复旦学院、龙门师范等。

张謇关于农业问题的议论主要是围绕农工商关系而发的。在 1895 年,他比较强调近代工业在整个国民经济中的重要地位,认为"外洋富民强国之本实在于工"(《张季子九录·政闻录》卷 1,第 20 页),并且指出:"中国人待农而食,虞而出,工而成,商而通,工固农商之枢纽矣。"(《张季子九录·实业录》卷 3,第 5 页)这种认识反映了资产阶级改良派思潮在当时的理论进步,即把重商发展到了重工。到 1897 年,他的看法又有了发展,开始将农的作用与工并列起来。他在向朝廷上呈的一份奏议中说:"凡有国家者,立国之本不在兵也,立国之本不在商也,在乎工与农,而农为尤要。盖农不生则工无所作,工不作则商无所鬻。相因之势,理有固然。"(《张季子九录·实业录》卷 1,第 6 页)以后又进一步明确指出:"工商之本在农,农困则工商之本先拨。"(《张季子九录·政闻录》卷 3,第 14 页)

和张之洞等人一样,在张謇的新农本论中,农业的含义有了新的理论内容,即他不再局限于农业为人类提供基本生活资料之类的传统思路,而主要着眼于农业能为轻工业提供原料。他认为:"民生之业农为本,殖生货者也;工次之,资生以成熟者也;商为之缩毂,而以人之利为利,末也。"(《张季子九录·实业录》卷 6,第 4 页)所谓"殖生货者",就是为工业提供原材料的意思。当然,在有些场合,张謇也重申司马迁的观点,说过"农不出则乏其食,工不出则乏其事,商不出则三宝绝,虞不出则财匮少。四者民所衣食之原,原大则饶,原小则鲜"(《张季子九录·文录》卷 2,第 4 页)之类的话,但他的主要兴趣点是在农业的新经济功能上。

这种新意义上的农本观念,对张謇"棉铁主义"理论的形成具有重要的影响。所谓"棉铁主义"是指在中国近代经济的发展中要以棉花和炼铁两业为重点。对这种政策的必要性,他作了这样的阐述:"我之国不有土地乎,有土地则曷不改良农业而蓄其生产? 我之人民不各有耳目手足乎,各有耳目手足则曷不奋兴工作而给于商市? 顾所谓农工商者,犹普通之言,而非所谓的也。无的则备多而力分,无的则地广而势涣,无的则趋不一,无的则智不集,犹非计也。的何在? 在棉铁,而棉尤宜先。"(《张季子九录·政闻录》卷3,第31—32页)这就是说,在中国当时的经济状况下,要泛泛地发展农业和商业已无济于事,只有明确重点,集中财力,优先把棉业和铁业发展上去,才能带动国民经济的切实增长。

值得注意的是,张謇的棉铁主义是有内在重心的,"棉尤宜先"正体现了这一点。棉铁的地位之所以这么重要,显然同当时棉纺织业投资少,周转快,利润高的特点有关。对此张謇曾表示:"救穷之法惟实业,致富之法亦惟实业。实业不能三年、五年、十年、八年,举全世界所有实业之名,一时并举,则须究今日如何致穷,他日如何可富之业。私以为无过于纺织,纺织中最适于中国普通用者,惟棉。"(《张季子九录·实业录》卷5,第5页)另一方面,这也同他自己的企业创办动机有关。当初张謇在南通办纺织厂,目的是"为通州民生计,亦即为中国利源计",因为南通盛产优质棉花,"为日厂之所必需,花往纱来,日盛一日,捐我之产以资人,人即用资于我之货以售我,无异沥血肥虎,而袒肉以继之,利之不保,我民日贫,国于何赖"(《张季子九录·实业录》卷1,第7页)。而自设纱厂,便能将原料归己用,利权不外溢,也就是张謇所说:"华商多占一分势力,即使洋商少扩一处范围。"(《张季子九录·实业录》卷2,第21页)

为了实行他的"棉铁主义",张謇对棉花的种植十分关注。他指出:"今日中国为奖励纺织计,根本计划,必先奖励植棉,必也使全国植棉之地,视今日倍之,或倍半之。"棉花的产量和质量要能够"足供推广纺织之用"。(《张季子九录·实业录》卷5,第2页)他拟定的对策建议有推广新植棉地,确定发展区域,颁行奖励措施等。

在一般的农业发展问题上,张謇的见解比较简略。他于1897年时提出"农务亟宜振兴","振兴之计有四":(1)"荒之地,听绅民召佃开垦,成集公司用机器垦种";(2)"未垦之地,先尽就近之人报买";(3)"凡开垦之地……免赋三年、免赋五年";(4)"报买升科……明定成数"。(《张季子九录·实业录》卷1,第5页)他还批评政府的税收政策,强调:"农工商之政策,唯借税法为操纵,或轻减以奖励之,或重征以抑制之,盖未有不顾农工商之痛苦,而纯然以收入之目的,为征税之标准,猥曰苟且以济国用者也。"(《张季子九录·政闻录》卷7,第2页)但他的税制改革论以厘金和关税为重点,对农业税赋涉及不多。

最后,还要提一下张謇的农场经营观点。他在1901年提出"集公司而兴农业"的建议,其中指出:"农,旧名也,公司,新法也,仍旧名而不用新法,则山野之旷地,江海之荒滩,弥望无垠,童童濯濯,竭中人以上一人一家之力而不足治,歆歆缀想,皆成废弃矣。欲集公司,先由官劝,有应劝者,令其按地绘图,开方记里,自拟私集公司举办利益章程,白于各府州县农商官,勘视虚实,为上于农商道,订定给之,有佃可招者招佃……人力不足,合用机器者用机器。"(《张季子九录·政闻录》卷2,第10—11页)他希望采用这种形式,使农业经营发生一次实质性发展,所以又要求:"凡各府州县辖境,三年内责成农商官,毋许有不林之山,不谷不牧之地,庶地无旷土,野无游民,国收大效矣。"(《张季子九录·政闻录》卷2,第11页)在这里,张謇主张采用公司形式和机器耕作发展农场经营,这是颇有近代经济眼光的农业观点。在其他文章中,他主张在农场中"依中国佃制",农场主与佃户实行"四六分收,业得四成,佃得六成"。(《张季子九录·实业录》卷8,第23页)这表明张謇对农业中的封建租佃制这一剥削方式是持肯定态度的。

第三节 康有为的公农论

康有为(1858—1927),一名祖诒,字广厦,号长素,后改号更生、更牲,广东南海人。早年曾出游香港,两次赴京参加乡试,光绪时考中举人、进士,授工部主事。曾发起组织强学会、圣学会、保国会等组织。戊戌变法期间,被任命在总理衙门章京上行走,特许专折奏事。维新失败后,康有为去日本,组织成立保皇会,随后又游历欧、亚、美30余国,后回国定居于上海,主编《不忍杂志》。此后曾出任孔教会会长、名誉会长、弼德院副院长等职,作为中国近代著名的维新派首领,康有为较早接触西方社会思想,是中国近代"向西方寻找真理"的代表人物之一。为倡言变法,曾三次上书言事,主张实行维新变法。作为其革新改良的理论基础和宣传纲领,《公车上书》《新学伪经考》《孔子改制考》《大同书》等书具有较大的社会影响,而他的农业思想也是在这些著作中反映出来的。

1895年,康有为撰《上清帝第二书》,其中提出了富国六法和养民四法,前者为钞法、铁路、机器轮舟、开矿、铸银、邮政;后者除劝工、惠商、恤穷外,首要一法就是务农。而务农的主要内容便是土地的开发经营问题。

康有为主张引进西方先进的农业科技,促使中国农业经济发生实质性的飞跃。他指出:"天下百物皆出于农,我皇上躬耕,皇后亲蚕,董劝至矣,而田畯之官未立,土化之学不进,北方则苦水利不辟,物产无多,南方则患生齿日繁,地势有限,遇水旱不时,流离沟壑,尤可哀痛,亟宜思良法以救之。"对于西方国家的农业经营情况,他介绍说:"外国讲求树艺,城邑聚落,皆有农学会,察土质,辨物宜。入会其自百谷、花木、果疏、牛羊牧畜,皆比其优劣,而旌其异等。田样各等,机车各式,农夫人人可以讲求。鸟粪可以肥培壅,电气可以速长成,沸汤可以暖地脉,玻罩可以御寒气。刈禾则一人可兼数百工,播种则一日可以三百亩。择种一粒,可以收一万八百粒,千粒可食人一岁,二亩可养人一家。瘠壤可变为腴壤,小种变为大种,一熟可为数熟。"(《康有为政论集》上册,第126页,中华书局1981年版)

经过上述鲜明的优劣比较,康有为提出了仿效西方从事农业经济开发的主张,他表示:"吾地大物博,但讲之未至。宜命使者译其农书,遍于城镇设为农会,督以农官。农人力薄,国家助之。比较则弃楛而从良,鼓舞则用新而去旧,农业自盛。"(《康有为政论集》上册,第126页)在具体的经营项目方面,康有为论及了丝(蚕桑)、茶、棉、蔗、林、渔、蜂等经济作物,这颇与陈炽的思路相似。在1898年写成的《上清帝第六书》中,康有为还建议成立农局,目的是使"举国之农田、山林、水产、畜牧,料量其土宜,讲求其进步改良焉"(《康有为政论集》上册,第215页)。

为了运用先进科技发展农业,康有为建议成立农学堂和地质局,开展地貌勘查,制定开发规划。他认为:"今日人皆知言矿,而地下之矿无凭,地面之矿有据。农者地面之矿也,不开地面之矿,而遽求地下之矿,得无本末倒置乎?"他希望政府所属各省州县,"皆立农学堂,酌拨官地公费,令绅民讲求,令开农报,以广见闻,令开农会,以事比较。每省开一地质局,译农学之书,绘农学之图,延化学师考求各地土宜,以劝植土地所宜草木。将全地绘图贴说,进呈御览,并饬各州县土产人工之物,购送小样,到其省会地质局种植陈设,以广试验而便考求,扩见闻而兴物产"(《康有为政论集》上册,第349页)。这比前两年的建议更为具体了。不仅如此,康有为还认识到土地开发管理对促进中外通商具有重要意义,他指出:"其通商口岸,若上海、广东为中外大市,则设地质总局,有可推行外国者,皆令送小样至总局,以便外国人阅看购取,庶几商业繁而流通广,农业并兴,地利益出,而国可富。"(《康有为政论集》上册,第350页)这些见解是较为新颖的。

《大同书》是康有为阐发社会理想的主要著作,它写于1901至1902年间,但理论雏形早在19世纪80年代中逐步形成。在《大同书》中,康有为主张实行生产资料公有的经济体制,其中土地占有问题是他论述的重要方面。

康有为认为中国传统的小农自然经济模式已不适应近代社会发展的需要,因此必须加以根本的变革。他指出:"中国许人买卖田产,故人各得小区之地,难于用机器以为耕,无论农学未开,不知改良。而田主率非自耕,多为佃户,出租既贵,水旱非时,终岁劳动,胼手胝足,举家兼勤,不足事畜,食薯煮粥,犹不充饥,甚者鬻子以偿租税,菜色褛衣,其困苦有不忍言者。即使农学遍设、物种大明,化料具备,机器大用,与欧美齐;而田区既小,终难均一,大田者或多荒芜,而小区者徒劳心力,或且无田以为耕,饥寒乞丐,流离沟壑。"(《大同书》,第227页,上海古籍出版社2005年版)中国近代改良派思想家中主张机器耕植土地的不乏其人,但从经营模式上指出中国土地状况局限性的则以康有为为首次。

不过,康有为在这里并不是要以资本主义土地关系代替封建土地制度,而是想代之以一种取消差别的公有土地模式。康有为主要想消除贫富悬殊的社会矛盾,为此,他评论了古人的土地改制论,认为:"亚洲各旧国,地少人多,殆尤甚者也。孔子昔已忧之,故创井田之法而后人人不忧饥寒;而此方格之事,非新辟之国实不能行。若孔子所谓'盖均无贫',则义之至也;后儒日发均田之说,又为限民名田之法,王莽不得其道而妄行之,则适以致乱。"(《大同书》,第227—228页)在他看来,"盖许人民买卖私产,既各有私产,则贫富不齐,终无由均"(《大同书》,第226页)。这是从新的角度对传统田制理论的批判,也点出了实行土地公有的必要性。

从上述思想出发,康有为提出了田地公有的公农理论,他强调:"今欲致大同,必去人之私产而后可……举天下之田地皆为公有,人无得私有而私买卖之。"这是中国近代继太平天国的《天朝田亩制度》之后的又一个废除土地私有制主张。那么,这种土地制度的具体形式又是如何的呢?康有为作了比较详尽的说明,他写道:"政府立农部而总天下之农田,各度界小政府皆立农曹而分掌之,数十里皆立农局,数里立农分局,皆置吏以司之。"在土地分配方面,"其学校之学农学者皆学于农局之中;学之考验有成,则农局吏授之田而与之耕,其耕田之多寡,与时新之机器相推迁"(《大同书》,第233页)。在经营方式上,康有为提倡农场组织,"每度界为一自治政府,立一农曹,其下数十里为一农局,其下数里为农场"(《大同书》,第235页)。"其农场者,农田种植之所也;里数不定者,机器愈精,道路愈辟,人之智力愈强,则农场愈广也。"(《大同书》,第235—236页)为了确保科学地开发土地,他建议:"每度农曹皆有地质调查局,将其本度内之山陵、原隰、坟衍、川海、人居为小模形,别其肥瘠及泥沙水石之差,风雨霜露之度,以色别而详识之。其地产之所宜及化料之所合,皆记而备之累年之报告调查,存考而求其进化。及其变更,皆有农学士多人岁时专考,而以报发明布告之,又皆有农学会以讲求之。"(《大同书》,236页)

在正面阐述其公有田地方案的同时,康有为还揭示了土地私有制下的生产失衡弊端,他断言:"以农业言,独人之营业,则有耕多者,有耕少者,其耕率不均,其劳作不均,外之售货好恶无常,人之销率多少难定,则耕者亦无从定其自耕之地及种植之宜,于是有余粟滞销者矣……合大地之农人数万万,将来则有十百倍于此数者,一人之乏而失时,一人之殄物而枉劳,积之十百万万人,则有十百万万之殄物、失时、枉劳者矣。"(《大同书》,第230—231页)显而易见,康有为认为只有土地公有才能从根本上避免农业生产的无政府状态及其所造成的财富浪费现象。

应该肯定,康有为土地公有论在批评土地私有制固有矛盾方面是有一定深度的,这不仅是对封建生产关系的否定,而且进一步指陈了资本主义的经济弊端。然而他所理想的土地公有制度又具有空想的性质,因为在达到这一社会形态之前,包括农业在内的社会生产力水平必须有极大的提高,而这种提高又是与商品经济的发展密不可分的。希望在生产力水平低下的条件下废除土地私有制,在现实中只会造成欲速则不达的后果。康有为相信公有体制能够避免社会生产的无序和浪费,这也被历史证明是不可实现的。因为没有在财产私有制前提下的交换,社会上的供求关系就无法通过价格信息反映出来,生产和消费的平衡自然无从谈起。当然,在具体论述土地开发的方式、技术等方面,康有为的主张是很有参考价值的。

第四节 严复的农业思想

严复(1854—1921),初名传初、体乾,投考福州船政学堂时改名宗光,字又陵,后又改名复,字几道,号瘉野老人等,福建侯官(今闽侯)人。早年考入福州船政学堂学习,1871年以最优等成绩毕业,先后在建威、扬武舰上实习。1877年到英国留学。1879年回国,任福州船政学堂教习。次年被任为北洋水师学堂总教习,以后升为会办(副校长)、总办(校长)。1897年参与创办天津《国闻报》。1900年以后到上海,任唐才常创办的国会副会长。1901年任开平矿务局总办。次年任京师大学堂译书局总办。1905年帮助马相伯创办复旦公学,两年后任校长。1908年以后被清廷任命为审定名词馆总纂、资政院议员,还被赐为文科进士。辛亥革命后,严复曾领衔发起成立孔教会,还出任京师大学堂校长、总统府外交法律顾问、约法会议议员、参政院参政等职。

作为中国近代著名的资产阶级启蒙思想家,严复为西方社会思想在中国的传播作出了很大的贡献。在英国留学期间,他接触并阅读了西方的学术著作,回国后于1895年开始发表政论文章,如《论世变之亟》《原强》《辟韩》《救亡决论》等。1901年以后,他翻译的《原富》《群学肆言》《群己权界论》《社会通诠》《法意》等著作陆续出版,产生了广泛的社会影响。比较集中反映严复经济思想的是他在《原富》中所加的6万字的按语。《原富》是英国古典经济学家亚当·斯密所著

《国富论》(现名《国民财富的性质和原因的研究》)的最初中文译名。就农业而言,严复在译作中不仅着重介绍和评价了西方学者的地租理论,而且发表了他自己的有关见解,并涉及中国传统农业模式的改革问题。

关于地租的本质和来源,严复说:"财之所生,皆缘民力,其所否者,独租而已。租者,其事起于土壤有限,而民占为产,而户口降滋,耕者出谷,其得价取酬力庸与原母之赢利而有余也。"(《原富》,第847页按语,商务印书馆1931年版)他认识到地租是土地所有权在经济上的收益体现,这是正确的,不仅如此,他还明确指出了地租是土地收益中扣除了农民工资和农业投资利润之后的余额。

另一方面,严复在谈论商品价格问题时又认为:"合三成价,出地者之所得为租,出力者之所得为庸,出财者之所得为息。"(《原富》,第97页按语)他的意思是说,商品价值是由三部分构成,即地主的地租、工人的工资资本家的利润,而这实际上是价值的分配,而不是价值的形成。尽管这样,他这段话同样反映了他对地租作为土地所有权的产物的肯定。

虽然地租为价格构成之一,但它并不影响物价的波动,这是严复的看法。他指出:"盖租之重轻与物价之腾跌为无与。故租虽重,厉耕者而无所厉于食粟之民。租虽亡,其地产亦不因之而贱。贵贱者,大抵供求缓急之所为也。"(《原富》,第171页按语)地租是构成农产品成本的一部分,它的轻重必然会带动农产品价格的相应波动,严复将它视为超然于市场价格之外的因素,显然是不正确的。

那么,土地地租究竟是怎样决定的呢?严复就此对西方地租理论作了回顾。他基本上赞成李嘉图的观点,指出:"农业初兴时,其民所耕,皆择最腴上壤。逮生齿日繁,上壤所登,不足以周民食,乃降而耕其次。生日愈繁,所迤垦者,亦日愈下。及其名租也,是最下者无租。其余诸田名租,即其田所收,与此最下者之较数。此为凡租大例云云。方此例初出,计学家论租理者,翕然宗之,以为不可摇撼,号理氏租例。"(《原富》,第194—195页按语)又说:"理嘉图曰:当蕃息之日趋于其限也,庸赢二率,亦以日薄。独地之租率,则以日增。租之所以增者,以腴地耕尽,渐及瘠土故也。"(《原富》,第111—112页按语)在西方经济思想史上,李嘉图在继承前人学说的基础上,较为完整地提出级差地租的理论,这成为马克思科学地租理论的主要来源之一。严复断言"理氏之例,终有其不可废者"(《原富》,第195页按语),说明他对此有较全面的了解。

由于具备了这种认识,严复对亚当·斯密的有关阐述进行了不无针砭的评论,他写道:"斯密氏之言租也,不特不见其所谓道通为一者;且多随事立例,数段之后,或前后违反而不复知。如篇首谓地有主人,租名乃起矣。是其多寡厚薄之数,纯出于田主之所为。乃入后又言租以地产丰啬农力高下为差。如是,则多寡厚薄之数,又若非田主所能为矣。于一业则云,租者物价之一分,租长则加价,租因而价果也。于他业又谓,租之能进,由价之昂,租果而价因也。即其区物产之有租无租,其说并非至碻。无他,理未见极,则无以郭众说以归于一宗。即有奥旨名言,间见错出,而单词碎义,固未足以融会贯通也。"(《原富》,第271页按语)斯密在《国民财富的性质和原因的研究》中所表述的地租理论确实有多元特点,矛盾之处不少,严复的上述评价可谓中肯。

然而,严复对斯密的地租论并非持否定态度,在有的论述中,他鲜明地肯定了斯密地租论的合理成分。如他认为:西方比较流行的地租学说,"固已为斯密氏所前知"。又说:"斯密斯旨,往往为读者所忽。故匡订虽多,出蓝之美盖寡。"(《原富》,第167页按语)严复举例指出:"夫租为事,生于二因:户口蕃耗,一也;农事工拙,二也。当夫户口寥落,谷价甚廉,耕者之获,仅及所费,则即居沃土,不能有租。此主于户口蕃耗者也。又使农业不精,田作卤莽,西成所得,仅酬其劳,则虽土沃谷贵,不能有租。此主于农事工拙者。田土腴瘠,农事精粗,二者相为对待,而户口蕃息,缘此而生。惟田腴事精,而后户口始进……英人即一所之田,考古今征租之异,而信斯密本篇之说为不虚。譬如都会近郊,一亩之田,古租率六便士,今日之租,则百二十倍矣!至所产谷价,古今之殊,不过九倍。此之为异,夫岂户口蕃耗为之耶?又岂必迤垦下田致尔耶?揆所由然,则农业日精故耳。"(《原富》,第167—168页按语)据此,严复又得出这样的结论:"后代计学家见闻考据,常较斯密氏为博赡。至于铀绎会通,立例贱尽,则往往逊之。"(《原富》,第168页按语)

值得注意的是,严复在这里对斯密肯定的同时又包含着对李嘉图等人级差地租起源论的异议。他认为:"计学家如安得生、威斯特、马格乐、理嘉图,皆言田租者,所以畴壤地沃瘠之差,故租之始起,以民生孳乳寖多,沃土上田,所出不足以赡民食。于是等而下之,迤耕瘠土下田。生齿弥繁,所耕弥下,最下者无租,最上者租最重。故租者,所以第田品之上下,而其事生于差数者也。"(《原富》,第167页按语)他表示:这一理论在斯密的观点对照下,显然是一种"倒果为因",因此他批评说:"故理氏之例,既非独辟,亦未精审。其非独辟,以先发于拓尔古;其未精审,以其倒果为因。"(《原富》,第168页按语)

由此可见,严复虽然对李嘉图级差地租本身内容持有相同看法,但对人口增加导致地租产生的观点又有保留意见。马克思在论述级差地租问题时指出:级差地租是土地肥沃和位置差别而引起的,"级差地租可以和农业的进步结合在一起,它的条件不过是土地等级的不同"(《马克思恩格斯全集》第25卷,第743页)。而李嘉图关于地租(实际上是级差地租)产生的说法,"恰恰为马尔萨斯提供了他的人口论的现实基础"(《马克思恩格斯全集》第 27 卷,第 175 页)。这一批评在某种程度上也说明严复的观点是有一定理论洞察力的。

对于杜尔阁提出的"土地报酬递减规律",严复表示赞同,他指出:"农事有绝大地力公例,名曰小还例(报酬渐减律),小还例奈何?曰农事有一程限,过此程限,而再加功本,所收还者不能比例而增。当其未过此限时,加功本治之,其所还或过所加之比例,既过此限,加功本治之,其所还则劣于所加之比例,故名此限曰大还限。此例所及甚广。言计务农者不可不知者也。"(《原富》,第 214 页按语)土地作为农业生产的基本生产资料,如果过度开发或不作改良,确实会使其收益逐步下降。但"土地报酬递减规律"完全抹杀了人类劳动对改良保护土地资源的能力,则是偏颇的。"土地报酬递减规律"也是李嘉图地租理论的来源之一,严复一方面对李嘉图的观点提出异议,同时又赞成其错误的理论依据,表现了思想认识上的含混。

随着土地在资本主义经济中的作用日益重要,亚当·斯密曾对地产业的发展趋势持乐观态度,这也为严复所接受。他转述斯密的观点说:"田野治群,所获加多,所分之租,比例而巨,其始也;地产值增,为田野治辟之果,而继也;地产值增,又转为田野治辟之因。田治,彼地主之分租既多,而产贵,则所分之真值又长,是地主之利再进也。"(《原富》,第 266 页按语)这被严复称之为"理财精语"(《原富》,第 267 页按语)。与此相关联,严复还发挥了一通"地利优他"的论调,他断言:"业终以有地为贵者,其故有二:一曰地日降贵,此或由智巧之进,所收日多。抑生齿之繁,旷者日寡。二曰有地之荣。同居一国之中,有地籍者,其声气权力,常大于无地籍者。然以地业变转之迟而难,故逐利者或不喜,而究之前之二便,以敌后之一不便有余,则地利常优于他业,为子孙计,莫长此矣。"(《原富》,第 358 页按语)如果说严复的前一段话具有为资本主义土地经营进行宣传的意义,那么他的后一段话则暴露了封建土地观念的某种迂腐之见。

在介绍评论斯密、李嘉图等人的地租理论的同时,严复还结合中国的实际状况,发表了他的分析意见。关于中国社会中的土地关系,他指出:"盖田事以地主、农家、田工三家分营者,惟英与荷兰为然。至于余国及南北美,则地广者耕以田奴,地狭者占者自耕,而雇佣以耕者绝少。"(《原富》,第 69 页按语)这实际上是两种生产关系之间的区别,不过在严复看来,这又是土地利用程度的高低所决定的:"故国无论古今,但使未实之地过多,田价甚贱,则其势不能用雇工。欲地利之出而兴分功之制者,非用奴工不可……中国僮奴之制,降及元明,不禁渐寡。至于国朝,不少概见。盖生齿日著,其法无所利,则其俗不待禁而自去也。"(《原富》,第 278 页按语)在这里,他又不自觉地陷入了人口决定论的圈子中。

对于中国农田格局的特点及变革趋势，严复也作了独特的研究。他没有全盘否定小农模式，指出："所谓民治小业，各自有其田，则农事以精地力以进者。斯密之后，持此议而能征其事者，实繁有徒。而其效于法国为尤著……顾亭林《郡县论》五，谓使县令得私其百里之地，则县之人民皆其子姓，土地皆其田畴，城郭皆其藩垣，仓廪皆其囷窌。为子姓，则必爱之而勿伤；为田畴，则必治之而勿废；为藩垣囷窌，则必缮之而勿损。自令言之私也，自天子言之，所求夫治天下者，如是足矣。此其言与小町自耕地力以尽之理，乃不期而暗合。"然而，在新的历史条件下，这种生产方式应该改革，对此严复写道："然自汽机盛行以还，则缦田汽耕之说出，而与小町自耕之议，相持不下。谓民日蕃众，非汽耕不足以养，而汽耕又断不可用于小町散畦之中，盖世局又一变矣。事固不可执一以论时宜也。"（《原富》，第414页按语）用机器进行土地耕作，这是中国近代改良派思想家的共同主张，严复此论反映了理论观念的进步。

在谈到赋税问题时，严复对实边政策发表了见解。他认为："中国近世士大夫，亦闻国之财赋原本于农之说矣。言变政者，有唯有否，独至兴农治地之业，则举国若一人无异议者。彼见各省荒地之多，游手之众，则未尝不大声疾呼，以移民实地为救贫上策。此其议固然。顾吾独恨其明于此而暗于彼，有见于果而无见于因也。夫地之荒也，必有其所以荒之故；民之贫也，必有其所以贫之由……议者知务农矣，而又为闭关锁国之说，又于一切电报、铁轨、通商之事，皆深恶而痛绝之，不知使货出于地，而莫与为通。虽国家今筹甚巨之款，以备车牛、借子种、置庐室于民，民今为之，不二三稔，其委之而去，又自若也。磋乎！理财之道，通之一言，足以蔽之矣。"（《原富》，第858—859页按语）既肯定传统屯田实边政策的必要性，又强调运用现代化交通电讯设施发展商品流通，这是严复屯田思想的显著特点，具有鲜明的近代色彩。

第五节　梁启超的驳土地国有化论

梁启超（1873—1929），字卓如，号任公、沧江、饮冰室主人，广东新会人。光绪时考中举人。1890年开始接触西方学术思想，并拜康有为为师。1895年再次赴北京会试，与康有为共同发起公车上书，并参加强学会，任书记员。1896年，任上海《时务报》主笔，同时创办澳门《知新报》和上海大同译书局。1897年被聘为长沙时务学堂中文总教习。1898年，到北京协助康有为开保国会，参与戊戌变法，受到光绪皇帝的召见，被赏六品衔，办理大学堂和译书局事务。变法失败后逃亡日本，先后创办《清议报》《新民丛报》《新小说报》《政论》《国风报》等。1907 年成立政闻社(遭到清政府封禁)。辛亥革命后回国，曾任北洋政府的司法总长、币制局总裁、财政总长等职，并先后组织过进步党、宪法研究会。晚年任教于清华大学。在中国近代思想史上，梁启超在宣传资产阶级社会思想方面具有很大的影响。他也是中国近代最早论及西方经济学说的学者之一，并结合中国实际，发表过有关农业方面的理论见解。他的农业思想包括三方面的内容：其一是关于农业生产关系的见解，其二是关于农业土地开发的观点，其三是对土地国有论的批评。

梁启超通过中外对比，断言无论在中国还是在西方，农业都是主要的生产部门，以国外论："欧洲每年民产进项，共得三万一千二百二十兆两，而农田所值，居一万一千九百三十兆两。商务所值，仅一千一百二十兆两。然则欧洲商务虽盛，其利不过农政十分之一耳。稼植之富，美国为最，每十方里所产，可养人二百。"另一方面，中国的贫困落后，在很大程度上是由农业不发达所导致，正如梁启超所说："中国患不务农耳，果能务农，岂忧贫哉。今之谭治国者多言强而寡言富，即言富国者，亦多言商而寡言农，舍本而图末，无惑乎日即于贫，日即于弱也。"(《饮冰室文集》卷 4，第 4 页，中华书局 1926 年版)在中国近代农业思想的发展过程中，梁启超的上述观点是颇为难能可贵的，这是对传统农本论的否定之否定。

对于中国土地资源的浪费现象，梁启超作了揭露，他指出："今以中国之地，养中国之人，充类尽义。其货之弃于地者，岂可数计。蒙盟各部，奉、黑、吉各省，青海、西藏、苗曰各疆、琼澳各岛，其万里灌莽，未经垦辟者不必论，即湘、鄂腹地，江南天府，闽粤泽国，以余所闻见，其荒而不治之地，所在皆是。乌在其为人满也？不宁惟是，即已治之地，亦或淤其沟洫，芜其隰岸，溉粪无术，择种不良，地中应有之利，仍十不得五，又乌在其为人满也？"(《饮冰室文集》卷四，第 11—12 页)正是鉴于以上严峻局面，梁启超主张引进西方的农业生产技术，他估计说："苟以西国农学新法经营之，每年增款可得六十九万一千二百万两，虽生齿增数倍，岂忧饥寒哉。"为此，他要求发展农学教育和研究，从根本上改变"学者不农，农者不学，而农学之说，遂数千年绝于天下"的状况(《饮冰室文集》卷四，第 12 页)。

为了大力引进和运用西方农业生产方式，梁启超对土地效益发挥了一套独特的议论，他断言土地的价值有赖于人类的开发，其潜力是没有限止的。梁启超认为："大地百物之产，可以供生人利乐之用者，其界无有极。其力皆藏于地，待人然后发之。所发之地力愈进，则其自乐之界亦愈进。自乐之界既进，则其所发之地力，愈不得不进。二者相牵引而益上。"(《饮冰室文集》卷 1，第 3 页)这里的地力当然是广义的，它不仅指农业土地，而且泛指工商诸业用地。既然如此，就必须实施新的经济政策,使地力和消费得到良性增长,故梁启超又说:"尚俭之藏货于己,人尽知之,其为弃货于地,人罕察之,举国尚俭,则举国之地利,日堙月塞。驯至穷蹙不可终日,东方之国之癖瘵亡,盖以此也。"(《饮冰室文集》卷1,第4页)战国时期的荀子曾对农业生产的潜力表示乐观,梁启超此论的特点在于:这是为发展资本主义经济而提出的开发地利主张,在理论上已突破了小农经济观念的桎梏。

倡导机器垦殖土地是改良派思想家们的共同点,而梁启超的认识还要深一层,因为他在分析农业经营问题时还曾接触到农业经营的生产关系。关于不同经济体制下的土地作用,梁启超进行了具体的阐述,他指出:"生计家言财之所自出者有三:曰土地,曰资本,曰劳力,三者相需而货乃成。顾同一土地也,在野蛮民族之手则为石田,在文明民族之手则为奇货,其故何也?文明人能利用资本劳力以扩充之,而野蛮人不能也。所谓利用资本与劳力者何也?用之而薪其有所复也。何谓有所复?用吾力以力田焉,制造焉,被其功于物材,成器之后,其值遂长,其所成之物,历时甚久,犹存人间,可以转售交易,今日以功成物,他日由物又转为功,如是则劳力复矣……所复者多一次,则所值者进一级。何也?复者必不徒复也,而又附之以所赢,此富之所由起也。一人如是,一国亦然。"(《饮冰室文集》卷13,第46页)土地在原始社会只是一片旷野,而在近代则成为财富增值的必要因素,这种依据经济发展认识土地价值的深刻见解,在中国近代并不多见。

1896年,梁启超写了一篇《说橙》的小品。这篇文章首先以西欧国家为例,强调了农业多种经营的经济利益。接着作者将笔锋转到了国内,他假设在广东新会县如果全部种植橙子,其年收入可达一亿一千万两,几乎等于清政府一年的财政收入。值得注意的是,梁启超在具体分析橙园经营问题时,涉及了橙园经营主、土地所有者、雇工之间的经济关系,作者从老农(橙园经营者)的角度算了一笔账,指出:除了最初几年的投资外,"常年经费,赁田之租,每亩二两四钱,粪田之用,每亩三两六钱,治田之工,每百亩仅用四人(惟植橙用工特少,橙熟收实时则雇散工耳),每年中价,人约十二两,一切取之于围堤壕堑所出之物,恢恢然有余矣。故植橙百亩者,六年以后,可以不费一钱,而坐收五万四千两之利"(《饮冰室合集》文集之一,第113页)。在这里,土地所有权和经营权完全分离,农业劳动者以雇工身份参与分配,显然是一种资本主义性质的生产关系。虽然梁启超没有在这里明确宣扬新的农业生产关系,但上述议论体现了一种新颖的农业经营思路。

从1905年开始,梁启超与孙中山之间展开了有关社会革命的争论,土地国有化问题是双方辩论的焦点之一。孙中山等人明确主张平均地权(见本章第七节),其途径是实施土地国有,但梁启超对此表示反对,并从理论上作了论证。

梁启超首先认定土地作为私有财产,既是历史的必然,又是所有者辛勤节约的产物。关于前者,他引证日本学者田中穗积的话,并作了进一步的阐发,指出:"土地私有制度,实亦历史之产物。其在太古,土地虽属人类公有,及经济上社会上几许变迁,为增进社会一般幸福起见,驯致认私有制度之必要。故否认自然法之存在,实今日思想家之公言。而土地自共有制度递嬗而为私有制度,实有历史上之理由,而非可蔑弃者也。"(《饮冰室合集》文集之十八,第21页)这一观点就揭示历史发展客观规律而言是无可非议的。关于后者,梁启超表示:"土地所有权者,所有权之一种也。其性质与他之所有权无甚差异,皆以先占、劳力、节约之三者得之,而在现今之社会组织,当认为适于正义之权利者也。"(《饮冰室合集》文集之十八,第22页)他以中国的农民为例,认为:"普通小农,大率以勤俭贮蓄之结果,获得土地所有权,即复以勤俭贮蓄而保持之,扩充之。质而言之,则虽小农之本无田者,往往勤劳数年,即能进为田主,既进为田主之后,而仍自耕其田者,盖大多数也。而后此地代之岁进,实为其前此及现在之勤劳所应享之报酬。"(《饮冰室合集》文集之十八,第28页)这里所说的农民实际上是指有地租(地代)收入的地主,梁启超说他们都是勤俭起家,是犯了以偏概全的错误,而这种看法当然是为私有制合理性辩护的。

明确维护经济上的私有权利,这是资产阶级思想的本质反映,梁启超的土地理论在这一点上尤为鲜明。他认为:"盖经济之最大动机,实起于人类之利己心……人类以有欲望之故,而种种之经济行为生焉。而所谓经济上之欲望,则使财物归于自己支配之欲望是也……惟归于自己之支配,得自由消费之、使用之、移转之,然后对于种种经济行为,得以安固而无危险,非惟我据此权与人交涉而于我有利也,即他人因我据此权以与我交涉,亦于彼有利。故今日一切经济行为,殆无不以所有权为基础,而活动于其上,人人以欲获得所有权,或扩张所有权。故循经济法则以行……而不识不知之间,国民全体之富,固已增殖,此利己心之作用,而私人经济所以息息影响于国民经济也。"(《饮冰室合集》文集之十八,第22—23页)中国古代也有明确的为私有制辩护和肯定利己心的观点,但梁启超以资产阶级理论作为依据,使其私有制学说具有了新的历史特点。正因如此,梁启超警告:"若将所有权之一观念除去,使人人为正义而劳动,或仅为满足直接消费之欲望而劳动……则以今日人类之性质,能无消减其勤勉赴功之心,而致国民经济全体酿成大不利之结果乎?"(《饮冰室合集》文集之十八,第23页)"而土地又不动产中之最主要者也。今一旦剥夺个人之土地所有权,是即将其财产所有权最重要之部分而剥夺之,而个人勤勉殖富之动机将减去泰半。"(《饮冰室合集》文集之十八,第24页)

梁启超的论点在逻辑上是能够成立的,也是资产阶级经济理论一定进步性的体现。不过,他在这里用以批驳孙中山等人的土地国有论,似嫌不妥。因为孙中山的土地制度方案并不是要无偿剥夺土地所有者的土地,而是采取对原地主申报地价征收百分之一地价税的办法,国家只是拥有土地增价部分的所有权。这方法虽然也触及土地私有权,但还不像梁启超想象的那样严厉。

实行土地国有的目的是为了防止地主垄断城市土地权,杜绝资本主义经济中的贫富两极分化现象。为了证明这一政策的不切实际,梁启超对中国古代土地占有状况进行了分析,否定了中国存在土地兼并集中的趋势。他写道:"其在我国,则汉魏时患土地兼并最甚,而其后则递减,逮今日而几复无此患。其故何由?盖在古代自由地甚多……强有力者得恣意占领,每当鼎革之后尤甚。而法律又疏阔,尚沿封建制度之旧观念,各阶级之负担不平等,诸王列侯公主中贵等,全不负纳税之义务,惟重重朘削于小民。又虽侵渔攘夺,而法律莫之能禁。故小地主之所有权,极不确实,容易丧失,且有自愿放弃之免为累者,如明代犹有投大户之俗之可见也……然此所有权虽一度集中,而缘买卖及相续之故,旋即均散。盖豪家衰败之后,田地悉易新主,而新主非必能以一人之力独承受之也,故往往散而为数十人数百人之所有,此集中所以不能久者一也;又一人而有数子,一子而有数孙,及其行遗产相续时,则以次递为割裂,不数十年,而畴昔一大地主者,析为数十小地主矣。此集中所以不能久者二也。"据此,梁启超断言:"故自今以往,我国农业上用地,决不虑其集中过甚,而以怵豪强兼并之故,乃倡土地国有论者,实杞人忧天也。"(《饮冰室合集》文集之十八,第28页)

梁启超这段议论有两点偏误。其一,他认为中国古代兼并呈递减趋势,这不符合历史事实。本书在上编中分析过历朝的抑兼并主张,这正是封建土地占有日益集中的理论反映。至于集中的程度,可能不如西欧国家那样严重,但肯定不像梁启超所描述的那般轻微。在这里,梁启超是用西方资本主义土地垄断的模式标准来对照中国状况,故结论是不可靠的。另一方面,他认为土地买卖缓解了土地集中的趋势,这也是忽视中国封建土地关系特点的见解,因为封建官僚地主阶层正是凭借土地买卖的渠道,通过种种超经济的特权干预,掠夺大量土地的。除此之外,由于孙中山等人的土地国有论主要针对城市土地而提出,对农村土地占有则未作正面涉及,所以梁启超想用中国古代无土地兼并来反对土地国有,是犯了文不对题的错误。

作为雄辩的政论家,梁启超在批驳土地国有化时对有些问题的分析是切中要害的。例如他说:"今排满家之言社会革命者,以土地国有为唯一之楬橥。不知土地国有者,社会革命中一条件,而非其全体也。各国社会主义者流,屡提出土地国有之议案,不过以此为进行之著手,而非谓舍此无余事也。如今排满家所倡社会革命者之言,谓欧美所以不能解决社会问题者,因为未能解决土地问题。一若但解决土地问题,则社会问题即全部解决者然,是由未识社会主义之为何物也……近世最圆满之社会革命论,其最大宗旨,不外举生产机关而归诸国有。土地之必须为国有者,以其为重要生产机关之一也。然土地之外,尚有其他重要之生产机关焉,即资本是也。""资本问题不能解决,则虽解决土地问题,而其结果与现社会相较,不过五十步之与百步耳。"(《杂答某报》,《新民丛报》第86号,1905年)这一议论正确地指出了社会革命并不以土地国有为唯一目标。

孙中山正式提出"耕者有其田"的口号是在1924年,但章太炎、梁启超等人都提到早在20世纪初孙中山就已有了这一想法。对孙中山的这一主张,梁启超也进行了质疑。他认为:"此法颇合于古者井田之意,且与社会主义之本旨不谬,吾所深许。虽然,此以施诸农民则可矣,顾孙文能率一国之民而尽农乎?且一人所租地之面积有限制乎?无限制乎?其所租地之位置,由政府指定乎?由租者请愿乎?如所租之面积有限制也,则有欲开牧场者,有欲开工厂者,所需地必较农为广,限之是无异夺其业耳。且岂必工与牧为然,即同一农也,而躬耕者与用机器者,其一人所能耕之面积则迥绝,其限以躬耕所能耕者为标准乎?将以机器所能耕者为标准乎?如以躬耕为标准,则无异国家禁用机器;如以用机为标准,则国家安得此广土;如躬耕者与用机者各异其标准,则国家何厚于有机器者而苛于无机器者也。是限制之法,终不可行也。如无限制也,则谁不欲多租者,国家又安从而给之。是无限制之法,亦终不可行也。"(《杂答某报》,《新民丛报》第86号,1905年)"耕者有其田"是孙中山土地理论中最为进步的观点,梁启超反对的是这一主张缺乏可行性,而这正是国家全面控制社会经济的思想具有空想色彩的原因所在。

实际上,梁启超并不是全盘抹杀土地国有制的意义,他只是强调应区分不同土地采取相应的政策,他曾表示:"言土地者首当明邑地与野地之区别……又当明自由地与有主地之区别,盖其性质极不同,非可一概论也。既明此区别之后,则不必其绝对的反对土地国有也。自由地例应归国有,而国家当永远保持之与否,别为一问题。邑地可以不许私有,而应为国有,或应为市有,别为一问题。若夫普通有主之野地,则人民既得之所有权,国家非惟不可侵之,且当全力保护之,此不易之大径也。"(《饮冰室合集》文集之十八,第31页)这就是说,土地国有化必须在不侵犯土地私有权的前提下实行。他所谓的国有化范围包括边疆大片未垦荒地、森林、铁道沿线土地等。对于都市土地,他则主张归城市所有,"盖使市之法人团体,能有此土地权,则有所凭借,以大改良其市政设备、种种机关,以促其市之发达,而此等营业,委诸中央政府,不如本市自任之之尤亲切而有效也"(《饮冰室合集》文集之十八,第 34 页)。不难看出,梁启超是一个以维护资产阶级土地私有权为己任的有限土地国有论者。

有的学者认为,梁启超反对土地国有化的目的是维护封建生产关系,因而具有落后保守的性质。这是值得商榷的。不错,梁启超确实反对国家政权运用超经济干预将土地收归国有,因为这有损于地主的利益,但这里的地主虽不排斥有封建剥削者的成员,其主要部分则应指资产阶级土地经营者。在这个问题上,梁启超有一段论述农业生产方式的话可作佐证,他说:"以大农直接之结果论,诚得其人以理之,则收获可以加丰,则私人资本增殖,而社会资本亦随而增殖,又必至之符也。以其间接之结果论,则以有大农之故,能为种种设备,以从事于农业改良,而小农得资为模范,令全国农业随而进步,其造福于社会更不可量。故善谋国者,一面当保护小农,全其独立;一面仍当奖励大农,助其进步。"(《饮冰室合集》文集之十八,第 42—43 页)必须注意,他所说的大农是有严格定义的,即"有一教育经验兼备之农业家立于其上,以当监督指挥之任,而使役多数劳动者以营业农也"(《饮冰室合集》文集之十八,第 41 页)。由此可见,他所要发展的农业经济是一种资本主义的农场模式,尽管这与孙中山维护农民土地利益的观点不同,但也不能视之为替封建土地所有制辩护。

梁启超认为中国的地租与外国相比还很低下,这应当视作发展近代经济的有利时机,他指出:"我国民于斯时也,苟能结合资本,假泰西文明利器,利用我固有之薄租薄庸以求赢,则国富可以骤进,十年以往,天下莫御矣。"(《杂答某报》,《新民丛报》第 86 号,1905 年)孙中山等人主张在土地集中未形成以前实行均衡贫富的土地国有制,而梁启超则力主趁时发展资本主义经济,这是他们经济思想分歧的又一体现。

此外,梁启超还论述了边疆土地的开发利用问题,他主张将属于国有的边疆荒土出售给民间,断言"此实最良之制,将来我国对于满洲、内外蒙古、新疆、青海、西藏诸地,皆宜采用之"(《饮冰室合集》文集之十八,第 32—33 页)。这样做有下列优点:"就经济的方面观之,移本部贫民徙殖于属境之自由地,本部劳动者无供过于求之患,可以大减竞争之剧烈,而本部之经济大纾。前此属境遗利于地,今徙民以实之,又与之以获得土地所有权之方便,则民有所歆,而纷纷移住,且勤勉趋功,以思有所易,将来此等地方独立之小地主日多,地力愈尽,而属境之经济亦大好,两途骈进,而国富增殖之速,当有不可思议者。就财政的方面观之,国家所收者本自由地,无须出代价以购诸民,重劳国库之负担,而设种种便利与民以取得土地所有权之机会,民之趋者必日多,而年年售出之地价,可以为国库大宗之收入,此诚一举而数善备者也。"(《饮冰室合集》文集之十八,第33页)历来的屯田实边主张都以国家组织经营为主要途径,梁启超则提出出售土地以吸引移民的思路,这既是近代屯边理论的新发展,又与他的土地私有化基调相一致。

第六节　刘师培的悲佃说

刘师培(1884—1919),字申叔,后改名光汉,号左庵,江苏仪征人。光绪时考中举人,次年赴京会试未中。归途中结识章太炎、蔡元培等人,在思想上接近了资产阶级革命派。1904年参加光复会,并担任《警钟日报》的主笔。1907年赴日本任《民报》编辑,随即加入同盟会。同年创办《天义报》,发起组织"社会主义讲习会"(后改名为"齐民社")。次年创刊《衡报》。1908年回国,曾任端方幕僚。辛亥革命后先后任山西阎锡山高级顾问、"筹安会"理事、北京大学教授、《国故月刊》总编辑等。刘师培精于经史,著有《黄帝纪年论》《攘书》《中国民族志》等书,其农业理论则主要反映在《悲佃篇》《中国田主之罪恶》等文章中。

《悲佃篇》写于1907年,署名韦裔。作者通过对中国历代土地制度的剖析,以同情的笔触描述了贫苦佃农的生活境遇,揭露了封建土地占有关系的剥削本质,并提出了变革这种生产关系的鲜明主张。

刘师培用新的历史观点评价了中国古代的授田制度,得出了不同于传统之见的结论。他指出:"中国自古迄今,授田之法,均属失平。"他从古文字学的角度,以井田制的阶级背景为依据展开阐述,认为:"上古之时,草莱初辟,然观其所造之文,富蓄二字,其偏旁均从田,私积二字,其偏旁均从禾,则当此之时,以田谷之多寡,区别富贫,故人人均自私其田,以侈己富。"这是将私有制的时间大大提前了。关于井田制,他说:"若井田之制,萌于黄帝之朝,行于洪水既平之后,贡助之法,虽与彻法稍殊,然私田而外,兼有公田,则为夏、殷、周所同……世之论者,均以井田之法为至公,夫徒就井田之法察之,经界则正,井地则均,田有定分,税有常额,推行及民,固无彼此之差矣;然就当时之阶级言之,则有君子、野人之别,以君子治野人,即以野人养君子。"(《悲佃篇》,《民报》第15号)将阶级的概念引申进中国古代土地制度的研究中,在当时显然是一种新颖深刻的方法。

刘师培重点探讨了中国历史上佃耕制度的起源和发展,他断言此制始于周代,并列举了不少典籍史料加以佐证,写道:"况佣佃之制,亦始于周,考'侯强侯以',赓于《周颂》,郑笺释之谓:'古有闲民,犹今佣赁,左右惟命,故曰侯以。'又《周礼·太宰》以闲民转移执事,殿九职之末。郑亦以佣赁释之。或谓在昔课耕,有佣无佃，然卿以下必有圭田，邵卿诠释《孟子》，据《周礼》士田之文，谓由卿达士，咸有圭田。夫卿大夫士之有圭田，昉于夫子诸侯之耕籍，籍田虽曰亲耕，必以庶人终亩，圭田亦然。且终籍田之亩者，既非佣赁，则终圭田之亩者，必系佣人。"（《悲佃篇》，《民报》第15号）陶煦的《租核》是论述封建租佃关系较全面的著作，但他对历史的考察只是始于汉代，相比之下，刘师培的分析不仅侧重于更深层的生产关系，而且在起讫年限上大胆推前，体现了难得的学术胆识。

对于汉代田制及其租佃状况，刘师培的看法是倾向于批判的，他着重揭示了当时的平民分化，抨击了贫富悬殊现象，指出："特三代以后，民无恒产，而贫富之别益严，富者日趋于惰，而责贫者以至勤；日趋于佚，而责贫者以至劳。故秦汉之时，有田之家，役民使耕，约分二类：一曰佣工，佣为游民，自亡其田，役作于人，或兼治田事，则曰佣耕，如陈涉是也。一曰奴仆，奴为贱民，其级尤卑，盖井田制废，田无定分，而租税横增，贫民贷值于富民，势必以身为质，或挟田以往，及偿值未盈，则富民既籍其田，兼役其身，田为富民之田，身为富民之仆。富者奴仆日增，则地力日尽，观秦阳、桥姚之流，均以田畜致巨富，此岂一族之人均勤于力田哉？善佃作之人众也。"土地兼并加剧了佃农的贫穷，这是封建土地制度内在矛盾的本质暴露，刘师培对此深为反感，他表示："贫富悬隔，判若霄汉，以无量之财，蓄之于一人，则民之乏财者日众，以无限之田，属之于一姓，则民之失田者亦日多，如谓汉政为仁，吾不信也。"（《悲佃篇》，《民报》第15号）这在很大程度上决定了他对整个封建土地关系的否定态度。

接着，刘师培详尽地回顾和评析了三国以后的土地制度和实施情况，他的总观点是：尽管历代田制具有某些均平授田或耕种的意义，但由于条文的缺陷和贯彻中的走样，佃农的处境不仅未得改善，而且日趋恶化。例如关于后魏的均田制，刘师培认为："所颁之田，均属旷土，若贵族豪宗，兼并之产，百倍于民，不闻收为公田，以济黎庶，是则均田之法，仅行于平民，不能推行于巨室。夫民受之田，仅及一顷，而贵者之田，百倍其数，其制已属不均，况彼之所谓王公者，居深宫之中，长阿保之手，奚能躬亲稼事，与田夫野老同苦乐？势必佣民而使芸，佣民使芸，而独享其利，是下有失田之民，而上有攘利之臣也，奚得谓之尽合于公耶？"（《悲佃篇》，《民报》第15号）

再如，对于宋代的情况，刘师培指出："自宋以下，凡力田致富者，侈然以田主自居，下视佃人，有若僮仆……田主佃人，其级日严，而民之为佃者，亦愈众。"元代以后，租额急剧增加，使佃农雪上加霜，在这方面，刘师培引述的史料不少是与陶煦等人相同的。较为特殊的是，作为激进的资产阶级民主派人士，刘师培对满清土地政策亦作了十分严厉的抨击。他揭露说："满洲入关，虐民之（政），罄竹难书,然最苛之政,则为圈田,既没其田,兼奴其人,由是幽燕之间,旗庄环列,于本非己有之物,久假不归,已为田主,转以汉民为佃人,甚至因田熟而增租,因田荒而易地。"(《悲佃篇》,《民报》第15号)

钟天纬、陶煦等人的减租主张主要基于苏、松、太等地的状况,而刘师培对中国近代佃农处境的分析则更广泛、更具体、更深化。他首先分析了当时的租佃形式,指出:"居乡之民,虽间有赁田而耕者,然佃民之数,百倍于佣工,田主之于佃人也,以十分取五为恒例。然有分租、包租之不同:分租以粟为差,粟多则税重,粟少则税轻,此以年之丰凶定税额者也;包租以地为主,税有定额,较数岁之中以为常,不以凶岁而减,亦不以丰岁而增。"这两种租法对佃农的影响有所不同:"分租之法,虽曰苛取,然佃人尚足自赡;包租之法,则一逢凶岁,必至鬻妻子以为偿。"另一方面,刘师培对各省的农村阶级关系作了比较考察,他写道:"若田主之遇佃民,惟粤东为差善,江浙之间,亦罕施苛法,至于江淮之北,则田主为一乡之长,而附近居民,宅其宅而田其田,名为佃人,实则僮隶之不若,奉彼之命,有若帝天,俯首欠身,莫敢正视,生杀予夺,惟所欲为。或视为定分,至于禾谷既熟,按户索租,肆求无艺,以扰其民,若输税逾期,则鞭棰之惨,无异于公庭,甚至夺其田庐,使之不得践彼土,稍拂其意,则讼之于官,官吏畏田主之势,必痛惩其身,或荡产倾家而后止。"(《悲佃篇》,《民报》第15号)刘师培对淮北地主的谴责可能与他出生于苏北的亲身经历有关,他没有了解到江苏乃至整个江南地区租税繁重的弊端都是十分严重的。

由不满地主的重租剥削到揭露封建地主对社会经济的危害,这是刘师培农业思想的一个显著特点。在另一篇文章中,他认为农村中的两大阶级正是在土地占有的变动中形成的,"重农之国,民间以田多为富,欲垄断多数之土地,不能不役使多数之农民",而农村中的地主又有大小之分,其中以"大地主为最虐"。由于他们占有最基本的生产资料,所以农民毫无经济权益可言,"所谓佃民者,其生产财产之权,均操于田主,谓之佃民,不若谓之农奴"。这种剥削关系直接桎梏着社会经济的发展,因为一方面地主只知收租,并不希求改进生产技术,"以致农业日退而所产之谷亦日少";另一方面佃农生活困苦,大量流失,"舍农作工,服役都市,以致力农之人,均属之老稚妇女,而农业亦日荒"(《中国田主之罪恶》,《衡报》第7号)。这一议论突破了道德评价的范畴,具有发展经济学上的意义,可算是近代地租论中的创见。

在上述一系列分析的基础上,刘师培以平均地权为立论,明确提出了否定封建土地所有制的理论观点。他言简意赅地指出:"土地者,一国之所共有也,一国之地当散之一国之民,今同为一国之民,乃所得之田,有多寡之殊,兼有无田、有田之别,是为地权之失平。"怎样改变这种局面?他在评析了明清之际顾炎武、颜元、王源、李塨等人的土地主张之后认为:"处今之世,非复行井田即足以郅治也,必尽破贵贱之级、没豪富之田,以土地为国民所共有,斯能真合于至公。"(《悲佃篇》,《民报》第15号)这就是说,减免地租或推行限田都无法从根本上消除土地占有上的不公,只有彻底推翻封建土地制度才算解决问题。这是刘师培农业思想颇为深刻之处。

不仅如此,他还从政治改良和经济政策互相关系的角度强调了"没豪富之田"的必要性。在他看来,"若徒破贵贱之级,不能籍豪富之田,异日光复禹城,实行普通(遍)撰(选)举,然以多数之佃民,屈于田主一人之下,佃之衣食,系于田畴,而田畴予夺之权,又操于田主,及选举届期,佃人欲保其田,势必曲意逢迎,佥以田主应其举,则是有田之户,不啻世袭之议员,而无田之人,虽有选举之名,实则失撰(选)举自由之柄……故豪富之田,不可不籍"(《悲佃篇》,《民报》第15号)。经济是政治的基础,政治改良必须以经济变革为前提,农民的真正解放应该以拥有地权为标志,刘师培对此的见解可谓卓越之论。

和其他资产阶级思想家的思路不同,刘师培认为实现土地变革的主要途径是农民革命。他明确表示:"欲籍豪富之田,又必自农人革命始。"在他看来,地主与佃农的矛盾是当时社会的主要症结所在:"夫今之田主,均大盗也,始也操蕴利之术,以殖其财,财盈则用以市田,田多则恃以攘利,民受其阨,与暴君同。"因此必须通过暴力手段实行对剥夺者的剥夺。从这种思想出发,刘师培充分肯定了历代农民起义,指出:"夫陈涉起于佣耕,刘秀兴于陇亩,邓茂七亦起自佃民,虽所图之业,或成或堕,然足证中国之农夫,非不足以图大举,世有陈涉、刘秀、邓茂七其人乎,公理之昌,可计日而待矣。"(《悲佃篇》,《民报》第15号)

刘师培进而将这种农民起义视为社会政治革命的一部分,既然这种起义即"以抗税诸法反对政府及田主是也",那么它不仅能使"田主之制覆",而且地租的取消又能动摇封建国家的财政来源,使"颠覆政府易于奏功"(《无政府革命与农民革命》,《衡报》第7号)。刘师培的社会革命思想带有无政府主义色彩,但在辛亥革命以前,这思潮具有反封建的进步意义。而在总体上,刘师培的悲佃论是对封建生产关系的大胆否定,因而在中国近代的农业思想史上占有一定的地位。

第七节　孙中山的平均地权论

中国近代农业思想在西方社会思潮的影响下,从第二次鸦片战争以后逐步发生了某些实质性的演变,这主要表现在当时的改良派思想家对西方资本主义农业生产方式的肯定和宣传上。而到甲午战争以后,资产阶级革命派的农业思想又把这种理论演变推进到一个新的高度,其中最有代表性的是孙中山的农业思想。

孙中山(1866—1925),名文,曾化名中山樵,字德明,号日新,后改号逸仙,广东香山(今中山)人。少年时随母到檀香山,后又到香港读书。1887年进入何启创办的西医书院学习。毕业后在澳门、广州等地行过医。1894年,在檀香山创立兴中会,次年设总部于香港,并领导广州起义。1896年到美国、英国向华侨宣传革命。1897年到日本。1900年领导惠州起义。1905年在日本发起成立中国革命同盟会,任总理。1911年辛亥革命后回国,次年初出任中华民国临时大总统。1912年与人共同组创国民党,被选为理事长,同年被袁世凯任命为督办全国铁路。1913年发动讨袁二次革命。1914年在日本建立中华革命党。1917年在广州成立军政府,任海陆军大元帅。1921年在重组的广州军政府中任非常大总统。1923年再次到广州重建大元帅府,任海陆军大元帅。1924年在广州主持召开中国国民党第一次全国代表大会,提出了联俄、联共、扶助农工三大政策。

作为中国资产阶级民主革命的伟大先行者,孙中山在推翻中国的封建制度、建立共和国和将旧三民主义发展为新三民主义等方面作出了杰出的贡献。他的经济思想代表了中国近代最为进步的一派观点,其中的农业思想尤为重要,不仅对当时的思想学术界,而且对以后中国社会经济的发展都产生了非常重要的影响。

孙中山的农业思想主要围绕土地问题而展开,它有一个形成和发展的过程。早在甲午战争爆发以前,他就很关注土地利用问题。1890年,他曾写信建议仿效西国,采用新法开展山地垦种,他指出:“试观吾邑东南一带之山,秃然不毛,本可植果以收利,蓄木以为薪,而无人兴之。农民只知斩伐,而不知种植,此安得其不胜用耶?蚕桑则向无闻焉,询之老农,每谓土地薄,间见园中偶植一桑,未尝不涝勃而生,想亦无人为之倡者,而遂因之不讲(广)耳。不然,地之生物岂有异哉?纵无彼土之盛,亦可以人事培之。道在鼓励农民,如泰西兴农之会,为之先导。”(《孙中山全集》第1卷,第1—2页,中华书局1981年版)与此同时,他还在与著名改良派思想家郑观应的交往中,就农业土地的开发垦殖发表过较为详细的见解。

1894年,孙中山写成《上李鸿章书》,这是反映他早期社会经济思想的重要文献。在这篇上书中,孙中山明确提出:“欧洲富强之本,不尽在于船坚炮利、垒固兵强,而在于人能尽其才,地能尽其利,物能尽其用,货能畅其流——此四事者,富强之大经,治国之大本也。”(《孙中山全集》第1卷,第8页)其中的地尽其利,就是指土地开发和农业发展。如何才能做到地尽其利？孙中山从三方面进行了阐述，即"农政有官，农务有学，耕耨有器"。他强调政府管理对土地开发利用的必要性，指出："夫地利者，生民之命脉。"由于管理不善，土地资源流于废弛，"农民只知恒守古法，不思变通，垦荒不力，水利不修，遂至劳多而获少，民食日艰。水道河渠，昔之所以利农田者，今转而为农田之害矣……所谓地有遗利，民有余力，生谷之土未尽垦，山泽之利未尽出也，如此而欲致富不亦难乎！"（《孙中山全集》第1卷，第10页）为此他要求政府专设农官，切实负责起全国农业的宏观管理。

在强调改善管理的同时，孙中山十分重视西方先进科技的引进。他认为："水患平矣，水利兴矣，荒土辟矣，而犹不能谓之地无遗利而生民养民之事备也，盖人民则日有加多，而土地不能以日广也。倘不日求进益，日出新法，则荒土既垦之后，人民之溢于地者，不将又有饥馑之患乎？是在急兴农学，讲求树畜，速其长植，倍其繁衍，以弥此憾也。"他意识到土地资源具有巨大的开发潜力，问题是需要采用新的科学技术。他举例说："夫土地，草也，固取不尽而用不竭者也，是在人能考土性之所宜，别土质之美劣而已。倘若明其理法，则能反硗土为沃壤，化瘠土为良田，此农家之地学、化学也。别种类之生机，分结实之厚薄，察草木之性质，明六畜之生理，则繁衍可期而人事得操其权，此农家之植物学、动物学也。日光能助物之生长，电力能速物之成熟，此农家之格物学也。蠹蚀宜防，疫疠宜避，此又农家之医学也。"由于"农学既明，则能使同等之田产数倍之物，是无异将一亩之田变为数亩之用"（《孙中山全集》第1卷，第11页），所以孙中山极力主张兴建农业学校，实施先进科技。

在生产方式上，孙中山提出用机械化垦殖代替落后的畜力耕种，他写道："自古深耕易耨，皆藉牛马之劳，乃近世制器日精，多以器代牛马之用，以其费力少而成功多也。如犁田，则一器能作数百牛马之工；起水，则一器能溉千顷之稻；收获，则一器能当数百人之刈。他如凿井浚河，非机无以济其事；垦荒伐木，有器易以收其功。机器之于农，其用亦大矣哉。"（《孙中山全集》第1卷，第11页）据此，他希望在中国仿造农业机械，推广使用。不难看出，孙中山的上述主张虽然周全，但还没有超出改良派思想家的认识水平。

1905年，在为同盟会制定纲领的时候，孙中山正式提出了平均地权的口号。关于这一思想的产生过程，有以下的史料可资参考。最初是在甲午战争后赴美英等国期间，他曾在伦敦与"爱尔兰土地国有会的成员和流亡的俄国革命者交换过土地问题的意见"（章开源、林增平主编：《辛亥革命史》中册，第53页，人民出版社1980年版）。不久又在日本和深受亨利·乔治思想影响的日本学者宫崎寅藏等人相谈，并和章太炎、梁启超等流亡学者商讨土地理论。据梁启超回忆，20世纪初孙中山曾对他说："今之耕者,率贡其所获之半于租主而未有已,农之所以困也。土地国有后,必能耕者而后授以田,直纳若干之租于国,而无复有一层地主从中朘削之,则农民可以大苏。"(《杂答某报》,《新民丛报》第 86 号,1905 年)章太炎的《定版籍》一文写于 1902 年,其中也明确记述了孙中山的一段土地议论:"兼并不塞而言定赋,则治其末已。夫业主与佣耕者之利分,以分利给全赋,不任也,故取于佣耕者,率叁而二……方土者,自然者也。自然者非材力,席六幕之余壤,而富斗绝于类丑,故法以均人。后王之法:不躬耕者,无得有露田,场圃,池沼,得与斯养比而从事,人十亩而止,露田者人二十亩而止矣。以一人擅者,甽垄沟洫,非有其壤地也;场圃之所有,柂落树也;池沼之所有,堤与其所浚水容也;宫室之所有,垣墉栋宇也。以力成者,其所有;以天作者,其所无。故买鬻者,庚偿其劳力而已,非能买其壤地也。夫不稼者不得有尺寸耕土,故贡彻不设,不劳收受,而田自均。"(《章太炎全集》第 3 卷,第 274 页,上海人民出版社 1984 年版)这些都说明孙中山土地理论的起点是实行农村土地的变革。

平均地权的首次出现是在 1903 年,该年秋天,孙中山在日本东京组织军事训练班,他为学员制定的誓词是:"驱除鞑虏,恢复中华,创立民国,平均地权。"(《孙中山全集》第 1 卷,第 224 页)同年底,孙中山在写给友人信中再次提到平均地权问题,他写道:"弟所主张在于平均地权,此为吾国今日可以切实施行之事。近来欧美已有试行之者,然彼国势已为积重难返,其地主之权直与国家相埒,未易一蹴改革。若吾国,即未以机器施于地,作生财之力尚恃人功,而不尽操于业主之手,故贫富之悬隔,不似欧美之富者富可敌国,贫者贫无立锥,则我之措施当较彼为易也。"(《孙中山全集》第 1 卷,第 228 页)

关于平均地权的确切文字表达,可见于 1906 年秋冬间制定的《中国同盟会革命方略》,其中在阐述平均地权问题时指出:"文明之福祉,国民平等以享之。当改良社会经济组织,核定天下地价。其现有之地价,仍属原主所有;其革命后社会改良进步之增价,则归于国家,为国民所共享。肇造社会的国家,俾家给人足,四海之内无一夫不获其所。敢有垄断以制国民之生命者,与众弃之!"(《孙中山全集》第 1 卷,第 297 页)这是中国近代资产阶级革命派的进步土地纲领,它的产生具有深刻的社会原因和复杂的思想渊源。

应该说,孙中山对中国农村土地的占有状况是有所了解的,从他与梁启超、章太炎等人的讨论中可以看出,他不满封建土地制度,同情农民疾苦,并明确表示要用均田等方法来消除这种不合理的现象。在思想影响方面,上古时代的井田制、王莽的王田制、王安石的青苗法、洪秀全的公仓制等都曾为孙中山所注意。不过,作为平均地权的主要政策目标,孙中山所要解决的是民主革命胜利后城市化过程中的土地归属问题。关于这一点,他本人曾在多次场合中讲到。如他说:"中国现在资本家还没有出世,所以几千年来地价从来没有加增,这是与各国不同的。但是革命之后,却不能照前一样。"(《孙中山全集》第1卷,第328页)他认为解决社会问题有各种各样的对策,而他"所最信的是定地价的法。比方地主有地价值一千元,可定价为一千,或多至二千;就算那地将来因交通发达价涨至一万,地主应得二千,已属有益无损;赢利八千,当归国家。这于国计民生,皆有大益。少数富人把持垄断的弊窦自然永绝,这是最简便易行之法"。孙中山还相信:"中国行了社会革命之后,私人永远不用纳税,但收地租一项,已成地球上最富的国。"(《孙中山全集》第1卷,第329页)这里已经包含征收单一国土税的意思。

关于单一地税的征收,孙中山作过多次的阐述。如他认为:"求平均之法,有主张土地国有的,但由国家收买全国土地,恐无此等力量,最善者,莫如完地价税一法。"(《孙中山全集》第2卷,第321页,中华书局1982年版)接着,孙中山对他所制定的地价税的做法和目的作了说明:"其定价之法,随业主所报以为定,惟当范围之以两条件:一、所报之价,则以后照价年纳百分之一或百分之二以为地税。二、以后公家有用其地,则永远照此价收买,不得增加;至若私相卖买,则以所增之价,悉归公有,地主只能得原有地价,而新主则照新地价而纳税。有此二条件,则定地价毫无烦扰欺瞒之弊。"(《孙中山全集》第5卷,第193—194页,中华书局1985年版)他进一步解释说:"盖此二条件,为互相牵制者也。倘使地主有瞒税之心,将现值之地价,以多报少,假使在上海市之地,有值万元至十万元一亩者,地主以值十万元一亩之地而报价万元,则值百抽一之税为百元;若十万元一亩,则值百抽一,其税为千元矣。如此,于瞒税方面,地主则得矣。惟政府可随时范围之以第二条件备价而收买其地,其原值十万元一亩,今照彼所报纳税之价万元而收买之,则地主食亏九万元矣。又倘地主有投机之心,预测公家他日必需其地,将现在所值百元一亩之地,而报其价至十万者,如此则于公家未收买其地之先,每年当纳千元之税,如此则利未见而本先亏矣。故于两条件范围之中,地主当必先自讼而后报其价值,则其价值必为时下当然之价矣。"(《孙中山全集》第5卷,第391页)"地主既是报折中的市价,那么政府和地主自然是两不吃亏。"他具体规定说:"从定价那年以后,那块地皮的价格,再行涨高,各国都是要另外加税,但是我们的办法,就是以后所加之价完全归为公有,因为地价涨高,是由于社会改良和工商业进步。这种把以后涨高的地价收归众人公有的办法,才是国民党所主张的平均地权,才是民生主义。"(《孙中山全集》第9卷,第389页,中华书局1986年版)他还特地申明:这里所说的"地价是单指素地来讲,不算人工之改良及地面之建筑"(《孙中山全集》第9卷,第391页)。

作为平均地权理论的自然依据,孙中山对土地的本质属性进行了探讨。他认为土地是一种自然资源,理应为社会所公有:"原夫土地公有,实为精确不磨之论。人类发生以前,土地已自然存在,人类消灭以后,土地必长此存留。可见土地实为社会所有,人于其间又恶得而私之耶?"(《孙中山全集》第2卷,第514页)再者,"土地价值之增加,咸知受社会进化之影响,试问社会之进化,果彼地主之力乎?若非地主之力,则随社会及增加之地价,又岂应为地主所享有乎?可知将来增加之地价,应归社会公有,庶合于社会经济之真理,傥不收为社会公有,而归地主私有,则将来大地主必为大资本家,三十年后,又将酿成欧洲革命流血之惨剧"(《孙中山全集》第2卷,第522页)。土地和其他生产资料一样,在阶级产生以前的原始社会中确实是一种公有资源财富,但随着私有制的出现,它必然成为私人财产的重要组成部分而成为人们获取的对象。另一方面,尽管土地私有带来了贫富不均等社会现象,它的形成却又是经济发展和社会进步的产物。私有制的必然消亡是一种历史趋势,这种目标的实现有赖于生产力的充分提高。孙中山批评土地私有制的弊端,并主张防止产生资本主义经济体制的固有矛盾,这在动机和道德评价方面是值得称道的,然而就经济发展的客观规律而言,则带有一定的空想性,这在某种程度上是中国农民革命思想的延续和发展。

孙中山自己说他的平均地权论"即井田之遗意也",因为"井田之法,既板滞而不可复用,则惟有师其意而已"(《孙中山全集》第5卷,第193页)。但其更直接的理论渊源却是亨利·乔治(H·George)的学说。孙中山曾明确表示:"亨氏之土地公有,麦氏之资本公有,其学说得社会主义之真髓。"(《孙中山全集》第2卷,第518页)这里的麦氏指马克思,亨氏即亨利·乔治。亨利·乔治的代表作是《进步与贫困》,在该书中他把土地私有权看作是社会贫困的根源,主张以土地公有制代替土地私有制,认为实行土地单一税就能"提高工资,增加资本收益,消除苦难,摆脱贫困,给愿意工作的人以报酬优厚的就业机会,使人们的力量得到自由的发挥,减少罪恶,提高道德、风尚和知识,澄清政治,并把文明提到一个更壮丽的高度"(转引自陶大镛:《亨利·乔治经济思想述评》,第403—404页,中国社会科学出版社1982年版)。不难看出,孙中山在基础土地理论、政策主张及其社会效果等方面的见解,都与亨利·乔治一脉相承。

对亨利·乔治的理论,马克思主义经典作家曾有明确的评价。如马克思指出:"他的基本信条是:如果把地租付给国家,那就一切问题都解决了。""这本来是资产阶级经济学家的观点……这不过是产业资本家仇视土地所有者的一种公开表现而已,因为在他们的眼里,土地所有者只是整个资产阶级生产进程中的一个无用的累赘。"(《马克思恩格斯全集》,第35卷,第191—192页,人民出版社1972年版)

恩格斯也深刻剖析道:"亨利·乔治既然宣布土地垄断是贫穷困苦的唯一原因,自然就认为医治它们的药剂是把土地交给整个社会。马克思学派的社会主义者也要求把土地交给社会,但不仅是土地,而是同样还有其他一切生产资料。但是,即使我们撇开其他生产资料的问题不谈,这里也还有另外一个差别。土地如何处理呢? 以马克思为代表的现代社会主义者要求共同占有土地和为共同的利益而共同耕种,对其他一切社会生产资料——矿山、铁路、工厂等等也是一样;亨利·乔治却只限于像现在这样把土地出租给单个的人,仅仅把土地的分配调整一下,并把地租用于公众的需要,而不是象现在这样用于私人的需要。社会主义所要求的,是实行整个社会生产体系的全面的变革,亨利·乔治所要求的,是把现在的社会生产方式原封不动地保留下来,实质上就是李嘉图学派的资产阶级经济学家中的极端派提出的东西,这一派也要求由国家没收地租。"(《马克思恩格斯全集》第21卷,第388页,人民出版社1965年版)这些精辟的论述深刻揭示了亨利·乔治土地纲领的实质。

显然,孙中山的平均地权论具有不完全等同于亨利·乔治的历史背景和思想特点,但从根本上看,马克思等人的批判同样适合于对孙中山土地理论的剖析。

孙中山农业思想的重要特点是不断发展和趋于进步,在他的晚年,由于接近中国共产党和受到苏联社会主义革命的影响,他的平均地权论又加进了解决农民土地要求的内容。如前所述,孙中山虽对中国农民的状况有所同情,但其土地理论重点在于城市和交通要道,他曾说:"中国土地之问题,自废井田而后,以至于今,无甚大变者也。虽农民之苦,较井田时或有加重。然人人得为小地主,则农民之勤俭者,均有为小地主之希望,而民生之路未绝也。"(《孙中山全集》第5卷,第194—195页)但随着社会革命思想的深化,他愈来愈意识到解决农村土地问题的必要性和紧迫性。他正确地指出:"中国的人口农民是占大多数……但是他们由很辛苦勤劳得来的粮食,被地主夺去大半,自己得到手的几乎不能够自养,这是很不公平的……我们要怎么样才能够保障农民的权利,要怎么样令农民自己才可以多得收成,那便是关于平均地权的问题。"(《孙中山全集》第9卷,第399页)从中可以清楚地看出,孙中山的平均地权论已有崭新的理论内容。为什么要这样做呢? 孙中山从生产关系的角度作了分析,他说:"现在的农民,都不是耕自己的田,都是替地主来耕田,所生产的农品,大半是被地主夺去了。这是一个很重大的问题……如果不能够解决这个问题,民生问题便无从解决。"(《孙中山全集》第9卷,第400页)

孙中山重视农民土地问题,也同他关于农民在中国革命中的特殊地位的认识直接相关。他曾指出："农民是我们中国人民之中的最大多数,如果农民不参加革命,就是我们革命没有基础……要农民来做本党革命的基础,就是大家的责任。"他还说:"农民在中国是占人民的最大多数,所以农民就是中国的一个极大阶级。要这个极大阶级都能够觉悟,都能明白三民主义,实行三民主义,我们的革命才是彻底。"怎样才能促使农民拥护和参与革命?孙中山认为首要一条就是满足他们的土地要求,即所谓"要一般农民都容易觉悟,便先要讲农民本体的利益。讲农民本体的利益,农民才注意"(《孙中山全集》第10卷,第555页,中华书局1986年版)。

另一方面,孙中山的思想进步还深受当时苏联十月社会主义革命的影响。他这样表示:"现在俄国改良农业政治之后,便推翻一般大地主,把全国的田土都分到一般农民,让耕者有其田。耕者有了田,只对于国家纳税,另外便没有地主来收租钱,这是一种最公平的办法。我们现在革命,要仿效俄国这种公平办法,也要耕者有其田,才算是彻底的革命。"(《孙中山全集》第10卷,第556页)

"耕者有其田"是中国近代资产阶级革命派提出的最彻底的反封建土地制度的战斗纲领。它的出现在某种意义上揭示着中国革命新阶段的主要任务所在,正如毛泽东在谈到新民主主义革命的时候所说:"这个共和国将采取某种必要的方法,没收地主的土地,分配给无地和少地的农民,实行中山先生'耕者有其田'的口号,扫除农村中的封建关系,把土地变为农民的私产。"(《毛泽东选集》,第639页,人民出版社1967年版)不过,就孙中山当时的思想来看,他还没有具备剥夺地主土地的认识,因为"如果马上就要耕者有其田,把地主的田都拿来交到农民,受地的农民固然是可以得利益,失地的田主便要受损失"(《孙中山全集》第10卷,第557页),而"把所有的田地马上拿来充公,分给农民,那些小地主一定是起来反抗的"(《孙中山全集》第10卷,第556—557页)。为了避免剧烈的阶级冲突,孙中山设想了一个折中过渡的方案,即要求"全体的农民来同政府合作,慢慢商量来解决农民同地主的办法。让农民可以得利益,地主不受损失,这种方法可以说是和平解决"(《孙中山全集》第10卷,第558页)。但是他并没有阐述具体的政策措施,这又反映了孙中山土地理论的不彻底性。

孙中山晚年农业思想的另一变化是在征收单一地价税问题上。1922年底,他对地价税发表了这样的看法:"余仍持依地价征税主义,但与正派单一税主义者不同,即余主张再征收他种税款是也。近世国家生活情形复杂变化,迥非昔比,若严格施行单一税主义,于理于势,恐皆不当。"(《孙中山全集》第6卷,第635页,中华书局1985年版)这同样体现出孙中山农业思想更接近中国社会现实的演进趋势。

最后,孙中山的移民垦边等主张也值得一提,在《实业计划》中,为配合其修造西北铁路的宏伟计划,孙中山提出了殖民蒙古、新疆的建议。他将垦殖实边称为"取中国废弃之人力,与夫外国之机械,施对沃壤,以图利益昭著之生产"。在具体的内容上,他的设想与传统方案有相似之处,同时又具新的理论特点。他主张:"土地应由国家买收,以防专占投机之家置土地于无用,而遗毒害于社会。国家所得土地,应均为农庄,长期贷诸移民。而经始之资本、种子、器具、屋宇应由国家供给,依实在所费本钱,现款取偿,或分年摊还。"(《孙中山全集》第6卷,第264页)至于迁徙对象,主要是减员之兵,孙中山说:"夫中国现时应裁之兵,数过百万;生齿之众,需地以养……兵之裁也,必须给以数月恩饷,综计解散经费,必达一万万元之巨。此等散兵无以安之,非流为饿莩,则化为盗贼,穷其结果,宁可忍言。此弊不可不防,尤不可使防之无效。移民实荒,此其至善者矣。"(《孙中山全集》第6卷,第265页)为了保证移民实边的效果,孙中山强调以科学方法管理之,他建议:"于国家机关之下,佐以外国练达之士及有军事上组织才者,用系统的方法指导其事,以特惠移民,而普利全国。"(《孙中山全集》第6卷,第264页)主张参考和引用西方管理经验,这是孙中山开发边疆土地思想的新颖之处。

《建国方略》还在《实业计划》的第五部分中专门论述了粮食生产问题,其中涉及内地农用土地的耕作原则和生产方式。孙中山认识到:"中国为农业国,其人数过半皆为食物生产之工作。中国农人颇长于深耕农业,能使土地生产至最多量。虽然,人口甚密之区,依诸种原因,仍有可耕之地流为荒废,或则缺水,或则水多,或则因地主投机求得高租善价,故不肯放出也。"在他看来,"中国十八省之土地,现乃无以养四万万人。如将废地耕种,且将已耕之地依近世机器及科学方法改良,则此同面积之土地,可使其出产更多,故尽有发达之余地"。为此他倡议开展全国农地的科学测量,以此作为规划农业生产的依据,"各省荒废未耕之地,或宜种植,或宜放牧,或宜造林,或宜开矿,由是可估得其价值,以备使用者租佃,为最合宜之生产"(《孙中山全集》第6卷,第379页)。这是孙中山早期农业经营思想的进一步发展,而且作为其发展近代实业的有机组成部分,其理论意义更值得重视。

第八节　章太炎的均田论

章太炎(1869—1936),原名绛,后改名炳麟,字枚叔,号太炎,浙江余杭人。青年时参与变法维新活动,曾加入强学会、任《时报》撰述。戊戌变法失败后到日本,结识孙中山。1904 年与蔡元培等发起成立光复会。两年后在日本加入同盟会,任《民报》主编。1909 年任光复会会长。辛亥革命后与张謇等组织中华民国联合会、并任孙中山总统府枢密顾问。后曾被袁世凯委为东三省筹边使。晚年主要从事国学讲习。章太炎著作宏富,但论述经济问题的不多,他的农业思想主要反映在《定版籍》《通法》《五无论》《代议然否论》等文章中。

章太炎对中国古代土地制度有详尽的了解,并作出了独到的评价。他对北魏至隋唐的均田制尤为赞赏,指出这种土地制度使"民无偏幸,故魏齐兵而不殚,隋世暴而不贫,讫于贞观、开元,治过文、景,识均田之为效,而新室其权首也"。不仅如此,他还将均田与社会主义联系起来,强调以此来消除贫富悬殊的社会现象,他这样写道:"夫农耕者,因壤而获,巧拙同利,一国之壤,其谷果桑榆有数,虽开草辟土,势不倍增,而商工百技,各自以材能致利多寡,其业不形,是故有均田,无均富,有均地著,无均智慧。今夏民并兼,视佗国为最杀,又以商工百技方兴,因势调度,其均则易,后王以是正社会主义者也。"(《章太炎全集》第 3 卷,第 245 页,上海人民出版社 1984 年版)在另一篇演说辞中,他同样表示:"均田一事,合于社会主义",因为此种地制能使"贫富不甚悬殊"(《东京留学生欢迎会演说辞》,《民报》第 6 号)。在这里,章太炎对社会主义作了小农观念式的理解,但其中体现了鲜明的均田主张。

在这一基本思想指导下,章太炎对孙中山的平均地权论持同意和支持的态度。1902 年,他撰写《定版籍》一文,明确提出了和孙中山相似的土地见解。他首先强调了根据不同土质确定税率的必要性,并以此作为均田的前提,指出:"后王视生民之版,与九州地域广轮之数,而衰赋税,大臧则充。古之为差品者,山林之地,九夫为度,九度而当一井,迭为九衰,至于衍沃而止矣。今之大法,自池井海埝有盐而外,露田稻最长,黍稷粱麦各有品品。居宅与树艺之地次之,山及池沼次之,江干沙田次之,以是征税。观于民间而辨其物。桑田者,其利倍稻。梨枣蒲陶橘柚桃李竹漆梧桐及杂树松栎足以给薪者,其利自三。山有植苦荼者,与桑田比,种竹者亦如之,杂莳粮药者为下。粘与文杏,不高冈而有,足以侍宫室械器,其利倍苦荼楠黟丹木者自四。池沼大者容鱼或数万头,不作劳而其利加于露田十倍。江干沙田宜木绵,其衰如桑。然则定赋者以露田为质,上之而桑荼之地,果漆緜薪之地,桢干之地,至于鱼池,法当数倍稼矣。独居宅为无礜,穷巷之宅,不当蹊隧者,视露田而弱;当孔道者,鱼池勿如,别为差品。"(《章太炎全集》第 3 卷,第 273—274 页)"相地而衰征"是春秋时管仲提出的土地赋税原则,章太炎在这里作了详细的发挥,从中可以看出两点新的理论特点:其一,章太炎对农田之外的土地资源较为重视,专门从经济效益上作了比较考察;其二,章太炎注意到房地产的区域差别,尤为强调对交通要道地区的宅地征以高税。后者反映了章太炎土地思想中的近代意识,前者则直接关系到他的均田方案。

但是,仅仅确定土地赋税的等级差别并不能从根本上解决土地问题,章太炎进而在赞成孙中山所说"兼并不塞而言定赋,则治其未已……夫不稼者不得有尺寸耕土,故贡彻不设,不劳收受而田自均"(《章太炎全集》第 3 卷,第 274 页)的话的同时,提出了他自己的一套均田方案,其内容为:"凡土,民有者无得旷。其非岁月所能就者,程以三年,岁输其税什二,视其物色而衰征之";"凡露田,不亲耕者使鬻之,不雠者鬻诸有司。诸园圃有薪木而受之祖父者,虽不亲邑,得有其园圃薪木,无得更买。池沼如露田法。凡寡妻女子当户者,能耕,耕也;不能耕,即鬻,露目无得佣人";"凡草莱,初辟而为露田园池者,多连阡陌,虽不躬耕,得特专利五十年;期尽而鬻之,程以十年";"凡诸坑冶,非躬能开浚辇采者,其多寡阔狭,得恣有之,不以露田园池为比"(《章太炎全集》第 3 卷,第 275—276 页)。

这是中国近代比较完整的均田制度主张,而且由改良派思想家提出,更显难得。章太炎的均田论主要目的是为了解决农民缺田少地的问题,但同时带有新的政策见解,如为了鼓励垦荒而放宽对草莱之地的均田年限;为了兴办矿业,明确不将矿产土地列入均田范围;等等。这些无疑是近代经济发展在土地思想领域中的反映。至于章太炎均田主张的实质,则可以从他的一番建议说明中得到答案。

章太炎曾对佃农的悲惨境地表示同情,他说:"余尝闻苏州围田,皆在世族,大者连阡陌。农夫占田寡,而为佣耕,其收租税,亩钱三千以上,有缺乏,即束缚诣吏,榜笞与逋赋等。桂芬特为世族减赋,顾勿为农人减租,其泽格矣……今不正其本,务言复除,适足以资富强也。"据此他断言:"田不均,虽衰定赋税,民不乐其生,终之发难,有稆廥而不足以养民也。"(《章太炎全集》第 3 卷,第 275 页)陶煦、钟天纬等人也曾批评冯桂芬减赋主张的不彻底性,但他们的对策是减租,相比之下,章太炎把改善农民处境的根本出路放在田制改革上,这显然是一种更为深刻的见解。

由此可见,章太炎的定版籍主张实质上是要改变封建农业生产关系,这是其田制理论的进步所在。在其他论著中,他对这一问题还作过不同角度的阐述,如在《五无论》一文中,他针对社会贫富不均的状况提出:"当置四法以节制之:一曰均配土田,使耕者不为佃奴……斯四者行,则豪民庶几日微,而编户齐人得以平等。"(《五无论》,《民报》第 16 号)在《代议然否论》中又主张:"田不自耕植者不得有,牧不自策者不得有,山林场圃不自树艺者不得有,盐田池井不自煮暴者不得有,矿土不建筑穿治者不得有,不使枭雄拥地以自殖也……凡是皆所以抑富强振贫弱也。"(《代议然否论》,《民报》第 24 号)不能排斥章太炎均贫富思想带有小农经济的痕迹,但在当时却是与孙中山等人土地理论较为接近的观点。

辛亥革命以后,章太炎的土地思想发生了变化,这主要体现在他对土地国有论的不同看法上。在章太炎看来,土地作为私人财产只能限制,不能剥夺,因此他主张仿行国家社会主义的做法,其措施为:"一、限制田产,然不能虚设定数,俟察明现有田产之最额者,即举此为限。二、行累进税,对于农工商业皆然。三、限制财产相续,凡家主殁后,所遗财产,以足资教养子弟及其终身衣食为限,余则收归国家。"他强调:"至若土地国有,夺富者之田以与贫民,则大悖乎理;照田价而悉由国家收买,则又无此款,故绝对难行。"(《章太炎政论选集》,第533页,中华书局1977年版)他进而批评土地单一税,指出:"其专主地税者,尤失称物平施之意。此土本无大地主,工商之利,厚于农夫,掊多益寡,自有权度,何乃专求之耕稼人乎?"(《章太炎政论选集》,第540页)土地国有和征收土地单一税是孙中山、朱执信等人提出的主张,章太炎和梁启超一样表示反对。

与此相适应,章太炎于1914年重新修改了他的定版籍论,在明确提出均田的一段话后又作了如下补充:"虽然,中国所包方域,夷夏尽有之。塞下不可虚,其地广莫,量以缒索,而不计步,此不能无业主;内及腹中膏腴之壤,有人耕二亩者矣。是故宽乡宜代田,狭乡宜区田,独宽狭适者,可均田耳。辅自然者重改作,今欲惠佣耕,宜稍稍定租法。"(《章太炎全集》第3卷,第569页)这段增补文字表明章太炎的均田范围已大大缩小,对于无法均田的地区,则实施稍定租法的政策。

无可否认,章太炎后期关于土地问题的看法与孙中山等人的主张已有明显的分歧,但这种分歧是否意味着革命和反动、先进与保守之间的对垒,则可作进一步的探讨。事实上,孙中山等人的土地国有论既有激进的一面,又有空想的一面,而资产阶级改良派虽然在变革封建生产关系方面显得犹豫软弱,但其社会渐变的理论有时倒具有一定的可行性。在这个意义上,章太炎的观点转变是一种值得重视的理论动向。

除了田制方面的理论,章太炎还曾简略地涉及边远土地的开发利用问题,他认为:"北方之沙砾,蓟丘之左,自虞集始营度之,至于今二十世;天山之水泉,若古勿导,导之自林则徐,至于今再世,而其效特局促于是也。非设农官,无以为也。"(《章太炎全集》第3卷,第95页)他没有具体谈论实施开发的政策措施。

第九节　宋教仁的农林主张

宋教仁(1882—1913),字遯初(亦作钝初),号渔父,湖南桃源人。1904年开始从事革命活动,与黄兴等在长沙创立革命团体华兴会,参加湖北革命团体——科学补习所。后因筹划湖南起义失败而赴日本留学。在日本创办《二十世纪之支那》杂志,促进了同盟会的成立,被推举为同盟会司法部检事长和《民报》编辑。1911 年 1 月回到上海,担任《民立报》主笔,并与谭人凤等在上海组织成立同盟中部总会,筹备在长江流域发动起义。辛亥革命后,1912 年 1 月南京临时政府成立,任法制院院长。临时政府北迁后,任农林总长。同年 8 月,同盟会改组为国民党,他被选为理事、代理事长。作为辛亥革命后政府有关部门的高级领导人,宋教仁对发展农业问题发表过若干政策见解,其中有些观点颇有理论深度。

在担任政府农林总长时,宋教仁曾就促进中国农业发展提出了简要的政策方针。他指出:"吾国以农立国,农业之发达,颇有可观,然较之各文明国有不及者,国家关于农业之施政缺乏也。农业纯为生产事业之一,当以增加其生产力为要着。今后政府拟即以此为主义,而行种种之政策,并一以增加土地之生产力为主,而副以设备。"他认为在增进农业生产力方面,政府应该抓住三个重点:"一曰垦土地,东西南北,土地荒废者不少,拟由政府定奖励保护之法,使人民开垦,其方针以注重农民自行经营而政府辅助之为主;一曰修林政森林之利益……东北边地,宜用消极的方法,中原腹地,宜用积极的方法,均拟以次设定各种制度法律,实行提倡,而尤注重于官有事业;一曰兴水利,中国水利不讲者已久,不但失灌溉之利,且为害滋甚,拟以新式之技术,兴修水利工事,先除害,而兴利继之。"(《宋教仁集》下册,第 395 页,中华书局 1981 年版)

要实施上述政策,必须有相应的配套措施,对此,宋教仁表示:"中国农民之缺点,以乏于经营农业之资力及知识为甚。故拟设立拓殖之金融机关,劝农之金融机关,以辅助农民之资力;设立学校及其他教育机关,为试验场等,以增长农民之知识。"在他看来,要办理以上诸事,"按诸中国国力,颇有不能负担之势,然此皆为生产的事业,酌量输入外资,以为抢注,亦无不可"(《宋教仁集》下册,第 395页)。孙中山在制定包括农业在内的实业计划时,曾考虑使用外资的办法,但直接将农业和外资放在一起加以阐述,还以宋教仁为先。至于普及农业科技教育,则是当时许多思想家的共识。

1913 年 3 月,宋教仁为国民党起草政见纲领,在关于经济政策的论述中,也把农业放在重要位置上。他写道:"中国今日苟欲图强,必先致富,以国内贫乏之状况,则目前最亟之举,莫若开发产业,第举首宜进行者数端,一曰兴办国有山林,中国有最佳最大之山林,政府不知保护兴办,弃材于地,坐失大宗利源,今农林既特设专部,则国有山林宜速兴办也;一曰治水,中国本产农国,然以人力不修,时遭水患,以致饥馑频闻,今欲民间元气之回复,农产物之发达,则当治水;一曰放垦荒地,以未辟荒地,放于人民,实行开垦,以尽地利。"(《宋教仁集》下册,第395页)这段表述虽比较简略,但从中不难发现宋教仁对农业生态的保护是相当重视的。

其实,宋教仁对农业生态被破坏后的灾害频仍是早有察觉的。1911年10月,他对政府的赈灾措施提出异议,认为最关键的是要弄清发生灾害的根源,否则,"今年灾则赈之,明年后年亦然,十年百年以至万年亦无不然,恐国家财政,国民经济,悉为赈款耗尽,而水灾犹未已耳"(《宋教仁集》上册,第334页)。那么,造成当时遍于20余省水灾的原因究竟何在呢?宋教仁一针见血地指出:"水之来虽由于天变而使其为灾,则纯由于人为。"具体来说:"水源地之山林滥伐,一也;沿江沿湖土地之开垦,二也;河道之壅塞、疏导、决排、潴汇诸法之不讲,三也;堤防之不固,四也;而求其总原因,则一由政府不良之所致也。"(《宋教仁集》上册,第335页)

在另一篇文章中,宋教仁对东南诸省水利失修的后果作了更详细的分析,并提出具体的治理对策。他认为东南水患的主要原因有二条:"一水源地山林之滥伐;一水流地泄水潴水场所淤塞。"他进一步指出:"夫山林之能缓杀水患,此东西各国治水之常法,凡河川水源地,无不殖有广大之森林,国家设监理之法,以奖励之,甚或置为政府专业,直接经营,故能保和水源,巩固堤防,使无暴发之患,即偶发亦不能为巨厄,此固治水政策上所万不可少者。"(《宋教仁集》上册,第244页)但中国的情况则不然,长江流域"近世纪来,吾国殖民发达,中原族姓迁往滇、黔、巴蜀、湘、鄂诸山谷间者,逐年增多,以是各处森林皆为其斲伐者不鲜。在上者既不知虞衡之政,在下者亦不解种(植)之术,遂使山林荒芜,到处童山濯濯……一遇春冰融解,雨水猝发,不能吸收水力,缓杀水势,直任其冲刷泥沙,挟以俱下"(《宋教仁集》上册,第244—245页)。另一方面,清朝以来,禁止开垦沿江诸湖淤地的"旧制颓废",导致"沿江诸穴,不知何时悉皆湮塞"。有的湖泊"淤地既多,人民竞来筑圩构屋,使容水之地日隘,于是水患遂渐增甚"(《宋教仁集》上册,第245页)。

针对上述情况,宋教仁认为必须实施下列治理对策:"一,决定林业政策,并广殖水源地森林;二,疏导洞庭湖;三,广开荆州以下黄州以上分排水势之支流;四,择废各垸田圩地之无良效者;五,浚潆江口;六,规复中江旧迹。"他断言:"果能行此六者,则长江水患庶乎减矣。"(《宋教仁集》上册,第246页)

如果说宋教仁的一般农业政策见解具有简略笼统的特点,那么他的水利理论则显然富有科学分析的价值。可以说,他的治理水患对策是中国历史上农业水利思想的延续和发展,作为一位政治家能有这样的认识,当属难得。

第十节　穆藕初的农业思想

穆藕初(1876—1943),名湘玥,以字行,上海浦东人。他是中国近代著名的民族实业家,相继创办德大、厚生、豫丰等纱厂,还与人合资经营恒大纱厂、维大纺织用品公司、中华劝工银行等企业,并发起组织华商纱布交易所。作为一位以经营棉纺织工业为重点的民族企业家,穆藕初难能可贵地对农业经济给予了高度重视,并对变革中国的传统农业模式、促进农产品发展等问题发表了许多独到深刻的见解。

穆藕初年轻时,因中国在甲午战争中失败,"心中之痛苦,大有难以言语形容者","求西学之决心,于是时始"(《穆藕初文集》,第 12 页,北京大学出版社 1995 年版)。1909 年 5 月,他赴美国留学。起初进威斯康星大学,一年后获江苏省留学生官费,于 1911 年转入伊立诺斯大学农科,1913 年毕业,获农学学士学位。旋即进德克萨斯农业和机械学院,研究植棉、纺织和企业管理,于 1914 年夏获农学硕士学位并回国。由于穆藕初是中国近代最早的农科留学生之一,加上回国后经营实业的成功,北洋政府于 1920 年聘请他为农商部名誉实业顾问。1938 年,穆藕初又担任行政院农产促进委员会主任,1941 年,又被委为经济部农本局总经理。可以说,穆藕初的实业发展和个人经历始终同农业有着密切联系。

穆藕初在出国留学之前,曾在上海江海关任职,当时他"极愿赴英研究经济及关于税则之专门学问"。经过对中国社会经济的进一步观察和分析,他改变了初衷,认识到:"在诸般实业中占中心势力者,莫如农。我国以农立国,必须首先改良农作,跻国家于富庶地位,然后可以图强。国力充实,而后可以图存,可以御侮,可以雪耻。故昔日研究经济收回税权之志愿,一变而定研究农业之趋向,深愿投身于农业。"(《穆藕初文集》,第 17 页)

留学期间,穆藕初学习刻苦,成绩优秀。他还利用假期到美国的农场实习,"每日午前做七小时工作,午后须自修,以工资抵膳宿,两不给值"(《穆藕初文集》,第 31—32 页)。在这期间,他对美国现代化农业的管理方式、生产技术、经营状况等进行了深入了解和研究,积累了丰富的感性体验和专业理论知识。从振兴中国农业的目的出发,他对学成回国后所从事的实业项目作了认真的考虑和选择,认为"我国以农立国,地大物博",具有发展农业的很大潜力,但另一方面,"大规模之农场,恐非短时期所能组织",在这种情况下,"个人投身于田间,恐不能与乡人竞争",而纺织业却为"社会间用途甚繁,而与农产品及副产品上有密切关系"

（《穆藕初文集》，第35页）。由此可见，穆藕初之创办纱厂，实乃其发展中国近代农业思想的产物。

从理论内容上来看，穆藕初的农业思想主要有三个特点：首先，他较早地系统介绍和分析了国外的先进农业生产方式；其次，他比较深刻地论述了农业在振兴民族经济中的基础地位；最后，他明确提出了改良中国农业的主张和具体措施。

穆藕初在美期间，曾参观了美国的一家现代化农场，该农场"以科学之学识，策农事之进行，以故声名藉甚，而获利亦厚"（《穆藕初文集》，第67页）。对其经营经验，穆藕初概括了9条：(1) 计谋深远；(2) 用人得当；(3) 克勤职守；(4) 和衷共济；(5) 簿记清晰；(6) 连带贸易；(7) 助长周备；(8) 学识充足；(9) 坚忍不挠。这些经验涉及农场的经营决策、人事制度、劳动纪律、财务管理等方面，而其中的第6和第8条尤为重要。

关于现代科技的作用，穆藕初作了重点揭示。他指出，在美国农场，"各部厂均由专门人才主任，故其布置均臻完善。各种机器，亦均系最新而最精良。以科学的知识，机警的脑力，敏捷的手段，整理全场事务，宜其勃焉而兴也"（《穆藕初文集》，第70页）。而这一条正是中国农业所最为缺乏的。从上述议论来看，他所说的学识充足包括两种含义：一是指具有现代农业经营知识的专门人才，一是指现代化的农业生产设备。尤其对后者，穆藕初留有深刻的印象，他曾在另一篇文章中作过这样的描述："耕种器具，悉用机械，而机件之较大不能家家置备者，合若干户推举资力最厚者置备，各家出资贷用之。"（《穆藕初文集》，第32页）大农场的生产手段更是大都实行机械化操作。

所谓"连带贸易"，是指美国农场实行的一种大农业生产模式，"各部所出之货，设互相消纳之法。不仅不假手于人，耗回扣及转费之资，且无废弃之物"。他所分析的那家农场以植棉和养牛为主业，又附设轧花厂、纺纱厂、榨油厂、制皂厂、肉类加工厂等。农场种植的棉花由自设工厂加工，棉花核则由自设油厂处理，油渣又可用于牧牛。同理，该场的牲畜也由自设工厂宰杀，肉制品出售，剩下的血骨内脏等则作为制皂厂的部分原料。显然，这实际上是一种农业与农产加工业相联合的大型企业。对这种经营模式，穆藕初认为是"吾国人所最宜注意者也"（《穆藕初文集》，第69页）。

穆藕初对现代农业的管理方法给予了相当的重视。他在美留学期间结识了科学管理理论的创始者泰罗（F.W.Taylor），并在回国后以较短时间与人合作翻译了泰罗所著《科学管理原理》一书，于1916年由中华书局出版，书名为《工厂适用学理的管理法》。对美国农业的先进管理经验，穆藕初进行了阐述。如在经营决策上,他肯定该农场"以扩充植棉场为起点,其后各场厂,因地制宜,次第建设,往往一场厂之设置,必计划于数年之前,而每期复会议数次,研求发展事业之方法,整顿各部之程序。谋定后举,故其建设也无虚耗,而获利也愈丰厚"(《穆藕初文集》,第68—69页)。在人事方面,"各场厂主任部长,皆系毕业专门人才。出其所学,各司所事,为事择人,无复悚尸位之讥,有措置咸宜之象,故成效速"。在财务制度上,他们坚持做到"各部簿记,分门别类,不容紊杂","一律条分缕析,故至年终结帐,不惟全部之盈绌,一望而知,即分部分段之盈绌,亦一目了然也"。在严格劳动纪律的同时,美国的农场注意生活学习设施的完善,"除电灯及自来水外,有医院以治疗疾病,有学堂以启迪愚蒙,有教堂以维系道德,有银行以周转金融,有邮电局以便利交通,余如客栈杂货店等,有裨日用者,无不必备"(《穆藕初文集》,第69页)。穆藕初之所以不厌其烦地介绍美国农场的种种管理方法,主要目的是"以资吾国大实业家之借镜焉"(《穆藕初文集》,第67页)。

穆藕初在宣传国外先进农业生产方式的同时,还对中国农业的改革和发展提出了自己的见解。首先,他对农业在中国社会经济中的重要地位作了充分的肯定。作为工业资本家,他曾认为:"工业能增高农产之代价,助进商业之繁昌,实为惠农益商裕民足国之枢纽。"(《穆藕初文集》,第176页)但另一方面,农业又是百业发展之基础:"无农即无工商,无农工商,即无生利之途,而国无与立。故立国之道,首在务农。"(《穆藕初文集》,第157页)他从两个角度强调了农业的必要性:从人类的生存要素来看,"民以食为天,古来善治国者,莫不以足食为先务。足食则民生遂,教化行,礼义廉耻,四维乃张,粮食之关系有如此。"(《穆藕初文集》,第155页)从发展工业的要求而言,"工业中所最重要者,厥惟原料。棉质不改良,纱布竞争,难以制胜。麦子不改良,麦粉出数,何以丰富。蚕桑不改良,丝茧产量,曷望增加。举一二以概其余,知改良农产,实为当务之急"(《穆藕初文集》,第176页)。这种认识是较为全面的。

为了促进中国农业的发展,穆藕初提出并履行了一系列相关措施。经过对中国农业衰退原因的分析,他断言科技落后是中国农业发展的主要障碍,指出:"我国虽以农立国,于农学素不讲求,地力日竭。农民生活惟艰,俭于培肥,致产额有缩而无伸。"这导致农业生产力不断下降,"熟田日削,荒冢日多,而害虫巢穴亦日增",加上社会局势动荡,战乱频繁,使"生产之农夫,变而为消耗国力之兵士",从而加剧了"农事废弛,产额遂减"(《穆藕初文集》,第156页)。此外,农业危机还表现在地区发展严重失衡、农产品价格剧烈波动等方面。

怎样改变这种局面?穆藕初一方面建议政府实行某些有利于农业发展的优惠政策,同时强调提高农业生产技术的重要意义。如在粮食问题上,他主张"因地制宜,规划全省农场,采用科学方法,增多产额,藉裕民生"(《穆藕初文集》,第157页),同时,在价格方面实施行政干预控制,如"由官厅设法限制价格";"组织粮食调查局,调查存钱米粮数目,设法使其平价出售"(《穆藕初文集》,第156页);"各处添设平粜局廉价出售"(《穆藕初文集》,第157页);等等。又如在棉花种植上,他提出了推广和改良两大战略任务,推广是指种植面积的扩大,改良是指棉花质量的优化。为此穆藕初提出:"国内闲地,触目皆是","苟设法开浚水道,既免泛滥之祸,复收灌溉之利。且地面植物繁茂后,空气因而滋润,旱魃无从肆虐",所以应该大力垦荒,推广植棉,"俾地无废利,人无废时"(《穆藕初文集》,第93页)。至于改良棉种,他主张行"利导"之法,其做法"不外乎随增殖新棉各产地,编〔遍〕设轧花厂,抬价收买改良新棉"(《穆藕初文集》,第94页)。

为了切实推进中国农业生产的发展,穆藕初非常强调科学技术的运用和劳动者素质的提高。他主张"多设农事试验场","得农学专家,悉心主持之。研究天时土地物性之所宜,滋养而栽培之,为农夫作模范,冀其效法而实受其益"(《穆藕初文集》,第242—243页)。对这种示范性农场的管理原则,穆藕初拟定了三条:第一,"宜专不宜博"。他强调每个农场"宜择本省出产最富之农业品若干种,酌量培植,藉得最大之净利",决不可"贪多务得,并蓄兼收,变试验场为花果菜蔬园",以致"花费多而收效少"。第二,"宜切实而明晰"。"欧美日本之耕种法,与吾国之法有出入,故试验耕种法,须取吾国旧法而损益之,使农夫易于取法。"第三,要具备长期努力的心理准备,因为"试验天时气候物产之所宜,决非于短促时间内,能得良结果","故不欲从事于试验则已,苟欲试验之,非旷日持久不为功"(《穆藕初文集》,第243页)。

农民是农业生产的主体,其素质状况直接决定农业生产的效益,所以穆藕初强调:"夫改良云者,合全国或全省大多数农夫之耕种法之改良与否而定之,非仅设试验场,及农业学堂,而可谓改良之终点也。盖农夫居主位,余皆居于客位者也,设试验场及学堂,不过借此以资导引已耳。"(《穆藕初文集》,第243页)他认为:"农夫生长乡间,少交际之远虑,虽朴质性成,而顽固亦性成。欲去其父老所口传之旧法,而尽效我之新法,大非易事。"解决的方法是与他们沟通思想,"声气相通,呼吸相应,逐渐去其旧而染其新,不知不觉之间,使彼等受改良之实惠"(《穆藕初文集》,第243—244页)。

穆藕初十分重视教育在农业变革中的作用,他批评"我国向不注重专门,故专门人才,遂不多觏"(《穆藕初文集》,第93页),为此需要大力开办农学教育机构。穆藕初建议:一方面开展农村普通文化教育,用半工半读方式对农夫进行轮训,"以增进其常识,开豁其胸襟,而逐渐升迁其文化程度"(《穆藕初文集》,第244页)。

另一方面强化农学专业教育,"选拔能耐劳苦之农学毕业生,置之总场,训育之,以便任用"。为了改善教学效果,穆藕初强调对旧体制和旧教材进行改革,在他看来,"凡学校以农场为主体,而学校不过搜集农场之成绩,与种种失败之点,及其补救方法,做学术上最新之研究,故无农场,即无新颖之讲材,而农校遂虚设"(《穆藕初文集》,第93页)。这观点是颇为深刻的。

难能可贵的是,穆藕初不仅在理论上大力阐述改革中国小农经济的必要性,而且身体力行,勇于实践。他曾"租地六十亩,从事改良棉质之研究。时阅五载",主要工作是移植美棉,由于"上海为全国耳目所属之地,其提倡之影响,神速而广及,较胜于他处"(《穆藕初文集》,第37页)。通过实验,他总结了改良棉花品种的具体要点,还专门编著了《植棉改良浅说》一书。这种深入细致的作风对于中国农业的实质性发展来说是相当必要和值得称道的。

下编
中国现、当代农业思想

第十章　五四运动至新中国成立时期中国共产党人的农业思想

第一节　李大钊论土地和农民问题

李大钊(1889—1927),字守常,河北乐亭人。1913 年毕业于天津法政专门学校,即赴日本留学,就读于早稻田大学,1916 年回国。历任北京《晨钟报》总编辑、北京大学经济学教授兼图书馆主任、《新青年》杂志编辑。1917 年以后创办《每周评论》,积极宣传马克思列宁学说,领导五四爱国运动。1920 年在北京组织共产主义小组。1921 年中国共产党成立后,负责北方区党的工作,并任中国劳动组合书记部北方分部主任。国共合作期间,帮助孙中山确定联俄、联共、扶助工农三大政策及改组国民党。1924 年代表中国共产党参加共产国际第五次代表大会。李大钊是中国共产党第二届候补中央委员,第三、四届中央委员。

1925 年,李大钊发表《土地与农民》一文,这是中国共产党主要领导人最早论述中国农村和农民问题的重要文献之一。在这篇文章中,李大钊简要回顾了中国历史上的土地制度,揭示了农民的现实困境,提出了解决农民土地问题和发展农业生产的基本思路。

关于中国古代的土地制度,李大钊首先肯定公有制确实存在过。他指出:"在中国历史上,自古迄今,不断的发生平均地权的运动。关于井田制度,虽尚有人抱是否曾经实行的怀疑,然自周秦以来,为谈政者一种理想的土地制度,则确为事实;而原始经济的状态,有一个土地共有的阶段,亦确是人类生活的普遍现象。井田制的根本要旨,乃在收天下土地为公有,而均分之于各家,使他们收益使用,是一种比较完满的土地国有,平均的授与农民耕种使用的制度。中国古代,似乎经过此阶段,直至春秋战国时,土地私有制才渐次确定。"(《李大钊文集》

下,第822页,人民出版社1984年版)

李大钊对秦汉以后土地制度的评价分为两类:一类是肯定其公有性质而叹乎其未行,一类是透过政策规定的表象揭露其财政增收的目的。属于前一类的有王莽的王田制、太平天国的天朝田亩制度等。李大钊认为:"太平革命运动兴,实含有农民革命的意义","其攻下南京后……即宣布一种含有均分共有性质的土地政策,足以证明。此种土地政策,自然亦随着太平天国的灭亡归于消灭了"。他还提到:"孙中山先生的民生主义,其中心亦在平均地权与节制资本,惜其所拟的平均地权办法,未能及身而见其实行。"(《李大钊文集》下,第824页)

晋代占田制、北魏均田制、唐代租庸调制则属于后一类,对此李大钊的分析颇为深刻。他指出:"晋代的占田制度,乃在应人民的男女年龄,课以一定额的土地,使他们耕种。无主的土地,亦使人们工作,同时且限制王公官吏的占有额,此其目的,乃在增加税源,故豪强兼并土地的问题,依然无法解决。"(《李大钊文集》下,第822—823页)北魏均田制也是这样,尽管其规定明确细致,理由冠冕堂皇,但"此等土地政策,皆因大乱以后,人民离散,土地荒芜,豪强跋扈,税制紊乱,乃所以安插游民,奖励稼穑,以荒闲的土地给与贫民,以图增加税源的方策,而非根本的解决土地问题的政策"。至于唐代的租庸调制,李大钊揭露其允许土地买卖,"而其给予亲王郡王以下的永业田,乃至百顷六十顷五十顷之多,形成一种阶级制度,故农民仍有失产流亡者,豪强乘之,乃行兼并"。"此种土地阶级制的根萌,后来流衍而为庄园制,形成一种封建的大地主阶级,用种种手段,兼并贫民土地;既夺其土地,复以重大负担,加于贫民。"(《李大钊文集》下,第823页)以阶级分析的方法揭示封建土地制度的剥削实质,这在中国经济史学研究中是一个创见,同时也为李大钊提出自己的土地革命主张提供了史实依据。

既然中国历代土地政策并未真正解决农民的根本要求,那么这个任务便历史性地落到了当代革命者身上,如李大钊所说:"中国今日的土地问题,实远承累代历史上农民革命运动的轨辙,近循太平、辛亥诸革命进行未已的途程,而有待于中国现代广大的工农阶级依革命的力量以为之完成。"要担负起这个历史重任,首先必须切实了解中国农村和农民的实际状况,也就是说:"在经济沦为半殖民的中国,农民约占总人口百分之七十以上,在全人口中占主要的位置,农业尚为其国民经济之基础。故当估量革命动力时,不能不注意到农民是其重要的成分。"(《李大钊文集》下,第824页)

李大钊以深切同情的笔调描述了广大农民的生活困境,他写道:"中国的农业经营是小农的经济,故以自耕农、佃户及自耕兼佃为最多。""此等小农因受外货侵入军阀横行的影响,生活日感苦痛,农村虽显出不安的现象,壮丁相率弃去其田里而流为兵匪,故农户日渐减少,耕田日渐荒芜。"具体而言,"十亩未满,及十亩以上,二十亩以下的户数,著见增加;三十亩以上五十亩以下的户数,略见增加;而五十亩以上,百亩以下,及百亩以上的户数,则著见减少"。这种情况反映了两种演变趋势:"一方面是中农破产而为小农的验征,但另一方面,亦为豪强兼并土地集中的意义。"(《李大钊文集》下,第825页)不仅如此,随着全国战乱的蔓延,"北方农民亦骤受与南方农民同样的影响,由此更可证明水潮似的全国农民破产的潮流,正在那里滔滔滚滚的向前涌进而未已"(《李大钊文集》下,第826页)。

在这种严峻的局势面前,土地关系的改革已势在必行,因为此时"'耕地农有'便成了广众的贫农所急切要求的口号"(《李大钊文集》下,第831页)。怎样推行这种改革?李大钊建议从两方面同时着手:一则在政治上提高农民的社会地位,"若想提高贫农的地位,非由贫农佃农及雇工自己组织农民协会不可,只有农民自己组织的农民协会才能保障其阶级的利益"。为此,"在乡村中作农民运动的人们,第一要紧的工作,是唤起贫农阶级组织农民协会"。一则执政者切实推行土地改革,"国民革命政府成立后,苟能按耕地农有的方针,建立一种新土地政策,使耕地尽归农民……则耕地自敷而效率益增,历史上久久待决的农民问题,当能谋一解决"(《李大钊文集》下,第833页)。将土地改革作为解决农民问题的中心任务,显示出李大钊考察中国社会革命问题的深刻性和准确性。

为了促进中国的农业发展,在进行土地改革的同时,还需要在农业生产的经营方式上实施相应的更新。李大钊认为:"农民之需要土地,需要较大的农场,为最迫切,因为农具设备效率增大的结果,可以增大场主的利益,可以稍舒此级农民的痛苦。"这番见解具有两个含义:其一,扩大农业经营规模,采用新式农业机械设备,这是农民本身利益的要求;其二,在农业生产中实行农场经营方式,其经济效益的提高,对农民和农业资本家都是有利的。在李大钊看来,农业经营的规模与其效益存在着内在的联系,"农场面积的大小,对于使用人工畜工农具的效率,亦有一种确定联带的关系"。他分析说:"大农场男工的效率,等于小农场男工效率的二倍,在十亩以下的农场中,每人仅能做五亩,而在三十一亩以上的农场中,则每人能做十亩。大农场畜工的效率,几等于小农场者的三倍,在十亩以下的农场,每畜仅做一〇.六亩,而在三十一亩以上的农场,则每畜可做二八.八亩,其他农具设备之用于大农场者,其效率等于用于小农场者的二倍。"(《李大钊文集》下,第828页)显而易见,要改善农民的生活,要提高农业的效益,必须"使小农场渐相联结而为大农场,使经营方式渐由粗放的以向集约的"(《李大钊文集》下,第833页)。在李大钊之前,倡言现代化大农业的已不乏其人,但将农业生产方式的转型与解决中国的农民问题联系起来,则是早期共产党人在农业经济思想上的创见。

促进农业发展的另一个重要举措是扩大耕地面积。李大钊指出：根据当时生产力水平，"较沃的田地每五口之家需十五亩至二十亩始能生活，较劣者则需三十亩乃至四十亩。这样算来，平均每一人口所必需的耕地皮应为四亩至五亩"。然而统计资料表明，中国总体上"耕地实觉不足"，"实在有复振或改进的余地"（《李大钊文集》下，第832页）。他所说的复振和改进，就是开垦荒地和兴修水利。李大钊确信："如果水利稍加整理，则农民生活必较今宽裕数倍，而且沿边省分待垦的田地以及内地各省为豪强所兼并或为兵匪所蹂躏而荒芜废弃的土地尚多。"（《李大钊文集》下，第832—833页）不过，李大钊没有对上述政策思路展开具体论述。

第二节　萧楚女的农业思想

萧楚女(1893—1927)，原名树烈，学名楚汝，字秋，湖北汉阳人。早年毕业于武昌新民实业学校。1919年在武汉参加五四运动。次年加入利群书社和共存社。1922年参加中国共产党。后任《新蜀报》主笔。1924年以中共中央特派员身份领导四川重庆等地的革命斗争。次年到上海，与恽代英共同主编《中国青年》。1926年到广州，历任《政治周报》主编助理、国民党中央农民运动委员会委员、第六届农民运动讲习所专职教员、黄埔军校政治教官等。1924年，萧楚女撰写《中国的农民问题》一文，就发展中国的农业生产、解决中国的农民问题，发表了自己的见解。

萧楚女对农业和农民问题给予高度的重视。他在《中国的农民问题》一文中指出："在任何国度里，'政治'底使命，总不外是给它的组成员——每个男女以相当的生活上的满足。农民，是在任何社会中，居于组成员的主要的而且是大部分的地位。自来以农立国的不必说；即在工业国中，它对于一般原料和生活上的原质料之供给，也还是立在一个生产过程底发轫点上。故一个社会里的政治的使命之完成，实际上，解决农民的生活问题，便占着主位。所以无论哪个国家，都不可不有他各自的相当的农业政策，以解决它的各自的农民问题。"就中国而言，"中国是个农民占全人口百分之八十以上的国家。自来国家的全部生产组织——全国民的生活，便托根在农业上面，农民生活之丰啬，实绾着全体国民经济之盛衰。社会的秩序，本是经济的产物，那么，农民问题，在中国便自然是一个与社会治乱有关系的根本问题了"（《第一、二次国内革命战争时期土地斗争史料选编》，第 10 页,人民出版社 1981 年版)。

萧楚女认为,由于外国商业侵略、赋税繁重苛虐、耕地分配不足、佃租制度不良、生产缺乏指导、政治黑暗腐败等原因,中国的农民处境十分艰难,他引用当时一位农学家的话说:"中国农民的农业经营即以自耕农论,在精密计算上,每一亩田每年要亏本十七元以上。照此看来,试问世界上还有哪种人比中国农民的生活过得还苦!"(《第一、二次国内革命战争时期土地斗争史料选编》,第 13—14 页)例如:"在事理上,农民一家有几口人,便应该有足以养活那几口人的田地,然后他的生活才能有个相当的安定。中国农民在实际上所得到的耕地分配,却不是这样。他们每一户大都只能分配得十亩以下的田地。"(《第一、二次国内革命战争时期土地斗争史料选编》,第 15 页)又如:"中国的地主剥削佃户,已是人人所知晓的一件惨酷事。他们不问田地里究竟收获如何,他们总是对于佃户要征收一定的收租。租额之重,有时竟弄成一个倒三七倒二八——十分七八归于那不劳而得的主人。"(《第一、二次国内革命战争时期土地斗争史料选编》,第 16 页)

不合理的生产关系严重阻碍着农业经济的发展,也使社会矛盾进一步激化。萧楚女揭露说:"中国现行的佃租制还有一层坏处,便是因为佃田人对于田地使用权没有一定的法律保障,遂于作业上不愿尽力整理耕地,只是得过且过。而地主也一样不肯加意经营——他以为只要每年能逼出那多租来便足。因此生产有所未尽,生产物亦从而减少,农民生活自然枯窘。"(《第一、二次国内革命战争时期土地斗争史料选编》,第 16 页)由于农村凋敝,农业人口和耕地面积逐年萎缩,"这些农户和耕地减少,荒地增多的数目,就是表示着有这么多的农民放弃了农业生活,在农业生产上有了这么多额的生产力之减退。但这许多放弃了农业的人,到哪里去了呢,这一部分的生产力,究竟移到什么产业上面去了呢? 自然有许多转入了工业或商业方面的,然其大部分要必归于失业。这些失业的农民,以什么为生呢? 兵,匪,盗,娼,妓,杂业——便容纳了他们。社会上一切犯罪的构成分子,也使(便)全赖他们供给。"(《第一、二次国内革命战争时期土地斗争史料选编》,第 11 页)

为了改变这种局面,萧楚女提出了三大治理对策:"一,对于'农地',应该从政治上和经济上去加以整理;二,对于'农业',应该从科学上去加以经营;三,对于'农民',应该从社会文化上去加以训练与教育。"(《萧楚女文存》,第 173 页,中共党史出版社 1998 年版)

关于农村土地关系的调整,萧楚女指出:"在'农地'这个对象上,现在所应当整理的,一是税制;二是耕地的分配。耕地分配中又分两项:甲项是农地之扩张;乙项是取缔现行的租佃制度。"萧楚女认为中国当时的税制对农民很不公平,在他看来,"农民除了以一般国民的资格所应负担的他项负担之外,对于国家便只应负担完纳地租一事。故无论哪国的政治,对于农民总不可在获租之外,更征及他项税款。"(《第一、二次国内革命战争时期土地斗争史料选编》,第 17 页)但是,"我们中国现行的这种田赋课税法,税田既已繁多,税法又没有一定的标准,税率更是纷歧百出"(《第一、二次国内革命战争时期土地斗争史料选编》,第 18 页)。当时世界各国实行的地税法共有五种,即面积法、收获法、等级法、地价法、清册法。经过分析比较以后,萧楚女指出:"地价税法实为最善的方法。以此法为标准,对于全国所有土地制定一个一定的法定税额清册——按册征收,则现在的一切繁重苛虐的病农之税(加于农产物而扰及农人的厘金,也一并在内),便可一律取消。"(《第一、二次国内革命战争时期土地斗争史料选编》,第 20 页)为了避免产生弊端,萧楚女建议:"人民的土地,让他自己定价报官,国家只照他的报价征税;但无论何时,国家也可以照他的报价收买。"(《第一、二次国内革命战争时期土地斗争史料选编》,第 19 页)这一政策思路与孙中山的平均地权主张有不谋而合之处。

在耕地分配问题上,萧楚女首先强调增加农业用地的数量,而"扩张农地可分两方面:一面是积极的'开垦',一面是消极的整理现有的耕地"。鉴于中国耕地总面积的不足,萧楚女表示:"移民开垦满、蒙、藏、新,按地理的自然情态以定每户应得之分配率,在中国农民中,实为一种必要的政策。"(《第一、二次国内革命战争时期土地斗争史料选编》,第 20 页)所谓消极整理耕地,是指通过改良土质和完善设施的途径提高耕地的使用效率,其内容包括"土地的分合和交换""矫正畦塍的间区划""田径,蓄水池塘,道路等之变更位置或废止""设备利便的灌溉及排水工事""一般的农地利用之增进"等(《第一、二次国内革命战争时期土地斗争史料选编》,第 21 页)。显然,这些都属于农业生产力层面的改进举措。从事土地改良需要国家花费人力财力,而这在萧楚女看来都是必要和有益的,因为,"农民问题为国家经济上最大的根本问题,对于解决农民问题之耕地整理,使国库支出巨额经费,事理上是应当的。国家对于此事,因经费浩大而不进行,那便是一个愚蠢,而且是放弃责任,违了政治的使命。况耕地整理以后,因地价增高和农产物加多两事,国家所收的租税和国富上的进步,实际上,抵消此项经费,已经多多有余"(《第一、二次国内革命战争时期土地斗争史料选编》,第 22 页)。

与此同时,必须进行农业生产关系的配套改革,萧楚女指出:"耕地整理,固然可以使一般农民在实际上得到一部分分配的扩张。但若听现在这种状况,让那少数的地主们,占着多数田亩,且以很不公平的掠夺手段坐食佃租,则农民生活问题,根本上还是只当没有解决。所以另一面对于现行的佃租制,必须严加取缔。不然,那耕地整理,岂不又成了帮助富农和地主们殖财的方法?"如何实施这种改革?萧楚女的对策是通过立法的途径限制地主占地和保护佃农的权益。他具体阐述道："取缔佃租制,并不必在佃租制的本身上想法;从地主们底土地所有权上加以限制,那就抽了他们釜底之薪了。限制土地所有权,要在规定一种土地法,限定每个国民所能私有的土地的最高限度。同时,应用地价税法,和土地征收法,对于私有土地施行一种异进率的地价税,并厉行国家收买土地之政策。这样,地主的所有权,就止限于一定的法律范围之内,兼并的掠夺便可有相当的防止。另外,再规定一种土地使用权,对于自耕农,地主,佃农,加以详密之规定——予佃农以经济上的保护。"(《第一、二次国内革命战争时期土地斗争史料选编》,第23页)

限田是中国古代经常出现的土地主张,而运用地价税和国家收买政策则是孙中山平均地权论的组成部分,萧楚女将它们融入自己的土地改革设想中。这体现了早期共产党人农业思想的历史继承性,也反映出不同于以后形成的新民主主义土地革命理论的思想特点。

在农业生产力方面,萧楚女概括了导致中国农业衰微的主要原因:(1)"农民固守旧法,不知根据学理,从事改良他们底生产方法以致产品劣而生(产)量少。"(2)"缺乏农业的金融机关,致一般农民没有凭藉以为改良之资。"(3)"农民智识浅短,文化程度太低,以致阻碍进步。"(《第一、二次国内革命战争时期土地斗争史料选编》,第23页)(4)"没有农民的团体——互助的组织。"他强调指出:前两项"关系农业经营之根本,必须国家代为处理,靠农民自身是不行的"。

具体而言,"对于第一弊,国家应该规定一种系统的辅助农民的政策,使农业生产完全科学化"。萧楚女建议由国家设立"农事实验场及采种场""农业技师及农业指导员""兽医院及农具制造贩卖所"等专门机构和人员,"譬如研究良好的方法,培育优善品种,以推广于农民;应农民作业之需要为之扶助指导;驱逐害虫,保育牺畜,供给并修理新式科学的农业器械——都由这些机关担任。此外,农业行政上,更须设一种农业警察,散布田野间,专为农民视察一切灾害及临时发生有害农事的事情"。对农业科技化的前景,萧楚女的预期相当乐观,他认为当时许多人受马尔萨斯观点的影响,对未来农业生产持悲观的看法,这是杞人忧天,因为"倘若我们真能把一切农业上的品种,加以科学研究","举所有农事,一皆纳诸人生实用的轨范中,而又尽量地应用科学方法和科学器具,我想因为生产力底扩大,生产量一定要比现在的产额增多若干倍"(《第一、二次国内革命战争时期土地斗争史料选编》,第24页)。

对于农业金融的缺乏,萧楚女的对策是:"除了在农村组织中,奖励农民自组互助的信用机关外,当由国家设立农业银行,对于农民为种种长期的抵押品或无抵押品之贷借。并设农业仓库,收藏农民底收获品,发行仓库证券,以资农家经

济之活动。"(《第一、二次国内革命战争时期土地斗争史料选编》,第 25 页)

为了改善农民的素质,萧楚女还主张开展广泛的农村教育,他说:"农民底文化程度之提高,决不是狭义的学校教育所能奏效的;它底真正的办法,还是使一般农村社会化。换句话说,便是要对于农民施行一种普泛的广义的社会教育。"(《第一、二次国内革命战争时期土地斗争史料选编》,第 26 页)这种教育既包括办农业学校、农民补习学校,更注重农村组织的改良。根据萧楚女的设计,此举应分三步进行:第一步,"专从娱乐的方面着手,从事宣传与教育,如演剧,电影,通俗讲演,有兴味的设计的补习教育及图书馆等"(《第一、二次国内革命战争时期土地斗争史料选编》,第 26—27 页);第二步,在国家指导下组织农会、乡村自治公所、佃农和雇农公会,"并在一种的社会的意义上,使佃农和雇农们,自己能以阶级的觉悟,和地主们抗争——以遏土地兼并和剩余价值的掠夺"。第三步,"为农人完全独立自治之期,国家便应一切放手,让他们自己做去"(《第一、二次国内革命战争时期土地斗争史料选编》,第 27 页)。同时建立信用组合、贩卖组合、购置组合、生产组合等与国家农业行政相并行的组织。

此外,萧楚女要求在税收政策上进行有利于农业生产的改革。他指出:"今后中国农业不求发展则已;若求发展,在国家底财政行政上,相当的保护贸易政策的关税政策是必要的。"(《第一、二次国内革命战争时期土地斗争史料选编》,第 25 页)由于"'裁厘加税'已成一个财政系统",而"厘金一日不废,农产物底产销便多少总要受它底挟制。故关税之改正,又为调节国内农产,均配民食的一个间接钥匙"。为了确保农产品的正常流通,国家除了依法取缔奸商的囤积垄断外,还要"一面广设农业仓库,协助农民通融资金,屯积农产;一面奖励农村中互助的贩卖团体"(《第一、二次国内革命战争时期土地斗争史料选编》,第 26 页)。

不难看出,萧楚女关于提高农业生产力、优化农民素质、改善农业经营环境的见解是比较全面的。他发表这篇文章的时候,正是第一次国共两党合作时期,所以萧楚女特别指出他的论述符合当时国民党党纲的精神。以后,中国共产党关于土地革命的理论主张越来越具有激进的特点,这是社会形势的发展变化和党的思想理论不断成熟的产物。

第三节　毛泽东的土地革命和农业经济思想

毛泽东(1893—1976),字润之,湖南湘潭韶山冲(今韶山市)人。1913 年进湖南第一师范学校读书,曾创办《湘江评论》,建立新民学会和俄罗斯研究会,组织社会主义青年团和共产主义小组。1921 年到上海出席中国共产党第一次全国代表大会,后任中共湘区(包括江西安源)委员会书记,中国劳动组合书记部湖南分部主任和湖南省工团联合会总干事。1923 年出席中国共产党第三次全国代表大会,被选为中央委员,中央局秘书。第一次国共合作期间,当选为中国国民党第一、二届中央候补执行委员,宣传部代理部长。1926 年主持广州农民运动讲习所(第六届),同年到上海任中共中央农民运动委员会书记。1927 年在武汉任全国农民协会总干事,主持中央农民运动讲习所。同年,参加中共中央在汉口召开的政治局扩大会议,当选为政治局候补委员。会后在江西湖南交界地区发动秋收起义,任新组建的中国工农红军第四军党代表。1930 年任中国工农红军第一方面军前委书记兼总政治委员。次年在江西瑞金当选为中华苏维埃共和国主席。1933 年被补选为中共中央政治局委员。1934 年参加长征,在 1935 年1 月的贵州遵义会议上当选为中共中央书记处书记。1936 年起任中共中央军事委员会主席。1943 年当选为中共中央政治局主席、中央书记处主席。此后历任中共第七、八、九、十届中央委员会主席,中央政治局主席,中央军委主席。1949年主持制定中国人民政治协商会议共同纲领,当选为新成立的中华人民共和国中央人民政府主席。1954 年在第一届全国人民代表大会上被选为中华人民共和国主席,同年又当选为全国政协名誉主席。

　　毛泽东是中国共产党的创立者之一,在领导中国共产党和中国人民取得新民主主义革命胜利的过程中,他凝聚中国共产党人的集体智慧,创造性地将马克思主义普遍真理同中国革命的具体实践相结合,形成了内容丰富和卓有成效的新民主主义经济理论,土地革命论和发展革命根据地农业生产的经济政策思想是其重要内容。

　　毛泽东的土地革命论是以他对中国革命的性质、任务和基本依靠对象的分析为主要内容的。他在《中国革命和中国共产党》一文中指出:"现阶段中国革命的性质,不是无产阶级社会主义的,而是资产阶级民主主义的。"又说:"现时中国的资产阶级民主主义的革命,已不是旧式的一般的资产阶级民主主义的革命,这种革命已经过时了,而是新式的特殊的资产阶级民主主义的革命……我们称这种革命为新民主主义的革命。"毛泽东从政治和经济两方面揭示了这一革命的历史任务:"它在政治上是几个革命阶级联合起来对于帝国主义者和汉奸反动派的专政,反对把中国社会造成资产阶级专政的社会。它在经济上是把帝国主义者和汉奸反动派的大资本大企业收归国家经营,把地主阶级的土地分配给农民所有,同时保存一般的私人资本主义的企业,并不废除富农经济。"要完成新民主主义革命的上述任务,除了坚持马克思主义政党的领导,还必须以广大农民为基本依靠对象,对此毛泽东写道:"中国的贫农,连同雇农在内,约占农村人口百分之七十。贫农是没有土地或土地不足的广大的农民群众,是农村中的半无产阶级,是中国革命的最广大的动力,是无产阶级的天然的最可靠的同盟者,是中国革命的主力军。贫农和中农都只有在无产阶级的领导之下,才能得到解放;而无产阶级也只有和贫农、中农结成坚固的联盟,才能领导革命到达胜利,否则是不可能的。"(《毛泽东选集》第2卷,第643页,人民出版社1991年版)

毛泽东是最早从事农民运动的中国共产党领导人之一。通过对中国农村的深入调查,他切实了解了农民的生活状况,进而为制定党的农村工作的方针政策提供了可靠的现实依据。毛泽东写道:"绝大部分半自耕农和贫农是农村中一个数量极大的群众。所谓农民问题,主要就是他们的问题。"(《毛泽东选集》第1卷,第6页)他具体分析说:"半自耕农,其生活苦于自耕农,因其食粮每年大约有一半不够,须租别人田地,或者出卖一部分劳动力,或经营小商,以资弥补。春夏之间,青黄不接,高利向别人借债,重价向别人籴粮,较之自耕农的无求于人,自然景况要苦,但是优于贫农。因为贫农无土地,每年耕种只得收获之一半或不足一半;半自耕农则租于别人的部分虽只收获一半或不足一半,然自有的部分却可全得。"(《毛泽东选集》第1卷,第6—7页)他接着指出:"贫农是农村中的佃农,受地主的剥削。其经济地位又分两部分。一部分贫农有比较充足的农具和相当数量的资金。此种农民,每年劳动结果,自己可得一半。不足部分,可以长杂粮、捞鱼虾、饲鸡豕,或出卖一部分劳动力勉强维持生活,于艰难竭蹶之中,存聊以卒岁之想。故其生活苦于半自耕农,然较另一部分贫农为优……所谓另一部分贫农,则既无充足的农具,又无资金,肥料不足,土地歉收,送租之外,所得无几,更需要出卖一部分劳动力。荒时暴月,向亲友乞哀告怜,借得几斗几升,敷衍三日五日,债务丛集,如牛负重。"(《毛泽东选集》第1卷,第7页)

毛泽东认为中国革命的中心问题是农民问题,没有农民的参与,革命不会成功,因此,他高度评价20世纪20年代在湖南等地出现的轰轰烈烈的农民运动,指出:"目前农民运动的兴起是一个极大的问题。很短的时间内,将有几万万农民从中国中部、南部和北部各省起来,其势如暴风骤雨,迅猛异常,无论什么大的力量都将压抑不住。他们将冲破一切束缚他们的罗网,朝着解放的路上迅跑。一切帝国主义、军阀、贪官污吏、土豪劣绅,都将被他们葬入坟墓。"(《毛泽东选集》第1卷,第12—13页)他认为农民革命的主要任务是推翻地主阶级的政权,建立农民自己的权力机关——农会,此举"乃是广大的农民群众起来完成他们的历史使命","乃是国民革命的真正目标"(《毛泽东选集》第1卷,第15页),否则,"一切减租减息,要求土地及其他生产手段等等的经济斗争,决无胜利之可能"(《毛泽东选集》

第1卷,第23页)。他列举了农会所开展的主要活动,如将农民组织在农会里;政治上打击地主;经济上打击地主;推翻土豪劣绅的封建统治;推翻地主武装,建立农民武装;推翻县官老爷衙门差役的政权;推翻封建族权、神权、夫权;普及政治宣传;禁赌;清匪;废除苛捐;兴办农民教育;组织合作社;修塘筑路;等等,并充分肯定说:"农民成就了多年未曾成就的革命事业,农民做了国民革命的重要工作。"(《毛泽东选集》第1卷,第18—19页)

　　土地是农业的最基本生产资料,也是中国社会的主要财富形态。在从事农民运动的实践中,毛泽东一直十分重视土地政策的制定和实施。1928年和1929年,他主持制定了《井冈山土地法》和《兴国县土地法》,明确规定了土地革命的范围、分配原则、标准数量和所有权归属等问题。应该指出,革命根据地早期的土地改革法令在若干方面有偏激之处,如没收一切土地而不仅是地主土地,土地所有权属于政府而不是归农民,这些问题后来都得到了纠正。毛泽东于1931年2月以中央革命军事委员会总政治部主任的名义致信江西省苏维埃政府,明确主张让农民获得所分土地的所有权,并允许他们租借买卖,他指出:"过去田归苏维埃所有,农民只有使用权的空气,十分浓厚,并且四次五次分了又分,使得农民感觉田不是他自己的,自己没有权来分配,因此不安心耕田,这种情形是很不好的,省苏应该通令各地各级政府,要各地政府命令布告,催促农民耕种,在命令上要说明过去分好了的田(实行抽多补少、抽肥补瘦了的)即算分定,得田的人由他管所分的田,这田由他私有,别人不得侵犯,以后一家的田,一家定业,生的不补,死的不退,租借买卖,由他自主。"他认为这样做是"现在民权革命时代所必要的政策","是真正走向共产主义的良好办法,而不是什么恢复地主制度"(引自顾龙生主编:《中国共产党经济思想发展史》,第57页,山西经济出版社1996年版)。

　　毛泽东强调,满足农民的土地要求始终是新民主主义革命的基本经济纲领之一,这是对孙中山"平均地权"主张的切实继承。他表示:新民主主义的经济,"将采取某种必要的方法,没收地主的土地,分配给无地和少地的农民,实行中山先生'耕者有其田'的口号,扫除农村中的封建关系,把土地变为农民的私产……这就是'平均地权'的方针,这个方针的正确的口号,就是'耕者有其田'"(《毛泽东选集》第2卷,第678页)。他进一步指出:"'耕者有其田',是把土地从封建剥削者手里转移到农民手里,把封建地主的私有财产变为农民的私有财产,使农民从封建的土地关系中获得解放,从而造成将农业国转变为工业国的可能性。因此,'耕者有其田'的主张,是一种资产阶级民主主义性质的主张,并不是无产阶级社会主义性质的主张,是一切革命民主派的主张,并不单是我们共产党人的主张。所不同的,在中国条件下,只有我们共产党人把这项主张看得特别认真,不但口

讲,而且实做。"(《毛泽东选集》第 3 卷,第 1075 页)

在确认"耕者有其田""并不是无产阶级社会主义性质的主张"的同时,毛泽东又在一定意义上肯定其含有更先进的经济制度的成分,即"在这个阶段上,一般地还不是建立社会主义的农业,但在'耕者有其田'的基础上所发展起来的各种合作经济,也具有社会主义的因素"(《毛泽东选集》第 2 卷,第 678 页)。了解毛泽东的这个重要见解,有助于我们梳理出他在 1949 年以后逐步形成的社会主义农业经济思想的历史渊源。

1947 年 9 月,中国共产党全国土地会议通过了《中国土地法大纲》,11 月,这个法令正式公布。如何实施这一土地法令?毛泽东同样强调要根据不同情况采取相应的策略。他把当时的解放区分为三类:一类是日本投降以前的老解放区;一类是日本投降至大反攻,即 1945 年 9 月至 1947 年 8 月两年内所解放的地区;一类是大反攻后新解放的地区。他指出,在老解放区,"大体上早已分配土地,只须调整一部分土地"(《毛泽东选集》第 4 卷,第 1277 页)。在第二类地区,"群众的觉悟程度和组织程度已经相当提高,土地问题已经初步解决。但群众觉悟程度和组织程度尚不是很高,土地问题尚未彻底解决。这种地区,完全适用土地法,普遍地彻底地分配土地,并且应当准备一次分不好再分第而次,还要复查一、二次"。至于新解放区,毛泽东主张分阶段地实施土地法,他说:"这种地区,群众尚未发动,国民党和地主、富农的势力还很大,我们一切尚无基础。因此,不应当企图一下实行土地法,而应当分两个阶段实行土地法。第一阶段,中立富农,专门打击地主。在这个阶段中,又要分为宣传,做初步组织工作,分大地主浮财,分大、中地主土地和照顾小地主等项步骤,然后进到分配地主阶级的土地……第二阶段,将富农出租和多余的土地及其一部分财产拿来分配,并对前一阶段中分配地主土地尚不彻底的部分进行分配。"(《毛泽东选集》第 4 卷,第 1278 页)

毛泽东出生于农村,又接受过较为系统的中国历史文化的教育,因而对农业的重要性有一定的认识。在他的早年课堂笔记《讲堂录》中,有这样一段话:"农事不理则不知稼穑之艰难,休其蚕织则不知衣服之所自。《豳风》陈王业之本,《七月》八章,只曲详衣食二字。《孟子》七篇,言王政之要,莫先于田里树畜。"(转引自顾龙生:《毛泽东经济思想引论》,第 16 页)这是对中国传统重农思想的肯定。此外,毛泽东还在笔记中记载了若干农业谚语,如:"农叟有言,禾历三时,故秆三节;麦历四时,故秆四。种稻必使三时气足,种麦必使四时气足,则收成厚。""然能于地隙水滨种植良材百株,三十年后可得百金以外。"(转引自顾龙生:《毛泽东经济思想引论》,第 17 页)可以说,毛泽东在其新民主主义经济思想中高度重视农业生产问题,与他长期以来一直关注农业经济和农民生活状况有密切的联系。

　　毛泽东把发展农业视为经济工作的首要任务,指出:"在目前的情况下,农业生产是我们经济建设工作的第一位,它不但需要解决最重要的粮食问题,而且需要解决衣服、砂糖、纸张等项日常用品的原料即棉、麻、蔗、竹等的供给问题。"他认为革命根据地的土地改革为农业生产的发展创造了基本的前提,而政府对农业生产的积极倡导和鼓励同样不可缺少:"经过分配土地后确定了地权,加以我们提倡生产,农民群众的劳动热情增长了,生产便有恢复形势了。现在有些地方不但恢复了而且超过了革命前的生产量,有些地方不但恢复了在革命起义过程中荒废了的土地,而且开发了新的土地……只要在我们把土地分配给农民,对农民的生产加以提倡奖励以后,农民群众的劳动热情才爆发了起来,伟大的生产胜利才能得到。"(《毛泽东选集》第 1 卷,第 131 页)为了促进农业生产的发展,毛泽东强调切实解决农民在生产中遇到的实际困难,并在条件许可的情况下努力引导农业生产的科技化,他表示:"关于农业生产的必要条件方面的困难问题,如劳动力问题,耕牛问题,肥料问题,种子问题,水利问题等,我们必须用力领导农民求得解决。"(《毛泽东选集》第 1 卷,第 131—132 页)另一方面,"目前自然还不能提出国家农业和集体农业的问题,但是为着促进农业的发展,在各地组织小范围的农事试验场,并设立农业研究学校和农产品展览所,却是迫切地需要的"(《毛泽东选集》第 1 卷,第 132 页)。

　　在发展农业生产的组织形式问题上,毛泽东主张成立农业合作社,早在考察湖南农民运动时,他就对农村中的消费、贩卖、信用合作社持肯定态度。20 世纪 30 年代,他多次提出要重视合作社的作用,建立和发展农业合作社,如说"合作社经济和国营经济配合起来,经过长期的发展,将成为经济方面的巨大力量"(《毛泽东选集》第 1 卷,第 133—134 页);"有组织地调剂劳动力和推动妇女参加生产,是我们农业生产方面的最基本的任务。而劳动互助社和封田队的组织,在春耕夏耕等重要季节我们对于整个农村民众的动员和督促,则是解决劳动力问题的必要的方法。不少的一部分农民(大约百分之二十五)缺乏耕牛,也是一个很大的问题。组织犁牛合作社,动员一切无牛人家自动地合股买牛共同使用,是我们应该注意的事"(《毛泽东选集》第 1 卷,第 132 页)。到 40 年代,毛泽东关于以合作社形式发展农业生产的思想更加明确。如 1943 年 10 月,他号召抗日敌后各根据地军民从事大规模的生产,"包括公私农业、工业、手工业、运输业、畜牧业和商业,而以农业为主体。实行按家计划,劳动互助(陕北称变工队,过去江西红色区域称耕田队或劳动互助组),奖励劳动英雄,举行生产竞赛,发展为群众服务的合作社"(《毛泽东选集》第 3 卷,第 911 页)。他认为:"发展生产的中心关节是组织劳动力。每一根据地,组织几万党政军的劳动力和几十万人民的劳动力(取按家计划、变工队、运输队、互助社、合作社等形式,在自愿和等价的原则下,把劳动力和半劳动力组织起来)以从事生产即在现时战争情况下,都是可能的和完全必要的。"(《毛泽东选集》第3卷,第912页)

同年11月,毛泽东进一步阐述了农业合作社对改革传统经济的深刻意义,他说:"目前我们在经济上组织群众的最重要形式,就是合作社。""在农民群众方面,几千年来都是个体经济,一家一户就是一个生产单位,这种分散的个体生产,就是封建统治的经济基础,而使农民自己陷于永远的穷苦。克服这种状况的唯一办法,就是逐渐地集体化;而达到集体化的唯一道路,依据列宁所说,就是经过合作社。在边区,我们现在已经组织了许多的农民合作社,不过这些在目前还是一种初级形式的合作社,还要经过若干发展阶段,才会在将来发展为苏联式的被称为集体农庄的那种合作社。我们的经济是新民主主义的,我们的合作社目前还是建立在个体经济基础上(私有财产基础上)的集体劳动组织。"(《毛泽东选集》第3卷,第931页)这番论述实际上为中国农业的未来生产形式指明了方向。他还预言:"这种生产团体,一经成为习惯,不但生产量大增,各种创造都出来了,政治也会进步,文化也会提高,卫生也会讲究,流氓也会改造,风俗也会改变;不要很久,生产工具也会有所改良。到了那时,我们的农村社会,就会一步一步地建立在新的基础的上面了。"(《毛泽东选集》第3卷,第1017页)显然,在毛泽东看来,组织农业合作社具有推动中国社会整体进步的意义。如果说,毛泽东所制定土地革命纲领和策略对新民主主义革命的胜利发挥了重要的作用,那么他的农业合作化思想则为1949年以后农业经济的全面改造和发展提供了基本的决策思路。

第四节　彭湃、瞿秋白的农民革命理论

彭湃(1896—1929),名天泉、汉育,广东海丰人。早年就读于海丰第一高等小学、县立海丰中学、广州广府中学。1917年去日本留学,1921年完成毕业考试后回国。同年加入中国社会主义青年团,发起组织"社会主义研究社""劳动者同情会",任广东海丰县劝学所长(次年改名为县教育局长)。1922年与人创办《赤心周刊》。1923年被选为海丰县总农会会长、广东省农会执行委员长。1924年加入中国共产党,此后历任国民党中央农民部秘书、中共广东区执委会委员、第一至第五届农民运动讲习所主任、广东农民自卫军总指挥、中共海陆丰地委书记、国民党广东省党部农民部长、中共中央农民运动委员会委员、中华全国农民协会临时委员会秘书长、南昌起义前敌委员会委员、中共第五届中央委员会委

员、临时中央政治局委员、中央南方局委员、广东东江工农自卫军总指挥广州工农民主政府人民土地委员、中共第六届中央委员、政治局候补委员、中共东江特委会书记、中共中央农委书记、中共江苏省委常委兼省军委书记等职。彭湃是中国共产党早期的农民运动领导人之一，他的农民运动理论是中国共产党土地革命思想的重要组成部分。

彭湃的农民革命主张是建立在对中国农民生活困境的真实了解和深切同情基础之上的。在为农会撰写的宣传文告中，他指出："我们农民，是世界生产的主要阶级。人类生命的存在，完全是靠我们辛苦造出来的米粒。我们的伟大和神圣，谁敢否认！可是，我们农民，几千百年来，世世代代，无日不在无智饥饿压迫的难关恶战苦斗以维残命！而地主虎狼的掠夺，军警无厌的苛勒，日甚一日，惨痛百般，不可言喻！"（《彭湃文集》，第 25 页，人民出版社 1981 年版）"我们相信资本家和田主的财富的增加，是榨取工人和农民的剩余价值而来的。社会的财富，一面渐次无限制的集中在资本家和田主的手里；反面，贫困的问题亦无限制的逐渐扩大。资本家日趋恣肆淫奢的生活，而工人和农民则日陷于饥寒压迫无智的地位。"（《彭湃文集》，第 28 页）"中国自辛亥革命以来，产出许多军阀官僚，各各占据地盘，争权夺利，战云时起，弹雨横飞！我们中国的平民，尤其是农村的农民，到处鲜不被其焚毁杀戮。"（《彭湃文集》，第 27 页）

在这种情况下，组织起来反抗地主阶级的统治，是唯一的出路，正如彭湃所说："社会上由贫穷而发生了种种极大的罪恶。这是世界上极普遍的极显著的现象。那么，处在今日饥寒压迫无智的地位的工人和农民，在生活上和人道上，是不得不要求自身的解放和世界的改造。"（《彭湃文集》，第 28 页）反之，"若常此隐忍以往，社会灭亡，不特我农民一个阶级！所以，我们一旦觉悟，（就要）集合全县农民，组织农会，协力团结，反抗社会一切不合理的制度，争回我们生存的权利"（《彭湃文集》，第 25 页）。

成立农会组织究竟对农民有哪些好处？彭湃在一份宣传材料中作了 17 条概括：(1)"防止田主升租"，在农村，"田主之视农民也，不若牛马，犁之策之，绝不虑其饥且寒。升租不遂，即示威插田。只知一己之利，而不计农民之死亡也！即有农会，当可灭杀此患"；(2)"防止勒索"，由于社会上的各种势力以侵夺农村为能事，"农村之受此种欺凌，苦不忍言！既有农会，即可代表全村，而向其理论，以正义人道之武器而抗之，当可省却乡村往往冤枉之费用"；(3)"防止内部竞争"，因为"买者相争必买贵货，卖者相争常至亏本，田佃相争必纳贵租于田主。既有农会，即可防止"（《彭湃文集》，第 13 页）；(4)"凶年呈请减租"，个体佃农势单力薄，在灾害之年，农会"可用团体名义，恳请折成轻减，其益较为普遍"（《彭湃文集》,第13—14页);(5)"调和争端";(6)"救济疾病";(7)"救济死亡";(8)"救济孤老";(9)"救济罹灾";(10)"防止盗贼";(11)"禁止烟赌";(12)"奖励求学";(13)"改良农业",为了提高农业生产力,"肥料、种子、耕法或农具等等,可以由农会专设农业部,专事改良,以期进步"(《彭湃文集》,第14页);(14)"增进农民智识","可时常开讲演会,或夜学等等,以增进农民之智识";(15)"共同生产",其做法是,"在农会未发达之际,可用会中基金买牛以供农家饲养。一则生利,一则可利于耕种,并于将来可创办种种副业";(16)"便利金融",鉴于"农民常因财政支绌,无法施肥;或年关之际,而用衣服、家具、农具质在当铺,其利息甚高,亦农民贫困之一因也",农会"可设金融机关(以最低利及长期)以利农民";(17)"抵抗战乱",面对军阀混战的局势,农会"可用团体正当防卫","小民庶克安居乐业而无事也"(《彭湃文集》,第15页)。以上概括表明,农会组织能增强农民的整体力量,提高其社会地位,改善其生活状况,最为重要的是,它使农民有效地开展对地主的斗争,并促进农业生产的技术改良和组织更新。

与上述阐发相一致,彭湃强调农会的纲领应该是谋求"农民生活之改造""农业之发展""农村之自治""农民教育之普及"(《彭湃文集》,第16、33页)。其日常会务除办理社区治安、卫生、教育、文化生活等事宜外,重点在农业生产方面,如"防止田主升吊,以免农民生活不安及对于耕地不加工作、肥料,致生产日下";"遇岁歉或生活程度过高时,本会应体察情形,向田主清减租额";"办理农桑、垦荒、造林,改良肥料、种子、耕法、农具及其他关于农业事项"(《彭湃文集》,第36页);"办理疏浚河流、湖塘,修筑坡圳及其他关于水利事项"(《彭湃文集》,第36—37页);"调查农村户口、耕地、收获及其他农村状况";"办理农业银行、消费组合及其他关于经济事项";"饲养耕牛以供会员无力养牛耕作者之借用"(《彭湃文集》,第37页);等等。值得注意的是,在彭湃的农会工作设想中,有关合作生产和科技推广的问题已经被提到议事日程。

1929年,彭湃发表文章,专门论述雇农在中国革命中的地位和作用问题。他具体分析了中国雇农的三种生活状况:(1)"是新式的农业资本家剥削之下的,这一种雇农为纯粹之雇农,他没有土地,也没有耕种的工具,完全靠农业资本家的工资来养活,与工人阶级一样的痛苦";(2)"是旧式的耕作方法的富农地主家里所雇佣的,他不但整年的要为富农地主耕种,而且要包办富农地主的一切家庭的使用……所以他还受着封建残余的压迫"(《彭湃文集》,第317页);(3)"是短期雇农,这种雇农是一般贫农将要化分到农村无产阶级的队伍来的,他是游离于贫农与雇农之间,他仍然有一部分残余的农具与小部分租来的土地,而不足以养活,因而临时出卖他的劳动力,他受资本主义的剥削虽然弱一点,但是他受封建的剥削特别多"(《彭湃文集》,第 318 页)。这种经济地位决定了雇农不同于中国农村的一般农民,而具有以下的特点:"他是无产者,对革命特别坚决";"比较有阶级意识";"私有观念比较薄弱,对于社会主义的革命是特别要求";"比较没有地方主义和封建思想"(《彭湃文集》,第 319 页)。据此,彭湃指出:"雇农是农村中的无产阶级,他是被地主和富农经济剥削剩余价值的一个农村中的劳动者,他的经济关系与生活条件,决定了他是农村无产阶级。""他在一般农民运动中,他在革命的需要上,是居着领导的地位,产业无产阶级要找到他的同盟军——农民尤其是要结合农村中的雇农——农村无产阶级。"(《彭湃文集》,第 316 页)

　　彭湃认为雇农在土地革命中既有自己最低的斗争要求,又担负着特殊的领导使命,其自身还有一个教育提高的任务。他指出,受农业资本家和富农地主剥削的雇农,其斗争要求与工人阶级有相同之处,如增加工资、减少工作时间、改良待遇、确定工作范围等。在农村中,雇农的斗争"不能脱离农村中一般农民的斗争,他是要在农村中的一般斗争中加强自己的领导作用,取得中农(贫农更不用说),没收地主阶级的土地建设苏维埃政权,才能达到彻底的解放"(《彭湃文集》,第320 页)。为了使雇农完全其历史使命,彭湃强调:"农村无产阶级的运动应该是职工运动的一部分重要的工作,我们不但要极力的帮助他们的组织,以团结他们,而且要极力帮助他们的宣传和教育训练工作,以提高他们的无产阶级意识,使他在一般农民运动中,团结一般的贫农去起农民运动中的领导作用,这才是无产阶级领导农民的土地革命——民权革命的最主要的工作。"(《彭湃文集》,第 321页)他还特别提出:"我们应该使雇农的无产阶级意识,去战胜农民中的小资产阶级意识,和富农的动摇的保守主义或反动宣传,肃清农民中的封建思想和地方主义与家族主义,或地方派别的械斗观念等,使他们能够站在无产阶级解放运动的正确路线上走,才能解放一切的农民。"(《彭湃文集》,第 321—322 页)这番见解独到深刻,丰富了中国共产党的土地革命思想。

　　瞿秋白(1899—1935),又名霜,江苏常州人。早年在北京俄文专修馆学习。1920 年以《晨报》记者身份访问苏俄,将十月革命后苏俄的真实情况介绍到国内。1922 年参加中国共产党。1923 年回国,在上海负责《新青年》《前锋》《向导》刊物的编辑工作。同年出席中国共产党第三次全国代表大会。他还参与创办上海大学,并任社会学系主任。以后历任临时中央政治局常委、共产国际第六次代表大会执行委员和主席团委员、中国共产党驻共产国际代表团团长、中华苏维埃共和国中央执行委员兼教育人民委员、中央分局宣传部长兼中央办事处教育部长、中共第四届中央委员、第五届中央政治局常委、第六届中央政治局委员。

　　1927 年,瞿秋白发表《农民政权与土地革命》一文,对土地革命问题提出了自己的见解。他认为在政治上经济上剥削压迫中国的帝国主义军阀买办的统治基础,是在农村,维持这种基础的主体,是地主阶级。瞿秋白指出:"乡村之中的土豪乡绅,实际上是乡村里的小政府……这些土豪乡绅在农村之中包揽一切地方公务,霸占祠族庙宇及所谓慈善团体公益团体的田地财产,欺压乡民,剥削佃农,作威作福,俨然是乡里的小诸侯;军阀的政权自然是通过他们而剥削农民的,他们替军阀县官包办捐税,勒索种种苛例;他们可以自己逮捕农民,私刑敲打,甚至于任意杀戮……军阀所用以统治农民的力量,正在于有土豪乡绅的封建宗法政权做他们的根基。"(《第一、二次国内革命战争时期土地斗争史料选编》,第 102—103 页)"这些所谓土豪乡绅是谁? 就是大地主阶级。帝国主义经过买办而剥削中国。而买办又经过中国农村中的大地主阶级而剥削中国的农民群众。地主土豪阶级的商业化,就是代替帝国主义者买办在农民身上剥削他们的血汗;地主阶级要积累资本,便拼命的增高租额,重利盘剥(钱庄,当铺等),并且垄断原料,兼并田产。"(《第一、二次国内革命战争时期土地斗争史料选编》,第 103 页)

透过农村租税繁重的现象,瞿秋白深刻地意识到,土地的地主所有制是农民遭受剥削的根源。他写道:"农民处于如此剥削之下,自然首先所感觉的,只是减租减息及减税的要求;但是,实际上农民,尤其一般贫农(自耕农,佃农),是受缺少田地的痛苦。当农民只能享受自己收获之百分之四十的时候,地主阶级和军阀官僚实际上已经剥夺了农民对于土地的所有权……帝国主义对于中国的剥削,其主要的根基,便是耕地已非农有,地主阶级得以尽量压榨农民"(《第一、二次国内革命战争时期土地斗争史料选编》,第 103—104 页)。因此,他明确指出:"要推翻帝国主义军阀对于中国的统治和剥削,便必须彻底改变现存的土地制度,为此,亦就更加要彻底扫除封建宗法式的土豪乡绅在农村中的政权。必定要农民得有享用土地的权利,保证农村经济的自由发展,必定要农民能够组织自己的政权,拥护劳动平民的权利,筑成平民政权的巩固的基础,然后国民革命方能成功。换句话说,便是中国国民革命应当以土地革命为中枢。中国没有土地革命,便决不能铲除帝国主义军阀之统治和剥削的根基。"

土地革命靠谁来完成? 瞿秋白的结论是靠工农群众自己,他否定了中国资产阶级实施土地革命的可能性,因为,"一则他是买办性的成分居多,二则他是商业资本里刚刚生长出来的雏儿,他自己是地主土豪阶级的化身,他自己大半还靠经过地主土豪剥削农民以求利(如收买原料),三则他和封建宗法社会的关联还很密切,一切流氓投机主义及无耻卑劣的恶浊分子,都是他的附庸。因此种种,他虽然要和大买办阶级竞争,虽然要和军阀政治对抗,然而不能和农民联盟,而形成反封建的一种革命势力,却只能和地主土豪的封建分子联盟……所以中国资产阶级决不能实行土地革命,也决不能解决中国革命中的民权主义的责任。"(《第一、二次国内革命战争时期土地斗争史料选编》,第104页)瞿秋白的这个论断,是被当时严酷的政治斗争验证了的。

在瞿秋白的土地革命理论中,建立农民政权和没收大地主土地是他强调的重点。关于前者,瞿秋白指出:农民在自己的斗争实践中已经认识到,"要达到减租减税的目的,必须自己拿住政权,必须造成自己的国家"(《第一、二次国内革命战争时期土地斗争史料选编》,第106页)。关于后者,瞿秋白写道:"他们(指农民——引者注)也感觉到土地的缺乏,他们已经明了,大部分贪官污吏大地主所掠夺去的租税,不但不能使国家财政增加收入,以保护他们的利益,而且实际上都被大地主等所吞没,或者就用他们身上所搜括去的钱,买了杀人的武器,诱骗兵士的群众,组织民团等的武装来压迫屠杀他们自己。所以农民很明白的提出没收大地主田地的要求,只有这样,才能铲除反动军阀及蒋介石等的经济基础;只有这样,农民参加革命才有真正的意义。"(《第一、二次国内革命战争时期土地斗争史料选编》,第106—107页)据此,他号召农民群众积极奋斗,"推翻土豪乡绅的政权,建立农民的政权,没收大地主的土地,使一般农民或因租额的大大减少,或因累进的统一的田税的实施,得到真正享用土地的权利"(《第一、二次国内革命战争时期土地斗争史料选编》,第107页)。瞿秋白虽然也以肯定的口吻提到孙中山的"耕者有其田"主张,但在这里他所说的土地革命,其含义是由红色政权没收大地主的土地,农民所获得的是减租减税的利益。

第五节　刘少奇、张闻天的土改政策思想

在新民主主义土地革命理论的最终形成和农业经济政策的制定实施过程中,中国共产党的其他主要领导人也作出了重要的思想贡献。

刘少奇(1898—1969),原名绍逸,字谓璜,曾化名胡服,湖南宁乡人。1920年参加社会主义青年团。1921年赴苏联莫斯科东方大学学习,同年加入中国共产党。次年回国后任中共湘区委员会委员,参与领导粤汉铁路工人大罢工和安源路矿工人大罢工。1925年任中华全国总工会副委员长,参与领导五卅运动和省港大罢工。1926年起历任湖北省总工会组织部长兼秘书长、中共上海沪东区委书记、中共满洲省委书记等职。1930年去苏联出席赤色职工国际第五次代表大会,当选为执行局委员。1931年在中共六届四中全会上被选为中央政治局候补委员。这年回国后历任中共中央职工部部长、全国总工会党团书记、中华苏维

埃共和国中央执行委员、全总苏区中央执行局委员长、中共福建省委书记。1934年参加长征,先后任第八军团、第五军团中央代表,遵义会议后为第三军团政治部主任。1936年任中共中央北方局书记。抗日战争期间,历任中共中央中原局书记、中共中央职工运动委员会书记、新四军政委、中共中央华中局书记、中央书记处书记、军委副主席等职,在党的"七大"上当选为政治局委员。解放战争期间,兼任中央军委总政治部主任、中共中央工作委员会书记。1949年以后,历任中华人民共和国中央人民政府副主席、军委副主席、全国政协常委、全国总工会名誉主席、全国人大常委会委员长、中华人民共和国主席兼国防委员会主席、中共八届中央委员会副主席。

刘少奇是中国共产党内直接参与经济决策的重要领导人之一。他不仅长期从事工人运动的组织和领导工作,还亲自领导了抗日战争时期的减租减息、解放战争时期的土地改革运动。抗日战争期间,他明确要求:"抗日民主政府应用自己的法令来保障农民的利益,制止地主的破坏活动,同时又适当照顾地主的利益,使地主服从和拥护抗日政府的政策。"(《刘少奇选集》上卷,第237页,人民出版社1981年版)

1946年5月,刘少奇为中共中央起草了《关于土地问题的指示》,阐述了中国共产党在抗战胜利后土地改革政策转变的必要性,规定了土地革命运动的各项政策原则。他指出:在当时的各解放区,广大群众以极高的热情参与反奸、清算、减租、减息斗争,他们从地主手里取得土地,实现了"耕者有其田",有的甚至实现了"平均土地","在这种情况下,我党不能没有坚定的方针,不能不坚决拥护广大群众这种直接实行土地改革的行动,并加以有计划的领导,使各解放区的土地改革,依据群众运动发展的规模与程度,迅速求其实现"(《刘少奇选集》上卷,第377页)。他强调:"解决解放区的土地问题是我党目前最基本的历史任务,是目前一切工作的最基本的环节。"因此,"不要害怕普遍地变更解放区的土地关系,不要害怕农民获得大量土地和地主丧失土地,不要害怕消灭农村中的封建剥削,不要害怕地主的叫骂和诬蔑,也不要害怕中间派暂时的不满和动摇。相反,要坚决拥护农民一切正当的主张和正义的行动,批准农民获得和正在获得土地。"这既肯定了农民土地要求的合理性和进步性,又揭示了中国共产党的新民主主义土地革命路线以消灭封建土地制度为目标的本质所在。

为了确保土地改革的顺利开展,刘少奇主张严格区分各种对象,实施不同的斗争策略,并制定了若干必须遵照执行的政策原则。首先,"在广大群众要求下,我党应坚决拥护群众在反奸、清算、减租、减息、退租、退息等斗争中,从地主手中获得土地,实现'耕者有其田'"。其次,"坚决用一切方法吸收中农参加运动,并使其获得利益,决不可侵犯中农土地,凡中农土地被侵犯者,应设法退还或赔偿"。第三,"一般不变动富农的土地。如在清算、退租、土地改革期间,由于广大群众的要求,不能不有所侵犯时,亦不要打击得太重。应使富农和地主有所区别,对富农应着重减租而变成其自耕部分"(《刘少奇选集》上卷,第378页)。第四,对属于抗日军人、干部之家属的地主或与中国共产党友好合作的开明绅士,"一方面,说服他们不应该拒绝群众的合理要求,自动采取开明态度;另一方面,应教育农民念及这些人抗日有功,或是抗属,给他们多留下些土地"。第五,"对于中小地主的生活应给以相当照顾"。第六,"集中注意于向汉奸、豪绅、恶霸作坚决的斗争,使他们完全孤立,并拿出土地来。但仍应给他们留下维持生活所必需的土地……对于汉奸、豪绅、恶霸所利用的走狗之属于中农、贫农及其他贫苦出身者,应采取分化政策,促其坦白反悔,不要侵犯其土地"。第七,"除罪大恶极的汉奸分子的矿山、工厂、商店应当没收外,凡富农及地主开设的商店、作坊、工厂、矿山,不要侵犯,应予以保全,以免影响工商业的发展。不可将农村中解决土地问题、反对封建地主阶级的办法,同样用来反对工商业资产阶级。我们对待封建地主阶级与对待工商业资产阶级是有原则区别的"(《刘少奇选集》上卷,第379页)。在其余的政策原则中,刘少奇提出要依靠农民来进行土地改革,"真正发动群众,由群众自己动手来解决土地问题,绝对禁止使用违反群众路线的命令主义、包办代替及恩赐等办法"(《刘少奇选集》上卷,第380页)。他还强调要通过土地改革促进农业生产的发展,"在农民已经公平合理得到土地之后,应巩固其所有权,发扬其生产热忱,使其勤勉节俭,兴家立业,发财致富,以便发展解放区生产。在解决土地问题后,凡由于自己勤勉节俭,善于经营,因而发财致富者,均应保障其财产不受侵犯"(《刘少奇选集》上卷,第381页)。这些具体的政策规定,有力地保证了中国共产党在抗日战争胜利后土地政策的转变,并为此后土地法规的制定提供了必要和宝贵的实践经验。而保护农民合法经营的经济利益,则体现了刘少奇经济思想的一个重要特点。

1947年7月17日至9月13日,中共中央在河北省平山县西柏坡召开全国土地会议,刘少奇主持了会议。同年10月,这次会议通过的《中国土地法大纲》正式颁布。这个法令共分16条,主要内容则有四个方面:(1)废除封建性及半封建性剥削的土地制度,实行耕者有其田的土地制度;乡村中一切地主的土地及公地,由乡村农会接收,连同乡村中其他一切土地,按乡村全部人口,不分男女老幼,统一平均分配,并归各人所有。(2)征收富农土地财产的多余部分。(3)废除乡村中一切在土地制度改革以前的债务(指劳动人民欠地主、富农、高利贷者的债务)。(4)保护工商业者的财产及其合法的营业,不受侵犯。这是对1946

年 5 月的土地问题指示的发展。

之所以要发布全国性的土地法令,一方面是革命形势快速发展的需要,另一方面也是由于"一年多来各解放区都进行了伟大的土地改革运动,发动了广大群众,一般讲,运动得到很大成绩,但大部分地区不彻底,即使比较彻底的地区也还有若干毛病"(《刘少奇选集》上卷,第 385 页)。刘少奇认为,造成这种局面有客观的原因:"从'五四指示'当时的情况和环境条件来看,要求中央制定一个彻底平分土地的政策是不可能的。因为当时全国要和平,你要平分土地,蒋介石打起来,老百姓就会说,打内战就是因为你共产党要平分土地。当时广大群众还没有觉悟到和平不可能,还不了解与蒋介石、美国和不了。假如只根据我们共产党的了解,认为与蒋介石和不可能,与美国和不可能,因而就决定不和的政策,那就会脱离广大群众。为了既不脱离全国广大群众,又能满足解放区群众要求,二者都照顾,使和平与土地改革结合起来,结果就产生了'五四指示'。"而到了 1947 年,"党与群众的思想准备成熟了,形势也成熟了,提出彻底平分土地是适时的","一定要有象今天这样的彻底平分土地政策,才能彻底解决农民土地问题"(《刘少奇选集》上卷,第 386 页)。在他看来,《全国土地法大纲》直接关系到新民主主义革命的成败,因为"解决土地问题是直接关系到几百万几千万人的问题,就全中国来说,是几万万人的问题。这直接是农民的利益,同时也是全民族的利益,是中国人民最大的最长远的利益,是中国革命的基本任务"(《刘少奇选集》上卷,第 394 页)。

张闻天(1900—1976),幼名应皋,化名洛甫、洛夫,笔名刘云、平江等,江苏南汇(今属上海市)人。早年就读于南京河海工程专门学校,曾参加五四运动,加入少年中国学会。1920 年赴日本留学。1922 年去美国,任《大同日报》编辑。1924年回国后任中华书局编辑。1925 年加入中国共产党,同年赴苏联莫斯科中山大学和红色教授学院学习和工作。1930 年回国,次年任中共中央宣传部长、临时中央政治局常委。1933 年进入中央苏区,任苏区中央局宣传部长、中华苏维埃共和国中央执行委员兼人民委员会主席、中央书记处书记。1934 年参加长征,在遵义会议上被选为中央政治局常委,负责总体工作。1938 年起历任中共中央书记处书记兼宣传部长、西北工作委员会主任、中央马列学院院长、中共七届中央政治局委员、中共合江省委书记、中共中央东北局常委兼组织部长、东北财经委员会副主任、中共辽东省委书记。1949 年和,先后担任中国驻苏联大使、外交部第一副部长等职。他是中共八届中央政治局候补委员,全国人大第一、二届常务委员会委员。1959 年后为中国科学院经济研究所特约研究员。

张闻天曾是中国共产党的主要领导人,对经济理论素有研究。在土地革命和农业经济方面,他在参加与托派的论争中,对中国的农村经济问题进行了深刻的阐述,主持中央工作时,他较早地提出了调整富农政策的问题,并在以后日益强调发展农业生产是实行土地改革的根本目的。

在《中国经济之性质问题的研究》一文中,张闻天指出:"集中到地主阶级手中的土地,实际上并不由地主拿来利用新式的机器,雇用劳动者来耕种,而是把它割成一小块一小块的租佃给无地或少地的农民。所以在中国农村里,土地的所有权虽是集中到地主手里,但是土地的使用权却是分散给千百万农民的。"（《张闻天文集》第1卷,第202页,中共党史资料出版社1990年版）这表明,存在于中国农村的仍然是封建的生产关系。张闻天接着写道:"在中国农村中,很多的地主,同时就是商人,与高利贷者。正因为这样,所以中国地主对于农民的剥削,真是无孔不入……各方面的剥削,当然使农民只有破产,或者变为地主的奴隶,或者流为乞丐,土匪,以至冻死与饿死。"（《张闻天文集》第1卷,第204页）在这种情况下,农民爆发反抗斗争是必然的。在张闻天看来,"要发展中国农村的生产力,只有打倒帝国主义,地主,买办,商人,高利贷,资本家与富农,只有消灭中国农村中占着统治地位的封建的剥削。"（《张闻天文集》第1卷,第214页）

张闻天认为:实行以土地改革为主要任务的民主革命是当时中国社会进步的必要途径。一方面,"中国的土地革命一直到平均分配一切没收的土地,一直到土地国有,是民主资产阶级性的"（《张闻天文集》第1卷,第222页）,"这是消灭中国地主对农民的封建剥削的最彻底的办法"（《张闻天文集》第1卷,第217页）;另一方面,"在以社会主义革命为目的之中国无产阶级,绝对不能跳过这一民主资产阶级革命的阶段。谁想跳过这一阶级（段）,谁就会使中国目前的革命,遭到严重的失败,谁也就不能取得社会主义革命的胜利。因为只有与广大的农民群众在一起,中国的无产阶级,才能打倒帝国主义地主资产阶级的统治,才能组织广大的贫农群众于自己的周围,进一步的去实行社会主义的革命"（《张闻天文集》第1卷,第216—217页）。张闻天还指出:"这土地革命,是反对大资产阶级的,但对小资产阶级的农民,却是有利的。""然而这土地革命成功后,并不将在中国开辟一个资本主义急速发展的道路,而是将开辟一个非资本主义的前途。因为中国革命的领导者是无产阶级。"（《张闻天文集》第1卷,第222页）这就清楚地揭示了新民主主义土地革命的历史地位。

进入中央苏区以后,张闻天对土地革命的斗争策略给予了充分的重视,他较早地注意到土地改革中存在的极左偏差,批评了在某些苏区出现的用红色恐怖对付所有地主富农的做法。1935年底,在中共中央召开的瓦窑堡会议上,张闻天作了《改变对富农的策略》的报告。他指出:在新的形势下,"富农所采取的态度与以前不同了……现在,在白区内,富农参加反对地主豪绅、反对帝国主义的斗争,站到革命方面来,对革命采取同情或中立态度,甚至参加革命斗争。富农的参加对我们是有好处的,不是可怕的。现在我们要在全国范围内争取广大群众到革命方面来,反对我们的主要敌人日本帝国主义及蒋介石。因此富农态度的变更,我们是欢迎的"(《张闻天文集》第2卷,第34页)。为此,他主张对富农的政策作如下的调整:"在白区,在反对地主豪绅的斗争中,一般可以联合富农,造成统一战线。在斗争深入时,分配土地、消灭豪绅地主势力时,则要求得富农善意的中立,使他们不做地主的应声虫,以孤立地主豪绅势力";"在苏区,只取消富农的封建剥削"(《张闻天文集》第2卷,第35页)。具体而言,"第一、富农自己经营的土地不动,出租的土地没收。第二、出租的牛羊可以分。第三、土地是否平均分配由中农决定。第四、合作社可以让富农投资,但不能让他们参加政权"(《张闻天文集》第2卷,第37页)。在分配土地时,"富农也应平均分得土地,不能特别分给坏田地。除此之外,富农的钱及用具,不管有没有,都是不能动的"(《张闻天文集》第2卷,第35页)。

调整富农政策是中国共产党长征到达陕北后纠正"左"的错误政策的第一个重大步骤,它对党的抗日战争统一战线理论的形成具有主要的意义,也是新民主主义土地革命思想趋于成熟的重要标志。就在张闻天作报告的当天,中共中央作出了《关于改变对富农策略的决定》。

抗战胜利后,张闻天到东北地区从事解放区的开辟和建设工作,在这期间,他起草和撰写了一系列文章和报告,对解放区的土地改革和农业生产问题发表了自己的见解。

关于解放区实行的土地改革,张闻天强调要按照中央的指示精神,切实把地主的土地分给农民,尤其是在新解放区,"首先的问题是在放手发动农民群众,以革命的手段把地主阶级的政权打倒,建立起以工农为主体的民主政府。而要做到这一点,必须在反奸清算中使农民直接的、无代价的取得敌伪及豪绅恶霸地主的土地、房屋与牲畜"(《张闻天文集》第3卷,第313页)。"被没收土地不应退还原主,而应重新分配给无地与少地的农民,变为他们的私产。"(《张闻天文集》第3卷,第272页)

要顺利开展土地改革,就必须切实依靠广大农民,同时严格执行区别对待的方针。对此张闻天表示:"我们今天在农村的政策,还是在团结大多数农民(其中包括中农、富裕中农)同汉奸、特务、豪绅、恶霸、买办奸商做坚决的斗争,当然,雇农与贫农在合江各地农村中大体说来是占多数,我们满足了他们的要求,我们就取得了多数。但要争取大多数,我们必须紧紧抓住中农。"(《张闻天文集》第3卷,第300页)区别对待的内容是:"对小地主以实行减租为原则,而保留其土地,对被清

算的地主可给其保留多于中农一倍的土地。"（《张闻天文集》第 3 卷，第 313—314 页）
"对地主兼工商业者，除没收其封建剥削部分外，即除没收其乡村的土地及其出
租的牲畜与房屋，并废除其高利贷外，其他一律不动。""凡在土地改革以前之纯
工商业者，不管其过去出身是否地主或富农，一律保护。"（《张闻天文集》第 3 卷，第
385 页）这些见解与中央的有关指示是相吻合的。

　　土地改革既使农民在政治上翻身做了主人，又是要解放生产力，促进农业经
济的发展，在某种程度上，后者的重要性更甚于前者。正如张闻天所说："土地改
革的目的，原来也就是为了发展生产，提高农村生产力，改善农民的生活。"（《张闻
天选集》，第 376 页）在他看来，"封建半封建的剥削制度之所以必须消灭，就是因为
在这种制度下，少数地主富农利用了他们对于一切生产手段的垄断，残酷的掠夺
与剥削农民生产者的大部分劳动果实，因而使农民生产者既不能以自己的劳动
所得去改善自己的生活（相反的，他们的生活是愈来愈苦了），也不能与不愿去努
力生产，去发展农村生产力（相反的，农村的生产力是愈来愈低了）。这种不合理
的制度现在终于为农民所消灭了。现在的情况根本不同了。现在生产者的农
民，已经自己占有了一切必要的生产手段，他们可以独立自主的进行生产，他们
的劳动所得，可以完全归自己所有。于是农民对于生产的态度，起了根本的变
化。只要农民们现在知道（有谁不知道的，我们应该使他知道！）他们今后努力生
产，勤干活，多侍弄，多铲多耥，多打粮，多喂猪羊等所得的生产果实，都将归他们
所私有，以改善他们的生活，他们的生产积极性就会空前高涨，农村的生产力就
会大大提高。"（《张闻天选集》，第 376—377 页）这就揭示了土地改革为农业经济发展
所创造的广阔空间。

　　从另一个角度看，发展生产也是获得土地后的农民的必然选择，因为"目前
农民要求的满足，还只是初步的最低限度的生活水平的满足。一般说来，他们现
在的生活水平还是很低的。所以今后农民要过富裕幸福的生活，还要靠进一步
发展生产"。张闻天还强调："也只有进一步发展生产，才能增加我们的物质力
量，更有力的去支援前线。"（《张闻天选集》，第 377 页）总之，"土地改革后，农民有了
土地、牲口、农具、粮食和衣服。有了必需的生产手段。如何使这些生产手段同
劳动结合起来，进行生产，这是今天农民的基本要求，也就是我们的基本任务"
（《张闻天选集》，第 376 页）。如此重视农业生产力与生产关系的协调发展，反映了
张闻天在经济学上的深刻洞察力。

　　采取何种形式发展农业生产？张闻天的思路是："在农民个体私有经济基础
上，组织互助合作的劳动。"（《张闻天选集》，第 377 页）他说："（农民）在平分土地运
动中即自动组织了许多小型的以一副大犁为单位的生产互助组。农民的这种自

觉,是很宝贵的,我们必须进一步加以推广、发展和提高。"(《张闻天选集》,第378页)张闻天高度评价农民的这种劳动创新,指出:"新的生产关系,是农民与农民结合的互助合作的平等互惠的劳动关系,这就是新民主主义的生产关系⋯⋯这种新的生产关系,由于没有封建剥削的存在,所以能大大提高农村生产力,改善农民生活。我们今后的任务,就是通过大生产运动把这种新的生产关系巩固的建立起来。"(《张闻天选集》,第378—379页)

农业的生产组织形式是与一定的生产力水平相适应的,而互助合作正是当时能为农民所接受,并可为以后的农业集体化创造条件的最好方法,正如张闻天所说:"党的方针是集体化,但今天还不能办。过早提出农业集体化,会妨碍农村经济的发展。""今天的换工互助只能在农民个体私有的基础上,在自愿两利的原则下,进行某种劳动的互助才是可能的。这是农业集体化的萌芽。"在促进农业生产方式转型问题上,张闻天强调两个应该遵循的原则:一是生产力基础,一是农民的自愿。关于前者,张闻天指出:"我们的方向是农业集体化,今天为什么还不搞集体化呢?回答是因为今天还为时尚早。须知我们要利用国家的经济力量,使农民走向集体化。小商品经济走向合作的方向,需要国家与农民的结合,这中间还有个斗争过程。只有国家工业化,农民才能集体化。"(《张闻天文集》第4卷,第1页,中共党史出版社1995年版)"农业集体化是在提高农业技术、使用机器的条件下才有可能"(《张闻天文集》第4卷,第2页),而且"只有机器而没有工业化的基础,农业集体化也是不会搞好的"(《张闻天文集》第4卷,第3页)。关于后者,张闻天认为:"强迫命令不但对生产没有好处,反而阻碍了生产力的发展。"(《张闻天文集》第4卷,第2页)不顾现实条件急于搞集体化,"结果是垮台、失败"(《张闻天文集》第4卷,第1页),"工作人员去了,农民就'集体',走了就分散,对我们应付"(《张闻天文集》第4卷,第4页)。在他看来,"将来有了拖拉机,也不能强迫农民搞集体化","农民要从切身利益的体验中感到有好处,才会组织起来,欢迎拖拉机,走向社会主义"(《张闻天文集》第4卷,第3页)。应该肯定,张闻天的上述见解是符合社会经济发展的客观规律的,只是在以后的实践中真正贯彻这些原则并不容易。

第六节　陈翰笙的农村经济理论

陈翰笙(1897—2004),江苏无锡人。早年就读于长沙明德中学。1915年赴美留学,曾学过植物、地质等专业,后改攻历史学。1920年毕业于波莫纳大学。1921年在哥伦比亚大学获硕士学位,随后进哈佛大学学习东欧史。1922年到德国柏林大学深造,两年后获博士学位。同年回国,任教于北京大学。1927年至1928年赴苏联莫斯科第三国际农民研究所工作。回国后任中央研究院社会科学研究所副所长。1933年发起组织"中国农村经济研究会",任第一届理事会主席。1935年任苏联莫斯科东方劳动大学特级教授。1936年赴美任《太平洋事务》编辑。1939年到香港,主编英文半月刊《远东通讯》。1941年与美国记者埃德加·斯诺等人共同创立"工业合作国际委员会",任秘书。同年底到广西桂林,主持工业合作国际委员会桂林分会和工业合作研究所的工作,并参与创办《中国工业》。1944年起在印度德里大学任评卷员。1946年到美国任华盛顿州立大学特约教授。1949年以后历任中华人民共和国外交部顾问、外交学会副会长、中印友好协会副会长、国际关系研究所副所长、《中国建设》月刊副主编、中国科学院哲学社会科学学部委员兼世界史组主任、中国社会科学院世界历史研究所名誉所长、北京大学国际政治系兼职教授、中亚文化协会理事长、南亚学会名誉会长等职。

　　陈翰笙是中国最早主张运用科学方法对农村经济进行研究的学者之一,他明确指出:"一切生产关系的总和,造成社会的基础结构,这是真正社会学的研究的出发点;而在中国,大部分的生产关系是属于农村的。"所以,"欲解决中国今日生产问题,而不根本解决农村经济问题,自无可能之理"(《陈翰笙文集》,第40页,复旦大学出版社1985年版)。他进一步论述说:"农村诸问题的中心在那里呢? 它们是集中在土地之占有与利用,以及其他的农业生产的手段上;从这些问题,产生了各种不同的农村生产关系,因而产生了各种不同的社会组织和社会意识。"(《陈翰笙文集》,第43页)

　　通过大量的实际调查,陈翰笙断言土地问题是影响农村经济发展的症结所在。他认为:"中国的经济构造,建筑在农民的身上,是人所周知的事实,殊不知农村中有65％的贫苦农民都很迫切的需要土地耕种。中国的经济学者都以为自耕农是自给自足的,其实这是远于事实的见解,在黄河及白河两流域间,自耕农很占优势,然而大多数和贫农一样,所有土地,不足耕种。"(《陈翰笙文集》,第47页)从经济学意义上分析,中国农村土地状况的不合理性表现在两个方面:其一是土地分配的不均,为数不多的地主占有着大部分的土地,而众多贫农所有的耕地只占土地总面积的很小比例;其二是耕地分散,"农民更因为土地的分散而益形穷困"(《陈翰笙文集》,第52页),因为"分散的农田,足以浪费时间、金钱与劳力,耕作者即有改良方法,也足以阻碍之而不能实行"(《陈翰笙文集》,第54页)。尤其是"小农田天然排斥大量生产的发展,大量劳力的使用,资本的集中,多数牲畜的饲养与科学的应用"(《陈翰笙文集》,第55页)。

造成农村经济萧条的主要因素,陈翰笙认为是大地主的存在,因为"国家和社会的土地,都为大地主所掠夺,他们非法的垄断了这些土地的地租"(《陈翰笙文集》,第56页)。这种大地主的产生,与社会政治环境直接相关,对此,陈翰笙抨击说:"辛亥革命时代,地主兼商人的,或军人兼地主的,远比不上目前的这样多。自从袁世凯死了以后,军阀割据的局面越来越明显。直到北伐以后,方才逐渐的消失。那十年中间,是军阀最猖獗的时代。因为中国社会的情形不允许迅速的工业化,军阀们暴敛来的财富,大部分是放在土地上,拿地租当作利息。于是大军阀拥有大土地,东北数省大者数千顷。小军阀有小土地,也是数千亩数百亩。"由于武力和政治强权的介入,土地集中的趋势急剧发展,"从前绅士式的地主,没有武装的能力催租逼租。后来他们的土地只能转让给新兴的地主,这些大半是军阀们。他们既有力量,强制收租,他们的田产就更容易扩大。因此这三十年来,后一个时期比前一个时期地权更加集中起来"(《陈翰笙文集》,第130页)。

对中国的地主,陈翰笙进行了深刻的剖析,他指出:"中国的地主与外国的不同,大都是多方面的人物,他们是收租者,商人、盘剥重利者,行政官吏。"(《陈翰笙文集》,第60页)"中国的农村行政,为地主的广大的势力所渗透,税收、警务、司法、教育,统统建筑在地主权力之上。"(《陈翰笙文集》,第61页)与此同时,"如同地主一样,许多富农出租他们的农器,耕牛,及一部分土地,借以收租。所以中国的富农已经变成部分的地主了"(《陈翰笙文集》,第63页)。由于地主对农民剥削的加重,农村的无地贫农的数量不断增多,"失地的农民,随着地主的集中而增加起来。他们因为抢租地主的田,不得不屈服于高额的田租。田租又随着苛捐杂税增加。佃农因为不能应付不断增加的田租而沦为雇农"(《陈翰笙文集》,第130—131页)。很多人被迫背井离乡,流离失所,"这些无衣无食,无居所,而不名一钱的农民,无地可耕,不能成为独立的农民,多数赋闲,有的变为佃农,其余受雇于富农及管业地主,赋与大量土地,令其耕作"(《陈翰笙文集》,第57—58页)。

不合理的土地制度必然阻碍农业经济的发展,陈翰笙所作的调查表明:中国的农产量、农田数和耕作量,在20世纪二三十年代都有衰落缩减之势。其中,"农田之减缩不仅由于富农之变为部分地主,实由于贫农数目之增多"。在土地集中过程中,"富农的(土地)日益增多,贫农(的土地)日益减少。中农的破灭,更为急剧"(《陈翰笙文集》,第65页)。另一方面,"假使生产方法日有进步,虽耕地缩小,亦无大碍。但在中国,耕地之缩减,相伴而来的,即为生产方法之缩减。如耕畜,农具,肥料之缩减是也"(《陈翰笙文集》,第69页)。减少的原因,除自然因素外,主要是贱价出卖以维持家庭生活,"贫农的耕畜,农器,肥料都被剥夺了,他们只有放弃他们的小块土地——主要生产方法"。不仅如此,"农产品价格之低落,商业的极度不安,赋税的繁重,高利贷之压迫,一切的一切,足使资本不能流通,土地价格跌落。因此,不仅中农、贫农及雇农,出卖他的土地,即许多富农与地主,亦无不希望卖出土地,以取得现金而减轻负担"(《陈翰笙文集》,第71页)。而"地价虽然日益低廉,但荒地面积日益增加,无地农民日渐增多","在人口稀少,土地未经开发各省份,土地集中的程度,反而更高"。总之,"土地所有与土地使用间的矛盾,正是现代中国土地问题的核心"(《陈翰笙文集》,第72页)。

陈翰笙的上述分析深刻地揭示了中国农村经济凋敝的根本原因所在,作为一位在国民党统治地区从事社会科学研究的著名学者,他不便明确提出与共产党同样的土地革命和发展农业经济的主张,但在他的有关论文中,通过对革命根据地农业政策的肯定,实际上已表明了作者的态度。抗战期间,陈翰笙指出:"我们民族的经济独立和自由发展,固然又先靠政治能够独立。然而要争取对外政治独立的地位,达到抗战胜利的目的,又非在建国方面多下工夫不可。正确的政策和正轨的行政,必是抗建大业的条件。也是解决民生,实行三民主义的前提……游击区发展得好的地方,就已证明这一点。那里的农村已经不在土豪劣绅统治之下了。就因为民众已经动员,民众已经武装,民众有自卫自治的能力,政权在他们手里,他们才有改良他们自己生活的张本。在这些地方虽然经济的发展,似乎赶不上政治,以后在一面抗战,一面建设中,农村经济的发展和进步是很有希望的。"(《陈翰笙文集》,第133页)

抗战胜利后,陈翰笙又对民主政权下的农业状况作了介绍。他认为"政治民主和经济民主是紧密相联在一起的","在现代民主政策之下,如中国农民处境长期所要求的,土地关系势必随之从古老的封建制度,改变到更富有生产力和更合理的组织",民主政权之下的农业发展即是有说服力的实例。陈翰笙指出:"农民的地方民主政府,有两个最突出的成就,深得人心。一个就是一般的减税、减租、减息,另一个就是以劳动换工组(Labour Exchange Group)为名的农业合作社。"(《陈翰笙文集》,第151页)关于农业合作社的特点和意义,陈翰笙进行了专门分析:"在保护私有财产,也保护私有土地产权的同时,当地民主政府动员了劳动力和组织农民参加换工组,这是一种农业合作社的形式。事实表明:集体劳动是战胜小块和分散农业所出现的困难的最好武器。""这些合作社通常由七至十五人各带农具和牲畜而组成……合理耕种和节约劳力,这就有可能开拓荒地。为全组开垦的荒地不属于个人,而是属于整个组织。""有了共同的田地,合作社组织就自然会巩固、持久。不仅仅是初始了一个私人财产为基础的合作化的劳动形式,而且是已经建立了一种合作社财产与私人私有制并存的新形式。"(《陈翰笙文集》,第152页)

由于实行了以上农业政策,解放区农民的经济情况有了明显的改善,贫农减少了,雇农开始有了自己的土地,中农、富农的经营扩大了,耕地总面积增加了,高利贷和暴利性商业行为的禁止,使"大地主的钱财自可很容易被吸引到真正工业投资上去"。据此,陈翰笙断言:"中国农民面临着许多问题,但基本的问题看来是国家民主政府的扩大,合作组织的扩大和生产技术改进的加快",农业的发展和地主资金的工业化流向是其必然的结果,而"这样的农村变化,就是现代工业化开始的希望。通过工业化,作为中国脊梁的农民,其生活水平肯定将会提高"(《陈翰笙文集》,第153页)。把农业经济的发展视为实现工业化的必要前提,这是陈翰笙农村研究理论的深刻内涵所在。

第七节　农研会其他成员的农业经济观点

成立于1933年的中国农村经济研究会(简称农研会)是在中国共产党领导下从事中国农村社会调查和经济理论研究的学术团体。在此之前,陈翰笙曾主持中央研究院社会科学研究所在江苏无锡、河北保定、上海宝山、河南、陕西等地开展农村调查。农研会由陈翰笙任理事会主席,主要成员有钱俊瑞、孙冶方、薛暮桥、吴觉农、孙晓村、冯和法、洛耕漠、徐雪寒等人。在其会刊《中国农村》上,农研会成员就农村经济的研究任务和方向、中国农村的社会性质、农村的土地制度、农村的商业与金融等问题发表了大量的论文。

薛暮桥(1904—2005),江苏无锡人。中华人民共和国成立后曾任国家统计局局长。他在《怎样研究中国农村经济》一文中认为:"中国是个农业国家,农村社会构成中国社会底极大部分;因此农村经济底研究,对于整个社会性质底认识自然占有重要地位。"特别是"近几年来中国底农村到处破产,1931年的大水灾既使全国农村经济整个崩溃,接着又受世界经济恐慌的袭击,到处爆发着'丰收成灾'的呼声。向来靠天吃饭的中国农民,到此竟有苦笑俱非之感",而且"中国今年来的许多伟大事变,农民每每成为事变底中心"(《〈中国农村〉论文选》上,第34页,人民出版社1983年版),这些都使农村经济研究尤显紧迫。

在分析评价了当时几种有一定影响的农村经济研究对象论(如把自然条件作为主要研究对象;把生产技术作为主要研究对象;把封建剥削作为主要研究对象;把农产品商品化程度作为主要的研究对象;等等)以后,薛暮桥正面阐述了自己的观点。他指出:"我们研究农村经济的对象,不是什么自然条件,不是什么生产技术,也不是单纯的封建剥削或是商品生产——虽然这些问题都应或多或少地加入我们底考虑之中。我们必须进而研究中国农村社会底复杂的经济结构，以及直接间接支配着中国农民的整个经济体系。"(《〈中国农村〉论文选》上，第38页)他主张，要从整个国民经济甚至世界经济的联系中来研究中国的农村经济，而不是孤立、静止地看待农村经济的局部或单个现象。例如，"土地私有制度常同各种生产方式互相适应，随着生产方式底变化而异其内容"(《〈中国农村〉论文选》上，第40页)，具体而言，"目下中国农村中间，商品生产的发展，已使土地也同其他生产手段一样，成为买卖的对象。但是资本主义经营的幼稚，仍使多数农民直接屈伏于地主底支配之下，忍受着封建性的地租剥削。高利贷和商业资本底发展破坏自耕小农，使他们同土地脱离；但是这样集中起来的土地，并未用来进行大规模的资本主义生产，而是分割开来，租给小农耕种。同时帝国主义的支配，对于中国农民以及农业经营的演化，都有极大的影响。如何从这复杂错综的生产关系之中把握中国土地问题底特质？如何更从这些生产关系底发展之中来搜求解决土地问题的锁钥？这是关心农村问题的学者所应特别致意之点"(《〈中国农村〉论文选》上，第40—41页)。

在研究方法上，薛暮桥强调理论与事实二者不可偏废，因为"'事实'是理论底具体基础，而'理论'又是事实底一般化和抽象化的表现"，所以"我们研究中国农村经济，当把这两者结合起来：一方面用正确的理论来分析具体事实，另一方面由于事实底分析，理论底内容也就跟着充实起来"。要达到这个要求，深入细致的农村调查和扎实敏锐的学识素养都是必不可少的。至于研究程序，薛暮桥的建议："首先是去认识封建的，资本主义的农村社会底各种生产关系，明了它底一般的运动法则；接着观察中国农村中的各种生产关系，从事这种特殊结构底分析和研究。"(《〈中国农村〉论文选》上，第24页)

关于农村经济的研究内容，孙冶方等人发表了看法。孙冶方(1905—1983)，江苏无锡人。中华人民共和国成立后，曾任中国科学院经济研究所所长。他在《农村经济学底对象》一文中说："农村经济学是理论经济学底一章，而决不是自然科学中的一个独立科目。所以根据科学政治经济学底学说，农村经济学底研究对象亦运动是农业生产过程中人与人的关系(农业生产中的社会生产关系)，而不是人与自然界(人与土地，机械，肥料等)的关系。""更详细地说，农村经济学底研究对象是：地主与农民间的关系，农业经营者(农业资本家)与雇农(农村雇佣劳动者)间的关系，以及整个农村与都市经济以至于国际市场(对殖民地而言为国际帝国主义)的关系。"(《〈中国农村〉论文选》上，第43—44页)

钱俊瑞的基本看法与此相同。钱俊瑞(1908—1985)，江苏无锡人。他认为："现阶段的农村研究，其总的任务乃在对于中国的农村生产关系，在发生，成长和没落上面去探讨,从而规定一种新的能使生产力更进一步发展的社会形态。"这种研究在三个方面不同于前阶段的农村经济研究:首先,"它的出发点是农村生产关系的彻底改造,而后者乃以旧秩序的持续和局部改良出发";其次,"现阶段研究的对象是农村社会的生产关系,而前阶段则着重于生产力的技术的分析(并非生产力发展的社会形态)"。(《〈中国农村〉论文选》上,第87页)第三,"现阶段的研究方法,是从农村生产关系与生产力相互适应和矛盾的过程中,全面地把握其本质与归趋,而前此的研究则把事物的片段孤立起来,仅仅从事于静止的观察"。

明确了研究对象和方法以后,钱俊瑞着重阐述了中国农村经济研究的任务。由于"土地是农业生产最主要的生产手段"(《〈中国农村〉论文选》上,第88页),"中国目下农村资金的积累与剥夺,主要以'土地所有'这一种财产关系为根据;换句话说,农村资金运用的可能和方向,一般还是附隶于地权上面","农村劳动力的荒废起因于农民的失地"(《〈中国农村〉论文选》上,第89页),所以钱俊瑞认为:"土地问题是中国农村问题的核心。"(《〈中国农村〉论文选》上,第88页)他所说的土地问题主要包括这样几点:(1)中国现存各种土地所有的形式和性质;(2)中国现存地权在各个阶层之间的分配;(3)以现有的土地分配为基础的中国整个农业经济的动向;(4)租佃关系。此外,钱俊瑞还提出:"中国的土地问题和民族问题可称息息相关";"目前横行全国的农业恐慌,也应当作为我们研究的主要课题"(《〈中国农村〉论文选》上,第94页)。

在研究方法问题上,陈洪进主张利用一切可能的条件去接近事实,经过综合整理,以政治经济学原理为指导,对农村社会作完整的考察,其内容包括五个方面:第一,中国农村社会关系的研究;第二,农村经济地理;第三,农村经济史;第四,帝国主义时代中国农村经济的特征;第五,中国农村的改造问题。总之,"中国农村经济需要一个新的开展,不但要把个别的知识综合成全面的认识,不但要深入地了解个别的局部的现象,更需要多数的人来注意这门知识,切实地从事研究工作"(《〈中国农村〉论文选》上,第113页)。

如何确定中国农村的性质及其意义?陶直夫写道:"中国,正跟今日一般的殖民地和半殖民地一样,农业生产构成国民经济最重要的部门;换句话说,中国还是一个落后的农业国家。"(《〈中国农村〉论文选》上,第116页)因此,"中国的农业改造问题或农民问题,正整个民族的国民经济的改造运动之中,应当占首要的地位;同时这个农业改造或农民问题的任务和性质,在规定中国整个改造运动的任务与性质的时候,是有决定的作用的"(《〈中国农村〉论文选》上,第117页)。他主张:"在辨认某一社会经济结构的性质的时候,我们决不能单纯地,直接地用生产力来决定,而要从生产关系本身——特别是生产手段所有者与直接生产者之间的对立关系,劳动者与生产手段的结合形式,以及剩余生产物被榨取的形式——的分析来决定。"(《〈中国农村〉论文选》上,第 121 页)而中国农村的现状是:"地主和富农在农村中间现在正用着半封建的和资本制的剥削方式,来收夺下层农民的剩余生产物,而在这两种剥削形式之中,在数量上无疑地是半封建方式占到优势"(《〈中国农村〉论文选》上,第 126 页);最大多数的农民则"还是自己维持着最小的土地,或租进些土地,来进行其最惨痛的零细经营。这些零细经营就数量而言是目前中国农业经营的支配形态;同时它们就是中国半封建关系的最深渊的、最永久的根基"(《〈中国农村〉论文选》上,第 128 页)。中国农村社会的这种性质决定了中国农业改造的以下任务与性质:首先,"中国二百多万户的地主占有全国半数以上的土地,而差不多七千万户的农家,却只有不到半数的土地,这是今日中国农民在革命中为争取土地而奋斗的主要基础";其次,中国农村不可能自发地资本主义化,"因此,中国的农民要用革命的方法,消灭一切封建的废物";最后,"中国的农民在要求彻底的农业改造中,首先就具有反抗国际资本统治的性质;同时,他们为争取土地的奋斗,也就是在摧毁列强资本统治中国的基础"(《〈中国农村〉论文选》上,第 135—136 页)。

余霖认为:"无论从狭义的土地关系观察,或从租佃关系观察,中国底土地关系(包括租佃关系)之中无疑地显示着十足的过渡性质:一方面有资本主义的萌芽存在,另一方面封建残余还占相当的优势。在这半封建的土地关系底支配之下,多数农民仍受土地束缚,不能自由自在地向资本主义的道路发展。所谓农民仍受土地束缚,是有两种意义:第一,多数农民没有脱离土地,还未成为'飞鸟一样自由'的无产阶级;第二,他们同时又无充分土地可以保障自己底独立生活,因此不得不屈膝于地主之前而受其束缚。这种半封建的土地关系,同时又是高利贷者和封建性的农村商人底最好的地盘,因为无论是不自由的农奴或是'自由'的无产阶级,都没有象这种半自由半独立的贫农那样容易受他们底宰割。这种特殊的社会性质,是我们研究中国土地关系所应特别重视之点。"(《〈中国农村〉论文选》上,第 159—160 页)通过对中国农村中的富农经营和贫农雇农状况的进一步考察,他的结论是:"我们可以看到资本主义生产方式和封建性的生产方式是如何错综地并存于中国农村中间。同时我们又可看到在这农业恐慌和灾害的夹击之中,资本主义经营是异常脆弱;另一方面,封建残余仍普遍存在,并占相对的优势。"(《〈中国农村〉论文选》上,第 167 页)

针对当时有人提出的国际财政资本(亦称金融资本)的侵入已使中国社会性质资本主义化的观点,孙冶方进行了反驳。他以马克思主义经典作家的论著为武器,结合世界上各殖民地国家的具体实例,深刻地揭示道:"殖民地半殖民地底经济并没有因为国际财政资本底统治而变为资本主义经济,反之残余的封建生产关系正因为财政资本底支持而得能改头换面地在那里继续它的生命……在这里,资本主义生产关系在自己的发展道理上,遇到了国际帝国主义和当地封建势力底联合反攻。在这两个劲敌底合力摧残下,便形成了今日殖民地半殖民地底畸形的社会经济结构,即资本主义已开始发展但苦于不能痛快发展的半封建社会。"(《〈中国农村〉论文选》上,第234—235页)他分析说:"财政资本统治殖民地半殖民地的结果,一方面促进农民手工业者破产,造成乡村底人口过剩,另一方面阻止了土著民族工业底发展。在都市中找不到出路的失业者都向土地上'挤压',在生产中找不到应用的资本便转向地产公债等投机事业活动,并促成商业高利贷底发展,这样使一切旧的生产关系又继续着再生产下去。高额地租和零细经营是这种生产关系底必然产物,同时亦就是此种生产关系得能如此根深蒂固的另一原因。"(《〈中国农村〉论文选》上,第239页)

如果说农研会成员关于农村经济研究任务和方法的论述阐明了马克思主义社会科学理论研究的基本原则,那么他们在中国农村社会性质论战中发表的见解则具有重要的政治意义,正如薛暮桥在《〈中国农村〉论文选》的《序言》中所说:"在'四一二'后革命处于低潮时期,国民党反动派配合对红军的武力'围剿',在白区收买一批无耻文人,宣传所谓'中国民主革命已经胜利,中国已经是一个资本主义国家'的反动谬论。《中国农村》根据党的第六次代表大会(一九二八年六月)所指出的:中国的社会性质仍然是半封建半殖民地社会,中国革命现阶段的性质是资产阶级民主革命的方针,对托派理论进行了长达半年以上的关于农村社会性质的论战,得到广大读者的拥护,取得了很大胜利。"(《〈中国农村〉论文选》上,第3—4页)

第八节　王亚南对中国社会农业经济的研究

王亚南(1901—1969),原名际主,号渔村,湖北黄冈人。1927年毕业于武昌华中大学,入北伐学生军教导团任教。1928年起与郭大力合作翻译《资本论》。不久赴日本留学,1931年回国,在暨南大学任教。1933年任福建人民政府教育部长兼政府机关报《人民日报》社社长。因参加反对蒋介石的"福建事变"失败而去英、德等国游学。1935年回国,1938年在国民政府军事委员会政治部任职。同年,由他和郭大力合译的《资本论》3卷本在上海出版。1939年起从事教育工作。1940年以后,历任中山大学经济系主任,福建省研究院社会科学研究所所长,厦门大学法学院院长兼经济系主任。1950 年起任厦门大学校长。他还是中国科学院哲学社会科学学部委员,福建省政协副主席,福建省社联主任委员,第一、二、三届全国人民代表大会代表。共出版著译 41 部,发表论文 340 多篇,主要有《中国经济原论》《经济学说史》《现代社会经济概论》《政治经济学史大纲》《中国地主经济封建制度论纲》《马克思主义的人口理论与中国人口问题》《〈资本论〉研究》等。

《中国经济原论》初版于 1946 年,后由上海生活书店于 1947 年出新版。1949 年以后由三联书店再版,书名改为《中国半封建半殖民地经济形态研究》。在这部专著中,王亚南依据马克思主义政治经济学的原理和方法,对中国社会的经济作了整体考察,其中对旧中国农业经济的分析是一个重要的组成部分。

《中国经济原论》按照马克思《资本论》的结构体系,从商品与商品价值形态、货币形态、资本形态、利息形态与利润形态、工资形态、地租形态、经济恐慌形态等角度对中国近代社会经济进行了深入的剖析。就商品形态而言,王亚南指出:"在现代中国经济中,农业显然还对工业占着压倒的优势。"(《中国经济原论》,第 29 页,生活书店 1947 年版)"据一般统计的综合,中国农民的产品,仅有百分之五十以下留供自用,其余都须售出。甚至有些地区(特别在接近大城市地区)的农民,其所需的食粮,有一部分是由市场购入,同时,其所生产的食粮,却又有一部分向市场投出。"(《中国经济原论》,第 29—30 页)但是,这种农产商品化的原因,"除了售出较优良较昂贵者,以便买入较劣较廉者外,就是迫于一些伴随商业高利贷活动,以及促成此等活动的经济外强制榨取而形成的急迫需要,致使贫农们不得不于收获将了,就将其应当留以自给的粮食,投入流通界中,往后再零碎的加倍破费的由流通界去取得供给"。因此王亚南说:这些商品化了的农产品,"似仍不易在它上面发现出资本主义的商品生产的迹象"(《中国经济原论》,第 30 页)。

在工资形态一章,王亚南具体分析了中国农村普遍存在的情况。他写道:"在中国农村里面,不论从事农业经营者是地主,是富农,抑是中小农乃至佃农,通是采行小经营,或较大规模的小经营方式。他们主要的或最重要的生产资料自然是土地。有较多较大的土地,就算有了较有力的劳动剥削工具。"(《中国经济原论》,第 148 页)由于土地被剥夺,同时又没有再取得土地的机会,形成了中国农村一千五百万的雇佣劳动者群体。但是,这种农业雇佣劳动者的存在,是否表明中国农村劳动力已商品化了呢? 王亚南的看法是否定的。他认为判断这些劳动力商品化的关键依据是他们"究是依属于土地工作,抑是依属于资本工作",而中国的雇农正是因为缺少土地。王亚南进一步揭示说:"我们的佃农,一般都不曾具有现代租地农业家的实质。他不是以资本力向地主讲话,而是以劳动力向地主讲话,由此,他就不免要因他对土地的依赖程度,而对地主结成相应的隶属关系或农奴关系。"佃农一方面受地主的剥削,另一方面又剥削农村的雇佣劳动者,因为他们"更须借助他人的劳动,以成就其租有土地,保有土地,所需忍受的过重负担——高率地租"(《中国经济原论》,第149页),这种劳动制度导致了中国农业地租奇重。

相比之下,王亚南对中国社会经济中地租形态的研究尤为深入。他认为:"地租在中国亦是一个很古的经济形态。地租的演变,当然与它同其悠久的其他经济形态,保有密切关联,如其说,中国经济史上一向是把土地问题作为其最基本的问题来理解,则当作土地问题之核心的地租形态的分析,就几乎在说明中国历史上的任何经济事象,都有着决定的意义。"(《中国经济原论》,第153—154页)

他从四个方面概括了中国地租的特点:首先,"地租在中国今日是一个最广泛存在的经济现象",由于占全国总耕地面积百分之六十的租耕地中,"属于官田、学田、族产、寺庙等公有地的,仅占极少数,而且还在加速解体中,其余均为私人地主所有。这说明,纯粹封建土地所有形态,已无法继续维持,而具有资本主义外观的地主经济,却在发展着";其次,"所有这些租地的出租,一般都采取了契约的方式……由契约所规定的权利义务,大体都是片面的,即地主对于租地者所应享有的权利,和租地者对于地主所应尽的义务"(《中国经济原论》,第154页);最后,"租地者或佃户对地主提供的地租,一般仍是采行物纳形态或实物形态","我们并不否认地租货币化的趋势在日益进展中,但同时得承认,那种进展是非常缓慢,且在实质上是作为实物地租的变形,而非其转化形态";最后,"中国普通的租率,由土地的丰度,租佃当事双方的经济地位,以及其他种种因素,互有不同,但一般租额,总要占土地生产物百分之五十以上,有的高到百分之七八十的","地租率一般约在百分之十以上",若参照英、德等国,"我们今日地租率之高,就非现代任何国家所可比拟了"(《中国经济原论》,第155页)。由此可见,中国地租的资本化发展受着落后生产关系的制约。

这种负面影响还体现在土地买卖、土地经营和生产方式等方面。关于第一点,王亚南指出:中国封建社会的土地是允许"自由买卖"的,但这里所说"自由","与资本制的地租所要求的土地买卖的自由,是大有出入的"。具体而言,"地主经济下的土地买卖'自由'",只"表示任何没有特殊身分的人,都可取得土地,保有土地,乃至于变卖土地罢了,'自由'的限界即在此。至若现代自由买卖涵义上的,在任何条件下取得,在任何条件下变卖,即买卖双方是否真正立在平等的讲价还价地位上的那种土地买卖自由,恐怕我们直到现在是还不曾取得的"(《中国经济原论》,第160页)。不仅如此,由于土地买卖时常会遇到各种社会障碍,土地价格中必然包含非经济的强制因素,"我们传统的土地买卖上的自由,不但与资本制地租所要求的土地买卖自由,有极大的距离,甚且,前一种自由,还从以次两点上,阻止了后一种自由的实现,即是,土地得自由在社会各阶层间转移,它在一方面把一般人对于封建制的反抗钝减了,分散了;同时,却又使商业高利贷等落后资本增加了它们对于地权的联系,由是,加强了封建制的强韧性或弹性"(《中国经济原论》,第 161 页)。

关于第二点,王亚南写道:小土地经营在中国的农业生产中占很大的比例,"除了在边区畜牧地带而外,在南部水田区,每一农户耕作地,不过五亩到十亩,而在北部黄土区,则亦不过十亩到十五亩",并且,小农的土地往往以劣质地为多。这种经营模式导致了两个不良后果:其一,经营者的生产条件极为不利,"因为他们是自由所有者,一切应摊的和必然转嫁的捐、税、役、各种苛杂负担,都会以极大压力,落到他们肩上。即无特别天灾人祸,通常的婚丧疾病,所需费用,亦决不是他们那小量收入可以支持的,他们几乎一般的要变成高利贷业者的债奴。在这种情形下,他们的生产,即使是单凭人力和自然力,也将变为不可能。一言以蔽之,他们是在极不利的条件下从事生产"。其二,阻碍了土地经营方式的进步,这表现为(1)"始终为土地兼并混夺者,留下了一个'展望',为地租上的原始积累,不用以从事农业经营,却用以继续投资于土地,留下了一个'展望'"(《中国经济原论》,第 163 页);(2)"他们的大量存在,他们所依据的这种土地制度的存在,无形中,把地租率提高到了卷去一切经营利润的程度,因为小土地所有经营,本来就是不为利润,且也是无从获得利润的";(3) 小土地所有者如果兼作佃农,"会相应提高地租,因而使经营者的利润无着",他们兼作雇农,会使一般农民的工作条件更坏,并"使一般农业劳动工资压低到极不足齿数的程度";(4)"分散的小经营能够提供多额的剩余劳动生产物,能够提供极高率地租,大经营的必要性,在土地所有者的主观上,就不存在了,反之,他们还会以小经营为较有利益"(《中国经济原论》,第 164 页)。总之,小土地经营的存在将从根本上阻止地租的产生,使作为现代地租产生前提条件的商品货币关系受到防阻,并排斥劳动的社会形态、资本的社会积累,"而这种种,又正好是资本制地租所直接要求的基本前提"(《中国经济原论》,第 163 页)。

关于第三点,王亚南分析说:"在中国,机械这个因素,差不多稀罕到要从农业资本概念中除去的程度;机械以外,其他诸种应被包括在生产成本项下的劳动条件,如农具、畜力、种子、肥料、灌溉沟垄等等,虽亦不防勉强称之为资本,为不变资本,则具备了这些条件,且能不断使这些条件的消费损耗,经常得到补充与更新,那就算难能可贵了。也许只有兼作农业经营的地主,只有富农及一部分境况较好的中农乃至极少数佃农,能够维持这样的经营场面。"(《中国经济原论》,第168页)造成这种状况的原因是多方面的。首先,"新式农业经营,或在农业上要应用机器生产,那并不是一件简单的,能够对一般社会发展状态孤立来进行的事,比如,在生产过程中不受任何政治社会惊扰的和平要求,其生产物贩卖市场的保证等等,那已经不算太广泛的问题了,而在技术条件本身,更还要种种方面的配合,技术经营指导是很不易养成的,经营者自身的企业精神,尤非大利益的展望和鼓舞,是不易使它培育起来的"。其次,"就土地方面而论,在所需范围内,使其技术的联成一片,那在许多国家,是借着立法的程序,用一种称为土地拼换法来达成的。然而我们始终是把技术问题放在次位……经营者在土地方面所费太大,在其全部经营费用中,就只能有相应小的部分,当作正规的资本来使用"。再次,"土地费用太大,对于农业资本所加的压力,是由农业资本有机构成的低度来表现的,即是以劳动在土地上的集约深度来表现的"。"那些农业经营者,其所以不肯增大不变资本成份,去代替可变资本成份,就因为他们在上述诸点的限制下,同时又在土地高昂价格造成的劳动过剩劳力过廉的条件下,觉得多采用机具,就不若多使用劳力,在这里,劳动不但不为机械所驱逐,却反在驱逐机械压迫机械了。"(《中国经济原论》,第169页)这就是说,土地经营者的收入,"他们对于土地劳动剩余生产物的占有,不是以土地以外的劳动条件为主要,而是以土地为主要手段,或者主要不是通过土地上使用的资本,而是通过土地本身"。这样,"我们不但可以由农业资本构成上,看出中国地租的落后特质,同时,那种资本构成下的劳动条件,更从农业雇佣上,把我们那种地租的落后特质暴露出来了"(《中国经济原论》,第170页)。

最后,王亚南探讨了地租的积累和转化问题,他认为研究这个问题具有重要的意义,因为,"在落后社会,农业剩余劳动生产物,是其财富的基础。在农业所利用的自然——土地,概被私有独占的限内,那种剩余生产物,一定会通过地租方式,提供于土地所有者,所以,这种社会的财富的积累,就等于说是地租的积累"(《中国经济原论》,第173页)。中国的地租积累具有什么特点呢?王亚南指出:在中国农村,"地租不但是表现着剩余生产物之剩余价值的一般的通例的形态,甚且被包括进了直接生产者最低生活所需的必要劳动生产物部分"。"所以,通体说来,地租上的积累,差不多是我们农村的积累一般。"(《中国经济原论》,第174页)由于地租积累与商业资本和高利贷资本紧密结合在一起,其在流向上呈现出两种特点:(1)都市的繁华和安定,"显然会驱使农村积累起来的财富,或其一般表现形态——地租,转移到都市方面去"。这部分资金,"除了胡乱消费外,只有地皮市场、金融市场、公债市场是适合脾味的最简便的出路。资金一走到了这条道路,它就会愈来愈远离其发源地了"。(2)"留在农村的积累的用途,当然还是原来的传统的,不是用以购买土地,便是用以放贷"。在王亚南看来,"投在土地上的资本,就已经是生息资本,土地价格资本化,每年由那种价格所获得的地租额,就利息化了"(《中国经济原论》,第175页)。至于将一部分投资于工商业的地租积累,"一定很快就会以更大得多的数量,回流到土地上来"。这显示出"我们的地租,大体是用传统的方式积累来,也大体还是以传统的方式使用去",社会环境的变化会给这种流向阻碍,"但在我们社会的一般生产方式或积累方式未根本变革以前,那种变化,至多不过是把它用在纯消费方面的比例特别加大,把它逗留在高利贷资本或商人资本形态上的时间特别延长罢了"(《中国经济原论》,第176页)。

如果说王亚南的上述分析基本是对中国农村经济的现实考察,那么他对农业经济恐慌的论述则具有深远的历史眼光。他指出:在中国历史上的经济发展周期中,农业状况的好坏往往具有决定性的意义。"每个王朝在大丧乱之余兴起,其开国的君主,殆莫不为了巩固其王朝赖以依存的现实经济基础,极力讲求节约,并把它全部的注意,集中在奖励农业上。水利的推广,农业技术的改进,乃至省刑法,薄税敛,努力使耕者都能有就耕的机会,差不多新王朝有为君主的最必要课题。在这诸般努力下,农业生产物的增加,就意味着国家租税的增加,同时也就是商业活动对象物的增加。"(《中国经济原论》,第182页)而社会经济的衰败,也是从农业开始的。"农事不修,赋敛不时所造成的农民贫困,正是高利贷者活动的好机会……最后殊致同归的是兼并土地。这种颓势一经形成,尽管有抑商重农及阻止土地兼并的政令,将变成具文,而由吏治不修,水利废弛的必然招致的自然灾患,在事先无所备,事后无从救的情势下,一定会以万均的压力,加重原来的倾向。'老弱转乎沟壑,壮者散之四方',以以至盗贼蜂起,枭雄乘之,从而造成四分五裂的混乱局面,社会生产力被无情的破坏,朝廷租税无着,货币失效,交易全般停滞,整个经济麻痹支离倒退到自然状态的程度,王朝乃在此种危局下颠复下去。"(《中国经济原论》,第183页)

王亚南认为,封建社会的经济危机很大程度上与执政者的决策管理有关,也就是说,社会因素对农业盛衰具有决定性的作用。他指出:"恐慌的形成,与其说是由于自然的灾害——旱灾、水灾、虫灾、疫病——就毋宁说是由于人事,由于社会对于那些灾难的事前预防和事后救治是否努力,能否努力。中国历史家惯把天灾变异看为德业不修所遭的天谴,事实上,天灾是并不选择什么朝代的。'明朝盛世'的水旱灾厄,并不一定就比浊乱之世更见轻微。"(《中国经济原论》,第183—184页)这里所谓的人事,所谓的努力,显然是指封建国家经济政策的正确性和可行性。

那么,这种农业经济的恐慌在中国现代是否消失了呢? 王亚南的结论是否定的。他写道:"在整个现代化过程中,依天灾、战乱、农民大批离村以及失业、破坏、饥饿等事态来表现的经济恐慌,似乎就不曾离开过我们。""尽管我们是所谓'以农立国',但作为这种'立国'基地看的耕地,由一八七三年到一九三四年的六十年间,中央农业实验所曾在一九三五年的《申报》上,发表其所增面积仅及百分之一;而在此六十年间的后半期(由一九〇三年到一九三四年)且没有增加。可是在另一方面,耕地变为荒地的面积增加率,以一九一四年为一〇〇,一九三四年就已达到了三二三的境地。"(《中国经济原论》,第 187 页)此外,"农业经营的逐渐零碎化,一般农民所使用的简单农具亦不易更新补充,以及愈到晚近,尽管天灾战乱在大量减缩人口,而米、麦、面粉等食料品,却在大量进口的事实,说明了我们农业社会的生产力,是在如何经常化的减退"(《中国经济原论》,第 187—188 页)。王亚南进一步指出:应该破除这一种错觉,即"认定租与税的保持原状或增加,就是社会积累,就是农业剩余劳动生产物能保持原额或有所增加",他认为:"其实,特别像在我们这种社会,租与税的增加,不但与社会劳动生产力的减退,是可以相并存在的现象,甚至可以直接当作因果关系而必然同时呈现的现象。"总之,"恐慌是现代中国经济内部诸关系相互作用的结果"(《中国经济原论》,第 196 页),要挽救农业经济的危机,就必须变革中国社会的生产关系,否则,"上面分析研究的诸般经济原理和法则,便会继续作用着,继续使我们陷在慢性的愈来愈益深沉的恐慌困厄中"(《中国经济原论》,第 197 页)。

在 20 世纪前半期马克思主义经济学者对中国农业经济的研究中,王亚南的理论建树是比较突出的。同早期中国共产党人的农民革命主张和农研会成员的论战性观点不同,王亚南对中国农业经济的探讨具有严谨的学术色彩,他运用的研究方法和得出的深刻结论,提高了中国农业思想的学理水平,体现了马克思主义政治经济学原理与中国农村经济现实的科学结合。

第十一章

五四运动至新中国成立时期的其他农业思想

第一节　蒋介石的农业思想

蒋介石(1887—1975),原名瑞元,学名志清,后改名中正,以字行,浙江奉化人。1907 年肄业于保定陆军速成学校。次年赴日本留学,加入同盟会。1911 年辛亥革命后回国,在上海任沪军团长。1922 年到广东,被孙中山任命为大元帅府大本营参谋长,同年赴苏俄考察。国民党第一次全国代表大会后任黄埔军校校长、广州警备司令、国民革命军第一军军长。1926 年起任国民党中央执行委员会主席、组织部长、国民革命军总司令等职。南京国民政府成立后,历任军事委员会委员长、中央政治会议主席、行政院长、政府主席。1943 年,再次出任国民政府主席兼中国国民党总裁。1948 年任中华民国总统。1949 年去台湾。

蒋介石是中国现代史上重要的政治首脑人物,他集政治、军事、行政权于一身,占据全国最高统治地位达 20 多年。蒋介石不是经济专家,实际上也无暇顾及具体的经济问题,但作为国民党经济决策的重要人物,他在农业问题上的见解仍具有独特的分析价值。

《中国经济学说》是 20 世纪 40 年代以蒋介石名义出版的一部专著。这本书篇幅不大,内容涉及面却很广。全书共分五个部分:(1) 中国经济学的定义与范围;(2) 中西经济学说的分别;(3) 中国古来的经济规模;(4) 民生主义的经济的道理;(5) 将来的经济理想。在全书的论述中,农业问题占很大的比重,而农业问题的核心就是土地问题。

蒋介石指出:"就生产要素而论,西洋经济学举出资本、劳力、土地之三者,并认此三者为三种之物质而观察而处理。我们中国的经济学说,对生产要素则从人的方面来讲求。《大学》说:'有人此有土,有土此有财,有财此有用。'这句话有两层意思:浅一点说,生产的要素是人力与土地。以人力开发土地,才有物质,才有财用。所谓物质,包含直接从土地生长出来的农产物和矿产物、间接从农矿产物加工而成的工业品两类。"(《中国经济学说》,第4页)在蒋介石看来,"经济学的目的,在以最小的时间与精力,发挥此三者(指人力、土地、物质——引者注)的效能,至于最高度"。而要做到这一点,必须遵循两条原则:其一,"承继民族固有的伦理,恢复民族本然的智能";其二,"赶上西洋进步的科学,运用西洋最新的技术"(《中国经济学说》,第6页)。他还强调:"我们的经济学,以养民和保民为目的。"(《中国经济学说》,第7页)

通过对中国经济史的简要回顾,蒋介石归纳了两条重要的结论。首先,他认为古人的经济政策"也随时代的变迁而有不同,但其间仍然有一贯的脉络。他们的政策都以土地问题为中心。他们解决土地问题的方案又都从农工关系和农商关系上着想"。这是因为"商业的垄断居奇与土地的兼并,是相通而相应的现象。土地兼并并不独影响国家的财政和人民的生计,而且影响兵役和兵制,因而影响到国防",由此"足见得我们中国的土地问题在各种经济问题中的重要的地位,也足见得土地政策是各种经济政策里面的根本政策了"(《中国经济学说》,第11页)。其次,对于中国历史上的主要土地政策思路,蒋介石表示了自己的不同看法。他写道:"农民的生产以土地为本。中国古来的经济理想是人人都有田可耕。孟子屡次地说'五亩之宅,百亩之田',孟子以后的儒家也都主张'田野什一'。在历史上古来的政府,常有授田的制度。春秋以前的'井地',魏晋以后的'均田',都是实际的事例。晚唐以后,均田之制渐归废弛,然而局部的授田办法仍然继续下来。"(《中国经济学说》,第17页)但是,"从历史的记载上看,以强制的手段均产者必败,如王莽的'田令',如太平天国的'田亩制度',都是在推行的初期就倒坏的。如从历史上仔细研究,我们可以看出问题的症结,要解决土地问题,不能从田亩的强制分配着手,而要从养民的方法着手。农民生活不改良,农业的生产不加多,均产政策是不能成功(的)"(《中国经济学说》,第19页)。

养民是中国历史上的一个经济术语,早在春秋时,就有人把养民看作是上天赋予国君的使命,如《左传》中说:"天生民而树之君","命在养民"(《左传·文公十三年》),以后历代统治者和思想家都把养民作为稳定社会的首要任务。蒋介石则把养民作为中西经济理念的主要区别点,他说:"经济以人性为基点,以养民为本位……中国的经济的道理,不是为了物而爱物,要为了民而爱物,即所谓'仁民而爱物',亦即以民生为本位。"他还引用了孙中山的一句话:"民生主义以养民为目的,资本主义以赚钱为目的。"(《中国经济学说》,第23页)养民的主要途径是发展农业生产,这也正是蒋介石的本意,他也承认发展农业生产必须以理顺土地关系为前提,但并不赞成仅仅从土地分配上着手解决经济国家的经济问题。

基于这种认识,蒋介石主张在实行平均地权政策的同时,"国家更实行各种方法,周转农业资本,调剂农产价格,改良农业技术,增进农民生活"(《中国经济学说》,第29页)。至于土地问题,他强调两点:(1)"土地问题不能够用暴力来解决。凡以暴力或强制方法来解决者,必立即归于失败"(《中国经济学说》,第28页);(2)用发展工商经济的思路来实现地权的平均,因为,"我们中国的商业资本总是向地价方面投资,所以商业越是繁荣,土地也越是集中,商业资本不流到工业方面去,却不断的流向地价方面去。在城市里,我们看见商业囤积,在乡村里我们就看见土地兼并"(《中国经济学说》,第28—29页)。"民生主义的土地政策,要从平地价着手,就是不许商业资本流向到土地方面来。亦就是要使土地买卖不复成为投资的对象。有钱的人对于土地买卖既不能或不愿投资,则不平均的地权可以平均,而已平均的地权不会再起不平。"(《中国经济学说》,第29页)显然,蒋介石对于农村中的原有土地关系并不想从根本上加以改变,在他看来,"地权分配不均的现象,并不是古代封建制度的遗留,而是受了工商经济的影响"(《中国经济学说》,第28页),只要堵塞住工商资金的流入通道,土地问题就自然而然地获得了解决。这种分析思路和判断与中国共产党人的观点是截然不同的。在工业和农业发展的关系问题上,蒋介石指出:"国有的大工业需要农村生产原料,又需要农村作销场,国有大工业的繁荣与农业的振兴,是相因而不是相反的。"阻止工商业资本流向土地以后,"不独可以消灭商业居奇与土地兼并的现象,并且可以促成中国的工业化"(《中国经济学说》,第29页)。但是不改变农村的旧有土地关系,农业的发展是困难的,工业化的实现也是不可能的。

注重农业中的生产发展甚于土地分配,这在蒋介石的其他言论中也有反映。1941年6月,他在第三次全国财政会议上发表讲话,承认土地问题具有独特的重要性:"我国今日政治、经济与社会政策,最迫切而需要解决的,莫过于土地问题。""我们现在要建设国家财政与经济,除实行土地与粮食政策之外,别无其他途径可循。因为我们是一个地大物博,广土众民的农业国家,肥美的土地,和丰富的粮食,都摆在我们面前,只要我们依照总理遗教和既定政策,能够准备周到,组织完妥,就很容易获得。而且我们的土地和粮食问题,如能圆满解决,则其他政治、军事、与财政、经济及社会问题,都可以得到根本的解决。但是粮食还是出之于土地,所以土地问题,实为一切问题中之根本问题。"

在另一篇电文中,蒋介石又认为:"今日中国之土地,不患缺乏,并不患地主把持,统计全国人口,与土地之分配,尚属地浮于人,不苦人不得地,惟苦地不整理","职是之故,中正对于土地政策,认为经营及整理问题,实更急于分配问题"。"关于经营及整理,则应倡导集合耕作,以谋农业之复兴。"其具体含义是:"提倡同村之业主,自耕农佃农,共同组织利用合作社,管理本村土地,调剂业佃冲突,遇有本村售田,先尽合作社购入,平均分佃于社员,积时累月,可令村田尽为合作社所有,在村田全归社有以后,凡不事耕作者,既无土地关系,当然非合作社员,而能耕者,则可经由合作社,以永有其田,纵时或辍耕,退社即了,无售购土地之繁,重新分佃,无兼并不均之弊,而社员承耕社田,对社所纳田租,即由社用为改良耕地之费,无坐食分利之业主,更无业佃冲突之可言。"在这里,合作社是基层农村组织,它不仅行使土地的共同管理职能,而且有利于促进农业生产的发展,即如蒋介石所说:"土地之经营及整理问题,则当然可随利用合作社之发展,以导入于集合耕作,乃共同整理之途径。"(《地政月刊》第 1 卷,第 11 期)在《中国经济学说》一书中,蒋介石说过这样的话:"我们的农业政策,一面为平均地权,一面要改良农业的技术,要逐渐把犁耕变为机器耕种,现在小的分散的农场将来必须合并为大的集体农场来经营,才能够节省劳力,增加生产。我们的农村本来有各种互助的组织,农忙时节有交换工作的习惯。要举办集体农场,正是顺应着我们农民的习性,推行起来一定很容易。我们不必恢复井田制,但尽可以集体农场来代替井田制。"(《中国经济学说》,第 21—22 页)由此可见,运用非暴力的手段实现农业土地的均衡使用,在此基础上推进农业的集体化生产,这是蒋介石对发展农业经济的一贯主张。

第二节　阎锡山的农业政策论

阎锡山(1883—1960),字百川,山西五台人。毕业于日本陆军士官学校。回国后历任山西都督、省长、省政府主席,国民政府军事委员会副委员长、行政院院长等职。1949 年去台湾。阎锡山在统治山西期间,对农业发展和农村治理制定实施了一系列的地方性政策,这些农业政策既产生了一定的实际影响,又具有理论上的特点。

1917 年,阎锡山着手在山西推行"六政三事"。当时他兼管民政,"究其患贫之因,积弱之源,思所以开发而挽救之。昕夕讨论,择吾晋利之可兴与弊之必除者凡有六:曰水利,曰种树,曰蚕桑,曰禁烟,曰剪发,曰天足,所谓六政是也"。"次年复增三事:曰种棉,曰造林,曰牧畜。"(转引自《阎锡山评传》,第 105 页,中共中央党校出版社 1991 年版)这些要政中,属于农业生产范围的就占了三分之二,而且其位置摆在其他事务之前。阎锡山还认识到:"筹补晋民之生计","大要不外地力与人力二者而已"(转引自《阎锡山评传》,第106页)。由此可见,发展农业是阎锡山制定山西经济政策的主要立足点。

为了加强对农村的控制,阎锡山又于1922年以"把政治放在民间"为口号,提出了"村本政治"的主张。他解释"村本政治"的含义说:"一省之内,依土地之区划,与人民之集合,而天然形成政治单位者,村而已矣。村以下之家族主义失之狭,村以上之地方团体失之泛,惟村则有人群共同之关系,又为切身生活之根据,行政之本,舍此莫由。譬彼导河,村则其源。譬彼行车,村则其规。譬彼建屋,村则其基。譬彼绘事,村则其素。本在故如是也。"(转引自《阎锡山评传》,第116页)根据阎锡山的规定,"村本政治"主要开展了"整理村范""村民会议""定村禁约""立息讼会""设保卫团"等五项工作。作为具体的管理举措,山西省在省公署特设"村政处",每县派出村范委员,督导村政。

1935年,阎锡山拟订的土地村公有制正式公布。这一地制方案共有13条规定,内容如下:"(一)由村公所发行无利公债,收买全村土地为公有。(二)就田地之水旱肥瘠以一人能耕之量为一分,划为若干份地,分给村籍农民耕种。(三)如经村民大会议决对于村中田地为合伙耕作者,即定为合伙农场。(四)如田地不敷村中农民耕作时,应由村公所为未得田地之人另筹工作;如田地有余不能耕作时,应将余田报请县政府移民耕种,以调剂别村之无地耕作者。(五)农民之耕作年龄为十八岁至五十八岁,人民满十八岁时即有向村公所呈领份地之权,至五十八岁即应将原领之田缴还村公所。(六)耕农有左列情事之一者,村公所即应将所领之田地收回:1.死亡,2.改业,3.放弃耕作,4.迁移,5.犯罪之判决。田地收回时,对于田地之有效改良工作,应给与补偿金。(七)耕农在充当兵役期限内,其所耕份地,应由本村耕农平均代耕。(八)耕农因耕作力之减退,或田地之精密工作,或栽植特别费工之作物,应准使用雇农。但雇农以左列三种为限:甲、其他耕农之有暇力及余力者;乙、十八岁以下五十八岁以上之男子;丙、劳动年龄内之女子。(九)推行之初耕农,对省县地方负担,仍照旧征收田赋。(十)收买土地之公债,其分年还本之担保如左:甲、产业保护税——凡动产不动产均年抽百分之一之产业保护税;乙、不劳动税——凡村民无正当缘故而不劳动者,应比照耕农一份地平均所交之劳动税,征收不劳动税;丙、利息所得税——凡以资产生息者,应按所得利益征收百分之三十为基之累进所得税;丁、劳动所得税——凡劳动而有收入者,应就左列标准征收劳动所得税:1.耕种田地收入十取其一;2.耕农以外劳动者之收入,征收百分之一为基之累进所得税。(十一)坟地宅地暂不收买,田地买归村有后,被收买者如为老弱无劳动能力而又无抚养之人,且其每年应得公债数额不足供生活者,应由村另定抚养办法,老者至于死亡,少者至于成年。(十二)村中山林池沼牧地公用土地,除向属国省县村公有者外,一律按土地收买办法收归村公有,其地上有价物应给予补偿金。(十三)村公所应按人口增加情况,土地改良状况,在适当期间,将份地重行划分。"(《国闻周报》第 12 卷,第 38 期)

为什么要实行土地村公有呢? 阎锡山提出的理由有三条。

首先,土地私有造成广大农民的贫困化。阎锡山分析山西的情况说:"年来山西农村经济,整个破产,自耕农沦为半自耕农,半自耕农沦为佃农雇农,以致十村九困,十家九穷,土地集中之趋势,渐次形成。""无地之耕农,歉岁所分之粮少,不足以供食用,丰年所分之粮贱,不足以易所需。"与此同时,"藉租息生活者,不劳而获,反比一般贫农无论丰年歉岁生活为优,土地私有实为枷锁"(《国闻周报》第12 卷,第 38 期)。

其次,实行土地村公有后,按劳力分配土地,有助于提高生产力,改善生产方式,达到发展农业经济的目的。他批评按人口数平分土地的做法,认为:"主张将田地平分给农民者,是收买人心的手段。"在阎锡山看来,"若将土地多给农人,即是减少人力,比如一人能耕之地分给二人,即是将二人能力减为一人。人力即是国力,减少人力,即是减少国力。这生存竞争之今日,增加人力,尤恐不足以国存,尚敢减少人力乎"(《国闻周报》第 12 卷,第 38 期)。这里所说的人力,是指劳动者所拥有的效力,按人力分配土地,就是要充分发挥社会劳动力的最大能量。这理由并不错,但要实行这一条,必须有充裕的土地资源可供分配,否则,一部分人按能力分到了足够的土地,势必会有另一部分无地可分的人。阎锡山还把这种分配原则同发展农场经营、机器耕作联系起来,认为此举有利于今后农业生产方式的提升。

第三,是巩固其政治统治的需要。阎锡山认为,农民的土地要求如得不到某种形式的满足,就很容易出现暴力反抗的局面。

土地村公有制是 20 世纪上半期由一个地方当局拟定的完整土地改革方案,涉及土地私有权、授田对象和方法、农业赋税征收等多方面问题。所谓土地村公有,实际上是把土地收为国有,然后再由国家向农民授出使用权,对此,阎锡山曾明确表示:"村为群生之基础组织,亦为行政之最小单位,土地村有,是分配使用问题,不是主权问题,即以主权论,村属于县,县属于省,省属于国,主权在村,即是在国,如从主权之直接间接关系而言,则主权在国,国岂能离开村而处理土地,主权在村,村亦不能抗拒国家处理土地,国内固皆国土,国土皆是村土,归村有,有之事实,始有着落,土地归国有,亦是分属于村,分归农种,实际属于村而言国有,有之事实反为落空,且村近而国远,言村有,村人易知而易从,言国有,村人难谅而难从。"(《国闻周报》第 12 卷,第 38 期)这种土地私有权与使用权的分离,从形式上看和中国古代所实行的占田制、均田制差不多,但其不同之处在于:(1) 土地村公有制所拥有的土地资源,并不是无偿征收来的,而是通过公债收买的方式获得的,这种土地所有权的转让具有一定的经济合理性。(2) 在其他条件既定的情况下,村级行政代替国家行使土地管理职能,较之由国家直接参与土地分配和管理,更接近农村实际,便于因地制宜,有利于提高土地经营效益。

阎锡山对土地村公有制的实施效果很乐观,因为一方面,土地"归国有而分配,诚属难办,若归村有而分配却极易为,一村的土地情形,村中人原即明白,不要调查不要清丈,亦比政府派陌生的人调查上几次为清楚";另一方面,收买土地要使用公债,而"村公债较国家信用确实。何者? 第一,不怕国家更改年限;第二,不怕国家将基金移作别用;第三,款项均村中自收自支,不怕官吏舞弊,收多支少也"(《国闻周报》第 12 卷,第 38 期)。但即使山西的村政管理是如此的美妙,土地村公有制本身存在的空想性也无法使它的设计者如愿以偿。

土地村公有论一经出笼,立即引起社会各界的不同反响,在经济理论界,对它持批评态度的不乏其人。陈翰笙指出:由于山西商业和高利贷资本转回本籍,致使该省"土地投机愈来愈多,土地所有权愈来愈集中,到最近几年,地价愈涨愈高"(《陈翰笙文集》,第 100 页),其土地集中的程度更"比任何一个欧洲国家都严重"(《陈翰笙文集》,第 99 页)。在这种情况下,土地村公有制的实行并不能从根本上改善农民的困境,因为,"要佃农和雇工们为土地付出至少占全部农业经营成本 75%的价格,在经济上毕竟是不可能的。为了维护一个三口之家,山西北部的分成制佃农不得不耕种 50—60 亩左右的田地,只有年轻力壮的农民才胜任这样的工作。这些分成制佃农根本说不上有现金报酬,收获后分得的很少一部分庄稼不可能使他们有拥有土地的奢望"。由于担任村里行政职务的是大地主和富农,"如今,恰恰将由这样的村公所来确定土地的价格、安排债券的发行,并实施土地的转让"(《陈翰笙文集》,第 108 页),显然,"这个方案将在农民身上压上更重的赋税,同时又让土地所有者以可靠的地价摆脱其土地"(《陈翰笙文集》,第 109 页)。

孙冶方认为:"阎锡山底土地公有制提案确是一种进步的主张,但是他底《土地村公有办法大纲》是很不彻底的。"首先,"土地村公有制在原则上并没有否定地主底土地所有权……在土地村公有制下面,地主底财产并没有被损害,但只是土地的形式变为金钱的形式而已"(《〈中国农村〉论文选》上册,第 324 页,人民出版社 1983 年版)。孙冶方指出:"高利贷者、商人和地主,本是今日中国农村中的三位一体的统治者。如今土地村公有制只要求这统治者取消一个地主的名义,而把他的财产统统变成金钱形式;换句话说,就是要求他把自己的财产,统统集中为高利贷商业资本的形式,去继续剥削农民。"(《〈中国农村〉论文选》上册,第324—325页)其次,这一土地制度对农民来说,负担不仅没有减轻,反而加重。第三,土地村公有制要通过村公所来推行,这必然导致徒具形式。第四,土地问题的根本解决有赖于社会革命的最终完成,"虽则土地问题是目前中国的最严重的社会问题之一,但不是唯一的问题。土地问题决不能脱离了其它社会问题而单独解决的"(《〈中国农村〉论文选》上册,第327页)。最后,土地村公有并不能提供农业生产力发展的必要空间。

孙冶方对土地村公有制的批评,概括了当时一批进步学者的意见,他所依据的是20世纪30年代马克思主义经济学原理,这些原理以现在的眼光来看,在某些问题上并非无可商榷,如土地改革是否一定要用剥夺的方式,土地公有是否一定与商品经济不相容,农业生产力的提高是否一定要通过国家管理的方式。但尽管如此,陈翰笙和孙冶方的上述分析,有助于人们澄清理论是非,深刻认识土地村公有论的阶级实质。

由于抗日战争的爆发,阎锡山的土地村公有制并没有付诸实施,但这一政策思路在他于40年代中期推行的"兵农合一"运动中得到了体现。阎锡山说:"兵农合一就是三民主义的耕者有其田,最和平,最彻底。"(《兵农合一》卷上,第49页)"兵农合一是走向大同社会的不二法门。"(《兵农合一》卷上,第104页)实际上,所谓的"兵农合一"就是把土地分配给士兵耕作,再由政府征收田赋和购粮,其制度内容为:(1)"以村为单位,把村中所有土地按年产量小麦或二十石作为一份的标准,划分成若干份地,分配给国民兵领种";(2)"一个国民兵领一份地,份地不够的,两个国民兵领一份地,非国民兵和妇女,不得领地,只能当助耕人";(3)"国民兵领到份地,和村中有劳动生产力的人组成耕作小组,由国民兵充当主耕人,其余都是助耕人。劳动生产品,按劳力大小分配";(4)"国民兵调充了常备兵,或是死亡,迁出村,除了役,均须退还份地";(5)"国民兵离了村或改业,实行夺田";(6)"贫穷的国民兵,不先交优待粮花,不准领种份地";(7)"保留地主土地所有权,每两粮银的土地,由领地的国民兵每年交地主租粮小麦或小米一石";(8)"国民兵承领份地时,要宣誓保证如期如数完纳田赋及征购食粮";(9)"划分份地,必须确定村界,有纠纷的村,由区派员强迫主持划界,不服从的惩处"(转引自《阎锡山统治山西史实》,第306页,山西人民出版社1984年版)。以后,又进行了局部的政策修改,如每份地的计算标准由纯收益二十石改为能养活八口人;除粮食份地外,又增加了果树份地、芦苇份地、柳条份地等;国民兵若私自转租或调换份地,实行夺田;等等。

实施"兵农合一"的目的,是用土地将兵员维系在一定的区域内,这样既可稳定军队,又能减轻军费负担。对此,阎锡山表示:"兵农合一"的主要做法是编兵农互助小组,划分份地和平均粮石。他解释说:"不编组,则兵源路塞,而潜逃相生,浸无归责之人。不互助,则常备兵无优待,而顾虑家庭,情绪难安。编组互助,而不划分份地,则国民兵优待无所出,生活无保障。且常备兵入营后,所遗耕地,乏人耕种,恐有荒芜之虑;划分份地,而不平均粮石,则划分无标准,负担难公道,而国民兵所得,偏枯不平,国家征实,亦感困难。"(《兵农合一》卷上,第1—2页)一旦实行了"兵农合一",就可以收到"七好和四没有"的效果。七好是:"第一当常备兵能够得到优待粮棉,安定了家庭生活;第二领种地的人只要好好地种,份地永远给它种,是有了够两个人种,剥不了的一份大家产;第三均定粮银,做到负担公道;第四儿孙越多,领的地越多,就把光景积大了;第五不好好种地的,就实行夺田,不怕子弟学坏;第六人人劳动,老弱残废实行工作救护,食粮救济,做到生活平等;第七教育机会均等,专门大学是公费升学,人人的儿子有升专门大学的机会。"四没有是:"没有穷人,没坏人,没愚人,没闲人。"(《兵农合一》卷上,第40页)这样一来,就可以"将国防问题与土地问题,并为一谈而处理,社会革命与民族革命,溶为一炉而解决"(《兵农合一》卷上,第59页)。

阎锡山还联系中国古代的井田制,来标榜"兵农合一"的公正性和合理性。他称井田制是"历史上之至宝","是古代土地公有的合理制度"。认为:"土地私有开展后,井田制就不存在,而且也不能恢复,但在私有制度不能适应新的时代,不能适应抗战和革命的时候,划时代的井田制度无剥削的具体企图,劳享合一,收负合一的公道完善的制度,必然要产生,这就是现代的革命的兵农合一。故也可以说,今天的兵农合一,就是现代的'井田制'。""所以兵农合一是历史上的原始的公道制度;在现在,则又成为更进步更新的革命制度,今天兵农合一,即历史上公道制度的发扬,同时也是现代革命制度的创造,是历史和向前进的产物。"(《兵农合一》卷上,第109页)在中国历史上,井田制是否真的实行过,学术界尚无定论。关于这种土地制度的性质,则存在各种不同的看法(有人认为是封建领主经济制度下的农奴份地制度;有人认为是榨取奴隶劳动和分封赏赐的土地制度;有人认为是残存的村社土地制度)。撇开这些不谈,在古人有关井田制的议论中,并没有将农业生产与军事组织结合在一起的内容。阎锡山把二者扯到一起,无非是给"兵农合一"抹上些许迷惑色彩罢了。

其实,"兵农合一"与土地公有并没有关系。阎锡山曾说:实行此制,"不是实行土地村公有,地是谁的还是谁的,由国民兵出租种地,公家担保租子必须照缴。"(《兵农合一》卷上,第39—40页)地主的土地所有权没有触动,那么农民的租税负担怎样呢?据有关资料计算,份地领取者一年所需交纳的田赋、村摊粮、地租等,总数达全部土地收成的60%(参见《阎锡山评传》,第430页)。如此繁重的剥削,哪里谈得上"公道"!难怪它实行未几便遭到一片反对声,连国民党要人孔祥熙也认为"推行兵农合一将社会基础根本改造","征粮工作及其他一切摊派竭泽而渔","地方及乡村干部组织庞大,职权太高,分工复杂,生杀予夺,勒索凌辱,人民不堪其苦",导致"现在山西省府统治下之人民最近逃至天津汴洛及西安等处者日益增加。大多衣食无着,颠连困苦,其状甚惨",因此,应"迅速停止兵农合一办法"(转引自《阎锡山评传》,第430页)。

第三节　地政学派学者的农业思想

1932年,由留学德国的经济学家萧铮创办的中国地政学会成立。这是一个专门进行中国土地问题研究,并为政府提供有关政策建议的学术团体,其主要成员还有唐启宇、祝平、黄通等人,他们的农业思想以土地制度的改革为重点。

萧铮(1904—?),字青萍,浙江永嘉人。曾赴德国柏林大学研究经济,回国后任中央政治学校地政学院主任。1932年创办中国地政学会,任理事长。次年被任命为国民政府导淮委员会土地处处长。1940年创建中国地政研究所,任所长。1945年任国民政府经济部政务次长。1947年任中国土地改革协会理事长。1948年当选为立法院立法委员。1949年到台湾。30年代,他重点进行了孙中山先生平均地权理论的阐述,并就中国土地政策问题发表了自己的见解。

通过对孙中山先生从1894年的《上李鸿章书》到1924年的《民生主义第三讲》共计25篇文献的综合研究,萧铮归纳了平均地权理论的十条要点:(1)"平均地权论之核心,在使'地尽其利'";(2)"平均地权之目的,在使土地因社会进步所生之报酬(即土地未来价格),平均为众人所享有,防止少数垄断利益或其他恶滥使用土地";(3)"平均地权之办法为(一)定地价(由地主自报),(二)征地价税,(三)土地增价归公,(四)照价征收";(4)"平均地权之办法,宜行之于工商业尚未十分发展之今日中国";(5)"平均地权不仅可图民生之繁荣,兼足求国用之富足";(6)"平均地权之性质,为国家对土地有最高之支配管理权,人民有使用收益权";(7)"平均地权即民生主义之具体办法,亦即社会革命";(8)"平均地权非古代不科学的均田限田制";(9)"承认土地公有论之原理,但中国不必实行此办法";(10)"耕者有其田,非平均地权之目的"。(《平均地权真诠》,《地政月刊》

第 1 卷,第 1 期)

　　萧铮的上述概括,是想澄清当时的几种流行看法,如认为平均地权的重点在分配,平均地权的实质是土地国有化,平均地权的目的是实现耕者有其田等。在他看来,"平均地权,虽表面似一般社会主义者之偏重分配,而其实则正唯分配不足妨碍生产(尽地利),乃为生产而言分配,非为分配而言分配";"平均地权之主要目的既在使土地未来价格,平均为众人所享有",就意味着"承认现下地主所有土地之权利,如今核定之地价","近人以为依此办法为实现土地国有之途径,国家可因此逐渐买收地主之土地,实未免附会也";"平均地权与耕者有其田不并称",后者是"就农民政策而论,而与土地政策之平均地权,截然二事","盖耕者有其田如为平均地权之目的,则土地不作农地用者,又将何如? ……且耕者有其田,如为平均地权论之目的,则其地价论及增价归公之办法,均成为毫无意义",总之,"平均地权之目的,与耕者有其田截然不同。而其副作用自亦足符合耕者有其田之企求"(《平均地权真诠》,《地政月刊》第 1 卷,第 1 期)。

　　萧铮认为实行平均地权不必剥夺地主的土地所有权。一方面,他揭露了土地私有制的弊端,指出:"盖土地既成为自由的绝对的排他的私有权之客体而后,所有私有制之害恶,均可由土地而生。且因土地之天然的不变性之权威,其害恶较其他为更烈。"他告诫说:"土地为人类生活之源,为生民所共有,土地之质量有限,而人口之增殖无限,此有限与无限之调剂,已为人类极艰巨之工作,而有限之土地,倘更操持于极少数者之手,则人类之危机,诚有不堪设想者。"另一方面,他肯定孙中山先生"不主张立时没收私人所有权为国有之办法",是"审察国内特殊情形"而得出的结论,而从长远来看,实行平均地权之后,"所有权之让渡,既须国家许可;所有权之行使,既须国家同意;所有权之利得,既须大部分为国家的收入;则所有权的本质,自非现代式的纯粹私法上的私有形态矣。是故平均地权论,实为土地所有权社会化之金针"(《土地所有权之研究与平均地权》,《新生命》第 2 卷,第 7 号)。

　　萧铮所提到的"国内特殊情形",除了生产关系中的所有权因素,还指当时落后的农业生产力状况。他在谈到中国选择何种土地政策问题时表示:"最理想之土地国有,自须土地国营,于是个人之自由意志,对土地之影响始能降至极低,个人对土地之法律权利始能消灭净尽,土地始能完全供社会公众之共同利用,而其利得亦始能供社会公众之均等享受。然土地国营,非无动力,无机器,无精密分工计划,无共同生产习惯之国所能胜,已为固定之事实。"(《中国今日应采之土地政策》,《地政月刊》第 1 卷,第 11 期)这就是说,土地国有化必须建立在高度发达的生产力基础之上。

显然,要制定切实可行而又有助于促进农业发展的土地政策,应该对中国的经济现状有清醒的认识。对此萧铮的看法是:"中国者,乃处于二十世纪中产业落后之国也。世界经济至今已达机器生产之最高度,已渐趋于计划统制之大工业生产;而中国本身则尚未脱离农业社会之小农生产。"在这种情况下,能不能实行传统的"计口授田"政策呢? 萧铮的回答是否定的,他认为:"'计口授田'制之本身,即为一极不科学而极不合理之开倒车政策",因为"今日之国民经济,已非昔日之纯农业社会,人民不复纯以农耕为本业",如果推行这种政策,"生产必大低落,受田者无能力经营,能力田者反感所受之田之不敷",而且将"使全国极端小农化"。最适合的政策就是孙中山先生提出的平均地权,它"许私人有经营收益之便宜,而又处处保留国家之支配管理权。国家欲为有计划之大量生产,及适当之分配,处处可运用此支配权,以为统制"。从经济意义上来说,平均地权的利益体现在:(1) 促进土地改良,加快农业经营的集约化;(2) 确保土地收益的公平分配;(3) 增加国家财政收入;(4) 便利国家的基本建设并收回投资;(5) 简化手续,降低改革成本,"人民不感受急剧变更之苦痛,而政府可收实际改革之宏效"(《中国今日应采之土地政策》,《地政月刊》第 1 卷,第 11 期)。

唐启宇(1895—1977),字御仲,江苏扬州人。1917 年加入中华农学会。1919 年毕业于金陵大学,后赴美留学,先后获乔治亚大学棉作学硕士学位、康乃尔大学农业经济学博士学位。1923 年回国,曾任国民政府农林部首席参事、垦务局长、农业经济司司长。1949 年以后,任教于上海粮食工业学校,出版有《中国农史稿》。

唐启宇高度重视土地制度对社会发展的作用,指出:"凡一地制度文化之形成与发达,常以土地之运用得宜,及地权之分配得当为依归。"关于土地私有制,他一方面承认其产生的必然性(因为有人口增加、观念变更、分工发达、人事变动等原因),另一方面也抨击它存在的弊端,如贫富悬殊、政治黑暗、局势动荡、文化不昌等,认为"凡此现象均为地权集中于少数人之手,而耕者有限之人权,亦为其他人士剥削所致"(《土地与人权》,《地政月刊》第 1 卷,第 11 期)。

在这里,唐启宇使用了"人权"这一术语,既然是"人权",就应该是平等的,所以他主张"土地之所有及使用,应以平等为原则,平均分配于人民,以人类既生于社会即有向社会要求土地之权利也"。从这种认识出发,他提出了三条实现耕者有其田的举措:(1) 限制占田;(2) 税制调节;(3) 奖励耕作。关于第(1)条,唐启宇的思路是"取所盈以补所亏,取有余以补不足","按耕地之情形,人口之稀密,土壤之肥瘠,以及农事之状况,限制占田之面积,使豪富不得占田愈其分","其愈分之田地,则勒令售出于农人,其原佃户对于收买承租地亩则有优先权,田价由政府公平规定最为切要"。关于第(2)条,他建议:"凡私人之拥有多数田产而不自种者,应比较他人付增加之税额。""凡购田而不耕者,须纳一种田产买卖税。其已有大片之地产而更行收买者,则亦须纳田产买卖税。购数愈多税额愈大,庶投机者望而却步,而限制之效力彰矣。"第(3)条的内容包括贷放农业资金、组织奖励垦荒等,贷款的对象主要是佃农,而组织垦荒的做法则吸取了前人的经验,在唐启宇看来,"未经开发之区域,土地广大,欲创立自耕农也甚易。使奖励垦荒之办法能置诸实行,荒地开垦后,永为己业,若干年后升科。则开发区域之佃户自连翩而向未开发区域辟荒垦殖以成自耕农矣"(《土地与人权·实施耕者有其田与其结果》,《地政月刊》,第1卷,第11期)。

和萧铮一样,唐启宇也主张以温和公平的方法实现耕者有其田,即由国家"设为种种便利佃农取缔业主之法律,使佃农于有利益之条件下以自己之力量取得土地所有权。于业主则为相当之补偿而不过伤公道"。由于以人权论作为其土地主张的基础,唐启宇对土地国有论表示异议,指出这种做法存在两方面的弊端:其一,它将泯灭人们投资农业的利益驱动,"使有资财者不复投资财于土地,而一任土地之荒芜而不利用,贫者虽出力,富者不出资,是力靡所用矣";其二,它将损害大多数农民的生产积极性,在他看来,"宣布一切私有土地为无效,毁经界,除沟洫,依最进步最新颖之技术及方法,行大规模之种植,可以期管理及指导费用之节省,土地分配之适当,农场计划之改良,农业资本之充分供给,以及教育文化之普及","此在大片无主之荒地,或新开辟之区域,未尝不可行之有效。若欲于已经垦殖之区域,毁旧谋新,违常习变,降大多数农民于工人之域,而靳其独立之意志,窒其创造之心思,忘其个人之兴趣,事涉大多数农民之利益,岂大多数农民所能堪。且国家亦无如许能力充富之管理员能公正正直廉洁以办理国营农场而使其立于不败之地位者也"(《土地与人权·私有制度之弊害与创设自耕农》,《地政月刊》第1卷,第11期)。

既想消除土地占有不合理的弊端,又想维护农业生产者对土地的基本权利,这构成了唐启宇土地人权论的理论要点,照他的说法,耕者有其田的政策目标"既经达到,则求生之基础于以确立,生活之源泉有以保障,人于地之关系,密切连合,地权既不他归,人权斯有所属……农业之繁荣可待矣"(《土地人权》,《地政月刊》第1卷,第11期)。

在对农业经济的分析中,唐启宇还就地主和佃农的关系、农业经营效益及其变量关系等问题发表了见解。关于前者,他肯定了佃农存在的必要性,同时又主张调和农村中的阶级关系。唐启宇指出:"业供给土地及一部分之资本者也。佃供给劳力及一部分之资本者也。使双方不发生业佃关系,则佃虽有劳力及一部分之资本,而不任生产;业虽有土地及一部分之资本,而不获收入。况业佃之地位随双方情形而有所变动,固非能一成不变者,业堕落而有失产且退而为佃者矣;佃勤俭而有得产且进而为业者矣。故农佃制度,行之得法,不仅对于业主有益,对于佃户有益,且对于社会亦有利益……常人以为业主剥削佃农劳动之结果,不劳而获,有禁制之必要,不知业主投若干资金于土地,固应得相当之报酬。"但是唐启宇意识到农村中阶级矛盾有激化的趋势,其起因在地主与佃户的经济利益发生冲突,为此需要采取调和措施,如制定低于普通利率的租率,完善租佃手续,改进政府管理,在规定的租期(以五年至三十年为度)内双方应遵循下述条款:"(1)业主苟非收回佃田自耕或遇佃户继续欠租至法定年数以上以及有其他违反原定契约之事外,业主不得自由撤佃。(2)佃户遇有不得已情事时,得依法定手续申请退佃,惟不得自由转佃,启若干之纠葛。(3)业佃关系解除时佃户在土地上之设施,如有未尽之孳息,佃农可要求业主之偿还",这样才能"明了权利义务之关系而两剂其平,以调和其感情。"(《复兴农村与土地佃租问题》,《地政月刊》第1卷,第12期)

关于农业经营的分配关系,唐启宇提到了五个不同的利益集团,他认为:"土地之地租,资本之利息,人工之工资,企业者所得之利润,国家所取诸于人民之地税个别的,或共同的影响于生产者决定生产与维持生产之事业……此五者均衡,则收和谐之效果,此五者有一失调,则影响于其他四者。"这些收益既由农业生产状况所决定,其变量又影响着农业的再生产,对此唐启宇作了具体分析。首先,由于不同经营者管理水平的差别,"有比较所得利润之多寡",进而导致农业生产的继续或停止,"因利润之多有维持生产事业者,因利润之少有舍弃生产事业者矣";其次,投资于土地的资本数额及利息的高低将引起利润的差异,一般来说,"需资本较少,故利息额亦少",而利润相应为高;第三,劳力的数量与工资总额成正比,而与经营利润成反比,"于是进行生产事业之付工资少者而舍弃生产事业之付工资多者";第四,地租与利润的关系也同样,因而"发展生产事业之付地租少者,而舍弃生产事业之付地租多者";最后,地税的数量变化也会对土地经营产生不同的影响,尤其是地税的加重将引发一系列不良后果,"地税如征收重时,则纳税人牺牲利润之一部或全部以完纳赋税;犹未足也,则牺牲利息之一部或全部以完纳赋税;犹未足也,则牺牲地租之一部或全部以完纳赋税;犹未足也,则牺牲工资之一部以完纳赋税。工资之维持部分所以供给其低度之生活者,则绝对不能牺牲。苟牺牲及'自然工资'部分时,则将发生严重之影响,如'剥我身上帛,夺我口中粟',而田野萧条,户口离散,流亡载道,盗贼塞途,启大乱之机矣"。唐启宇强调国家土地税的增收必须建立在农业繁荣的基础上,其集中表现为随着社会经济的发展,经营农业的各项收益都呈上升趋势,在他看来,"事业进展人类向上心活动时,则初步为竞求劳工而工资之加增","其次则竞求土地,承租土地之报酬多者竞付土地之地租,于是地租增加地主之收入增加焉",在这种情况下,国家可提高土地税,因"增加赋税之负担则其负担犹可受也"(《土地生产关系论》,《地政月刊》第1卷,第5期)。

祝平(1901—?),字兆觉,江苏江阴人。曾留学德国,在莱比锡大学经济学院获博士学位。回国后历任中央政治学校地政学院教授、国民政府地政署署长、上海地政局局长、国民政府地政部政务次长等职。在《地政月刊》上,他曾发表多篇论文,集中阐述了对中国土地改革中心任务的看法。

祝平把土地问题分为广义和狭义两种,广义的土地问题包括土地所有制在内的人类社会中的基本土地关系,狭义的土地问题则是指土地经营所得的利润分配。祝平说:"广义的'润得'曰'地赢',狭义的'润得'曰'地租'","地赢"是"土地所有者自己利用土地,在'素地'Bare Land 上所获的不劳所得","地租"则为"土地所有者,出租其土地所获得素地部分的不劳所得",而"解决土地问题就是要解决'地赢'和'地租'问题"(《中国土地改革导言·中国土地问题的重心在那里》,《地政月刊》第2卷,第1期)。

祝平认为:在中国当时的土地占有状况下,能享受"地赢"收入的有自耕农、房产主、企业主及土地投机者,只有地主才能获得"地租"收入。他进一步分析道:"地主出租的土地,主要者为农地及基地",特别是"农地地主所获地租,约占主要生产量的50%左右","同时其对手方面——佃农——因受着'地租'的剥削,以致农业生产,已由衰落而破灭",因此,尽管城市地租也有增高趋势,祝平仍然断言:"在吾国土地问题中,除土地投机者所享受的'地赢',应亟解决外,其他使用土地者所享受的'地赢'问题的解决,尚不甚切要。至'地租'问题,却亟待解决,所以,我们可以说:中国土地问题的核心问题,就是解决'地租'问题。"(《中国土地改革导言·中国土地问题的重心在那里》,《地政月刊》第2卷,第1期)

基于这一认识,祝平对孙中山先生的土地思想作了自己的诠释。在他看来,"总理手订土地政策,不外下列两大原则:(1)'平均地权';(2)'耕者有其田'"。"'平均地权'所欲解决之问题,为征取土地所有者之不劳所得,故其所订办法,为照价征税,照价收买及涨价归公,'耕者有其田'所欲解决之问题,即为佃农所缴纳之地租,故主张以政治的法律的手段解决。前者为解决一般土地问题之基本纲领,后者为解决目前农民土地问题之具体对策。"(《实施土地政策以复兴农村刍议·土地政策目标之确定》,《地政月刊》第1卷,第12期)把孙中山先生的平均地权和耕者有其田看作两个有所区别的土地政策主张,这是祝平和萧铮的共同之处,而这种区别的目的在于突出解决农民土地问题的紧迫性。

祝平指出:"吾国农业生产之主要成分,即为佃农生产。农民问题之中心,即为佃农问题。"他强调缺乏土地是导致佃农问题日益严重的根本原因,并反驳了当时一些人忽视农民土地要求的论调:"或谓解决佃农土地问题,系消极的办法,吾人应从积极方面,谋求农业生产之发展,殊不知佃农土地问题不解决,其生产决无增进之可能,增进农业生产之道,不外改良作物籽种,投施适当肥料,防除虫灾病害,引用相当机器以及改良培植方法诸端,凡此数者,非有充裕之经营资本,均无从着手,吾国佃农,每年收获百分之四十以上,须缴充地租,其所剩余,已不足维持生活,尚有何余力,以从事改良生产乎。"(《实施土地政策以复兴农村刍议·土地政策目标之确定》,《地政月刊》第 1 卷,第 12 期)

那么,怎样使佃农获得土地呢? 祝平提出的对策是有偿征收地主的土地,再由国家供给佃农使用。他认为中国的大地主很少,许多土地都分属于小地主,一旦实施土地的强行剥夺,"社会经济,就要发生绝大恐慌与混乱",而征收土地"一方面可以使土地改革,立即切实有效的实施;一方面可不致因实施土地改革而引起社会经济的混乱",所以,"在中国现状之下,征收土地确是一种可能而有效的途径"(《中国土地改革导言·中国实施土地改革各项途径的商榷》,《地政月刊》第 2 卷,第 1 期)。

他设计的政策实施步骤为:首先,办理农村佃户的登记手续,其内容包括姓名、户口人数、佃田面积、农具牲口数、债权债务状况、经营方式及作物种类、最近 5 年的收获量、副业种类及收入、捐税负担情况、佃地地主姓名及住址、最近 5 年佃租等;然后,"由中央汇交特设之委员会审查研究,决定办法,分别缓急,在各县设立土地局,实施征收土地,供给原有佃农使用"。至于"征收土地之地价,由政府发行土地债券补偿之","土地征收后,原有佃农,除缴纳地价税与分期偿付土地债券之本息外,不再缴纳地租","征收后之土地,其使用收益权,属于原有佃农,主管土地局有监督管理之权"。此外,政府有关部门应"辅助雇农及土地贫乏之农民,设法获得土地",并"指导农民,组织信用生产运销供给等合作社"(《实施土地政策以复兴农村刍议·实施土地政策办法纲要》,《地政月刊》第 1 卷,第 12 期)。

祝平相信,由于佃农在获得土地后所缴纳的地价税和土地债券本息比原地租大为减轻(祝平所拟办法规定,以上两项款项不得超出原地租的 60%),其经济状况将大为改善,而"佃农土地问题解决之结果,能使生产发展,一般国民经济状况,亦得借以增进,其影响所及,足以直接间接辅助政治问题,财政问题,金融问题以及农业经营问题之解决也"(《实施土地政策以复兴农村刍议·土地政策目标之确定》,《地政月刊》第 1 卷,第 12 期)。不难看出,祝平的土地改革思路具有温和改良的色彩,这与国民党的土地政策是一脉相承的。

黄通(1900—?),字君特,浙江平阳人。早年留学日本,先后就读于盛冈高等农林学院和早稻田大学,获经济学学士学位。回国后曾在浙江大学农学院、中央政治学校地政学院、上海法学院任教。抗战胜利后到台湾,1954 年,在台湾任农民银行总经理,并在政治大学、台湾大学、中兴大学、铭传女子商专兼课执教。

黄通高度重视中国农村的土地制度改革。他指出:"中国正在产业革命过程之中,经济基础,犹建筑在农业之上;社会结构,亦尚以农村为最大支柱。农业衰落和农村崩溃,真是治乱存亡的关键。"在他看来,"'农村复兴',其道多端,就中以土地问题,尤为紧要。因为农业生产,以土地为基础……要振兴一国的农业,不仅要改进其技术,还须整理其组织。土地既为农业基础,所以要整理的组织,首宜改善土地制度"(《农村复兴与耕者有其田·农村复兴与土地改革》,《地政月刊》第 1卷,第 12 期)。他进一步强调:"土地关系的改善,并非单纯的地租之分配;而在于为产生地租之基础的地权之平均。"(《目前中国土地问题的重心》,《地政月刊》第 2 卷,第 1 期)"平均地权,第一步是要耕者有其田。申言之,便是耕者毋须耘他人之田,以致辛勤所得,为不劳者攫取而去;使土地与耕者,发生极密切的关系。然后,'利用','生产',以及'地尽其利'诸题,方谈得到。"(《农村复兴与耕者有其田·农村复兴与土地改革》,《地政月刊》第 1 卷,第 12 期)黄通的这番见解具有两个特点:其一,他把变革农业生产关系(其集中表现为土地占有关系)的重要性放在生产力改善之上;其二,他把耕者有其田视为实现平均地权的首要步骤,而不是将二者互相区别开来。

如何实施耕者有其田? 黄通提出了两条途径:一为内地殖民;一为创设自耕农。他解释说:"自耕农的扶植,是将佃耕地的所有权,由地主之手移于佃农之手,换句话说,便是变佃耕地为自耕地的政策。"内地殖民,"乃将人口稠密地方的农民,移到人口稀薄的地方,借以改善农村间,或农村与都市间人口分布的状况,而促进土地的开发"。总体来看,"我国目下应采的土地政策,除南方各省的一部,应谋自耕农的扶植之外,有从速推行内地殖民的必要"(《农村复兴与耕者有其田·内地殖民与自耕农的创设》,《地政月刊》第 1 卷,第 12 期)。

在具体的实施方法上,黄通又把自耕农的创设分为直接和间接两种,前者指"国家或其他公共团体,自行购进土地,分割为适当的面积,用分年付款法,售给农民";后者指"土地的售购,一任业佃间直接交易,国家或其他公共团体,对于农民,仅贷以低利摊还的购地资金,以促进之"。关于两种方法的适用对象,黄通的看法是:"直接主义,适于内地殖民;而自耕农地的设定,则以间接主义为尚。"一般情况下,内地殖民和业佃之间的地权调整应遵循自由、自愿的原则,但是"未可一概而论,如拟大规模的推行,而且依照农村社会的情状,土地改革,急不容缓时,自宜采取强制的手段"(《农村复兴与耕者有其田·自耕农之创设方法》,《地政月刊》第1卷,第12期)。当然,他所说的强制只是一种行政干预力度的加强,并不是指采取革命暴力的方式。

充分发挥金融的经济功能以促进农业生产的发展,这是黄通农业理论的重要特点之一。他把土地金融等同于不动产金融,其任务"在于吸收个别、自由的货币资金,综合为生产的利用","即使自由的货币资本,依适当公平的条件,不断的流入土地所有者之手,以适应其特定的需求,而增长彼此的利益"(《土地金融之概念及其体系·土地金融之意义》,《地政月刊》第2卷,第2期)。

对于发展土地金融业的必要性及经济意义,黄通从不同角度进行了阐述。在经济上,由于土地"攸关民生者极大,吾人之生活要素,衣食住行,几无一不以土地为基础",因此有必要"对于土地,不断的投下资本与劳力,在农村方面,使荒原变熟地,碛确成膏腴;农业组织,由粗放转为集约,而发挥其科学化的功能";就其社会意义而言,"农村方面,佃耕制度之改善,与自耕农之创设维持等,对于社会和平,均有甚大贡献;而此种事业之实现和进展,莫不深赖金融机构之资助";在思想上,土地金融业的发达有助于人们树立起现代的土地价值观,因为,"在现今社会体系之下,土地于代表一国大部分的国富之外,还构成个人之主要的财产。土地既系个人之主要的财产,则个人为生产目的或消费目的,一旦缺乏资金,势必以土地为其通融之具。此时,如无适当的金融组织,使依土地信用,而获得必要的资金,则除处分土地外,别无他道。土地之移转,过于频繁,则人民爱惜土地之念,自趋淡薄。人民不爱惜土地,甚至厌恶土地,则其问题之严重,自不待言"(《土地金融之概念及其体系·土地金融之意义》,《地政月刊》第2卷,第2期)。

在20世纪40年代撰写的著作中,黄通进一步丰富了他的土地金融理论。他认为要实现孙中山先生提出的土地主张,建立农业金融机构是必不可少的。他指出:"平均地权之政策,乃以和平的手段,渐进的程序,实施土地改革,反对暴力夺取,而承认地主之既得权利,故地权之取得,采照价补偿办法。"但是,"农民类多贫困,一时无力偿付全部地价",政府也没有能力调拨现金或发行公债,"故宜仿效德国,筹设土地金融机关,授以发行土地债券之特权,使办理购地贷款,或依法征收土地,发给农民,以实现耕者有其田"(《土地金融问题》,第36页,商务印书馆1942年版)。另一方面,农业生产的现代化发展,需要采用新式农具,改良农作物品种,建造水利设施,"凡此种种,均非资金莫办,了若观火。而此项资金,为数甚巨,农民既难自筹,又以其流转速度至为濡缓,普通商业银行之货(贷)款,亦非所宜,因此,政府必须特设土地金融机关,使专营此等业务"(《土地金融问题》,第36—37页)。

关于土地金融机关的组织体制,黄通主张由国家实行统一管理,其理由是:"我国经济落后,农村资金贫乏,农民自动组织土地金融机构之能力,殊为薄弱,且土地金融机关于调剂农业金融外,尚负有促进土地革命之使命,亦不宜让私人醵资经营;若由各省市政府分别设立,独自经营,则又资力有限,信用不厚,债券难于发行,业务不易推进,故应采全国一行制,由国库支拨巨额资金设立之,并赋予发行土地债券之特权,俾得有充分资力,以求平均地权之迅速实现。"(《土地金融问题》,第40页)至于资本构成,则可官民分担,官股占其六,民股占其四(由农民组织土地合作社向土地银行申请借款者认购)。

土地银行的主要业务有四项:(1) 实行"照价收买"政策。黄通认为:"照价征税与照价收买,相辅相成,为实现平均地权之基本办法。凡地政机关认为报价不实之土地,随时得有土地金融机关以所发土地债券收买之,则抑价朦执希图逃税之弊,不防而自止。"(《土地金融问题》,第41页)(2) 实行"耕者有其田"政策。黄通规定:"凡佃农或雇农欲购置土地而苦资力不足者,可向土地金融机关请求放款,卖主与买主双方,签定买卖契约,由买主以现金先付一部分(十分一至四分一)之地价,其余则由土地金融机关以土地债券交付地主,作为买主对土地金融机关之借款,买主购入土地之后,即将该土地提供土地金融机关为借款之担保,并于一定年限,而(以)地租方式,向土地银行摊还借款之本息,以为土地债券还本付息之用。地征机关于必要时,得与土地金融机关协力,依法征收土地,直接分发农民,或加以重划改良而后分发农民耕作,藉求平均地权之从速实现。"(3) 实行"地尽其利"政策。黄通要求:"土地金融机关于实践耕者有其田之使命外,并办理垦荒、土地重划、土地改良等放款,改善土地利用,以达地尽其利之目的。凡农民欲清荒施垦,扩张耕地,或实施土地重划或改良,兴办农田水利者,可组织合作社或其他机关,向土地金融机关申请借款,然后以其所增收益,分年摊还之。至政府直接兴办上项事业时,自可向土地金融机关借取必要之资金。"(4) 实行"房屋救济"(《土地金融问题》,第42页)政策,此项业务主要面向城市用地者。

黄通的土地金融理论首倡于20世纪30年代中期,当时就在学术界引起反响,一些地方政府也上书中央,要求发行土地债券。40年代初,国民政府颁布中国农民银行土地债券法,他的主张才真正付诸实施。值得指出,在台湾地区1949年以后的农业发展中,土地金融发挥了重要的作用。史实表明,以孙中山平均地权理论为原则出发点,借鉴欧洲国家的成功经验,合理运用金融等现代经济手段,中国农业的发展是有路可循的。

万国鼎(1897—1963),字孟周,江苏武进人。1920年毕业于金陵大学农林系,后历任金陵大学农业图书研究部主任,金陵大学、中央政治学校地政学院教授,中国地政学会理事、《地政月刊》总编辑。1953 年起,曾任河南农学院教授,南京农学院教授,中国农业科学院、南京农学院农业遗传研究室主任。主持汇编《中国农史资料》《中国农史资料续编》《方志综合》《方志物产》等,主编中国第一部《中国农学史》,另有《秦汉度量衡亩考》《耦耕考》《论〈齐民要术〉——我国现存最早的完整农书》《中国田制史》《中国历史纪年表》等专著。《中国田制史》(上册)出版于 1934 年,在这部著作中,万国鼎对中国历代土地制度的演变进行了系统的考察,在学术界具有一定的影响。同时,他对中国现实的农业问题也提出了自己的见解。

万国鼎研究中国古代的土地制度,有着明显的为现实提供借鉴的动机。他认为:"土地问题影响于国计民生至巨。年来农村凋敝……各方益觉其重要,亟亟谋有以解决之。然其关系复杂,不容轻易实验,失之毫厘,则差以千里,而遗毒且及数世。故改革之先,必须明了现状,察其所以然,证以前人经验,然后慎思远虑,妥为规划,庶几弊少而利多。"(《中国田制史》(上册),第 1 页,正中书局 1934 年版)

在《地政月刊》的《发刊词》中,万国鼎指出:"土地为食粮与原料所自出,人民所资生。赋诸自然而为量有限。""今我国民生之凋敝,可谓极矣。推本求源,土地问题实为主因之一。"具体而言,由于土地占有不合理,农民"人多田少,一家生产有限,生计必难。偶遇意外,则必贷其田业。一方则富者乘急要贫,重利盘剥,促进土地之集中。兼以手工业之破坏,商人之操纵,即有余利,被夺无遗。收入少而生活日费。卒至无以为生,逃亡转徙,挺(铤)而走险。生产不足而荒地增多。号称以农立国之中华,而衣料与食粮之进口,近年竟至占进口货总值百分之四十左右",显然,"如何保护农民,平均地权,增加耕地与生产,复兴农村,而减轻人口之压迫,实为目前急迫之问题"(《地政月刊》第 1 卷,第 1 期)。

产生上述状况的原因主要有两条:其一,人口增加造成土地相对短缺;其二,阶级差别导致土地占有的严重失衡。前者的道理很简单:"盖人口之增殖,顺乎自然","而土地不能为无限之增加","日增之人口,拥挤于已有资源中,则每人可得之土地或生产日益少",而后者的消极作用更明显,从历史上看,"君臣习于富贵,侈泰渐萌,耗财之道广,势必多取于民","小民所入减,而负担反增,生计大窘。一方则豪室巨贾,出其余资,乘急要利,广事兼并,土地积渐集中于少数人之手,而贫富之差日益甚";从当时的现状看,"军阀苛征,吏尽贪墨,则民之负担益重,生计益困","善良者不能安心于农,小康亦降为赤贫。民生益困,不能安于乡里,逃亡滋多,则生产不足而荒地反多,产量更减"(《复兴农村之路·农村凋敝之原因》,《地政月刊》第 1 卷,第 12 期)。这是对腐败黑暗的社会政治的大胆抨击。

为了消除危害农业生产的各种弊端，万国鼎提出了四项对策建议：(1) 增加耕地与生产；(2) 改善生产与分配关系；(3) 统筹主要农产品之产销；(4) 扫除复兴之障碍。他主张："积极利用荒地，改良已耕地，励行内地及边疆殖民政策，振兴工商矿业，使每一农家有适当大小，集中一处，而便于经营之农场。同时并为农业本身之改良。谋整个经济组织之现代化。"同时他强调："耕地与生产增矣，若生产及分配关系依然未改，豪室坐食地租，重利盘剥，商贾操奇计赢，垄断物价，而农人缺乏资金，任受宰割，则耕地与生产虽增，利不归农，而入于地主、商贾及高利贷者。驯至土地与资本日益集中，贫富之差日益悬殊，则农民依然穷困，复兴农村之目的无由达也。故耕地与生产增矣，其次即须改善生产与分配关系。应即确立政策，实施节制资本，平均地权，使豪右不得垄断利源，不劳而获之土地增殖，归于全民。一方积极防止兼并，扶助并创设自耕农，改善租佃制度，使地主无由产生，或不克榨取。"(《复兴农村之路·复兴农村之途径》，《地政月刊》第 1 卷，第 12 期) 上述议论虽然比较笼统，但把提高农业生产力的重要性置于土地改革之前，显示出不同的理论特点。

30 年代中期，按人口授田的主张在国民党中很有市场，连蒋介石也赞成此说，但万国鼎却持有异议。在他看来："计口授田，以求其均，谁曰不宜。然言之虽易，行之实难。人有男女之别，老幼之差，智愚不一，好恶不同，强弱不齐，勤惰不等，以至职业之异，际遇之殊，所在靡定。以田言之，则又土有肥瘠，地有高下，水利有良窳，交通有便否，而培养之农产，经营之技术，市场之需要，物价之上落，生活程度之高下，以及其他一切事事物物，俱非固定，而在在均能影响一家或一夫所能耕种，或所需耕种面积之大小，故如何计口，如何授田，方得其平，殊费研究。若但取皮毛，猝立常制，强不齐者而齐之，吾未见其均也。"他还说："人口有疏密，狭乡田不足，如何调剂？若此不之问，按当地人口而均之，均则均矣，而一家授田太少，犹无补于其穷也。人口有增益，今日均矣，他日人口增加，而可授之田已尽，则又如何？若无以授之，则自坏其制。若损邻右之田以授之，将速分配之不均。且耕者受田日减，不将使其生计日困乎？"从这种认识出发，万国鼎对国民党在福建推行的类似土地政策表示忧虑，指出："昔日授田，大都行于土旷人稀之时，而今方人满，闽尤山岭重叠，田少人多，其困难不更甚焉！""今世工商发达，分业合作，若必人尽农事，口必授田，还返于古，方得为均，亦昧于时矣。"因此，计口授田的政策"恐治丝愈纷，为害犹甚于不授"(《中国历代计口授田政策之回顾·结论》，《地政月刊》第 1 卷，第 11 期)。

计口授田是中国古代的土地制度形式之一，它是封建社会生产力水平比较低下、国家土地资源相对充裕条件下的可行之举，也反映了那一时期的小农意识。万国鼎对这种政策的异议基于三条：（1）由于农业生产中各种因素的不同一或不均等，要按人口平均土地是缺乏合理性的"强不齐者以齐之"（《中国历代计口授田制度之回顾·结论》，《地政月刊》第1卷，第11期）；（2）随着人口的增加和土地资源的相对减少，它已丧失了实际可行性；（3）在现代经济生活中，这种土地政策已不符合时代发展的趋势。应该说，他的见解不乏深刻之处，而以一位土地史专家提出此论，更具理论力度。

第四节 章士钊等人的以农立国论

章士钊（1881—1973），字行严，湖南善化（今长沙）人。清末在上海任《苏报》主编，曾协助黄兴筹建华兴会。辛亥革命后，历任《民立报》主笔、北京大学教授、广东军政府秘书长、北京农业大学校长、北洋政府司法总长兼教育总长，在南北议和中担任南方代表，还主编《甲寅》周刊。1933年到上海当律师，并任上海政法学院院长、冀察政务委员会法制委员会主席。抗日战争时期，为国民政府参政会参政员。1949年，为国民政府和平谈判代表团成员，后留在北平（今北京）。同年参加全国政协第一届全体会议。此后历任中央人民政府政务院法制委员会委员、全国人大常委会委员、全国政协常委、中央文史研究馆馆长，著有《柳文指要》等。

1923年8月，章士钊在上海《新闻报》发表文章，提出以农立国的主张。他说："愚十年论政而不得通，比察中外群情政习而知其捍格，复以欧洲思境翻新，续续东被，吾人斟酌于迎拒取舍之际，颇失其宜，近乃远游考览，独居深念，约为二义，以诏国人。"其中之一就是"吾国当确定国是，以农立国，文化治制，一切使基于农"（转引自罗荣渠主编：《从"西化"到现代化——五四以来有关中国的文化趋向和发展道路论争文选》，第681页，北京大学出版社1990年版）。得出这一论断的依据是什么呢？章士钊的分析对象是西方工业国的经济弊端，他指出："十八世纪以还，欧洲之工商业，日见开发，其本国之农业，大被剥蚀，以成畸形。所有道德习惯政治法律，浸淫流衍，有形无形，壹是皆以工商为本，而其国初若繁祉有加，物质大进，他国闻风，转相仿效，驯致世界可屈指数之文明国，皆为制造国，商场有限，逼拶大生，卒以饱食无祸之不可恒，英德两国，为争工业之霸权，创开古今未有之大战局。"在这种情况下，英国也有人提倡复兴农业，但已为事实所不容，"前此为农者，久已辞伦好，弃乡里，毁锄黎（犁），空身手，与工厂相依而为命，一厂朝闭，夕流离于道左……所有农田，次第沦于牧场棉场，工矿市集，一去而不复返"（转引自罗荣渠主编：《从"西化"到现代化——五四以来有关中国的文化趋向和发展道路论争文选》，第 682 页）。

再来对照中国的情况。在章士钊看来，"今吾之号为创巨痛深，亟须克治者，非吾已成为工业国而受其毒之故，乃吾未成为工业国而先受其习之毒之故"（转引自罗荣渠主编：《从"西化"到现代化——五四以来有关中国的文化趋向和发展道路论争文选》，第 682 页）。在列举了当时"农业之有退而无进"，财政膨胀，国债巨增及"为回扣，为财贿，为监守自盗，为克扣军饷"等腐败现象后，章士钊认为："今之社会，方病大肿，又灼知病源为工业传染之细菌，以工济之，何啻以水济水，焉有效能。"另一方面，"以吾艺术之不进，资本之不充，组织力之不坚，欲其兴工业以建国，谈何容易。即曰能之，当世工业国所贻于人民之苦痛何若，昭哉可观，彼正航于断港绝潢而不得出，吾扬帆以穷追之，毋乃与于不智之甚"（转引自罗荣渠主编：《从"西化"到现代化——五四以来有关中国的文化趋向和发展道路论争文选》，第 683 页）。

总之，"世界真工业制之已崩坏难于收拾也如彼，吾国伪工业病之复洪胀不可终日也如此，此愚所为鸟瞰天下，内观国情，断然以农村立国之论易天下，无所用其踌躇者也"（转引自罗荣渠主编：《从"西化"到现代化——五四以来有关中国的文化趋向和发展道路论争文选》，第 683 页）。

章士钊的文章发表后，既有赞同附和者，也遭到其他学者的反驳。为了进一步说明自己的观点，他继续撰文参加争论。在《农国辨》一文中，章士钊指出："天下固未有全然废农之工国，亦未有全然废工之农国。"（转引自罗荣渠主编：《从"西化"到现代化——五四以来有关中国的文化趋向和发展道路论争文选》，第 713 页）所谓农国是相对于工业国而言的，"凡国家以其土宜之所出，人工之所就，即人口全部，谋所配置之，取义在均，使有余不足之差，不甚相远，而不攫国外之利益以资挹注者，谓之农国"。与此相应，农国还具有政治道德法律习惯方面的特征，如："农国讲节欲，勉无为，知足戒争，一言以蔽之，老子之书，为用极宏，以不如此不足以消息盈虚，咸得其宜也"；"农国尚俭，贵为天子，以卑宫室恶衣服菲饮食相高。汉文作露台百金，以其为十家之产而罢。其他明君作诏，以雕文刻镂为伤事，锦绣纂组为害女红者，多不胜读。商通有为，易于居奇，以一体贱之。奇伎淫巧，为之有禁，以不如此不足以达'以口量地有余而食'之旨也"（转引自罗荣渠主编：《从"西化"到现代化——五四以来有关中国的文化趋向和发展道路论争文选》，第 714 页）；"农国政尚清静，以除盗安民，家给人足，为兴太平之事"；"农国说礼义，尊名分，严器数"；"农国于财务节流，于人务苦行，于接物务挚谦"；"农国重家人父子，推爱及于闾里亲族，衣食施与恒不计"；"农国恶讼，讼涉贷钱分产，理官每舍律例，言人情，劝两造息争以退"；"农国以试科取人，言官单独闻风奏事，不喜朋党，同利之朋，尤所痛恶"。概括而言,"'欲寡而事节,财足而不争',农国之精神也。"(转引自罗荣渠主编:《从"西化"到现代化——五四以来有关中国的文化趋向和发展道路论争文选》,第715页)

以上对中国农业文化的概括虽然比较全面,但看法未必正确。如吹捧统治者都厉行节俭,就掩盖了封建社会中阶级剥削的现实。认为农业国的精神是"财足而不争",也与事实不符,历代的农民起义不就是由于贫富差别太大而引起的吗?至于所谓的"恶讼",实际上是农民缺乏起码的个人权利、统治阶级在息事宁人的伪装下实行"人治"的表象。而被章士钊拿来作为优劣对照的工业国诸种特征,如"事事积极,人人积极,无所谓招损。损更图满,损满回环,期于必得";"大规模之工作,自上达下,只须有力为之,无不恣意以崇其成……人欲不餍,有经济之学以明之,立商标之法以护之,趋利若渴,死而后已"(转引自罗荣渠主编:《从"西化"到现代化——五四以来有关中国的文化趋向和发展道路论争文选》,第714页);"言建设,求进步,争于物质,显其功能";"标榜平等,一切脱略,惟利之便";"财以开源为上,人以有幸福求欢虞为上,接物以发扬蹈厉为上";"财产之事,毫不肯苟,全部民法,言物权债权者八九"等(转引自罗荣渠主编:《从"西化"到现代化——五四以来有关中国的文化趋向和发展道路论争文选》,第715页),倒是对资本主义经济竞争及其观念心态的准确勾勒。

以工业化为标志的资本主义经济确实产生了许多弊端,特别是欧洲各国为争夺势力范围和瓜分国际市场而爆发的世界大战,使人们反思社会发展的正确道路何在。农业文明和工业文明各有其特点和价值,但从历史进步的程序来看,后者是更高一级的阶段产物。在农业国发展工业,固然会发生经济结构变动的阵痛,也将给人们带来两种观念冲撞的迷茫。但是不能因此而否定工业化的进步意义,要想用传统农业文化的盔甲来抵御现代经济发展的冲击,显然是不明智的。

资本主义经济的发展一直伴随着人们对他的批评,尤其是19世纪中后期以来的社会主义学派更是主张用革命的手段推翻资本主义,而这种主张在章士钊看来也与以农立国相通。他说以何种产业立国的问题,"不仅吾国独有,比者欧洲工党,倡为第一第二,第二半以及第三国际诸号,以与资本国之帝国主义抗。所言虽不离工,而考其用心,固隐然有逃工归农之意。何以故?以其不主谋利,而主公制作以均民用,多与农国之本义相默契故"(转引自罗荣渠主编:《从"西化"到现代化——五四以来有关中国的文化趋向和发展道路论争文选》,第717页)。这种理解同样是不准确的。社会主义者对资本主义的否定是要用更进步的生产关系来消除私有制的内在矛盾,虽然他们的理论主张在某些方面可能与农业社会中的经济理想(如平均财富、消灭剥削)相似。

实际上,章士钊的以农立国并不排斥学习引进西方的工业技术,他所强调的是保持中国既有的经济模式和价值观念。他认为中国出现的巨额入超,实为"农国失其所以为农之咎,非农国不能化而为工之咎"(转引自罗荣渠主编:《从"西化"到现代化——五四以来有关中国的文化趋向和发展道路论争文选》,第717页)。对当时的中国而言,既要坚持"凡所剿袭于工国浮滥不切之诸法,不论有形无形,姑且放弃,返求诸农,先安国本,而后于以拙胜巧诸中,徐图捍御外侮之道"(转引自罗荣渠主编:《从"西化"到现代化——五四以来有关中国的文化趋向和发展道路论争文选》,第718页),也应意识到"所有墨守农法,于今无济,允宜借助工事,励学明艺,农产而外,别兴土物以斥外物各情,俱吾农国之所当有事,只须所兴以为吾用,或为吾用而更能兴,循环操作,功用不出本土"(转引自罗荣渠主编:《从"西化"到现代化——五四以来有关中国的文化趋向和发展道路论争文选》,第717页)。

　　1927年,章士钊再次著文重申自己的论点。他认为中国以农立国是由特定的文化传统决定的:"国者何?因人而立者也。无人何必有国。不为人 for people 亦何必有国。故国命与人生,相关至切。凡国文野治乱之度如何,盖以人民生计舒促心境忧乐之度衡之……惟所谓舒促忧乐云者,以意志定之乎?以物质定之乎?抑二者使和调而弗偏至乎?此农国工国之所由分,而吾古先贤与欧洲之政家哲士大异其趣者也。"(转引自罗荣渠主编:《从"西化"到现代化——五四以来有关中国的文化趋向和发展道路论争文选》,第730页)在章士钊看来,"盖天下之物,止有此数,而欲则无厌。以无厌之欲,而乘有数之物,其穷可计日而待也。反之以有数之物,而供无厌之欲,其屈亦可计日而待也"。他以中国的"体""用"概念来认识意念与物质的关系,断言只有农业文化才能解决这一矛盾:"舒促忧乐云者,意志为其体,物质不过为其用。立体以明用可也,徇用以丧体不可也。虽曰如伯夷之节,仲字之操,纯然以主观程其舒促忧乐之境,不能望于人人,而体用兼赅雍容和乐之盛,当时无非常可喜之奇功,后代亦无积重难返之变患,则确为吾国圣治之所期。是之谓农化。"(转引自罗荣渠主编:《从"西化"到现代化——五四以来有关中国的文化趋向和发展道路论争文选》,第731页)这就是说,农业文化对物质文明的进步是兼容的,但它更注重人们精神心态的平衡(舒、乐),而这种境界是建立在劳、常、俭的基础之上的。章士钊也承认:"劳常俭三德者欧人非不有之,特其劳所以为逸,其常所以为怪,其俭所以为奢。"(转引自罗荣渠主编:《从"西化"到现代化——五四以来有关中国的文化趋向和发展道路论争文选》,第730页)这种为了追求物质享受而不惜使精神处于促、忧之境的文化,正好与农国相反。

　　农业文化所崇尚的心态平衡是通过抑制物质欲望达到的,而工业文明所高扬的是以科技进步来满足人类不断提升的物质享受的精神旗帜。前者在协调人类与自然界的和谐生存这一深刻命题上有重要的认知价值,而后者则显著地、直接地改变着人们的生活方式,丰富着人们的物质享受,同时也滋生了新的社会问题。章士钊所希望的是将两种文明的优点结合起来,即在保持农业生产方式和文化心态的前提下,吸收西方物质文明的成果。鉴于当时中国为西方工业化弊端所危害,"民生不宁,奇邪百出",而"全国之农村组织,大体未坏,重礼讲让之流风余韵,犹自可见,与传统思想相接之人,尚未绝迹"的实际情况,他的对策只能是"力挽颓风,保全农化,蔚成中兴之大业"(转引自罗荣渠主编:《从"西化"到现代化——五四以来有关中国的文化趋向和发展道路论争文选》,第 734 页)。不难看出,章士钊的以农立国论是对外国经济侵夺与文化影响所作出的综合反思。

当时与章士钊持相同见解的学者有董时进、龚张斧等人。

董时进(1900—1984),四川垫江人。1920 年毕业于北京农业专科大学,两年后考取清华留美预备班。赴美后就读于康奈尔大学,获农业经济学博士学位。1928 年回国,任北平农学院教授、院长兼农业经济系主任。1935 年创办江西农学院,任院长。1938 年在重庆开办大新农场,引种柠檬等新品种。还经营中国农业公司,为董事长。同时任教于中央大学。1940 年发起组织中国农业协进会,任主席,并主办《现代农民》月刊。1942 年主持四川省农业改进所。又参与组建中国民主同盟,任中央委员。1946 年创建中国农民党,任主席。1950 年到香港。1957 年去美国定居。著作有《农业经济学》《国防与农业》《中国农业政策》《食料与人口》等。

章士钊最初提出以农立国时,董时进尚未出国。1923 年 10 月,他在上海《申报》发表文章,认为中国走向文明富裕的途径也在振兴农业。他从几方面阐述了发展农业的优势和利益:首先,农业国具有经济上的独立性。"工业国取农业国之原料,加以人工,还售原主,于中取利。购入食品,尚得赢余。然观农业国可以不需工业国而独立,工业国不能离农业国而存在,前者实不啻后者之寄生物。"(转引自罗荣渠主编:《从"西化"到现代化——五四以来有关中国的文化趋向和发展道路论争文选》,第 705 页)其次,农业立国无过剩之虞。"随世界工业化之增进,农国之需要加大,工国之需要加(减)小。达于一定程度以外时,农国求过于供,工国供过于求。农国过多尚于世无尤,工国过剩则病象立征。"第三,以农为主业有利于维护国家稳定。董时进说:"农业之优点,在能使其经营者为独立稳定之生活。其弱点在不易致大富。然可以补贫富悬殊之弊。此短正其所长。农业国之人民,质直而好义,喜和平而不可侮。其生活单纯而不干枯,俭朴而饶生趣。农业国之社会,安定太平,鲜受经济变迁之影响。"(转引自罗荣渠主编:《从"西化"到现代化——五四以来有关中国的文化趋向和发展道路论争文选》,第 706 页)工业国经常发生失业、罢工,"危险孰甚,然此种事情,农业国不畏也"。第四,中国具有发展农业的有利条件,如"长远之农史,广大之土地,良善之农民"等(转引自罗荣渠主编:《从"西化"到现代化——五四以来有关中国的文化趋向和发展道路论争文选》,第707页)。反之,中国如要走工业化的道路,既无军事实力,又无经济基础,"必不能免外资之纠葛","其结果不过神疲力竭,徒贻不量力之讥耳"(转引自罗荣渠主编:《从"西化"到现代化——五四以来有关中国的文化趋向和发展道路论争文选》,第706页)。因此,董时进主张:在确定我国的经济发展战略时,"宜发挥其所长,不宜与西人为我占劣势之竞争"(转引自罗荣渠主编:《从"西化"到现代化——五四以来有关中国的文化趋向和发展道路论争文选》,第707页),振兴农业是明智之举。

龚张斧在文章中表示:"立国之道不在物质之文明,而在风俗之淳厚;不在都市之华美,而在乡村之义安。"为了证明其立论正确,龚张斧列举了工业的六个弊端和农业的六个利益。关于前者,龚张斧说:(1)"夫衣食为日用所需,若仰给于邻,则一遭封锁,毙可立待。故有农业而无工业,其国尚可自存,有工业而无农业,则非独难获廉价这原料,工业无由振兴,且有被困之危险也。"(2)"工人生活既较优于农,则竞争者必众,众则供过于求,工资因之低落,生活遂难安定。而资本家又暗中操纵之,于是工人竭其血汗,而事畜维艰",社会阶级矛盾的加剧,"长猜嫌之恶性,戕互助之良能"(转引自罗荣渠主编:《从"西化"到现代化——五四以来有关中国的文化趋向和发展道路论争文选》,第727页)。(3)生产成本因"加资减时"而增加,物价亦随之提高,"结果则工人固无余利可言,而全体消费者亦咸蒙其影响"(转引自罗荣渠主编:《从"西化"到现代化——五四以来有关中国的文化趋向和发展道路论争文选》,第727—728页)。(4)"工业之种类既多,则奢侈品之制造,必随日用物以俱进","物质享用,日异月新","社会之风俗靡矣"。(5)工人"从风而靡,失其勤俭朴质之性","盗贼因而日滋,道德于焉日薄"。(6)城市膨胀,引发人口集中、卫生恶化,"贫者死丧固多,富者亦时殃及"。"此六弊者,虽有时不必以工业而生,然必以工业而盛,征之东西洋及吾国之各大都市,概莫能外也"(转引自罗荣渠主编:《从"西化"到现代化——五四以来有关中国的文化趋向和发展道路论争文选》,第728页)。

关于后者,龚张斧是这样分析的:(1)"农人安土重迁,苟无大利诱之于前,大患迫之于后,必不肯舍业以嬉。勤德既成,生活亦定。"(2)"乡村朴质无华,虽有余资,未有消耗,既保俭德,复兴储蓄之思。富民之道,莫善于此。"(3)"勤俭者多","则其本然之善,尤易充实,于是风俗日淳,而盗贼亦绝。"(4)"农村发达,都市之人自少","农村空气清洁,起居饮食,胥有定时,又不仅可减疾病,且可益寿延年"。(5)"农业半由人力,半赖自然,丰歉既小异大同,且无彼此冲突之点","可免工业竞争之恶习,以存人类友爱之天性。"(转引自罗荣渠主编:《从"西化"

到现代化——五四以来有关中国的文化趋向和发展道路论争文选》,第 728 页)(6)"农业发达,除衣食日用之品,足以自给外,且可提携工业,(供给廉价原料)而发达之。此时已有农业为其后援,则根基已固,可以尽得工业之益,而无其害。"(转引自罗荣渠主编:《从"西化"到现代化——五四以来有关中国的文化趋向和发展道路论争文选》,第 728—729 页)这些兴农之利,除第(6)条具有经济上的合理性外,其他几条都未能突破传统农业思想的窠臼。

龚张斧还把中国经济落后归因于"农业窳败"。他说:"论者每以吾国之贫弱,为农国之咎。不知吾国今日之现象,乃农工业俱不发达之故。使果为真正农业国者,则每年关税入超,何至达二万四千余万两之巨乎。"(转引自罗荣渠主编:《从"西化"到现代化——五四以来有关中国的文化趋向和发展道路论争文选》,第 729 页)从龚张斧的论述中,丝毫看不出他所提倡的是现代化的农业,而想用自然农业来抵御外国资本主义的经济侵略,显然是不合时代潮流的。这也是章士钊以农立国论的根本局限。

第五节　梁漱溟乡村建设理论中的农业思想

梁漱溟(1893—1988),原名焕鼎,字寿铭、漱冥,广西桂林人。毕业于北京顺天中学堂。曾加入同盟会。1917 年任北京大学印度哲学讲席。1927 年任广东省政府委员,次年代理广州政治分会建设委员会主席。1929 年赴北平接办《村治月刊》,同时在河南辉县创办河南村治学院。1931 年又到山东邹平创办乡村建设研究院及乡村建设实验区,任院部主任兼国民政府农村复兴委员会委员、山东省政府高等政治顾问。以后还组织中国乡村建设学会,出版《乡村建设》杂志。抗日战争时期,历任最高国防参议会参议,军事委员会战地党政委员会委员,第一、二、四届国民参政会参议员等职。在这期间,他参与组建"统一建国同志会"(后改名为"中国民主政团同盟"),任中央常委、光明日报(民盟机关报)社社长、国内关系委员会主任委员。1946 年参加中国政治协商会议,任民盟秘书长。1949 年后,历任中国人民政治协商会议第一、二、三、四届委员,第五、六届常委。他还是中国孔子研究会顾问、中国文化书院院务委员会主席。著作有《东西文化及其哲学》《乡村建设理论》《中国文化要义》《人心与人生》等。

梁漱溟是中国 20 世纪前半期著名的乡村建设运动的发起人和领导者,他认为中国社会与西方国家不同,是一个"伦理本位、职业分立"(《梁漱溟全集》第 2 卷,第 167 页,山东人民出版社 1990 年版)的宗法社会,中国的问题主要是文化失调,而根本的解决办法则是进行乡村建设运动。梁漱溟对乡村建设的意义进行了多层次的说明：从当时表象的和直接的原因来看，它"是由于近些年来的乡村破坏而激起的救济乡村运动"(《梁漱溟全集》第 2 卷，第 149 页)；但同时，"乡村建设运动是起于中国社会积极建设的要求"(《梁漱溟全集》第 2 卷，第 155 页)；而在更深层的文化意义上，"乡村建设，实非乡村建设，而意在整个中国社会之建设，或可云一种建国运动"(《梁漱溟全集》第 2 卷，第 161 页)。他认为："中国社会崩溃已到最深刻处，所以要建设亦须从深刻处建设起——建立新秩序的乡村运动实由此而起。"(《梁漱溟全集》第 2 卷，第 270 页)

　　乡村建设的任务包括组织、政治、经济等方面，而在经济建设中，农业占据着最重要的地位。梁漱溟认为："八十年来通商的历史，将我们卷入竞争旋涡，到现在差不多没一点不受世界的牵制与影响，没一点不受国际的威胁与压迫，在经济上我们完全成了被动的、附属的，处处难由自己作主。"(《梁漱溟全集》第 2 卷，第 496 页)在这种情况下，要谋求中国经济的发展，应该从所受压迫比较和缓、与国民经济关系最大的产业入手。通过对中国经济的总体考察，梁漱溟确认："农业是比较可以活动的。因为我们在农业上根基厚，要翻身，这里比较是个凭藉。"得出这一论断的根据有三条：(1)"工业生产的要件是资本(指机器及一切设备)，农业生产的要件是土地；土地在我们是现成的，资本是我们所缺乏的。"(2)"工业生产需要人工少，农业生产需要人工多。人工在我们是现成的，工业上所需动力是不现成的。"(3)"工业生产需得找市场；不要说国外市场竞争不来，就国内争回市场来说，一则适值中国人购买力普遍降低，二则正在外国人倾销之下，恐怕很少希望。农业极富于自给性，当此主要农产品还不能自给时，似乎不致象经营工业那样愁销路。"(《梁漱溟全集》第 2 卷，第 504 页)"总之，当前的问题，既在急需恢复我们的生产力，增进我们的生产力；而农业与工业比较，种种条件显然是恢复增进农业生产力切近而容易。"(《梁漱溟全集》第 2 卷，第 504—505 页)同时梁漱溟又强调指出，以农业为经济建设的切入点，并不意味着仅仅满足于农业生产的发展，他说："我们的要求是翻起身来达于进步的健全的经济生活。那就必须有进步的生产技术(巧)，社会化的经济组织(大)，而其关键则看能不能工业化。"因此，"尽力于农业，其结果正是引发工业，并且我敢断定，中国工业的兴起只有这一条路"(《梁漱溟全集》第 2 卷，第 508 页)。农业是国民经济的基础，农业的一定发展水平是建立和扩大工业的前提。但在现代经济中，工业化进程往往不是等农业发展起来后才开始，作为社会经济发展的模式目标，它既是农业发展的结果，又是农业现代化的促成因素。梁漱溟把乡村建设作为实现工业化的必要途径，强调农业与工业的协调发展，正体现了这一点。

梁漱溟主张以农村入手发展国民经济,另一个目的是为了避免资本主义已出现的弊端。在他看来:"中国根干在乡村,乡村起来,都市自然繁荣。可是如走近代都市文明资本主义营利的路,片面地发达工商业,农业定规要被摧残,因为农业不是发财的好道,在资本主义之下,农业天然要受抑压而工业畸形发达(这亦是我们中国不能走资本主义路的缘故)。我们不能象日本已经撞过这一关,工商业起来,可以回头来救济农村,而是不容再破坏农村,再抑压农业。"(《梁漱溟全集》第5卷,第642页,山东人民出版社1992年版)试图依据中国的实际,寻找出不同于资本主义国家的经济发展道路,这是中国近代经济思想的重要特点之一,乡村建设论的内在动机也在于此。

要促进中国农业的发展,梁漱溟认为必须先消除农业生产上的四大障碍。首先,"治安问题——秩序不安是妨碍农民生产的第一个问题;反之,安定秩序也就是有助于农民生产的最有效的方法……边荒待垦之地要想开垦,也以解决治安问题为先"(《梁漱溟全集》第2卷,第515—516页)。其次,"运输问题——运销不便是农业产品流通的大障碍,间接影响于农业者很大"。第三,"农民负担问题——这个包括苛捐杂税、田租、高利贷等一切而言。农民生活愈困,则于农业生产愈无力;所以负担之重,是农业生产的致命伤。这个问题若得解决,则裨益生产者甚大"。最后,"灾害问题——农业诚然是靠天吃饭。大水、大旱、以至病害、虫害,其破坏力之大,直难算计……这个问题若得相当解决,对于农业好处之大,可不待言"(《梁漱溟全集》第2卷,第516页)。这些需要革除的消极面涉及社会生活中的多个领域,但却没有包括农业的生产关系——土地所有制。

土地问题在梁漱溟的乡村建设理论中没有占据最主要的地位,这是与他对土地问题的基本认识直接相关的。在梁漱溟看来,"和农业最有关系的当然是土地问题……土地问题怎么样呢?问题那个不承认?要紧的是在有办法。办法也不难想;要紧的是谁来实行?要知土地问题,问题却不在土地,而在人与人之间……所以我们认为调整社会关系形成政治力量,为解决土地问题之前提"(《梁漱溟全集》第2卷,第528页)。虽然他也说"须提出对土地问题的主张,才能作乡村运动,才能调整社会关系"(《梁漱溟全集》第2卷,第528—529页),但从根本上来说,还是把土地问题的紧迫性放在乡村运动之后,因为只有"乡村运动才能形成解决土地问题之负责的力量"(《梁漱溟全集》第2卷,第528页)。梁漱溟把消除农村弊端作为"促兴农业"的"消极功夫"。又提出了使农业进步的三个要点,即流通金融、引入科学技术、促进合作组织,这些要点被梁漱溟称为"积极功夫"。而土地问题的解决(均调地权)则居于"消极功夫"和"积极功夫"之间。由此可见,梁漱溟的农业发展理论有三个基本任务:一是革除弊政,二是调整土地关系,三是促进农业生产的现代化,而采用先进的科学技术和现代化的管理方式是他谈论得最多的。

从上述认识出发,梁漱溟阐述了他的农业理念:"我们要什么样的一个农业?促兴农业的办法又是怎样? 我们可以用两句话回答:第一句话,即是要讲农业上多量的采用人类最进步的知识、技术、器具。换言之,即尽量地利用科学,而利用科学,亦就是在农业上采用工业的方法;不特在技术上,即经营形态,管理方法上,也要采用;将世界上已有的好的办法尽量的采用过来,则农业自可渐进于发展矣。第二句话,就是使农业社会化。我们的目的是要一切事的进步都要做到社会化,农业工业都须如此。"(《梁漱溟全集》第 5 卷,第 643 页)

为了实现农业生产的科技化,梁漱溟建议设立三种机构,一种是改良农业实验推广机关,"介绍农业上新技术新机械,种种新科学的利用,和经营管理种种新方法的采用";一种是乡治讲习所,"培养训练指导经营合作的人才";一种是农民银行,"吸收都市资本转输于农村"(《梁漱溟全集》第 5 卷,第 650 页)。他认为:"刻下中国问题是有地无人耕,人材无处用,资本无处投。若照以上所说的办法而能实现,则土地、人材、资本都有了办法。""三者连环为用,转移之间,全局皆活。"(《梁漱溟全集》第 5 卷,第 651 页)

他所说的农业社会化,就是要采取合作社的形式,"将劳力资本凑到一块,同去生产,将产品供给大家使用"。梁漱溟认为:"在个人资本主义之下固以土地私有、工资、劳动、营利等关系,根本已使农业不得发达,不易走到社会化。"(《梁漱溟全集》第 5 卷,第 644 页)"想要真的发展农业促进农业社会化,则只有此协同合作之一途。"(《梁漱溟全集》第 5 卷,第 647 页)

在土地方面,梁漱溟列举了中国农村存在的三个需要解决的问题,并提出了相应对策。一是耕地不足,解决的办法是扩大垦殖,"一俟大局稳定,政治上有办法,就当大规模举办移垦,非如此不能解除农业上之困难。除一面由国家统筹办理,有的责成各省自己办理"。鉴于"垦务上最大束缚障碍在少数有资本的人垄断地权,而耕者不能有其田。贵欲发达垦务必须耕者有其田,或在某种条件下为集团经营"。二是使用不经济,"农场面积狭小另碎,分散错杂,既足减少耕地面积,又妨碍耕作,不便灌溉,有阻农业进步,弊害甚大"。而"补救之道应当励行耕地整理功夫,和土地的合作利用"。三是土地分配不均,这个问题"有的地方且相当严重或很严重"。对此,梁漱溟的看法是:"土地分配不均,是从土地私有制来的流弊,私有土地的结果就难免不均。要想根本免于不均,只有土地全归公。"(《梁漱溟全集》第 2 卷,第 530 页)但是土地的所有制形式是以一定的社会经济发展为基础的,换句话说,"大约生产技术进步,社会事实最后趋向也许在土地归公,但非所论于今日。今日所得而行者,只是耕者有其田和土地的合作利用,这两点是我们应当积极进行,不容稍缓的;而这两点果得作到,其去土地公有也只一间耳"。(《梁漱溟全集》第2卷,第531页)他特别强调:"使耕者有其田,固已给予农业上有说不尽的好处;但如其各自经营生产,还不是土地合理的利用。我们必须更从土地的合作利用(一种利用合作社),达到土地利用的合理化,农业经营的合理化。"(《梁漱溟全集》第2卷,第531—532页)耕者有其田满足了农民从事农业生产的基本需求,而农业经济的内质提升则不限于此,梁漱溟在这里同时强调生产方式的改进,显然是一种深刻的见解。

提倡农业的合作化生产,这是梁漱溟农业思想的要点之一。他明确表示:"中国经济建设的下手处就是组织农民……此时既以他为中国经济问题的主人翁而言组织,那自莫善于合作主义的经济组织了,所以我看中国果然要进行经济建设,头一着就当有计划地大规模普遍推行合作于全国乡村,要于短期内将农民纳于合作组织中。"(《梁漱溟全集》第2卷,第547页)但在具体的实施过程中,他又强调应采用渐进的、非暴力的方法。他分析了当时苏联的农业合作社政策后得出三点结论:第一,"经济生活社会化是必要,但社会与个人或公与私两面兼顾,不可太偏一面,抹杀一面。这亦就是说,要农民由散而集是必要,但不可一味求集,还须于集中有散才行"(《梁漱溟全集》第2卷,第536页)。第二,"'凡事强求无益,欲速不达'……在列宁以及许多共产领袖或理论家,未尝不谆切明白地说,不要强行收取农民的土地,不要强迫他们集团化……然而人类就是这样,'明白自管明白,错误还是错误'……最后还是承认了农民自身力量,而徐徐引进之,才得成功"。第三,"一个人就是一个生命,一个活动的中心,一个活动的小单位。你必得承认他有他自己的力量;你必得尊重他自己的感情要求,予以适当的刺激,而导之于你所希望于他的活动在我解释,为什么不可没收农民的土地,农民的土地就是他生命活动的一个适当刺激;收取他的土地,即撤消其适当刺激;而生命的反应活动失其着落"(《梁漱溟全集》第2卷,第537页)。这就是说,在实行农业生产合作化问题上,操之过急或对土地私有权的全盘否定都是不足取的。历史证明,梁漱溟的观点颇为中肯。

乡村建设运动是由学者发起和组织的旨在促进中国广大农村地区进步的社会改革,作为这一运动的理论倡导者,梁漱溟曾言简意赅地阐述过它的意义所在:"我们之所以要讲乡村建设,是要求中国之普遍进步,平均发展。中国农人占全人口的百分之八十,内地最不进步,我们一定要求平均进步发展,如不求这个,我们将不知道要领导中国到什么地方去?领导中国革命要从最不重要的地方下手,从最不进步的社会下手,否则,就是酝酿最不重要的革命。"(《梁漱溟全集》第5卷,第964—965页)他又说:"我们认定须要以建设完成中国革命,从进步达于平等,不是从破坏达到的。"(《梁漱溟全集》第5卷,第964页)如果说前一段话反映了梁漱溟考察社会问题的深刻性,后一番见解则显示出乡村建设理论的改良实质,这也正是乡村建设论受到当时进步学者批评的原因所在。由于抗日战争的爆发和其他社会条件的制约,乡村建设运动没有收到预期的效果。但尽管如此,梁漱溟的乡村建设理论自有其进步的思想动机在,作为这一理论重要组成部分的农业思想也有着独特的认知价值。

第六节 晏阳初平民教育论中的农业思想

晏阳初(1893—1990),名兴复,曾用名遇春,以字行,四川巴中人。早年在成都美华高等学校求学,后赴香港,就读于香港大学政治系。1916年去美国留学,先后入耶鲁大学、普林斯顿大学。1920年回国,开始从事平民教育工作,1923年任中华平民教育促进会总干事。1926年起在河北省定县创设平民教育实验区。以后历任全国经济委员会委员、河北县政建设研究院院长、华北农村改造协进会执委会主席、四川省政府设计委员会副委员长国民政府国防参议会参议员、湖南地方行政干部学校教育长、中国乡村育才院院长、中国农村复兴联合委员会委员。1943年被"哥白尼逝世四百年全美纪念委员会"选为对世界文明贡献较大的10人之一(其他当选者有爱因斯坦、杜威等)。1949年去台湾。1987年回大陆期间被选为北京欧美同学会名誉会长,同年获美国总统里根亲自颁发的"终止饥饿终身成就奖"。

晏阳初是中国现代史上著名的教育家,也是世界平民教育运动和乡村改造运动的奠基人。在20世纪二三十年代的农村改良运动中,晏阳初所主持的定县平民教育取得了显著的成效,受到世人瞩目。

晏阳初常说:"'三C'影响了我一生,就是,孔子(Confucius)、基督(Christ)和苦力(Coolies)。"(《晏阳初文集》,第273页,教育科学出版社1989年版)他从小经受中国传统文化思想的熏陶,读的古书虽有限,却在幼小的心灵里埋下了民本主义的火种。以后,在四川成都、香港和美国求学过程中,基督教的博爱精神又使晏阳初深受感动。第一次世界大战期间,他赴法国办理华工教育,强烈意识到劳苦大众缺乏教育的痛苦,并认为这是中国落后的根源所在。他指出:"20世纪是机器时代、是技术时代、是科学时代、是智能时代。体力再强,不能与机器相比。以体力取胜的时代已成为过去,代之而起的是以智能专长创造机器、驾御机器的时代。智能专长得之于教育。华工、华商吃亏在教育不够,智能无由发展,以手与机器相争,岂能不拜下风! 这不但是华工的悲哀,也是世界上许多没有机会受教育者的悲哀。华工、华商的悲哀,也反映了整个中华民族的悲哀。大多数平民的智能不能开发,国家民族的科技工商必定落后。落后的国家民族,怎么比与他国他族讲求平等呢?"(《晏阳初文集》,第290页)这种认识坚定了晏阳初毕生致力于平民教育的信念。

回国后的几年,晏阳初从事平民教育的范围较广,曾应邀到军队和各城市开展宣传、教学工作。当时他提出平民教育的目的"为培养国民的元气,改进国民的生活,巩固国家的基础",而具体内容则有四端:"(一)'文艺教育',以培养智识力;(二)'生计教育',以增进生产力;(三)'公民教育',以训练团结力;(四)'卫生教育',以发育强健力。"(《晏阳初文集》,第22页)随着对中国社会考察的深化,他逐渐把注意力集中到农村。在20世纪30年代的一篇文章中,晏阳初指出:"中国今日的生死问题,不是别的,是民族衰老,民族堕落,民族涣散,根本是'人'的问题。"(《晏阳初文集》,第67页)而要完成"民族再造"的任务,必须开展"农村运动","因为中国的民族,人数有四万万,在农村生活的,要占80%。以量的关系来说,民族再造的对象,当然要特别注重在农村;又因为中国民族的坏处与弱点,差不多全在'都市人'的身上,至少可以说都市人的坏处,要比'乡下佬'来的多些重些……古来许多英雄豪杰成大功,立大业的,大部分都来自田间。所以就质的关系来说,民族再造的对象,当然也要特别注意在农村"(《晏阳初文集》,第67—68页)。因此,晏阳初强调,农村运动不仅仅是农村救济,也非办几个模范村就算了事,它是一项根本性、普遍性、长期性的社会改革。

把平民教育的具体任务与农村运动的实际需要结合起来,便形成了晏阳初的农业发展思想。他认为中国农村存在着四大问题:愚、贫、弱、私,有针对性地开展文艺、生计、卫生、公民教育,则能从根本上消除上述落后现象。在定县的平民教育实践中,晏阳初明确规定了生计教育的目标:"要训练农民生计上的现代知识和技术,以增加其生产;要创设农村合作经营组织;要养成国民经济意识与控制经济环境的能力。换言之,要从生计教育入手,以达到农村的经济建设。"(《晏阳初文集》,第94页)作为生计教育的实施步骤,他们主要抓了如下几项工作:(1)开展农民生计训练;(2)建立县级合作组织制度;(3)改进植物生产;(4)改进动物生产。

晏阳初高度重视农民的生计训练,他指出:"中国是一个农业国家,生产的基础是农业,我们要培养人民的生产力,所以不能不注意生计教育。"(《晏阳初文集》,第230页)他认为中国的乡村建设存在种种急需解决的困难,其中,"最可怜的就是大多数的民众还是迷信的头脑,怕神怕鬼的,在这种情况之下,如何可以克服环境呢？所以现在要设法使农民的头脑科学化，不过单靠口头演讲还是不够的，务须以科学方法来改进农民生活。合作社决不是仅仅为借钱而已，而是养成农民合作的观念，习惯和技能。如果中国四万万人都有科学头脑，都能运用农业上技术及合作精神，我敢说，就能百战百胜"（《晏阳初文集》，第125页）。因此，国家花费人力、物力研究农业科技固然重要，但"同时要把科学研究的结果带到民间去，与农民发生关系，养成农民运用科学的习惯，使农民生活科学化，实属迫切之图。如果把这般又勤又俭的农民科学化了，我想一切事情可以胜过天力"（《晏阳初文集》，第124—125页）。在晏阳初所主张的三种最迫切的农民教育（以民族意识和国家观念为内容的知识力培养；以科学创造性为内容的生产力培养；以纪律和自卫能力为内容的组织力培养）中，关于生计方面的要求是："培养科学的生产力，更换那些老农、老圃的旧习惯旧技术，使其了然于人力可以胜天，一切自己均可创造，即养成其自给自足之能力。"（《晏阳初文集》，第120页）

为了实施对农民的生计教育，晏阳初首先希望专业人才深入农村，"技术专门人才，实地到农村作农村生活改造的学术研究与实验"；"技术推广人才，实地到农村领导农民做改造生活的事业"（《晏阳初文集》，第74页）。其次，创办生计巡回训练实验学校，其任务是："使农民在农村中取得应用于农村实际需要的训练，以生活的秩序，为教育的秩序，顺一年时序之先后，施以适合的教育，授以切实的技术。"第三，开展推广工作，先"切实分别规定农家实施表征设计，由原来训练人员，分负视导检查之责，其成绩较良之农民，足为其他农民之表征者，认为表征农家"（《晏阳初文集》，第95页），然后，"乃用表征农家，将其在本部领导下所获得之知识与技能，表征经验及结果传授予一般农民，试农民对于作物，了解如何选种，如何栽培，推动全村接受各项设计的农民实际从事建设"（《晏阳初文集》，第95—96页）。

在对农民进行生计训练的同时，切实推广普及现代化农业生产方式，这是晏阳初农业思想的又一主要内容。他指出：生计教育要解决的是穷的问题，因此，"我们从农业生产、农业经济、农业工业各方面着手。在农业生产方面，注意到选种、园艺、畜牧各部分工作。应用农业科学，提高生产，使农民在农事方面，能接收最低限度的农业科学。在农业经济方面，利用合作方式教育农民，组织合作社、自助社等。使农民在破产的农村经济状况下，能得到相当的补救办法。在农村工艺方面，除改良农民手工业外，并提倡其他副业，以充裕其经济生产能力"（《晏阳初文集》，第55页）。从晏阳初所作的定县实验工作报告中可以看到，有关这方面的计划安排十分详细周全，如涉及植物生产的有土壤肥料、小麦选种、玉蜀黍选种、高粱选种、谷子选种、大豆选种、棉花选种、介绍作物改良种、介绍果树改良种、介绍蔬菜改良种、梨树整枝、烟草汁防除棉花蚜虫、捕蝗、防除病虫害机械药剂;关于动物生产的有选择鸡种、改良鸡舍、选择猪种、改良猪舍、家畜疾病的预防及治疗、新法养蜂、介绍新品种;涉及农业生产方式的有家庭记账、农场管理、农产市场、合作社;关于家庭工艺的有棉花纺织。由于目标具体,措施得当,定县的农业改良推广取得了显著的成效。

采取什么形式以促进农村经济的发展? 晏阳初的选择是组织合作社。他认为:"改良农业,就要注意到经济组织的改进以谋适应。所有农产品的生产、运销,货物的购买,农民的消费,一定要有新的组织,生活才能适应。"(《晏阳初文集》,第183页)这种新型的农民经济组织就是合作社。在晏阳初的设计下,定县实验区的做法是先成立自助社,"以为合作社之预备组织",由金城银行等向农民办理抵押贷款,"于是各村之人,渐觉便利,故一年之中,成立之自助社,几达三百,占全县村庄四分之三,复因农民对于合作之意义,逐渐明了,请求成立及改组者,日渐增多,因之合作社得以顺利进展"(《晏阳初文集》,第148页)。在组织系统上,定县的合作社分为村和县区两级。晏阳初主张合作社的基层组织设在村,"每村只能设一个同样性质之合作社,较小之村,则可联合其他小村合立一社","其所以如此主张者,一方面因村中领袖缺乏组织,不宜过于复杂;一方面藉可促进村人之团结力量,并集中人才资金,以谋事业之发展也"。村合作社的业务以经营信用为主,"至于兼营其他业务,亦宜斟酌情形办理,办理得法,不但人才可以利用,经费亦可省;然初成立之合作社,以只办一种为最妥"。县合作联社的职责是:"(甲) 执行全县合作行政及合作教育,(乙) 经理全县各社之运销购买事宜,(丙) 办理各村社之储蓄借款事项。"(《晏阳初文集》,第149页)在晏阳初看来,"虽合作社之基本组织在村,而其功用完成之机能则在于县联合社也"。为了使合作社形式为农民所接受和熟悉,晏阳初强调按下列程序实施合作教育:(1) 初步教育,目的是"使村民了解合作社之大意及办法";"使之觉悟合作社对于本身之需要";"坚定其对于合作社成功之信仰";"使有实际经营之技术"。(2) 专门教育,"集中村中优秀分子及合作社职员等,予以经营合作社之专门技术训练,例如合作簿记,经营方法,经营常识等"(《晏阳初文集》,第148页)。(3)继续教育,所用方法有定期训练、互相参观、介绍书籍等。(4) 合作社之指导组织,委派专人,"分任巡回指导工作,同时并谋合作事业之发展"(《晏阳初文集》,第148—149页)。

此外,晏阳初还谈论过农村工业的发展问题。他指出:"中国因为是农业国,一般人很容易注意到农业,而忽略了农村工业的重要性。我国农民并非整年忙于农事:他们一年总有三、五个月的农闲,利用以从事手工业的生产制造。在平常的年景,可以辅助家庭的收入,在天灾为患收成无望的时候,也可以补救生计的一部分。所以农村工业在我国整个国民经济上,应占重要的地位。"(《晏阳初文集》,第162页)他认为中国农业要想突破自给自足的模式,就必须对农村工业有新的认识和经营思路,"如果应用合作的原则,把分散的原始的小手工业,组织联合起来,作共同之经营,又加以技术方面的研究与改良,则农村经济之复兴,方可有望!"(《晏阳初文集》,第163页)不仅如此,晏阳初进一步强调了工农业配合发展的必要性。他意识到进步的农业生产模式和具有一定文化素质的农民是工业赖以建立和发展的基础,"工人来自农村,没有教育,没有组织,当然要被少数人蹂躏,我们要趁中国还不曾大规模工业化的时候,防患于未然。一方面要尽最大的努力,求教育之普及,使农民有经济的合作组织,使农民收入增加,减少生产上人力的耗费,如是,方能有剩余的人力到工厂去做工"(《晏阳初文集》,第231页)。如果说晏阳初前面提到的农村工业还只是广义农业的一个组成部分,那么在这段话里他已经从农业生产力提高后农村劳动力转移的角度揭示了社会经济发展的必然趋势,这一见解与现代发展经济学原理有某种相通之处。

晏阳初没有把农村的土地制度改革放在其生计教育之中,他曾表示:"农村经济问题中最严重的,莫如土地问题……这桩根本工作,似应由政府出来毅力解决。"(《晏阳初文集》,第183页)在回顾定县平民教育运动的经历时,他指出"农村土地分配的不合理"减弱了合作农场的经营效益,因为"北方的农村虽然多自耕农,但因土地的分散,耗费了人力,影响了生产的增加",可见"土地问题是一很重要的问题"(《晏阳初文集》,第231—232页)。不难看出,晏阳初所说的土地分配不合理,主要着眼于农业生产的考虑,照他的思维逻辑,只有土地的集中才能体现合作农场的规模优势。由于未触及封建土地所有制下的阶级剥削这一深层次问题,晏阳初自然不可能在其生计教育中提出满足农民土地要求的主张。这也正是当时乡村建设运动的局限所在。

1948年,晏阳初继续强调乡村建设的重要性,他指出:经过八年抗战,中国仍然是一个"无力的弱国","整个社会窒无生机","危乱终年"(《晏阳初文集》,第251页)。为了挽救这种危机,必须开发蕴藏在广大农民身上的"力"。晏阳初以同情的笔触写道:"中国的农民向来负担最重,生活却最苦:流汗生产的是农民,流血抗战的是农民,缴租纳粮的还是农民,有什么'征'有什么'派'也都加诸农民,一切的一切都由农民负担!"(《晏阳初文集》,第252页)"民为邦本,本固邦宁"(《晏阳初文集》,第322页)是晏阳初历来信奉的古训,在这种观念支配下,他强调在中国这样的国家,千头万绪的工作中,乡村建设是最重要的,而"建乡必先建民,一切从人民出发,以人民为主,先使农民觉悟起来,使他们有自动自法的精神,然后一切工作,才不致架空"。他所说的开发民力,"就是开发人民的知识力、生产力、健康力、组织力"，要达到此目的，"须从整个生活的各方面下手：必须灌输知识——'知识'就是力量；必须增加生产——'生产'就是力量；必须保卫健康——'健康'就是力量；必须促进组织——'组织'就是力量"（《晏阳初文集》，第252页）。在晏阳初看来，这种民力的开发是国家福祉的基础，"今日中国要求安定，要求繁荣，要真正实行民立，都必须从这为人民谋福利的基础上下手。因为求安定，首先是人民的安定，使人民能安能定，才是社会安定之本；求繁荣，首先亦在农村的繁荣、农民生活水准提高，才能得到普遍的繁荣；尤其实行民主，人民在文化政治经济各方面的基本力量——知识力、生产力、健康力、组织力——未曾开发出来，如何谈得到真正的民立呢？"（《晏阳初文集》，第254页）在这个意义上，"乡村建设虽始于乡村，但并不止于乡村，它不过是从拥有最大多数人民的乡村下手而已，它的最终目标当然是全中国的富强康乐"（《晏阳初文集》，第253页）。

客观而论，晏阳初及其乡村平民教育思想有两点是值得肯定的：其一，"晏阳初身体力行，以全部的热情与精力投身于规模空前的平民教育运动，应该说是反映了关心国家命运的爱国知识分子的忧患意识和民族责任感，是有进步意义的爱国行动"（周谷城：《序言》，《晏阳初文集》，第11页）；其二，平民教育运动的倡导者主张开发人民的"脑矿"，提高民众的整体素质，以此作为经济建设和政治文化进步的基础，这无疑是一种远见卓识，具有很大的现实意义。在中国农业思想的发展史上，晏阳初所阐述的以生计教育为主要内容的农业发展理论，将以其特有的科学性和鲜明的实践性而占有一席之地。

第七节　董时进的农业经济理论

前已提到，董时进在20世纪20年代的以农立国与以工立国的论战中明确地主张前者。30年代以后，他在《农业经济学》《国防与农业》等专著中，系统地提出了自己的农业经济理论。

《农业经济学》出版于1933年。在这部著作中，董时进首先就农业经济学的基本方法论问题阐述了见解。他认为农业经济学有广义和狭义两种定义："就广义言之，农业经济系以经济学的态度研究农业及其他种事情之经济的关系之科学……依此意义，则农业经营学可以包括在内。""就狭义言之，农业经济学系以经济学的态度，从国家或社会之立场，研究农业及其与他种事情之经济的关系之科学。依次意义，经营学遂不在其内。"（《农业经济学》，第4页，北平文化学社1933年版）关于这门科学的社会作用和研究对象，董时进指出："农业经济学之功用，为指导发展农业,增进农民利益之适宜的,有效的途径,以达到社会全体繁荣之目的。其研究之范围甚广,除天然要素外,即一般社会的,政治的,及经济的现象,凡与农业及农民之利益有关系者,均为农业经济学所应研究之事项。"(《农业经济学》,第1页)他特别强调:"中国为农业国家,中国之公私经济,罕有能脱离农业之关系者,故农业经济学在中国之地位,应特别隆重。"(《农业经济学》,第5—6页)基于同一认识,董时进表示他写这本书,"最大奢望,不在其被用为作文谈话之资料,而在其能为制定政策,实施工作之借鉴,俾有益于中国农业之建设与农业及农民问题之解决"(《农业经济学》,第2页)。

董时进揭示了农业经济学和农业技术科学的区别,在他看来,前者的涉及范围要广得多,因为"农业非单纯之技术,而为一种生活及营利之实业,农民非技术家,乃为一种实业经营者,故农学不能专讲求耕种及饲畜之技艺,必须同时讲求其经济。例如农业效率及生产价额之提高,农民利益之加大,及其损失之减少等问题,皆农业经济上之事情也"(《农业经济学》,第1页)。"农业经济学之所以得称为农学者,良以现代农业不仅为一种之生产的技术,乃为一种之营利的实业。"(《农业经济学》,第6页)从这个论点出发,董时进批评了农业理论中的单纯技术观点,他写道:"一般谈农业者,只知生产技术之重要,而忽略其经济方面,不知农业优劣成败之分,不在产量之多少,而在利益之大小,不在收获之几斤几斗,而在收入为几元几角。收入与收获为两事,而收获仅为许多影响收入分子中之一耳。农民事农业,其目的在于获利,即如何使全部事业总结算后之利益最大。若责农民增加生产,不顾其利益,何异以牛马视农民。"(《农业经济学》,第11页)"为农民谋福利,要仍不能离开农业而谈,然亦不能专讲生产之技能,同时必须谋农民经济情形之改善。"(《农业经济学》,第12页)其实,强调以技术进步推动农业发展,并非不重视经济效益,而是把解决农业问题的切入点农业生产力的改善上。董时进以上说法,表明他在研究中国农业问题时,更注意社会经济关系方面的分析。

同样能够反映这一理论特点的是董时进的这段话:"中国已由闭关自存而与世界交通,中国农业已由自给自足,而渐被卷入国际市场,世界经济情形之变化,其影响辄深入于我国农村。以一向轻视经济问题之国家,值此时代新异之今日,岂可不急起直追,以图补救耶。且吾人固在日呼改良农业,增加生产矣。抑知农业之所以不能改良,生产之所以不能提高,技术之所以不能进步,其原因多在于经济的限制,而非纯由于生产科学之落后耶……从事农业或主持农业行政者,若能明了此种经济的关系,随时留意其变化,则其改革措施上之可以增加效率,减少失败,毫无疑义也。"(《农业经济学》,第12—13页)

应该指出,董时进所强调的改善经济关系,并不是要改革中国农村中的生产关系,而是要求国家加强对农业的扶植。在另一部专著中,董时进对农业土地和佃农问题发表了看法。他认为:"农业在中国自古是最尊崇的职业,农民不拘是自耕农或佃农,都是身份高尚的人民,可以入学中举,也可以当宰相。农民虽不是富翁,但是他们的人格历来是受朝廷及社会所尊重的。在中国根本谈不到农民解放,也无所谓土地开放,因为中国的农民早已是解放了的。中国的土地和佃农问题,只是一种寻常的社会经济问题。"(《国防与农业》,第122页,商务印书馆1944年版)既然如此,从根本上改变农民地位也就没有必要。事实上,董时进是主张维持农村中的既有生产关系的:"吾国的业佃关系,并无重大的缺陷,循序的改善,以求适应新社会环境,固属政府应采之策略,但无病呻吟,矫揉造作,抄袭外国,根本推翻,诚恐病未足以治疗,反而使药毒戕害身体。"(《国防与农业》,第129页)

至于国家采取扶植农业政策的必要性,董时进首先从农业本身的特点作了分析,他列举了农业的六个特征:(1)农业为扩散性的事业;(2)农业之生产量不能随人的意思决定;(3)农业生产限于一定时期;(4)农业用需人工及器具限于一定季节;(5)农业有自给自足之可能;(6)农业受土地面积及其生产力之限制。董时进指出:"农业具有上述之各种特征,故有许多之特殊问题,农业受其束缚,维持发展,辄感障碍。殆世界愈机械化,产业愈组织化,农业之缺点愈形昭著。故近代农业之地位,殆有岌岌不可终日之势,其与工商各业相形之下,不啻一羸弱多病之稚子,苟不特别加以扶助,必加日就衰微,以至于沦亡。然农业为工商业之基础,食料之源泉,不但其维持有绝对的必要,且随人口之增殖,尤非极力谋其发展进步不可。"(《农业经济学》,第24页)其次,农业在中国经济中占有特殊的重要性,这体现在七个方面:(1)中国人之衣食原料大部为本国农业所供给;(2)中国人民大多数之职业为农业所赐予;(3)中国农业为中国工商业之基本;(4)农业为国家财政收入之主要源泉;(5)农业供给中国出口货之最大部分;(6)农业对于中国漏卮之堵塞负有重大之责任;(7)农业对于中国工商业将来之发展有密切之关系。董时进强调:"农业对于中国之重要,殆如心脏对于人之身体,供给血液于周身各部,一切机关,赖以营养,各种机能,藉之以发挥,与手足耳鼻,仅关系于局部之活动者,轻重大相悬殊。"他预言"将来中国工商业进步,农业之独尊地位,自必丧失。"(《农业经济学》,第56页)"但独尊位置之丧失,不必为重要性之丧失。换言之,将来农业虽不能永为惟一之重要事业,而其重要之程度,则未必减低;或竟随工商业之发达,农业之重要性,益见显明亦未可知。"不仅如此,"中国农业,因其经济上之重要,对于国家政治及社会秩序,亦有重大之关系,欲救济中国之不安,亦非谋农业之振兴,使农民之经济及生活得舒解,而能自安其业可也"(《农业经济学》,第57页)。

董时进对农业经济问题的论述范围很广,涉及土地的特性及利用,土地的农业分类,农业经营最低收益渐减现象,农场的面积,耕地的重划,农业信用,农产品运输,农产品的对外贸易,农业合作,农业垦殖等,其中最有理论价值的是解决佃农问题的对策思路。

董时进承认中国广大佃农处于贫困境地,但不同意以超经济的行政方式进行干预:"吾人对于佃农之穷苦,及其被贪狠无厌之地主之榨取,虽极表同情,然对于政府以法令强制一律减租之举,则不敢苟同。吾人以为帮助佃农之合理而且有效的方法,在提高佃农之知识,促进其组织,以增加其自卫之能力。遇刻薄之地主,为过分之需索或压迫时,再相机帮助之即可也。"(《农业经济学》,第155页)"至于佃农问题之根本解决,固在使耕者有其田。但中国之耕地,多系分散于小地主手中,欲转移所有权于佃户,不能采没收夺取之手段,必须另有合法有效之政策。"(《农业经济学》,第160页)

董时进所拟定的政策建议有三条:"(1)移民垦荒,使无田可耕者有田可耕。(2)尽先分配官产及公产,将一切机关法人所有之土地,合价给予耕种之佃农……(3)实行限田,凡地主所有耕地超过定额者,勒令卖出。此项限制之规定,应斟酌各地方之土质,气候,地势,人口密度,家庭大小,及各地主之耕种能力及耕种成绩等,分别规定,不宜有一致的办法。又决定限度时,宜兼顾农业经营之效率,对于自己经营之地主,限度宜稍宽。若只求土地分配平均,则全国耕地将尽分割为不便耕地之过小农场,对于土地及人材之利用,农业之改进,生产之增加,均属不利。"此外,董时进还提到:"欲求上列政策之实现,尚有一根本条件,即供给农民购买土地或垦荒所需之款项是也。故适宜的农业金融制度之创设,为实现耕有其田之前提,否则一切计划,徒类画饼耳。"(《农业经济学》,第161页)

不难看出,董时进的土地对策是比较温和的,特别是对中小地主,他主张提供必要的政策保护。这种思想倾向同样体现在他对耕者有其田的诠释中:"佃农问题的根本解决办法,是消灭佃农,使每个农人皆耕种自己所有的土地,而成为自耕农。这即是耕者有其田的主张。这主张并未规定土地要平均分配,而只是说所耕的田,要能归自己所有。反过来说,即是自己所有的田,必须自己耕种。这只是一件事情的两个说法,因为耕者有其田,和有田者自耕,是没有分别的。"(《国防与农业》,第124页)"佃农比较上处于弱者的地位,政府必须多加保护,社会亦应寄其同情,无待多赘。惟吾人对于一般中小粮户,亦决不可以与外国之贵族地主同样看待,而动辄要加以取缔……国家对于大官富豪等之兼并土地,固宜有限制的办法,然而对于一般乡村小地主则必须加以保障。消灭这些小地主,即是毁坏社会上最安定殷实的阶层。破坏人民对于土地的信任心,无疑破坏他们的爱国心,及对于政府的拥戴心。"(《国防与农业》,第 125 页)应该指出,董时进对耕者有其田的解释并不准确,这种解释只是为了证明他维护中小地主利益主张的合法性。

为了改善佃农的生活处境,董时进一方面建议开垦荒地。他认为:"农民贫穷之最根本的原因,为耕种地面太小。耕种地面小既为全国普遍之现象,可知其非土地集中之果,乃由于农民人数太多,耕地不敷应用所致。故即将全国所有耕地重新平均分配于农民,亦无多补也。"(《农业经济学》,第 364—365 页)"中国最大的土地问题不是分配的问题,而是有无或多少的问题。中国所有的土地,根本不敷分配,虽亦有不均的问题,然而不够的问题则更严重得多。"(《国防与农业》,第 122 页)因此,"根本治贫之道,在于扩大农民每人耕地面积,或使农家另有他项收入,或使其他小农场为更有利之利用。扩大农场之道,不外两端,即一须多辟土地,二须减少种地之人数"(《农业经济学》,第 365 页)。只有土地面积扩大了,才能真正做到耕者有田可耕。

另一方面,要对农民实施职业和文化教育。董时进说:"教育普及,则佃农的境遇将日益改善,绝无疑义。"(《国防与农业》,第 124 页)这不仅是由于农民文化素质的优化有益于农业生产的发展,而且是因为农民知识水平的提高是社会进步的必要基础。对此董时进指出:"中国欲实行民治,则第一要着厥为如何解决占国民大多数的农人之贫穷及知识问题,及如何使农业发挥其效率,以尽其提高一般人民的生活之使命。徒在政治上讲民主,而不在经济及教育上,特别是农民的经济及教育上,奠定民主的根基,打开民主的障碍,则所谓民主者,至多亦不过社会上层阶级少数人之民主耳。"(《国防与农业》,第 115 页)在重视农民教育这一点上,董时进的认识同晏阳初是一致的。

作为一位受过西方教育的农业经济学家,董时进对中国农业发展趋势所作的预测性分析颇具科学价值。例如,他认为农业是一种可能自给自足的产业,但是,"农业为最不应该讲求自给自足之事业,假使各国争相谋农产物的自给自足,则各国人民必均蒙重大之损失,世界更将惹起无穷之战乱。盖农业为在天然环境下从事之事业,受气温,雨量,土质等许多自然因素之支配。各处有特殊的天然环境,即各地有特别适宜的农产物。各国皆视其环境之所宜,以从事生产,互通有无,则地球上各地皆能发挥其最大之生产力,以供人类之应用"(《国防与农业》,第 25 页)。显然,中国传统的农业经济模式应该改变。

再如,中国农业的产品结构也存在需要改进的地方,董时进认为,世界各国的农业发展没有刻板的形式,但有两个特点是许多国家共有的,"(一)各国农业皆耕种与畜牧并重,而且大都畜牧重于耕种,因耕种往往以生产家蓄饲料为主,此与中国农业仅以畜牧为副业者迥乎不同。(二)畜牧之中多半以乳牛为最重要,此与中国不养乳牛,而以猪为主要畜牧事业者亦不相侔"(《国防与农业》,第23页)。相比之下,中国以粮食为主的生产格局在经济上的合理性值得反思。一方面,"中国虽号称农业国家,然而人口稠密无殊于欧洲许多国家,故历年有米麦进口,而食不得饱之人民仍不计其数。将来一般人民生活提高,需要粮食更多。在理论上虽可改良农业,开垦荒地,增加粮食生产,但事实上生产的增加未必能跟上消费的增加。中国必欲求粮食之自给自足,虽非一定办不到,然而未必为最经济的办法"(《国防与农业》,第27页);另一方面,"中国一般人民生活太低,营养太劣,不仅粮食不足,其他食物尤不足。为改善营养,提高生活计,应需之食物很多,实难一一自足。迫不得已,惟有极力发展最适宜,最有利之产品,以换取利益较薄及适应性较次之产品……若斤斤于粮食的自给,不但目的不易达到,即使达到,也会放弃良好的机会,影响他物品的生产,反而妨害真正足食的成功"(《国防与农业》,第39页)。在这里,董时进注意的是农业生产的比较利益,但这种比较利益只有在正常的国际贸易条件下才会实现,而在当时情况下,中国很难获得这种公平的经济环境。惟从经济学角度来看,董时进的这番见解体现了开阔的视野和独到的深度,具有理论上的创见。

农业生态的保护和合理开发,也是董时进论及的一个重要问题。在这方面,他特别关注的是发展森林和保护水土资源。在董时进看来:"我们所悬的最高目标,不外乎地尽其利,专讲开发取用,至于地利要如何培养保护,维持久远,却没有人打算。我们所主张和实施的政策,因为没有这保存地利的意识来做中心,结果往往是徒劳,或甚至于利少害多。"(《国防与农业》,第112页)他还说:"水土为人类生存之资源,农业之基本,惟利用不得其当,保蓄不得其法,则变为破坏农业及毁灭人类之动力。"(《国防与农业》,第114页)为此,他提出:"根本的挽救办法,必须厉行水土保持,限制山地的开垦,并将已开垦而不宜开垦的山地,也停止耕种,分别种植牧草或栽培树木。"(《国防与农业》,第113页)

为了提高农业生产的经济效益,董时进建议发展园艺农业。他认为:"园艺为最集约之农业,能使小块地面,容纳多数人工,出产最大价值,故对于人口稠密,劳力苦于过剩之国家最为有利。"因此,"中国对于园艺生产,不应以供给自己的需要为满足,必须以之为发展对外贸易的一种主要事业"(《国防与农业》,第77页)。

提高集约化水平和发展对外贸易不仅是农业创新的导向,而且是未来农业现代化的客观要求,如何结合中国实际推进这一进程?董时进作了具体阐述。在《农业经济学》一书中,他就提出了农业精细化的发展设想,并把它和"提倡乡村工艺及利用农闲与农产物之副业"(《农业经济学》,第371页)作为提高农民经济地位的两项途径。所谓农业精细化有两层意思:"一为就现实之农业,益增其投资及劳力,以期其收获之增加;一为改变农业之组织,及经营事业之种类,而采用需要劳力及资本较多者。"(《农业经济学》,第372页)其中第二种含义的精细化更具可行性。他认为:"农业精细化,为中国农业及农民之唯一的主要出路,其他事情,只可当为达到此出路之辅助的手段。"(《农业经济学》,第377页)

40年代以后,董时进的看法有了发展,他指出:"今后中国农业将日进于集约与复杂,实为一定不移之趋势。但所谓集约者,不必为对于现时的生产投下更多的劳力及资本,而将为比较集约的事业之益加普遍。优良土地之利用方法,将比以往更精,而同时劣等土地之利用,则将比以往粗放。垂直的田塍土埂或将放弃耕种,但平面上则将多栽培利益更大之农作。所谓复杂者,则系由于生活及市场的需要复杂,农业不能单以生产稻麦杂粮为满足。此两项趋势,均对于国家及农民皆有利益。国家的农业政策,必须因势利导,对内要迎合新的需要,对外要投合国外的销场,方能致国家于富强,使国防的根本日益巩固。"(《国防与农业》,第136—137页)

机械化生产被许多学者视为发展现代化农业的必要之举,董时进则认为应根据实际情况作具体分析。他感到中国农村的土地状况很复杂,有的无法使用大型农业机械,有的没有条件推广农业机械,所以不能一概而论。他建议推广小农机,而"不用机械生产之国土,宜特致力于不便用机械之经营"(《农业经济学》,第172页)。尤为重要的是,农业机械化的普及有赖于社会经济的整体发展,正如董时进所说:"吾人若能开发各种富原,创造新的职业,则机械之利益甚大,若百业废弛,荒地不辟,徒使用机械以耕种固有之田地,则其影响若何,殊堪怀疑也。"(《农业经济学》,第179页)

在董时进的农业理论中,人口问题得到应有的重视,他曾撰文揭示道:"经济问题与人口问题为一物之两面,食料问题为经济与人口两问题之症结;食料若不成问题,则经济问题与人口问题亦能成立矣。""何谓人口问题?曰:人口太多,食物不足。所谓人满为患者,并非空间无塞,无插身之地,乃比例于食料而言之也。"他断言,必须限制人口数量,光靠其他办法将"无济于事,粮食问题,亦永远不能解决"(《民食问题之解释与解决》,《东方杂志》第23卷,第17号)。在《国防与农业》一书中,他明确指出:"我们必须明白,中国土地的生产能力,已经发挥到不易再扩大的地步。假使以为中国尚有无限的土地可以开垦,农业生活尚有广阔的边缘可供发展,人口可以大胆的繁殖,其结果必定是为国家添加负担、忧患与各种困难。"他强调:"中国必须一面增加物资生产,一面节制人口生育,两者应同时并进,都不怕做得太过。"(《国防与农业》,第147页)

综观董时进的农业经济理论,具有三个明显的特点。其一,他较早系统地阐述了农业经济学的基础理论;其二,他对中国农业问题的分析侧重于经济层面的考察;其三,他关于中国农业未来趋势的一系列论断,虽然在当时缺乏实施的客观条件,却为以后中国农业发展的史实证明是科学的。

第八节　吴觉农等人的农业现代化论

1933年7月,《申报月刊》为纪念创刊周年,特别刊登了"中国现代化问题"专辑,约请社会名流发表见解。在这次征文讨论中,农业作为社会经济中的重要问题而受到人们的关注,尤其是未来农业的发展方向和可行途径,成为学者们的热门话题。

吴觉农于20世纪30年代任职于上海中央研究院社会科学研究所,是中国农村经济研究会成员,参与《中国农村》月刊的编辑。他在这次讨论中,明确提出中国农业的现代化应选择社会主义的模式。

吴觉农在《中国农业的现代化》一文中指出:"中国农业,虽有几千年的历史,但现在生产技术的落后,经营方式的退步,已在任何独立国家之后;不,就是其他的殖民地国家,也比较中国要近代化得多了。"例如,其他国家已普遍使用化肥,而中国仍以人畜排泄物为维持地利的唯一要素,他国的水利工程新颖坚固,中国每有洪水泛滥之虞,别国的农业动力是电,中国则靠人力和畜力。"这一切农业生产的现状,正如以大刀队抵抗飞机和坦克车一样,安得而不落伍!"(转引自罗荣渠主编:《从"西化"到现代化——五四以来有关中国的文化趋向和发展道路论争文选》,第281页,北京大学出版社1990年版)

吴觉农认为,导致中国农业如此落后的原因"举不胜举",中国农业现代化进程中的障碍很多,除改善政治脱离帝国主义的压迫之外,还需要铲除土地私有制和商工资本对农业的榨取,这是农业实现工业化、科学化、组织化、集团化转型的两个先决条件。

土地私有制和商工资本之所以成为农业发展的桎梏,根源在于中国农村普遍存在的个人主义经营。吴觉农揭示说:"中国农业,无论在封建制度或资本主义的社会形态之下,对于农民的榨取无不侧重在土地的这一点,已是无可否认的事实。"广大农民所遭受的地租剥削,"不但使再生产的不可能,改良技术,改良一切的环境的不可能,就是连最低限度的生活,也无法维持了。除非一方面去再借不愿意借而不能不借的高利贷"。因此,"土地问题如果无法解决,则农业的现代化,也将无从谈起"(转引自罗荣渠主编:《从"西化"到现代化——五四以来有关中国的文化趋向和发展道路论争文选》,第282页)。

比土地私有制对农民的榨取更严重的是近代商工资本的侵夺,吴觉农指出:"近代所独有的商工资本主义的榨取,在表面上却觉得很合理,很自然,而且能伸缩自在,换言之,更可以择肥而噬。他们的方法是:农产物的市场支配;农用必需品的供给支配;以及农用资金的金融支配。土地私有制的榨取,在自耕农还有逃避的可能;而商工资本主义的榨取,则无论为佃农为自耕农,凡是个人主义的独立的小经营农业,尤其是没有组织的农民,都不能不受其直接间接的残酷的榨取。"(转引自罗荣渠主编:《从"西化"到现代化——五四以来有关中国的文化趋向和发展道路论争文选》,第283页)

那么,在中国实行农业的资本主义化是不是可能呢?吴觉农的回答是否定的。他从农业的性质、土地状况、劳动力供求、技术条件、机械化程度、产业利润等六个方面阐发了自己的看法。

首先,"农业常受天然的气候,风土等支配,作物的栽培,动物的饲养,有地方性和季节性。虽然矿物的采取无生物,工业的加工制造,商业的懋迁有无,也不能不多少受自然条件的影响;但决不如农业的显著……故农业决不象工商业的只须有资本技术,即可充分地自由地生产"。其次,"工商业的需要土地,极为有限;而农业非有大量的而且适于生产的土地不可,尤其在资本主义的农业经营。工商业耗费于土地的资本甚少;而在农业,尝以土地占大部分的固定资本。土地的有'报酬渐减率'的支配,尤为资本主义化最困难的问题之一。加以中国的土地,除边陲各省以外,大都分割的已极零碎,而其较大面积的土地,又在少数的旧军阀、旧官僚及各地的土豪劣绅之手,在集中土地的一点上,也发生极大的困难"。第三,"就中国劳力过剩情形而论,中国农业,本来是小农经营的组织,而土地的分配,早已感到不足。如果用机械作大量的生产,一方必使劳力过剩,一方运用机械的结果,怕还不及雇用人力的反觉经济"(转引自罗荣渠主编:《从"西化"到现代化——五四以来有关中国的文化趋向和发展道路论争文选》,第284页)。第四,"农业的各种技术是公开的,不象工商业的有秘密性和独占性。而且同一优良的品种,同样精巧的技术,如从甲国或甲地转移到乙国或乙地,非经相当时期的实验不可"(转引自罗荣渠主编:《从"西化"到现代化——五四以来有关中国的文化趋向和发展道路论争文选》,第284—285页)。第五,"农业以为受自然力的支配过大,各项的生产品忙闲不同,同一事业,又须时时变更地位",与工业生产不同,"农业的使用机械,一年中少则数次,多亦不过两三月,所以农业的机械化就发生困难"。最后,"在几千年来的个人经营的农业形态之下……农业榨取的机构早已完成。在榨取重围中的中国农业,所谓营利企业已无法存在。加以现在又值世界经济恐慌农产物价格只是天天惨跌。用大量生产的结果,物产的供给只是过剩,自更无利润可言了。农业经营既没有利润,就不成其为企业,也就无资本主义化可言了"。此外,还有交通的不便,帝国主义的压迫,国内苛捐杂税的盛行等,都是阻碍资本主义化的因素,"可知农业的资本主义式的现代化在中国的现状下,是无法走的一条远路"(转引自罗荣渠主编:《从"西化"到现代化——五四以来有关中国的文化趋向和发展道路论争文选》,第285页)。

　　基于以上分析,吴觉农写道:"中国农业的现代化应该采取哪一种方式? 这当然不是改良主义的个人方式,而应该采用社会主义的方式了。"(转引自罗荣渠主编:《从"西化"到现代化——五四以来有关中国的文化趋向和发展道路论争文选》,第285页)至于实现农业社会主义现代化的步骤,则与解决前述几项先决问题有关,即"(1) 有统一的政府与贤明的政治;(2) 脱离帝国主义的羁绊;(3) 改革土地私有制度;(4) 铲除商工资本的榨取形式"(转引自罗荣渠主编:《从"西化"到现代化——五四以来有关中国的文化趋向和发展道路论争文选》,第286页)。至于社会主义农业现代化的内在含义及实施要点,吴觉农并未展开他的论述。

　　戴霭庐(1892—?),名克谐,浙江杭县(今杭州市)人。早年留学日本,回国后曾任上海中华书局编辑,北平《银行月刊》总编辑,北平中国大学、朝阳大学、上海光华商学院、中国公学、上海中央大学商学院等校教授。他在《关于中国现代化的几个问题》一文中也主张农业走社会主义的路子。在他看来,"许多现代化,根本上便以社会主义为基础,如果不采用社会主义的方式,是绝对没有希望的"。虽然在当时"许多事情,由国家经营,成绩不良,如果由以个人主义为基础的股份公司来经营,或者前途较有希望",他还是表示:"理想上是我是主张采用社会主义的方式,因为许多现代化是以社会主义为根基的,一旦采用个人主义的方式是绝对办不通的。"如在救济农村经济的问题上,"大多数主张由国家或地方创设农民银行,由农民银行贷款于农民,但是其间非在各乡村设立合作社不可,否则便不容易放出款项。就这合作社而论,当然须采用社会主义的方式"(转引自罗荣渠主编:《从"西化"到现代化——五四以来有关中国的文化趋向和发展道路论争文选》,第266页)。

　　郑林庄(1908—?),广东中山人。1927年入燕京大学经济系。1931年毕业后赴美留学,在哥伦比亚大学获硕士学位。回国后历任燕京大学经济系讲师、教授、系主任,法学院代院长。1949年后任中国人民大学教授。

郑林庄在《生产现代化与中国出路》一文中认为,现代化从生产角度来看有三个特征:一是生产机械化,二是生产合理化,三是生产计划化。他指出:"如今我国欲在生产现代化上求出路,当然不在与别国在国际市场上争利益,且在事实亦在所不能。我们现在目前的任务是在如何发达自国的生产,把别国在国内权利以我国之丰富富源,充足人力,若能全国一致努力,不难臻于自足自供的境界。"(转引自罗荣渠主编:《从"西化"到现代化——五四以来有关中国的文化趋向和发展道路论争文选》,第289页)基于这一认识,他主张采用合作社组织形式以促进农业生产,实现农业的现代化。郑林庄分析说:"我国根本上是个农业国家,如今则农业破产,农村已至崩溃的边沿,如欲救济农村,亟应奖励农产,种植原料;同时又启发富源,尽力吸收农村多剩的劳力。现代我国在工业上已渐次机械化,而在农业上尚未做到。我以为欲求我国农产激增,必须使农业生产机械化不可。惟农业机械了,现在农业的半封建制度在势要破落溃散,我看代此而兴的农村组织虽不必定是苏联式的集产农场,至少应是种近于生产合作社的组织。因为半封建的农村组织是不适于使用机械的。"(转引自罗荣渠主编:《从"西化"到现代化——五四以来有关中国的文化趋向和发展道路论争文选》,第290页)

在另一部专著中,郑林庄列举了中国农业发展的五大困难,即土地分配的不均,耕地面积的不足,农产品买卖中的中间剥削,农村资金的缺乏,农业劳动力的流失。特别是大量土地集中在少数人手里,他们中"除少数是经营地主外,大多都是军政官吏,高利贷者,和重利盘剥的商人"(《农村经济及合作》,第58页,商务印书馆1935年版),这种土地占有状况造成了农村中地主、佃农两个阶级的矛盾日益激化,并制约着农业经济的增长,因为"佃农于土地无责任心,少养牲畜,少养肥料,致使土地的生产力大减","佃农因收获的大部归地主分去,故不肯努力增加生产"(《农村经济及合作》,第60页)。如何解决这些问题?郑林庄的对策建议仍然是组织合作社,包括农村信用合作社、农村消费合作社、农村生产合作社、农村贩卖合作社,其中农村生产合作社又分为两种:共同耕种合作社和农产制造合作社,后者专门从事农产品的加工。

总起来看,这次征文所出现的几种农业现代化主张,理论上比较笼统,作者在有限的篇幅里也不可能详细阐发自己的观点。但无论是吴觉农的社会主义农业现代化论,还是戴蔼庐、郑林庄的农业合作主义论,都显示出这样的思想倾向:在考察了世界经济现代化潮流及中国农村的严峻现实之后,人们迫切希望寻找到中国农业摆脱困境、振兴繁荣的新思路。

第九节　马寅初对农本思想和土地问题的分析

马寅初(1882—1982)，浙江嵊县(今嵊州)人。早年留学美国，在哥伦比亚大学获经济学博士学位。1915 年回国后，历任北京大学教授、经济系主任、教务长，重庆大学商学院院长，国民政府立法委员等职。1949 年后历任中央人民政府委员，政务院财经委员会副主任，华东军政委员会副主席，浙江大学、北京大学校长，第一、二届全国人大常委会委员，第一、二、三、四届全国政协委员，第二、四届常委，中国科学院哲学社会科学学部委员。作为国内最有影响的经济学家，马寅初同样关注中国的农业发展问题。在 1949 年以前，他发表的相关论文有《中国租佃制度之研究》《中国土地整理问题》《田赋改革之必要》《土地税》《平均地权》《工业革命与土地政策》等，而 1935 年出版的《中国经济改造》一书，更是集中反映了他对农本思想和土地问题的理论分析。

马寅初认为中国历史上的经济政策均以整个国家的利益为前提，故可称之为"全体主义"，而农本思想则是其核心。他指出：在社会生产力低下、经济交往尚不发达的历史条件下，农业在国家生活中自然占据着举足轻重的地位，"农为斯民衣食之源，有国者富强之本。王者所以兴教化，厚风俗，敦孝弟，崇礼教，致太平，跻斯民于仁寿，未有不权于此者矣"(《中国经济改造》，第 43 页，商务印书馆 1936 年版)。马寅初把中国古代的农本主义概括为五大方策：(1) 土地政策；(2) 稳定物价政策；(3) 农业金融制；(4) 市易法；(5) 荒政。他具体阐述说："农为国本，土地则又为农之本，故古人对于土地之整理，极为重视。土地之平均分配，禁止自由贸易，殆成历代一贯政策。虽制度时易，遗意犹存。""物价之变动，为商人牟利之机会，而小农受其困，故稳定物价，亦为保护小民之方法。"(《中国经济改造》，第 47 页)农业金融制可以王安石的青苗法为例，在马寅初看来，这也是一种维护农民利益的举措，"盖金钱之需要无限，而古物之需要则有限。以需要无限之金钱，易需要有限之谷物，国家当然处于不利地位，而农民固受其便"(《中国经济改造》，第 48 页)，只是这种政策后来产生了严重的弊端。关于荒政，马寅初指出："历代救助贫民之方策，有仓储之政，有放赈粥厂之设，有水利法，开垦法，伐蛟捕蝗之法，有类别本草以代食之法。此中最要者，其惟仓储之政乎。"为了确保农业的发展，历代决策者还实施各种预防贫富悬隔之策，如对农民的减税政策，卖爵政策，限田法，均田法，均输平准法，盐铁官卖等，"此六种方法，皆出自全体农本主义,以保护农民为目的,而为农本主义之一贯政策"(《中国经济改造》,第49页)。

马寅初认为中国历史上的农本主义是有局限性的,这不仅因为它在实行过程中常常走样,而且表现在这种思想已不适合现代经济的发展。他正确地揭示道:古代的农本主义视农民为唯一的生产者,并满足于简单的生活需求,"在今日观之,此种思想,自属不合……在今日,各种生产,各有其重要性,应有平均之发展,在个人,则应极力提高其生产力,庶可多换物品,使人人之欲望,得最大之满足"。所以,"今日之中国,决不能再为古代之农本思想所囿,否则欲立国于此竞争剧烈之世界,戛戛乎其难矣"(《中国经济改造》,第41—42页)。此外,"古者既以农为国本,故国家财政,一皆取之于农。后世相沿未改,于是农民负担日以加重……古代政简事省,费固不多,故农民尚堪负担。后世政事日繁,国家财政,日以膨胀,而一方面工商之发达,已驾农业之上。倘财政上之负担,仍加之于农业,是重之者适所以抑之而已"(《中国经济改造》,第43—44页)。

但是,农本主义作为一种精神遗产,显然具有现实意义。例如,农本主义重视生产,"人人都有生产,都自食其力,则天下无游食之民,可以长治久安,此即进入大同之阶梯也。吾人又可将此意为之推广。在今日之社会,势不能尽驱民而归之农,故吾人应从财货之交换价值着想。驱民而从事于增加财货之交换价值,从而扩大一国之经济范围"(《中国经济改造》,第45—46页)。又如,农本主义有助于社会安定,因为"在事实上历代之变乱,其源确起于农村之不安,农村不安,则离乡轻家,人人存好乱之心。一夫相呼,和者四起,势成燎原,大乱兴矣。中国历代之变乱,无不如此,诚以基础动摇,其上层建筑,未有不崩溃者也"(《中国经济改造》,第42页)。"反观今日,尔诈我虞,不惜以种种不正当之手段,争取厚利。狡黠之徒,不费手足之劳,可以坐致巨富。贫弱者终岁勤劳,仅能自糊其口。寻至造成贫富悬殊之现象,而引起阶级仇视之动机。今日学者,苦思焦虑,其对象亦正在此。儒家之崇本抑末,不失为当时安定社会之良策。今虽已不能引用其法,但仍可师其一贯之精神也。"(《中国经济改造》,第45页)再如,农业的状况制约着其他经济部门的发展,马寅初说:"吾人今日之提倡恢复农村,并非含有重农轻商之意,乃在培养农村之新的生产力量,以增加农民之收入。故一方面救济农村,在别一方面观之,亦即在扶助工商。盖工商之最大雇主为农民,农民之购买力薄弱,则商品之销路呆滞。是以农村破产,工商不能独存,必须恢复农村,工商才有希望。"所以,"农本主义虽有成为过去之刍狗,然其一贯之精神,足为吾人之楷模也"(《中国经济改造》,第46—47页)。

据此,马寅初断言:"中国历代经济政策,素取干涉主义。禁抑自由竞争,重农轻商,处处为农民着想。在今日观之,似有不适时势之感。但其施政方针,有一贯之系统,足为吾人师法。故吾只须取其精神,变通其法可也。土地政策,所以防土地之兼并也。实行积谷,所以备荒歉之发现(生)也。平均物价,所以防商人之垄断也。农业金融机关之设置,所以调济农村之金融也。"(《中国经济改造》,第52页)他还认为:"今者各国均有放弃自由竞争,采取计划经济之趋势……今日之潮流,已由个人主义,进入于全体主义。今日之中国,亦惟有上法先王之精神,近取先进各国之政策,以自立其一贯之方针。复兴,复兴,其在兹乎。"(《中国经济改造》,第53页)

20世纪30年代中期,计划经济思潮在世界各国风行,我国学者同样受到影响,马寅初的上述见解反映了这一点。而他主张在中国特定的历史背景和经济条件下,吸取古人经济思想的合理因素及文化精神,与借鉴西方现代经济理念及政策相结合,走出中国独特的经济发展道路,这是更具思想创意与理论深度的。

在当代经济的发展中,土地问题仍然占有突出的重要地位。对此,马寅初揭示说:"土地政策与国民经济关系,至为密切,农业国家无论矣,即号称工业国家,亦未尝不对土地政策,三致意焉。盖吾人所衣所食,直接间接,皆出于土地。一国对于土地政策,行之而当,衣食之源,可以发荣滋长,进于无疆。行之而不当,虽有广土众民,只见荒烟蔓草,流亡载道,衣食问题,决无解决之希望也。而于农业国家为尤然。"(《中国经济改造》,第628—629页)他进一步指出:"农业问题,为我国经济问题之中心,土地问题,又为农业问题之焦点。错综复杂,由来已久。欲图彻底解决,诚非易事。然需要整理之亟,又莫如今日。"(《中国经济改造》,第649页)

马寅初指出,在当时特定的历史条件下,土地问题已成为中国共产党和国民党之间政策的主要分歧点。在他看来,"共产党之平分一切土地与国民党之耕者有其田,原则上皆甚合理",这种合理性表现为:"第一,自己耕自己之田,则耕者自然肯极力改良其所耕之田。第二,耕他人之田,则耕者以其不能永久使用,必将拔尽地力。第三,耕自己之田,可无撤田之忧虑。第四,耕自己之田,费用较耕他人之田为省。"(《中国经济改造》,第646页)但二者的不同之处也显而易见:"一种为激烈的,即没收大地主之土地,以分配于无地农民,苏俄即行此法。中国共产党仿之";"一为温和的,即一面用积极的方法使土地增加……一面又用消极的方法,使地主放弃其所有权。如用租税方法,限制大地主之收益,间接可达到耕者有其田之目的"(《中国经济改造》,第665—666页)。他认为中国当时并不存在大地主,没有足够的已耕土地可分配给无地农民,而且"在今日情形之下,若欲实行平分一切土地,实为最难之事,若再要办到一均字,实为不可能之事"(《中国经济改造》,第647页),所以共产党的土地主张缺乏可行性,而国民党的土地政策则被他基本上加以肯定。

针对蒋介石提出的"以和平途径使耕者有其田"和"倡导集合耕作以增加生产"的主张,马寅初提出了自己的不同见解。他认为:"采集合耕作之法,以经营土地,固属不错。惟在今日之中国,各种必须具备之条件(如耕作机器,大仓库,运输工具,发电厂等等)皆未完备,而遽欲实行集合耕作,其何可能。"(《中国经济改造》,第662页)至于计口授佃之法,也不易在各地普遍推广,"在田多人少之村,不言均耕,亦决无游手,而在田少人多之村,佃农原不必雇人,势非削足适履,强令雇用不可。今日之佃农生活,已极困难,若再令其耗费金钱,岂不益窘"(《中国经济改造》,第662—663页)。再如对超过500亩的土地征收累进税的规定,在各种税收已很繁重的情况下,"即使田不逾限,已以有田为畏途,欲脱售而不得,倘此种苛征杂税,不予取消,如何能办累进税"?而且由于当时农村财力枯竭、都市资金壅塞,让"不耕而获之地主,将出售其所有之地,以投资于他途"的设想,也是与复兴农村的计划相违背的。此外,计口授佃只有均耕之意,"于土地法规定者,有均耕之意,亦有均有之意,若以三省之制,推行于他省,不免有冲突之处"(《中国经济改造》,第663页)。总之,在马寅初看来,蒋介石所推崇的土地解决方案,"尤有可采之处。其最大优点,即在使历代土地商业化之趋势,与豪强兼并之风气,不致重现,确为解决土地问题之良法。但欲推行于他省,尚有窒碍难行之处,似有变通之必要"(《中国经济改造》,第664页)。

对于国民政府颁行的土地法,马寅初的总体评价是设计完整,但缺乏可行性,或不具备必要工具。如土地法的许多条款,"其目的无非欲使有能力而无地耕种之农民,有优先购置土地之机会。倘农民无购置之能力,虽有良法美意,等于画饼充饥,无裨实际"(《中国经济改造》,第681页)。这种"徒有其名而无其实,其流弊所至,可使不肖者假土地法之名而行剥削之实,其为患有不可胜言者"(《中国经济改造》,第683页)。

1946年,马寅初发表《土地税》一文,探讨了在中国实行土地税的问题。他指出:"中国今日田赋,沿袭数百年来旧法,未曾一加清理,积弊重重,不可究诘。近年以来,地方政府度支膨胀而开源无法,乃以种种附捐名目,加于田赋,循至附捐数额高出于正税数倍或一二十倍以上,农民负担已属无力支持,以致其生产力日形衰退。"土地税以田赋为主要内容,它是国家土地所有权在经济利益上的体现,因此马寅初说:"整理田赋以轻农民之负担,负担减轻,其生产力亦可赖以增加。且整理田赋,不但为减轻农民负担问题,抑亦为国家财政上之一大问题。"(《马寅初经济论文选集》上册,第315页,北京大学出版社1981年版)

为了确定中国土地税的改革方案,马寅初分析比较了古今中外的六种土地税制,即(1)以土地之面积为课税之标准;(2)以土地之收获量为课税之标准;(3)以土地之等级为课税之标准;(4)以佃租额为课税之标准;(5)以地价为课税之标准;(6)查定法或底册法。马寅初认为这六种税法都存在不足,如第(1)种,"不问土地之优劣,但计其面积之大小以定税率,则负担失其公平矣。何者,以等量之地,因优劣不同,收获悬殊故也"(《马寅初经济论文选集》上册,第316页)。第(2)种,因为有"土地之等级不同而收获量可以相等""各地收获量不易得准确之根据"等缺陷,除当时的印度、埃及外,大多数国家"久已不取"(《马寅初经济论文选集》上册,第316—317页)。第(3)种,"土地之等级,亦常因社会环境之变更而变更","故测定土地等级以后,历时既久,亦生流弊"(《马寅初经济论文选集》上册,第317页)。第(4)种也不适用于中国,"因中国农民太穷,生产能力,又极薄弱,耕作所得,不但无利润可言,能否亏本,尚成问题。盖地主之剥削太重,常陷佃农于困境,故土地税应加于地主,不应课及佃农"(《马寅初经济论文选集》上册,第319—320页)。第(5)种,由于土地买卖转让比较缓慢,地主呈报地价不免虚假,而且"市息常常变动,若据以定土地之还原价值,则地价亦必随之而常常变动,以变动不定之地价为课税之标准,殊非相宜"(《马寅初经济论文选集》上册,第320页)。对于第(6)种税法,马寅初指出其手续繁杂、费用昂贵,特别是"现在中国田赋尚系根据明代之鱼鳞册,故积弊重重,遂成为当前一大问题。此法之未臻完善,与此可见",但尽管如此,"以上六法中,比较起来,实以第六法最为妥善"(《马寅初经济论文选集》上册,第321—322页)。

马寅初认为:"中国从前土地税之课税标准,与前述六法,皆未相符。"(《马寅初经济论文选集》上册,第322页)尤其是"近年以来因附加税之带征,中国之地税,离开上述六种标准愈远",也可以说,"中国之地税,已无所谓课税之标准。附加税愈重,则去公平愈远"(《马寅初经济论文选集》上册,第324页)。要改变这种状况,必须实施前述第(6)种税法,并将田赋划归地方税收,因为"地方政府管理其本地之土地税,因情形熟悉,办理调查,自较方便"(《马寅初经济论文选集》上册,第322页)。他的主张是依据国际财政学权威塞利格曼、巴斯太白耳等人的理论提出来的,但这种税法的必要前提是地方政府的高效廉洁,否则,原有地税的弊端很难消除。

值得指出,马寅初的上述见解既反映了他农业思想的一贯特点,又是基于客观现实所作的理论变通。早在20世纪20年代中期,他就对孙中山的平均地权理论表示赞同。他在《平均地权》一文中说:"平均地权,为孙中山先生之主张,即平均土地所有权之义。凡稳必有其主,物主有享受其物之权,此物权属于个人。平均地权,为平均所有权。"而这种对地权的平均又是天然合理的,因为,"地与他物性质不同,他物皆可以人为,如绸缎、布匹等,为劳力之所出,纺织染色之后,便可制衣,而地则不然。地为天赋之物,非人力所能为"。"土地既为天赋之物,人皆得而享受。"(《马寅初讲演集》第4集,第224页,商务印书馆1928年版)

他进一步强调在中国实行平均地权的必要性,一方面,"今以少数人而享受之,则成为大地主。大地主之来,亦因此之故,有多数土地,不自劳力耕种,以地出租于人,在家坐收地租,颐指气使,尽情苛敛。一亩之产,其所收之租,少则四五成,多则五六成,人劳其力,彼收其租,不劳而获,莫此为甚";另一方面,"现在我国农人耕自己之地者虽不在少数,然而耕租地者,则较耕己地者为更多。要使耕者有其田,似非平均地权不足以语此"(《马寅初讲演集》第4集,第224页)。不仅如此,"依理而论,耕者必须有地,盖耕者有其地,则耕耘培植必格外讲究,今耕种租地,有时解约,非永远可以耕种,为期长短不一,若培植过肥,一经期满,地非己有,培植之费,无从赔补,是以租地施肥,皆不尽力,两方相较,则耕自己之地者,改良培植多尽其能。改良多,则地力之生产力大,效用广,故欲求生产之多,必须耕者有其田。"(《马寅初讲演集》第4集,第224—225页)为了不损害社会其他阶层的利益,他主张:"平均地权,仅可采和平之法,不如用孙中山先生之遗产税法及所得税法。"(《马寅初讲演集》第4集,第229页)

显然,马寅初在生产关系改革对中国农业发展重要意义的认识是深刻的,同时这种认识也影响到他对中国共产党和国民党土地政策的评价。但是土地制度改革的不易和社会经济状况的不容乐观,使他不得不把对农业问题关注的焦点转移到税制整顿上。在既定的土地改革政策无法实行的情况下,地税整顿是较为可行的发展农业之策,而它与孙中山土地理论也有着一定的内在联系。

第十节　费孝通的乡土建设论

费孝通(1910—2005),江苏吴江人。1928年入东吴大学医学预科,两年后转入北平(今北京市)燕京大学社会学系。1933年考进清华大学社会学及人类学系读研究生。1936年赴英国留学,就读与伦敦经济学院。1938年获伦敦大学博士学位。回国后任云南大学社会学系教授。1943年去美国芝加哥大学和哈佛大学访问。1945年进西南联大,任清华大学教授。1949年以后历任中央民族学院副院长、中国社会科学院民族研究所副所长、中国社会科学院社会学所所长、中国社会学学会会长、北京大学社会学系教授。他还是全国人大常委会副委员长、中国民主同盟中央委员会主席、国家民族事务委员会顾问。先后荣获国际性的人类学会授予的马林斯诺基奖状、英国皇家人类学会授予的赫黎胥纪念章，并当选为英国伦敦政治经济学院荣誉院士、英国皇家人类学会荣誉会员。著作主要有《江村经济》《禄村农田》《内地农村》《乡土中国》《民族与社会》《乡镇经济比较模式》等。

虽然费孝通对中国农村所进行的研究是从社会学角度展开的，但经济分析显然占了很大的比重。在其博士论文《江村经济》中，费孝通依据实地调查资料，对一个江南农业村落的经济状况作了详细的论述。作者在《前言》中表示："这是一本描述中国农民的消费、生产、分配和交易等体系的书"，"它旨在说明这一经济体系与特定地理环境的关系，以及与这个社区的社会结构的关系。同大多数中国农村一样，这个村庄正经历着一个巨大的变迁过程。因此，本书将说明这个正在变化着的乡村经济的动力和问题"（《费孝通学术精华录》，第53页，北京师范大学出版社1988年版）。费孝通认为，中国农村"如果要组织有效的行动并达到预期的目的，必须对社会制度的功能进行细致的分析"（《费孝通学术精华录》，第55—56页）。从事这种分析需要科学的社会研究，而"中国越来越迫切地需要这种知识，因为这个国家再也承担不起因失误而损耗任何财富和能量。我们的根本目的是明确的，这就是满足每个中国人共同的基本需要。大家都应该承认这一点。一个站在饥饿边缘上的村庄对谁都没有好处"（《费孝通学术精华录》，第56页）。

费孝通指出，传统的经济背景和新的经济动力都对中国农村经济产生着重要的影响。在他看来："强调传统力量与新的动力具有同等重要性是必要的，因为中国的经济生活变迁的真正过程，既不是从西方社会制度直接转渡的结果，也不仅是传统的平衡受到了干扰而已。目前形势中所发生的问题是这两种力量互相作用的结果。"（《费孝通学术精华录》，第53页）"这两种力量互相作用的产物不会是西方世界的复制品或者传统的复旧，其结果如何，将取决于人民如何去解决他们自己的问题。"（《费孝通学术精华录》，第54页）寻找出符合社会进步趋势的解决办法，这就是费孝通研究中国乡村经济的根本出发点。

通过对江村的家庭人口结构、财产继承制度、亲属社会关系、村户行政体制、日常生活消费、职业分布情况、劳动计时方法、农业生产方式、土地占有状况、蚕丝行业重组、其他副业（养羊和贩卖）收入、乡村贸易体系、资金流通渠道等问题的具体分析，费孝通得出的结论是：中国农村的真正问题是农民的饥饿问题，是在外国工业资本的冲击下农民的收入不足于维持最低的生活需要，在这种情况下，"仅仅实行土地改革、减收地租、平均地权，并不能最终解决中国的土地问题，但这种改革是必要的，也是紧迫的，因为它是解除农民痛苦的不可缺少的步骤。它将给农民已喘息的机会，排除了引起'反叛'的原因，才得于团结一切力量寻求工业发展的道路"。而要切实增加农民的收入,"恢复农村企业是根本的措施"(《江村经济》,第202页,江苏人民出版社1986年版)。这一见解显示了费孝通发展中国农业经济的独特思路。

费孝通将研究的注意力集中在农村,这同他对中国社会的基本认识有关。他在《乡土本色》一文中指出:"从基层上看去,中国社会是乡土性的。"(《乡土中国》,第1页,生活·读书·新知三联书店1985年版)因为中国的经济主体是农业,"农业和游牧或工业不同,它是直接取资于土地的","直接靠农业来谋生的人是粘着在土地上的"(《乡土中国》,第2页)。这种经济形态导致了中国社会中人口的缺少流动和村际关系的隔膜。费孝通以传统村社为例分析说:"中国农民聚村而居的原因大致说来有下列几点:一、每家所耕的面积小,所谓小农经营,所以聚在一起住,住宅和农场不会距离得过分远。二、需要水利的地方,他们有合作的需要,在一起住,合作起来比较方便。三、为了安全,人多了容易保卫。四、土地平等继承的原则下,兄弟分别继承祖上的遗业,使人口在一地方一代一代的积起来,成为相当大的村落。"(《乡土中国》,第4页)不用说,"在我们社会的激速变迁中,从乡土社会进入现代社会的过程中,我们在乡土社会中所养成的生活方式处处产生了流弊"(《乡土中国》,第7页)。这种流弊,只有通过中国乡土的重建才能消除。

发展农村工业,这是费孝通乡土重建论的中心。1942年,他为张子毅撰著的《易村手工业》一书写了长序,对在中国发展乡村工业问题阐述了自己的看法。费孝通认为从社会经济的整体运行而言,"农业和工业其实并不是对立的两回事,而是相联的两个段落:农业靠土地的生产力给我们植物性的原料,工业是把这原料制造成可以消费的物品"。从历史上来看,"可以说没有一个地方的人民是可以单靠农业而生活的了;至少,自从人们不能专以树上的鲜果,地上的菜蔬直接充饥以来,人们的生活多少靠一部分工业来维持……这些基本工业和日常生活关系太深,所以时常就在出产原料的农场经营的。这种农夫和工人不分的情形,是自给经济的特色。每一个自给单位:家族,村落,或是庄园,必需经营着一些基本工业,不论如何简单,用来满足他们生活的需要"(《费孝通选集》,第278页,天津人民出版社1988年版)。这就为建立和发展农村工业提供了理论和史实依据。

那么,发展农村工业的现实基础怎样呢?费孝通认为,就当时的情况来说,中国的乡村工业已有一定规模。他指出:"农家不但因为求生活的自给多少都做一些工业活动,而且他们所不自给的消费品,也大都是从别的农家买来的。都市工业的不发达,使我们种种用品,好象衣着,陶器,木器等等都是在乡村中生产。凡是有特殊原料的乡村,总是附带着有制造该种原料的乡村工业……这种地域性专门工业的发展,并不一定引起工业和农业的分手,这类工业依旧分散在多数的农家。在家庭经济上,农业和工业互相倚赖的程度反而更形密切。中国的传统工业,就是这样分散在乡村中;我们不能说中国没有工业,中国原有工业普遍和广大的农民发生密切的关系。"造成这种态势的原因,主要是"中国农业并不能单独养活农村中的人口"。费孝通分析说:"人多地少是中国乡村的普遍现象。乡村人口密度太高,农田分割得十分细碎。"(《费孝通选集》,第279页)由于单靠农田上的收入无法满足农民的生活所需,"农民因生活的压迫,不能不乞助于工业,而乡村工业却帮助了农业来维持中国这样庞大的农村人口"。农村为何维持如此庞大的人口?费孝通揭示了两条原因:其一,"在都市工业没有发达的社区里,除了乡村,人民并没有更好的去处。农业固然养活不了这样多的人口,可是单靠工业也养活不了";其二,"农业在现有的技术下,非拖住大批人口在农村中不成"(《费孝通选集》,第281页)。于是,"乡村中总是有这种矛盾存在:一方面要拖住大批的人口,一方面又不能在农业里利用他们所有的劳力,一方面又不能以农业里的收入来养活他们"(《费孝通选集》,第282页)。这也就决定了:"在农村经济中工业是必要的部分。"(《费孝通选集》,第279页)

然而费孝通所主张的乡土工业并不是传统意义上的农村工业,他强调:"乡村工业是可以有前途的。可是有前途的乡村工业,却决不是战前那种纯粹以体力作动力的生产方式,也决不是每家或每个作坊各自为政的生产方式。"(《费孝通选集》,第290页)在另一篇文章中他写道:"在中国传统经济中虽有乡村工业,但是这种工业不但技术落后,而且在组织上更为原始。技术的停顿有一部分的原因就在组织的不良。"(《费孝通选集》,第295页)因此在他看来,"除非乡村工业在技术上和组织上变了质,它才能生存,才能立足在战后的新世界里"(《费孝通选集》,第290页)。他把传统农村工业分为两类:一类是农民在农闲基础上用来解决生计问题的家庭手工业;另一类是作坊工业。"家庭手工业并不能吸收资金,它的特点,就在不需要值钱的设备"(《费孝通选集》,第283页)。而作坊工业则不同,它往往是农村地主使用在农业生产中积累的资金,"利用较进步的技术,利用人力以外的动力,大批的购进原料,更大批的生产商品,使它可以得到经营的利益"。因此,"作坊工业在乡村中发达起来,成了一个累积资金的机构。这类资金既不能在工业里翻覆的再生产,最后依旧得向土地上钻"。显然,对农民来说,"家庭手工业是救济他们的力量,使他们不致有劳力没处出卖的苦衷。但是作坊工业却刚刚相反,它成了一只攫取土地权的魔手,向着贫农伸去,这样促成了乡村中贫富的对立"(《费孝通选集》,第284页)。鉴于以上情况,费孝通认为:"如果在传统作坊工业的型式中去引入新技术,对于乡土经济不但无益,甚至可以有害,因为新技术将加速上述的土地集中过程,形成更悬殊的贫富鸿沟。如果想从家庭工业的型式中入手改良,组织散漫,制造单位太小,能做的工作极少。所以我们如果要复兴乡土工业,在组织上不能不运用新的型式。"(《费孝通选集》,第297—298页)具体而言,"这种工业的所有权是属于参加这工业的农民的,所以应当是合作性质的"。

为了说明合作组织形式的进步性,费孝通介绍了江苏太湖沿岸的乡村育蚕合作社,指出这种合作社在生产经营上与富于剥削性质的布庄散集制度有相同之处,"不同的是生产者在生产过程中的地位和所得的利益。布庄散集制下,生产者成了工资劳动者,而在育蚕合作中,生产者却是整个生产过程的主体,蚕校的推广部是一个服务机关。这一点不同在经济组织上却十分重要,因为合作社的方式保证了生产者获得全部利益的权利,取消了剥削成分"(《费孝通选集》,第298页)。

乡土工业另一个需要改进的地方是技术,费孝通认为:"乡村工业的变质,第一步是在引用机器,使乡村工业并不完全等于手工业。"为此,需要探讨"怎样去改良乡村工业的技术,怎样引用机器,怎样使它依旧适合于在乡村中经营,依旧能和农业相配合"等问题。(《费孝通选集》,第290页)由于乡村工业的技术更新需要资金,一般农民无力承受,而传统作坊工业的机器化生产又会加剧农村的两极分化,所以费孝通主张家庭手工业和作坊工业采取合作的方式再组织上谋求联系,"作坊里生产工具的所有权,不使它集中在少数有资本的人手里,而分散到所有参加生产的农民手上"(《费孝通选集》,第293—294页)。"作坊工业若是在合作方式中组织起来,则在这工业中所得的利益,可以分散到一辈需要钱用的农民手上,化在消费之中,他们生计既有了保障,也不必借钱了,这非但安定了工业,也安定了乡村里的土地问题。"(《费孝通选集》,第294页)

此外,需要向从事乡村工业生产的农民提供技术教育方面的帮助,费孝通的看法是:"数千年来没有受教育机会的农民和现代技术之间必须有一个桥梁,这桥梁不能被利用来谋少数人的利益,而必需是服务性的。技术专门学校可能是最适当的桥梁。"他还提到美英等国的乡村服务站,认为"这种机构在中国更重要,因为中国乡村里的人民和现代知识太隔膜,在组织还得有人帮他们确立能维护他们自己利益的社团"(《费孝通选集》,第299页)。

在论述乡村工业的发展问题时,费孝通并不忽视改革农业生产关系的必要性。例如,为了形成工业资本,他主张减少农村中的寄生者,"最先应当淘汰的自是消费最多,生产最少的分子,以以往及现有的情形说,就是这占人口十分之一的地主阶层"(《乡土重建》,第131页,上海观察社1948年版)。他认为:"中国并不是贫乏到毫无积聚资本的能力,这能力还是在我们乡土的基层。我们可以自力更生,但是先得爱护和培育这力量,把传统损蚀这力量的土地制度改革了,更从传统勤俭的美德入手,在所得归所有者支配的奖励下,表现出这美德的实际利益。在乡土基层上着手开始积聚资本,充实生产,中国的经济现代化才有着落。"(《乡土重建》,第 143 页)土地改革的目的不仅是为了发展农业生产,更重要的是能为乡村工业提供资金,这是费孝通乡土建设思想的独特视角。

第十一节　张培刚的农业国工业化论

张培刚(1913—2011),湖北黄安(今红安)人。1934 年毕业于武汉大学经济系。后入中央研究院任社会科学所助理研究员,从事中国农业经济的调查研究工作。出版专著《清苑的农家经济》《广西粮食问题》《浙江省粮食之运销》等。1941 年进入哈佛大学,师从熊彼特、张伯伦、布莱克、汉森、厄谢尔、哈伯勒等大师,1945 年获得哈佛大学经济学博士学位。回国后任武汉大学经济系教授,经济系主任。1948 年 1 月至 1949 年 2 月任联合国亚洲及远东经济委员会顾问及研究员。新中国成立后任武汉大学校务委员会常委、代理法学院院长,华中工学院(后改为华中理工大学,现为华中科技大学)政治经济学教研室主任、社会科学部主任、经济研究所所长,经济发展研究中心主任。

1935 年,张培刚参与了中国是以工立国还是以农立国的讨论,他不同意当时有人提出的走第三条道路(即在农村里办起工业,作为城市工业的基础),并提出了广义工业化的概念。他在《第三条道路走得通吗?》一文中写道:现在世界先进国家都已达到工业经济水平,"即令以农立国的国家,他们的农业也已工业化了。因为工业化一语,含义甚广,我们要做到工业化,不但要建设工业化的都市,同时也要建设工业化的农村"(《独立评论》第 138 号)。这表明张培刚此时已经在思考中国农业的现代化问题了。

在题为《农业与工业化》(*Agriculture and Industrialization*)的博士论文中,张培刚认为研究工业化不能离开农业问题,因为,"在任何经济社会中,农业和工业之间总保持一种密切的相互依存关系,虽然在经济演进的过程中,其方式屡经变易。那种认为经济史中某一时期是农业的,某一时期是工业的说法,的确是太简单而笼统了"。"在所谓现代的'工业阶段',农业是供给粮食及原料的泉源,说它重要,亦非夸张。一个国家,不论已经高度工业化到何种程度,若不能同时在国内的农业与工业之间,维持一种适当的及变动的平衡,或者经由输出和输入,与其他国家的农业企业保持密切的联系,则一定不能持续并发展其经济活动。"(《农业与工业化上卷——农业国工业化问题初探》,第 24 页,华中工学院出版社 1984年版)

张培刚列举并分析了农业与工业发展的若干联系因素:

首先是食粮。张培刚写道:"农业最重要的功能,是作为整个人类经济社会供应粮食的主要泉源。"(《农业与工业化上卷——农业国工业化问题初探》,第 25 页)"如果一个国家或一个地区耕种技术不能改进,或者不能改进到足以供应全部摄护性食品所需要的程度(可以生产量来衡量),那么,粮食供应的缺乏,将成为不可避免的结果。在那种情形下,只有与其他国家或地区互通贸易,才是一种最可能的最有功效的补救办法。但是历史的经验告诉我们,耕种技术的进步总是和工业发展并行不悖的。"(《农业与工业化上卷——农业国工业化问题初探》,第 38 页)

其次是原料。张培刚指出:"原料可以将作为一个生产部门的农业和作为另一个生产部门的工业联系起来。"(《农业与工业化上卷——农业国工业化问题初探》,第39 页)一方面,"如果我们广义地解释经济周期,甚至将产业革命时期以前或产业革命早期经济现象的周期变动也包括在内,则农业在一定时期和一定地区内,在引起和形成经济周期方面可以发生重要的甚至支配的作用"(《农业与工业化上卷——农业国工业化问题初探》,第 45 页);另一方面,"原料的来源的确是决定工业区位的一个主要因素",在工业化过程中,"市场和原料来源是作为决定工业区位的两个单独的力量而存在的……简言之,这种区位是依据原料成本对总生产成本的相对重要性而确定的"(《农业与工业化上卷——农业国工业化问题初探》,第 48—49 页)。

第三是劳动力。张培刚揭示道:工商业的扩张引起对劳动力需求的增加,使劳动力自农业转入这些部门,"这种情形在实行工业化的很久以前就可以发生,但是工业化则已经使这种情形,并且将继续使这种情形在经济进化史上发生显著的作用"。"我们只能稳健地说,除了新兴国家的大农业经营者,殖民地国家的种植园主,以及少数欧洲的大农业经营者以外——这些人只构成全部农业经营者的很小部分——从农业经营所得到的实际报酬,总是小于从工业、商业及自由职业等所得到的实际报酬。当工商业在扩张时,这种差异或间隔变得更大,在工业化初期尤为明显。"(《农业与工业化上卷——农业国工业化问题初探》,第 56 页)当然,这种劳动力的转移除了货币报酬的差异因素之外,还由于一部分农场劳动者不能再在那里谋生,"在用机器代替劳动力时就会发生这种情形"(《农业与工业化上卷——农业国工业化问题初探》,第 196 页)。

第四是作为供应者和消费者的农民,或者说是"农民以买者姿态出现的市场以及农民以卖者姿态出现的市场"(《农业与工业化上卷——农业国工业化问题初探》，第 61 页)。张培刚认为：由于垄断因素的存在，"在现实社会中，农民在工业品市场上对于同量货物所付的价格，较在能实现纯粹竞争或完整竞争的社会里所付者为高，或者对于同量付款所得到的货物，较后者为少"(《农业与工业化上卷——农业国工业化问题初探》，第 63 页)。"在'买方垄断'竞争下，价格对于农民较之在完整竞争时为低"，在生产者与消费者之间，地方收购商和总批发商组成了这种寡头，"正是在这个市场渠道的接合点上，农民才不得不接受这种较低的价格"(《农业与工业化上卷——农业国工业化问题初探》，第 67—68 页)。此外，"在不完整竞争下，农民作为劳动力的出售者所接受的工资报酬，要比在完整竞争下为低"(《农业与工业化上卷——农业国工业化问题初探》，第 68 页)。从另一个角度看，农业对工业市场的意义在于："农民作为消费者，仅为消费目的而购买工业品；农民作为生产者，为生产目的而购买肥料及农业机器等工业品。"(《农业与工业化上卷——农业国工业化问题初探》，第 212 页)

最后是外贸。张培刚在分析中国农业与工业化的相互关系时提到："农业可以通过输出农产品，帮助发动工业化。几十年来，桐油和茶等农产品曾在中国对外贸易中占踞输出项目的第一位。这项输出显然是用于偿付一部分进口机器及其他制成品的债务。但是全部输出额，比起要有效地发动工业化所需的巨额进口来，实嫌太小。"(《农业与工业化上卷——农业国工业化问题初探》，第 208 页)

前已提到，张謇等人在探讨如何发展中国近代经济的过程中已经对农业的基础作用有了新的认识。相比之下，张培刚的论述具有现代经济学的理论价值，它用规范的方法证明了农业是工业化和国民经济发展的基础和必要条件。20世纪 60 年代初，美国经济学家、诺贝尔经济学奖获得者西蒙·库兹涅茨(Simon Kuznets)在《经济增长与农业的贡献》一书中，把农业部门对国民经济的意义概括为产品贡献(粮食和原料)、市场贡献、要素贡献(剩余资本和胜于劳动力)、外汇贡献。到了 80 年代中期，在印度经济学家布拉塔·加塔克(Subrata Ghatak)和肯·英格森(Ken Ingersent)合写的《农业与经济发展》一书中，这些归纳被誉为"经典分析"，成为在西方学术界被常常引用的"农业四大贡献"。但不难发现，这些概括并非由他们首次揭示，同张培刚"在 40 年代写成出版的《农业与工业化》英文版中所提出的'农业在五个方面的贡献'的内容，几乎是一样的，只是他们在有些部分运用了一些数量分析公式"(转引自《学海扁舟——张培刚学术生涯及其经济思想》，第 116 页，湖南科学技术出版社 1995 年版)。

在论文的结语部分，张培刚对中国的工业化问题提出了四点看法，这些结论都与农业有关："第一，我们可以说，工业化的激发力量必须在农业以外的来源中去寻找。这就是说,在未来经济大转变的过程中,农业只能扮演一个重要但比较被动的角色,而要使工业化得以开始和实现,还必须另找推动力量,特别是在社会制度方面。第二,我们已经证明了工业的发展对于农业的改革及改良是一个必要的条件,尽管不是一个充分的条件。这主要是由于这两个部门的生产结构的特征所决定的。只有当工业发展开始了,机要生产函数或战略性生产要素组合的变动才有可能。工业的发展和机要生产函数的变动两者,大致上可以看作是一样的东西。那种认为农业不依赖工业也可以单独发展的主张,是由于没有认清这一战略要点(Strategical point)。第三,对于农业的改革和改良,除了从工业的发展得到激发和支持外,最重要的是以土地改革的强烈政策为前提条件的农场合并。最后,中国的工业化在某些生产行业方面,无疑地对于老的工业国将会有一些竞争的影响。但这要经过很长的时期,才会被老的工业国所感觉到。而且,这种影响有一部分将被中国人民自己的购买力的提高所冲销。如果老的工业国相应地立即努力调整其生产,则中国及其他农业国的工业化将会引导国际分工达到一个新的途径和水平,这在长期里对于农业国和工业国双方都将证明是有利的。"(《农业与工业化上卷——农业国工业化问题初探》,第242页)

由于杰出的经济学理论创新,张培刚的博士论文在哈佛大学被评为经济学专业最佳论文奖并获得"威尔士奖金",作为《哈佛经济丛书》第58卷,1949年由哈佛大学出版社出版,1969年再版。该书于1951年被译成西班牙文,在墨西哥出版。他被称为发展经济学的创立者之一。有位外国学者在20世纪90年代表示:这部著作对他的思路曾经有过深刻的影响,而且非常惊讶:"这部著作当年竟然预料到如此多的为后来发展经济学所研究的问题。"(转引自《学海扁舟——张培刚学术生涯及其经济思想》,第4页)

第十二章　计划经济时期的农业思想

第一节　毛泽东的农业思想

1949 年 10 月,中华人民共和国成立。这标志着中国社会经济进入了一个新的发展时期。作为执政党,中国共产党在制定其经济政策的时候,仍然把农业放在非常重要的地位。这在毛泽东的有关论述中可以得到充分的证明。

1950 年,毛泽东在中国共产党第七届中央委员会第三次会议上发表书面报告,其中把继续进行土地改革、尽快恢复农业生产放在当时各项工作的首位。毛泽东要求:"有步骤有秩序地进行土地改革工作。因为战争已经在大陆上基本结束,和一九四六年和一九四八年的情况(人民解放军和国民党反动派进行着生死斗争,胜负未分)完全不同了,国家可以用贷款方法去帮助贫农解决困难,以补贫农少得一部分土地的缺陷。因此,我们对待富农的政策应有所改变,即由征收富农多余土地财产的政策改变为保存富农经济的政策,以利于早日恢复农村生产,又利于孤立地主,保护中农和保护小土地出租者。"(《毛泽东选集》第 5 卷,第 18 页,人民出版社 1977 年版)

1951 年 2 月,在为中共中央起草的一份党内通报中,毛泽东强调农村工作要以生产为重点。他指示各级政府:土地改革运动,"农忙时一律停一下,总结经验";"争取今年丰收";"土改完成,立即转入生产、教育两大工作"(《毛泽东选集》第 5 卷,第 34—35 页)。

1953 年,毛泽东再次向全党提出:"农业生产是农村中压倒一切的工作,农村中的其他工作都是围绕着农业生产而为它服务的。凡足以妨碍农民进行生产的所谓工作任务和工作方法,都必须避免。"为了确保农业生产的正常进行,毛泽东当时还提出要改变对农民"过多的干涉"的局面,他说:"目前我国的农业,基本上还是使用旧式工具的分散的小农经济……因此,我国在目前过渡时期,在农业方面,除国营农场外,还不可能施行统一的有计划的生产,不能对农民施以过多的干涉;还只能用价格政策以及必要和可行的经济工作和政治工作去指导农业生产,并使之和工业相协调而纳入国家经济计划之中。超过这种限度的所谓农业'计划',所谓农村中的'任务',是必然行不通的,而且必然要引起农民的反对,使我党脱离占全国人口百分之八十以上的农民群众,这是非常危险的。"(《毛泽东选集》第 5 卷,第 79 页)

关于农业生产的方式,毛泽东主张成立合作社组织。早在 1951 年,他就明确提出要"把农业互助合作当作一件大事去做",因为这种农村经济组织"在一切已经完成了土地改革的地区都要解释和实行的"(《毛泽东选集》第 5 卷,第 59 页)。1953 年,他有两次谈话专门论及这个问题。在毛泽东看来,组织合作社是提高农业生产力的客观需要。他说:现在社会的粮食、棉花、肉制品等农产品都有极大的供求矛盾,"从解决这种供求矛盾出发,就要解决所有制与生产力的矛盾问题",而"个体所有制的生产关系与大量供应是完全冲突的"(《毛泽东选集》第 5 卷,第 119 页),"个体农民,增产有限,必须发展互助合作"(《毛泽东选集》第 5 卷,第 117 页)。毛泽东认为:"搞农贷,发救济粮,依率计征,依法减免,兴修小型水利,打井开渠,深耕密植,合理施肥,推广新式步犁、水车、喷雾器、农药,等等,这些都是好事。但是不靠社会主义,只在小农经济基础上搞这一套,那就是对农民行小惠。""不靠社会主义,想从小农经济做文章,靠在个体经济基础上行小惠,而希望大增产粮食,解决粮食问题,解决国计民生的大计,那真是'难矣哉'!"(《毛泽东选集》第 5 卷,第 120 页)基于同样的思路,他对农业合作社提出了优化经营的要求:"发展合作社,也要做到数多、质高、成本低。所谓成本低,就是不出废品;出了废品,浪费农民的精力,落个影响很坏,政治上蚀了本,少打了粮食。最后的结果是要多产粮食、棉花、甘蔗、蔬菜等。不能多打粮食,是没有出路的,于国于民都不利。"(《毛泽东选集》第 5 卷,第 118 页)

1955 年,毛泽东的农业合作化思想已经基本成熟,他把农村中的合作化运动称为社会改革,认为"这是五亿多农村人口的大规模的社会主义的革命运动,带有极其伟大的世界意义"(《毛泽东选集》第 5 卷,第 168 页)。关于农业合作社的经济效益,毛泽东给予了高度重视,指出:"农业生产合作社,在生产上,必须比较单干户和互助组增加农作物的产量。决不能老是等于单干户或互助组的产量,如果这样就失败了,何必要合作社呢?"(《毛泽东选集》第 5 卷,第 176 页)他强调:"为了增加农作物的产量,就必须:(1)坚持自愿、互利原则;(2)改善经营管理(生产计划、生产管理、劳动组织等);(3)提高耕作技术(深耕细作、小株密植、增加复种面积、采用良种、推广新式农具、同病虫害作斗争等);(4)增加生产资料(土地、肥料、水利、牲畜、农具等)。这是巩固合作社和保证增产的几个必不可少的条件。"(《毛泽东选集》第5卷,第177页)毛泽东预言:即将到来的合作化运动只是我国农村发展的第一步,即社会改革阶段,"在第一第二个五年计划时期内,农村中的改革将还是以社会改革为主,技术改革为辅;大型的农业机器必定有所增加,但还是不很多。在第三个五年计划时期内,农村的改革将是社会改革和技术改革同时并进,大型农业机器的使用将逐年增多,而社会改革则将在一九六〇年以后,逐步地分批分期地由半社会主义发展到全社会主义。中国只有在社会经济制度方面彻底地完成社会主义改造,又在技术方面,在一切能够使用机器操作的部门和地方,统统使用机器操作,才能使社会经济面貌全部改观"(《毛泽东选集》第5卷,第188页)。他还说:"由于我国的经济条件,技术改革的时间,比较社会改革的时间,会要长一些。估计在全国范围内基本上完成农业方面的技术改革,大概需要四个至五个五年计划,即二十年至二十五年的时间。全党必须为了这个伟大任务的实现而奋斗。"(《毛泽东选集》第5卷,第188—189页)

不仅如此,毛泽东还深刻认识到,农业合作化是实现中国工业化的必要条件,这体现在三方面:首先,合作化农业是工业化的物质基础,"如果我们不能在大约三个五年计划的时期内基本上解决农业合作化的问题,即农业由使用畜力农具的小规模的经营跃进到使用机器的大规模的经营……我们就不能解决年年增长的商品粮食和工业原料的需要同现时主要农作物一般产量很低之间的矛盾,我们的社会主义工业化事业就会遇到绝大的困难,我们就不可能完成社会主义工业化"(《毛泽东选集》第5卷,第181—182页)。其次,合作化农业是工业化的巨大市场,"社会主义工业化的一个最重要的部门——重工业,它的拖拉机的生产,它的其他农业机器的生产,它的化学肥料的生产,它的供农业使用的现代运输工具的生产,它的供农业使用的煤油和电力的生产等等,所有这些,只有在农业已经形成了合作化的大规模经营的基础上才有使用的可能,或者才能大量地使用"(《毛泽东选集》第5卷,第182页)。第三,合作化农业是工业化资金的重要来源之一,"为了完成国家工业化和农业技术改造所需要的大量资金,其中有一个相当大的部分是要从农业方面积累起来的。这除了直接的农业税以外,就是发展为农民所需要的大量生活资料的轻工业的生产,拿这些东西去同农民的商品粮食和轻工业原料相交换,既满足了农民和国家两方面的物资需要,又为国家积累了资金。而轻工业的大规模的发展不但需要重工业的发展,也需要农业的发展。因为大规模的轻工业的发展,不是在小农经济的基础上所能实现的,它有待于大规模的农业,而在我国就是社会主义的合作化的农业。因为只有这种农业,才能够使农民有比较现在不知大到多少倍的购买力"(《毛泽东选集》第 5 卷,第 182—183 页)。

应该说,毛泽东关于发展中国农业经济的总体思路是正确的,他认为农业生产方式的不断改革是为了提高农业生产力,农村的社会改革是为全面的技术改革创造条件,并意识到在小农经济基础上进行农业技术改革必须经历更长的时期。而从国民经济整体发展的角度来看,农业生产力的提高又是实现中国工业化的必要前提。但是,有两条理论上的偏执,导致了毛泽东在以后制定农业政策时出现失误。其一,过分地强调农业发展中的两条道路分歧及斗争。毛泽东认为在新中国成立以后,农业的发展只有两条道路可以选择,而走合作互助的社会主义道路才是正确的方向。在他看来:"对于农村的阵地,社会主义如果不去占领,资本主义就必然会去占领。难道可以说既不走资本主义道路,又不走社会主义的道路吗? 资本主义道路,也可增产,但时间要长,而且是痛苦的道路。我们不搞资本主义,这是定了的。如果不搞社会主义,那资本主义势必要泛滥起来。"(《毛泽东选集》第 5 卷,第 117 页)其二,单纯以公有化程度作为社会主义经济制度的衡量标准。他认为:"现在的农业生产合作社还是半社会主义的",因为"现在的农业生产合作社还是建立在私有制基础之上的,个人所有的土地、大牲口、大农具入了股,在社内社会主义因素和私有制也是有矛盾的,这个矛盾要逐步解决。到将来,由现在这种半公半私进到集体所有制,这个矛盾就解决了"(《毛泽东选集》第 5 卷,第 120—121 页)。

从上述认识出发,一方面,毛泽东对农村中的个体经济成分持消极限制的态度,表示:"现在,私有制和社会主义公有制都是合法的,但是私有制要逐步变为不合法。在三亩地上'确保私有',搞'四大自由',结果就是发展少数富农,走资本主义的路。"(《毛泽东选集》第 5 卷,第 123 页)另一方面,农村中的不同阶级成分再次受到严密关注,毛泽东强调:"农业合作化必须依靠党团员和贫农下中农。"(《毛泽东选集》第 5 卷,第 192 页)"在一切还没有基本上合作化的地区,坚决地不要接收地主和富农加入合作社。在已经基本上合作化了的地区,在那些已经巩固的合作社内,则可以有条件地分批分期地接收那些早已放弃剥削、从事劳动、并且遵守政府法令的原来的地主分子和富农分子加入合作社,参加集体的劳动,并且在劳动中继续改造他们。"(《毛泽东选集》第 5 卷,第 178 页)

以上观点,与毛泽东后来在农业所有制问题上急于求成,在农村工作中强调以阶级斗争为纲的政策失误不无关系。在很大程度上妨碍了他关于提高农业生产力以促进国民经济整体发展战略思路的实施。

但尽管如此,毛泽东以农业为基础的经济思想一直没有发生大的变化。

1956 年,他在著名的《论十大关系》一文中指出:"重工业是我国建设的重点。必须优先发展生产资料的生产,这是已经定了的。但是决不可以因此忽视生活资料尤其是粮食的生产。""我们对于农业轻工业是比较注重的。我们一直抓了农业,发展了农业,相当地保证了发展工业所需要的粮食和原料。"(《毛泽东选集》第 5 卷,第 268 页)"我们现在的问题,就是还要适当地调整重工业和农业、轻工业的投资比例,更多地发展农业、轻工业。""我们现在发展重工业可以有两种办法,一种是少发展一些农业轻工业,一种是多发展一些农业轻工业。从长远观点来看,前一种办法会使重工业发展得少些和慢些,至少基础不那么稳固,几十年后算总帐是划不来的。后一种办法会使重工业发展得多些和快些,而且由于保障了人民生活的需要,会使它发展的基础更加稳固。"(《毛泽东选集》第 5 卷,第 269 页)

1957 年,毛泽东在最高国务会议第十一次(扩大)会议上强调:"我国是一个农业大国,农村人口占全国人口的百分之八十以上,发展工业必须和发展农业同时并举,工业才有原料和市场,才有可能为建立强大的重工业积累较多的资金。"他预言:"随着农业的技术改革逐步发展,农业的日益现代化,为农业服务的机械、肥料、水利建设、电力建设、运输建设、民用燃料、民用建筑材料等等将日益增多,重工业以农业为重要市场的情况,将会易于为人们所理解。在第二个五年计划和第三个五年计划期间,如果我们的农业能够有更大的发展,使轻工业相应地有更多的发展,这对于整个国民经济会有好处。农业和轻工业发展了,重工业有了市场,有了资金,它就会更快地发展。"(《毛泽东选集》第 5 卷,第 400 页)在中共八届三中全会上,他也说应当优先发展重工业,"但是在这个条件下,必须实行工业与农业同时并举,逐步建立现代化的工业和现代化的农业。过去我们经常讲把我国建成一个工业国,其实也包括了农业的现代化。现在,要着重宣传农业"(《毛泽东文集》第 7 卷,第 310 页,人民出版社 1999 年版)。这一思想为确立农业在国民经济发展中的基础地位提供了决策保证。

在 1957 年的另一次讲话中,毛泽东从六个方面概括了农业在国民经济发展中的意义。首先,"农业关系到五亿农村人口的吃饭问题,吃肉吃油问题,以及其他日用的非商品性农产品问题。这个农民自给的部分,数量极大","农业搞好了,农民能自给,五亿人口就稳定了";其次,"农业也关系到城市和工矿区人口的吃饭问题。商品性的农产品发展了,才能供应工业人口的需要,才能发展工业",因此"要在发展农业生产的基础上,逐步提高农产品特别是粮食的商品率";第三,"农业是轻工业原料的主要来源,农村是轻工业的重要市场。只有农业发展了,轻工业生产才能得到足够的原料,轻工业产品才能得到广阔的市场";第四,"农村又是重工业的重要市场。比如,化学肥料,各种各样的农业机械,部分的电

力、煤炭、石油,是供应农村的,铁路、公路和大型水利工程,也都为农业服务";
(《毛泽东选集》第 5 卷,第 360 页)第五,"现在出口物资主要是农产品。农产品变成
外汇,就可以进口各种工业设备"《毛泽东选集》第 5 卷,第 360—361 页);最后,"农业
是积累的重要来源。农业发展了,就可以为发展工业提高更多的资金"(《毛泽东
选集》第 5 卷,第 361 页)。

现代农业经济学揭示了农业对社会经济具有的四大贡献,即产品贡献、市场
贡献、要素贡献、外汇贡献。其中产品贡献又分为两部分:一是提供粮食,一是
为工业提供原料;要素贡献是指农业资源的转移,即资本和劳动,而资本的转移
实际上就是通过资金积累的形式将农业创造的财富用于工业之需。不难看出,
上述四项贡献,除农业劳动力转移外,都已经为毛泽东所意识到了。

此外,毛泽东在制定、调整国家农业发展政策的过程中,还就农业的多种经
营问题、农业机械化问题、农业水利问题、农业科技问题等提出过自己的见解。

在农业的生产结构问题上,毛泽东对粮食生产给予了突出的重视。他强调:
"农业关系国计民生极大。要注意,不抓粮食危险。不抓粮食,总有一天要天下
大乱。"(《毛泽东选集》第 5 卷,第 360 页)但同时,他主张发展农业的多种经营,如在
1956 年的一个批示中,毛泽东指出:"有必要号召各农业生产合作社立即注意开
展多种经营,才能使百分之九十以上的社员每年增加个人的收入,否则就是一个
很大的偏差,甚至要犯严重错误。"(《毛泽东文集》第 7 卷,第 67 页)多种经营既是为
了增加农民的经济收入,更是农业生产综合平衡的要求,对此,毛泽东在 1959 年
的一个批示中写道:"所谓农者,指的农林牧副渔五业综合平衡。蔬菜是农,猪牛
羊鸡鸭鹅兔等都是牧,水产是渔,畜类禽类要吃饱,才能长起来,于是需要生产大
量精粗两类饲料,这又是农业,牧放牲口需要林地、草地,又要注重林业、草业。"
(《毛泽东文集》第 8 卷,第 69 页,人民出版社 1999 年版)同年,毛泽东在一封信中又说:
"我认为农、林业是发展畜牧业的祖宗,畜牧业是农、林业的儿子。然后,畜牧业
又是农、林业(主要是农业)的祖宗,农、林业又变为儿子了。这就是三者平衡地
互相依赖的道理。美国的种植业与畜牧业并重。我国也一定要走这条路线,因
为这是证实了确有成效的科学经验。"(《毛泽东文集》第 8 卷,第 101 页)

毛泽东认为在农业生产中使用机器是现代农业的重要标志,也是实行农业
合作化的目的之一。为了实现这个发展战略,他主张发挥中央和地方的积极性,
"以各省、市、区自力更生为主,中央只能在原材料等等方面,对原材料等等不足
的地区有所帮助","为了农业机械化,多产农林牧副渔等品类,要为地方争一部
分机械制造权"。所谓为地方争权,就是让地方在超额完成国家农业机械生产计
划的时候,有一定比例的留成,"此制不立,地方积极性是调动不起来的"(《毛泽东

文集》第 8 卷,第 427 页)。另一方面,毛泽东强调搞农业机械要同维持农业经济的正常发展相协调,要稳步发展,在条件还不成熟的情况下,"要提倡半机械化和改良农具"(《毛泽东文集》第 8 卷,第 125 页)。

毛泽东对农业水利的兴修相当重视。他曾这样总结一段时期农业发展的经验:"一九五九年以前,我们的农业生产,主要靠兴修水利。一九五九年我国七个省遇到很大的旱灾,如果没有过去几年的水利建设,要不减产而能增产,是不能想象的。""一九五九年,全国参加水利的人有七千七百多万。我们要继续搞这样大的运动,使我们的水利问题基本上得到解决。从一年、二年或者三年来看,花这么多的劳动,粮食单位产品的价值当然很高,单用价值规律来衡量,好象是不合算的。但是,从长远来看,粮食可以增加得更多更快,农业生产可以稳定增产。"(《毛泽东文集》第 8 卷,第 127 页)

与此相关,毛泽东对人类劳动在改善农业生产条件方面的重要作用持积极乐观的态度。他指出:"级差地租不完全是由客观条件形成的。'事在人为',在土地改良里是很重要的。自然条件相同,经济条件相同,一个地方'人为'了,结果就好;一个地方'人不为',结果就不好……北京昌平县过去常闹水旱灾害,修了十三陵水库,情况改善了,还不是'事在人为'吗?……实际上,精耕细作,机械化,集约化,都是'事在人为'。"(《毛泽东文集》第 8 卷,第 127—128 页)

在现代农业中要发挥人类劳动的主观能动作用,必须凭借先进的科学技术,所以毛泽东强调要熟悉、掌握农业技术。他在 1957 年就提出:"我们要摸农业技术的底。搞农业不学技术不行了。"(《毛泽东文集》第 7 卷,第 309 页)1962 年,在扩大的中央工作会议(即七千人大会)上,他再次强调:"要较多地懂得农业,还要懂得土壤学、植物学、作物栽培学、农业化学、农业机械,等等;还要懂得农业内部的各个分工部门,例如粮、棉、油、麻、丝、菜、糖、烟、果、药、杂等等;还有畜牧业,还有林业……所有这些农业生产方面的问题,我劝同志们,在工作之暇,认真研究一下。"(转引自顾龙生:《毛泽东经济年谱》,第 561 页,中共中央党校出版社 1993 年版)

农业经济的发展应该带来农民生活的提高,这也是消除城乡差别的根本途径,对这个问题,毛泽东是这样看的:"在社会主义工业化过程中,随着农业机械化的发展,农业人口会减少。如果让减少下来的农业人口,都拥到城市里来,使城市人口过分膨胀,那就不好。从现在起,我们就要注意这个问题。要防止这一点,就要使农村的生活水平和城市的生活水平大致一样,或者还好一些。"(《毛泽东文集》第 8 卷,第 128 页)

随着农村经济的不断发展,毛泽东开始注意在农村建立社队工业的问题。他在 1958 年提出:"人民公社的工业生产,必须同农业生产密切结合,首先为发展农业和实现农业机械化、电气化服务,同时为满足社员日常生活需要服务,又要为国家的大工业和社会主义的市场服务。必须充分注意因地制宜、就地取材的原则,不要办那些本地没有原材料、要到很远的地方去取原材料的工业,以免增加成本,浪费劳动力。"(《建国以来毛泽东文稿》第7册,第571页,中央文献出版社1993年版)1959年,毛泽东指出:"由不完全的公社所有制走向完全的、单一的公社所有制,是一个把较穷的生产队提高到较富的生产队的生产水平的过程,又是一个扩大公社积累、发展公社的工业、实现农业机械化、电气化,实现公社工业化和国家工业化的过程。目前公社直接所有的东西还不多,如社办企业,社办事业,由社支配的公积金、公益金等。虽然如此,我们伟大的,光明灿烂的希望又就在这里。"为此,他建议"国家在十年内向公社投资几十亿到百多亿人民币,帮助公社发展工业帮助穷队发展生产。"(《建国以来毛泽东文稿》第8册,第68—69页)当然,限于主客观原因,毛泽东还没有预料到农村工业在繁荣农村经济、富裕农民生活、吸纳农业剩余劳动力、促进国民经济整体发展所具有的巨大潜力。

毛泽东自己说过:对于农业经济,"我注意得较多的是制度方面的问题,生产关系方面的问题。至于生产力方面,我的知识很少"(转引自顾龙生:《毛泽东经济年谱》,第561页)。但实际上,他的农业思想在许多方面是相当全面和深刻的,有些地方还达到了较高的理论水平。毛泽东的农业思想对1949年以后我国社会主义经济建设总体方针政策的制定起了决定性的作用。由于他晚年把主要的注意力集中在政治方面,关于农业的思想不仅缺乏理论创见,而且出现了明显的失误,这使他本人在50年代所预言的农业发展目标没有得到真正实现。

第二节　刘少奇的农业思想

自从中国共产党在1949年取得全国政权,开始行使宏观经济决策和管理职责以来,其主要领导人之间就存在着思想方法的分歧。在农业方面,1950年围绕着山西农业生产合作社一事发生的争论,就显示了刘少奇与毛泽东的意见相左。

刘少奇在中华人民共和国成立前夕,曾就未来国家的经济建设方针发表过见解。他指出:"在推翻帝国主义及国民党统治以后,新中国的国民经济主要由以下五种经济成分所构成:(1)国营经济;(2)合作社经济;(3)国家资本主义经济;(4)私人资本主义经济;(5)小商品经济和半自然经济。""由上述五种经济成分所构成的国民经济,我们称之为新民主主义经济。"(《刘少奇选集》上卷,第

426—427 页,人民出版社 1981 年版)其中,以农业为主要产业的合作社经济"是国营经济的同盟者和带有决定意义的助手"(《刘少奇选集》上卷,第 427 页)。农业的发展方向是社会主义的集体化,但是,"只有在重工业大大发展并能生产大批农业机器之后,才能在乡村中向富农经济实行社会主义的进攻,实行农业集体化"(《刘少奇选集》上卷,第 430 页)。因此,在今后除了要反对国家经济建设中的资本主义倾向外,还必须反对冒险主义的倾向,"就是在我们的经济计划和措施上超出实际的可能,过早地、过多地、没有准备地去采取社会主义的步骤,因而使共产党失去农民小生产者的拥护,破坏城市无产阶级与农民的联盟,这就要使无产阶级领导的新民主主义政权走向失败"(《刘少奇选集》上卷,第 430—431 页)。

1950 年 6 月,刘少奇在全国政协一届二次会议上就土地改革问题作报告,阐述了这一运动的意义和实施政策,即"废除地主阶级封建剥削的土地所有制,实行农民的土地所有制,借以解放农村生产力,发展农业生产,为新中国的工业化开辟道路"(《刘少奇选集》下卷,第 33 页,人民出版社 1985 年版)。他强调:土地改革的基本理由和目的"是着眼于生产的","因此,土地改革的每一个步骤,必须切实照顾并密切结合于农村生产的发展"(《刘少奇选集》下卷,第 34 页)。与过去土地改革中允许农民征收富农多余土地财产的做法不同,刘少奇在这个报告中明确提出了"保存富农经济"的口号,他认为在政治、军事形势已发生根本性变化的情况下,"采取保存富农经济的政策,不论在政治上和经济上就都是必要的,是比较地对于克服当前财政经济方面的困难,对于我们的国家和人民为有利些"(《刘少奇选集》下卷,第 39 页)。对富农经济在发展农业生产中的积极作用,刘少奇没有作具体分析,但是他承诺:"我们所采取的保存富农经济的政策,当然不是一种暂时的政策,而是一种长期的政策。这就是说,在整个新民主主义的阶段中,都是要保存富农经济的。只有到了这样一种条件成熟,以至在农村中可以大量地采用机器耕种,组织集体农场,实现农村中的社会主义改造之时,富农经济的存在,才成为没有必要了,而这是要在相当长远的将来才能做到的。"(《刘少奇选集》下卷,第 40—41 页)值得注意的是,刘少奇在这里把农业生产力的提高作为实施农业社会主义改造的前提条件,而不是相反,与毛泽东在农业生产关系变革问题上出现分歧,即源于此。

1951 年 4 月,山西省委向中央写了一份题为《把老区互助组提高一步》的报告,其中指出:由于农村经济的恢复和发展,农民的富裕程度提高,原有的互助组织出现涣散情况,为了确保农业经济朝现代化和集体化的方向发展,而不是演变为富农经济,应当扶植与增强互助组内"公共积累"和"按劳分配"两个新的因素,引导其走向更高一级的形式,即成立农业生产合作社,并提出:"对于私有基础,不应该是巩固的方针,而应该是逐步地动摇它、削弱它,直至否定它。"农业生产合作社里,"按土地分配的比例不能大于按劳分配的比例,并要随着生产的发展,逐步地加大按劳分配的比例"(转引自薄一波:《若干重大决策与事件的回顾》上卷,第185页,中共中央党校出版社1991年版)。

对这个报告的建议,刘少奇当即表示反对,他说:"现在采取动摇私有制的步骤,条件不成熟。没有拖拉机,没有化肥,不要急于搞农业生产合作社。"(转引自薄一波:《若干重大决策与事件的回顾》上卷,第187页)在5月召开的全国宣传会议上,刘少奇指出:"山西省委在农村里边要组织农业生产合作社(苏联叫共耕社),这种合作社也是初步的。""这种合作社是有社会主义性质的,可是单用这一种农业合作社、互助组的办法,使我们中国的农业直接走到社会主义化是不可能的。""那是一种空想的农业社会主义,是实现不了的。""我们中国党内有很大的一部分同志存有农业社会主义思想,这种思想要纠正。""农业社会化要靠工业。"(转引自薄一波:《若干重大决策与事件的回顾》上卷,第188页)7月,刘少奇对山西省委的报告作了批语,其中写道:"在土地改革以后的农村中,在经济发展中,农民的自发势力和阶级分化已开始表现出来了。党内已经有一些同志对这种自发势力和阶级分化表示害怕,并且企图去加以阻止和避免。他们幻想用劳动互助组和供销合作社的办法去达到阻止和避免此种趋势的目的。已有人提出了这样的意见:应该逐步地动摇、削弱直至否定私有基础,把农业生产互助组织提高到农业生产合作社,以此作为新因素,去'战胜农民的自发因素'。这是一种错误的、危险的、空想的农业社会主义思想。"(转引自薄一波:《若干重大决策与事件的回顾》上卷,第188—189页)在同月给马列学院学生上课的讲稿中,刘少奇有这样的批注:"用'提高农业生产互助组织,引导它走向更高级一些的形式,以彻底扭转涣散趋势',这完全是空想。农业生产互助组织提得更高,数量就会更少。它完全不能阻止,还要增加农民自发趋势。"这种空想"在目前是冒险的,'左'的,带破坏性的,在将来是右的,改良主义的"。"目前的互助组或供销社都不能逐步提高到集体农场。集体农庄是另外一回事,要另外来组织,而不能'由互助组发展到',也不能由供销社发展到。"(转引自薄一波:《若干重大决策与事件的回顾》上卷,第189页)在修改华北局向中央所作的有关报告中,刘少奇加进了以下的话:"将来在这些条件下(指国家工业化、使用机器耕种、土地国有——引者注)普遍组织起来的集体农场,对于目前的农业劳动互助组来说,是一种完全新的组织。在集体农场组织之后,目前形式的互助组就没有必要了。"(转引自薄一波:《若干重大决策与事件的回顾》上卷,第190页)

然而,毛泽东却支持山西省委的意见,他的理由是:"既然西方资本主义在其发展过程中有一个工场手工业阶段,即尚未采用蒸汽动力机械、而依靠工场分工以形成新生产力的阶段,则中国的合作社,依靠统一经营形成新生产力,去动摇私有基础,也是可行的。"(转引自薄一波:《若干重大决策与事件的回顾》上卷,第191页)这就从根本上否定了刘少奇原来的观点。也正是在毛泽东的主张成为农业工作的主导性意见后,全国范围的农业合作化运动在1952年获得了迅速发展。

从刘少奇对山西农业生产合作社问题的态度可以看出,他是主张农业经济分阶段发展的,即先让农民以个体经营的形式提高富裕程度,然后在国家实现工业化的条件下组织农业的集体生产。在这里,刘少奇强调了生产力水平对生产关系变革的重要制约作用,同时深刻揭示了农业社会主义思想的空想性和局限性。虽然他认定只有工业化才是农业集体化的必要前提,在理论上不免机械,但能从国民经济的全局来认识农业发展的可能性,显然是不无道理的。可以说,看问题的现实性和稳健性决定了刘少奇与毛泽东农业思想的差别。

1956年9月,刘少奇代表中央在中国共产党第八次全国代表大会上作政治报告。在谈到农业的社会主义改造问题时,刘少奇回顾说:"在土地改革以后,我们随即在农民中广泛建立了带有社会主义萌芽的农业生产互助组织。这是农民的一种集体劳动组织。""在互助组织的基础上,党中央在一九五二年开始有计划地发展半社会主义的农业生产合作社,这是以土地入股、统一经营、但仍然保持土地和主要生产资料私有的一种初级合作社。"(《刘少奇选集》下卷,第210页)"随后,初级合作社又开始大批地改组成能够更有效地组织生产的社会主义的高级合作社,在这种合作社里,土地和其他主要生产资料都由私有变成了集体所有。"对这一生产关系的发展历程,刘少奇持肯定态度,"因为这使得农民在合作化运动中不断地得到好处,逐渐地习惯于集体生产的方式,可以比较自然地、比较顺利地脱离土地和其他主要生产资料的私人所有制,接受集体所有制,从而避免了或者大大减少了由于突然变化而可能引起的种种损失"(《刘少奇选集》下卷,第211页)。

为了巩固农业生产合作社,刘少奇提出:一方面要"继续按照自愿和互利的政策,争取还没有加入合作社的少数农户入社,并且领导那些初级合作社转为高级合作社。但是我们要采取耐心等待的态度,不允许有任何的强迫命令";另一方面最急需解决的问题是发展现有农业合作社的生产和增加社员的收入,刘少奇批评说:"许多合作社过分地强调集体利益和集体经营,错误地忽视了社员个人利益、个人自由和家庭副业,这种错误必须迅速地纠正。"他认为调动农民生产积极性的有效步骤应该是:"坚持勤俭办社和民主办社的方针,并且不断地加强对社员的社会主义和集体主义的思想教育",合作社的干部则必须"谨慎地担负起社员群众所委托给他们的重大领导职务,全心全意地为社员的利益服务","只有使社员感觉到自己确实是合作社的主人翁,而且使社员的收入能够每年有所增加,这样的合作社才能够巩固"(《刘少奇选集》下卷,第219页)。

历史证明,党的八大对国际国内基本形势的判断是正确的,据此而制定的国家经济建设方针政策也是冷静、稳重、可行的。从刘少奇上述农业问题的阐述中可以看出,他既同意我国农业生产关系向集体化方向改革,又时刻不忘提高农业的生产力水平和改善农民的实际生活状况。但是,这一正确的农业发展趋势不久就受到了错误的干扰。

由于人为决策的失误,全国农业在表面的"跃进""高产"和公有化假象下,进入了一个混乱、衰退的时期,并导致了1959年至1961年国家经济的严重困难。对这种局面,作为中央主要负责人之一的刘少奇深感忧虑。1961年,他去湖南省的长沙、宁乡等地进行调查,就农业经济政策的调整发表了坦率的意见。

刘少奇认为造成农业生产减少和社员生活困难的主要责任在领导,尤其是中央。他说:"为什么生产降低了,生活差了?有人说是天不好,去年遭了旱灾。恐怕旱有一点影响,但不是主要的,主要是工作中犯了错误,工作做得不好。"(《刘少奇选集》下卷,第328页)"这是不是完全怪大队干部呢?又不能完全由他们负责,上边要负主要责任。县有一部分责任,省有一部分责任,中央有一部分责任。当然,大队干部不是没有责任,要负一小部分责任。有的是中央提倡的,如办食堂。因此根子还在中央,不过到了下边就加油添醋了。"(《刘少奇选集》下卷,第329页)

根据群众反映的实际情况,刘少奇对农村工作中某些"左"的做法明确提出了纠正措施。如社队食堂,他指示说:"食堂没有优越性,不节省劳动力,不节省烧柴。这样的食堂要散,勉强维持下去没有好处,已经浪费几年了,不能再浪费下去。"(《刘少奇选集》下卷,第329页)至于农用土地,刘少奇不主张分田到户,但认为"有些零星生产可以包产到户,如田塍,可以包产到户。荒地是不是包产到户?(包产以后)收入要交一点给生产队,剩下的是自己的,社员有了就好办"(《刘少奇选集》下卷,第330页)。对山林资源,刘少奇强调要加以保护,"像现在这样砍下去不得了。山林所有权归大队,包给小队,划出自留山。以后不准生产队、社员随便砍树,要砍得经过大队统一规划,公社批准。有些树成材了再砍,不要砍小树。小树的枝丫也不要劈了,等长大了再劈。现在山上的小树只剩几个枝子,要有几年不劈树才行。缺了还要补栽。"(《刘少奇选集》下卷,第331页)

刘少奇十分重视农业经济中的所有制问题,在他看来:"所有制不确定,就没有办法安心生产。三级所有制,还有部分个人所有制,不能随便侵犯,自留地的产品要归社员所有。"他指出造成公私不清的原因之一是"一平二调"(指在人民公社范围内实行贫富拉平,县社两级对生产队及社员个人财物的无偿调用)的风气,"公社、大队拿社员的东西,社员就拿公家的东西,也拿别的社员的东西。首先是公社、大队不遵守社员所有制……这种风气是上边造成的,不是社员造成的。现在讲清楚,上边拿的要坚决退赔。社员拿了别人的,拿了公家的就不退赔? 也要统统退赔。"(《刘少奇选集》下卷,第 332 页)

为了避免干部脱离群众,维护农民的主人翁地位和权益,刘少奇对民主办社提出了很高的要求。他说:"要真正实行民主,就要由社员当家做主。干部是社员的勤务员,应该好好为社员办事。要记住,多数社员认为不能办的事,就不要办。""要规定几条,什么样的问题必须由社员大会决定。象密植、插双季稻、种棉花、修公路等,这些大事情,不能由少数人决定。公社、大队干部只能提出方案,没有权作决定。这样,工作就可以少犯好多错误。"(《刘少奇选集》下卷,第 333 页)

1962 年 5 月,刘少奇在中央工作会议上就经济形势问题发表看法,他承认:当时"从经济上来看,总的讲,不是大好形势,没有大好形势,而是一种困难的形势"(《刘少奇选集》下卷,第 444—445 页)。他告诫说:虽然政治形势是好的,"但是,经济是基础,经济形势不好,政治形势就那么好呀? 基础不巩固,在困难情况下,政治形势可能坏转。所以,我们要很警惕"(《刘少奇选集》下卷,第 445 页)。怎样应付这种局面? 刘少奇同意邓小平的意见:抓紧两项工作,一项是调整城市经济,精简人;一项是巩固农村生产队。他指出:"现在有一部分生产队巩固,有一部分生产队动摇,有一部分生产队已经瓦解了。如果今年的夏收分配不去抓紧,秋收分配又不去抓紧,到明年会瓦解得更多。所以,这件事也是紧急的。要派得力的人到农村去,加强生产队的领导……派工作组下去,要帮助把生产搞好。"(《刘少奇选集》下卷,第 448 页)

在中央作出派一批干部到农村工作的决定以后,刘少奇又对如何搞好农业经济问题提出看法。他强调:"搞好中国的农村,办好集体经济,实现农业的技术改造,这是我们党的一项光荣的、伟大的任务。要使我们国家的经济好转,要使中国发展起来,实现工业化,就要抓农业。农业不发展,国家工业没有希望。"(《刘少奇选集》下卷,第 464 页)刘少奇断言中国农业发展必须走社会主义大农业的路子,指出"发展农业,使农业过关,使粮食过关,只能是大农业。历史证明,大农业才能发展农业生产,才能使农业过关。不是资本主义的大农业,就是社会主义的大农业","小农经济是不能使农业过关的"。同时,刘少奇认为:"我们不能照抄美国,也不能照抄苏联,我们有我们中国的特殊情况。要使中国的农业过关,使农民走社会主义道路,而且能够发展生产,就要创造中国的经验。"(《刘少奇选集》下卷,第462页)这就是说,发展社会主义的大农业,必须从中国农村的生产力实际出发。

鉴于农村工作中存在的"五风"(共产风、浮夸风、命令风、干部特殊风、对生产瞎指挥风)等问题,刘少奇提出了四条整顿措施。首先,"调整集体内部的关系"。他批评说:"现在集体内部扣留太多,干部太多,干部工分补贴太多。有的干部多吃多占、命令主义,不是民主办社,不是勤俭办社,经济不公开。这些关系要加以调整。如果实行真正的民主办社,勤俭办社,经济公开,社员就会满意,就会调动农民的积极性。"其次,"实行按劳分配,同时对困难户要照顾好"。他表示:"必须实行责任制","实行责任制,一户包一块,或者一个组包一片,那是完全可以的。问题是如何使责任制跟产量联系起来"。第三,"要搞多种经营"。因为"不搞多种经营,就没有现金收入,集体经济就没有钱"(《刘少奇选集》下卷,第463页)。最后,"国家支援"。这包括在粮食征购和农产品收购价格方面的政策调整。此外,还有做好农业科技工作,刘少奇感到:"现在农业机械没有那么多,一下子又造不出来,所以,把现有的农具加以改良,比较起来是最实际的办法。""只有农业技术改造见了效果,集体经济才能最后巩固起来。"(《刘少奇选集》下卷,第464页)

由此可见,刘少奇作为当时中央主要负责人之一,虽然对导致农业经济下降负有决策失误的责任,但他对解决由此而造成的经济困难局面所提出的对策思路是客观的,所拟定的调整措施也是可行的,尤其是关于中国农业发展的未来趋势、经营管理、科技进步等方面的见解,具有普遍的理论意义。

第三节　邓子恢的农业思想

邓子恢(1896—1972),福建龙岩人。早年就读于龙岩中学堂。1917年去日本留学,因反对当时北洋政府与日本签订卖国协定而于次年回国。1926年加入中国共产党。1927年参与领导闽西地区的农民运动,历任中共龙岩县委宣传部长、上杭县委宣传部长、闽西特委宣传部长等职。1928年,参与发动闽西起义,历任闽西暴动委员会副总指挥、中共闽西特委书记、闽西苏维埃政府主席、闽西红军学校政委、红二十一军政委、中华苏维埃共和国中央执行委员兼财政人民委员、代理土地部长、中央国民经济部部长。中央红军主力长征后,奉命留在苏区坚持斗争,任中共中央苏区分局委员,闽西军政委员会财政部长兼民运部长、副主席,中共闽粤赣省委宣传部长。抗日战争爆发后,历任新四军政治部副主任兼民运部长、政治部主任兼第四师政委、中共中原局委员、津埔路东抗日联防办事处主任、中共淮北党政军委员会(后称为淮北区党委)书记、中共中央华中分局书记兼华中军区政委、中原局第三书记兼中原军区副政委。1949 年以后,历任中原临时人民政府主席、第四野战军第二政治委员、中共中央中南局第二书记兼中南军区第二政治委员、中南军政委员会副主席兼中南财政委员会主任。1953 年起调中央工作,历任中共中央农村工作部部长、中央人民政府国家计划委员会副主席、国务院副总理兼国务院第七办公室主任、全国政协副主席。邓子恢是中共第七、八、九届中央委员会委员。

邓子恢是中国共产党内较早从事农民运动和农业经济领导工作的人。1930 年 5 月,他为闽西苏维埃政府撰写了《合作社条例》。1933 年 8 月,邓子恢在《红色中华》杂志上发表文章,主张建立由农民自愿参加的粮食合作社,以巩固苏区经济。1947 年,中共中央举行土地会议。邓子恢因故不能到会,在写给中央领导人的信中,他提出了有关土地改革政策的看法。邓子恢认为:"土改基本目的是在经济上发展农村生产力……而在中国条件下,要发展农村生产力,不是靠美国式的资本主义农场经营,也不是靠苏联式的集体农场经营,也不是靠中国式的富农经济;在目前阶段中,发展中国农村生产力的最普遍、最进步、最主要的生产方式是中农式的小农经济。"(《邓子恢文集》,第 159 页,人民出版社 1996 年版)中华人民共和国成立前夕,针对有人提出的在新解放的地区不需经过减租减息,直接进入土地改革的观点,邓子恢提出了不同看法。他主张按照客观规律开展农村工作,因为"我们农运目的是为了发展农村生产力,至少要保存现有生产水平,不使降低。不论双减也好、土改也好,如果不顺其自然、按照发展规律而人为地去缩短农运过程,用行政命令去分配土地、停租停息,当然也可以做到,但结果不是生产力发展,而往往是生产力降低,这对我们是不利的"(《邓子恢文集》,第 192 页)。由此可见,邓子恢一贯把发展农村生产力作为党的农村工作的最根本目标,并强调农业政策的制定和实施要遵循客观规律。

在社会主义经济建设阶段,农业的地位如何? 农村工作的重点在哪里? 这是邓子恢论述最多的问题,1953 年,他在全国第一次农村工作会议上明确提出,发展农业生产是农村工作的基本任务。邓子恢强调指出:"过去的土地改革是把封建制度打倒,使农民从封建制度的束缚下解放出来,发展农业生产。今天的互助合作,也是为了发展农业生产。将来的集体化,在国家工业化的帮助之下,实现机械化,也是为了发展农业生产,使农业生产大大的发展。只有农业生产发展了,才能为国家工业化开辟道路。"(《邓子恢文集》,第 338 页)"所以,在农村中一切的工作,一切的组织,一切的制度等等,都应该看它是否有利于生产。如果对生

产不利,甚至相反还要使生产减少,就值得考虑,要研究毛病在哪里。"(《邓子恢文集》,第339页)

关于农业发展的目标,邓子恢认为:"农业要和工业化相称,假如国家基本完成工业化了,而农业还是小生产者,工业发展了,农业跟不上,是跛脚的,解决不了工业原料的需要,粮食的需要,市场的需要,就要影响工业化的前进。因此,农业必须配合国家的工业化,逐步加以改变……就是说,把现在小生产、小私有的农业改变成大规模的机械化的农业。生产力改变了,与之相适应的生产关系也要改变。使用机器耕种了,农民的私人所有制就必须改变为集体所有制的集体农场,不然拖拉机用不上。这就是说,农业要社会主义化。"(《邓子恢文集》,第340页)为此,需要通过两条途径改造农村的私有制经济:"一方面是从下而上把约一亿户的农民经过互助合作,逐步地走向集体化的道路;另一方面从上而下的逐步建立国营农场,拖拉机站、马拉犁站等等。"(《邓子恢文集》,第341页)

尽管合作社具有明显的优越性,邓子恢在其发展速度问题上却明确主张稳步前进,反对急躁冒进,因为,农业互助合作不同于战争动员,也区别于以往的土地改革,作为一场经济改造,它"绝不能采取阶级斗争的方式","互助合作运动必须根据生产的需要,逐步前进。绝不能单纯凭主观要求,否则就不能达到增产的目的"(《邓子恢文集》,第346页)。"由低级到高级,发展一步巩固一步,有阵地地前进,绝不能一步迈进,一哄而起。一哄而起者必将一哄而散。"(《邓子恢文集》,第347页)

难能可贵的是,邓子恢对农民必要的生产自主权一直是明确维护的。早在1957年,他就对有些地区少留或不留自留地的做法提出了批评。1959年6月,他写信给毛泽东,提出要保持政策的连续性,让农民经营一部分自留地。针对有些省份要求中央允许对自留地采取因地制宜政策(实际上是减少农民的自留地数量)的意见,邓子恢表示反对,指出按原有比例划给农民自留地是适当的,"全国现有耕地十六亿亩,按百分之五留自留地计算,总共不过八千万亩。花这八千万亩地,可以解决五亿多农民的蔬菜供应,可以发展私人养猪、养鸡、养鸭。这样做的好处,至少可以使五亿多农民不再向市场来争购副食品,有的农民还可以挤出一些副食品来供应市场。我认为这是最合算不过的措施。只要把五亿农民安顿好了,我们的市场就稳如泰山"(《邓子恢文集》,第525页)。"同时,农民留一点自留地,由他自由支配,加上供给制部分分配到户,这样,农民就有可能自己的生活,不致全部生活来源都掌握在干部手里。这对防止强迫命令也有很大作用。"(《邓子恢文集》,第526页)

就是在谈到照顾个体农民生产积极性问题的时候,邓子恢发表了关于"四大自由"的看法。所谓"四大自由"是指在农村允许农民有雇佣自由、借贷自由、租佃自由和贸易自由。邓子恢认为："笼统提出'四大自由'的口号是不妥当的,但关于雇佣、借贷、租佃和贸易四个问题则应有正确的处理。"具体而言,(1)"雇佣自由的口号可以提……今天是有没有人敢雇工的问题,而不是雇工的人很多。对雇工的工资问题,雇工的各种待遇问题,当然不是允许像在资本主义国家那样自由,这个自由是有条件的";(2)"今天要提倡自由借贷,农民要借钱,国家没有这些钱去帮助农民完全解决困难,他就要借贷",国家可以通过经济手段去限制高利贷,"单纯用行政命令,高利贷是禁止不了的"(《邓子恢文集》,第 353 页);(3)"今天土地买卖是可以的,但是否让随便买卖呢?不是的。我们要尽可能帮助贫困农民克服困难,要从各方面来帮助农民,如贷款、互助合作等等,使他不卖地","所以这个自由很有限度,并应尽量缩小这个自由的范围";(4)"商业买卖自由是不禁止的,但要在国营贸易领导和节制下。所谓领导就是控制。贸易自由的范围也是有限度的,有控制的,不是让其泛滥发展。但是不是不让私人做买卖呢?不是的,我们包不了的。"总之,邓子恢强调在农村工作中,既不能"对农民的私有制度不加改造,让富农无边地发展",也不应"限得太死"(《邓子恢文集》,第 354 页)。然而这一结合农村实际的正确主张却受到毛泽东的批评。

在全国农业基本实现了合作化以后,邓子恢呼吁把发展农业生产提到重要的位置,并提出的了三条基本方针:首先,要充分挖掘现有土地的生产潜力。邓子恢主张:"在现有土地上采取各种增产措施来扩大复种指数,提高单位面积产量,同时在可能条件下尽可能开垦一些荒地,以扩大耕地面积。"(《邓子恢文集》,第 457 页)这些措施包括兴修水利,防止水患,开发肥源,改良土壤,选用良种,推广新式农具,防治病虫害,改进耕作技术,改变耕作制度等。其次,要发展多种经营。邓子恢说:"我们的农业生产必须以增产粮棉为重点,但同时必须因地制宜地发展畜牧业、林业、渔业、园艺业、运输业、手工业及其他副业生产。这些生产和农业生产都是互相依赖而互相支援的,只强调一面而忽视另一面都是不利的。"(《邓子恢文集》,第 458 页)第三,要有正确的农产品价格政策并做好农产品收购工作。邓子恢认为:"价格合理,就会对农业和副业起刺激生产的作用,价格不合理,使农民无利可图,就会起不利于生产的反作用。""为了发展农业和副业生产,就必须适当调整这些不合理价格,并简化收购手续,务使合作社和农民有利可图,购销方便,以刺激他们的积极性。"(《邓子恢文集》,第 459 页)此外,邓子恢指出:"在增产措施上不可硬性规定大计划,不应割断历史,不要否定老农经验,而应该强调因地制宜,研究历史习惯和老农经验,让下面有一定独立性,才能收事半功倍之效。"(《邓子恢文集》,第 473 页)

随着农村经济的发展,出现了一批乡社开办的工厂,仅 1958 年,各地兴建的农村中小型企业就有 80 多万家。对此,邓子恢从多个方面肯定了它的积极意义。他指出:"社会经济是一个不可分割的整体,任何一个地方的社会经济都包括生产、流通、分配三个行程。在农村中当然主要任务是发展农业生产,但农业生产的发展必须取得工业、商业、手工业、交通运输、金融信贷等的积极支援和密切合作,离开这些协作而孤立地发展农业是不能想象的。过去相当长的时期内,我们过分强调条条作用,把这些本来是一个整体的行业各自割裂开来,影响这些行业对农业生产的密切协作。甚至连手工业也自成系统,农业社不能自己修理农具、家具,不能进行农产品加工,这对农业生产当然要发生不利的影响。现在中央提倡乡乡社社办工业,并在农业合作社内设供销部和信贷部。把这些原来是一个经济整体的机构统一起来。这对农业生产大跃进将起着极大的促进作用。"(《邓子恢文集》,第 518—519 页)从经济效益上来看,乡办工业"一方面节省了支出,促进了生产,另一方面也就增加了农业社的收入",由于农产品实行了就地加工,"这样便可以使各地区、各农业社之间的收入得到适当调节。这对促进各地区各农业社生产的平衡发展,对加强各地各社之间农民的团结都是有好处的"(《邓子恢文集》,第 519—520 页)。而且乡办农业在支援工业发展的同时,还有利于推进乡村城市化。"从逐渐缩小城乡差别到最后消灭城乡差别,那时候每个人从事农业生产,又从事工业生产,参加劳动又学习文化,从而脑力劳动与体力劳动的差别将逐渐缩小,最后消灭这种差别。"(《邓子恢文集》,第 520—521 页)这些分析显示了邓子恢农业思想的前瞻性和开阔性。

1958 年,农村的农业生产合作社实行人民公社化。由于毛泽东等中央主要领导人在指导思想上的失误,农业经济中出现了一哄而上、高指标、瞎指挥、浮夸风、共产风等不正常现象,导致了农业生产的直线下降。1961 年 5 月,邓子恢到福建龙岩地区开展调查,向中央报告了农村经济存在的倾向性问题。他尖锐地指出:造成农业减产和集体经济不巩固的根本原因在于"损害了所有制,加上生产上瞎指挥,引起农民不积极,以至消极抵抗"。"马克思讲过,我们要剥夺剥削者,但不能剥夺劳动者。这几年不少地方是剥夺了农民,剥夺了劳动者,违反了马列主义的基本原则。"(转引自蒋伯英:《邓子恢传》,第 343—344 页,上海人民出版社1986 年版)

1962 年 4 月,邓子恢到广西调查,并就包产到户问题发表了自己的看法,他强调:"解决包产到户的问题,要从有利生产,有利团结出发,实事求是地解决。"(《邓子恢文集》,第 584 页)"群众运动要自愿互利,还要有几个核心人物。不自愿就要垮下去,这是群众运动,不能运动群众。组织起来,天长地久,不能强迫命令。

群众不自愿的东西就不要搞,没有互利就不能自愿,不自愿就不能结成组织。"
(《邓子恢文集》,第585页)邓子恢主张按村落建立生产小队:"七、八户的村庄就可
以编一个小队,自负盈亏,不要几个村庄合起来。三、五户的可以单独编小组,包
产到组。单庄独户、离村庄远的就包产到户,或者就让他们单干吧……这样零星
居住的,干脆向群众宣布,包产到户。单干就单干,有什么不好,等几年后,有条
件合起来了,再组织起来。"(《邓子恢文集》,第584页)他指出集体的优越性在于可
以多使用劳动力,"可是你要组织不好,窝工浪费,优越性就没有了。这几年就是
工效低,无效劳动多,就没有优越性了。单干不好,在一定的范围内,在一定的条
件下有它的优越性。它自负盈亏,不用你调动积极性。"(《邓子恢文集》,第585页)
"当然,不能在思想上认为就是单干好,单干万岁。但是,不能说单干一文不值,
人家不信服。人家有这个思想,要耐心教育说服,不要斗争、处分。"(《邓子恢文
集》,第585—586页)

在调查研究和深入思考的基础上,邓子恢于1962年5月系统地提出了对人
民公社的政策调整建议,其内容涉及所有制问题、按劳分配政策、干部特殊化问
题、社员小自由问题、征购派购与等价交换问题等。这些建议不仅具有可操作
性,而且不乏思想深度。如关于干部特殊化问题,邓子恢说:大小队干部补贴工
分过多、多占多吃等现象将导致严重后果,"一方面引起群众不满,影响集体经济
不能巩固;另一方面也造成一批特权人物,这些人开始脱离群众,最后则形成与
群众对立,甚至利用权力控制群众,成为党与群众的障碍。这是妨碍集体经济巩
固发展的一个极其危险的因素"(《邓子恢文集》,第592页),因此要严格规定干部的
补贴人数和限额,限制大队办企业,尤其要"贯彻民主办社原则,建立一系列民主
制度","要建立检察制度"。关于农民自由问题,邓子恢表示:"在农业生产力还
处于以人畜力经营为主的当前阶段,这种小自由小私有,是最能调动农民劳动积
极性和责任心的。"(《邓子恢文集》,第594页)如关于等价交换问题,邓子恢强调:
"等价交换与按劳分配同是社会主义的经济法则。这两条法则是互相联系互为
因果的,不实行等价交换,就不可能按劳分配。"在他看来,队农产品实行征购派
购政策,"类似苏联内战时期的余粮征集制和以后的义务交售制度,成为农民对
国家的一种负担","如国家征购派购过重,而又未能等价交换,那不仅要影响农
民扩大再生产,而且要影响农民的当前生活和简单再生产,这对巩固集体所有制
和工农联盟都是不利的"(《邓子恢文集》,第597页)。邓子恢还认为:"在多种所有
制并存的现阶段,集市贸易是不能关死的",允许小杂粮熟食业自由上市,能"对
农业生产起促进作用,对城市人民生活也比较方便","这是一种不能用人为办法
加以改变的客观规律"(《邓子恢文集》,第598页)。

对于包产到户的做法,邓子恢的支持态度一直没有改变,在1962年8月的北戴河中央工作会议上,他仍然提出:"按季包工、小段包工,避免天天派工"是以往农业经营管理的一条经验,"有些技术性较强的作物,如南方的茶叶,东北的柞蚕等,也可以包产到户。责任制联系产量,只要不涉及所有制,是可行的"。"分田到户,包产到户,井田制、包上缴等,事实上是单干;但有些地方,责任制联系产量就不一定是单干。"(《邓子恢文集》,第614页)邓子恢肯定当时安徽省出现的责任田形式,认为大农活统一干,小农活包到户并不是单干。

然而,邓子恢的主张受到了毛泽东的批评。毛泽东在1962年的几次谈话中,都明确否定了邓子恢的建议,在一份批示中,毛泽东严厉批评邓子恢"动摇了,对形势的看法几乎是一片黑暗,对包产到户大力提倡。这是与他在1955年夏季会议以前一贯不愿搞合作社;对于搞起来的合作社,下令砍掉几十万个,毫无爱惜之心;而在这以前则竭力提倡四大自由,所谓'好行小惠,言不及义',是相联系的","他没有联系1950至1955年他自己还是站在一个资产阶级民主主义者的立场上,因而犯了反对建立社会主义集体农业经济的错误"(转引自薄一波:《若干重大决策与事件的回顾》(下卷),第1088页,中共中央党校出版社1993年版)。这就把邓子恢和他在发展农业生产问题上的分歧不恰当地提到了两条阶级路线的高度。但尽管如此,邓子恢没有放弃自己的看法。他在向毛泽东提交有关"责任田"的材料时就明确表示:"应该实事求是地向中央陈述意见。共产党员时时刻刻想到的是老百姓的利益,不怕丢'乌纱帽'。"(转引自薄一波:《若干重大决策与事件的回顾》(下卷),第1083页)

邓子恢十分重视科学技术在农业发展中的作用,他认为:一方面,"我们中国农业历史悠久"(《邓子恢文集》,第435页),"从殷周算起到现在将近三千二百年,这期间农业发展的经验,逐渐积累,相当丰富。这方面我们要有民族的自尊心、自豪感"(《邓子恢文集》,第435—436页);另一方面,"我们对中国的许多经验现在还没有用科学的方法把它总结起来,从感性知识提高到理性知识,这方面的工作还做得不够",因此"农业科学工作者在这方面要负起责任来,把我们祖先几千年来的农业战线上的生产经验加以重视,加以总结,加以提高,再推广"(《邓子恢文集》,第436页)。邓子恢强调:现代农业的发展离不开科学技术,对各级领导者来讲,"只抓生产不抓科学是不行的"(《邓子恢文集》,第438页)。而科技人员也要处理好推广与提高的关系,"农业科学工作者的工作范围,不能限制在研究室和实验场里","一定要解放出来,跑到大田里去","农民天天产生新东西,天天发现新问题。你帮助他解决,你也可以提高。你发现了新问题,也去和他研究,问题就会解决"(《邓子恢文集》,第436—437页)。为了提高我们农业生产的科技化水平,邓子恢呼吁尽快发展农业科技教育,他说:"农业部门要培养几十万甚至几百万人,而今天只有一万多人","现在队伍太小了,而我们的任务很大,怎么办?我们只有迅速扩大队伍,大量培养人才。办学校,农学院、专科学校,办训练班,个人带徒弟"。他建议成立农业科学院,认为:"农业科学院是司令部,建立这样一个司令部,对加强农业科学研究工作有很大作用。"(《邓子恢文集》,第438页)

不难看出,作为1949年以后中国农业经济的主要负责人之一,邓子恢的农业思想是具有鲜明理论特色的。他坚持运用实事求是、一切从实际出发的思想方法,尊重客观的经济规律,主张以经济手段引导、管理农业生产,并尽可能地维护广大农民的切身利益。尤其是他提出的调整人民公社政策、在农业中实行生产责任制的观点,对1978年以后中国农村的经济改革具有重要的思想先行的作用。即使受到不公正的对待,他对农业经济和农民状况的关心并未减弱。1966年8月18日,他还在天安门城楼上当面向毛泽东提出建议,要求准许农民私养耕牛,以确保农业生产的进行。(转引自李家祥:《邓子恢经济思想研究》,第11页,青海人民出版社1993年版)邓子恢的正确主张没有得到应有的重视和及时的采纳,这对农业经济的发展所造成的不利影响是不言而喻的。

第四节　张闻天的农业思想

张闻天在20世纪50年代中期到外交部门工作,但在此之前,他曾就东北地区的农业生产问题发表过见解,在1959年的庐山会议上,在1962年关于包产到户的争论中,他都就农业经济问题提出过自己的意见。

在中国共产党的高级干部中,张闻天是最早提出要重视农村经济中副业生产的人。1949年6月,他就意识到,辽东地区地少人多,要解决农村劳动力剩余问题,必须发展副业,实行社会分工。随后,他又强调:发展副业是提高农民生活的主要来源,是农民勤劳致副的捷径。1950年2月,在辽东省第一届人民代表大会上的讲话中,他明确指出:"辽东省的副业生产,在农村生产中占一个很重要的地位(至少占农村总生产量的百分之二十),在改善农民生活上,作用极大。农民生活上升的最主要的一个因素,就是副业生产。"他认为:"目前发展副业生产很重要,也有条件。我们从劳动互助,从提高农业技术各方面所节省出来的劳动力,就可用来发展副业。"对于农村副业的发展趋势和积极意义,张闻天作了这样的预测:"辽东的副业实在是多种多样的……发展的前途很大。"(《张闻天文集》第4卷,第142页,中共党史出版社1995年版)"副业生产,虽然在冬季农闲季节特别重要,只要有剩余劳动,许多可以全年搞的。副业,对于一部分人是可以变成专业的。副业是农村分工分业的开始,将来会有专门养鸡、养猪、养蚕、养兔、养蜂、淘金、运输等等新的行业出现。这对于提高社会生产力作用很大。"(《张闻天文集》第4卷,第143页)中国传统的农业以种植粮棉为主,所谓多种经营基本上是为了满足农民自己生活的需要,而张闻天在这里所讲的副业则具有新的经济学含义,它是指随着农业生产力提高,农业劳动力剩余而出现的一种农业分工,这种行业从事的是专业化的商品生产,是对原有农业生产模式的突破,是社会生产力水平提高的产物,并有助于国民经济的进一步发展。应该肯定,在全国农业生产刚刚步入恢复阶段,张闻天就能敏锐察觉到这一点,是颇有经济学眼光的。

在庐山会议的发言中,张闻天分析了在国民经济发展中存在的"指标过高、求成过急,引起比例失调"(《张闻天文集》第4卷,第321页)所造成的损失,其中给农业带来的后果十分严重:"一九五八年的粮食产量估计过高,以及今年(指1959年——引者注)粮产指标规定高达一万零五百亿斤,也造成了损失,使吃、用发生了问题。""钢产指标过高,引来了全民炼钢","全民炼钢的意义很大","但是,也应该看到它的缺点,看到它造成的损失。问题不单是赔了五十亿元,最大的问题还在于七千万至九千万人上山,抽去了农村中的主要劳动力,打乱了工农业劳动力之间的正常比例关系,使农副业生产遭受很大损失。粮食收得粗糙。棉花收起来了,但质量很差。松香、木耳、油漆,都没有人搞了"(《张闻天文集》第4卷,第322页)。"农村受七千万人上山的影响,又对粮产估计过高,办起公共食堂,实行'吃饭不要钱',而且闹了一阵'放开肚皮吃饭',因而浪费粮食不少。'一平二调',打击了农民积极性。生产无人负责,损失很大。'平调'时杀鸡宰猪,牲畜的损失,据山东说要几年才能恢复。农村情况不好,使人口向城市盲目流动。"(《张闻天文集》第4卷,第325—326页)

产生上述严重失误的原因,张闻天认为除了缺乏经验之外,还"应该从思想观点、方法、作风上去探讨"(《张闻天文集》第4卷,第329页),具体而言,主观主义和片面性的危害必须引起警觉。作为一位学者型的领导干部,张闻天对主观主义的批评具有一定的理论色彩。他指出:"按照马列主义学说,政治是经济的集中表现。因此,领导经济要政治挂帅,这是对的。但是光政治挂帅还不行,还要根据客观经济规律办事。客观经济规律不能否定,只能利用它来为我们服务。经济有经济的规律,它与政治、军事的规律不一样。但是,搞经济工作,不按照客观经济规律办事,同样是要吃亏的。我们是否真正认识按经济规律办事的意义?是否注意研究和运用经济规律?有的人根本看不起经济规律,认为只要政治挂帅就行。有的人公然违反客观经济规律,说是不用算经济帐,只要算政治帐。这是不行的。我们的经济活动,总是受经济规律约束的。所以我们一定要按经济规律办事,不能光凭主观愿望,光凭政治上的要求。单靠提几句政治口号,那是空的。"(《张闻天文集》第 4 卷,第 331 页)以农业为例,"有些'高产田'确是高产,但所用的化肥、种子多,成本太高,要赔钱。农民搞这种生产就要破产"(《张闻天文集》第 4 卷,第 332 页)。不难看出,张闻天的这番剖析虽然比较含蓄婉转,但蕴含着尖锐深刻的思想内涵。

怎样扭转农业生产上的不利局面? 张闻天从经济学理论的角度提出了自己的见解。首先,他认为在中国农村,"集体所有制的历史使命还没有完成,它还有生命力。现在的问题是要把它巩固、稳定下来。目前是队为基本核算单位,将来发展到基本公社所有制,也还是集体所有制。要发展到全民所有制,时间还相当长。现在不要强调它的改变"。其次,与这种所有制相一致,"要坚决贯彻按劳分配"。张闻天明确主张:"取消'吃饭不要钱',改为实行社会保险。对少数丧失劳动力的人,实行'吃饭不要钱'是对的,但对多数人这样做,就不对了。我们不能搞平均主义。"(《张闻天文集》第 4 卷,第 334 页)"不缩小供给部分,按劳分配的原则就贯彻不了。现在有些人把供给制、公共食堂等同于社会主义、共产主义,怕取消供给制就不够进步,退出食堂就不是社会主义。其实,这完全是两回事,是两个不同的范畴。社会主义并不一定要采取供给制、公共食堂这种办法。"(《张闻天文集》第 4 卷,第 334—335 页)第三,"保护消费品个人所有制"。张闻天说:"现在在农村里,个人所有的东西比消费品还多一些,如自留地、小农具。至于消费品个人所有制,到共产主义社会也是存在的。"在此基础上,张闻天提出要允许农民勤劳致富,他认为:"生产愈多,消费愈应该愈多。对于穷和富的观念,要慢慢改变。按照多劳多得原则,劳动好,对国家贡献大,所得报酬就多,生活就富裕,富是由于劳动好。这样的富对个人好,对国家更好。它是应该的,光荣的。由于不爱劳动,好吃懒做而使生活穷困,是活该,是可耻的。""如果社会主义不能满足个人物质、文化需要,就没有奋斗目标,社会主义就建设不起来。"因此,要纠正一部分干部"用平均主义的态度来对待贡献大、生活富裕的农民,批判多劳多得而生活较好的人,说他们有资本主义思想"的错误认识(《张闻天文集》第 4 卷,第 335 页)。在计划经济时期明确提倡勤劳致富,是一种大胆的创见,体现了张闻天在经济问题上的远见卓识。

庐山会议后,张闻天因作了以上发言并支持彭德怀的意见而受到不公正的对待,但他对中国经济发展所进行的深入思索并未停止。在阅读列宁的有关论著时,他就农业经济问题作了如下的批注:"为了改善工人状况,恢复工业,必须从改善农民生活和发展农业开始。如何开始? 粮食税与自由贸易。"(《张闻天文集》第四卷,第 405 页)"必须采取满足农民要求的办法,善于寻求同小农共处的形式。"(《张闻天文集》第 4 卷,第 406 页)"用一切办法实际改善工农生活。""关心个人利益,为了使之同集体利益结合起来。"(《张闻天文集》第 4 卷,第 407 页)"对小农的刺激、鼓励,离开周转自由是不可能的。""这种自由,是农民的需要,也是客观的需要。""周转的好处,可以满足中农,巩固工农联盟。"(《张闻天文集》第 4 卷,第 409 页)"农业税代替余粮收集制的必要。使农民能在地方上实行周转。双方有利。"(《张闻天文集》第 4 卷,第 409—410 页)"分配粮食不能平均主义,要为生产服务,要成为提高生产的一种工具。"(《张闻天文集》第 4 卷,第 413 页)"瞎指挥一定要破坏生产力。"(《张闻天文集》第 4 卷,第 417 页)这些批注既显示出张闻天试图从马克思主义经典作家的论述中获得有关发展社会主义农业经济的理论依据,又体现了他本人在这个问题上的思考轨迹。

1962 年,在农业决策层发生了有关包产到户的争论。对这一敏感的问题,张闻天并没有保持沉默。他的看法是:"包产到户问题值得研究。这是不是集体经济? 从产品和土地所有权看,还是。是不是单干? 是单干,但不是个体经济。这是一个经营管理问题,劳动组织的问题,不是两条道路问题。"(《张闻天文集》第 4 卷,第 425 页)他认为包产到户比集体生产退了一步,"但仍然不失为调动积极性的一种办法。为了保命的一种不得已的办法。有一时的推动作用,有积极的一面(不能肯定一定减产,一定完不成国家征购计划。可能比勉强的集体生产要好。有的地方证明是好的)"(《张闻天文集》第 4 卷,第 426 页)。

为什么农村有那么多的人赞成包产到户? 张闻天分析了四个原因:(1)"这是对过去'左'的错误的反动。'左'的错误,使集体所有制生产受到损失。群众生活贫困"。(2)党的农业政策未能很好解决组织劳动、按劳取酬等问题,"群众不相信现在的办法能够增加生产,改善生活,表现出群众对现在办法也信心不足"。(3)"群众迫切要求自力更生增加生产,改善生活。群众对现有的饥饿生活不能忍受。既然对集体缺乏信心,就只有靠自己流汗,害怕继续受饿。将其看做是生死问题"。(4)"群众对党,对干部能否真正搞好生产信心不足。对党的政策不落实"(《张闻天文集》第 4 卷,第 426 页)。

对这种由群众自己首创的劳动形式,张闻天认为"没有惊慌失措的理由,问题在于党如何去领导"。他主张:"不去强扭,而是加强领导,切实帮助,使他们增产,改善生活,同时进行社会主义教育;不同他们对立,而同他们一起;不去空洞指责,而是实际帮助。要根据群众多树意见办事。""切实加强对生产队的领导,解决没有解决的问题,使生产队增产,生活改善得比包产到户更好。只有这一条,能够扭转包产到户的趋势。""切实教育干部,整顿干部作风,要求干部同群众同甘共苦,千方百计联系群众,取得群众的信任。""要积极工作,同时要善于等待,根据群众切身经验,提高其觉悟。"(《张闻天文集》第 4 卷,第 427 页)而根本的一条是,"要在经济问题上拿出办法来"(《张闻天文集》第 4 卷,第 428 页)。

为了恢复和发展农业经济,张闻天还建议放宽对农村集市贸易的政策限制。他经过实际调查后指出:1960 年冬季后,"农民对国家开放集市贸易是满意的,因为他们可以高价卖出他们的农副产品,同时也可以买进(虽然也是高价)一部分国家所不能供应的生产资料和生活资料。但他们对市场上物资数量太少、品种太少,国家对集市贸易管理太严、限制太死,使他们不能自由卖出他们的农副产品并买入他们所需要的物资,是不满意的。看来,许多人为的限制并不能取消黑市,却反而助长了黑市物价的上涨,给投机商人以更多的机会"(《张闻天文集》第 4 卷,第 429—430 页)。另一方面,"国家完全禁止一类物资(指粮食、棉花、食油——引者注)的出售,目前使重点产粮区的粮农损失比较大。粮农按国家收购价格出售农产品,不但不能保证其扩大再生产,甚至简单再生产也难以维持。国家今天急需粮食增产,而粮农今天却处在最不利的地位,这对各方面说来都是不利的"(《张闻天文集》第 4 卷,第 430—431 页)。他敏锐地意识到,种种迹象显示:"集市贸易市场有扩大成为地区性市场并成为一个地区的经济活动中心的趋势,它要求突破妨碍物资交流和商品周转的一个地区内或各个地区之间的各种人为的限制和障碍。"

面对这种情况,张闻天提议:(1)"坚持中央发展集市贸易,使之成为经常的和固定的集镇贸易的方针","使集镇市场既成为本地区经济生活的中心,又成为全国市场的一个组成部分"(《张闻天文集》第 4 卷,第 432 页);(2)"国家应明确宣布:完成一类物资的征购任务和二类物资的派购任务,是农民对国家的义务","国家把现在农副产品的收购价格固定下来,不再继续提价","同时,国家把这种义务交售的数量和品种加以可能的压缩","此外,国家还可以有计划地从征购派购任务中减去国家估计可以从市场上购进的农副产品的数量和品种。这样,农民的负担可以有部分的减轻,农民手中就可以有更多的农副产品了。国家再明确宣布,农民在完成其交售任务后,有在集市上按照市场价格自由出卖其农副产品(包括粮棉油在内)的权利","这种办法可以大大提高农民生产和增产的积极性,有利于发展农业生产,同时也更能动员农民手里的剩余农副产品到市场上来出卖,有利于商品周转和调剂有无"(《张闻天文集》第 4 卷,第 433 页)。显然,张闻天的这些主张有助于活跃农村集镇的商品交换,提高农民的经济收益,恢复和促进农业生产。但在当时,他的意见不仅未受重视,反而遭到批判。

张闻天在 1949 年以后没有参与国家的经济领导工作,他对农业问题的看法一方面是依据于工作实践中所获得的真实感受,一方面则得益于深厚的理论修养和实事求是的思想方法。不管是在东北地区担任地方领导职务期间,还是在受到不公正对待的情况下,张闻天关于农业发展的见解均不乏深刻独到之处,被1978年以后中国农村经济改革的历史事实证明是具有重要理论价值的。

第五节　李云河、杨伟名等人的农业经济观点

包产到户是由中国农村的基层干部群众创造的生产形式,最初出现于20世纪50年代中期,其中"最具有代表性和典型意义的,是浙江省永嘉县,这是全国县级党委第一个支持包产到户的。此外,还有四川省的江津县、广东省的中山县、江苏省的盐城地区、陕西省的城固县和武功县等地所推行的包产到户"(高化民:《农业合作化运动始末》,第351页,中国青年出版社1995年版)。

但人们对这一新生事物的看法是不同的。1956年4月29日,《人民日报》发表署名的文章:《生产组和社员都应该"包工包产"》,虽然文章作者对这种生产组织形式心里不是很有底(署名"何成"就有询问之意),但文章毕竟突破了当时"生产组和社员不可以包工包产"的禁区。有人存有疑虑,有人则认为这是一种倒退。1956年11月19日,温州地委机关报《浙南大众报》发表了力禾的《"包产到户"做法究竟好不好?》和本报评论员《不能采取倒退的做法》的文章。文章认为:永嘉县搞包产到户,是"在生产方式上","从集体经营退到分散经营"。而最早对包产到户表示明确支持的则是当时浙江省永嘉县的县委副书记李云河。

1957年1月27日,李云河在《浙江日报》发表《"专管制"和"包产到户"是解决社内主要矛盾的好办法》一文。他开门见山地写道:"'个人专管制'和'包产到户'的做法,除去某些同志赞同并提出了一些有益的商讨意见以外,很多同志都'骂'包产到户不好,有的地方已经骂臭了。"而本人"对这个问题却有不同的看法","认为这个办法是有效地提高社内生产力的先进办法"。其理由是:第一,实行"专管制"和"包产到户"是为了补充集体劳动的不足。按照社内条件和统一领导的可能,采取"集体劳动"的很好"补充"。"这样搞不但不会损害社员的社会主义生产积极性,而且能够提高劳动生产率和劳动利用率,能够使原来的还在个体经济阶段的劳动的主动性、细致性和现在集体的优越性很好地结合起来,为合作社的生产服务,使集体劳动完满无缺。"它可以克服"天天集体,事事集体",把

整个时间和精力经常"集体"在一个地方,容易造成窝工浪费的现象。"这个办法完全符合党中央和毛主席'调动一切积极因素为建设社会主义服务'的精神。"第二,实行"专管制"和"包产到户"绝不会使合作社变质,根本不是"拉倒车"。因为没有改变所有制;因为生产仍然是在社和队的统一领导下进行;因为合作社更能具体的实行"按劳取酬,多劳多得"的社会主义分配原则,谁劳动得好谁就分配多,谁的收入就多。同时,劳动得好坏,是以产量来做鉴定的。"产"多记工就多,报酬就高。因此,它与单干有本质的区别。第三,实行"专管制"和"包产到户",在没有实现机械化以前,即还处在手工劳动、畜力耕种阶段,是调动社员生产积极性和发展生产的好办法。它能满足复杂的农事需要。这一点已被永嘉县燎原社的实践所证明。因此,拉着架子等机器是不行的,而且是消极的。

李云河之所以公开支持包产到户,主要基于两条:其一,这种生产组织形式是与当时的生产力水平相适应的,而且是促进农业生产力发展的积极举措;其二,由于"更能具体的实行'按劳取酬,多劳多得'的社会主义分配原则,谁劳动得好谁就分配多,谁的收入就多。同时,劳动得好坏,是以产量来做鉴定的。'产'多记工就多报酬就高",所以包产到户能有力地调动劳动者的积极性。这种观点不仅体现了马克思主义关于生产关系必须适应生产力状况的基本原理,而且强调了收入分配对劳动生产的激励作用,从操作层面提供了发展农业生产力的可行途径。

李云河的文章刊登以后,广大农民感到松了一口气。但不久就受到上级的批评,李云河被迫在报纸上公开进行检讨。随即,在温州全区、浙江全省以致全国对李云河进行了公开的点名批判。李云河被定为"手持双刀大砍社会主义"的"右派分子",被开除党籍,撤销一切职务,工资由15级降为19级,下放工厂劳动改造。不仅如此,"永嘉县的农民因搞'包产到户',被批判者不知其数,被关被判刑者有20多人(中农徐适存被判刑20年,死于监牢)"(高化民:《农业合作化运动始末》,第385页)。

不过,包产到户这种适合中国农村实际的生产组织形式并没有就此灭绝,特别是在国民经济出现全局性困难的时候,它成为广大农民生产自救的有效途径。

由于最高决策者的思想偏执和判断失误,我国的农业经济在20世纪50年代后期出现了严重衰退。对此,彭德怀等党内高级干部提出了尖锐的批评意见。难能可贵的是,身处农业生产第一线的基层干部也深刻地察觉到了问题的严重性。

1962年5月,陕西户县城关公社三位农民(大队会计杨伟名、大队党支部书记贾生财和大队长赵振离)联名写了《当前形势怀感》(亦名《一叶知秋》)一文,对当时农村工作中的急躁冒进提出了直率的批评纠正意见。他们指出："目前我们已经承认'困难是十分严重的'。而'严重'的程度究竟如何呢？就农村而言，如果拿合作化前和现在比，使人感到民怨沸腾代替了遍野颂歌，生产凋零代替了五谷丰登，饥饿代替了丰衣足食，濒于破产的农村经济面貌，代替了昔日的景象繁荣。"（转引自卢跃刚：《大国寡民》，第490页，中国电影出版社1998年版）造成这种现象的主要原因是什么？杨伟名等人分析说："我们的国家是个'一穷二白'的国家，在这个既穷又白的薄弱基础上，由1949年解放起到1955年合作化为止，仅只六年左右的时间，我们的新民主主义建设任务，就真的完成了吗？答复是否定的。并且要在短短的六年时间内，把一个具有六亿人的落后的农业国家，建设成新民主主义的强大工业国，无论如何是不能想象的事。""有人曾经说过：我们的社会主义建设要当两步走（由新民主主义到社会主义）。那么如果说，我们第一步没有走好，第二步怎么会走好呢？"（转引自卢跃刚：《大国寡民》，第494页）

为了切实扭转这一局面，他们明确主张实施"退"的战略："关键在于我们能否把当年撤离延安的果断精神，尽速的应用于当前形势，诸如一类物质自由市场的开放，中小型工商业以'节制'代替'改造'，农业方面采取'集体'与'单干'听凭群众自愿等，都是可以大胆考虑的。""几年来，我们是朝着退的方向做的，并且收到效果。不过还未到家，应该进一步就整个国民经济的政策方向方针作全面彻底的调整，直到克服困难而后止。"（转引自卢跃刚：《大国寡民》，第490—491页）

关于农业的生产组织形式，杨伟名等人明确表示："近来农村中不断有'恢复单干'的传说，这种传说我们不能认为是'别有用心'者的造谣，说它是目前农民群众单干思想倾向的反映，则是比较妥当的。"（转引自卢跃刚：《大国寡民》，第492页）在他们看来，"'分田到户'，不是要求一律单干，而是愿意单干者，可以允许，愿集体者可以另行自愿结合，这样集体与单干两种形式，同时并存。估计这样皆因出于个人自愿，生产是会搞好的……农业合作化以来，生产所以停滞不前，在一定程度上，与当初多数不是出于真正自愿有关。"（转引自卢跃刚：《大国寡民》，第493页）"农业方面，按照集体、单干，听凭群众自愿的原则。这是养鸡取蛋，有别于杀鸡取蛋，这是釜底抽薪，有别于扬汤止沸，这是根本之道，有别于治标之法，这是我们要退的终点。"（转引自卢跃刚：《大国寡民》，第494页）

不仅如此，杨伟名等人的"怀感"还涉及两个重要的相关问题。其一，必须提高决策的民主性。他们写道："我们是人民民主的国家，就人民民主而言，我们的民主是百分之百的不折不扣的民主。我们的民主是通过高度民意集中，体现出真正民主，因之民主与集中，两者是互相关联表里为一的。不能当成两个对立的东西去看待它!"(转引自卢跃刚:《大国寡民》,第 499 页)"当群众意志与现行政策哪怕是当时正在特别强调执行的政策发生矛盾时,必须保证群众意志尽快的向上集中,从而让现行政策中,可能存在的偏差,及时得到纠正……进而言之,群众的意志如果停于下,则作为制定国家政策的泉源,就会竭于上。"(转引自卢跃刚:《大国寡民》,第 498—499 页)在经济学意义上,这段话不仅是对经济民主权利的诉求,而且蕴含着这样的意思:政府要为社会经济的发展提供制度服务,而不是替代经济行为主体的决策。如此深刻的见解,产生在计划经济时期的农村基层,是非常可贵的。其二,应该正确认识社会主义发展的阶段性。他们提出:"按说新民主主义建设需要二三十年,由新民主主义逐步向社会主义过渡是一个长期的转化过程,又需要二三十年,由此看来,像我们过去所做的显然是拔苗助长,违反了客观规律。"(转引自卢跃刚:《大国寡民》,第 495 页)"新民主主义建设任务,有的同志说:三座大山推倒,革命政权建立,新民主主义的建设任务就算完成了,从此以后,就是社会主义建设时期了,我觉得这中间不存在什么问题,就以第七节中所提的新民主主义建设任务说成是社会主义初期建设任务,也是可以的。"(转引自卢跃刚:《大国寡民》,第 500 页)

　　杨伟名等人的文稿当时分别寄给了有关方面,受到了一定的重视。但毛泽东作出了否定的表态。时任陕西省委书记的赵伯平在 1962 年 10 月 27 日省委 3 届 5 次(扩大)会议上传达说:"主席批评了户县城关公社三个党员的来信。信中有一句话:'一叶知秋,异地皆然。'主席说,一叶知秋,也可以知冬,更重要的是知春、知夏……任何一个阶段都讲自己有希望。户县城关公社写信的同志也讲希望,他们讲单干希望……主席问户县三个党员的来信回答了没有? 共产党员在这些问题上不能无动于衷。"(转引自林大中主编:《九十年代文存 1990—2000》下卷,第 147 页,中国社会科学出版社 2001 年版)据此,有关几方作出了结论:"这是一个名目张胆的、比较系统的、要求资本主义复辟的反动纲领。""是资本主义自发的要求在党内比较完整、系统的反映","集中了社会主义革命和社会主义建设以来党内机会主义的观点和主张,是一个彻头彻尾的恢复资本主义的资产阶级的政治纲领"。(转引自林大中主编:《九十年代文存 1990—2000》下卷,第 147—148 页)随之而来的是对他们的种种迫害,其中杨伟名在"文革"中不堪批斗之辱,服毒自尽,1979 年6 月被平反昭雪。

　　从根本上来说,我国的农业发展有赖于市场经济的完善,它同维护农民的基本权益、培育农民的市场经济理性、建立健全公平规范的市场竞争制度密不可分。而在李云河、杨伟名等人的农业政策主张中,这些重要的思想因素,都有不同程度的显示。对基层干部群众意识诉求的忽略和压制,是计划经济时期农业发展缓慢的原因之一。这给后人留下的有益启示是：在确定社会经济发展目标和具体政策时，必须重视经济行为主体的意愿和利益。

第六节 新中国成立以后的农业经济学研究

20世纪50年代前期，作为高等学校教材的农业经济学开始编写。据有关资料统计，最早公开出版的农业经济学教材有《农业经济学讲义》(初稿)(中国人民大学农业经济教研室编，中国人民大学出版社1957年版)、《社会主义农业经济学》(中国人民大学大学农业经济教研室编，农业出版社1959年版)、《农业经济学》(初稿)(中国人民大学农业经济系农业经济教研室编，中国人民大学出版社1964年版)等(《中国农业经济文献目录(1900—1981)》，第429页，农业出版社1988年版)。笔者在搜集资料的过程中，还发现了两种较早的农业经济学教材，一本是由南京农学院农业经济学系编写的《农业经济学讲义》(初稿)，1954年在南京铅印发行；另一本是由上海财经学院农业经济教研组编写的《农业经济学讲义初稿》，1957年油印发行。70年代末，农业经济学的教学研究进入了一个新的发展阶段，出版的专著有赵天福、朱道华主编的《社会主义农业经济学》(中国人民大学出版社1980年版)、沈阳农学院主编的《社会主义农业经济学》(中国人民大学出版社1980年版)、全国十二所综合性大学《农业经济学》编写组编的《农业经济学概论》(辽宁人民出版社1981年版)、北京农业大学农业经济系的《社会主义农业经济管理》(河北人民出版社1980年版)、杜修昌主编的《农业经济管理概论》(浙江人民出版社1981年版)、《农业技术经济》编写组编的《农业技术经济学》(中国人民出版社1981年版)等(《中国农业经济文献目录(1900—1981)》，第430页)。其中较有代表性的是全国十二所综合性大学编著的《农业经济学概论》。80年代中期，全国十三所综合性大学的教学人员又写出《中国农村经济学概论》(辽宁人民出版社1986年版)，进一步拓展了农业经济学的研究范围和深度。

南京农学院农业经济学系编写的《农业经济学讲义》(初稿)共分导言和四编，其中导言和第一编(社会主义农业的发生与发展)系采用当时苏联专家康·格·鲁柯夫斯柯依编写的教材，由南京农学院教师撰写的是第二编社会主义农业体系；第三编社会主义农业扩大再生产与积累；第四编中华人民共和国的农业经济。而第二编和第三编的论述内容主要是列宁、斯大林的有关学说和苏联的农业经济问题，只有第四编才是对中国农业经济问题的集中探讨。第四编共有七章,分别论述了中华人民共和国的土地改革、中华人民共和国的农业发展道路、在恢复时期和有计划经济建设时期的中华人民共和国农业、中华人民共和国农业的国家领导、中华人民共和国基本农业部门的经济结构、农民生产互助组织与农业生产合作社、中华人民共和国农场建设及其发展等问题。

上海财经学院的《农业经济学讲义初稿》,由吴麟鑫、何德鹤、徐曰琨、夏顺康、储素绚编写。讲义共有 13 章,标题分别为引言,中华人民共和国土地制度的改革,中华人民共和国农业的社会主义改造,社会主义农业机械化和电气化,社会主义农业中的劳动,社会主义农业集约化,社会主义农业计划化,农产品的国家采购,社会主义农业的配置与专门化,中国农业部门生产经济,农业生产合作社的扩大再生产与收入,机器拖拉机站在社会主义农业生产中的作用,国营农场的扩大再生产与积累。在讲义的引言部分,作者联系中国实际,阐述了社会主义农业经济学的对象与任务,他们指出:"农业经济学的研究对象是经济规律在社会主义农业部门中的表现形式和农业经济政策","政治经济学是农业经济学是农业经济学的理论基础","辩证唯物主义是农业经济学的方法论基础"。由于农业经济与生产组织、统计学、经济地理、农业技术等有着密切的联系,所以农业经济学的研究必须同这些学科的研究有机地结合起来。

与 50 年代农业经济学研究主要诠释列宁、斯大林的农业思想及介绍苏联农业模式的情况不同,1964 年出版的中国人民大学的《农业经济学》(初稿)已有明显的中国特色,而且在一些基本理论问题上提出了新的、较为深刻的见解。全书分绪论和正文 13 章,各章内容依次为农业的社会主义所有制,农业在国民经济中的地位和作用,农业生产发展的速度和比例关系,农业生产布局,粮食生产与经济作物生产经济,畜牧业部门经济,城郊农业经济,农业现代化,土地利用与农业的集约经营,农业劳动,农产品成本,农产品收购,农业中的收入分配。

在绪论和有关章节中,作者对农业的性质、特点及作用进行了阐述。他们指出:"农业是最古老的经济部门,是第一个社会生产部门",随着社会经济的发展,出现了纯粹的工业部门,"这时,农业在社会生产总产品中的比重相对下降了,但它仍然是社会生产的重要部门之一,是工业及其他部门发展的基础"。(《农业经济学》(初稿),第 2—3 页,中国人民大学出版社 1964 年版)关于农业在国民经济中的基础地位,作者从六个方面进行了说明:(1)"农业供给国民经济各部门和非经济部门的劳动者所需要的粮食、油类、肉类、蔬菜等等主副食品。这是人类生存的最基本的条件";(2)"农业供给工业特别是轻工业所需要的原料";(3)"农业是工业的重要市场"《农业经济学》(初稿),第 28 页);(4)"农业是社会主义建设资金的重要来源";(5)"农业供应工业及其他部门所需要的劳动力"《农业经济学》(初

稿），第 29 页）；（6）"农业提供重要的、大量的出口物质"（《农业经济学》（初稿），第
30 页）。

60 年代初，学术界开展了关于农业现代化的讨论，《农业经济学》（初稿）一
书也就对这个问题进行了论述。作者描述了农业现代化的基本特征："在农业生
产中以现代的机械和电力代替人畜力；大量使用化学肥料、农药、除莠剂和其他
化学制剂；实行水利化；以及在生产中广泛应用农业科学。"（《农业经济学》（初稿），
第 112 页）。作者认为："在社会主义条件下，实现农业现代化的速度，主要是取决
于工业发展水平和发展农业的政策……我国是一个社会主义大国，实现农业现
代化所需要的机器、电力、化肥很多，并且要全面地进行水利建设（包括防洪、排
涝与灌溉），要较快地实现这个伟大目标，就得动员全国各方面的力量，把一切工
作都转移到以农业为基础的轨道上来，支援农业的技术改革。"（《农业经济学》（初
稿），第 122 页）

把农业现代化的重点放在农业的技术改造上，这反映出当时的研究者关注
农业生产力提高的思想倾向，体现出经过农业生产关系的剧烈变动（包括大幅度
的公有化和随后的调整）之后，发展生产力的重要性再次获得人们肯定的趋势。
这在一定程度上是一种思想认识的进步。但是，把既有的农业生产关系视为实
行现代化的当然积极因素，忽视在推进农业科技发展的同时，农业的生产组织和
管理方式也必须相应地进行改革，这显然是当时农业现代化思想的历史局限。
此外，书中也留下了那个时代理论偏误的痕迹，如在论述农业劳动力问题时，作
者认为："劳动者的生产能力，从根本上来说是无限的——随着社会制度和科学
技术的进步而不断提高"（《农业经济学》（初稿），第 149 页），"我国人口众多，农业劳
动资源非常丰富，这是发展农业生产的极为有利的条件"（《农业经济学》（初稿），第
150 页），并对马尔萨斯的人口论以及被作者称之为"资产阶级学者"关于农业人
口增长过快将影响积累的观点进行了批判。

1978 年以后，随着农村改革的逐步开展，我国的农业经济进入了一个重要
的发展阶段，这在客观上对农业经济的学科建设、教学和研究提出了新的要求。
80 年代初，全国十二所综合性大学合作编撰的《农业经济学概论》，就是适应这
种需求而问世的。本书由刘福仁、杨勋、周海粟、蒋楠生最后定稿。全书有导论
及正文 12 章，各章的标题依次为：农业在国民经济中的地位和作用，社会主义
农业制度的建立和发展，农业现代化，农业生产结构和专业化，农村工业及农工
商一体化，农业有计划发展与计划管理体制，土地资源的合理利用，农业劳动力
的合理利用，农业机械的合理利用，农产品的商品交换和价格，农业经济核算，农
业的收入分配。

在导论中,作者强调:我国的社会主义建设已经进入了新时期,"加速发展农业是新时期的首要任务,是整个国民经济现代化的根本条件。在我国农业调整、改革过程中,农业经济科学面临着极其艰巨复杂的任务。农业经济学必须在深刻总结历史经验,具体分析我国实际情况,大胆探索农业高速发展道路方面做出自己的贡献,才能适应新时期农业大发展的要求"(《农业经济学概论》,第 3 页,辽宁人民出版社 1981 年版)。作者指出:"农业经济学是专门研究农业领域中各种经济问题的部门经济学。"(《农业经济学概论》,第 4 页)"为了阐明社会主义农业经济发展的规律和解决农业发展中的问题,农业经济学必须在研究农业生产关系的同时,广泛利用自然科学和农业技术科学的研究成果,深入研究农业生产力发展中的经济问题。同时,还要极其关注发生在农村、同农业经济密切相关的其他国民经济问题和属于上层建筑领域的有关社会经济问题,善于运用和吸收社会科学领域各有关学科的研究成果。"(《农业经济学概论》,第 5—6 页)

在本书正文部分的论述中,作者在总结吸取建国以来农业发展经验教训的基础上,提出了若干新的理论见解。如关于农业的基础作用问题,书中写道:"农业是国民经济的基础,这是不以人们意志为转移的客观经济规律。"(《农业经济学概论》,第 10 页)"在生产实践中不管人们认识不认识它,在客观上它都在发挥作用",中外的历史经验"不仅说明在社会主义条件下,仍然存在能否正确认识与运用农业是国民经济基础这一客观规律问题;而且说明,按照什么指导思想制定方针政策,是关系到农业能否高速度发展,关系到整个社会主义建设事业的大问题"(《农业经济学概论》,第 18 页)。

再如,关于农业现代化,作者表述说:"现代农业的基本特征是农业的科学化、机械化和社会化。现代农业是生产力高度发展的农业,产品商品率大幅度提高,单位面积产量显著增长,农业生产结构也发生了深刻的变化。因此,农业现代化的本质是要把农业各部门的生产建立在科学的基础上,创造一个高产的生产系统和一个高效的生态系统。"(《农业经济学概论》,第 49 页)重视农业生产的组织管理现代化和生态系统的高效化,这是对 60 年代农业现代化思想的重要发展。在农业现代化的起步阶段,则必须解决好这样几个问题:(1)积极发展农用工业和交通运输业;(2)重视智力开发,大力发展农业教育、农业科学研究事业;(3)进行农业自然资源和农业经济调查,搞好农业区划和农业现代化规划;(4)注意研究农业能源的利用和开发;(5)调动广大农民的社会主义积极性。其中第(5)个问题的具体含义是:"必须从经济上给农民以物质利益,政治上给农民以民主权利,离开了物质利益和民主权利,任何阶级的积极性都不可能产生,即使产生了也不可能持久。要给农民以物质利益和民主权利,就要切实尊重生产队自主劝,反对瞎指挥;认真贯彻执行各尽所能,按劳分配原则,反对平均主义;建立和健全各种形式的生产责任制,搞好劳动管理;实行计划调节与市场调节相结合,改革计划管理体制;在保证集体经济占优势的前提下,鼓励社员经营好自留地和家庭副业;活跃农村经济,开展农村集市贸易;提高农产品收购价格,降低农用工业品销售价格,缩小工农产品'剪刀差',等等。"(《农业经济学概论》,第73页)不难看出,这些措施正是农村改革的主要内容。《农业经济学概论》把调动农民的生产积极性列为促进农业现代化的必要前提,这是思想认识上的重要进步,也揭示出1978年以后的农村改革是以提高农民实际生活为出发点和根本目标的。不过,作者还没有把这个问题放在首要的位置加以强调。

又如,关于农村工业问题,作者分析了它的多种积极作用,具体包括:"农村工业是我国实现农业现代化的一支重要力量"(《农业经济学概论》,第119页);"农村工业的发展,可以充分合理利用自然资源";"农村工业的发展,可以充分发挥我国农业劳动力多的优势","根据我国的实际情况,农村劳动资源的使用,除大力发展多种经营外,有计划地发展农村工业,建立中小城镇,就地安排农村的多余劳动力,将成为重要的途径"(《农业经济学概论》,第120页);"农村工业是积累农业现代化资金和提高农民收入水平的重要途径","更多项目的农村工业的发展,将必然增加农村经济收入,成为农业扩大再生产积累资金的重要源泉,成为农民增加收入的重要财源"(《农业经济学概论》,第120—121页);等等。

在《农业经济学概论》的导论中,作者提到:"农业经济学与农村经济问题的研究和农村社会学有密切的联系。把三者结合,可以形成一门综合的农村社会经济学。它以整个社会为背景,从整个国民经济体系出发,研究有关农业生产诸因素、农业经济过程各环节和农业发展各时期各阶段的社会经济问题。"(《农业经济学概论》,第5页)这一扩展农业经济研究的学术设想后来在《中国农村经济学》一书中得到了实现。此书由全国十三所综合性大学的教师编写,由刘福仁、周海粟、许经勇、蒋楠生、戴显谡进行总纂加工,刘福仁定稿。全书共分18章,标题依次是:农村与农村经济学,我国农村经济的历史与现状,我国农村商品经济,农村市场与信息,农村产业结构,农村第一产业,农村第二产业,农村第三产业,农村自然资源的开发与利用,农村技术装备与技术进步,农村人口智力开发,农村资金,农村集镇,农村经济发展与生态环境,农村财政与金融,农村消费,农村经济的宏观控制,城乡经济的协调发展。

第一章谈的是本书的基本方法论问题。关于农村的定义,作者认为:"农村是一个地域概念,即城市以外的一切地域","这同作为一个产业部门的农业是有本质不同的","农业同工业是国民经济中的两大物质生产部门","农村不仅包括着分布于这一地域之内的国民经济各部门,而且是生态环境、经济、社会的综合实体"。(《中国农村经济学》,第 2 页,辽宁人民出版社 1986 年版)他们指出:同城市相比,当时的农村具有以下特征:(1) 人口稀疏,居住分散;(2) 多数居民是农业劳动者;(3) 物质生产技术比较落后,经济活动比较简单,商品经济不如城市发达,有一定的自给性经济;(4) 物质文化设施较差,水平较低,人际交往范围较狭窄,家庭观念、血缘观念较重。不过,"从世界城乡关系的实际情况和总趋势看,不仅大量农村人口源源不断地涌入城市,而且农村本身的产业结构、人口结构和劳动力就业结构也在急剧地发生变化"。"农村综合发展和农村人口以各种方式向农村以外的其他产业部门转移是经济发展社会进步的重要标志,是一切发达国家的共同特征,也是一切发展中国家的基本目标。"(《中国农村经济学》,第 3 页)

关于农村经济,作者写道:"农村经济本质上是一种区域经济,具有很强的综合性。""随着农业和整个社会生产力的发展,随着农村整个社会劳动分工的发展,农村生产的专业化、社会化和商品化将逐渐发展起来,农村工业、农村商业、农村交通运输业、农村服务业等产业部门逐步从农业中分离出来,形成为独立的经济部门。""从发展上看,农村工业化和非农业化是一种必然的趋势。"(《中国农村经济学》,第 4 页)因此,"农村经济不能等同于农业经济。农村经济与农业经济之间,既有联系又有区别。它们之间的联系表现在,农村经济是在农业经济发展的基础上形成的;它们之间的区别表现在,与农业经济相比较,农村经济是在更高层次和更广阔领域内的综合经济"(《中国农村经济学》,第 5 页)。

关于农村经济学的研究对象,作者的看法是:"经济发展新阶段的农村经济,本质上是一种社会主义的商品经济。从原来自给自足的封闭式的自然经济转变为高度专业化社会化的开放式的大规模商品经济,是农村经济发展的必然过程,也是实现农村现代化的必要条件。因此,农村经济学必须把农村商品经济作为主要的研究对象实体,以商品生产为中心组织研究课题,建立学科体系。"(《中国农村经济学》,第 11 页)据此,作者提出了农村经济学的主要任务:(1)"通过对国内外农村经济发展的历史与现状的分析,紧密联系中国农村的实际情况,揭示中国农村经济发展变化的规律性,为党和政府制定正确的农村经济政策和农村的中长期发展计划提供科学的理论依据";(2)"科学阐明农村经济系统所固有的经济、技术、社会、生态等各方面因素的对立统一关系,使人们的经济活动自觉地遵循经济规律和自然规律,以达到经济效益、生态效益和社会效益的高度统一";(3)"为合理调节各种生产要素、各种经济环节、各种经济活动以及各地区、各企业之间的关系,实现它们之间的最佳结合和最佳经济效益,提供科学依据"(《中国农村经济学》,第 15 页)。

在第三章中，作者着重探讨了我国农村的商品经济问题。他们首先从历史的角度分析了我国自然经济瓦解和商品经济发展缓慢的原因，这包括导致市场萎缩的封建土地制度，统治阶级奉行的重农抑商政策，一直没有形成独立的城市经济体系，近代以来帝国主义对中国农村资源的掠夺，等等。接着，作者指出：中国农村经济的发展离不开商品经济的基础，这是因为：（1）"只有发展农村商品经济，才有可能迅速提高我国农村生产力，改变我国农村经济的落后面貌"，"农业要翻番，不能光靠种植业，更不能光靠粮食生产，而必须靠多种经营，靠经济作物、靠养殖业、靠工副业……从某种意义上说，发展商品经济，是农民由穷到富的必由之路"（《中国农村经济学》，第 54—55 页）；（2）"只有发展农村商品经济，才能充分发挥农业在国民经济中的基础作用"（《中国农村经济学》，第 55 页）；（3）"只有发展农村商品经济，才有利于提高农村的经济效益"，"如果我国农村今后拿不出越来越多的剩余产品（即商品性产品）来发展城乡之间的商品交换，不仅整个国民经济无法得到发展，而且农业扩大再生产和农村居民生活的改善，也不可能得到保证，更谈不上巩固与完善我国农村的社会主义生产关系"（《中国农村经济学》，第 56—57 页）。为了发展我国农村的商品经济，作者强调通过三条途径：（1）大力提高农村劳动生产率；（2）合理调整农村产业结构；（3）增进农村生产的专业化、社会化程度。

重视农村经济与生态环境的协调发展，这是《中国农村经济学》的一个新的特点。作者主张合理利用农村自然资源，"在自然资源的利用过程中，协调人与自然之间、自然因素与自然因素之间的关系，把开发、利用、治理和保护统一起来，以达到利用的最大效果。合理利用的标志，一是能以最少的资源投入，得到尽可能多的优质的产品；二是被利用的自然资源，不被破坏，永续利用"（《中国农村经济学》，第 203 页）。作者认为："农村生态环境与经济发展之间是互相依存的辩证关系，两着之间互为条件，互相制约，需要在互相依存中处理两者之间的关系。"（《中国农村经济学》，第 322 页）具体来说，生态环境对经济的促进作用是"使资源的再生增殖能力大于经济增长对资源的需要，为农、林、牧、副、渔生产发展提供良好的物质基础"，而其制约作用则在于，一旦生态环境受到污染，"不仅使社会受到巨大的经济损失，而且环境资源枯竭后，使经济的发展受到限制"。经济对生态环境的作用也是双重的，一方面，它能"有效地将自然生态环境改变为人工生态环境，并按照人类发展的要求建设成最优化的生活环境和产业环境"；另一方面，"生态环境的保护和改善要花一定的投资"，"生态环境的改善程度总是同经济发展水平相联系，受经济条件的制约"（《中国农村经济学》，第 323 页）。因此，在发展农村经济的过程中，要注意把经济效益和生态环境效益结合起来，力求农村生态环境事业与经济建设同步规划、同步实施、同步建设,始终把经济发展与环境保护作为一个有机的整体纳入计划,综合平衡。

总之,《中国农村经济学》开拓了农业经济研究的思路,其中的若干理论见解反映了 20 世纪 80 年代我国农村改革的新进展和观念变更。

第七节　20 世纪 50 年代末、60 年代初的农业经济问题讨论

在中国农业的社会主义改造完成以后,农村经济组织迅速由合作社演变为人民公社,面对如此巨大的生产关系变革,从事农业理论研究的学者进行了相应的学术思考。20 世纪 50 年代末、60 年代初,围绕着若干重要的理论问题,学术界展开了热烈的讨论,这些问题包括价值规律在人民公社生产中的作用,商品生产在农业经济中的地位,如何实现我国的农业现代化,等等。

早在 50 年代中期,已经有学者注意到价值规律在农业生产中的作用问题,最初的论文有唐云波的《价值规律在我国农村副业发展中的作用》(《广西日报》,1956 年 10 月 23 日)、冯玉忠的《价值规律在集体所有制农业生产中的调节作用》(《大公报》,1957 年 2 月 24 日)、谢庆利的《价值规律对于促进农业生产发展的作用》(《新湖南报》,1957 年 3 月 19 日)、吴忠观的《关于价值规律在农业生产合作社(高级社)中的作用问题》(《财经科学》,1957 年第 3 期)、虞恭尧的《谈谈价值规律在当前粮食工作中的作用》(《粮食》,1957 年第 7 期)、孟繁炳的《从上海市北郊区农业生产合作社的一些情况看价值规律在集体所有制农业生产中的作用》(《学术月刊》,1958 年第 4 期)等。1959 年初,《经济研究》杂志开辟"社会主义制度下,商品生产价值规律问题讨论特辑",将这一讨论引向了深入。

关于商品生产和价值规律,许涤新指出当时有些人认为商品生产在我国很快就要缩小了,就要被"废除"了,这些看法"带有相当大的片面性,因而,就不免同事实不符合"。在许涤新看来,农村人民公社发展商品生产不仅有必要,而且有可能。"其所以必要,是因为(一)……多种经营的综合经济,不但不排斥商品生产,反而更需要商品生产;(二)在集体所有制的条件下,只有商品生产,才能适应着生产力的发展;(三)只有发展商品生产,才能增加农村人民公社的收入,才能不断地提高社员的物质文化生活的水平。"而"粮食问题的基本解决和综合经济的人民公社的建立,使我们有可能多种其他经济作物,有可能进行工业、手工业和其他经营,发展商品生产"。要发展商品生产,就不能否认价值规律的作

用。许涤新认为:"在社会主义条件下,价值规律对于商品的流通,还有调节作用;而对于商品生产的调节作用,则受到了限制。""国家不可能把成千上万的商品,在供、产、销上,都加以计划,因而,价值规律在商品生产的领域中,还有发生调节作用的余地。"而且,"在社会主义制度下,价值规律对于商品生产的核算作用并不会有所削弱"(《论农村人民公社后的商品生产和价值规律》,《经济研究》1959年第1期)。

薛暮桥认为:"人民公社由于合并了许多农业和手工业合作社,有些社与社之间的商品交换现在变成人民公社的内部调拨了。人民公社由于个体经营大大减少,由于实行了部分供给制和公共食堂吃饭,也会相应地缩小商品生产和商品交换的范围。"但另一方面,"人民公社要大大地发展生产,要进行多种经营,除发展农林牧渔副外,还要大大发展工业,人民公社还要逐步改善人民生活,更好地满足人民多方面的需要。这样会相应地扩大商品生产和商品交换的范围。"而"两者比较,肯定是扩大的多,缩小的少"。他预计,如果生产关系不变,"今后若干年内,农村人民公社的商品生产和商品交换,不但绝对量要不断增加,而且所占比例也会稍稍扩大"。至于价值规律,薛暮桥写道:农村建立人民公社以后,价值规律所起的作用是显著地减少了。"但是,能否因此就认为人民公社可以无条件地接受国家的任务,而不考虑自己的利益呢?不行!不仅不可能,而且不应该。只要人民公社基本上还是集体所有制,盈亏要由公社自己负责,公社就不可能,而且不应该不考虑自己的利益。公社在作生产计划的时候,不仅仅要政治挂帅,还要进行经济核算。国家在同公社打交道的时候,不仅要作政治动员,而且要适当照顾公社所应得的利益。因此国家同公社之间的工业品和农产品的交换,一般还要遵守等价交换的原则。这就是说,价值规律还起重要作用。"即使就农业生产的调节来说,"既不应当贬低国家所起的作用,也不应该忽视价值规律所起的作用。"(《对商品生产和价值规律问题的一些意见》,《经济研究》1959年第1期)

王学文写道:"我们国民经济发展的现阶段,存在着商品经济。虽然由于人民公社的成立和发展,有自给性经济因素发展的一面,同时也有商品经济因素发展的一面。并且人民公社与人民公社之间,人民公社与国营经济之间,商品生产与商品经济的发展,彼此之间又起互相推动作用。因此,我们社会主义社会的商品经济,在项阶段,不是逐步减少,而是要发展,扩大。同时,商品和货币,价值和价格的作用,并不是逐步消失,而是在一定时期还会存在,以至到商品经济和货币经济消灭和完成其历史使命为止。"因此,那种认为人民公社成立以后商品经济就要缩小,价值规律将不起作用的观点,"是过早过急的看法,不合乎客观事实的。如果这样做下去(即缩小公社商品经济、走自给自足经济的道路),对于人民公社的生产发展,生活的改善,以及公社与公社间,公社与国家间经济上的联系,公社对国家的支援,都是不利的"(《关于现阶段的商品经济与价值规律》,《经济研究》1959 年第 2 期)。

与此同时,《学术月刊》《财经科学》等杂志也相继发表了有关的讨论文章。如李功豪断言:"笼统地说在人民公社化以后,价值规律对生产和流通起调节作用或影响作用,都是不够全面的。认为价值规律对生产起调节作用,是忽略了人民公社的生产调节主要靠计划指导和政治挂帅的主要方面;认为价值规律不起调节作用,是没有具体分析目前两种所有制的差别和价值规律对计划管理的补充作用。"在他看来:"价值规律是客观存在的不以人们意志为转移的经济规律,但是,我们可以认识它和利用它。""今后,价值规律的作用虽然进一步缩小了,但我们仍有必要利用它对于国民经济的经济作用。这样做的作用是:(1) 有利于国家计划的贯彻执行,并补充国家计划的不足;(2) 可以促进商品生产的发展和商品流通的扩大;(3) 有利于平衡供需和调节分配。但我们在利用价值规律的同时,必须注意防止夸大价值规律的作用,以免对国民经济造成不利的影响。"(《关于人民公社化以后价值规律的作用》,《学术月刊》1959 年第 1 期)

漆琪生从所有制、生产发展、分配制度和产品交换等角度分析了人民公社存在商品生产和流通的必然性,他指出:"人民公社体制下的商品生产和商品交换,同资本主义的商品生产和商品交换有本质的差异,因为它们是在社会主义公有制的基础上有计划地进行的,而不是在资本主义所有制的基础上无政府状态下进行的。"相应地,"影响商品生产和商品交换的价值规律,在人民公社体制下所发生的作用,与在资本主义制度下所发生的作用也大不相同,它不是起着自发地消极的调节作用,而是发挥着由国家和公社自觉地利用它来有计划地增加生产和便利流通的调节作用"。他强调:"必须更加重视人民公社体制下的商品流通的问题和价值规律的作用……如果在企图过早地'进入共产主义'的同时,企图过早地取消商品生产和商品交换,过早地否定商品、价值、货币、价格的积极作用,对于人民公社的发展是不利的。"(《关于人民公社与商品流通问题》,《学术月刊》1959 年第 1 期)

刘诗白表示:"农村人民公社化以后,商品生产与商品流通仍然作为一种社会客观必要的经济关系而保存下来,那种认为当前可以不要或者取消商品生产的想法是错误的。但是在公社化带来的我国生产关系的新的深刻的变化的条件下,必然使当前的商品生产与流通具有一些新的特点。""当前我国的商品生产与流通,在性质上已非完全意义的商品生产与流通了,而是开始具有了某些全民所有制产品调拨的因素,不过由于后一因素量的微弱,因而还不能改变商品生产与流通的基本性质。"既然有商品生产,就不能没有价值规律。在刘诗白看来,价值规律对人民公社的生产不仅有影响作用,而且有调节作用,其表现为:(1)价格的变化可以使商品生产的规模发生变化;(2)价格的变化会引起商品性生产转为自给性生产;(3)价格水平可能使一部分商品性原料变为自产自用的原料。同时,在农产品收购方面,在工业品流通方面,在消费品的销售方面,价值规律的作用也不可忽视。例如:"否认价值规律在供给制的商品领域中的某些调节作用,会导致在对公社的商品流通中实行'派货',这是不利于公社与国家间以及公社与社员间关系的正确处理的。"(《试论农村人民公社化后的商品生产与价值规律》,《财经科学》,1959年第1期)

上述文章都是从人民公社化以后还将存在商品生产的角度论述了价值规律的作用问题。应该指出:这场农业经济理论的讨论是在中共八届六中全会通过了《关于人民公社若干问题的决议》以后进行的。这个决议特别提到:"在今后一个必要的历史时期内,人民公社的商品生产,以及国家和公社,公社和公社之间的商品交换,必须有一个很大的发展……继续发展商品生产和继续保持按劳分配的原则,对于发展社会主义经济是两个重大的原则问题,必须在全党统一认识。"与此同时,由中国科学院经济研究所、中国人民大学经济系和北京大学经济系合作编辑的《马克思、恩格斯、列宁、斯大林论商品生产和价值规律》一书也在1959年初出版。因此,这次学术讨论在很大程度上只是对中央决策和马克思主义经典作家有关论述的诠释。但是,这次讨论确定的议题和切入的角度,却反映出我国经济学界对社会主义制度下如何发展农业生产的关注焦点,讨论中所涉及的问题也具有深远的现实意义。如由河南省委财贸经济理论学习研究小组撰写的一篇文章认为:"人民公社化以后,农村社会商品生产发展的趋势是扩大的,商品产值在整个农村社会产值中所占的比重也是增长的。""不仅当前存在着商品生产、商品交换,即在不久的将来,当实现了全面的全民所有制以后,只要社会产品还不是极大的丰富,只要社会还实行着按劳分配的原则,那时商品生产、商品交换以及与之相联系的货币经济也还有存在的必要。""我国公社化以后,保留商品生产与商品交换,也正是为了将来要消灭商品生产和商品交换创造条件。认为一旦实现了全民所有制以后,商品生产与商品交换即将消失的论点,实质上只看到了在社会主义制度下两种不同的公有制形式是决定商品生产存在的必要性这一因素,而未看到在整个人类社会历史上决定商品生产的产生以及存在和消亡的过程都是社会生产力发展水平这个根本的因素。所以,从生产力的发展水平和生产关系凶联系的角度来研究商品生产的产生、存在和消亡的过程,才是一个正确的途径。"(《农村人民公社化以后商品生产变化的特点和趋势》,《中州评论》1959

年第 8 期）

但是,在当时的理论界,只是从存在两种公有制形式的角度去论证人民公社化以后商品生产和流通问题的,显然有更大的影响力。这种理论倾向与建国以后国家经济决策思想上的主观偏误又不无关系。

50 年代后期,我国学术界开始讨论农业现代化问题。1958 年 1 月 9 日,《文汇报》刊登了《我国农业现代化问题》一文。同年,沈立人的《关于我国农业的现代化问题》在《江海学刊》第四期上发表。此后,相继发表的文章有马宝山的《向农业现代化阔步前进》(《中国农报》,1959 年第 22 期)、王达三的《论农业的"四化"》(《大公报》,1959 年 12 月 24 日)、陶立夫等的《加速实现农业四化》(《财经研究》,1960 年第 3 期)、郭振山的《逐步实现农业现代化》(《人民日报》,1960 年 7 月 3 日)、王任重的《以高度的革命热情和高度的求实精神为实现农业现代化而奋斗》(《中国农报》,1963 年第 2 期)等。

沈立人指出:"我国今天基本上还是一个农业国,发展农业对我们始终具有非常重要的意义。怎样发展农业? 从根本上来说,必须实行现代化。所谓农业的现代化,就是:以现代的科学技术来武装农业,实行农业的技术改造;实行农业的机械化和化学化、电气化,实行农业的大生产,使农业和工业一样。"在具体的实施过程中,沈立人提出了几项原则建议:首先,"农业现代化,总的目标是为了增加生产;而在我国,由于人多,平均耕地和可以开垦的荒地少,更着重于提高单位面积产量",其主要措施有抓好水利、化肥,结合精耕细作传统推行农业机械化;其次,"实行农业现代化应当和劳动力的安排相结合","注意继续发挥劳动的潜力以促进生产,不是完全依靠或等待机械化来代替人、畜力";第三,"由于我国农业基础薄弱,工业基础也还差,实行农业现代化应当在原有技术基础上逐步提高";第四,"由于目前我国国土广阔,自然条件区别大,作物种类复杂,实行农业现代化应当特别重视因地制宜的原则";最后,"实行农业现代化,不仅是为了增加生产,还为了增加农业合作社和农民的收入;而在我国,由于人多地少和农业经济基础薄弱,更应当注意一系列的具体问题",这些问题包括降低农机具的价格,制造等功能的农业机械,改善农业生产经营,等等。他强调:"实行农业现代化,还需要农业合作社在经营管理上和生产方法上进行相应的调整。如采取机械耕作,必须重新进行土地规划,把小块并成大块,并加宽道路等,以发挥其效率;同时,在定人、定工、定质量、定成本和劳动组织方面也必须有所改变,需要搞出一套新的标准和章程来。"(《关于我国农业的现代化问题》,《江海学刊》1958 年第 4 期)应该肯定,作为建国以后最早的农业现代化主张,沈立人的论述是比较全面的,特别是他注意到在进行农业生产技术改革的同时,农业的生产管理也必须进行调整,在提高农业生产力水平的同时,农民收入也应该增加,这些观点都是颇有远见的。

在 60 年代前期的农业现代化问题讨论中,技术改革是人们探讨的中心话题,而技术改革的具体内容则包括农业的机械化、电气化、水利化、化学化等。王光伟的《积极地稳妥地进行农业技术改造》、梁秀峰的《关于我国农业技术改革的中心、步骤和重点问题的初步探讨》分析了此举的意义所在,他们认为:"(1) 生产发展水平的根本标志生产工具的发展水平。机械化农具和电气化农具是最先进的农业生产工具,机械化和电气化的逐步实现,标志着我国农业生产力将发展到一个新的阶段。(2) 农业机械化和电气化包括水利化和化学化。(3) 实现农业机械化可以大大提高农业劳动生产率,从而可以节约出大量的劳动力向生产的深度和广度进军。这样,就能够促进农业生产的发展,为社会提供多种多样的丰富的农产品。同时,在农业劳动生产率大大提高和农产品总量有很大增长的基础上,可以把农业劳动力转移到其他部门,促进整个社会主义建设事业的发展。(4) 实现农业机械化和电气化可以促进农业生产力和农村经济的迅速发展,可以大大改善农业的劳动条件,可以改变农村的文化技术状况和农民的精神面貌,从而可以为逐步缩小城乡差别、工农差别、体力劳动与脑力劳动差别创造条件。(5) 只有实现机械化和电气化才能最终巩固集体经济,消除一家一户的小农经济得以存在的物质基础和杜绝农民走单干道路的可能性。"(转引自中杰:《关于我国农业现代化问题的讨论》,《经济研究》1963 年第 12 期)

赵石英的《我国农业方向的探讨》则提出了新的见解,他主张以农艺科学化作为我国农业技术改革的重点,在他看来,农业现代化有两个方面的内容:"一是依靠工业来进行技术改革,主要是农业的机械化、电气化、水利化与化学化;一是自觉地利用自然规律,主要是生物科学的规律来进行的技术改革,例如,选育与推广良种、轮作制、抗逆栽培法、利用植物和微生物之间相互依存和相互促进的规律来加速绿化、根据水生生物繁殖的规律来指导水产事业等,可以把这个方面的内容称为农艺科学化。按照我国当前的条件,农艺科学化更为重要。因为这方面的工作既有显著的增产效果,又不受重工业基础的限制,只需要大批受过现代科学技术训练的人才和科学研究成果。"(转引自中杰:《关于我国农业现代化问题的讨论》,《经济研究》1963 年第 12 期)

在实现农业现代化的先后次序方面,有人强调把水利建设放在优先的位置。如李小樱指出:"水利是农业的命脉,农业生产能不能稳定,能不能保收,能不能增产,首先一条就是水。把水利搞好,产量就可以稳定或增加。并且,如果不首先实现水利化,化学化和其他现代农业科学技术也不能发挥其威力。"他主张:

"从全局来看,农业现代化的次序应该是：农业水利化,农业化学化,农业机械化,农业电气化。只有在水利化有了一定程度的发展,在保证农业生产稳定的基础上,化学化才能充分发挥其促进农业增产的作用,而机械化则可以提高劳动效率和土地肥力,并促进水利化和化学化在更高的技术水平上发展。至于电气化之所以排在最后,则是因为从目前科学技术发展的情况来看,这方面还有许多技术问题有待解决。"(《农业现代化的体系问题初探》,《学术研究》1964 年第 1 期)

郑玉林和束长星认为："水利建设是水利化的主要内容。它包括：防洪除涝,保证稳产增产；水土保持,防止土地碱化；实现水利的自流灌溉和机电提灌；综合利用水利,发电和发展航运等。"由于(1)"水利问题,是我国农业生产当前最突出、最迫切需要解决的问题","影响全国、全省农业生产最大的是旱涝灾害的问题"；(2)"进行水利建设,当前具有十分有利的条件",这些条件包括资源、经验、国家工业所能提供的支援、农村的集体经济力量等；(3)"水利建设投资少,收效快,增产大",所以"水利建设应当是我国农业现代化的近期重点"。而在水利建设中,机电排灌又居于重要的位置,因为,"从目的看,它是解决水利问题,应当是水利化的组成部分,从手段看,它是机电作业,又是机械化、电气化的重要内容,可见,水利化、机械化和电气化在机电排灌上是统一的"。他们同时表示："农业机械化和电气化是整个农业现代化过程的中心。因为机械化是用机械工具代替手工工具,电气化是用电作动力推动机械作业,这是全面提高农业劳动生产率、减轻农民繁重劳动的重要手段,也是彻底改造农民、消灭工农差别的物质基础。"(《农业现代化的当前重点问题》,《江淮学刊》1964 年第 3 期)

关于农业现代化在我国社会经济中的作用和意义,刘恩钊、林兆木指出：我国的农业集体化解放了在小农经济束缚下的生产力,但同时,社会主义集体农业与手工工具、手工劳动之间的矛盾就突出了,进而对集体经济的积累和农民生活的改善,造成一定的限制。"这一切对集体经济的巩固和发展,对农民的觉悟的提高,都是不利的。解决这些矛盾的途径,从根本上来说,就是要在实现农业集体化以后,紧接着有计划、有步骤地实现农业现代化,用现代化的技术设备,装备农业。"对农业本身来说,现代化"能有效地扩大耕地面积,提高劳动生产率。在劳动生产率提高的基础上,可以节约出人力,进一步精耕细作,并开展多种经营,广开生产门路,在广度和深度上向广大的自然界进军,实现对自然资源、土地及人力的更为合理的利用。同时,还会大大增强战胜自然灾害的能力,使农业生产迅速发展"。由于农业劳动过程的进一步社会化,"农民个体经营的习惯和小私有的观念就削弱了存在的经济基础。使用现代化生产工具所进行的社会化大生产,为改造农民,巩固农民中间的集体主义思想创造了物质条件"。对整个国民经济来说,"以先进技术装备的社会主义集体农业,将会为工业发展以及整个社会主义建设事业提供日益增长的物资,从而使农业作为工业及国民经济的基础的作用,得到充分的发挥。整个国民经济就可能稳步地、迅速地增长"。而实现农业现代化的更深远意义则在于:"只有实现农业现代化,大大发展农业生产,才可能逐步把集体所有制提高到全民所有制,缩小以至消灭工业和农业之间、城市与农村之间、工人阶级和农民阶级之间的重大差别,为向共产主义过渡创造条件。"(《试论农业集体化与农业现代化的关系》,《教学与研究》1964 年第 1 期)

综观上述农业现代化理论,显著的特点是当时的学者大都把现代化看作为一种生产技术的进步,体现在农业上就是水利化、化学化、机械化、电气化(还有人主张应加上农艺科学化)。将农业现代化定位在继农业集体化之后提高农业生产力的技术性举措,使人们忽视了生产方式和组织管理也必然发生变革的问题。从这个意义上说,60 年代前期的诸种观点并没有超出 50 年代后期沈立人在农业现代化问题上的认识水平。

第八节　两部农史论著对古代农学
思想的研究

新中国成立后,我国的农业史研究取得了一系列的成果,其中最有学术影响的有《中国农学史》(初稿,上册)、《中国农业科学技术史稿》等。《中国农学史》(初稿,上册)由中国农业科学院南京农学院中国农业遗产研究室编著,执笔者是万国鼎、刘毓瑔、邹树文、吴君琇、缪启愉、潘鸿声、杨超伯、古月、李成斌、友于、李长年、章楷、陈祖槼、邹介正。《中国农业科学技术史稿》由梁家勉主编,王毓瑚、朱洪涛、李长年、李永福、胡锡文副主编,李根蟠、闵宗殿、张履鹏、曹隆恭、董恺忱、游修龄等参加编写。单纯的农业科技不是本书的研究对象,但在这两部农史著作中,对中国历史上农学思想的论述占有一定的篇幅,而且不乏独到的见解,因而具有农业思想史上的分析价值。

在《中国农学史》的序中,作者揭示了该书的研究目的:"第一,我国农业发生与发展的规律,特别是农业技术发生与发展的规律,应就现有材料尽量把它描绘出来,为今天发展农业建设寻找历史的渊源。第二,叙述我国农业、农业技术有什么特点? 劳动农民所创造的历史功绩何在? 其在农业技术方面有什么特殊的成就? 把我国农业方面的优良传统应该表彰出来。一方面可供从事农业实践者参考;另一方面也初步纠正在农学上'言必称希腊,死不谈中国'的偏向。第三,研究我国农业发展道路与西欧的异同。"[《中国农学史》(初稿,上册),科学出版社1959年版]在第一章绪论中,作者又指出:"祖国农业、农学的发展道路,和世界其他各国有其共同的规律,但是我们也有我们特殊的优良传统和存在的问题。我们必须搞清楚,我国的农学数千年来沿着什么轨道在发展,推动它们发展的有哪些积极的因素,阻碍它们前进的有哪些消极的因素,它们和今天社会主义的农学和农业,有哪些内在的联系。这就是中国农学史研究的任务。"[《中国农学史》(初稿,上册),第2页]这些阐述具有鲜明的时代特点。

《中国农学史》(初稿,上册)的研究时限是西周至后魏(原计划下册的研究时限为隋唐至清末,但未见出书)。在书中各个章节的论述中,作者对这一时期的农业思想进行了分析评价。

关于商鞅的重农学说,作者指出:商鞅实施的一系列变革措施,"其总的目的在发展农业生产,富国强兵。就是说,以崭新的姿态变革旧的生产关系,使它和进一步发展了的农业生产力相适应,并从而促进生产力的发展。这正说明秦和六国的成败根源所在。发展农业生产的方法,商鞅采取集中力量开垦荒地。为了贯彻垦草政策,必须建立法制,并严厉执行。垦草与严法,构成商鞅重农学说的总纲领。"[《中国农学史》(初稿,上册),第65页]通过对商鞅农业政策的具体分析,作者认为:"商鞅变法的功绩在解决农业劳动力,并使'农有余日',集中力量于开发土地,以发展农业生产","商鞅和《商君书》的重大意义,就在于适应当时历史发展的规律,运用政治权力,促进了社会变革,为发展农业生产力开辟了广阔的道路"[《中国农学史》(初稿,上册),第70页]。

商鞅的重农学说在《吕氏春秋》中得到修正。《中国农学史》写道:"《吕氏春秋》和《商君书》虽然同样主张重农,但《吕氏春秋》仍在重农问题上表现出它的思想体系,参用儒术来减少人民的反感。强调不违农时,正是这种思想的表现。它在农业政策上和法家抱着同样的目标,暗中也采取了一些强制办法,但在外表上却运用缓和的手段……这种修改,有一些像前汉重农派的办法的迹象。它虽说不上有承先起后的作用,但《吕氏春秋》的儒术接近荀子,和前汉的荀子学派有同出一源的关系,在思想上它是一种过渡,或者至少是一种先行的未成熟的尝试。"[《中国农学史》(初稿,上册),第86页]

《中国农学史》十分重视对《管子》一书的研究,因为研究者们"发现《管子》书中有一部分是反映前汉生产力与生产关系的,它较有系统地说明前汉时期的政治与经济的状况、政策、具体措施","它名为《管子》,实际上是从战国以至前汉的各家论文集。其中一部分前汉作品,反映了前汉农业与先秦农业的根本区别——封建农业与前封建农业的区别。而围绕封建农业与前封建农业的区别这一问题,又有关于封建农业形成的历史过程的说明。《管子》之所以成为可宝贵的历史文献,其原因即在于此"。他们进一步指出:《管子》等书中所反映的重农思想,有着深刻的社会背景和现实作用,"因为前汉需要发展农业,讲求重农政策,才有重农学说的产生。而重农学说产生以后,它就做为前汉前期统治阶级的指导思想,反过来又推动着农业生产运动的展开"[《中国农学史》(初稿,上册),第104页]。

氾胜之的农业思想也是此书讨论的一个问题,作者指出:关于氾胜之农业思想的资料虽少,但其重农的观点很明确,而且有创新的措施建议。在他们看来,"汉代提倡农桑政策,就因为谷物和布帛是人类主要生活资料,和军糈供应的来源。尤其至武帝时期战争频繁,当时对谷物和布帛的需要增加,对它们的增产要求,更为迫切。氾胜之的重农思想,就是在这种形势要求下,和传统的重农理论的影响下产生的"[《中国农学史》(初稿,上册),第160页]。体现在具体的措施内容方面,"一是区种的特种技术,集中人力、物力耕种少量土地以获取更多的农产品,另一是改进土地利用的方式方法,发挥土地的最大效能。并从植物利用方面体现有多种经营的趋向"。尤其是区种法所包含的"精耕细作,少种多收"原则,为农业耕作"指示了新的方向"[《中国农学史》(初稿,上册),第161页]。

《齐民要术》是我国现存最早的完整农书,《中国农学史》认为:"它一方面在继承了前人的生产经验,同时也总结了当时的生产经验,为后世农业发展提供资料,因此,它是一部承先启后的总结性的农业专书。"[《中国农学史》(初稿,上册),第237页]"在社会经济发展上,它又起了一定的作用。它的产生,是在均田制度实施以后,当时的封建的生产关系基本上和封建生产力取得相互适应,生产力在继续发展。而《齐民要术》作者总结的生产经验,却又为后魏的恢复和发展农业政策奠定下技术基础,虽然《齐民要术》问世期间,后魏分裂为东西魏,继而又改变为北齐北周,但这几个朝代的社会经济制度基本上和后魏一样,《齐民要术》所总结的经验,无疑地仍在农业生产上继续发挥它们的作用。后来北方农业发达,经济基础比南方巩固,以及隋朝之所以能由北方统一中国(当然还有其他因素),《齐民要术》是有一定贡献的。"[《中国农学史》(初稿,上册),第274页]

《中国农业科学技术史稿》共八章,研究时限自原始社会至清代。依据当时的史料及其理论内容,该书在有关章节分别对春秋战国时期、秦汉时期、魏晋南北朝时期、宋元时期、明清时期的农学思想进行了概括和评价。

《中国农业科学技术史稿》(以下简称《史稿》)指出:"中国传统农业科学技术是建立在直观经验基础之上,但它并没有局限于直观经验范畴内,历代的农学家和思想家不但总结出一套细致而巧妙的农业技术要求,而且进一步作出概括,形成若干含有深刻哲理的理论原则,把传统农业科学技术置于一定的哲学基础之上。"这就揭示了中国古代农学思想的价值所在。

　　春秋战国是我国历史上文化学术十分繁荣活跃的时期,作为传统农业科学技术的有机组成部分,古代农学思想在那时已经开始形成。《史稿》写道:"先秦时代的农学思想是十分丰富的,如因地制宜全面发展农业的思想,保护和合理利用自然资源的思想,土壤肥力可以发生变化的观点和体现在土壤耕作等方面的辩证法思想等。"(《中国农业科学技术史稿》,第161页,农业出版社1989年版)其中需要着重分析的有两个问题:其一是集约经营提高单位面积产量的思想;其二是对农业生产中"天、地、人"三大要素相互关系的认识。关于第一点,《史稿》以李悝的"勤谨治田"主张,荀子的善于治田可以大大提高单产的议论,《管子》的将是否精耕细作视为判断一个国家粮食状况的标准等为例证,指出:"中国古代历朝虽然都不断地扩大耕地面积,但总的来说还是把提高单位面积产量作为主攻方向的。所谓精耕细作,是指围绕着提高土地利用率这个中心,因时因地制宜地采取精细的土壤耕作,周到的田间管理,合理的灌溉、施肥以及选育良种等一系列措施,以达到提高单位面积产量的目的。这样一套农业技术(虽然还是初步),春秋战国时代不但已经出现了,而且还有人从理论上作了总结。"(《中国农业科学技术史稿》,第162页)关于第二点,《史稿》认为:"《吕氏春秋》提出的农业生产中'天、地、人'三大因素的关系是把'人'的因素放在主要地位的。充分发挥人的主观能动性;掌握自然规律,尽可能改变不利的环境条件,取得人类所需要的农产品,是'三才'思想的核心,也是讲求精耕细作的思想基础。"(《中国农业科学技术史稿》,第163页)"春秋战国时代农业生产的发展,尤其是通过精耕细作、克服不利自然条件取得农业高产的成就,使人们深刻认识到人与自然的关系,认识到人类与自然斗争中自身的地位与力量。"(《中国农业科学技术史稿》,第164页)

　　对秦汉时期的农学思想,《史稿》在肯定王充提出的通过人工培肥可以改良土壤的见解、氾胜之书中所体现的运用精耕细作方法提高单位面积产量的观点的同时,重点考察了这一时期的因地制宜发展多种经营的思想。《史稿》指出:"中国广大农区的传统农业是以谷物生产为中心的。"(《中国农业科学技术史稿》,第241页)虽然人们实际的生产活动不限于狭义的农业范围,但明确提出广义农业的概念则是在汉代,如《淮南子·主术训》《汉书·食货志》《四民月令》《史记·货殖列传》等,都反映出明确的主张进行农业多种经营的思想认识,其中,"司马迁不但主张因地制宜发展多种经营,而且把园艺、林业、渔业、牧业等和农桑一起,列为本业的范围",其获得的收益被司马迁称为"本富"。"上述'本富'思想的出现,无疑是战国秦汉以来,各类土地资源获得比较充分的了解和利用,农业生产

获得全面发展的反映,它是我国农学思想中宝贵的遗产的一部分。"(《中国农业科学技术史稿》,第 242 页)

魏晋南北朝时期的农学思想,主要体现在贾思勰的《齐民要术》一书中。《史稿》对此进行了论述,如说:"《齐民要术》所记述的一系列精耕细作的农业技术措施正是贯彻着'人定胜天'的思想的","在尊重和掌握客观规律的基础上发挥人的主观能动作用,成为贯彻《齐民要术》始终的指导思想。"(《中国农业科学技术史稿》,第 314 页)特别是《齐民要术》主张"顺天时,量地利","体现了按具体的客观情况而采取相应措施的朴素辩证唯物主义思想",农业生产的安排与实施要求,"要根据季节、气候、土壤干湿情况灵活掌握。这正是中国传统农学中因时、因地、因物制宜原则的具体体现"(《中国农业科学技术史稿》,第 314—315 页)。

宋元时期,以陈旉提出的一系列农学见解最有理论价值。《史稿》认为:《陈旉农书》对农业生产规律的认识很具有科学方法论的水平,"它承认对事物进行研究,摸索规律的重要,不能凭侥幸撞运气。一时的侥幸成功不能否定客观规律。注意遵循规律办事而致失误并不说明规律的不可靠","他还主张农业生产要'深思熟计,既善其始,又善其中,终必有成遂之常';提倡'多虚不如少实,广种不如狭收'的集约经营,也是很可取的"(《中国农业科学技术史稿》,第 458 页)。特别是他提出的"地力常新壮"论,"是我国古代有关土壤肥料学说的一个重要发展"(《中国农业科学技术史稿》,第 461 页)。它既是前人有关论述的继续和发展,又是当时农业生产实践经验的总结,为农业生产的进一步发展解决了一个重要的思想认识问题。

《史稿》在对明清时期农学思想的研究中认为:自春秋战国形成以天、地、人为中心的农学思想后,很长时期没有出现系统的农学著作,"明清时期以马一龙的《农说》和杨屾的《知本提纲·农则》为代表,曾试图用阴阳五行的理论阐述农业生产的原理,而形成了具有中国特色的传统农业思想"(《中国农业科学技术史稿》,第 579 页)。《史稿》对这两部农书进行了综合比较:"《农说》的理论原则,强调阴阳和谐,并明确指出阴阳是代表日照、水分、地温、湿度、环境条件的好与坏、营养生长与生殖生长等基本概念,而以'泽农'的水稻为主。《知本提纲·农则》则强调'阴阳交济,五行合和',是对旱农耕作栽培原理的总结。对农业生产的指导思想,农说认为:'知力为上,知土次之,知其所宜,用其不可弃,知其可宜,避其不可为,力足以胜天矣。'杨屾则主张对天、地、水、火这四种生物之材'损其有余,益其不足,更需人道以裁成'。"(《中国农业科学技术史稿》,第 581 页)"由于时代的限制,马一龙只能用传统的五行学说去探索农业生产上碰到的各种理论问题,这就不可避免地受很大的局限。但由于他深入实践,熟悉生产,而且采用力辩正方法,所以他的理论研究仍有较高的成就,而在我国农学思想史上占有重要的地位。"
(《中国农业科学技术史稿》,第 580 页)而"《知本提纲》中的农学思想,在《农说》的基础上更前进了一步"(《中国农业科学技术史稿》,第 581 页)。

《中国农学史》(初稿,上册)和《中国农业科学技术史稿》运用历史唯物主义的方法对中国古代的农学思想进行了系统的整理和评价,由于是集体研究项目,这两部著作凝聚着众多农史专家的最新研究成果,体现着当时国内的最高学术水平。不难看出,书中对人类在农业生产中的主观能动作用作了积极的肯定,而对如何调节和均衡人与自然环境的关系,保护和改善农业生态资源等问题却分析得不够,从现代农业理念的角度来看,这显然也是一种认知的局限。

第九节 这一时期的其他农业思想

从新中国成立到改革开放的 30 年间,中国农业思想的发展带有明显的计划经济色彩。计划经济的重要特点之一是突出思想政治工作在经济领域的作用,这在大寨精神中有集中的体现。

陈永贵(1914—1986),山西昔阳人。自幼务农,1948 年加入中国共产党。曾任昔阳县大寨农业合作社主任、大寨大队党支部书记。1967 年后历任山西省革命委员会副主任、中共山西省委书记。1975 年任国务院副总理。1983 年起任北京市东郊农场顾问。他是中共第九届中央委员会委员,第十、十一届中央政治局委员。陈永贵从 20 世纪 40 年代末期参与组织农业生产互助组,1950 年就获得了昔阳县的奖旗,1952 年被评为省劳动模范。作为一位农民出身并一直坚持劳动在农业生产第一线的农村领导干部,陈永贵的思想方法和工作作风展示了中国农民的朴素品质,他所倡行的大寨精神曾在 50 至 70 年代成为全国农业学习的典型,具有鲜明的时代和民族特色。

陈永贵在介绍大寨发展农业生产的经验时,把农村的政治思想工作摆在最重要的位置上。他认为:"农村工作,千条万条,最根本的一条,就是用毛泽东思想武装农民,不断提高农民的社会主义觉悟,培养农民的新思想。有了新思想,才能建设新土地,采用新技术。无论那(哪)一个时期,无论对那(哪)一件事,那(哪)一个人,只要把政治思想工作做好了,就会变样,就有成绩。"他从实践中体会到:"教育农民是一个艰苦的任务。这是由于几千年来农民就是小私有者,这种小私有者的思想习惯不是一下子可以改变的。我们教育农民全心全意为国家,为集体,有些人却是为小家庭,为自己。这是一个很大的矛盾,要靠做艰苦的思想工作来解决。"(《用毛泽东思想武装农民的头脑——山西省昔阳县大寨大队政治思想工作的基本经验》,第2页,上海人民出版社1966年版)

政治思想工作不仅是为了提高农民的觉悟,也是促进农业生产的必要前提。陈永贵指出:"乍看起来,生产就是治山治坡,整修土地,下种,锄地,秋收,积肥等许多具体事情,好象跟政治没有关系。其实,在每项生产中,都包含着政治。这些具体事情,事先不给大家讲清楚为什么这样做,这样做为了谁,谁拥护,谁反对,大家干着就没目的,遇到困难就没办法……只有经过斗争,抓了政治思想,才能改进技术,促进生产。"(《用毛泽东思想武装农民的头脑——山西省昔阳县大寨大队政治思想工作的基本经验》,第7页)同样,要搞好农业的经营管理,也离不开政治思想工作,如大寨实行的"标兵工分,自报公议",就是依靠政治思想工作得以巩固和完善的,对此陈永贵表示:"是不是说有了政治思想工作,什么规章制度都不要?并不是。制度必须有,但是,我们要的是有利于生产的制度,大家都能够自觉遵守的制度……没有政治作基础,就是订上一百条制度也不公道。因为离开了政治就没有公道,就没有真理。"(《用毛泽东思想武装农民的头脑——山西省昔阳县大寨大队政治思想工作的基本经验》,第8—9页)

要做好农民的政治思想工作,首先要有一个过得硬的农村干部队伍,而这正是大寨大队各项工作取得突出成绩的主要原因之一。陈永贵强调:"当干部,要让群众信得过。群众不信任,你怎么领导群众?要让群众信任,最主要的是干部不自私,不特殊,不忘劳动。"(《用毛泽东思想武装农民的头脑——山西省昔阳县大寨大队政治思想工作的基本经验》,第19页)他一针见血地指出:"干部的自私自利思想,常常是从不参加劳动引起的。因为你不从参加劳动得到东西,就得走另一条路,那就会多吃多占,贪污盗窃。一有自私自利的思想,就会干这样或那样丧失立场的事。""正由于我们干部没有这些歪门邪道,才取得了贫农下中农的信任。我们做思想工作,腰杆子就硬了。"(《用毛泽东思想武装农民的头脑——山西省昔阳县大寨大队政治思想工作的基本经验》,第20—21页)

不仅如此,干部参加集体劳动还被陈永贵列为大寨大队农业生产长期获得稳产高产的基本经验之一。1973年,他在中共延安地委农村工作会议上说:"干部参加集体生产劳动很重要。这些年来,群众对干部参加集体生产劳动有个反映,说干部参加劳动能说到、看到、听到、做到、学到。基层干部如果不去做活,群众干的多与少,质量高与低,怎么得知道?说人家也会说错。参加劳动也能密切干群关系,群众爱护干部,干部更关心群众,上下一致,团结得更好了。"(《大寨走过的路》,第7页)

艰苦奋斗,这是陈永贵对大寨精神的又一条概括。他自豪地说:"大寨把七沟八梁一面坡建成稳产高产的'海绵田'、小平原,把土块打不烂、风吹遍地干的薄地、乱地、坡地,建设成保水、保土、保肥的'三保田',就是把'三跑田'变成'三保田'。把亩产不过百斤的土地,变成旱涝保丰收,亩产超千斤的土地。靠什么呢? 不是靠天,也不是靠自然条件,而是靠自己大干苦干干出来的。五战狼窝掌,大寨人谁没有经受过严寒的风雪、夏天的烈日? 谁没有熬过夜、流过汗? 若十多年来,大寨的许多贫下中农和干部,在战天斗地中,在建设社会主义农业中,谁舒舒服服睡过一天大觉? 他们靠自己的两只手,开了多少山,搬了多少土! 艰苦的劳动,使多少人两手的十个指头,伸展不开,弯曲不回来。大寨人不仅流了汗,还流了血",有些共产党员"干社会主义把自己的生命都献出来"(《谈谈农业学大寨运动》,第17—18页,农村读物出版社1975年版)。20多年的奋斗史使陈永贵认识到:"干社会主义要靠自己的双手。为社会主义创造物质财富,不出大力,不流大汗能做到吗?"(《谈谈农业学大寨运动》,第18页)"我们想事情,干事情,应该脚踏实地。搞社会主义革命,建设社会主义农业,这不是开玩笑,也不是看电影,这是干前人没有干过的大事业,每前进一步,都要经过斗争,都要付出代价,这是一条真理。"(《谈谈农业学大寨运动》,第19页)陈永贵还引用当时昔阳县干部群众的话说:"舒舒服服学不了大寨,轻轻松松改变不了面貌,面貌要想变,就得艰苦干,要想变,靠大干。大寨、昔阳的同志们讲的这个干,就是自力更生,艰苦奋斗。"(《谈谈农业学大寨运动》,第17页)

陈永贵认为,大寨农业发展的另一条重要经验是科学种田。1973年,他在《红旗》杂志第2期发表文章,指出大寨之所以在自然条件十分不利的情况下仍能取得农业好收成,是"大搞科学种田的结果"(《谈谈科学种田》,第2页,农业出版社1973年版)。在同年的一次讲话中,他也说:"大寨二十多年来一直稳产高产,我们体会有三点:一是大抓农田基本建设,这是一条非常重要的措施;二是精耕细作,也就是贯彻落实毛主席提出的农业'八字宪法',实行科学种田;再一个是抓住干部参加集体生产劳动。"(《大寨走过的路》,第6页,陕西人民出版社1973年版)其实,在一定意义上,农田基本建设也属于科学种田的范畴。

为了改变大寨以往穷山恶水的面貌,根据广大农民的要求,大队领导在60年代初就制订了十年造地规划。针对当时有人散布的得不偿失的论调,陈永贵等人认为这要看怎么算,"按当年算,确实投资投工不少;从长期算,算一百年,好地一亩按八百斤计算,一百年要打多少粮食!""这是为社会主义创造永久性的财富"(《大寨走过的路》,第4页)。经过大寨干部群众的十年努力,七沟八梁一面坡治好了,大寨的农业产量从过去好年成的七八万斤增加到1971年的八十万斤,大搞农田基本建设的效果就显示出来了,正如陈永贵所说:"如果不去人造梯田,改变河滩地,还守旧土地,还是七八万斤产量。这就是'创业'与'守业'的问题。只要能创业,再坏的条件也能改变;如果不创,守旧摊摊就不会有新的产量,新的收入,也不会有人们新的精神面貌,改天换地的精神。"(《大寨走过的路》,第5页)农田基本建设是人类通过自己的劳动改善农业生产条件的主要途径,大寨的实践经验表明:只要以科学态度去进行规划设计,加上脚踏实地的苦干巧干,其经济效益是十分显著的。

陈永贵所说的科学种田,重点是田间管理问题,在他看来:"要把粮食搞上去,光有人造平原、高标准高产田还不行,还要落实毛主席提出的'八字宪法',要配套的贯彻,不能断章取义。"(《大寨走过的路》,第8页)"土、肥、水、种、密、保、管、工这八个字,要一个字一个字地认真运用起来,那效果是非常大的。但是,这要经过艰苦的努力,才能做到——落实。"(《谈谈科学种田》,第2页)要搞好科学种田,陈永贵强调要坚持以下几条原则:(1)注重实践。他指出:"农民对科学种田,不是你光给他讲就能认识了的,而是得反复实践、认识、再实践、再认识,逐步提高。"大寨的情况就是这样,科技人员下去时,对农民讲科学道理,"但不少人就听不进去,听了也不相信,以后经过实践,才逐步认识"(《谈谈科学种田》,第7页)。"由开始不相信科学到掌握科学,都是试验、实践的结果。"(《谈谈科学种田》,第9页)(2)"必须把革命干劲同严格的科学态度结合起来。这个农业上的科学性是十分重要的,它是成龙配套的。"(《谈谈科学种田》,第13页)"搞科学种田,要下苦功,要用气力。毛主席教导我们办事要认真。种田也得认真,不能有半点马虎。"(《谈谈科学种田》,第15页)(3)在运用现代科技的同时,要注意自然资源的利用和合理保护。如施肥问题,陈永贵说:"化肥好不好?好!肯定是一种速效肥。但如果单纯靠化肥,不再想办法增加农家肥(秸秆肥、畜肥等),连续上几年,地里的土壤可能起变化,'海绵田'就会变成'钢砖田'。"(《谈谈科学种田》,第14页)再如水利问题,陈永贵分析说:"大寨过去地下水很少,现在地下水多了。这是因为过去山上没有覆盖,土地是坡地,河是干河沟,夏季降雨,从山到地又到河,都流走了。现在由于保水工作做得好,山上有了覆盖,土地平整,河沟成了良田,在降雨时就蓄得多,走得少,这样逐年往下渗透,地下水位就提高了,就使旧井有了新水。这就是要想增加地下水,必须保住天上水,只有蓄住天上水,才能增加地下水。经过调查,使我们认识到有没有水不单纯是自然条件的问题,而且是如何保水和蓄水的问题。"(4)充分发挥集体经济的作用,以农业机械化为例,大寨"积极依靠集体经济的力量,在国家的帮助下,架设了农业用电线路,自办了农机修配厂,制造出铡草机、粉碎机、脱粒机、铲茬机等十多种农用小机械,实现了农副产品加工半机械化",他们"还自力更生架起了五条高空运输索道,代替了大部分驴驮人担的笨重活。用集体的资金,购置了运输、深耕等多种大型机械,节省出来更多的劳动力投入大规模的农田水利基本建设"(《谈谈科学种田》,第16页)。

　　大寨精神是中国农民在艰苦的物质条件下和恶劣的自然环境中依靠自己的劳动努力发展农业生产的生动范例,它在60年代中期就得到毛泽东的充分肯定。1964年5月,毛泽东说:"要自力更生,要像大寨那样,他也不借国家的钱,也不向国家要东西。"10月,毛泽东在一次会议上提到:"建设三线,农业投资可能要减少,农业主要是靠大寨精神,靠群众办事。"他并且在一个批示中强调,在经济困难的情况下,不能依赖外国贷款,"我们要靠陈家庄的陈以海,大寨的陈永贵。靠自力更生,事情总是会起变化的"(转引自顾龙生主编:《中国共产党经济思想史》,第676页,山西经济出版社1996年版)。显然,毛泽东所赞扬的主要是大寨人的自力更生的精神,而这一点在当时是特别需要的。

　　毋庸讳言,陈永贵所倡行的大寨精神是与计划经济的时代背景密不可分的。在毛泽东于1964年向全国发出"农业学大寨"的号召以后,大寨的干部群众在发展农业生产的过程中,不可避免地形成了一些在那个时代所风行的现象,这在陈永贵本人的言论中也不难看到,如过度强调阶级斗争在农村工作中的意义;在发展农业生产问题上,片面突出粮食种植的重要性,忽视并否认多种经营的作用;与此相关联,农民的物质利益没有得到应有的重视,农业的经济效益也只是作为政治目标的陪衬。这些都反映出大寨精神的历史局限性。但是,大寨精神的主流是积极的,在当时的历史条件下,它有助于我国农业经济的发展,而且,大寨人的精神状态,体现了广大农民振奋的时代风貌,正如周恩来总理在1964年第三届全国人民代表大会第一次全体会议上的《政府工作报告》中指出的那样:"大寨大队,是一个依靠人民公社集体力量,自力更生地进行农业建设、发展农业生产的先进典型。""大寨大队所坚持的政治挂帅、思想领先的原则,自力更生、艰苦奋斗的精神,爱国家、爱集体的共产主义风格,都是值得大大提倡的。"(转引自顾龙生主编:《中国共产党经济思想史》,第676页)至于陈永贵本人,作为农民出身的劳动模范和一段时期国家农业的高层干部,他的实干精神值得称道,这种质朴的劳动者本色不仅表现在他带领大寨人艰苦奋斗的实践中,而且还反映在他对某些特定事件的态度上。如1958年,上级领导让他多报一些产量,好向北京推荐,陈永贵表示:"宁可不上天安门,产量一斤也不多报。"事后有人说:"在大跃进时期,浮夸风昏天黑地的年代,陈永贵是晋中地区唯一没有说假话的劳动模范。"(转引自映泉:《陈永贵传》,第122页,长江文艺出版社1996年版)总之,大寨精神继承了中国农业劳动者的优良品质和农业生产的传统遗产,在我国社会主义经济建设的创始阶段,为激励全国人民的劳动积极性,在艰苦的条件下发展农业生产作出了贡献。

至于他在"文化大革命"中成为执行"左"倾路线的典型,并造成不好的后果,则有复杂的社会原因,其深刻的教训值得汲取。若从改革开放以来发展社会主义市场经济的角度看,大寨精神的局限性则更具有深刻的历史教训。

1978 年,万里在参加中共十一届三中全会的书面发言中,曾专门谈到农业学大寨问题,他认为当时"很多地方没有学习大寨的好经验,而是学表面,学形式,搞些'左'的东西"(《万里论农村改革与发展》,第 22 页,中国民主法制出版社 1996 年版),因此,可以学习大寨发展农业生产的好经验,不应笼统地提普及大寨县的口号,而且"我国农业的情况比较复杂,自然条件千差万别,应当在不同的地区、不同的农业生产部门,树立各种各样高速度发展生产的样板,把农村经济搞得更活跃一些,使我们党的方针政策更能做到因时制宜,因地制宜"(《万里论农村改革与发展》,第 23—24 页)。这个意见是公正和适宜的。

改革开放以来的农业思想

第一节 邓小平的农村改革理论

邓小平(1904—1997),原名先圣、希贤,四川广安人。1920 年赴法国勤工俭学。1922 年参加旅欧中国少年共产党。1924 年转入中国共产党。1926 年去苏联学习,次年回国。1928 年任中共中央秘书长。1929 年在广西组织领导百色起义、龙州起义,任红七军、红八军政委。1931 年后,担任过中共瑞金县委书记、会昌中心县委书记、江西省委宣传部长、红军总政治部秘书长、《红星》报主编等职。红军长征时,任中共中央秘书长、红一军团政治部副主任、主任。抗日战争时期,任八路军政治部副主任、八路军一二九师政委、中共中央太行分局书记、北方局代理书记。1945 年被选为中共七届中央委员会委员,历任晋冀鲁豫中央局书记、晋冀鲁豫军区政委,中共中央中原局第一书记、中原军区和中原野战军政委、淮海战役总前委书记兼中共中央华东局第一书记。1949 年后历任中共中央西南局的一书记、西南军政委员会副主任、西南军区政委,政务院副总理兼财经委员会副主任、财政部部长,中共中央秘书长、组织部部长、国务院副总理、国防委员会副主席。1956 年在中共八届一次全会上当选为中央政治局常委、中央委员会总书记。1973 年后任国务院副总理,中共中央副主席、中央军委副主席、中国人民解放军总参谋长。1977 年后历任中共中央副主席、第五届全国政协主席、中共中央军委主席、中央顾问委员会主任。1987 年经本人请求、中央同意,退出中央委员会和中央顾问委员会。1989 年辞去中央军委主席职务。

邓小平是中国共产党的主要领导人之一,特别是 1978 年以后,他作为中共第二代领导集体的核心,为重新确立解放思想、实事求是的马克思主义思想路线,把党和国家工作的重心转移到经济建设上来,实行改革开放的战略决策,作出了历史性的重要贡献。在邓小平的经济改革思想中,农业是一个重要的组成部分。

早在抗日战争时期,邓小平在论述根据地经济建设问题时,就十分重视农业生产的发展。他指出:"发展生产是经济建设的基础,也是打破敌人封锁、建设自给自足经济的基础,而发展农业和手工业,则是生产的重心。经验告诉我们:谁有了粮食,谁就有了一切。""我们处在农村只能以农业生产为主","我们有了粮食,不但军民食用无缺,而且可以掌握住粮食和其他农业副产物去同敌人斗争,并能换得一切必需的东西。同时只有农业的生产,才能给手工业以原料,使手工业发展有了基础"。邓小平强调:"发展生产,不能是一个空洞的口号,而需要正确的政策和精细的组织工作。"他认为当时太行区抗日根据地实行的减租减息和交租交息政策以及相关的重要法令(如"负担照抗战后平年应产粮计算,多收产粮归人民自己""奖励劳动模范"等),提高了人民的生产积极性,"给发展生产开辟了一条广阔的道路"(《邓小平文选》第 1 卷,第 79 页,人民出版社 1994 年版)。

在归纳根据地经济建设的主要经验时,邓小平说:"第一,敌后的一切离不开对敌的尖锐斗争,我们每一点经济建设的果实,都是用血换来的。第二,没有正确的政策,就谈不上经济建设;而这些政策的订定,必须以人民福利和抗战需要为出发点。第三,任何一个经济建设的事业,没有广大人民自愿地积极地参加,都是得不到结果的。第四,将大批的得力干部分配到经济战线上去,帮助他们积累经验,才能使经济建设获得保障。"(《邓小平文选》第 1 卷,第 85 页)这些经验中的第二和第三条体现了邓小平经济思想的重要特点,即高度重视劳动者的切身利益及其生产积极性。

1949 年以后,邓小平在西南地区和中央大部分时间是主持全面性工作,但农业的问题仍然是他十分关注的,60 年代前期,面对由于最高决策层的失误而导致的严重经济困难,邓小平提出了恢复农业生产的主张。他明确提出:"我们要克服困难,争取财政经济状况的根本好转,要从恢复农业着手。农业搞不好,工业就没有希望,吃、穿、用的问题也解决不了。农业要恢复,要有一系列的政策,主要是两个方面的政策。一个方面是把农民的积极性调动起来,使农民能够积极发展农业生产,多搞粮食,把经济作物恢复起来。另一个方面是工业支援农业。"(《邓小平文选》第 1 卷,第 322 页)对第一个方面的问题,邓小平作了重点阐述。

邓小平认为:"农业本身的问题,现在看来,主要还得从生产关系上解决。这就是要调动农民的积极性。"他说:"生产关系究竟以什么形式为最好,恐怕要采取这样一种态度,就是哪种形式在哪个地方能够比较容易比较快地恢复和发展农业生产,就采取哪种形式;群众愿意采取哪种形式,就应该采取哪种形式,不合法的使它合法起来。"在这里,他打了一个后来在中国家喻户晓的比方:"刘伯承同志经常讲一句四川话:'黄猫、黑猫,只要捉住老鼠就是好猫。'这是说的打仗。我们之所以能够打败蒋介石,就是不讲老规矩,不按老路子打,一切看情况,打赢算数。现在要恢复农业生产,也要看情况,就是在生产关系上不能完全采取一种固定不变的形式,看用哪种形式能够调动群众的积极性就采用哪种形式。"(《邓小平文选》第 1 卷,第 323 页)

从这种思想方法出发,邓小平主张农业生产关系的公有制程度应该以退为进,对群众自发创造的形式则可以"百家争鸣"。具体而言:"不论工业还是农业,非退一步不能前进。你不承认这个退?农业不是在退?公社不是在退?公社核算退为大队核算,大队核算又退为生产队核算,退了才能前进。"(《邓小平文选》第 1 卷,第 323—324 页)"现在全国也还有个别的农村人民公社实行公社所有制,群众不愿意拆散,能够保持的就让它保持好啦,也有以生产大队为核算单位的,比较多的是以生产队为核算单位。有些以生产队为核算单位的地方,现在出现了一些新的情况,如实行'包产到户''责任到田''五统一'等等。以各种形式包产到户的恐怕不只是百分之二十,这是一个很大的问题……这样的问题应该'百家争鸣',大家出主意,最后找出个办法来。"(《邓小平文选》第 1 卷,第 323 页)总之,对农业生产关系问题,"我们全党应该有一个统一的主意,应该有一个主见。比如说,要尽量保持以生产队为基本核算单位,就得说服群众,加强干部。这是一种可能。还有一种可能,就是有些包产到户的,要使他们合法化"。"现在要冷静地考虑这些问题。过去就是队这些问题考虑得不够,轻易地实行全国统一。有些做法应该充分地照顾不同地区的不同条件和特殊情况,我们没有照顾,太轻易下决心,太轻易普及……看来这是搞不通的。"(《邓小平文选》第 1 卷,第 324 页)显然,邓小平对包产到户是赞成的。在发表以上讲话的前一个月,他在中央书记处听取华东农村办公室的汇报时就表态说:"在农民生活困难的地区,可以采取各种办法,安徽省的同志说,'不管黑猫黄猫,能逮住老鼠就是好猫',这话有一定的道理。'责任田'是新生事物,可以试试看。"(转引自薄一波:《若干重大决策与事件的回顾》下卷,第 1084—1085 页,中共中央党校出版社 1993 年版)

70 年代中期,邓小平重新工作后就明确提出要把国民经济搞上去。他指出:在 20 世纪内实现我国的四个现代化,这是全党的大局,然而经济方面的问题很多,"目前生产的形势怎么样?农业还比较好一点,但是,粮食产量按全国人口平均每人只有六百零九斤,储备粮也不多,农民的收入就那么一点"(《邓小平文选》第 2 卷,第 4 页,人民出版社 1994 年版)。1975 年 9、10 月,邓小平在农村工作座谈会上主张整顿各方面的工作,其中首先是"农业要整顿","要通过整顿,解决农村的问题"(《邓小平文选》第 2 卷,第 35 页)。他提出:"整顿的核心是党的整顿。""整党主要放在整顿各级领导班子上,农村包括公社、大队一级的",“要在整党的基础上挑选干部。一个大队,一个公社,一个县,选好了一、二把手,整个领导班子就带起来了。特别要抓好县委一级"(《邓小平文选》第2卷,第35—36页)。

十一届三中全会以后,邓小平的农村经济改革思想更为清晰,并获得了付诸实践的历史契机。1978年12月,邓小平在中共中央工作会议闭幕会上发表讲话,提出要解放思想,“解决过去遗留的问题,解决新出现的一系列问题,正确地改革同生产力迅速发展不相适应的生产关系和上层建筑,根据我国的实际情况,确定实现四个现代化的具体道路、方针、方法和措施"(《邓小平文选》第2卷,第141页)。在这次发言中,邓小平着重论述了实行经济民主的问题。在他看来,“现在我国的经济管理体制权力过于集中,应该有计划地大胆下放,否则不利于充分发挥国家、地方、企业和劳动者个人四个方面的积极性,也不利于实行现代化的经济管理和提高劳动生产率。应该让地方和企业、生产队有更多的经营管理的自主权。"(《邓小平文选》第2卷,第145页)他强调:“当前最迫切的是扩大厂矿企业和生产队的自主权,使每一个工厂和生产队能够千方百计地发挥主动创造精神。一个生产队有了经营自主权,一小块地没有种上东西,一小片水面没有利用起来搞养殖业,社员和干部就要睡不着觉,就要开动脑筋想办法。全国几十万个企业,几百万个生产队都开动脑筋,能够增加多少财富啊!"“同时,要切实保障工人农民个人的民主权利,包括民主选举、民主管理和民主监督。不但应该使每个车间主任、生产队长对生产负责任,想办法,而且一定要使每个工人农民都对生产负责任、想办法。"(《邓小平文选》第2卷,第146页)

基于同一条思路,邓小平阐述了物质利益在经济发展中的作用问题,他主张:“为国家创造财富多,个人的收入就应该多一些,集体福利就应该搞得好一些。不讲多劳多得,不重视物质利益,对少数先进分子可以,对广大群众不行,一段时间可以,长期不行。革命精神是非常宝贵的,没有革命精神就没有革命行动。但是,革命是在物质利益的基础上产生的,如果只讲牺牲精神,不讲物质利益,那就是唯心论。"(《邓小平文选》第2卷,第146页)根据多劳多得的原则,“要允许一部分地区、一部分企业、一部分工人农民,由于辛勤努力成绩大而收入先多一些,生活先好起来。一部分人生活先好起来,就必然产生极大的示范力量,影响左邻右舍,带动其他地区、其他单位的人们向他们学习。这样,就会使整个国民经济不断地波浪式地向前发展,使全国各族人民都能比较快地富裕起来"(《邓小平文选》第2卷,第152页)。

为了推进农业发展,邓小平对新中国成立后的历史经验作了回顾。一方面,他认为50年代前期的社会主义改造是成功的,“那时,在改造农业方面我们提倡建立互助组和小型合作社,规模比较小,分配也合理,所以粮食生产得到增长,农民积极性高"(《邓小平文选》第 2 卷,第 313—314 页)。另一方面,在发展速度上有急于求成的失误,"比如农业合作社,一两年一个高潮,一种组织形式还没有来得及巩固,很快又变了。从初级合作化到普遍办高级社就是如此。如果稳步前进,巩固一段时间再发展,就可能搞得更好一些。一九五八年大跃进时,高级社还不巩固,又普遍搞人民公社,结果六十年代初期不得不退回去,退到以生产队为基本核算单位。在农村社会主义教育运动中,有些地方把原来规模比较合适的生产队,硬分成几个规模很小的生产队。而另一些搞并队,又把生产队的规模搞得过大。实践证明这样并不好"(《邓小平文选》第 2 卷,第 316 页)。

邓小平深刻地揭露了造成农业生产乃至整个国民经济停滞不前的内在根源,他说:"一九四九年取得全国政权后,解放了生产力,土地改革把占人口百分之八十的农民的生产力解放出来了。但是解放了生产力以后,如何发展生产力,这件事做得不好。主要是太急,政策偏'左',结果不但生产力没有顺利发展,反而受到了阻碍。一九五七年开始,我们犯了'左'的错误,政治上的'左'导致了一九五八年经济上搞'大跃进',使生产遭到很大破坏,人民生活很困难。一九五九、一九六〇、一九六一年三年非常困难,人民饭都吃不饱,更不要说别的了。一九六二年开始好起来,逐步恢复到原来的水平。但思想上没有解决问题,结果一九六六年开始搞'文化大革命',搞了十年,这是一场大灾难……这十年中,许多怪东西都出来了。要人们安于贫困落后,说什么宁要贫困的社会主义和共产主义,不要富裕的资本主义。这就是'四人帮'搞的那一套……'四人帮'荒谬的理论导致中国处于贫困、停滞的状态。"(《邓小平文选》第 3 卷,第 227—228 页,人民出版社 1993 年版)

根据以上分析,邓小平认为实施农村经济改革必须解放思想,严格按经济规律办事,贯彻有利于农业生产力发展的具体政策。他充分肯定了包产到户的生产形式,指出:"农村政策放宽以后,一些适宜搞包产到户的地方搞了包产到户,效果很好,变化很快。安徽肥西县绝大多数生产队搞了包产到户,增产幅度很大。'凤阳花鼓'中唱的那个凤阳县,绝大多数生产队搞了大包干,也是一年翻身,改变面貌。"(《邓小平文选》第 2 卷,第 315 页)1983 年他又说:"农业搞承包大户我赞成,现在放得还不够。"(《邓小平文选》第 3 卷,第 23 页)这些表态,话虽不多,却对安徽的农业改革起了宝贵的支持作用,并确保了全国农村乃至于整个国民经济改革的发展势头。

之所以要以农业为中国经济改革的突破口,邓小平作了这样的阐述:"改革首先是从农村做起的","为什么要从农村开始呢?因为中国人口的百分之八十在农村,如果不解决这百分之八十的人的生活问题,社会是不会安定的。工业的发展,商业的和其他的经济活动,不能建立在百分之八十的人口贫困的基础之上"(《邓小平文选》第 3 卷,第 117 页)。"我国百分之八十的人口是农民。农民没有积极性,国家就发展不起来。八年前我们提出农村搞开放政策,这个政策是成功的。农民积极性提高,农产品大幅度增加,大量农业劳动力转到新兴的城镇和新兴的中小企业。这恐怕是必由之路。总不能老把农民束缚在小块土地上,那样有什么希望?"(《邓小平文选》第 3 卷,第 213—214 页)

怎样继续推进农业经济的发展? 邓小平提出了两条原则。

其一,要坚持从实际出发,因地制宜从事农业生产。他认为这是重要的成功经验,"最近一二年来,我们强调因地制宜,在农村加强了生产组的与家庭的生产责任制,取得明显效果,生产成倍增加"(《邓小平文选》第 2 卷,第 313 页)。就经营项目而言,"所谓因地制宜,就是说那里适宜发展什么就发展什么,不适宜发展的就不要硬搞。像西北的不少地方,应该下决心以种草为主,发展畜牧业"(《邓小平文选》第 2 卷,第 316 页)。邓小平提醒说:"从当地具体条件和群众意愿出发,这一点很重要。我们在宣传上不要只讲一种办法,要求各地都照着去做。宣传好的典型时,一定要讲清楚他们是在什么条件下,怎样根据自己的情况搞起来的,不能把他们说得什么都好,什么问题都解决了,更不能要求别的地方不顾自己的条件生搬硬套。"(《邓小平文选》第 2 卷,第 316—317 页)

其二,要在生产力提高的基础上,发展集体经济。邓小平断言:"只要生产发展了,农村的社会分工和商品经济发展了,低水平的集体化就会发展到高水平的集体化,集体经济不巩固的也会巩固起来。"(《邓小平文选》第 2 卷,第 315 页)他主张从四个方面为新层次的集体农业经济创造条件:"第一,机械化水平提高了(这是说广义的机械化,不限于耕种收割的机械化),在一定程度上实现了适合当地自然条件和经济情况的、受到人们欢迎的机械化。第二,管理水平提高了,积累了经验,有了一批具备相当管理能力的干部。第三,多种经营发展了,并随之而来成立了各种专业组或专业队,从而使农村的商品经济大大发展起来。第四,集体收入增加而且在整个收入的比重提高了。"(《邓小平文选》第 2 卷,第 315—316 页)他认为:"具备了这四个条件,目前搞包产到户的地方,形式就会有发展变化。这种转变不是自上而下的,不是行政命令的,而是生产发展本身必然提出的要求。"(《邓小平文选》第 2 卷,第 316 页)90 年代初,邓小平又说:"中国社会主义农业的改革和发展,从长远的观点看,要有两个飞跃。第一个飞跃,是废除人民公社,实行家庭联产承包为主的责任制。这是一个很大的前进,要长期坚持不变。第二个飞跃,是适应科学种田和生产社会化的需要,发展适度规模经营,发展集体经济。这是又一个很大的前进,当然这是很长的过程。"(《邓小平文选》第 3 卷,第 355 页)

　　乡镇企业是改革开放以后中国农村经济的重要组成部分,它的迅速发展也是与邓小平的热情支持分不开的。1987年,邓小平在两次谈话中高度评价了乡镇企业。他说:"农村改革中,我们完全没有预料到的最大的收获,就是乡镇企业发展起来了,突然冒出搞多种行业,搞商品经济,搞各种小型企业,异军突起。这不是我们中央的功劳。乡镇企业每年都是百分之二十几的增长率,持续了好几年,一直到现在还是这样。乡镇企业的发展,主要是工业,还包括其他行业,解决了占农村剩余劳动力百分之五十的人的出路问题。"(《邓小平文选》第3卷,第238页)"我们真正的变化还是在农村,有些变化出乎我们的预料。农村实行承包责任制后,剩下的劳动力怎么办,我们原先没有想到很好的出路……十年的经验证明,只要调动基层和农民的积极性,发展多种经营,发展新型的乡镇企业,这个问题就能解决。乡镇企业容纳了百分之五十的农村剩余劳动力……同时,乡镇企业反过来对农业又有很大帮助,促进了农业的发展。"(《邓小平文选》第3卷,第251—252页)正因如此,邓小平在90年代还一再强调:"乡镇企业很重要,要发展,要提高。"(《邓小平文选》第3卷,第355页)

　　发展经济学把农业剩余劳动力的出路作为农业国能否实现工业化的关键问题之一,这里所说的出路具有两方面的含义:其一,"以足够快的速度,将它的隐蔽失业的农业劳力重新配置到具有较高生产率的工业部门"[(美)费景汉、古斯塔夫·拉尼斯:《劳力剩余经济的发展》,王月等译,第167页,华夏出版社1989年版];其二,同步推动农业生产率的提高,否则,由于劳动力的转移使农业的总产出减少,粮食短缺,工资上涨,工业部门的扩张在全部劳动力被吸收完毕之前就会停止。从中国农村改革的实践来看,乡镇企业在吸纳剩余劳力和促进农业生产力提高两方面都发挥出积极的作用,进而为国民经济的整体提升创造了必要的条件。作为当时的最高决策者,邓小平关于乡镇企业的见解不仅对农业经济的发展有积极的现实意义,而且是对发展经济学理论的有益贡献。

　　为了巩固农村改革的成果,确保国民经济的健康发展,邓小平还就若干重要的农业问题提出自己的主张。如他强调对农业发展的目标要有具体的计划。1983年1月,他指出:"农业要有全面规划,首先要增产粮食。二〇〇〇年要生产多少粮食,人均粮食达到多少斤才算基本过关,这要好好计算。二〇〇〇年总要做到粮食基本过关,这是一项重要的战略部署。中国每人平均每年总要吃四五百斤粮食,还要有种子、饲料和工业用粮。做到粮食基本过关不容易,要从各方面努力,在规划中要确定用什么手段来达到这个目标。比如,从增加肥料上,从改良种子上,从搞好农田基本建设上,从防治病虫害上,象改进管理上,以及其他手段上,能够做些什么,增产多少,都要有计算。"(《邓小平文选》第3卷,第22—23

页)1986 年 6 月,邓小平再次强调:农业的主要问题是粮食问题,"农业上如果有一个曲折,三五年转不过来"。"现在粮食增长较慢。有位专家说,农田基本建设投资少,农业生产水平降低,中国农业将进入新的徘徊时期。这是值得注意的。我们在宏观上管理经济,应该把农业放在一个恰当位置上,总的目标始终不要离开本世纪末达到年产九千六百亿斤粮食的盘子。要避免过几年又出现大量进口粮食的局面,如果那样,将会影响我们经济发展的速度。"(《邓小平文选》第 3 卷,第159 页)另一方面,"农业翻番不能只靠粮食,主要靠多种经营"(《邓小平文选》第 3卷,第 23 页),这种观点与他重视农业经营效益的思想是一致的。

又如,邓小平主张发挥科学技术在农业生产中的作用,他说:"农业文章很多,我们还没有破题。农业科学家提出了很多好意见。要大力加强农业科学研究和人才培养,切实组织农业科学重点项目的攻关。"(《邓小平文选》第 3 卷,第 23页)他强调:"我们整个经济发展的战略,能源、交通是重点,农业也是重点。农业的发展一靠政策,二靠科学。科学技术的发展和作用是无穷无尽的。"(《邓小平文选》第 3 卷,第 17 页)重视科学技术,强调提高生产力,在农村改革政策既定的条件下,这一思路为中国农业的进一步发展开拓了广阔的前景。

邓小平的农业思想是在中国改革开放时期形成并产生重要现实作用的经济理论。它具有鲜明的理论特点,即高度重视广大农民的切身利益,充分体现从实际出发、实事求是、按客观经济规律办事的思想方法论,在坚持社会主义集体经济发展方向的同时,积极探索和支持适应中国农村特点的、切实有效的生产方式,不断提高生产力。它是中国共产党内正确农业经济思想的延续和发展,刘少奇、邓子恢、张闻天等人的农业主张,包括邓小平本人在 60 年代中期以前的农业观点,都是构成邓小平农村改革思想的宝贵先行资料。它集中了农民群众的创造性和其他高级干部的领导智慧(如安徽农民的包产到户、乡镇企业的经营模式、万里等具体负责干部的大胆实践等)。把农村改革置于国家改革开放的总体设计之中,使邓小平的农业思想大大超越了部门经济的范畴。农业改革所产生的巨大社会进步效应,则显示出邓小平农业思想已不能同中国历史上的重农政策思想简单地相提并论,它在发展经济学上的创新意义奠定了自己在现代农业理念中的重要地位。

第二节　陈云的农业经济思想

陈云(1905—1995),原名廖陈云,江苏青浦(今属上海市)人。早年在商务印书馆当学徒、店员。1925 年参加五卅运动,同年加入中国共产党。1927 年回家乡从事农民运动,1929 年任中共江苏省委农委书记。后从事工人运动,曾任上海闸北区委书记、法南区委书记。1930 年在中共六届三中全会上被选为中央候补委员,1931 年在中共六届四中全会上被选为中央委员,任中共临时中央领导成员、全国总工会党团书记。1933 年到中央苏区,次年在中共六届五中全会上当选为中央政治局委员,任中共中央白区工作部部长。参加过长征。1935 年 9 月赴莫斯科参与中共驻第三国际代表团工作。1937 年回国,历任中共中央组织部部长、西北财经办事处副主任、东北局副书记、东北民主联军副政委、东北财经委员会主任、中华全国总工会主席。1949 年以后,历任政务院副总理兼中央财经委员会主任、中共中央书记处书记、国务院副总理、中央财经领导小组组长、全国人大常委会副委员长、中央纪律检查委员会第一书记、国务院副总理、中央顾问委员会主任。陈云是中共第七届中央政治局委员、中央书记处候补书记,第八届、第十一届中央政治局常委、中央副主席,第九届、第十届中央委员,第十二届中央政治局常委。

陈云在 1949 年以后曾长期主持全国的财政经济工作,他的农业观点不是很多,但对国家农业政策的制定有着一定的影响。1978 年以后,陈云关于农业问题的主张成为指导改革开放决策原则的重要组成部分。

陈云对农业问题很早就给予高度的重视,1939 年,他在谈到如何做好边区群众工作时,把改善农民的生活放在了第一位。他强调:"我们要注意群众的切身问题,帮助他们解决困难,这是发动群众的关键。"认为:"边区有些地方经过土地革命,现在没有地主阶级的残酷剥削,群众有了土地,实行了民主,生活得到了改善,老百姓都有了吃的穿的,可以说大的问题解决了。但是,还有部分的问题没有解决,党、政、军要继续帮助群众解决。"(《陈云文选(一九二六——一九四九)》,第 106 页,人民出版社 1984 年版)"农民的一些问题,在我们有些同志看来是很小的事情,可是在农民看来却是很大的事情。我们不仅要帮助群众解决大的问题,也要帮助群众解决小的问题。""我们不应该只知道向群众要东西,更应该时刻注意为群众谋福利。"(《陈云文选(一九二六——一九四九)》,第 107 页)为此,他指示农村党组织深入群众,"去实现减租减息的法令,实现那些今天可能实现和必须实现的广大群众的迫切要求"(《陈云文选(一九二六——一九四九)》,第 101 页)。

1948 年,陈云就辽东的土地改革工作向中央写报告,对工作中的偏"左"错误承担了责任,其中涉及农村政策的问题主要是:运动扩大过分迅速,阶级划分不清,没有巩固地团结中农,对佃富农与旧富农不加区别,许多地方把富农与地主一样对待。相应地,他总结出以下几条教训:"对于贫雇农翻身,在现阶段只能翻到什么程度,没有明确的恰当的认识。现在看来,分了地主、富农多余的土地和牲口以后,基本上已算翻身了。至于牲口还不足等等,只能在以后发展生产中逐步解决。否则,必然打击太多,孤立自己";"只看中农对土改犹豫观望的一面,没有充分认识坚定地团结中农的必要,除了分富裕中农的牲口,又侵犯了其他中农。这种做法,贫雇农经济上所得不多,政治上损失很甚";"没有研究富农剥削剩余劳动量的大小,以为凡雇长工者都是富农。……因此,误划许多中农为富农。对佃富农,则偏看其二地主性(转租地主土地),他们在乡村中的政治地位甚高,牲口又多,因此与旧富农大体上同等对待";《陈云文选(一九二六—一九四九)》,第245页)等等。

如果说陈云的上述见解或者侧重于政治考虑,或者着眼于阶段运动,那么1949年以后陈云对农业问题发表的意见就主要是从经济发展的目的出发了。

1951年5月,陈云在一次讲话中全面阐述了在革命胜利后发展农业的重要性。他指出:"中国是一个农业国,以前还要进口粮食、棉花等农产品。现在虽然比过去好多了,但是,发展农业仍然是头等大事。农业发展不起来,工业就很难发展。"另一方面,发展农业也是改善农民生活的根本途径,其主要办法是在确保粮食供应的基础上,合理调整产品结构,搞多种经营,"如果我们把各种作物的耕种面积加以调整,农民的收入就会大大增加"(《陈云文选(一九四九—一九五六)》,第143页,人民出版社1984年版)。

为了促进农业生产的尽快恢复和发展,陈云提出了三条政策建议。

首先,实施解放农业生产力的生产关系变革。陈云强调:"现在提高农业产量的关键,就是在新解放区完成土地改革。只有进行土地改革,才能大大鼓励农民的生产积极性。""农民分得了土地以后,舍不得穿,舍不得吃,尽一切力量投资到生产里头去。农民有了牲口,有了水车,再加上劳动互助,生产就发展了。"(《陈云文选(一九四九—一九五六)》,第140页)

其次,加强农业基础建设,防止自然灾害。陈云认识到:"水在农业里头非常重要","像中国这样大的国家,水灾可能每年都会有,在预算里头每年都要列上一笔救灾经费",因此"以后要积极地做治本工作。当然不是一年两年就能够做好的,但是一定要做,非做不可,要长期地来做","水利建设是治本的工作,是百年大计"。他进一步提出:水的问题"从总的看,从长远看,要以蓄为主,蓄泄兼顾。以后我们要重视蓄水,许多地方要修水库、筑塘堰,山区更要注意种树种草、保持水土,对水一定要好好利用。在华北、西北有些地方,还要多打水井,保证在发生旱灾时水量基本够用"。总之,"泄水防涝,蓄水防旱,这两件都是大事"(《陈云文选(一九四九—一九五六)》,第141页)。

第三,要开发西部资源。陈云是建国以后最早提出建设西部的人之一,他表示:"为了发展农业生产,调整农业布局,要在西南和西北修铁路。"陈云分析了此举的意义所在:其一,"现在西南的粮食很贱,成都的大米五百块钱(此系旧人民币价格,合新人民币五分——引者注)一斤都没有人要,可是西南有的地方老百姓没有裤子穿。这是因为交通不便,农产品运不出来,工业品运不进去,就是进去一点也是背进去的。如果我们把西南、西北铁路修通了,就不会发生这样的问题"。其二,"等西南铁路通了以后,我们要把各种庄稼分一下类,调整一下,什么地方适合于种棉花就种棉花,什么地方适合于种粮食就种粮食"(《陈云文选(一九四九—一九五六)》,第 142 页)。

1954 年,陈云就实行计划收购和计划供应政策的必要性作了进一步的解释。他首先指出:我国市场上农产品的供不应求,"不是因为这些物品的产量减低,而是在产量增加以后发生的现象"(《陈云文选(一九四九—一九五六)》,第 255 页),"是因为人民购买力增长的速度日益超过这些消费品生产增长的速度"(《陈云文选(一九四九—一九五六)》,第 257 页)。接着,陈云分析道:"增加生产是解决供不应求问题的根本办法,但是产量是不能立刻增加的。就现在条件来说,解决消费品供应的办法有两种:一种是听任这些消费品被囤积居奇,抢购涨价,那末,得到好处的将是投机商人,吃亏的广大的消费者。另一种办法是实行计划收购和计划供应,这种办法既保证商品所有者得到了合理的出卖价格,也保证消费者用正常的价格买到一定数量的消费品。"(《陈云文选(一九四九—一九五六)》,第 258—259 页)进一步来看,"国家对于农民自用以外的剩余粮食、棉花、油料实行计划收购,是否不利于农民?我们认为,这对于全体农民是有利的。如果不是国家计划收购而听任私商、富农操纵农产品市场,那就是走解放以前的老路。那时能够等待高价、囤积居奇的只是商人和富农,广大的农民是得不到丝毫好处的。正相反,在私商、富农操纵的市场上,农民只能是出卖时被压价,买进时出高价。国家实行计划收购和计划供应以后,农民就不再吃这种亏了。"为了照顾农民和消费者的利益,国家还出钱补贴粮食的运输和管理,而且,"国家卖出的粮食的总数中,有三分之一以上是卖给缺粮的农民的。向国家买粮的农民,有一亿人口以上,他们或者因为种了经济作物,或者因为土地少粮食不够吃,或者因为受了灾,都在不同程度上需要国家供应粮食。因此无论从哪一方面说,农产品的计划收购,对于农民都是有利无害的"(《陈云文选(一九四九—一九五六)》,第 259 页)。

粮食统购统销政策的制定是当时特定经济形势的产物,它促使陈云从更深层次考虑中国农业的发展问题。在他看来,"要根本改善我国的粮食状况,当然必须增加粮食的产量"。"我们发展农业,大量增产粮食,主要靠农业的合作化。

就是说,应该积极而稳步地发展农业生产合作社,把一亿一千万农户组织到生产合作社里来。到那个时候,我们的粮食产量就会大大增加起来,向农业生产合作社进行统购统销的工作,也要容易得多,合理得多。那个时候,农业生产合作社就可以用整个合作社的力量来保证每个农民的正常的粮食需要,农民就会感觉到有不可比拟的雄厚力量作为自己的粮食后备。"(《陈云文选(一九四九—一九五六)》,第275—276页)如果说毛泽东的农业合作化思想是基于加快农业的社会主义化进程,那么陈云的农业合作化主张则带有更多的经济需求因素。

但是农业合作化运动的缺陷也正是在它的发展过程中凸显出来。1956年,陈云在中共"八大"上发言,他认为50年代前期的社会主义改造取得了决定性的胜利,但同时也产生了一些暂时的、局部的错误,如在农业方面,"合作化的过程中,对于应该由社员家庭经营的副业注意不够,再加上其他方面的影响,一部分农业副产品的生产有些下降"(《陈云文选(一九五六—一九八五)》,第5页,人民出版社1986年版)。陈云指出:在社会主义经济的各个部门中,都有很大一部分必须是分散生产、分散经营的,那种盲目追求集中生产、集中经营的现象要纠正。基于这一观点,他提出:"农业生产合作社的粮食、经济作物和一部分副业生产是必须由合作社集体经营的,但是许多副业生产,应该由社员分散经营。不加区别地一切归社经营的现象必须改变。许多副业只有放开让社员分散经营,才能增产各种各样的产品,适应市场的需要,增加社员的收入。"同时,陈云还建议:"在每个社员平均占地比较多的地方,只要无碍于合作社的主要农产品的生产,应该考虑让社员多有一些自留地,以便他们种植饲料和其他作物来养猪和增加副业生产。"(《陈云文选(一九五六—一九八五)》,第8页)

1957年,陈云对农业发展问题的认识又有了深化。他在一次讲话中提到:第一个五年计划期间,国家把发展农业主要放在合作化上面,"但是,现在要看到,合作化只是给发展农业创造了条件,还不能解决根本问题。"(《陈云文选(一九五六—一九八五)》,第69页)这就是说,生产关系的变革并不是发展农业的全部含义,在某种程度上,提高农业生产力的意义更为重要和急迫。陈云认为:中国农业的特点是地少人多,"今后,我国农业增产的主要出路,在于增加化肥,养猪积肥,提高单位面积产量,而不在开荒"(《陈云文选(一九五六—一九八五)》,第71页)。

在这次讲话中,陈云还谈到农业发展应重视的两个思想认识问题。一个问题是,农业决策要尽量听取多一点的党内外意见。如在雷州半岛上大量种橡胶,就犯了急于求成的错误,建设三门峡水库,也没有广泛征求人民意见,以至事后引起了社会上议论,总之,"农业上的大问题,许多工作上的大问题,可以在全国展开讨论,这样做只有好处,没有坏处。对中国农业如何发展,不仅共产党内有意见,社会上很多人也有意见。一切好的意见,我们都应该吸收过来"(《陈云文选（一九五六—一九八五）》,第 76 页)。这实际上是在提倡经济决策的民主化。另一个问题是,究竟怎样看农业的基础地位? 陈云尖锐地指出:"工业搞多了,农业搞少了,我们有没有责任? 有责任。工业搞得多,但肚子都吃不饱,还不是要回过头来搞农业。帝国主义国家的报纸说,中国的经济迟早要破产。我看,破产倒不见得,但是说我们穷,这是应该承认的。如果我们只注意搞工业,不注意解决吃饭穿衣问题,搞了工业以后,老百姓没有饭吃,没有衣服穿,再回过头来搞农业那就晚了。"他强调:"老百姓要吃饭穿衣,是生活所必需的,经济不摆在有吃有穿的基础上,我看建设是不稳固的。"(《陈云文选（一九五六—一九八五）》,第 77 页)这是对 50年代前期经济建设总体思路的冷静反省。

由于指导思想上的偏"左",我国经济在 50 年代后期出现了严重的冒进和失衡,导致农业生产的衰退,人民生活遇到很大困难。作为主管财经工作的中央负责人,陈云对此深表忧虑。1961 年,他亲自到上海市郊农村进行调查,对农业生产中的问题提出了自己的整顿意见。例如:"农民种自留地,可以种得很好,单位面积产量比生产队高。增加一点自留地,可以使农民的口粮得到一些补充,生活有所改善。再加上包产落实、超产奖励、多劳多得等一系列的措施,农民对集体生产的积极性就容易提高。农民的积极性提高了,种这样一点自留地就决不会妨碍集体生产,相反地会促进集体生产的发展。生产发展了,国家规定的征购任务也就更容易完成。"(《陈云文选（一九五六—一九八五）》,第 177 页)陈云对安徽省出现的农村包产到户做法也持肯定态度,认为是"非常时期必须采取的办法"(转引自薄一波:《若干重大决策与事件的回顾》下卷,第 1085 页,中共中央党校出版社 1993 年版)。尽管受到毛泽东的批评,陈云的看法并没有改变。由此可见,陈云在纠正农业政策偏"左"的问题上,有着较为清醒和务实的认识。

在 1962 年召开的中央财经小组会议上,陈云就恢复农业的问题提出见解,在他看来,"现在调整计划,实质上是要把工业生产和基本建设的发展放慢一点,以便把重点真正放在农业和市场上。材料的分配,要先满足恢复农业生产的需要"(《陈云文选（一九五六—一九八五）》,第 199 页)。"农业问题,市场问题,是关系五亿多农民和一亿多城市人口生活的大事,是民生问题。解决这个问题,应该成为国策。为了农业、市场,其他的方面'牺牲'一点,是完全必要的。"他甚至把这一问题提到了革命政权生死存亡的高度来加以强调,说:"我们花了几十年时间把革命搞成功了,千万不要使革命成果在我们手里失掉。现在我们面临着如何把革命成果巩固和发展下去的问题,关键就在于安排好六亿多人民的生活,真正为人民谋福利。"(《陈云文选（一九五六—一九八五）》,第 201 页)从陈云的上述观点可以看出,他对农业在社会主义经济中的重要地位的认识是不断深化的,在如何发展农业的问题上,他既重视生产关系的作用,但更强调提高生产力的必要性。这种思想特点决定了陈云的经济主张不可能在 60 年代后半期得到贯彻。

1978 年以后,作为党的第二代领导集体的主要成员,陈云在摒弃偏"左"思想影响的前提下,对新时期农业发展提出自己的看法。

迅速采取切实有效的措施,发展农业生产,改善农民生活,这是陈云反复强调的观点。他在 1978 年 12 月的一次讲话中指出:"建国快三十年了,现在还有讨饭的,怎么行呢? 要放松一头,不能让农民喘不过气来。如果老是不解决这个问题,恐怕农民就会造反,支部书记会带队进城要饭。""要先把农民这一头安稳下来。农民有了粮食,棉花、副食品、油、糖和其他经济作物就都好解决了。摆稳这一头,就是摆稳了大多数,七亿多人口稳定了,天下就大定了。"(《陈云文选(一九五六——一九八五)》,第 212 页)

在陈云的农业思想中,有两个原则是他一直坚持的。其一,要处理好农业生产中计划和市场的关系。他在 80 年代中期指出:"我们是共产党,共产党是搞社会主义的。现在进行的社会主义经济体制改革,是社会主义制度的自我完善和发展。""从全国工作来看,计划经济为主,市场调节为辅,这话现在没有过时。""计划是宏观控制的主要依据。搞好宏观控制,才有利于搞活微观,做到活而不乱。"(《陈云文选(一九五六——一九八五)》,第 304 页)从这种思路出发,陈云认为:"农业经济是国民经济重要的一部分。农业经济也必须以计划经济为主,市场调节为辅。所以要提出这个问题,是因为实行各种生产责任制以后,似乎农业可以不要计划了。事实并不是这样。这个问题本来是清楚的,搞了生产责任制以后,包产到户以后,计划并不是不要了。"(《陈云文选(一九五六——一九八五)》,第 275 页)其二,始终要抓好粮食生产。1985 年 9 月,他在中国共产党全国代表会议上发表讲话,其中强调:"现在有些农民对种粮食不感兴趣,这个问题要注意。""十亿人口吃饭穿衣,是我国一大经济问题,也是一大政治问题。'无粮就乱',这件事不要小看就是了。"(《陈云文选(一九五六——一九八五)》,第 304 页)

陈云充分肯定了农村经济改革的成果,他说:"农村人民生活改善了,市场搞活了,这是二十多年来少有的好现象。"(《陈云文选(一九五六——一九八五)》,第 250 页)"农村的改革已经取得了明显的效果。"(《陈云文选(一九五六——一九八五)》,第 304 页)"农村实行联产承包责任制,农业生产发展了,农民收入增加了,生活得到了改善。"(《陈云文选(一九五六——一九八五)》,第 303 页)另一方面,他强调农村改革必须处理好发展中出现的新问题,如乡镇企业,陈云的看法是:"发展乡镇企业是必要的,问题是'无工不富'的声音大大超过了'无农不稳'。"(《陈云文选(一九五六——一九八五)》,第 304 页)对于农民的富裕程度,他认为:"农民中从事农副业致富的,有'万元户',但只是极少数。前一时期,报纸上宣传'万元户',说得太多,实际上没有那么多。宣传脱离了实际。"(《陈云文选(一九五六——一九八五)》,第 303—304 页)陈云还提到,对农民的生产经营要善于引导,"不能让农民自由选择只对他自己一时有利的办法"。"不这样做,八亿农民的所谓自由,就会冲垮国家计划。说到底,农民只能在国家计划的范围内活动。只有这样,才有利于农民的长远利益,国家才能进行建设。"(《陈云文选(一九五六——一九八五)》,第 276 页)

不难看出,陈云的农业思想具有一定的政府主导色彩,与邓小平的农村改革理论相比,陈云考虑农业问题的思路体现了短缺经济时期的特点。这种经济决策思想的差异从一个侧面反映了中国农村改革的复杂性和长期性。

第三节　万里的农业经济改革思想

万里(1916—2015),山东东平人。1936 年加入中国共产党。1966 年以前在北京市担任领导工作。1975 年任铁道部部长。1977 年任中共安徽省委第一书记。1980 年任中共中央书记处书记,国务院副总理。1988 年当选为第七届全国人民代表大会常务委员会委员长。万里是 1978 年以后中国农村经济改革的主要实践者、组织者之一,邓小平曾说:农村改革"开始的时候,并不是所有的人都赞成改革。有两个省带头,一个是四川省,那是我的家乡;一个是安徽省,那时候是万里同志主持"(《邓小平文选》第 3 卷,第 238 页,人民出版社 1993 年版)。万里的农业思想不仅促进了当时农业生产的迅速恢复和发展,而且对深化农业经济的进一步改革具有重要的指导意义。

1977 年,万里被中央派到安徽省担任领导工作。在省委农村工作会议上,他明确指出:"农业是国民经济的基础,农业一落后或遭了灾,就会影响整个国民经济的发展,连吃饭穿衣都成问题,更不用说实现四个现代化了。""农村中心问题是把农业生产搞好,各级领导、各个部门,都要着眼于发展农业生产。集体经济要巩固、发展,还必须在生产发展的基础上使人民生活不断有所改善。凡是阻碍生产发展的做法和政策都是错误的。"(《万里论农村改革与发展》,第 1 页,中国民主法制出版社 1996 年版)在 1978 年春耕前夕,他再次强调:"不抓农业不行。""要以生产为中心。""农村不以农业生产为中心,没有粮食,或者粮食不够,没有棉花,或者棉花不够,大家吃什么? 穿什么?""农时不能误。春耕生产搞不好,误了季节,那是没法补救的,影响一年生产。所以,一定要以生产为中心,把当前生产搞上去。哪个县委耽误了生产,把生产搞坏了,会犯新的错误。"(《万里论农村改革与发展》,第8页)1979年,万里宣布:"我们领导农业的指导思想是,必须在三五年内,采取各种措施,发展农业生产,减轻农民负担,增加农民收入,改善农民生活,使农民能够休养生息,得以致力于加速发展农业生产,并在这个基础上逐步实现农业现代化。"(《万里论农村改革与发展》,第40—41页)

在万里的农业思想中,对人的重视和关怀始终占据着突出的位置。他强调:在发展农业生产的诸项必要条件中,人的作用是最关键的,"最重要的生产力是人,是广大群众的社会主义积极性。没有人的积极性,一切无从谈起,机械化再好也难以发挥作用。调动人的积极性要靠政策,只要政策对头,干部带头,团结一切积极因素干社会主义,群众就会积极起来,农业就能上得快"(《万里论农村改革与发展》,第1页)。他还说:"中国革命在农村起家,农民支持我们。母亲送儿当兵,参加革命,为的什么? 一是为了政治解放,推翻压在身上的三座大山;一是为了生活,为了有饭吃。现在进了城,有些人把群众这个母亲忘掉了,忘了娘了,忘了本了。我们一定要想农民之所想,急农民之所急。"(《万里论农村改革与发展》,第2页)他强调:"如果不关心群众生活,不发扬民主,想要发展快,办不到。社会主义是要提高劳动生产率,充分发扬民主,使人民群众的生活不断得到改善。"(《万里论农村改革与发展》,第18—19页)

在计划经济体制下,特别是处于党的一系列指导思想和方针政策失误还没有得到纠正的严峻形势,要发展农业生产,最困难的莫过于对既定的农业政策实施变通和改革。在这个问题上,万里表现了大胆探索、敢为人先的可贵品质。他尖锐地指出:党的农业政策所存在的错误是导致群众不信任、生产上不去的主要原因,例如:"生产队上报的数字比实际产量普遍低,而且低得很多。为什么出现这种现象? 原因是群众怕征过头粮,留粮标准低,吃不饱。这是农民群众对过去的浮夸风和高征税的反抗,是错误政策逼得农民不敢讲真话。谁讲真话谁吃亏,那谁还敢讲真话? 要农民讲真话,必须政策对头,政策兑现。""分配问题关系到如何正确处理好国家、集体和农民个人三者的关系,核心是国家同农民的关系。我们过去的问题是只顾国家这一头,忽略了农民群众那一头的利益,有的甚至为了完成征购任务不顾群众死活,严重打击了群众生产积极性。"(《万里论农村改革与发展》,第12页)因此,万里对农村出现的一些经济改革新事物,明确给予政策上的支持。

1978年2月,万里提出要真正落实党的农业政策,必须切实尊重生产队的自主权。他认为:"生产队是人民公社的基本核算单位。在国家计划指导下,生产队有权因地制宜、因时制宜地进行种植,决定增产措施。在保证完成国家规定的农副产品交售任务后,生产队有权将经营所得的现金和产品,在全队范围内进行分配和处理。切实尊重生产队的自主权,就能激发广大社员群众关心集体生产,激发广大生产队干部用更大的劲头办好集体事业,巩固和发展人民公社集体经济,促进生产力的大发展。忽视甚至损害生产队的自主权,就会挫伤生产队干部和社员群众的积极性,不利于生产的发展。"(《万里论农村改革与发展》,第4—5页)他还说:"尊重生产队的自主权,实质上是个尊重实际、尊重群众、发扬民主和反对官僚主义'瞎指挥'的大问题。""不尊重生产队自主权,这是我们过去农村工作中许多错误的根源。历史上的教训太深刻了。"(《万里论农村改革与发展》,第5页)值得注意的是,此前安徽省制定的关于当前农村经济政策的几个问题的规定(试行草案),也正是万里这一思想认识的产物。而这个文件的颁发实行,启动了安徽农村经济改革的进程,进而对全国经济的发展产生了深刻的影响。

同年10月,万里肯定了安徽省滁县地区实行联系产量的责任制的做法,指出:在农业生产中,"根据作物情况,可以包产到人、到组,联产计酬,也可以奖励到人、到组。所有制不变,出不了什么资本主义,没有什么可怕的"(《万里论农村改革与发展》,第18页)。在1979年1月的省委工作会议上,他强调建立健全生产责任制是关系到正确贯彻各尽所能、按劳分配,最大限度地调动群众生产积极性的问题,"在这个问题上,我们的思想要解放一点,办法要多一些。只要在保证集体所有制不变,在生产队统一核算和分配,不搞分田单干的前提下,可以按定额记工,可以按时记工加评议,也可以实行包工到作业组,联系产量计算劳动报酬,实行超产奖励"(《万里论农村改革与发展》,第41页)。

1978年10月,在安徽省肥西县山南区委召开的农村生产大队干部会议上,有人提出要实行"定土地、定产量、定工本费和超产奖励、减产赔偿"的包产到户。会后,黄花大队采取了这个办法,收效显著。到年底,全区百分之七十七的生产队实行了包产到户。对于这种生产形式,有人认为是事关"方向""道路"的大问题,万里却给予热情鼓励,他说:"包产到户问题,过去批了十几年,许多干部批怕了,一讲到包产到户,就心有余悸,谈'包'色变。但是,过去批判过的东西,有的可能是批对了,有的也可能本来是正确的东西,却被当作错误的东西来批判。必须在实践中加以检验。我主张应当让山南公社进行包产到户的试验。在小范围内试验一下,利大于弊。""如果试验成功,当然最好;如果试验失败了,也没有什么了不起","即使收不到粮食,省委负责调粮食给他们吃"(《万里论农村改革与发展》,第43页)。他还表示:"搞包产到户,如果要检讨,我检讨。只要老百姓有饭吃,能增产,就是最大的政治。老百姓没有饭吃,就是最坏的政治……包产到户有什么坏处? 不要怕。有的山区,不包产到户没有办法。几种形式都可以,可以来一点百花齐放。地区、县里可以放手一点。大的政策已经有了,要解放思想,百花齐放,千方百计把生产搞上去。"(《万里论农村改革与发展》,第48页)

针对社会上某些人的责难,万里旗帜鲜明地指出:"实践证明,在目前主要靠牲畜耕作和手工劳动的条件下,农民积极性高低是农业生产发展快慢的决定性因素。联系产量的责任制,把生产队集体生产的成果同社员个人的物质利益结合起来了,把劳动的数量和质量统一起来了,使多劳多得的原则在分配上直接表现出来,极大地调动了社员的生产积极性,有利于提高出勤率、提高工效、提高农活质量;有利于勤俭办社,做到增产又节约;有利于民主办社,树立社员当家做主的思想;有利于巩固和壮大集体经济;有利于改进干部作风,密切干群关系。凡是实行联系产量责任制的地方,生产都有明显的大幅度的增长。难道这是复辟、倒退?"(《万里论农村改革与发展》,第61页)他表示:"既然有些地方原来集体经济实在办得不好,根本不能显示社会主义的优越性,群众对它失去信心,坚决要求包干到组,甚至包产到户,我们就不能不倾听群众的呼声,硬卡乱砍,而应该调查研究,尊重群众自己的选择,并且正确地加以引导。"(《万里论农村改革与发展》,第62页)

从强调尊重生产队的自主权,到允许试行包产到户,显示了万里坚持实事求是的思想路线,切实关心群众疾苦,勇于支持农民的生产积极性和创造性的个性特点。包产到户的提出并不需要深奥的理论探究,但同意它的实施却需要很大的政治勇气。因此,中国农村经济改革从安徽这个农业并不发达的省份兴起,是与万里的务实型开拓型思路分不开的。

1978年10月,万里为参加中共十一届三中全会准备了书面发言,就全国农业的几个重大政策问题提出了自己的意见,其内容包括人民公社的体制问题、农业学大寨问题、农村基本核算单位的"过渡"问题、劳动计酬问题、农业机械化问题、农副产品收购政策问题等。关于人民公社问题,万里归纳了"政社合一"的弊端,如既不能集中抓党政工作,又不能集中力量抓生产;权利集中容易滋生瞎指挥;代替社委会的领导,不利于发展生产;等等。他建议:"对现在'政社合一'的管理体制进行适当改革,实行'政社分离'。可以考虑以现在的公社为单位设乡,大公社设大乡,小公社设小乡。规模大的公社,在保持生产队和生产大队规模不动的前提下,可适当划小。可以一乡一社,也可以一乡数社。"(《万里论农村改革与发展》,第21页)关于农业学大寨问题,万里提出:"我国农业的情况比较复杂,自然条件千差万别,应当在不同的地区、不同的农业生产部门,树立各种各样高速度发展生产的样板,把农村搞得更活跃一些,使我们党的方针政策更能做到因时制宜,因地制宜。"(《万里论农村改革与发展》,第23—24页)关于农村基本核算单位的问题,万里认为:"要把生产队为基本核算单位过渡到以大队乃至公社为基本核算单位,就多数地区来说还需要一个相当长的发展过程。从长远的观点讲,在今后若干年内,以不提过渡为好。"(《万里论农村改革与发展》,第24页)关于劳动计酬问题,万里提出的改革原则有两条:其一,"各项农业生产活动(包括社队企业),都应普遍实行定额管理、定额计酬的办法,尽量不搞评工",具体形式则有定产到组,以产计工,超产奖励(即生产队对作业组实行三包一奖);一组四定(定任务、定时间、定质量、定工分);小段包工,定工到人;定产到田,包工到人,以产计工;按社员底分记工,根据各人的表现,底分一年活评几次。其二,"要把生产责任制或劳动报酬同产量很好地联系起来",此举"不仅能克服大呼隆的平均主义倾向,也可以防止'只想千分,不想千斤'的错误思想,做到个人利益和集体利益的统一,最有利于调动劳动积极性,提高劳动生产率"(《万里论农村改革与发展》,第25页)。关于农业机械化问题,万里的看法是:"大办、办好农业机械化,对于发展农业生产,加速农业的现代化具有极为重要的意义。但是由于多方面的原因,已经办了农业机械化的地方,不但没有促进农业生产发展,反而加重了社员的负担,挫伤了群众积极性,影响了农业的发展。"(《万里论农村改革与发展》,第26页)为此,万里主张:农业机械要提高质量,拖拉机站不能向生产队搞一平二调,更不准以任何借口去发动群众投资捐款,在搞农业机械化的同时,要努力提高科学种田水平。关于农副产品的收购政策问题。万里认为:"国家取得农副产品,只能坚持'等价交换或近乎等价交换的政策'。这是农民唯一乐意接受的形式。但是,单纯靠行政命令、硬性收购的现象相当普遍。不少地方常常出现只顾任务,不顾政策,考虑国家任务多,考虑集体和社员个人利益少的问题。购过头粮,无猪派猪,无禽派禽,无鸡派鸡,完不成任务就扣粮罚款,迫使没有养猪养禽的社员到市场上高价收买,平价卖给国家,群众贴钱贴粮,这样的政策实质上是剥夺农民的政策。"(《万里论农村改革与发展》,第28页)为此,他建议改进农副产品的收购办法,推广合同制,提高农产品收购价格。

万里的这些改革主张,是建立在深入调查和具体分析基础上的,他对原有农业政策失误所造成的弊端及后果,作了大胆的揭示和尖锐的批评,讲了别人不敢讲的话,而且提出的改革建议符合民心,切实可行,因而在1949年以后农业思想的发展史上具有重要的意义。不仅如此,万里的主要建议曾在会前召开的中央工作会议上作过发言,被吸收进有关的中央文件,对此后全国农村经济改革的推广和深化产生了积极的实际影响。

1980年下半年,万里被调到中央,负责全国的农业工作。依据十一届三中全会制定的把工作重心转移到经济建设上来的主导思路,加上在安徽省领导农业经济改革的实践经验,万里对全国农业发展中的问题和解决对策提出了自己的见解。他认为要促进农业的真正发展,必须认真总结30年来农业发展的历史教训,这主要体现在四个方面:(1)"在领导农业上,有主观主义、形式主义,违背自然规律和经济规律。"(《万里论农村改革与发展》,第93—94页)。(2)"没有正确处理政治和经济的关系","多少年来,只抓'政治',不讲经济,不断搞'阶级斗争',搞'穷过渡',批'唯生产力论'","由于这些错误的方针,经济工作、科研工作一直没有一个安定团结的环境来保证"(《万里论农村改革与发展》,第94—95页)。(3)"缺乏民主,缺乏法治,许多事个人说了算。"(4)"轻视科学,轻视知识分子,不重视人才的选拔所有","教育是重灾户,农业教育更是重灾户中的重灾户"(《万里论农村改革与发展》,第95页)。尤为深刻的是,万里把上述弊端同封建主义影响联系起来,他说:"封建思想的余毒是不可轻视的,封建主义还影响着我们的各个方面,不仅在思想上、政治上有,在经济上也有。例如,自给自足的自然经济;生产指挥上搞搞超经济的强制劳动,一平二调,强行征购农民的东西,牺牲农民的利益;领导作风上的家长制,一言堂,打骂群众,农民、技术人员处于无权的地位;生产上不讲经济效果,不计消耗,不计成本。诸如此类问题的存在,都在影响社会主义农业现代化的发展。"(《万里论农村改革与发展》,第100页)这是高层领导人首次对以往农业政策进行的较为坦率、较为系统的历史反思。

在此基础上,万里明确提出:发展农业必须解放思想,放宽政策,"放宽政策,无非就是生产队自主权、按劳计酬、生产责任制、自留地,还有就是林业、牧业、渔业的政策,集市贸易,等等"。他强调:"我们看农业的好坏,主要看两条:一个是农业生产发展了没有,农民生活改善了没有;一个是商品率提高了没有,要有大量的商品,有了东西就好办。"(《万里论农村改革与发展》,第97页)这就是说,农业政策的调整改革应该以提高农业生产力水平、提高广大农民的富裕程度为根本目的。实际上,80年代以后全国农业经济改革所遵循的思路也正是这一条。

在确定了中国农业经济必须走体制改革之路的方针之后,万里还就几个战略性问题发表了指导性意见。例如,万里十分重视农业生态的保护问题。他指出:"生态环境与我国的社会主义建设有着非常密切的关系。从某种意义上说,它决定着我们建设质量的好坏和速度的快慢。"(《万里论农村改革与发展》,第165页)"近年来,我们开始重视了经济规律的作用,但是对自然规律的作用认识和运用得还很不够。比如森林在农业生态系统中的作用十分重要,但是,破坏森林的事还不断发生,这就必然造成生态环境恶化,影响农业生产。"(《万里论农村改革与发展》,第166页)他强调:"要把保护、改善、增殖资源与合理利用资源结合起来,切实按照自然规律和经济规律来组织生产活动,保证农业资源的合理和充分有效的

利用。"(《万里论农村改革与发展》,第 247 页)

　　随着农业经济的发展,广大农民的物质生活有了明显的改善,于是,如何进行农村社会主义精神文明建设的问题便摆上了决策者的议事日程。80 年代后期,万里对这个问题也发表了系统的见解。他首先肯定,农业的经济改革已经使农村的文化面貌和农民的思想观念发生了深刻变化,以农民为例,"求富、求知已经成为农民的新要求,开放与进步正在取代小农经济所固有的狭隘与保守的观念。过去农民的典型性格是忠厚老实、淳朴善良、克勤克俭;过去农民的生活方式是日出而作,日落而息,节奏缓慢,不讲效率;过去农民的人生哲学是听天由命,知足常乐,随遇而安,不患寡而患不均,并且有很大依附性。现在,农村的变化日益深入到意识形态领域,与小农经济相适应的根深蒂固的传统伦理道德观念,正在逐步让位于与社会主义商品经济相适应的市场观念、竞争观念、效益观念、开拓进取观念,让位于民主意识、平等意识、自由意识等等"(《万里论农村改革与发展》,第 360—361 页)。对于农村文化工作中存在的问题,万里认为"只能靠社会生产力的发展,只能靠大力普及教育,传播科学文化知识。只有让科学战胜愚昧,先进战胜落后,才能逐步消灭封建遗毒"(《万里论农村改革与发展》,第 362—363 页)。

　　进入 90 年代后,农业经济中出现了一些新情况、新问题,万里对此十分关注,并提出了重要的指导性意见。针对农业比较利益低,农民负担过重的状况,万里告诫道:"我们一定要十分重视农村工作、农民利益,保护农民的利益,保护农民的积极性。没有农民的积极性,一旦脱离农民,一旦农业滑坡,整个大好形势还有没有?"(《万里论农村改革与发展》,第 380 页)对于有些地方出现的农民请愿、砸乡政府、烧车子等情况,万里分析说:"群众闹事的原因是多方面的,直接的原因是负担过重,严重损害了农民的利益。有些地方巧立名目,不择手段,胡乱收费,横征暴敛,甚至到农民家牵牛赶猪,激起农民极大的不满,使干群关系非常紧张,矛盾十分尖锐……这不能怪农民,而应当从我们的政策上、工作上去找原因。"(《万里论农村改革与发展》,第 378 页)在价格政策上,"种粮种棉增产不增收,农民积极性受到严重挫伤。有些地方出现了土地撂荒的现象。工农业产品的'剪刀差'日趋扩大……这是个大问题"。万里敏锐地意识到:"农村改革以后温饱问题已经基本解决,尽管贫困地区还有数量不小的农民生活仍然相当困难,但从全国来看,广大农民的迫切要求,是在温饱的基本上继续向小康迈进。他们追求的主要目标是增加收入,进一步改善各方面的生活条件。""我们的农村政策必须适应这种历史性的变化,逐步满足农民的要求。"(《万里论农村改革与发展》,第 379 页)

　　此外,万里还就乡镇企业的发展问题、农村劳动力的转移问题、运用法律保障农民利益和农业政策的持续性问题、合理调整农产品价格和整顿农产品流通领域等问题发表过看法。他的分析和建议,对 90 年代党的农业政策的调整和完善具有重要的参考价值。

第四节　江泽民的"三农"思想

江泽民(1926—　),江苏扬州人。1943 年起,参加中共地下组织领导的学生运动。1946 年加入中国共产党。1947 年毕业于上海交通大学电机系。1949 年后历任上海益民食品一厂副工程师、工务科科长兼动力车间主任、厂党支部书记、第一副厂长,上海制皂厂第一副厂长,第一机械工业部上海第二设计分局电器专业科科长。1955 年赴苏联莫斯科斯大林汽车厂实习。1956 年回国。后历任长春第一汽车制造厂动力处副处长、副总工程师、动力分厂厂长,第一机械工业部上海电器科学研究所副所长,武汉热工机械研究所所长、代理党委书记,第一机械工业部外事局副局长、局长。1980 年后,任国家进出口管理委员会、国家外国投资管理委员会副主任兼秘书长、党组成员,电子工业部第一副部长、党组副书记、部长、党组书记,上海市市长、中共上海市委副书记、书记。他是中共第十二届中央委员,第十三届中央委员、中央政治局委员,在 1989 年举行的中共十三届四中全会上当选为中央政治局常务委员、中央委员会总书记,在十三届五中全会上当选为中央军委主席,在 1990 年召开的第七届全国人大第三次会议上当选为中华人民共和国中央军事委员会主席。以后,在中共十四届、十五届一中全会上继续当选为中央政治局委员、中央政治局常务委员、中央委员会总书记、中央军委主席。在第八届、第九届全国人大第一次会议上当选为中华人民共和国主席、中华人民共和国中央军事委员会主席。

江泽民是中国共产党第三代领导集体的核心。90 年代初,他在担任党的最高领导职务不久,就对农业问题提出了自己的主张。

1990 年 6 月,中央召开农村工作座谈会,江泽民在会上就农业的重要地位、深化农村改革的方向、进一步提高农业生产力水平和加强党对农村工作的领导等问题发表了讲话。关于农业的重要地位,江泽民强调:"农民问题始终是我国革命和建设的根本问题。过去,广大农民群众和农村干部,为民族解放和国家独立富强立下了丰功伟绩。在现代化建设和改革开放中,他们发挥积极性、创造性,又做出了伟大贡献。工农联盟是我们国家政权的基础。巩固和发展工农联盟,是我们党的一个重要方针,也是我们党的一大政治优势。我国十一亿人口,八亿多在农村,农村稳定了,农民安居乐业了,也就从根本上保证了我们国家和社会全局的稳定。农业是国民经济的基础。八十年代,我国经济改革和经济建设取得了巨大成就,首先是农村的改革取得了巨大成就,农村经济有了很大的发展。九十年代,我们要实现国民经济总值再翻一番的第二步战略目标,必须继续搞好农村的改革,继续加强农业这个基础。"(《新时期农业和农村工作重要文献选编》,第595—596页,中央文献出版社1992年版)在这里,江泽民实际上是把农民、农村、农业问题放在一起考虑的,显示了农业思想的鲜明特色。

关于深化农村改革的方向问题,江泽民要求结合农村中出现的新情况,着重做好三方面的工作:(1)"要稳定和完善以家庭承包为主的联产承包责任制。这是一项必须长期坚持的政策,一定要非常明确地向农民讲清楚。"(2)"要适应生产发展的需要,发展各种形式的社会化服务……通过发展和完善服务体系,促进农工商的一体化和产加销的一体化,提高农业生产的商品化程度和专业化水平。"(3)"努力疏通和拓宽农村商品流通渠道,逐步推进农村流通体制改革,促进农村商品经济发展。"(《新时期农业和农村工作重要文献选编》,第598页)

江泽民强调:"深化农村改革的目的,是保护和促进农村生产力的发展,提高农业的综合生产能力。"为此,除了从需要和可能两方面确定粮食、棉花等主要农产品的目标产量;增加农业投入,改善生产条件;切实改进农用工业方面的工作;让一部分地区和农户先富起来,并鼓励他们帮助贫困地区和农户共同发展外,还需要注意农业生产的发展道路、科技兴农、乡镇企业等问题。江泽民认为:"农业生产的发展,既要依靠发挥现有生产条件的潜力,提高单位面积产量,又要创造新的生产条件,搞好开发性农业……从全国大部分地方看,侧重点还是要放在努力提高单位面积产量上。"(《新时期农业和农村工作重要文献选编》,第599页)在他看来,科学技术对农业来说,"是投入少、收效大的一条重要途径。许多适用技术一经推广,立即就收到了良好的效果。农业方面的基础科学和新技术研究也不能忽视,因为我们要不断增加农业的科技储备"。他肯定乡镇企业的发展在世界上是个独创,方向是正确的,今后要解决好的问题有四点:"一是要根据需要与可能,逐步前进,不能一哄而上。二是绝不能因为搞乡镇企业,把农田撂荒。三是要因地制宜,立足于本地的资源和优势。有的可以搞农产品加工,有的可以与大工业配套,有的可以发展传统的东西。四是经营水平、管理水平要不断提高,要注重技术改造。"(《新时期农业和农村工作重要文献选编》,第600页)

1991年11月,中共中央召开十三届八中全会,主要研究农业和农村工作问题。江泽民在会议闭幕时发表讲话,围绕五个问题阐述了看法:(1)充分认识农业和农村工作的重要意义;(2)深化农村改革的方向和重点;(3)提高农业综合生产能力;(4)加强农村社会主义精神文明建设和民主法制建设;(5)加强党对农村工作的领导。这次讲话在一系列基本政策问题上与他在农村工作座谈会上的讲话保持一致,不同之处是提出了提高农村综合生产能力的新思路。

江泽民强调:"发展农村经济是农村工作的中心任务。"首先,需要进一步确立大农业的观念,在他看来:"我国现有耕地的充分利用大有文章可做,而且还有大量尚未开发的山地、丘陵、草地、水面、滩涂和海域,无论是种植业还是养殖业,都具有相当可观的潜力。我们必须按照大农业的观念,坚持农林牧副渔全面发展。"(《新时期农业和农村工作重要文献选编》,第792页)其次,要重视科学技术在农业发展中的作用。江泽民指出:"我国农业发展中的科技进步因素在不断提高,已经取得很大进步,但同国际先进水平相比,仍处于较低水平。农业现代化的实现和大农业经济的发展,最终取决于科学技术的进步和适用技术的广泛应用……我们一定要树立科学技术是第一生产力的马克思主义观点,积极创造条件,把农业和农村经济的发展,逐步地转移到依靠科技进步和提高劳动者素质的轨道上来。"(《新时期农业和农村工作重要文献选编》,第794页)同时,江泽民强调,要"确立水利的基础产业地位,加强农业基础设施建设"(《新时期农业和农村工作重要文献选编》,第795页)。

在谈到加强党对农村工作的领导问题时,江泽民提醒全党:"近年来,农民收入增长速度减缓,负担过重,积极性受到影响,必须引起我们的充分注意。我们要十分珍惜农村改革的成果,十分珍惜广大农民对我们党的信赖和依靠的感情,想问题、定政策、办事情,都要把调动农民的积极性作为根本的出发点和归宿,切不可忽视农民的合法权益,伤害农民对党的深厚感情。要使亿万农民从党和政府的政策中、工作中、行动中,真正感受到我们是为他们谋利益的。"(《新时期农业和农村工作重要文献选编》,第799—800页)这个重要思想,后来得到反复强调,并成为90年代以来党的农村政策的一个要点。

1992年12月,江泽民在武汉主持召开安徽、江西、河南、湖北、湖南、四川六省农业和农村工作座谈会,明确提出要"高度重视农业、农村、农民问题"(《江泽民文选》第1卷,第257页,人民出版社2006年版)。他指出:"在农业连续几年丰收和改革开放的新形势下,有些地方出现了忽视农业、对农业掉以轻心的苗头";"在加快经济发展步伐的情况下,有相当一些地方的党政领导干部把主要精力放在抓城市经济上……用在抓农业上的精力有些减弱了,农村工作有些放松了,农村基层干部和农民群众对此反映强烈";"当前农村中普遍存在着一些损害农民利益、影响和挫伤农民生产积极性的突出问题,如果不认真加以解决,农业生产就有滑坡的危险";"一些制约农业发展的因素不仅现在存在着,而且今后一个长时期内还会存在下去"(《江泽民文选》第1卷,第262页)。这是特别强调"三农"问题的客观背景。

当时,社会主义市场经济的改革取向已经正式确立,怎样建立在农村建立社会主义市场经济体制,进一步解放和发展农村生产力? 江泽民作了精辟的表述: "在农村发展社会主义市场经济,总的讲,必须坚持以市场为导向,充分利用农村人力、土地等各种资源,农、林、牧、副、渔全面发展,第一、第二、第三产业综合经营,科、贸、工、农相结合,以星罗棋布的新型集镇为依托,努力形成大农业、大流通、大市场的新格局,提高农业的整体经济效益和综合生产能力,走出一条建设有中国特色社会主义新农村的路子。这也是我国农村改革走向新阶段的标志。"(《江泽民文选》第1卷,第268—269页)把农村发展和社会主义市场经济结合起来,显示了中国农业思想的历史性深化。

1993年10月,中央又一次召开农村工作会议,在这次会议上,江泽民作了题为《要始终高度重视农业、农村和农民问题》的讲话。在这个讲话中,江泽民再次把农业、农村和农民问题联系在一起加以阐述。他指出:"农业、农村和农民问题,始终是一个关系我们党和国家全局的根本性问题。新民主主义革命时期是这样,社会主义现代化建设时期也是这样。""没有农村改革的成功和农村经济的繁荣,整个经济体制改革就不可能全面展开,国民生产总值就不可能提前实现翻一番,我们的国家就不可能出现今天这样生气勃勃的局面。改革和发展的实践,充分说明了农业和农村工作在我们国家发展中所处的极端重要的地位。"他进一步强调:"在实行社会主义市场经济的新形势下,农业和农村经济面临着许多新矛盾新问题,这些矛盾和问题解决得怎样,不仅直接关系到农村,也关系到整个国家的稳定和昌盛。"从经济上来说,"农业基础是否巩固,农村经济是否繁荣,农民生活是否富裕,不仅关系农产品的有效供给,而且关系工业品的销售市场,关系国民经济发展的全局。如果农业没有更大的发展,农村经济不能登上新的台阶,我国现代化建设的第二步和第三步发展目标就不可能顺利实现"(《十四大以来重要文献选编》上卷,第421页,人民出版社1996年版)。

要解决好农业问题,必须实行国家的政策保护,这是江泽民明确表示的观点。他分析说:"建立社会主义市场经济体制,为农村经济的发展带来了前所未有的机遇。同时也应看到,农业不同于工业,既受市场风险制约,又受自然风险制约,是国民经济中社会效益高而自身效益低的产业,无论在商品市场的竞争中,还是在经济资源的竞争中,常常处于比较软弱和不利的地位。因此,农业的国家的宏观调控中是需要加以保护的产业。世界上所有经济发达的国家,都有保护和补贴本国农业的法规与政策。我国农业还处在从传统农业向现代化农业的转化的过程中,处在由计划经济体制向社会主义市场经济体制转变的过渡期,更应受到国家的保护。"(《十四大以来重要文献选编》上卷,第421—422页)他还从国际竞争的角度重申了粮食生产的重要性,指出:"当前,国际社会围绕粮食和农业展开的竞争是非常激烈的。西方发达国家不仅把农业作为对内稳定政局的基础产业,而且把它作为对外推行强权政治的战略武器。他们一直把农业放在重要地位,实行强有力的扶持和保护政策。他们用于农业的投资和补贴是相当可观的。在我们这样一个人口众多的大国,如果农业和粮食生产出了问题,任何国家也帮不了我们。靠吃进口粮过日子,必然受制于人。"(《十四大以来重要文献选编》上卷,第 423—424 页)这一论断十分深刻,它有助于国家在制定农业基本政策时保持冷静清醒的意识。

在这次讲话中,江泽民还特别提到增加农民收入的问题,他说:"深化农村改革的目的,是为加快发展农业和农村经济开辟更为广阔的道路,创造更好的条件。解决好农业、农村和农民问题,归根到底要靠大力发展农村的社会生产力。各级党委、政府必须把加快农村经济的发展,不断增加农民的收入,作为农村工作的根本出发点和落脚点。"他强调:"在调整农村产业结构中,要正确处理增产粮食与增加农民收入的关系。粮食生产必须稳定发展,这个基本思想绝不能动摇。在发展生产的基础上必须保证农民收入不断增加,这个基本思想也绝不能动摇。要把保证粮食供给与增加农民收入的目标统一起来,实行'稳一块、活一块'的方针,既保持粮食稳定增长,又搞活多种经营。"(《十四大以来重要文献选编》上卷,第 428 页)应该指出,江泽民在这里所指的增加农民收入,主要是为了减少粮食生产比较收益低下给农民造成的不利影响,而从更广的意义上来看,增加农民收入必须与减少农民负担等问题联系起来,这一点,以后越来越成为国家农业决策层关注的焦点。

从 90 年代初,中央就开始察觉到农民负担增加的严重性,1990 年 2 月,国务院专门发出有关通知,指出:"近几年,一些部门和地区纷纷向农民摊派、收费和集资,使农民负担日益加重。不少地方农民人均负担的增长,超过了人均纯收入的增长,超过了农民的承受能力,严重挫伤了农民发展生产的积极性,损害党群、干群关系。如此发展下去,必将影响农村经济的发展和社会安定。"(《新时期农业和农村工作重要文献选编》,第 581 页)为此,通知作出了八项具体规定,以确保农民的切身利益。1993 年 11 月 5 日颁布的《中共中央、国务院关于当前农业和农村经济发展的若干政策措施》明确规定:有关部门要"依照法定程序,严格审核涉及农民负担的收费、罚款、集资、基金等文件和项目;对村提留、乡统筹费实行预决算制度和民主管理制度;县、乡农村经营管理部门应尽快健全农民负担费用和劳务的专项审计制度,进一步加强农民负担规范化、法制化管理"(《十四大以来重要文献选编》上卷,第 492 页)。次年,《中共中央、国务院关于一九九四年农业和农村工作的意见》指出:"在努力增加农民收入的同时,要坚持不懈地做好减轻农民负担的工作。已明令取消的收费项目,一律不得恢复,有关部门要加强监督检查。加快立法,把减轻农民负担的工作纳入法制化、规范化管理。"(《十四大以来重要文献选编》上卷,第766页)但是,这个问题一直没有得到有效的解决,以致中央政府在20世纪末下决心在农村进行税费改革。

1998年9月,江泽民到安徽考察工作。他指出:"农村改革的成功是邓小平理论的伟大胜利。"20年农村改革的宝贵经验主要有四条: (1)"必须把调动农民的积极性作为制定农村政策的首要出发点";(《江泽民文选》第2卷,第209页,人民出版社2006年版)(2)"必须尊重农民的首创精神";(3)"必须大胆探索农村公有制的有效实现形式,不断完善农村所有制结构";(《江泽民文选》第2卷,第210页)(4)"必须坚持农村改革的市场取向"(《江泽民文选》第2卷,211页)。他强调:"深化农村改革,首先必须长期稳定以家庭承包经营为基础的双层经营体制。这是党的农村政策的基石,任何时候都不能动摇。"(《江泽民文选》第2卷,第212页)"稳定家庭承包经营,核心是稳定土地承包关系。"(《江泽民文选》第2卷,第213页)"深化农村经济体制改革,总的目标是建立以家庭承包经营为基础,以农业社会化服务体系、农产品市场体系和国家对农业的保护体系为支撑,适应发展社会主义市场经济要求的农村经济体制。"(《江泽民文选》第2卷,第213—214页)

江泽民的"三农"思想是在新的历史条件下形成的农业理论。这一理论包含着丰富的内容。在体制改革方面,他创新性地提出了建立适应发展社会主义市场经济要求的农村经济体制的目标。在生产关系方面,他主张坚持以家庭联产承包为主的责任制和统分结合的双层经营体制,并要求在长期保持稳定的基础上不断完善,这是对邓小平农村改革思想的实质性继承。在国家产业政策方面,他明确提出对农业实行保护政策,这是在国际经济一体化的大趋势下,参照国外惯例,结合我国农业实际,制定的理智型发展战略。他高度重视增加农民收入、减少农民负担的问题,这是抓住了90年代以来中国农业发展中的要害,体现了中国共产党代表最广大人民利益的政治本质。可以说,江泽民的"三农"思想集中反映了20世纪最后十年中国农业发展的根本要求,并为21世纪中国农业的进一步发展拓展了必要的提升空间。

第五节 胡锦涛科学发展观中的农业思想

胡锦涛(1942—),安徽绩溪人。1964年加入中国共产党。1965年毕业于清华大学。1982年后历任共青团中央书记处书记、全国青年联合会主席,共青团中央书记处第一书记,贵州省委书记、贵州省军区党委第一书记,西藏自治区党委书记、西藏自治区军区党委第一书记,中央政治局常委、中央书记处书记、中华人民共和国副主席、中央党校校长、中共中央军事委员会副主席、中华人民共和国中央军事委员会副主席。在党的"十六大"当选为中共中央总书记,以后又任中华人民共和国主席、中共中央军事委员会主席、中华人民共和国中央军事委员会主席。

科学发展观,是以胡锦涛为总书记的党中央领导集体在新形势下提出的统领各项工作的新思路。在党的十六届三中全会第二次全体会议上,胡锦涛明确指出:"树立和落实全面发展、协调发展和可持续发展的科学发展观,对于我们更好地坚持发展才是硬道理的战略思想具有重大意义。树立和落实科学发展观,这是二十多年改革开放实践的经验总结,是战胜非典疫情给我们的重要启示,也是推进全面建设小康社会的迫切要求。"(《十六大以来重要文献选编》上卷,第483页,中央文献出版社2005年版)党的十六大以来,胡锦涛等中央领导关于农业改革的政策思想,集中体现了科学发展观的精神实质。

2003年1月,在中央农村工作会议上,胡锦涛指出:"为了实现十六大提出的全面建设小康社会的宏伟目标,必须统筹城乡经济社会发展,更多地关注农村,关心农民,支持农业,把解决好农业、农村和农民问题作为全党工作的重中之重,放在更加突出的位置,努力开创农业和农村工作的新局面。"(《十六大以来重要文献选编》上卷,第112页)胡锦涛认为,进一步解决好"三农"问题,加快农业和农村经济的发展,是全面建设小康社会的必然要求,是保持国民经济持续快速健康发展的必然要求,是确保国家长治久安的必然要求。为此,要着重抓好四项工作:(1)坚持党在农村的基本政策,继续深化农村改革;(2)推进农业和农村经济结构调整,培育农村经济发展新的增长点;(3)统筹城乡经济社会发展,发挥城市对农村的带动作用;(4)加强民主法制建设和精神文明建设,促进农村社会全面进步。他强调:"农村改革是一项长期任务。在改革过程中,必须注重调动广大农民的积极性和主动性,尊重农民的首创精神,切实保障农民的自主权;必须坚持改革的市场取向,清除一切束缚农村生产力发展的障碍;必须坚持把是否有利于解放和发展农村生产力,是否有利于增加农民收入,是否有利于改变农村面貌和保持农村稳定,作为深化农村改革的出发点和落脚点。"(《十六大以来重要文献选编》上卷,第117页)正是在依靠农民推进改革的思想引领下,各项有利于农业发展的政策措施相继提出。

2003年12月,《中共中央、国务院关于促进农民增加收入若干政策的意见》

发表。文件指出："现阶段农民增收困难,是农业和农村内外部环境发生深刻变化上现实反映,也是城乡二元结构长期积累的各种深层次矛盾的集中反映。在农产品市场约束日益增强、农民收入来源日趋多元化的背景下,促进农民增收必须有新思路,采取综合性措施,在发展战略、经济体制、政策措施和工作机制上有一个大的转变。"(《十六大以来重要文献选编》上卷,第 671—672 页)为此,文件要求:(1)集中力量支持粮食主产区发展粮食产业,促进种粮农民增加收入;(2)继续推进农业结构调整,挖掘农业内部增收潜力;(3)发展农村二、三产业,拓宽农民增收渠道;(4)改善农民进城就业环境,增加外出务工收入;(5)发挥市场机制作用,搞活农产品流通;(6)加强农村基础设施建设,为农民增收创造条件;(7)深化农村改革,为农民增收减负提供体制保障;(8)继续做好扶贫开发工作,解决农村贫困人口和受灾群众的生产生活困难;(9)加强党对促进农民增收工作的领导,确保各项增收政策落到实处。

2004 年 5 月,《国务院关于进一步深化粮食流通体制改革的意见》发表。关于深化粮食流通体制改革的总体目标,《意见》提出:"在国家宏观调控下,充分发挥市场机制在配置粮食资源中的基础性作用,实现粮食购销市场化和市场主体多元化;建立对种粮农民直接补贴的机制,保护粮食主产区和种粮农民的利益,加强粮食综合生产能力建设;深化国有粮食购销企业改革,切实转换经营机制,发挥国有粮食购销企业的主渠道作用;加强粮食市场管理,维护粮食正常流通秩序;加强粮食工作省长负责制,建立健全适应社会主义市场经济发展要求和符合我国国情的粮食流通体制,确保国家粮食安全。"(《十六大以来重要文献选编》中卷,第 86—87 页)

2004 年 6 月,《中共中央办公厅、国务院办公厅关于健全和完善村务公开和民主管理制度的意见》发表。完善村务公开的内容是:"国家有关法律法规和政策明确要求公开的事项,如计划生育政策落实、救灾救济款物发放、宅基地使用、村集体经济所得收益使用、村干部报酬等,应继续坚持公开。要继续把财务公开作为村务公开的重点,所有收入必须逐项逐笔公布明细账目,让群众了解、监督村集体资产和财务收支情况。同时,要根据农村改革发展的新形势、新情况,及时丰富和拓展村务公开内容。当前,要将土地征用补偿及分配、农村机动地和'四荒地'发包、村集体债权债务、税费改革和农业税减免政策、村内'一事一议'筹资筹劳、新型农村合作医疗、种粮直接补贴、退耕还林还草款物兑现,以及国家其他补贴农民、资助村集体的政策落实情况,及时纳入村务公开的内容。农民群众要求公开的其他事项,也应公开。"(《十六大以来重要文献选编》中卷,第 122—123 页)民主管理制度方面的内容包括:进一步规范民主决策机制,保障农民群众的决策权;进一步完善民主官职制度,保障农民群众的参与权;进一步强化村务管理的监督制约机制,保障农民群众的监督权;等等。

2004 年 10 月,《国务院关于深化改革严格土地管理的决定》公布,其中涉及农业的规定有严格执行占有耕地补偿制度、从严从紧控制农用地转为建设用地的总量和速度、加强村镇建设用地的管理、严格保护基本农田、完善征地补偿办法、妥善安置被征地农民、建立耕地保护责任的考核体系等。《决定》强调"基本农田是确保国家粮食安全的基础","基本农田一经划定,任何单位和个人不得擅自占有,或者擅自改变用途,这是不可逾越的'红线'"。对于原有土地被征用的农民,《决定》提出了两条补偿和安置原则:"县级以上地方人民政府要采取切实措施,使被征地农民生活水平不因征地而降低。"(《十六大以来重要文献选编》中卷,第 406 页)"县级以上地方人民政府应当制定具体办法,使被征地农民的长远生计有保障。"(《十六大以来重要文献选编》中卷,第 407 页)

为了切实减轻农民负担,2000 年 3 月,农村税费改革率先在安徽省进行试点。次年 2 月,全国有 20 多个省 107 个县推广了这一改革的试点方案,到年底,有 7 亿农村人口参与其中。2003 年,国务院决定将此项改革在全国铺开。农村税费改革的基本内容是:取消乡统筹费、农村教育筹资等专门针对农民的行政事业性收费和政府性基金、集资;取消统一规定的劳动积累工和义务工;取消屠宰税,调低农业税和农业特产税;村提留采用农业税附加方式统一收取,附加比例最高的不超过农业税的 20%,实行乡管村用。同时,财政部、国家税务总局宣布,将逐步取消除部分农业特产品如烟叶外的农业特产税。国务院在有关文件中特别提出:"确保改革后农民负担明显减轻、不反弹,确保乡镇机构和村级组织正常运转,确保农村义务教育经费正常需要,是衡量农村税费改革是否成功的重要标志。"(《十六大以来重要文献选编》上卷,第 278 页)2003 年 10 月,中共十六届三中全会决定,今后还将进一步降低农业税率,切实减轻农民负担。2004 年春,在全国人大十届二次会议上,温家宝总理庄严承诺:5 年之内,国家将全部取消农业税。

2005 年 6 月,温家宝在全国农村税费改革试点工作会议上发表讲话,阐述了取消农业税的多重意义。首先,他指出:"农业税形成于传统的农业社会,带有浓厚的自然经济色彩,现在世界上已没有几个国家还设有这样的税种。我们现在取消农业税,既是着眼于增加农民收入和增强农业的国际竞争力,也是着眼于建立完善的社会主义市场经济体制,着眼于逐步取消城乡二元经济结构的体制性障碍,着眼于统筹城乡经济社会的协调发展。"(《十六大以来重要文献选编》中卷,第 920 页)其次,温家宝回顾了农业税在中国历史上的征收情况:"如果从春秋时期的鲁宣公十五年(公元前五百九十四年)实行'初税亩'算起,到明年正好是二千六百年;如果把时间再往前推,以公元前二十一世纪的'禹帝制九州,任土作贡、按等征赋',作为我国农业赋税制度的雏形算起,已经有四千多年的历史。我们现在已经明确,到明年即公元二〇〇六年,这一在中国历史上绵延了数千年的古老税种就将终结了,这是一件具有划时代意义的事情。早在春秋时期,孔夫子就提出过'薄税敛则民富'的思想,但真要做到谈何容易? 汉代'文景之治'和清代'康雍乾盛世'期间的所谓减免田赋和丁银,至今仍是人们常讲的话题。但实际上,文景时期对田赋都是一时一地的临时性减免,当时叫'时赦',最长的时间是十一年。康雍乾时期的'摊丁入亩,新增人丁永不加赋',也只是把原来征收的所谓'丁银'纳入了'田赋',而田赋却始终在增加。现在,我们已经到了要彻底取消农业税的时候。"(《十六大以来重要文献选编》中卷,第921页)"把取消农业税这一关系亿万农民切身利益的重大举措,放在这样的历史背景下来审视,才能充分理解这场变革的重大现实意义和深远历史意义。"第三,这一举措具有推进农村改革的连锁效应,在他看来:"农业税的取消已经是指日可待,但由此引起的涉及面更广、层次更深的改革才刚刚破题。取消农业税的积极意义显而易见,但也使农村原有的深层次矛盾开始凸显,还引发了不少新情况、新问题。只有下决心深化改革,进行体制创新,才能巩固和发展农村税费改革已经取得的成果,才能保证农村经济社会的稳定发展。否则,还有可能前功尽弃。我国历史上几次大的赋税制度改革,从隋唐的'租庸调''两税法',到明清的'一条鞭法''摊丁入亩',都没能跳出周而复始的'黄宗羲定律'。重要原因之一,就在于税制改革之后,缺乏更深层次的经济和社会管理体制方面的改革,保障机制没有建立起来。"(《十六大以来重要文献选编》中卷,第922页)

2005年,党的党的十六届五中全会提出了"建设社会主义新农村"的重大战略任务。2006年2月,《中共中央、国务院关于推进社会主义新农村建设的若干意见》下发。这个文件分为八个部分:(1)统筹城乡经济社会发展,扎实推进社会主义新农村建设;(2)推进现代农业建设,强化社会主义新农村建设的产业支撑;(3)促进农民持续增收,夯实社会主义新农村建设的经济基础;(4)加强农村基础设施建设,改善社会主义新农村建设的物质条件;(5)加快发展农村社会事业,培养推进社会主义新农村建设的新型农民;(6)全面深化农村改革,健全社会主义新农村建设的体制保障;(7)加强农村民主政治建设,完善建设社会主义新农村的乡村治理机制;(8)切实加强领导,动员全党全社会关心、支持和参与社会主义新农村建设。新农村建设的总体精神是:"统筹城乡经济社会发展,实行工业反哺农业、城市支持农村和'多予少取放活'的方针,按照'生产发展、生活宽裕、乡风文明、村容整洁、管理民主'的要求,协调推进农村经济建设、政治建设、文化建设、社会建设和党的建设。"为此,这个文件除了阐述农村建设的产业支撑、经济基础、体制保障、乡村治理等相关内容外,还专门对设施建设和社会事业问题作了具体部署。如在设施建设方面,强调"在搞好重大水利工程建设的同时,不断加强农田水利建设";"要着力加强农民最急需的生活基础设施建设。在巩固人畜饮水解困成果基础上,加快农村饮水安全工程建设,优先解决高氟、高砷、苦咸、污染水及血吸虫病区的饮水安全问题";"加强村庄规划和人居环境治理";等等。在社会事业方面,要"加快发展农村义务教育";"大规模开展农村劳动力技能培训";"积极发展农村卫生事业";"繁荣农村文化事业";"逐步建立农村社会保障制度";"倡导健康文明新风尚";等等。(新华社2006年2月21日电)

2008年10月,中国共产党第十七届中央委员会第三次全体会议通过了《中共中央关于推进农村改革发展若干重大问题的决定》。《决定》提出:"根据党的十七大提出的实现全面建设小康社会奋斗目标的新要求和建设生产发展、生活宽裕、乡风文明、村容整洁、管理民主的社会主义新农村要求,到二〇二〇年,农村改革发展基本目标任务是:农村经济体制更加健全,城乡经济社会发展一体化体制机制基本建立;现代农业建设取得显著进展,农业综合生产能力明显提高,国家粮食安全和主要农产品供给得到有效保障;农民人均纯收入比二〇〇八年翻一番,消费水平大幅提升,绝对贫困现象基本消除;农村基层组织建设进一步加强,村民自治制度更加完善,农民民主权利得到切实保障;城乡基本公共服务均等化明显推进,农村文化进一步繁荣,农民基本文化权益得到更好落实,农村人人享有接受良好教育的机会,农村基本生活保障、基本医疗卫生制度更加健全,农村社会管理体系进一步完善;资源节约型、环境友好型农业生产体系基本形成,农村人居和生态环境明显改善,可持续发展能力不断增强。"(新华社2008年10月19日电)

《决定》重申:"稳定和完善农村基本经营制度。以家庭承包经营为基础、统分结合的双层经营体制,是适应社会主义市场经济体制、符合农业生产特点的农村基本经营制度,是党的农村政策的基石,必须毫不动摇地坚持。赋予农民更加充分而有保障的土地承包经营权,现有土地承包关系要保持稳定并长久不变。"同时强调:"搞好农村土地确权、登记、颁证工作。完善土地承包经营权权能,依法保障农民对承包土地的占有、使用、收益等权利。加强土地承包经营权流转管理和服务,建立健全土地承包经营权流转市场,按照依法自愿有偿原则,允许农民以转包、出租、互换、转让、股份合作等形式流转土地承包经营权,发展多种形式的适度规模经营。有条件的地方可以发展专业大户、家庭农场、农民专业合作社等规模经营主体。土地承包经营权流转,不得改变土地集体所有性质,不得改变土地用途,不得损害农民土地承包权益。实行最严格的节约用地制度,从严控制城乡建设用地总规模。完善农村宅基地制度,严格宅基地管理,依法保障农户宅基地用益物权。"(新华社 2008 年 10 月 19 日电)其中有关土地流转的内容具有体制创新的意义。

进入 21 世纪以后,中国经济的发展遭遇到严峻的外部冲击和重大的自然灾害,而体制改革又面临关键阶段和重点领域的攻坚任务。在这种困难复杂的历史条件下,以胡锦涛为总书记的党中央领导集体坚持以建立和发展社会主义市场经济的目标为引领,对农业增长、农民增收、农村建设给予了高度重视,制定并实施了一系列的改革举措。这些举措覆盖生产、流通、分配各环节,涉及经济、社会、文化等领域,思路清晰,系统周密,扎实可行,步步推进。其实效虽然有待时日,但切实的进展无疑将有利于构建社会主义的和谐社会,而且对加快中国传统农业的历史性转型具有深远的意义。

第六节 杜润生的农村改革思想

杜润生(1913—2015),山西太谷人。1935 年肄业于国立北平师范大学,参加过敌后抗日战争,从事过农村工作和领导农民运动。1949 年以后,历任中共中央中南局秘书长、中南区军政委员会土改委员会副主任、中央农村工作部秘书长、国务院农林办公室副主任、中国科学院秘书长等职。1978 年以后,历任国家农业委员会副主任、中共中央农村政策研究室主任、国务院农村发展研究中心主任。他还是中共中央顾问委员会委员、中国农学会名誉会长、中国农业经济学会理事长、中国合作经济学会会长。杜润生是我国农业经济的高层官员之一。早在 50 年代,他就参与了土地改革和农业合作化运动的部分领导工作。改革开放以后,他在中央有关部门主要负责中国农村经济改革与农村发展战略的研究工作,参与中央有关农业经济政策的制定,积极倡导农村改革。他的农业思想,很大程度上反映了我国农村经济改革思路形成和发展的特点。

在长期从事农村经济工作的过程中,杜润生形成了独立思考的习惯。1953 年 1 月,高层对山西组织农业合作社产生了分歧,邓子恢问杜润生的看法。杜润生说:"山西提出试办合作社本来是可以的,但把目标定在动摇私有制,有诱发'左'的倾向的潜在危险,如过早全面消灭个体经济等;对两极分化也估计高了,为发展生产,土地在农户之间有些买卖调整是自然的。"(《杜润生自述:中国农村体制变革重大决策纪实》,第31页,人民出版社2005年版)毛泽东支持山西搞合作社,是想先改变所有制,再发展生产,依据就是欧洲资本主义前期的工厂手工业过程。对于毛泽东这个论点,杜润生并不赞同,他认为工业生产和农业生产不同:"工业从个体手工业变成手工工场,可以搞流水作业。因为工业有厂房,可以聚集一起生产。农业在辽阔的土地上生产,土地是分散的,不可能把大家聚集在一块土地上。对劳动者也不可能靠直接的监督管理,要靠生产者的自觉,而且收获的季节是在秋后,劳动和收益不是直接联系。如果不自觉,就会磨洋工,还可能减产,农业还有季节性,许多农活不能在同一时间、同一空间上分工。农民都得学会全套农活,不可能有那种工厂式的流水作业。"(《杜润生自述:中国农村体制变革重大决策纪实》,第32页)

十一届三中全会以后,我国农村率先实行经济体制改革,其主要内容是,改革农村原有的合作经济体制,全面推行家庭联产承包责任制,并进而有步骤底改革农业计划管理体制和价格体系,促进农村产业结构的调整。对这些重大的政策制定,杜润生从理论上进行了阐明。

70年代末期,全国农村出现了各种形式的生产责任制,其中主要有定额包工、包产到组、包产到劳、包产到户等,对这种生产组织方式,杜润生较早给予了肯定,他认为:"因为肯定土地集体所有制,并且都程度不同地与集体经济保持着某种联系,'大包干到户'虽然成了独户经营,自负盈亏,但它仍然通过承包形式与集体相联系,成为集体经济的组成部分,与过去的单干有所不同,因此也算作是社会主义社会的一种经营形式,即一种责任制形式。"(《中国农村的选择》,第1页,农村读物出版社1989年版)杜润生指出:包产到户实际上是我国农村生产关系不适应生产力水平的必然产物,有些落后地区,"一是穷;二是集体经济没有吸引力,农民丧失信心;三是长期以来,领导上用过许多办法改变不过来,缺乏一种内在动力","包产到户可以作为一种对恶性循环的突破,不失为较好的选择",因为实践表明,"包产到户的办法有利于激发群众积极性,多投工,把田种好,改变依赖国家,吃返销、靠救济,无所作为的状况"(《中国农村的选择》,第2页)。

值得注意的是,杜润生的上述见解是在1980年9月中央召开的各省、自治区、直辖市党委第一书记会议上提出的。就是在这次会议以后,中央发出了《关于印发进一步加强和完善农业生产责任制几个问题的通知》,这个通知对全国农村经济改革,起了重要的推动作用。

在社会上存在对包产到户不同看法的争论的时候,杜润生通过回顾我国社会主义农业发展的历史,运用马克思主义的基本原理,对这一改革举措进行了颇有说服力的论证。杜润生认为,从新中国成立三十年的历史经验来看,党的农村政策取得了明显的成就,但同时,对过去的农村政策,"要承认有缺陷,最大的是经济体制上的缺陷,它妨碍社会主义优越性的充分发挥,有待于不断完善。如过去集体经济的管理形式,不能充分体现各尽所能、按劳分配这个根本原则。过去提倡评工记分、定额计酬,但定额不容易制定,劳动效果不容易检查。多劳不多得,偷懒不少得,产生了分配上的平均主义"(《中国农村经济改革》,第34页,中国社会科学出版社1985版)。在指导思想上,"把自然经济和平均主义当作社会主义,从而构成接受人民公社化运动的一种思想基础",导致了共产风、平调风,急于求成等政策失误,到60年代中期,"由于犯错误的社会经济根源还继续存在,又由于从思想上清算不够,到了'文化大革命'时,不但重复而且加深了过去的错误"(《中国农村经济改革》,第30页)。这种状况直到十一届三中全会才得到根本改变。

杜润生指出:"根据马克思主义原理,为了改善农民的经济地位,改变农业经济的落后状况,必须使小私有制变为公有制,不过,绝不能用强制手段,或依靠一纸法令来废除农民的小私有制。只能采取在经济上逐步过渡的办法,必须找到一种中间的过渡环节。而合作制就是一种适合的环节。"(《中国农村经济改革》,第112页)"实行以联产承包责任制为特征的统一经营和分散经营相结合的合作经济,是继承了以往合作化的积极成果,否定它以往存在的一些弊病,使合作制度完善化。它无可争辩地属于社会主义性质。如果单纯地从家庭承包的分散劳动方式,从它和个体经济在表面上相似这点上去观察,而不是从整个合作经济的结构上,从它和整个国民经济的联系上去观察,从而怀疑它的社会主义性质,显然是不正确的。"(《中国农村经济改革》,第120页)这是国家高层农业官员对包产到户的性质所作的权威理论诠释。

后来,杜润生对中国农业的家庭经营有了进一步的认识。他在90年代的一次访谈中说:农村改革是历史的必然,"中国农民一直怀着在民主革命时期建立起来的对党的信任感和良好的愿望,参加了党所领导的社会主义大实验。只是当填饱肚子都成了问题,才不得不自发地重新寻找温饱之计,产生了日益滋长的离心倾向"(《经济理论20年——著名经济学家访谈录》,第183页,湖南人民出版社1999年版)。实践证明,"农业所有制的变化,并不像先前经济学家预测的那样,由资本主义农业全面取代小农经济,绝大多数情况是小农经济本身不断扩大经营规模","家庭经营所以长期立足历史舞台,还由于它具有大型经营难以取代的优点。其产权结构更加适应农业的自然再生产属性,有利于不误农时,实行现场决策"(《经济理论20年——著名经济学家访谈录》,第193页)。由于拥有自主权,"家庭经营在市场经济条件下,可靠发育土地市场,激活土地流动性,实现土地资源配置合理化";"家庭经营有利于农业的可持续发展,能够适应知识经济时代的要求"(《经济理论20年——著名经济学家访谈录》,第199页)。

80年代中期以后,农村改革进入了新的阶段,针对变化了的形势,杜润生就若干深层次的农业问题进行了论述。这些问题包括农业发展的地区差别和农民的共同富裕问题,农业劳动力的转移问题,沿海地区农业的外向型发展战略问题,农业经济的市场化问题,等等。

关于农业发展的地区差别,杜润生认为这是历史和自然因素所造成的,并表示:"目前一些经济发展较晚的地区,可以利用本地区丰富的资源和引进的先进技术相结合而形成局部的经济优势,也应看到某些地区可能出现一些跳跃的现象,但从全国来看,由东向西不断推动经济的发展,当是近几十年里的主要发展趋势。"(《中国农村的选择》,第131页)对于"由地区经济发展不平衡而引起的收益分配差距的拉大,国家固然可以采用宏观调节的方式来调整,但不能不承认,这种收益差距的扩大也是商品经济发展过程中必然出现的现象",中、西部地区要善于把握机遇,"把有限的人力、物力和财力相对集中起来,发挥本地优势,建立起经济发展的生长点,就可为国家经济发展战略的转移创造一些条件,同时使本地区经济地位得到改善"(《中国农村的选择》,第131—132页)。

关于农民的共同富裕问题,杜润生指出:"共同富裕,是我们党一向坚持的奋斗目标。但是30多年的实践经验告诉我们,把共同富裕,理解为所有的人在同一时间、同一空间实现同等程度的富裕,是形而上学的;用平均分配办法,'抑富济贫',不但达不到共同富裕的目标,而且必然导致共同贫困。"(《中国农村的选择》,第129页)正确的途径是促进经济发展,为实现共同富裕创造条件,"我们需要对收入差距进行适当控制,但更应特别小心地保护生产力的发展,承认劳动者独立的物质利益和收入差别对于发展生产力的积极作用"(《中国农村的选择》,第133页)。为此,既要"坚持基本生产资料公有制,完善和发展合作经济,从根本上为全体劳动者提供平等的发展机会"(《中国农村的选择》,第134页),又要切实帮助低收入者,"想办法提高他们的素质,提高他们受教育的水平,培养他们的生产技能和经营能力,使他们适应商品经济发展的需要"(《中国农村的选择》,第135页)。

1987年,杜润生为《国际劳工》杂志撰写文章,探讨了农村剩余劳动力的未来走向问题。在他看来:"所有发展中国家的工业化道路在农村所引起的结果不外乎有两种,一种是农村人口依然大量滞留,城乡经济水平差距过大。中国的过去就属于这一类型。第二种是农村人口大量自发涌入城市,转化为城市失业人口,造成大量社会问题。这是拉美一些国家的经历。为避免上述两种结果,中国将努力寻求工业化道路的新模式,按城乡共同发展的原则,在城乡之间合理配制工业资源,吸引农民就地兴办小型工业,建设一批小城镇。"(《中国农村的选择》,第204页)他预言:"到2000年,农村劳动力可能由现在的3.7亿人增加到4.3亿人。目前的耕地却以每年700万亩的速度递减。约有2亿劳动力需要另找就业机会。只有重新分配资源,调整产业结构才可能给农业剩余劳力就业提供机会,而经济体制改革又是调整产业结构的前提条件。"(《中国农村的选择》,第200页)他所说的调整产业结构,就是在农村发展社队企业。

随着我国改革开放的扩大和国际经济一体化进程的加速,农业的外向型发展战略成为一个重大而又紧迫的课题。对此,杜润生给予了高度的重视。他分析了在东南沿海地区实施这一发展战略的必要性和意义所在:"沿海地区,人多地少,资源配置不合理,但调节难度很大。粮食生产实际成本不断上升,农民勉强种粮不合算,不积极。实行外向型战略,可以出口加工产品和土特产品,赚得外汇换点粮食;也可在互利条件下买内地粮食实行进口替代,藉以减轻产粮压力,以便因地种植经济作物供加工出口,巩固转业者的收入,创造条件推动农业规模经营和工业化。"而且,"加入国际循环,还可使我国企业在竞争中获得锻炼和学习机会,缩短技术尤其是经销商品和企业经营管理方面与国外的差距"(《中国农村的选择》,第220页)。

在发展农业经济的过程中,如何相应地提高农民的收入,这是我国农村改革长期面临的问题,对此,杜润生从80年代中期起就给予了关注。他指出:"一个国家在向现代化发展的过程中,工业产值在国民经济中比重会增大,而农业产值的比重和农业收入占国民收入的份额会随之下降,这是合理的现象。""但农业产值在国民生产总值中所占的份额是一回事,农业在整个国民经济中的基础地位是一回事,农民个人收入又是一回事。整个国民经济实现了现代化,农业得到工业的支持,提高了劳动生产率,农业的基础地位理应加强,农民的收入也理应逐步上升,日益接近城市居民收入水平。"(《中国农村的选择》,第149—150页)为了切实提高农民的收入,杜润生主张从经济层面和政府方面同时采取措施。经济层面的思路有三条:(1)"农村经济体制必须尽早完成改革,转向社会主义商品经济的运行轨道,借以增强农业经济活力,提高其自身积累功能和利用现代化技术的能力";(2)"改变农村产业结构,从单一经营转向农林牧、农工商综合经营,大量吸收剩余劳力,开辟多部门就业机会";(3)"在转移劳动力的同时,大力开发农地,增加物质投入,改善农业的生产条件,走集约化的道路"。从政府方面讲,有必要对农业实行财政支持,杜润生强调:"各国的经验表明,农业的发展非社会帮助不可,非国家支持不行","由于农业具有生物产业的特性,工农业间的某种程度的不等价交换至今还不可能通过市场竞争来消灭,对农业生产从市场交换中难以取得的利益,只得靠政府财政手段来弥补。"(《中国农村的选择》,第153页)

进入90年代以后,杜润生并没有停止对农业问题的思考。他断言中国农业的长期发展首先取决于土地使用长期化,"土地的使用权、经营权、转让权、抵押权、产品处理权和收益权等,应与集体所有权一起作为不可侵犯的人民财产权利,给予法律保护",第二是"在自愿的基础上以合作组织或股份制公司等形式建立服务共同体"(《经济理论20年——著名经济学家访谈录》,第210页),其他还有市场发育和保护、科技进步和可持续发展、民主与法律等。这种农业理念具有尊重经济发展的自然秩序的特点。

杜润生是农村经济政策的主要制定者之一,他的一系列农业改革主张既有深厚的马克思主义理论根基,又得到邓小平改革开放思想的有力支持,因而成为指导现实农村改革的重要政策内容。在杜润生的农业思想中,不乏依据中国农村经济实际而作出的理论创新,其中有两条具有特别重要的意义:其一,中国农村改革的基本方向不是私有化;其二,农村改革必须坚定不移地搞下去。关于第一点,杜润生说:"我国农村改革的主流既非重分原有集体财产,也非重建农村的私有制,而只是改变其所有权的存在形式,完成了耕地的所有权与经营权(占有、使用和收益权)的分离","在坚持社会主义公有制的前提下,把经济搞活,这样一条改革的路子,已经走开了。现在要做的事情是完善立法,加强管理,把发包者和承包者的权利和义务,用一定的章程、法规确定下来"(《中国农村的选择》,第160页)。他还说:"必须认定在社会主义初级阶段,家庭经营是应该受到肯定和维护的农业经济形式。国家应该有一系列保护农民权益的政策,走出'负保护'。必须提高城市化水平,扩大就业机会,至少应外移一两亿农村人口。政府应腾出资金,加强农业基础建设和文化教育科技事业,适度扩大经营规模,逐步走向土地资本化、技术现代化。"(《杜润生自述:中国农村体制变革重大决策纪实》,第161页)关于第二点,杜润生告诫说:"我们搞改革,还要注意到历史传统和文化传统的强大影响作用。在我们历史上曾有过多次社会变革中途夭折。旧制度往往把改革的成果接过去,加以改造、熔化成自己的东西,造成一种畸形的发展。"(《中国农村的选择》,第174页)"改革的趋势是不可逆转的,但是被原来的旧体制所吸收、熔化、歪曲、变形,形不成新机制,这样的危险不是不存在的","因此,要有理论上的勇敢,也要有策略上的慎重。革命的胆略和求实精神相结合,坚定地把改革事业搞下去"(《中国农村的选择》,第174—175页)。

这两个基本观点,实际上反映了国家决策层对农业发展的方向抉择和信念确定。

第七节　林子力论联产承包制和农村深化改革

　　林子力(1925—2005),福建连江人。1949 年以前曾任香港《华商报》增刊《世界展望》编辑,并在三联书店兼职。1950 年,任《学习》杂志编辑,此后相继任职于中共中央宣传部、国家物价委员会、国务院研究室。1980 年后任中共中央书记处研究室研究员、室务委员兼理论组组长、中央农村政策研究室室务会议成员、国务院农村发展中心高级研究员、厦门大学兼职教授。主要著作有《经济调整和再生产理论》《社会主义经济论——论中国经济改革》《论联产承包制》《论新型等价交换》等。在农业理论方面,林子力对农村联产承包责任制所作的分析研究具有独特的学术价值和较大的社会影响,其经济理论有些被吸收进党和国家的有关政策文件。

　　林子力的农村联产承包制主张是他整个经济改革理论的有机组成部分。他通过对商品经济普遍规律的重新探讨,提出了商品经济三大阶段论,并用劳动商品论说明了现代市场经济与社会主义的并容。1979 年,他从"商品经济在社会发展中是不可逾越的",对于中国改革来说"社会主义商品经济是一个总的概念"的观点出发,提出了扩大企业自主权等经济改革思路,1981 年以后,他把研究的重点转到农业方面。

　　林子力认为对中国农业改革进行研究具有突出的重要意义,因为,"始于七十年代末八十年代初的中国经济体制改革,是一场历史性的伟大变革。农业走在这场变革的前头,一个合乎中国国情,具有中国特色的社会主义农业新型体制正在形成中。它引起农村经济内在生机的焕发,造成农村生产方式和结构的更新。中国农业的社会化和现代化,将由以开拓宽阔的道路"(《论联产承包制——兼论具有中国特色的社会主义农业发展道路》,第 1 页,上海人民出版社 1983 年版)。"对于这样一场八亿农民的规模宏伟、内容极其丰富的改革实践,不能没有深入的科学研究和系统的理论说明。"(《论联产承包制——兼论具有中国特色的社会主义农业发展道路》,第 2 页)

　　他进一步指出:"农村改革的基本潮流,就是被泛称为农业生产责任制的新型合作经济多种形式的产生和发展。它们作为中国农民的杰出创造,历经实践的淘洗、锤炼,和不断演变,逐渐趋于成熟,以联产承包制为普遍的形式,走上稳定发展的轨道。"(《论联产承包制——兼论具有中国特色的社会主义农业发展道路》,第 1

页）这种以统分结合、联产计酬为特征的新型合作经济,使农民有了劳动和经营上的相对独立性和自主性,导致了一系列的连锁反应:"创造才能和积极性的充分激发——劳动生产率空前迅速的提高——增产增收和劳力、资金的剩余——多种经营、分业分工——专业户、新联合体、各种技术服务组织的产生和成长——自给、半自给性的传统生产方式向着商品性、社会化的现代生产方式转变——推动流通体制等的改革——社会化、现代化的,和富有中国色彩的社会主义农业雏形的出现——农村经济、政治、社会生活走向全面进步。"(《论联产承包制——兼论具有中国特色的社会主义农业发展道路》,第 2 页)与此相对应,理论研究所要回答的问题是联产承包制在我国农村兴起的历史必然性,它的本质和发展前途,在此基础上的多种经济形式以及它们的互相关系,农业社会化、现代化和社会主义农业体制的中国特色,等等。

林子力从历史的角度分析了我国农村产生联产承包制的必然性。他指出:"农业合作化把我国广大农村的个体经济改造成为社会主义的合作经济。这是具有伟大历史意义的。农业合作化以后,我们的农业在相当的程度上沿用了集体农庄制度,其中主要是:(1) 集中劳动、集中管理;(2) 评工记分、按工分分配。"这种经济形式,"就我们自己实行的结果来说,经验证明,它不符合我们的国情,不符合中国农业的情况"(《论联产承包制——兼论具有中国特色的社会主义农业发展道路》,第 38 页)。他对中国的农业生产力状况进行了实际考察,概括出了两重特征:"一重是物质生产手段的落后,分工的不发达和生产者文化科学知识和经营管理能力的缺乏。对于这样的生产力特征,只采取协同劳动的生产方式,是不能与之相适应的。"(《论联产承包制——兼论具有中国特色的社会主义农业发展道路》,第 43 页)另一重是"在生产手段普遍落后的同时,又有一部分先进的工具和设施与之并存;在分工普遍不发达的同时,又有多种经营和生产过程某些环节成为专业的趋势;在生产者的文化科学水平普遍不高的同时,又有不可忽视的一些技术能手和经营能手的存在"(《论联产承包制——兼论具有中国特色的社会主义农业发展道路》,第 44 页)。林子力接着写道:"把握中国农业的情况,关键就在于把握两重特性及其所导致的两个方面的客观要求,一方面是分散独立的劳动;另一方面是国家和集体对于生产过程的控制协调。因此,分田单干,个体经济的路子当然走不通;而那种排斥分散独立的劳动,只要集中统一的模式,也是不符合我国国情的。"(《论联产承包制——兼论具有中国特色的社会主义农业发展道路》,第 47 页)能适应这两种特征的农业生产形式,就是联产承包责任制。

从生产过程来看,承包制的特点是"统""分"的结合。承包的方式有三种:(1) 按人口包;(2) 按劳力包;(3) 按"人劳比例"包。林子力认为,就生产经营而言,"集体的决策,即集体的计划落实到各个承包户,成为与各户签订的承包合同;各户承包合同的汇总,就是一个集体的经济计划。而且比之实行联产承包之前,决策、计划只能更周详、更符合实际,而不能更粗糙,更带主观的因素,否则会遇到各承包户的反对,不能落实为与各户签订的承包合同","总之,包干以后,集体经营不仅没有消失,而且在那些搞得比较好的地方,质上更加提高了"(《论联产承包制——兼论具有中国特色的社会主义农业发展道路》,第75—76页)。

在分配形式上,联产承包制实行的是联产计酬,"所谓'交够国家的,留足集体的,剩下是自己的',不过是联产计酬的一种现象形态"(《论联产承包制——兼论具有中国特色的社会主义农业发展道路》,第84页)。在林子力看来,"伴随着承包制的实行,联产计酬取代劳动日制度是一个必然的过程"(《论联产承包制——兼论具有中国特色的社会主义农业发展道路》,第85页)。因为从经济学理论上讲,"实行联产承包,无论是提留或者是承包户自己所得多少,都不是任意的,都要受标准产量的制约。使用标准产量这个尺度来确定各户的上交,就是对各户的劳动进行统一的衡量、折算,即劳动的抽象"(《论联产承包制——兼论具有中国特色的社会主义农业发展道路》,第99页)。至于各承包户的实际收入中可能包含非劳动的,即物质生产条件的因素,这对按劳分配来说是一种缺陷,但是,"不纯粹、不完全的按劳分配,正是当代社会主义实践的一个重要特征。这是历史的必然,不以人们的意志为转移"(《论联产承包制——兼论具有中国特色的社会主义农业发展道路》,第101页)。"可以肯定,比之过去按工分即按劳动日分配的制度,按标准产量计酬,其近似于按劳分配的程度要高得多。"(《论联产承包制——兼论具有中国特色的社会主义农业发展道路》,第102页)

联产承包责任制是中国农村经济改革中出现的新型合作经济形式,它的实际作用在80年代初期就开始显示出来,但在相关的思想认识问题上则一直存在着不同意见的分歧。林子力的以上分析,以马克思主义政治经济学的原理为指导,在深入调查的基础上,运用理论抽象的方法,从生产过程和产品分配两个层面对这种农业生产形式进行了研究,得出了肯定的结论。这种根据现实经济发展而作出的理论探讨,不仅为联产承包责任制的广泛深入地推行提供了经济学上的科学依据,而且提升了中国当代农业经济思想的学理水平。

联产承包制的实行极大地提高了现实的农业生产力,同时它对促进中国农村经济的历史性转型也有着重要的意义。对此,林子力展开了具体的阐述。

首先,它开始了中国农业从自给、半自给生产到商品性、社会化生产的转变。林子力指出:"联产承包制的作用,就是激发了生产者的劳动和经营的积极性。这种积极性,主要来自两个方面,其一,生产者在劳动和经营上的相对独立性和自主性;其二,劳动和经营的成果与生产者的利益紧密相联。"(《论联产承包制——兼论具有中国特色的社会主义农业发展道路》,第106页)生产者积极性的焕发,引起农业劳动生产率的显著增长,而劳动生产率的提高又产生了两个方面的结果,一个是农村劳动力的大量剩余,另一个是农产品产量和农民收入的显著增长,"在生产者积极性高涨、而他们的手脚又不再受到束缚的条件下,剩余劳力和剩余资金就会更多地投入生产,并且广开生产门路、发展多种经营,这就有力地推动了分业分工和商品生产的发展,使农产品商品率大大提高"(《论联产承包制——兼论具有中国特色的社会主义农业发展道路》,第107页)。"它说明我国农村生产方式正在发生更替。这是历史性的变迁,它不仅将农村的面貌改观,对于整个国民经济和社会生活都将发生重大的影响。"(《论联产承包制——兼论具有中国特色的社会主义农业发展道路》,第108页)

其次,它拓宽了我国农村合作制的实践道路。林子力认为,随着承包经济的发展,农村的自营经济也在显著扩大,涌现出大批从事商品生产的专业户,"许多地方的专业户,在生产活动中感觉到迫切需要把劳动能力、科学技术知识、经营管理才能以及资金等生产要素进一步结合起来,从而扩大专业经营,因此,从生产或供销等等不同的方面,提出新的协作和联合的要求,并且按照自愿互利的原则,开始建立起各种联合"(《论联产承包制——兼论具有中国特色的社会主义农业发展道路》,第113页)。生产合作是1949年以后我国农业发展的模式选择,但原有的集体经济存在着单一、集中的毛病,现在,"联产承包制冲破了集体经济的这种凝固模式,它不仅在自身的演变和完善中无可争辩地成为中国农村合作经济的新的、主要的形式,而且导致农村经济多样形式的萌生、成长,使我国合作制的实践道路变得非常开阔"(《论联产承包制——兼论具有中国特色的社会主义农业发展道路》,第115页)。

第三,它体现出中国农业向着社会化、现代化前进的国情特色。林子力指出:"我国农村正在发展着的以家庭或小组为基础的多种形式的合作经济,总的来说是较小规模的。这种较小规模的经营,符合我国国情,适应现阶段农村生产力的状况。"(《论联产承包制——兼论具有中国特色的社会主义农业发展道路》,第120页)从经济角度看,这种小规模经营具有显著的优势:"(1)能够最大限度地调动农民的积极性;(2)适合我国广大农业生产者的文化、技术和经营管理水平,便于把劳动、传统技术、经营才干等潜能充分挖掘出来;(3)便于利用分散的资金,和发挥大量小型、简易的生产工具和设施的作用;(4)能够用较少的资金吸收较多的劳力,能源消耗低,投资见效快、效益高。"联产承包制能充分利用和发挥上述优势,"便于发展多种经营、分业分工,从而走上生产社会化的道路;而有了社会化,也就能够实现现代化"。所以林子力概括说:"又'分'又'统',又'小'又'大',正是向着社会化、现代化前进的中国社会主义农业的特色。"(《论联产承包制——兼论具有中国特色的社会主义农业发展道路》,第121页)

80年代中期以后,林子力在创立"现代市场经济和现代社会主义理论体系"的过程中,从更广泛的考察视野和更深刻的分析层次上论述了农村改革问题。他认为在中国经济总体改革的基本框架内,农村改革的深化需要逐步完成以下四方面的艰巨任务:(1)进行农产品价格和购销制度的改革;(2)解决农村剩余劳力的转移就业问题;(3)建立土地产权制度和乡镇企业资本产权制度;(4)调整农村经济组织结构。

林子力指出:50年代形成的农产品购销制度,初衷是支持工业化,但实际作用衰微,"改革以来,特别是1985年以来,每次农产品提价不仅都要以高昂的财政补贴为代价,而且都带来比价复归,结果价格的总水平显著提高了,农产品价格却仍然处于低点。这可能是农业发展受挫的一个根本原因"(《走向市场》,第114页,江苏人民出版社1994年版)。对此,他提出了两条改革思路:其一,"放弃以农产品价格作为财政筹集和分配资金的手段。如果政府在一个时期内仍然需从农业中拿到一部分资金用于支持非农产业和其他建设,可以采取税收办法而不通过价格,即以'明拿'取代'暗拿',同样,如果政府要对农产品的生产者或消费者进行补贴,就直接补给他们,而不再补在价格上,也就是以'明补'取代'暗补'。无论'暗拿'或'暗补'都是人为的价格扭曲,并不可取"(《走向市场》,第114—115页)。其二,"取消了'暗拿'和'暗补'之后,价格要由市场形成。暗拿、暗补取消了,税收补贴仍然存在。补贴有两种取向,一是刺激需求抑制供给,二是与此相反,按照我国情况,从总体上说农产品不是过剩,因而要采取保护农业的商品性生产(特别是提高质量和增进对需求的适应性)的取向"。

由于我国人口众多,随着农业经济的发展,"农村剩余劳力的转移就业已成为一个历史性难题"。(《走向市场》,第115页)林子力认为:改革以来,通过对发展战略的调整,加上物价、劳动、产权制度的封闭性有所突破,农村劳力转移滞后的状况有了改变,"但必须注意到,改革以来劳动力转移的加快主要是通过崛起的乡镇企业去实现的。这种转移具有超常规的性质,即不仅是由资本使用和资本积累的较高效率所推动,并且是靠对过去投资的过高技术水平选择,即过高的资本有机构成的调整和矫正,而这种调整决不可以是无限的"。他提出:"解决农村剩余劳动力转移问题的根本道路大致是:适度积累和高度资本效率,以及多层次多形式的非农业人口镇市化。城市化在我国是个极为复杂的问题,但解决这个问题的基础还是在于劳动和产权的商品化、社会化,即城乡统一的劳动市场和产权市场的形成。"

为了"使相对稀缺的土地具有高度的使用效率"（《走向市场》，第116页），林子力主张打破原有土地制度的封闭性，他设计的土地产权制度的具体内容是："长期（如50年）有偿使用（可以继承，但只能单嗣继承），使用权可以有偿转让、抵押和入股。这样才能激励对土地的长期投资，抑制使用的短期行为，又促进地产的流动，防止继续分割、碎化，并能依据经济的需要而导致自然的而非人为的适度集中，以达到使用效率的高度化。"（《走向市场》，第117—118页）在林子力看来，"在产权社会化的条件下，土地产权的关键在于支配、使用权，至于所有权，实质上就是土地使用费（地租）的收取权，而且这种收入具有较大的可调节性。在目前一个时期内，所有权可以不作变动，但要健全对土地的管理制度，这不属于所有权，而是政府职能"。鉴于一些乡镇企业发达的地区存在封闭式的集行政权、所有权、支配使用权、就业机会和工资福利享有权为一体的隐蔽产权模式，林子力认为亟须进行改革，因为"这种模式严重地阻滞了劳动、资本的流动，阻滞了非农就业城市化，阻滞了劳动和社会化的进程，并且容易产生腐败现象"（《走向市场》，第118页）。

在调整农村经济组织结构问题上，林子力强调要规范土地所有权主体，其前提则是首先解决好土地经营使用权的强化和规范，土地管理制度，地租、地产税、农产品价格制度的改革问题。"至于社会化服务体系，是整个市场经济发展的必然产物，它要依赖于整个农村改革，依赖于产品市场和要素市场，特别是资金市场的形成和发展。"（《走向市场》，第119页）

林子力的联产承包制论述是我国学术界较早对农村改革进行的系统理论思考。他对农村土地产权制度的设定，具有很深广的现实包容性和理论涵盖性。在农产品价格、农业劳动力、乡镇企业产权等问题上，林子力的探讨切中时弊，现实性很强。从以后农业经济的发展实践来看，他的许多分析和预见都颇有价值。虽然90年代以来中国农村的进步已经超出了林子力当初的估计，改革实践又提出了许多新的理论问题，但他对农村改革所作出的理论贡献是值得称道的。

第八节　林毅夫的农业经济学研究

林毅夫（1952—　　），台湾宜兰人。台湾大学肄业。1978年毕业于政治大学企业管理研究所，获企业管理硕士学位。1979年进北京大学经济系，1982年获经济学硕士学位。后赴美留学，在芝加哥大学攻读发展经济学和农业经济学。

1986 年获博士学位。随即到耶鲁大学从事博士后研究一年。1987 年回国,历任国务院发展研究中心农村经济发展部副部长、增长理论研究室主任、副研究员,世界银行顾问,北京大学经济学院副教授、教授、经济研究中心主任,还受聘为美国加州大学洛杉矶分校经济系客座副教授、澳大利亚国立大学兼职教授。2008 年出任世界银行副行长、首席经济学家。著作有《制度、技术与中国农业发展》《中国的奇迹:发展战略与经济改革》(与人合著)、《中国农业科研的优先序》《充分信息与国有企业改革》《再论制度、技术与中国农业发展》等。

林毅夫赴美留学的推荐人是诺贝尔经济学奖获得者 T.W.舒尔茨教授。在农业经济学界,舒尔茨的《改造传统农业》一书具有很大的影响。林毅夫的博士学位论文《中国的农村改革:理论与实证》曾得到舒尔茨的好评。这种学术渊源关系决定了林毅夫对中国农业经济的理论研究是以一种现代经济学方法进行、在国际农业经济学领域产生一定影响的原创性工作。1992 年由上海三联书店出版的《制度、技术与中国农业发展》和 2000 年由北京大学出版社出版的《再论制度、技术与中国农业发展》二书所收入的论文,大都在国外著名刊物上获得发表,其独到的研究视角和缜密的论证方法,显示了中国农业经济理论发展的新特点。

林毅夫对中国农业经济研究的时间跨度很长,范围较广,从古代一直延续到当代,从农业生产组织到农产品技术改良。在历史研究方面,林毅夫所要解答的问题是:在农业文明已经相当发达的中国,为什么没有发生工业革命?在他看来,“正如古巴比伦、埃及、印度及其他古代文明一样,华夏文明发源于农业”,“公元前 300 年(战国时期),中国社会就已经发育成具有显著市场经济特征的形态,其大部分土地归私人所有,劳动力已实行高度社会分工,并且有了相当自由度和运行完好的市场要素市场和产品市场”(《制度、技术与中国农业发展》,第 244—245 页,上海三联书店 1992 年版)。“9 世纪(唐朝)之后,随着人口从北方向种植水稻的长江以南地区迁移,中国的农业有了巨大的改进。这一点在 11 世纪初(宋朝)从印度支那引进一种名叫‘占城稻’的新品种之后尤其如此……由种植干旱作物改为种植水稻,这一变迁也引发了农具创新的兴隆时期……迄至 13 世纪为止,中国的农业可能一直都是世界上最为精细的、单产最高的农业。”(《制度、技术与中国农业发展》,第 245 页)在此基础上,中国的科学技术、工业、城市商业也都有了长足的进步,“许多历史学家都承认,迄至 14 世纪,中国已经取得了巨大的技术和经济进步,她已到达通向爆发全面科学和工业革命的大门”(《制度、技术与中国农业发展》,第 247 页)。

林毅夫不同意关于中国后期经济停滞是由于“高水平均衡陷阱”的假说,这种假说由 Elvin、唐宗明、赵冈等人提出，其主要观点是：中国早期的家庭耕作制度等为技术创新和扩散提供了有效的激励，但随着人口的急剧膨胀，可耕地面积扩大的可能性越来越有限，人地比率的上升降低了对劳动替代型技术的需求，也使中国积累不出足够的剩余来持续工业化。林毅夫则认为：首先，对农业工具、技术等的发明倾向性的变化并不是由人地比例条件的恶化所引起的，由于农业劳动力一直是缺乏和紧张的，所以，"12 世纪之后劳动替代型发明率相对较低的原因不能被解释为上一假说所称的那样，是由于'人口的数量已经多到再也不需要节约任何人力的装置了'"（《制度、技术与中国农业发展》，第 252 页）。其次，"事实上，12 世纪之后，不管是在农业领域还是在工业领域，技术都决没有停滞不前"（《制度、技术与中国农业发展》，第 253 页）。

既然中国在 12 世纪以后发展停滞的原因不在于技术需求方面，那就应该把注意力转向技术的供给方面。为此，林毅夫给出了一个技术发明模型。这一模型假设发明的源泉就是"试错和改错"，而"试错和改错"有两种类型：一类是"经验性的"试错和改错；一类是"实验性的"试错和改错。"经验性的试错和改错指的是一位农夫、工匠或思想家在工作时进行的一种自发活动，它只是其生产的副产品。实验性的试错和改错则是发明者为了发明一种新技术而进行的一种深思熟虑的活动。从经验中获得的新技术实际上是没有成本的，而通过实验获得的新技术则要付出较高的代价。"（《制度、技术与中国农业发展》，第 260 页）林毅夫认为："前现代时期的技术创新和现代时期的技术创新，区别之点在于发明率的不同，而这些发明率的变化是因为技术创新方法的变化而引起的。""当经验为技术发明的重要源泉时，一国经济中的人口规模便成了技术发明率和技术水平的首要决定因素。"（《制度、技术与中国农业发展》，第 261 页）"14 世纪之后，发明的可能性仍然存在；可是，发生重大技术突破的概率却越来越小，大多数新发明都只是对原来的技术作些小改进。只有在应用了伽利略——牛顿物理学、孟德尔遗传学，以及其他现代科学，如生物学、化学、植物学、动物学、土壤学之后……技术变迁才又回复到更高的速率。"（《制度、技术与中国农业发展》，第 263 页）

据此，林毅夫对中国科学技术在现代远远落后于其他文明这一问题得出以下结论："在前现代时期的科学发明和技术发明模式中，一个社会中人口愈多，经验丰富的工匠和农夫就愈多，社会拥有的天才人物就愈多，因而社会的科学技术的进步就愈先进。所以说，中国在前现代由于人口众多，在这些方面占有比较优势。中国在现代时期落后于西方世界，这是因为中国的技术发明仍然还靠经验，而欧洲在 17 世纪科学革命的时候就已经把技术发明转移到主要依靠科学和实验上来了。而中国没有成功地爆发科学革命的原因，大概在于科举制度，它使知识分子无心于投资现代科学研究所必需的人力资本,因而,从原始科学跃升为现代科学的概率就大大减低了。"(《制度、技术与中国农业发展》,第271—272页)

林毅夫所试图解答的李约瑟之谜是一个很大的题目,在一定意义上,它应该是20世纪80年代以来中国学术界和外国学者一直在探讨的中国封建社会为什么会长期延续问题的子课题,而最初对此产生研究兴趣的则可以追溯到英国古典经济学家亚当·斯密。林毅夫对这一问题的研究汲取了70年代以后国际学术界的最新成果,他并不一般地否认农业生产状况(其主要表现是人地比例)对社会经济的影响,但把关注点放在了经济之外的科举制度。值得肯定的是,林毅夫的分析符合现代经济学的研究规范,在许多方面,他的结论具有创新意义,是一个对其他学者或其他学科(例如历史学)研究有启发的解。

在中国现代农业问题的研究方面,林毅夫关于1959—1961年中国农业危机原因的探讨也具有新的见解。他在回顾1949年以后中国农业发展的情况时写道:"合作化从1952年开始,它在最初几年取得了非常显著的成功;1952年至1958年间,农业产出连年增长。这一运动没有受到农民的有力抵制,推进得也相对平缓……1959年起,中国农业生产突然出现了连续三年的剧烈滑坡……这一危机导致1958—1961年间约3 000万以上人口的死亡,约有3 300万应出生人口没有出生或延后出生。这无疑是人类历史上最惨重的灾难。"(《制度、技术与中国农业发展》,第16—17页)对这次危机,大致有三种原因解释:(1)自然条件,连续三年的坏天气;(2)领导责任,政策失误加上合作社的管理不良;(3)技术差错,由于合作社的规模不当引起的激励不可能实现。但是,林毅夫认为,造成这次农业危机的主要原因,"更有可能从1958年秋集体化的性质从重复性博弈变为一次性博弈中得到解释"。

为了论证他的观点,林毅夫首先比较了1958年前后农民权利的变化:在1958年以前的合作化运动中,自愿原则得到了遵守,那时,"当局积极说服农民加入各种形式的合作社;在他们加入一个合作社后,他们仍然可以退出其成员资格,也可以将他们的资产从合作社中撤出,如果他们决定这样做。"(《制度、技术与中国农业发展》,第28页)但在1958年后,"公社成员的资格变成了强制性的,从一个合作社推出的权力被剥夺,合作化的这种强制性质在危机后仍然保留了下来。……证据表明,既不允许任何一个农民从生产队自由撤出,也没有任何一个生产队因为社员撤出而垮台。退出的权利是自愿主义的核心部分,这一权利直到1979年开始以单个家庭为基础的农作制度改革时才恢复。"(《制度、技术与中国农业发展》,第28—29页)

接着,林毅夫展开了他的理论分析,他指出:"从博弈论的观点来看,退社自由权利的剥夺对合作社的激励结构具有显著影响。当一个合作社是以自愿原则为基础组织的时候,在每个生产周期结束时,一个合作社的成员可以决定他们在下一个周期是否还参加合作社。如果他发现成为合作社的成员景况会更好,他将保留他的成员资格,否则,他将从会从合作社中退出。""为了使合作社成为一个有效的制度,要求对监督进行某些有效的替代。当监督的成为很高时,一个有效的替代是合作社成员之间的自我实施的协议。在这一协议下,每个成员承诺提供同他在自己的农场劳动时一样大的努力。"(《制度、技术与中国农业发展》,第29页)在合作社成员有可能违背协议的情况下,其他成员可以有多种选择:或者允许违约成员继续违约,或者退出合作社;如果成员违约造成其他成员的损失大于他们从规模经济中所获得的收益,合作社就会解体,这又给有违约意向的成员带来选择:是违背承诺? 还是遵守协议? "如果他在这一生产周期偷懒,他在该周期结束时肯定能获取更多的收益。但是在合作社解体的情况下,他将失去从第二轮的规模经济中获取的收益。如果未来损失的折现值大于当期的一次性收益,这样,他就会遵守协议。因此,一个合作社解体的威胁会大大降低偷懒的发生,这一潜在的威胁也能保证,一个以自愿为基础形成的合作社的生产量,至少同这些农户个别生产的总和一样大。"相反,"当一个合作社是强制时,从退出的可能性来看,合作社的性质就变成了一种一次性博弈。人们就不再可能用退出来保护自己,或以此来作为制止其他成员可能偷懒的方式。其结果,自我实施的协议在一个'一次博弈'的合作社中就无法维持"。"由于农业生产中的监督相当困难,且成本较高,在一个强制形成的农业社中的劳动激励必然很低,一个农民就不会像他在家庭农场时一样努力劳动。因此,一个合作社的生产率水平将低于单个家庭农场所达到的生产率水平,合作社就会被'囚犯困境'所困绕。"(《制度、技术与中国农业发展》,第30页)

尊重农民的退出自由,实际上也就是维护农民基本经济权益的问题,这一点在中国共产党的农业决策层中曾为一些人所强调(如邓子恢)。1958年以后农业危机的发生有多方面的原因,其中强制性地提升农业生产公有制程度是主要的一条。这种急于求成的指导思想必然导致对农民权益的忽视和淡漠,农民的退出自由当然无从保证。在这个意义上,林毅夫揭示的导致这次农业危机的原因是准确的。如果能从政策思想上找出这种制度失误的根源,则林毅夫的结论将更加深刻。

与上述见解有内在的联系,林毅夫对当代中国农村经济改革获得成功的原因分析也是以农民生产积极性的发挥程度为研究基础的。他首先指出:"家庭责任制是在农民中间作出的,它最初并没有得到中央政府的承认与赞许。它经由农民自己的努力而形成,且由于它的成就而遍及其他地方;它不像过去 30 年所发生的许多其他制度变迁那样是由中央政府所强制推行的。简言之,中国农业的制度转变不是按任何个人意愿来实现的,而是对相应的潜在经济力量所作出的自发演进。"(《制度、技术与中国农业发展》,第 47 页)这种农业制度与以前的生产队模式相比,最具分析价值的差别在于其生产过程中的监督程度与激励的关系。

通过建构一个采用工分制的生产队模型,林毅夫创造性地引进了"监督"概念,把它作为工分制决定因素的论据。经过一系列数学公式的推导,林毅夫发现:"在生产队中对劳动的激励是监督成本的函数,当监督程度低时,激励就低下。而监督程度本身则是对努力进行监督的困难程度的函数。当对一个生产过程中的努力难于监督时,监督的最优程度就低。对努力的监督能力一般依赖于一种生产活动的空间分散性和一个生产期间的长度。具有同等管理力量的队,如果一种生产活动的分布较广,其监督的集约性显然较低。当生产期间拉得越长,产出则可能受到更多的来自外部力量的随机影响,产出所能传递的关于每个劳动者努力的信息就越少。因此,生产期间越长,要达到对努力计量的某种准确程度,监督就必须更仔细。"据此可以看到:"在以农户为生产单位体制下的激励一般要高于生产队下的激励。"(《制度、技术与中国农业发展》,第 56 页)

将这种定理运用于实证,林毅夫提出:"可监督程度只是影响队的激励的许多因素之一。其他因素,诸如按需分配与按劳分配的比例、队产出的相对价格、队的固定负担等等也影响一个人的劳动激励。不过,可监督程度是解释中国农业生产队中工分制失败的最重要因素,它也是解释家庭责任制优于生产队体制的最重要因素。""由于对农业生产的监督十分困难,在工分制的大多数情况下,每个劳动者仅获得一份给定工作的等量工分,而不管他的劳动实际上有多辛苦。这相当于不存在监督。""在家庭责任制下,监督的困难总的来讲得到了克服。根据定义,家庭制下的监督是完全的因为一个劳动者能确切知道他付出了多少劳动,且监督费用为零,因为它已不需要所有为执行劳动计量所花费的资源。其结果,一个在家庭责任制下的劳动者劳动的激励最高,这不仅是因为他获取了他努力的边际报酬率的全部份额,而且还因为他节约了监督费用。"(《制度、技术与中国农业发展》,第 55 页)

林毅夫在这项研究中得出的结论有三点:(1)"在社会主义经济中,劳动者并不比任何其他经济中的劳动者的能力低。在生产队中,无论是管理者还是单个劳动者,都已在他们所面对的约束下作出了最优选择。管理者选择实施一个较低的监督程度,这不是因为他无能,而只是因为要达到一个较高监督程度的费用太高。劳动者选择偷懒,这不是因为他天生惰性,而只是因为不值得更辛苦地劳动。因此,要提高社会主义经济的效率,解除一些对劳动者激励的不必要的约束是绝对必要的。"(《制度、技术与中国农业发展》,第 68 页)(2)"生产队体制的不成功,不是由于它的社会主义性质,而是由于对农业劳动监督的困难。相比之下,家庭责任制之所以比所有其他形式的责任制更为普遍,则是因为在家庭责任制下,监督问题从根本上解决了。因此,要提高社会主义经济的效率,重要的是要有与生产过程的特征相匹配的制度。"(《制度、技术与中国农业发展》,第 68—69 页)(3)"现代经济学中关于人的理性行为的逻辑,可用于理解社会主义经济中的人的行为。"(《制度、技术与中国农业发展》,第 69 页)

1978 年以后,中国农业出现了一个高速的增长,但这种增长在 1984 年以后明显放慢,对此,林毅夫在《中国的农村改革与农业增长》一文中进行了原因探讨,并提出了相应的政策建议。

林毅夫指出,农村改革使中国农业中所有部门的增长率都加速了,1985 年以后,整个农业仍以 4.1% 的可观速度增长,但种植部门的增长却突然陷于停滞。他认为,中国农村从生产队体制向家庭联产承包责任制的转变对 1978 至 1984 年的总产出增长具有最重要的意义,而化肥投入增长率的下降和农业劳动力的外溢等则是导致增长放慢的原因所在。林毅夫进一步指出:"上面的结果除了有助于增进我们对中国农村改革的理解外,它们还有更广泛的意义。大多数发展中国家所面临的一个重要问题是,他们应如何加速发展他们的农业以支持工业化,并满足由人口爆炸性增长所致的对食物日益增长的需求。小规模的分散土地持有制——这是大多数人口密集性发展中国家的特征,常常被认为是机械化、灌溉、作物保护、投入的有效配置等等的重大障碍。因而,不仅在中国而且在其他许多发展中国家的许多政策制定者和学者,都认为,集体农作是土地集中和生产率提高的一种吸引人的方式。不过,我们的结果表明,家庭农场是发展中国家农业增长的更为适当的制度,中国的未来改革应该加强刚刚建立起来的农户制度的地位。"(《制度、技术与中国农业发展》,第 98 页)

将农业研究的触角延伸到将来,反映了林毅夫农业理论的深广性。在他看来:"中国是世界上人口最多的国家,同时中国又是一个发展中国家,耕地十分有限。中国过去成功养活自己对缓解世界贫困是一个贡献。中国成功养活自己为其他当前正受到食物短缺问题困扰的发展中国家提供了有益的经验。"(《再论制度、技术与中国农业发展》,第 297 页,北京大学出版社 2000 年版)那么,中国农业的历史经验有哪些呢?概括而言,关键在于农业科研、现代技术和家庭耕作制度。对中国农业的未来发展,林毅夫表示乐观,他认为:"1978 年开始改革时,中国政府采取了渐进和增量方法。中国的经验显示,这种方法对维持社会稳定和刺激经济增长十分有效。因为这种方法具有继承性,经济体制中仍然存在许多问题。但是,中国经济现有活力预计会再维持几十年。这是因为一个经济中的经济增长驱动力是资本积累、资源配置改善和技术变迁。"(《再论制度、技术与中国农业发展》,第310页)总之,中国在未来养活自己的目标,"存在成功的潜力,不过需要进行一些政策改革以挖掘这种潜力"。他进而表示相信:"如果中国政府将来放弃粮食自给自足政策,也并不意味着中国丧失了养活自己的能力,而是恰恰相反! 伴随着贸易自由化,除了出口劳动密集的制造业产品,中国还可能出口更多的劳动密集、高附加价值的食物……中国人民甚至会更好地养活自己。"(《再论制度、技术与中国农业发展》,第320—321页)

不难看出,林毅夫运用现代经济学方法研究得出的结论,与接受过传统经济学训练的中国学者通过描述性方法思考的成果可以是接近或一致的。前者的学理价值不仅在于能够与国际学术界进行交流,而且提出的评论见解更具有准确的预见性和指导意义,这有助于促进中国农业经济的学术研究由政策说明转向为政策提供独立的理论参考。

第九节　吴敬琏等人的农村经济改革理论

吴敬琏(1930—　　),生于江苏南京。1948年考入金陵大学文学院,1953年毕业于复旦大学经济系。1954年到中国科学院经济研究所工作。现任国务院发展研究中心研究员、中国社会科学院研究生院教授、中欧国际工商学院教授。吴敬琏是中国当代最有影响经济学家之一,他的学术研究对促进社会主义经济发展,尤其是对社会主义市场经济改革取向的确立,具有重要的价值。吴敬琏的重点研究领域是国家宏观经济体制,他对农业问题的论述不是很多,但带有明显的理论特点和思想深度。

吴敬琏充分肯定改革开放以来中国农村的进步,他指出:"农村改革是中国经济改革的真正始点和推动力量。"(《当代中国经济改革》,第85页,上海远东出版社2004年版)为什么家庭联产承包责任制会取得成功? 吴敬琏从经济学角度进行了分析:农业生产具有与动植物生命过程合二为一、受到气候等非人力因素的极大影响等特征,对雇佣劳动者的有效激励问题很难解决,而"家庭是一个集生产、消费、教育、抚养子女于一体的社会基本经济细胞,具有持久的稳定性,利用了家庭内部的自然分工,减少了决策成本,几乎不存在度量、监督等交易成本,这使家庭经营较之其他经营形式具有无可比拟的优势",因此,农业就成为适宜家庭经营的产业。"20 世纪发达国家农业发展情况表明,即使在机器耕种和农业高度社会化的情况下,家庭农场制度仍然具有优越性和生命力。"(《当代中国经济改革》,第 89 页)

不仅如此,"承包经营制产生的生产力方面的效果,只是问题的一个方面。实际上,承包经营制对经济制度乃至政治制度也都产生了重大影响。在所有这些影响中,最主要的莫过于农民从没有财产权到拥有自己的纯粹权利"(《当代中国经济改革》,第 103 页)。具体而言:"改革以后,我国农民获得了三种形式的纯财产。一是私人财产,这主要由存款、私宅、家用生产资料和生活资料构成。二是土地的使用权。土地所有权尽管属于集体所有,但由于其经营权归农民,且给农民长期承包,这使农民获得了前所未有的收益权利。三是农民人力资本的增长。农民获得了支配自己的权利,因而在流动和择业的过程中,其观念、意识有了很大改变,素质有了很大提高。"(《当代中国经济改革》,第 104 页)

对于 80 年代以后出现并加剧的农业停滞、农民贫困和农村衰败的"三农"问题,有人认为,问题在于以家庭经营为基础的农业生产经营制度不适应已经得到发展的生产力的需要,应当从集体化找出路,吴敬琏持有不同的看法。他认为问题不出在家庭农场制度,而在于与之相配套的其他经济制度和政府政策还不够完善。为了切实推进农业经济的发展,他提出五项建议:(1)改革农产品购销体制;(2)完善土地制度;(3)减轻农民的负担;(4)解决小农户与大市场的矛盾;(5)解决农村剩余劳动力转移问题。

关于完善土地制度,吴敬琏强调:2002 年 8 月全国人民代表大会通过了《中华人民共和国农村土地承包法》,"不过即使在《承包法》颁布以后,还有一些问题没有解决:第一,农村土地的所有权属于村集体的,但法律没有明确界定村集体如何组成,以及作为集体成员的农民如何行使他们的权能。土地是农民的最后一道生存防线。如果在这道防线上出现制度缺陷,农村甚至全社会都将潜伏隐患。第二,由于对承包土地的使用权受到承包期的限制,农民的财产权利变得残缺不全。例如农民没有足够的法律手段来抵制行政当局出于商业目的的强制无偿征收土地的行为。总之,今后应当进一步完善土地产权制度,明确农民在村集体中行使所有权的程序,授予农民对承包土地的永久使用权('田面权'),并对'田面权'的转让、出租和继承作出明确的界限,以便更好地体现和保护农民的权益"(《当代中国经济改革》,第 110—111 页)。

关于减轻农民的负担,吴敬琏提出:"为了彻底解决农民负担过重的问题,必须改善我国农村的社会政治组织。拿农村行政机构臃肿、人员过多来说,它的根本原因就是因为基层行政机构乃是'大政府'的延伸,'干部'管了太多的事情。

所以要精兵简政。同时,还要加快农村基层民主改革。"(《当代中国经济改革》,第112页)

关于农村剩余劳动力转移问题,吴敬琏认为:"大力发展中小企业、有序地推进城镇化,取消对农民进城就业的限制性规定,为农民创造更多的就业机会,大力改善农村剩余劳动力转移就业的环境,加快吸纳农村剩余劳动力到城镇非农产业就业,仍然是今后相当长时期内的一项艰巨任务。"(《当代中国经济改革》,第119—120页)

毫无疑问,中国农业经济在改革开放后有了迅速的恢复和一定的发展,这一点在东南沿海地区比较明显。但毋庸讳言,由于历史的原因和其他社会改革的滞后,有些地区,有些年份,农村的情况存在着反复。对此,时任湖北省某乡党委书记的李昌平于2000年3月写了《我向总理说实话》一文,喊出了"现在农民真苦、农村真穷、农业真危险!"的肺腑之言。(《人与国家》(大学人文读本),第230页,广西师范大学出版社2002年版)他从7个方面概括了农民的处境和农业的现状:(1)盲流如"洪水";(2)负担如"泰山";(3)债台如"珠峰";(4)干部如"蝗虫";(5)责任制如"枷锁";(6)政策如"谎言";(7)假话如"真理"。其中提到:"'交足国家的,留足集体的,剩下的全是自己的',联产承包责任制曾让亿万农民欢欣鼓舞。可是现在农民交足国家的,留足集体的,必须贴自己外出'打工'的血泪钱,负担的日益增加,价格的连年回落,被农民视为生命的土地已成为农民的沉重包袱,联产承包责任制被农民视为套在他们脖子上的枷锁。""中央扶持农业的政策,保护农民积极性的政策,很难落到实处。近年来,没有对农民发放过贷款,即使有极个别的,其月利率在18‰以上(高利贷)。没有按保护价收过定购粮,相反,国家收粮还要农民出钱做仓库。国家不收粮,农民自己消化还要罚款,甚至还要没收。农民负担年年喊减,实际负担额极个别地方虽没有增加,但农民收入下降了,相对负担却是年年加重的。政策和策略是党的生命,岂能如此玩儿戏。几亿农民不相信中央的农村政策,这种后果是可怕的!"(《人与国家》(大学人文读本),第231页)

为了制止这种现象的蔓延,李昌平建议中央从四个方面采取治理措施:首先,坚决刹住浮夸风。他认为:"浮夸风是农民负担过重的思想根源。报假数字、出假典型的领导干部,同样要受到党纪政纪处分。"(《人与国家》(大学人文读本),第232页)其次,切实减轻农民负担,增加农民收入,调动广大农民的积极性。他写道:"农业的根本问题是农民积极性的问题。农民积极性不仅仅是农业的根本问题,也是社会稳定和经济发展的根本问题。调动农民积极性,一靠中央,二靠地方。""从中央而言,(1)要减免农业税,中央要带头减农民负担,中央政府完全有这个实力。(2) 中央要加大农业计划和政策保护的力度,加强对农业、农村、农民保护的力度。""从地方而言,(1) 要下大力气减少吃税费人员,至少要减到1990 年的人数,减 1/2。(2) 合村、合区、合乡……。(3) 要加快政府'退'的步伐,政府不能包揽一切;鼓励社会办学,社会办小农水,社会办试验场,等等。(4) 要实行负担改革,把众多的收税费机构合并,实行'一票制'。凡只收费,以收费代管理,阻碍生产力发展的部门人员要进行清理,其职能由政府的农办等内设办组室代替。(5) 干部离任实行'两审制',即'审编制',任职时人员编制是多少,离任时不能增加;'审赤字',任职时财政和村级集体'赤字'是多少,离职时不能增加,只能减少。(6) 吃税费干部实行末位淘汰制,确保干部能上能下得到执行。"(《人与国家》(大学人文读本),第 232—233 页) 第三,强化监督,严治腐败,确保政令畅通,取信于民。他指出:"任何形式的监督,都不如群众监督,现在农村要加强能代表农民自身利益的组织(如农会)建设,代表农民讲话,行使监督权力,确保中央农村政策的严肃执行,还权于民,取信于民。授予一定数量的人民代表或农民联合签名罢免县乡不合格领导职务的权力。"最后,鼓励改革创新,加强调查研究,坚持从群众中来到群众中去的政策路线,制定切合实际的农村政策。他强调:"现在的问题成堆,不改革没有出路。联产承包责任制要完善,农村负担办法要完善,县乡机构要改革,农村基层组织要创新,工作方法方式要创新……中国有十亿农民,农民最有创新精神,农村的基层干部最了解农村的实际,很多人也有很高的学历和很强的能力,应给予他们讲台和改革创新的宽松环境,农民和农村的基层干部生活在社会的最底层,很多文化产品把他们贬低得一钱不值,其实他们艰难、甚至忍辱负重地支撑着整个国家和民族……如果县以上领导干部每年能在乡镇工作两个月,和基层同志一起研讨问题,探求政策,我想上有政策,下有对策;有令不行,有禁不止的现象就不会发生。农村、农民、农业问题决不会是今天这个样子。"(《人与国家》(大学人文读本),第 233 页)

在农业经济的政策层面,李昌平在 2000 年 9 月提出"给农民同等国民待遇",并把农民的同等国民待遇系统概括为七个方面,即同等的民主权、同等的税赋权、同等的国民财富占用权、同等的劳动者权、同等的迁徙权、同等的人身财产保护权和同等的市场主体权利,认为"这七个方面是可以政策化的,在现实中完全可以落实"(《我向百姓说实话》,第 20 页,远方出版社 2004 年版)。关于农村土地的所有制,他认为:"农村土地私有还是公有,是继续搞家庭经营还是股份合作经营还是其他形式的经营,应该由农民自己选择。实践证明,农民自己选择往往比精英的抉择要高明得多。"(《我向百姓说实话》,第 3 页)"任何一种制度的建立,都有其相应的环境条件,在权力集团化、个人化、私有化的农村社会里何以公正地推行土地私有化?"(《我向百姓说实话》,第 4 页)在他看来,农业经济的制度创新离不开社会整体改革的推进,"现在,不重建一个精简、廉洁、高效的县(市)乡(镇)政府,其他新的制度都不可能建立起来,包括新税制,也包括'股田制'","我们在鼓吹西方产权理论是解决中国问题的灵丹妙药时,是否想过中国有产权制度创新的政治、法制环境吗? 尤其是中国的农村"(《我向百姓说实话》,第 91—92 页)。

李昌平的"实话"受到党的高层领导的重视,并在社会上引起强烈反响。他反映的问题说明,要推进中国农业的持续发展决不是一件轻而易举的事,除了需要正确的农业经济政策,农村社会的配套改革和综合治理同样必不可少。在更深的层面上,农村面貌的改变将是中国社会进步的最主要标志,它的发展存在种种困难,显示出实现农业现代化的艰巨性。

在新旧世纪交替之际,中国农业的发展面临新的历史机遇,所要破解的难题也更加复杂和棘手。这些难题包括怎样在国际经济一体化的背景下促进农业发展,怎样进一步根治中国农业经济中的深层次弊端,怎样看待农业改革和中国整体改革的关系,等等。对此,专家学者提出了各自的看法。

在对外开放不断加快的形势下,如何实行有效的农业保护? 卢锋建议区分两种"保护"概念:一种是普通意义上的保护,如"保护农民抵制乱收费的权益,通过消除在流通领域挤压农业剩余的做法来保护农民生产积极性,乃至保护耕地资源,保护农业环境和农业水利设施等等,这类意义上的保护要求是正当的,并且具有重要的现实意义";另一种则是经济学意义上的保护,"其基本特征在于通过政府的国内价格干预和边境控制手段,替代和扭曲市场机制作用,以达到刺激国内粮食和其他农产品产量,向农业人口转移收入的目标"(《中国经济研究——北京大学中国经济研究中心内部讨论稿选编》,第 482 页,北京大学出版社 2000 年版)。对于后者的效果,卢锋结合我国的情况从四个方面进行了分析:首先,"农业保护政策虽然能够增加农产品产量,并可能在一定程度上增加农民收入,但其经济代价巨大,远远超过其成效","保护政策不可取,根本理由在于它是不经济的,缺乏效率的";其次,"我国现实的内外环境特点,决定了实施农业保护政策必然面临额外困难","农业保护政策不仅是效率低下的政策,而且是富国才有能力消受的'奢侈'政策",在农产品贸易自由化进程难以逆转的情况下,"如果我们执意实施农业保护政策,很可能会使我国具有竞争优势的行业和产品出口受到抑制和损害,从而产生一个额外成本";第三,"我国农业从外贸角度看,并不是非实施保护政策不可","突出效率目标,充分利用食物部门内部不同产品之间的比较优势差异"应当成为我国农业政策的取向;最后,"虽然农业保护政策无一不以提高农民收入为号召,但在我国实施农业保护政策未必真正代表农民利益。由于效率损失,整个经济增长速度下降,必然会使农民的长期利益受到影响。农业保护政策还会使农民对市场的反应和创新能力下降",尤其是在市场经济不发达、监督机制不健全的条件下,"如通过政府大范围行政干预措施实行农业保护政策,会引发大量寻租和舞弊问题,助长不正之风甚至违规违法现象,结果很可能是国家花费了纳税人大量钱财,却未能给农民多少真正实惠,而是大量流失在中间环节"(《中国经济研究——北京大学中国经济研究中心内部讨论稿选编》,第491—493页)。总之,他认为我国不宜实行农业保护政策,发展农业生产和提高农民收入的目标应当在市场竞争的环境下实现,政府的职责是合理界定活动范围,"致力于农业科研和农民教育,保护产权关系,维护生产经营秩序,提供信息服务,在环境、卫生、质量等方面进行监督和管理等,为市场机制高效运作和劳动生产率提高创造外部条件"(《中国经济研究——北京大学中国经济研究中心内部讨论稿选编》,第494页)。显然,未来中国农业所需要的保护,是一种通过市场机制的作用、旨在提高农业生产力水平、增强农业国际竞争力的积极保护。

温铁军长期从事中国农业问题的研究,他提出了一个研究中国农村制度的前提性假设:"中国的问题是'一个资源禀赋较差的发展中的农民国家,通过内向型自我积累追求被西方主导的工业化的发展问题'。"(《三农问题与世纪反思》,第3页,生活·读书·新知三联书店2005年版)他在2003年的一篇文章中强调:"50年新中国制度变迁、25年农村改革和10年试验区正反两个方面的经验证明,只有在国家确立可持续发展战略的前提下,通过深化农村第二步改革来加快城镇化改变外部条件,同时加强小农村社经济内部化制度建设。这二者并重推进,才可能在调整城乡关系的前提下改善农村经济结构、提高农业经营规模、实现市场经济条件下农村的可持续发展。"(《三农问题与世纪反思》,第5页)

陈锡文认为导致农业周期性地成为国民经济不稳定因素的原因极为复杂,其中有两个原因不可忽视:(1)"农业和农村的发展,始终没能有机地成为整个国民经济发展战略的组成部分"(《陈锡文改革论集》,第40页,中国发展出版社2008年版);(2)"对农业问题,重视的是农产品的供给,忽视的是农民自身的发展。农产品是农民的劳动结果,如果对农民缺乏稳定而有效的激励方式,农产品的供给显然就会缺乏'长治久安'的基础"(《陈锡文改革论集》,第41页)。为了稳定农民的预期,他在90年代初强调维持改革开放以后实施的农业家庭经营方式,在他看来,"我们的农村基本经济政策,只能依据全国绝大多数地区农村的实际情况来制定,在一个有8亿多农民的国度里,任何例外的情况都将是必然存在的。但是,这些例外的情况,显然不应被作为制定全国性的农业基本政策时的依据。""当前,应当防止的是在搞农业规模经营的口号下,滥用行政权力,不顾现实经济条

件的许可和当地农民的意愿,随意侵犯承包农户的权力,又搞瞎指挥的盲目倾向。"(《陈锡文改革论集》,第 54 页)

　　陈锡文概括了进入新世纪新阶段以后中国农村经济社会的深刻变化,"就是村庄空心化、农业兼业化、农民老龄化"(《陈锡文改革论集》,第 183 页)。这是传统农业国在工业化过程中都出现过的情况。就我国而言,解决"村庄空心化"问题的关键是处理好农民转移就业和城镇化问题,对此他主张:"首先要给农民创造进城就业的机会,他有机会获取更多收入,社会财富才能增长,国家财政才能增收",才会有条件逐步解决农民进城后的居住、就业、社保等难题。同时,"农民老龄化、农业兼业化趋势的出现,迫切需要我们做大量深入细致的工作来提高农民的组织化程度,同时要加强农业的社会化服务体系建设,这两项工作已刻不容缓"(《陈锡文改革论集》,第 187 页)。

索　引

后　记

　　农业思想史是中国经济思想史的重要组成部分。我从 20 世纪 90 年代开始这方面的研究,相继出版了《中国土地思想史稿》(1995)、《中国农业思想史》(1997)。我的博士论文题为《1949 年以来台湾地区的农业思想》,其缩写稿被收入《中国人文社会科学博士硕士文库》(续编),经济学卷(下),2005 年出版。本来打算写一部《中国现当代农业思想》,稿子出来后一直没机会出版。承蒙上海交通大学出版社将我的《中国农业思想史》(增订版)列入出版计划,使我得以将较为完整的资料,以一种发展了的方法展现出来,供读者使用和交流。所谓发展了的方法有两个含义:(1) 本书的时间跨度较大,从古代延续到当代,这在其他经济思想史著作是不多见的;(2) 对中国历史上的农业思想资料,我试图运用现代经济学的理论加以分析评价。对中国农业的发展和"三农"问题的解决,我的基本看法是要坚持社会主义市场经济的改革方向,真正把农民作为有自主选择权力和能力的理性人,按照客观经济规律来推进传统农业的现代转型。这看法是否在全书的阐述中反映出来了,或者这个看法是否正确,只有让读者来评判了。

钟祥财